ANALYSE

CONCEPTS ET CONTEXTES

Volume 2. Fonctions de plusieurs variables

Chez le même éditeur
Extrait du catalogue
Mathématiques

ANALYSE
CONCEPTS ET CONTEXTES
Volume 2. Fonctions de plusieurs variables

• STEWART •

2e édition

Traduction de la 3e édition américaine par Micheline Citta-Vanthemsche

 de boeck

Ouvrage original :

Calculus, Concepts & Contexts, third edition, by James Stewart.
Published in the English language by **Brooks Cole**, a Thomson Learning Company (copyright © 2005).
All rights reserved.

Pour toute information sur notre fonds et les nouveautés dans votre domaine de spécialisation, consultez notre site web : **www.deboeck.com**

© Groupe De Boeck s.a., 2006   2e édition
Éditions De Boeck Université   3e tirage 2008
Rue des Minimes 39, B-1000 Bruxelles
Pour la traduction et l'adaptation française

Imprimé en France

Dépôt légal :
Bibliothèque Nationale, Paris : juillet 2006
Bibliothèque royale de Belgique : 2006/0074/048   ISBN 978-2-8041-5031-0

Avant-propos à la 2ᵉ édition française

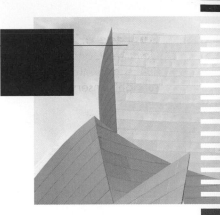

Traduire et adapter au monde francophone le *Calculus, Concepts and Contexts* de James Stewart furent pour moi un réel plaisir. Tant la mathématicienne que l'enseignante de mathématiques y ont trouvé leur compte : j'ai ainsi pu observer de très près avec quel soin les concepts étaient introduits et énoncés, avec quelle patience leurs diverses facettes étaient mises en lumière pour que l'apprenant ait le temps de s'en forger une première image mentale. Comme enseignante, je partage entièrement les choix de l'auteur quant à l'exploration numérique et graphique des concepts avant que ne « tombe », beaucoup moins lourdement alors, leur définition formelle.

Dès la première section du premier chapitre, en mettant en avant le rôle de modélisation des fonctions, le ton est donné : les concepts seront plongés dans des contextes. Certains d'entre eux réapparaissent d'ailleurs de loin en loin « au service » de plusieurs concepts, dont ils éclairent parfois l'origine, parfois le fonctionnement et toujours le sens. J'acquiesce.

L'histoire des mathématiques est présente dans les *Sujets de rédaction proposés* et dans les brèves notices des marges relatives à quelques grands mathématiciens. Il n'est plus nécessaire aujourd'hui de souligner les points d'appui que l'enseignement des mathématiques peut trouver dans l'histoire, même si le chemin fut long depuis le temps où cet enseignement se réduisait à des théories intemporelles, achevées et définitives. Je me réjouis à la place des étudiants d'aujourd'hui.

La généralisation des logiciels de calcul symbolique et des outils graphiques, en facilitant l'expérimentation, l'exploration et la conjecture, a bouleversé l'enseignement de l'analyse. Cet ouvrage en tient compte largement, tant dans la manière de présenter les concepts que dans les types d'exercices proposés. Les questions résolues et à résoudre en sont d'autant plus intéressantes.

Enfin, rares sont les ouvrages qui mettent autant l'accent sur les aspects méthodologiques. Étudier des mathématiques, c'est accroître ses connaissances mais c'est aussi progresser dans ses façons de raisonner, de se poser des questions, de penser tout court. J'envie le lecteur ainsi aidé à prendre conscience de la manière dont il construit et s'approprie son savoir.

Je remercie les Éditions De Boeck, et particulièrement Mesdames Cynthia Knuts et Florence Lemoine qui m'ont aidée à mener à terme cette nouvelle édition.
Enfin, je tiens à adresser un merci très affectueux à Marco pour sa patience sans faille, son aide ponctuelle et son vif intérêt pour ce projet.

i

Avant-propos
à la 3ᵉ édition américaine

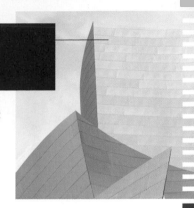

La première édition de ce livre est parue, il y a huit ans, juste au moment où se déroulait un âpre débat sur la réforme du calcul différentiel et intégral. Les départements de mathématiques étaient profondément divisés sur des questions comme l'usage de la technologie, l'importance de la rigueur ou le rôle de la découverte face au « drill ». Depuis lors, les querelles se sont quelque peu estompées en même temps que traditionalistes et réformateurs se rendaient compte qu'ils poursuivaient un but commun : celui de rendre les étudiants capables de comprendre et d'apprécier le calcul différentiel et intégral.

Les deux premières éditions ont essayé de concilier l'approche traditionnelle et réformatrice. Dans cette troisième édition, je continue dans cette voie en accentuant la compréhension des concepts à travers les approches visuelle, numérique et algébrique.

Ce livre diffère de mes autres textes plus classiques sur le même sujet en ce qu'il est organisé de façon plus rationnelle. Par exemple, il n'y a pas de chapitre complètement consacré aux techniques d'intégration ; je ne démontre pas autant de théorèmes (voyez le commentaire sur la rigueur ci-après) ; la matière sur les fonctions transcendantes et les équations paramétriques est distillée un peu partout au lieu de faire l'objet d'un chapitre à part. Les professeurs qui préféreraient une approche plus complète et traditionnelle peuvent se référer à mes autres ouvrages d'analyse.

Quoi de neuf dans cette troisième édition ?

En même temps que je rédigeais cette 3ᵉ édition, j'ai enseigné le calcul différentiel et intégral pendant une année entière à l'Université de Toronto. J'ai soigneusement pris note des questions de mes étudiants et des suggestions de mes collègues. Lors de la préparation d'une leçon, je me rendais compte parfois qu'un exercice supplémentaire aurait été le bienvenu, qu'un mot d'explication aurait clarifié le développement ou qu'une section aurait pu recouvrir quelques exercices d'un type nouveau. De plus, j'ai retenu les suggestions que m'ont envoyées plusieurs utilisateurs et les commentaires des relecteurs.

On dénombre plus d'une centaine d'améliorations, petites ou grandes, introduites dans cette édition. En voici quelques-unes.

- Les calculs de certains exemples ont été détaillés davantage.

- Les données des exemples et des exercices ont été actualisées.

■ De nouvelles explications ou notes dans la marge ont été ajoutées pour rendre l'exposé plus clair.

■ Quelques œuvres d'art ont été redessinées.

■ Plus d'un quart des exercices de chaque chapitre sont nouveaux. Voici quelques-uns de mes préférés.

Exercice	Page	Exercice	Page	Exercice	Page
10.1.37-38	702	11.4.38	780	11.5.36	788

■ Un nouveau projet a été introduit, le projet de la page 676 qui montre comment la programmation de graphiques par ordinateur requiert des plans sécants et des droites cachées pour représenter des objets tridimensionnels sur un écran plan.

■ Conscient de la nécessité de maîtriser le nombre de pages du livre, j'ai renvoyé de nouveaux thèmes (ainsi que le traitement complet de certains thèmes abordés dans le livre) sur le site réorganisé **www.stewartcalculus.com**[1] plutôt que de les laisser dans le texte. C'est ainsi que le nombre de pages de cette édition est légèrement inférieur à celui de l'édition précédente.

Des exercices sur les concepts

Le rôle principal des exercices proposés est de renforcer la compréhension des concepts. À cette fin, j'ai conçu différents types de problèmes. Certaines sections d'exercices commencent par demander d'expliquer la signification des concepts de base de la section. (Voyez par exemple les deux premiers exercices des sections 2.2, 2.4, 2.5, 5.3, 8.2, 11.2 et 11.3. Je m'en sers souvent pour amorcer les échanges en classe.) Dans le même esprit, les révisions commencent par un *Contrôle des concepts* et une liste de *Vrai-Faux*. D'autres exercices testent la compréhension des concepts sur des représentations graphiques ou des tableaux (voyez les exercices 10.2.1 à 2, 10.3.27 à 33, 11.1.1 à 2, 11.1.9 à 14, 11.3.3 à 8, 11.6.1 à 2, 11.7.3 à 4, 12.1.5 à 10, 13.1.11 à 18, 13.2.15 à 16 et 13.3.1 à 2).

Classement progressif des exercices

Chaque ensemble d'exercices est soigneusement classé, allant des exercices de base sur le concept ou d'entraînement à des problèmes plus ardus de type applications ou démonstrations.

Des données issues de la réalité

Mes assistants et moi-même avons passé beaucoup de temps à consulter des bibliothèques, à contacter des sociétés et des organismes officiels, à chercher sur l'Internet des données intéressantes en vue d'introduire, de soutenir et d'illustrer des concepts du calcul différentiel et intégral. C'est ainsi que beaucoup d'exemples et d'exercices comprennent des fonctions définies par de telles données numériques ou graphiques.

   Les fonctions de deux variables sont illustrées par une table des valeurs de l'indice de refroidissement dû au vent présenté comme une fonction de la température de l'air et de la vitesse du vent (exemple 1 de la section 11.1). Les dérivées partielles sont introduites à la section 11.3 en examinant une seule colonne d'une table de valeurs de l'indice de chaleur (température ressentie) comme fonction de la température réelle et de l'humidité relative. Cet exemple est repris plus loin en lien avec les approximations affines (exemple 3 de la section 11.4). Les dérivées dans une direction sont introduites à la section 11.6 sur un diagramme de courbes de niveau d'une fonction température comme réponse à la question du taux de variation de cette température à Reno dans la direction de Las Vegas. Les intégrales doubles sont utilisées pour calculer l'enneigement moyen au Colorado le 24 décembre 1982 (exemple 4 de la section 12.1). Les champs de vecteurs sont introduits à la section 13.1 sur une représentation d'un réel champ de vitesses, celles du vent qui souffle sur la baie de San Francisco.

---

[1] NdT. Ce site complète idéalement ce livre et mérite une visite à condition de maîtriser l'anglais.

De véritables projets Une façon de motiver les étudiants et d'en faire des apprenants actifs est de les mettre au travail (éventuellement en groupe) sur des projets plus importants qui, une fois traités, leur procurent une immense satisfaction. Les *projets appliqués* comprennent des applications conçues pour éveiller l'imagination des étudiants. À la fin de la section 11.8, il est demandé d'utiliser la méthode des multiplicateurs de Lagrange pour déterminer la masse totale la plus faible possible des trois étages d'une fusée moteur tout en veillant à ce que la vitesse souhaitée soit atteinte. Les *sujets d'étude* impliquent de la technique. Les *sujets de rédaction* demandent aux étudiants de comparer les méthodes d'aujourd'hui avec celles des pionniers du calcul différentiel et intégral—les théorèmes de Stokes et de Green en analyse vectorielle, par exemple. Les références nécessaires sont fournies. Les *sujets à découvrir* portent sur des notions abordées ultérieurement, facultatives ou qui invitent à la découverte à travers la reconnaissance de régularités. Par exemple, la géométrie du tétraèdre (à la fin de la section 9.4), les hypersphères (à la fin de la section 12.7) ou l'intersection de trois cylindres (à la fin de la section 12.8).

De la rigueur J'ai inclus moins de démonstrations que dans mes livres plus traditionnels, mais je reste persuadé qu'il est important de poser aux étudiants la question de la démonstration et de faire apparaître clairement la distinction entre une vraie démonstration et une argumentation convaincante. Le point important est, je pense, de montrer comment déduire quelque chose de moins évident de quelque chose qui l'est davantage.

La résolution de problèmes Les étudiants éprouvent habituellement des difficultés face à des problèmes pour lesquels il n'existe pas a priori de méthode bien définie pour les résoudre. Je pense que personne n'a vraiment fait mieux que Geoges Polya dans la description de la stratégie de résolution de problèmes en quatre étapes. Voilà pourquoi, j'ai reproduit une version de ses principes de résolution de problèmes à la fin du chapitre 1. Ceux-ci sont mis en œuvre, explicitement ou implicitement, tout au long de cet ouvrage. À la fin des autres chapitres, j'ai placé des sections intitulées *Priorité à la résolution de problèmes* qui mettent en vedette la manière d'aborder des problèmes d'analyse qui posent véritablement un défi. Lors de la sélection des problèmes de ces sections, j'ai gardé à l'esprit le conseil de David Hilbert : « Un problème mathématique devrait être suffisamment difficile pour nous tenir en haleine mais pas inaccessible au point de tourner nos efforts en dérision. » Quand j'ai donné ces problèmes à titre de devoirs ou de tests, je les ai évalués d'une façon particulière. J'ai récompensé un étudiant dès qu'il avançait des pistes de solution ou qu'il identifiait les principes de la résolution de problèmes les plus pertinents.

Les outils techniques Que l'on dispose aujourd'hui d'outils techniques rend, non pas moins importante, mais plus importante la maîtrise des concepts sous-jacents aux images de l'écran. En outre, utilisés à bon escient, les calculatrices graphiques ou les ordinateurs peuvent contribuer à faire découvrir et comprendre les concepts. Je pars du postulat que l'étudiant dispose soit d'une calculatrice graphique, soit d'un ordinateur muni d'un logiciel de calcul symbolique. L'icône ⌂ indique que l'exemple ou l'exercice devant lequel il est placé demande sans aucun doute l'usage de tels outils techniques, mais cela n'exclut pas de les employer dans la résolution d'autres exercices. Le symbole [CAS] est réservé aux problèmes qui font appel aux ressources d'un logiciel de calcul symbolique (comme Derive, Maple, Mathematica ou TI-89/92). Il ne faut pas en conclure que désormais le papier et le crayon soient devenus obsolètes. Le calcul à la main et l'esquisse à main levée sont souvent préférables aux outils techniques pour illustrer ou renforcer certains concepts. C'est à l'enseignant et à l'étudiant d'apprendre à décider lequel est le plus approprié.

■■ Le contenu

Chapitre 9
Les vecteurs et la géométrie
de l'espace

Les produits scalair et vectoriel sont d'abord définis géométriquement, par le biais du travail et du moment de torsion, avant d'être définis algébriquement. Les fonctions de deux variables et leurs graphiques sont introduits ici afin de faciliter l'étude des surfaces.

Chapitre 10
Les fonctions vectorielles

La première loi de Kepler sur le mouvement planétaire est démontrée grâce aux propriétés des fonctions vectorielles, les autres lois étant à démontrer comme projet. De même que les courbes paramétrées ont été introduites de façon précoce dans le chapitre 1 du volume consacré aux fonctions d'une variable, les surfaces paramétrées sont introduites dans ce chapitre aussi tôt que possible. Je crois qu'une familiarité précoce avec de telles surfaces est souhaitable, en particulier en raison de la capacité des ordinateurs à produire leurs graphiques. Il est ensuite possible d'étudier les plans tangents et les aires relatives à ces surfaces paramétrées dans les sections 11.4 et 12.6.

Chapitre 11
Les dérivées partielles

Les fonctions de deux et trois variables sont étudiées sous les points de vue verbal, numérique, graphique et algébrique. En particulier, j'introduis les dérivées partielles en regardant une certaine colonne dans une table de valeurs de l'indice chaleur (température ressenti de l'air) comme une fonction de la température réelle et de l'humidité relative. Les dérivées dans une direction sont évaluées à partir de diagrammes de niveaux de température, de niveaux de pression et de hauteurs de chute de neige.

Chapitre 12
Les intégrales multiples

Les diagrammes de courbes de niveau et la méthode du point médian servent à évaluer la quantité moyenne de neige et la température moyenne de certaines régions. Des intégrales doubles et triples permettent de calculer des probabilités, des aires de surfaces paramétrées, les volumes des hypershères et le volume de la partie commune à trois cylindres sécants.

Chapitre 13
Les champs de vecteurs

Les champs de vecteurs sont introduits par le biais des images des champs de vitesses du vent dans la baie de San Francisco. L'accent est mis sur les similitudes entre le théorème fondamental pour les intégrales curvilignes, le théorème de Green, le théorème de Stokes et le théorème de flux-divergence.

■■ Remerciements

J'exprime ma reconnaissance aux lecteurs qui ont partagé avec moi leurs connaissances et leurs critiques. J'ai appris quelque chose de chacun d'eux.

Lecteurs de la troisième édition

William Ardis,
  Collin County Community College
Jean H. Bevis,
  Georgia State University
Martina Bode,
  Northwestern University
Paul Wayne Britt,
  Louisiana State University
Judith Broadwin,
  Jericho High School (retired)
Meghan Anne Burke,
  Kennesaw State University
Roxanne M. Byrne,
  University of Colorado
  at Denver

Deborah Troutman Cantrell,
  Chattanooga State Technical
  Community College
Barbara R. Fink,
  DeAnza College
Joe W. Fisher,
  University of Cincinnati
Richard L. Ford,
  California State University Chico
Gerrald Gustave G reivel,
  *Colorado School of Mine*s
John R. Griggs,
  North Carolina State University
Barbara Bell Grover,
  Salt Lake Community College

Larry Cannon,
Utah State University

Gary Steven Itzkowitz,
Rowan University

Mohammad A. Kazemi,
University of North Carolina,
Charlotte

Kandace Alyson Kling,
Portland Community College

Carrie L. Kyser,
Clackamas Community College

Beth Turner Long,
Pellissippi State Technical
Community College

Andre Mathurin,
Bellarmine College Prep

Richard Eugene Mercer,
Wright State University

Laura J. Moore-Mueller,
Green River Community College

Scott L. Mortensen,
Dixie State College

John William Hagood,
Northern Arizona University

Tejinder Singh Neelon,
California State University
San Marcos

Jeanette R. Palmiter,
Portland State University

Dusty Edward Sabo,
Southern Oregon University

Daniel S. Sage,
Louisiana State University

Bernd S.W. Schroeder,
Louisiana Tech University

Jeffrey Scott Scroggs,
North Carolina State University

Linda E. Sundbye,
The Metropolitan State College
of Denver

JingLing Wang,
Lansing Community College

Michael B. Ward,
Western Oregon University

Lecteurs de la deuxième édition

William Ardis,
Collin County Community College

Judith Broadwin,
Jericho High School

Charles Bu,
Wellesley University

Larry Cannon,
Utah State University

Robert A. Chaffer,
Central Michigan University

Joe W. Fisher,
University of Cincinnati

Barry D. Hughes,
University of Melbourne

Prem K. Kythe,
University of New Orleans

Joyce Riseberg,
Montgomery College

Richard Rochberg,
Washington University

James F. Selgrade,
North Carolina State University

Denise Taunton Reid,
Valdosta State University

Clifton Wingard,
Delta State University

Teri E. Woodington,
Colorado School of Mines

Lecteurs de la première édition

Neil Berger,
University of Illinois at Chicago

Jay Bourland,
Colorado State University

John Chadam,
University of Pittsburgh

Dan Clegg,
Palomar College

Susan Dean,
DeAnza College

Joseph R. Fiedler,
California State University–Bakerseld

Frederick Gass,
Miami University

John Gosselin,
University of Georgia

Randall R. Holmes,
Auburn University

Mike Hurley,
Case Western Reserve University

Steve Kahn,
Anne Arundel Community College

Harvey Keynes,
University of Minnesota

Ronald Freiwald,
Washington University in St. Louis

Stephen Kokoska,
Bloomsburg University

Kevin Kreider,
University of Akron

James Lang,
*Valencia Community College–
East Campus*

Miroslav Lovrić,
McMaster University

Jim McKinney,
*California State Polytechnic University–
Pomona*

Rennie Mirollo,
Boston College

Bill Moss,
Clemson University

Phil Novinger,
Florida State University

Grace Orzech,
Queen's University

Ronald Knill,
Tulane University

Dan Pritikin,
Miami University

James Reynolds,
Clarion University

Gil Rodriguez,
Los Medanos College

N. Paul Schembari,
East Stroudsburg University

Bettina Schmidt,
Auburn University at Montgomery

William K. Tomhave,
Concordia College

Lorenzo Traldi,
Lafayette College

Tom Tucker,
Colgate University

Stanley Wayment,
Southwest Texas State University

James Wright,
Keuka College

Je remercie également ceux qui ont répondu à l'enquête sur l'attitude face à la réforme du calcul différentiel et intégral :

Ont répondu à la deuxième édition

Barbara Bath,
Colorado School of Mines

Paul W. Britt,
Louisiana State University

Maria E. Calzada,
Loyola University–New Orleans

Camille P. Cochrane,
Shelton State Community College

Fred Dodd,
University of South Alabama

Ronald C. Freiwald,
Washington University–St. Louis

Richard Hitt,
University of South Alabama

Tejinder S. Neelon,
California State University San Marcos

Bill Paschke,
University of Kansas

David Patocka,
*Tulsa Community College–
Southeast Campus*

Hernan Rivera,
Texas Lutheran University

David C. Royster,
University of North Carolina–Charlotte

Dr. John Schmeelk,
Virginia Commonwealth University

Jianzhong Wang,
Sam Houston State University

Barak Weiss,
*Ben Gurion University–
Be'er Sheva, Israel*

Ont répondu à la première édition

Irfan Altas,
Charles Sturt University

Robert Burton,
Oregon State University

Bem Cayco,
San Jose State University

Richard DiDio,
LaSalle University

Robert Dieffenbach,
Miami University–Middletown

Helmut Doll,
Bloomsburg University

James Daly,
University of Colorado

Richard Davis,
Edmonds Community College

John Ellison,
Grove City College

James P. Fink,
Gettysburg College

Robert Fontenot,
Whitman College

Laurette Foster,
Prairie View A & M University

Gregory Goodhart,
Columbus State Community College

Daniel Grayson,
*University of Illinois at
Urbana–Champaign*

Raymond Greenwell,
Hofstra University

Murli Gupta,
The George Washington University

Kathy Hann,
*California State University
at Hayward*

Judy Holdener,
United States Air Force Academy

Helmer Junghans,
Montgomery College

Victor Kaftal,
University of Cincinnati

Doug Kuhlmann,
Phillips Academy

David E. Kullman,
Miami University

Carl Leinbach,
Gettysburg College

William L. Lepowsky,
Laney College

Kathryn Lesh,
University of Toledo

Estela Llinas,
University of Pittsburgh at Greensburg

Lou Ann Mahaney,
*Tarrant County Junior College–
Northeast*

William Dunham,
Muhlenberg College

David A. Edwards,
The University of Georgia

John R. Martin,
Tarrant County Junior College

R. J. McKellar,
University of New Brunswick

David Minda,
University of Cincinnati

Brian Mortimer,
Carleton University

Richard Nowakowski,
Dalhousie University

Stephen Ott,
Lexington Community College

Paul Patten,
North Georgia College

Leslie Peek,
Mercer University

Mike Pepe,
Seattle Central Community College

Fred Prydz,
Shoreline Community College

Daniel Russow,
Arizona Western College

Brad Shelton,
University of Oregon

Don Small,
*United States Military Academy –
West Point*

Richard B. Thompson,
The University of Arizona

Alan Tucker,
*State University of New York
at Stony Brook*

George Van Zwalenberg,
Calvin College

Dennis Watson,
Clark College

Paul R. Wenston,
The University of Georgia

Ruth Williams,
*University of California–
San Diego*

En outre, je voudrais remercier George Bergaman, Emile LeBlanc, Martin Erickson, Stuart Goldenberg, Gerald Leibowitz, Larry Peterson, Charles Pugh, Marina Ratner, Peter Rosenthal et Alan Weinstein pour leurs suggestions ; Dan Clegg pour ses recherches en bibliothèque et sur l'internet ; Arnold Good pour avoir traité les problèmes d'optimisation par dérivation implicite ; Al Shenk et Dennis Zill de m'avoir accordé d'utiliser des exercices de leurs livres de calcul différentiel et intégral ; COMAP pour l'autorisation d'utiliser leurs projets ; George Bergman, David Bleecker, Dan Clegg, John Hagood, Victor Kaftal, Anthony Lam, Jamie Lawson, Ira Rozenholtz, Lowell Smylie et Larry Wallen pour leurs suggestions d'exercices ; Dan Drucker pour le projet de plaine de jeu ; Tom Farmer, Fred Gass, John Ramsay, Larry Riddle, V.K. Srinivasan et Philip Straffin pour leurs idées de projets ; Jeff Cole et Dan Clegg d'avoir préparé le solutionnaire des exercices. Dan Clegg m'a accompagné du début à la fin ; il a relu les épreuves, formulé des suggestions et introduit certains des nouveaux exercices.

De plus, je remercie ceux qui ont apporté leur contribution aux éditions précédentes : Ed Barbeau, Fred Brauer, Andy Bulman-Fleming, Tom Di Ciccio, Garret Etgen, Chris Fisher, Gene Hecht, Harvey Keynes, Kevin Kreider, E. L. Koh, Zdislav Kovarik, David Leep, Lothar Redlin, Carl Riehm, Doug Shaw et Saleem Watson.

Mes remerciements vont encore à Brian Betsill, Stephanie Kuhns et Kathi Townes de Tech-arts pour leur service de production, à Tom Bonner pour l'image de la couverture et à l'équipe de Brooks-Cole : Janet Hill, responsable de la production ; Vernon Boes, directeur artistique ; Karin Sandberg, Erin Mitchell et Bryan Vann, l'équipe de promotion ; Earl Perry, le responsable technique ; Stacy Green, l'éditeur assistant ; Katherine Cook, l'assistant éditorial ; Joohee Lee, Karen Hunt, Denise Davidson, concepteur de la couverture. Tous, ils ont réalisé un travail extraordinaire.

J'ai eu la chance ces dernières années, de travailler avec quelques-uns des meilleurs éditeurs en mathématiques : Ron Munro, Harry Campbell, Craig Barth, Jeremy Hayhurst, Gary Ostedt et maintenant Bob Pirtle. Bob est entré dans cette tradition d'éditeurs qui, tout en me donnant des conseils avisés et une aide solide, m'offrent d'écrire les livres que je désire écrire.

JAMES STEWART

À l'étudiant

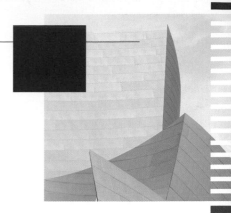

Lire un livre de calcul différentiel et intégral est tout autre chose que lire un journal ou un roman, ou même un livre de physique. Ne vous découragez pas s'il vous arrive de devoir lire un passage plus d'une fois avant de le comprendre. Vous devez avoir à portée de main du papier, un crayon et une calculatrice afin de faire un croquis ou un calcul.

Certains étudiants se lancent directement dans les exercices et ne vont lire la théorie que s'ils rencontrent des difficultés dans un exercice. Je leur suggère fortement de commencer par lire et comprendre une section avant d'attaquer les exercices. En particulier, vous devez vous pencher sur les définitions pour savoir exactement ce que signifient les mots. Et avant de lire chaque exemple, je vous suggère d'en cacher la solution et d'essayer de le résoudre par vous-même. Si vous écoutez mon conseil, vous retirerez davantage de la lecture de la solution.

Apprendre à penser logiquement est aussi un des buts de ce livre. Apprenez à rédiger les solutions des exercices de façon liée, pas à pas, avec des phrases d'explication — pas seulement une suite d'équations ou de formules détachées. À la fin du livre, dans l'annexe J, sont données les solutions des exercices impairs. Certains exercices consistent en une explication ou une interprétation ou une description. Il n'y a dès lors pas qu'une seule façon d'y répondre, ne vous inquiétez donc pas si vous n'avez pas trouvé la réponse exactement telle qu'elle est proposée. En outre, comme il y a parfois plusieurs formes différentes pour exprimer une réponse algébrique ou numérique, n'allez pas conclure immédiatement que la vôtre est fausse si elle est quelque peu différente de la mienne. Il peut y avoir une identité algébrique ou trigonométrique qui les relie. Par exemple, si la réponse donnée à la fin du livre est $\sqrt{2} - 1$ et que vous obtenez $1/(1 + \sqrt{2})$, c'est juste car en rendant le dénominateur rationnel, vous verrez que les deux réponses sont équivalentes.

L'icône ⌂ indique un exemple ou un exercice qui demande sans aucun doute l'usage d'une calculatrice graphique ou d'un ordinateur muni d'un logiciel de dessin. (La section 1.3 est consacrée à l'utilisation de ces outils graphiques et à certains pièges qu'ils peuvent vous tendre.) Mais cela n'exclut pas d'employer des outils graphiques pour vérifier la résolution d'autres exercices. Le symbole CAS est réservé aux problèmes qui font appel aux ressources spécifiques d'un logiciel de calcul symbolique (tel Derive, Maple, Mathematica ou TI-89/92). Vous verrez encore le symbole ⊘ qui vous met en garde contre certaines erreurs. J'ai placé ce symbole dans la marge en regard des situations où j'ai observé qu'une grande proportion de mes étudiants commettaient la même erreur.

Je vous recommande de garder ce livre à titre de référence après que vous ayez terminé le cours. Comme il est probable que vous oublierez quelques détails, ce livre vous permettra de vous rafraîchir la mémoire quand vous aurez besoin de cette matière dans vos cours ultérieurs. De plus, ce livre contient plus de matière que ce qu'un cours peut raisonnablement couvrir. Aussi, il peut être une ressource utile dans votre carrière de chercheur ou de technicien.

Le calcul différentiel et intégral est un sujet passionnant, à juste titre considéré comme l'une des plus hautes réalisations de l'esprit humain. J'espère que vous allez découvrir qu'il n'est pas seulement utile mais aussi intrinsèquement beau.

Table des matières

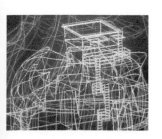

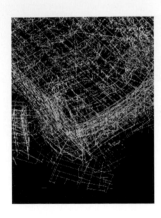

12 Les intégrales multiples   829

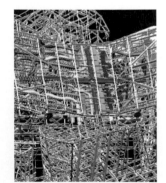

13 L'analyse vectorielle   905

Les vecteurs et la géométrie de l'espace

9

Dans ce chapitre, nous allons introduire les vecteurs et des systèmes de coordonnées adaptés à un espace de dimension trois. Tel est le cadre pour étudier les fonctions de deux variables parce que leur représentation graphique est une surface de l'espace. Les vecteurs sont des outils particulièrement simples pour décrire des droites et des plans de l'espace ainsi que des vitesses et des accélérations d'objets qui se meuvent dans l'espace.

9.1 Le repère cartésien d'un espace de dimension trois

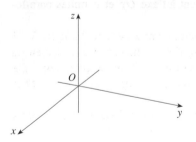

FIGURE 1

Les axes de coordonnées

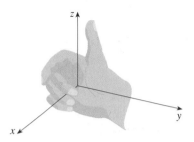

FIGURE 2

La règle de la main droite

Pour situer un point dans un plan, il faut deux nombres. Nous savons qu'à n'importe quel point du plan est associé un couple de nombres réels (a, b), où a est l'abscisse et b l'ordonnée. Voilà pourquoi un plan est appelé un espace de dimension deux. Pour situer un point dans l'espace, il faut trois nombres. Tout point de l'espace est représenté par un triplet (a, b, c) de nombres réels.

En vue de représenter des points dans l'espace, il faut d'abord choisir un point fixe O (l'origine) et trois axes orientés passant par O, perpendiculaires entre eux, appelés les **axes de coordonnées**, et étiquetés axe Ox, axe Oy et axe Oz. Il est habituel d'imaginer les axes Ox et Oy horizontaux et l'axe Oz vertical. L'orientation des axes est celle de la figure 1. Le sens de l'axe Oz est déterminé par la **règle de la main droite** comme vous pouvez le voir dans la figure 2 : si vous enroulez les doigts de votre main droite autour de l'axe Oz à la manière d'une rotation de 90° dans le sens contraire des aiguilles d'une montre, allant de l'axe Ox vers l'axe Oy, alors votre pouce est pointé dans le sens positif de l'axe Oz.

Les trois axes de coordonnées déterminent les trois **plans de coordonnées** représentés dans la figure 3 a). Le plan Oxy est le plan des axes Ox et Oy ; le plan Oyz celui des axes Oy et Oz ; le plan Oxz celui des axes Ox et Oz. Ces trois plans de coordonnées divisent l'espace en huit parties, appelées **octants**. Le **premier octant**, au premier plan, correspond à la partie positive de chacun des axes.

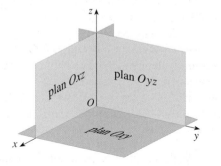

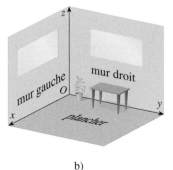

FIGURE 3

a) Les plans de coordonnées

b)

Parce que beaucoup éprouvent des difficultés à lire des figures tridimensionnelles, nous leur proposons l'aide que voici [voyez la figure 3 b)]. Regardez un coin inférieur d'une pièce et appelez ce coin l'origine. Le mur à votre gauche est le plan Oxz, le mur à votre droite, le plan Oyz et le plancher, le plan Oxy. L'axe Ox coïncide avec l'intersection du plancher et du mur de gauche. L'axe Oy coïncide avec l'intersection du plancher et du mur de droite. L'axe Oz se dresse du plancher vers le plafond le long de l'intersection des deux murs. Vous êtes dans le premier octant et vous pouvez imaginer maintenant les sept autres pièces situées dans les sept autres octants (trois au même étage et quatre à l'étage inférieur), tous reliés au coin commun O.

Soit maintenant P un point quelconque de l'espace. Désignons par a la distance (orientée) du plan Oyz à P, par b la distance du plan Oxz à P et par c la distance du

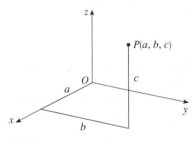

FIGURE 4

plan Oxy à P. Le point P est identifié par le triplet (a, b, c) de nombres réels et les nombres a, b et c sont appelés les **coordonnées** de P ; a est l'abscisse, b l'ordonnée et c la cote. Pour situer le point (a, b, c), nous pouvons donc partir de l'origine O, compter a unités sur l'axe Ox, b unités parallèlement à l'axe Oy et c unités parallèlement à l'axe Oz, comme dans la figure 4.

Le point $P(a, b, c)$ détermine une boîte rectangulaire comme celle de la figure 5. Si nous abaissons la perpendiculaire depuis P sur la plan Oxy, celle-ci perce le plan en un point Q de coordonnées $(a, b, 0)$, appelé la **projection** de P sur le plan Oxy. De même, $R(0, b, c)$ et $S(a, 0, c)$ sont les deux projections de P sur le plan Oyz et Oxz respectivement.

À titre d'illustration numérique, voici dans la figure 6 la représentation des points $(-4, 3, -5)$ et $(3, -2, -6)$.

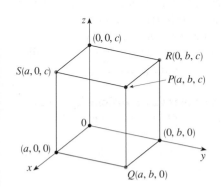

FIGURE 5

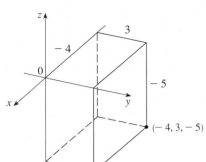

FIGURE 6

Le produit cartésien $\mathbb{R} \times \mathbb{R} \times \mathbb{R} = \{(x, y, z) \mid x, y, z \in \mathbb{R}\}$ est l'ensemble des triplets de nombres réels et est noté $\mathbb{R}^3$. Nous avons établi une correspondance bijective entre les points P de l'espace et les triplets (a, b, c) de $\mathbb{R}^3$. Cela s'appelle un **système de coordonnées cartésiennes orthogonal de dimension trois**. Remarquez que, en termes de coordonnées, le premier octant peut être décrit comme l'ensemble des points dont les coordonnées sont toutes positives.

En géométrie analytique de dimension 2, le graphique d'une équation en x et y est une courbe de $\mathbb{R}^2$. En géométrie analytique de dimension trois, une équation en x, y et z représente une *surface* dans $\mathbb{R}^3$.

EXEMPLE 1 Quelles sont les surfaces de $\mathbb{R}^3$ représentées par les équations suivantes ?

a) $z = 3$ \qquad\qquad\qquad\qquad b) $y = 5$.

SOLUTION

a) L'équation $z = 3$ représente l'ensemble $\{(x, y, z) \mid z = 3\}$, qui est l'ensemble de tous les points de $\mathbb{R}^3$ dont la cote est 3. C'est un plan horizontal, parallèle au plan Oxy, situé trois unités au-dessus de lui [voyez la figure 7 a)].

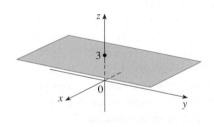

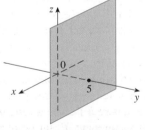

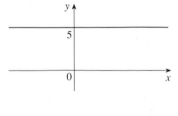

FIGURE 7 \qquad a) $z = 3$, un plan de $\mathbb{R}^3$ \qquad\qquad b) $y = 5$, un plan de $\mathbb{R}^3$ \qquad\qquad c) $y = 5$, une droite de $\mathbb{R}^2$

b) L'équation $y = 5$ représente l'ensemble de tous les points de $\mathbb{R}^3$ dont l'ordonnée est 5. C'est un plan vertical, parallèle au plan Oxz, situé 5 unités à droite de lui, comme celui de la figure 7 b). ■ ■

REMARQUE · Face à une équation donnée, il faut comprendre d'après le contexte s'il s'agit d'une courbe dans $\mathbb{R}^2$ ou d'une surface dans $\mathbb{R}^3$. Dans l'exemple 1, $y = 5$ représente un plan dans $\mathbb{R}^3$, mais $y = 5$ peut aussi bien sûr représenter une droite dans $\mathbb{R}^2$ en géométrie analytique de dimension deux. Voyez les figures 7 b) et 7 c).

Généralement, $x = k$ où k est une constante représente un plan parallèle au plan Oyz, $y = k$, un plan parallèle au plan Oxz et $z = k$ un plan parallèle au plan Oxy. Dans la figure 5, les faces du parallélipipède rectangle sont les trois plans de coordonnées $x = 0$ (plan Oyz), $y = 0$ (plan Oxz) et $z = 0$ (plan Oxy) ainsi que les plans $x = a$, $y = b$ et $z = c$.

EXEMPLE 2 Décrivez et dessinez la surface dans $\mathbb{R}^3$ représentée par l'équation $y = x$.

SOLUTION L'équation représente l'ensemble de tous les points de $\mathbb{R}^3$ dont l'abscisse et l'ordonnée sont égales, c'est-à-dire $\{ (x, x, z) \mid x \in \mathbb{R}, z \in \mathbb{R} \}$. C'est un plan vertical qui coupe le plan Oxy selon la droite $x = y$, $z = 0$. La figure 8 montre la portion de ce plan située dans le premier octant. ■ ■

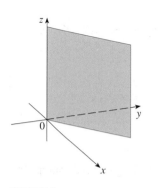

FIGURE 8
Le plan $y = x$

La formule bien connue de la distance entre deux points dans un plan s'étend aisément à l'espace de dimension trois.

Formule de la distance dans l'espace La distance $|P_1P_2|$ entre les points $P_1(x_1, y_1, z_1)$ et $P_2(x_2, y_2, z_2)$ est égale à

$$|P_1P_2| = \sqrt{(x_2 - x_1)^2 + (y_2 - y_1)^2 + (z_2 - z_1)^2}$$

Pour justifier cette formule, nous construisons un parallélipipède rectangle dont P_1 et P_2 sont des sommets opposés et dont les faces sont parallèles aux plans de coordonnées. Si $A(x_2, y_1, z_1)$ et $B(x_2, y_2, z_1)$ sont les sommets indiqués sur la figure 9, alors

$$|P_1A| = |x_2 - x_1| \quad |AB| = |y_2 - y_1| \quad |BP_2| = |z_2 - z_1|$$

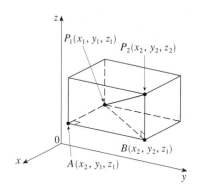

FIGURE 9

Comme les deux triangles P_1BP_2 et P_1AB sont rectangles, le théorème de Pythagore peut leur être appliqué et fournit

$$|P_1P_2|^2 = |P_1B|^2 + |BP_2|^2$$

et

$$|P_1B|^2 = |P_1A|^2 + |AB|^2.$$

En introduisant la deuxième équation dans la première, nous obtenons :

$$
\begin{aligned}
|P_1P_2|^2 &= |P_1A|^2 + |AB|^2 + |BP_2|^2 \\
&= |x_2 - x_1|^2 + |y_2 - y_1|^2 + |z_2 - z_1|^2 \\
&= (x_2 - x_1)^2 + (y_2 - y_1)^2 + (z_2 - z_1)^2
\end{aligned}
$$

Par conséquent, $\quad |P_1P_2| = \sqrt{(x_2 - x_1)^2 + (y_2 - y_1)^2 + (z_2 - z_1)^2}$.

EXEMPLE 3 La distance entre le point $P(2, -1, 7)$ et le point $Q(1, -3, 5)$ est égale à

$$|PQ| = \sqrt{(1-2)^2 + (-3+1)^2 + (5-7)^2} = \sqrt{1+4+4} = 3.$$ ■ ■

EXEMPLE 4 Déterminez une équation de la sphère de rayon r et de centre $C(h, k, l)$.

SOLUTION Par définition, une sphère est l'ensemble de tous les points $P(x, y, z)$ dont la distance par rapport à C est r (voyez la figure 10). Un point P est donc sur la sphère si et seulement si $|PC| = r$. Après élévation au carré des deux membres, nous obtenons $|PC|^2 = r^2$ ou

$$(x-h)^2 + (y-k)^2 + (z-l)^2 = r^2.$$ ■ ■

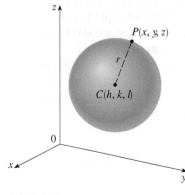

FIGURE 10

Ce résultat vaut la peine d'être retenu :

L'équation d'une sphère Une sphère de centre $C(h, k, l)$ et de rayon r a comme équation

$$(x-h)^2 + (y-k)^2 + (z-l)^2 = r^2.$$

En particulier, si son centre est l'origine O, la sphère a comme équation

$$x^2 + y^2 + z^2 = r^2.$$

EXEMPLE 5 Montrez que $x^2 + y^2 + z^2 + 4x - 6y + 2z + 6 = 0$ est l'équation d'une sphère et déterminez son centre et son rayon.

SOLUTION Nous pouvons rapprocher l'équation donnée de celle d'une sphère en complétant les carrés :

$$(x^2 + 4x + 4) + (y^2 - 6y + 9) + (z^2 + 2z + 1) = -6 + 4 + 9 + 1$$
$$(x+2)^2 + (y-3)^2 + (z+1)^2 = 8$$

Par comparaison avec la forme standard, nous voyons qu'il s'agit d'une sphère centrée en $(-2, 3, -1)$ et de rayon $\sqrt{8} = 2\sqrt{2}$. ■ ■

EXEMPLE 6 Quelle est la région de $\mathbb{R}^3$ définie par les inégalités suivantes ?

$$1 \leqslant x^2 + y^2 + z^2 \leqslant 4 \quad z \leqslant 0.$$

SOLUTION Les inégalités

$$1 \leqslant x^2 + y^2 + z^2 \leqslant 4$$

peuvent être réécrites

$$1 \leqslant \sqrt{x^2 + y^2 + z^2} \leqslant 2,$$

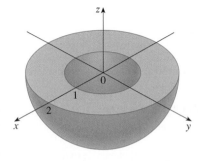

FIGURE 11

ce qui montre que les points (x, y, z) de cette région sont à une distance de l'origine au moins égale à 1 sans pour autant dépasser 2. De plus, $z \leqslant 0$ entraîne que les points se trouvent soit sur, soit sous le plan Oxy. Par conséquent, les inégalités données définissent la région située entre (ou sur) les sphères $x^2 + y^2 + z^2 = 1$ et $x^2 + y^2 + z^2 = 4$ et au-dessous du (ou sur le) plan Oxy. Cette région est représentée dans la figure 11. ■ ■

9.1 | Exercices

1. Vous partez de l'origine et vous déplacez le long de l'axe Ox de 4 unités dans le sens positif, ensuite vous descendez de 3 unités vers le bas. Quelles sont les coordonnées du point où vous vous trouvez ?

2. Dans un même repère cartésien, marquez les points $(0, 5, 2)$, $(4, 0, -1)$, $(2, 4, 6)$ et $(1, -1, 2)$.

3. Lequel parmi les points $P(6, 2, 3)$, $Q(-5, -1, 4)$ et $R(0, 3, 8)$ est le plus proche du plan Oxz ? Quel est le point qui se trouve sur le plan Oyz ?

4. Déterminez les coordonnées des projections du point $(2, 3, 5)$ dans les plans Oxy, Oyz et Oxz. Dessinez un parallélépipède rectangle dont l'origine et $(2, 3, 5)$ sont des sommets opposés et dont les faces sont des plans parallèles aux plans de coordonnées. Étiquetez chaque sommet. Calculez la longueur de la diagonale.

5. Décrivez et dessinez la surface dans $\mathbb{R}^3$ représentée par l'équation $x + y = 2$.

6. a) Que représente l'équation $x = 4$ dans $\mathbb{R}^2$? Que représente-t-elle dans $\mathbb{R}^3$? Illustrez votre réponse par un dessin.
  b) Que représente l'équation $y = 3$ dans $\mathbb{R}^3$? Que représente $z = 5$? Que représente la paire d'équations $y = 3$, $z = 5$? En d'autres mots, décrivez l'ensemble des points (x, y, z) tels que $y = 3$ et $z = 5$. Illustrez par un dessin.

7. Calculez la mesure des côtés du triangle PQR. Est-ce que PQR est un triangle rectangle ? Un triangle isocèle ?
  a) $P(3, -2, -3)$, $Q(7, 0, 1)$ et $R(1, 2, 1)$.
  b) $P(2, -1, 0)$, $Q(4, 1, 1)$, $R(4, -5, 4)$

8. Calculez la distance entre le point $(3, 7, -5)$ et
  a) le plan Oxy b) le plan Oyz
  c) le plan Oyz d) l'axe Ox
  e) l'axe Oy f) l'axe Oz

9. Les points sont-ils colinéaires ?
  a) $A(2, 4, 2)$, $B(3, 7, -2)$, $C(1, 3, 3)$
  b) $D(0, -5, 5)$, $E(1, -2, 4)$, $F(3, 4, 2)$

10. Déterminez une équation de la sphère centrée en $(2, -6, 4)$ de rayon 5. Quelle est l'intersection de cette sphère avec chacun des plans de coordonnées ?

11. Écrivez une équation de la sphère qui passe par le point $(4, 3, -1)$ et centrée en $(3, 8, 1)$.

12. Déterminez l'équation d'une sphère qui passe par l'origine et centrée en $(1, 2, 3)$.

13-14 ■ Montrez que l'équation est celle d'une sphère et déterminez son centre et son rayon.

13. $x^2 + y^2 + z^2 - 6x + 4y - 2z = 11$

14. $4x^2 + 4y^2 + 4z^2 - 8x + 16y = 1$

15. a) Démontrez que les coordonnées du point milieu du segment d'extrémités $P_1(x_1, y_1, z_1)$ et $P_2(x_2, y_2, z_2)$ sont

$$\left(\frac{x_1 + x_2}{2}, \frac{y_1 + y_2}{2}, \frac{z_1 + z_2}{2}\right)$$

  b) Calculez la mesure des médianes du triangle de sommets $A(1, 2, 3)$, $B(-2, 0, 5)$ et $C(4, 1, 5)$.

16. Déterminez une équation d'une sphère dont un des diamètres a comme extrémités $(2, 1, 4)$ et $(4, 3, 10)$.

17. Déterminez des équations des sphères centrées en $(2, -3, 6)$ qui touche a) le plan Oxy, b) le plan Oyz, c) le plan Oxz.

18. Déterminez une équation de la plus grande sphère centrée en $(5, 4, 9)$ contenue dans le premier octant.

19-28 ■ Décrivez avec des mots la région de $\mathbb{R}^3$ représentée par l'équation ou l'inégalité.

19. $y = -4$ \qquad\qquad **20.** $x = 10$

21. $x > 3$ \qquad\qquad **22.** $y \geqslant 0$

23. $0 \leqslant z \leqslant 6$ \qquad\quad **24.** $z^2 = 1$

25. $x^2 + y^2 + z^2 \leqslant 3$ \quad **26.** $x = z$

27. $x^2 + z^2 \leqslant 9$ \qquad **28.** $x^2 + y^2 + z^2 > 2z$

29-32 ■ Décrivez par des inégalités la région donnée.

29. Le demi-espace comprenant tous les points à gauche du plan Oxz.

30. Le parallélépipède rectangle situé dans le premier octant borné par les plans $x = 1$, $y = 2$ et $z = 3$.

31. La région située strictement entre les sphères de rayon r et R centrée à l'origine, où $r < R$.

32. La moitié supérieure de la sphère de rayon 2 centrée à l'origine.

33. La figure montre une droite d_1 dans l'espace et une deuxième droite d_2, projection de la première dans le plan Oxy. (En

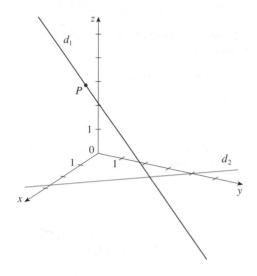

d'autres mots, les points de d_2 sont soit au-dessus, soit en dessous de ceux de d_1.)

a) Déterminez les coordonnées du point P sur la droite d_1.
b) Indiquez sur le dessin les points A, B et C en lesquels la droite d_1 perce les plans Oxy, Oyz et Oxz, respectivement.

34. Considérez les points P dont la distance à $A(-1, 5, 3)$ est le double de celle de P à $B(6, 2, -2)$. Montrez que ces points sont sur une sphère et déterminez son centre et son rayon.

35. Déterminez une équation de l'ensemble des points équidistants des points $A(-1, 5, 3)$ et $B(6, 2, -2)$. Décrivez cet ensemble.

36. Calculez le volume du solide compris entre les deux sphères

$$x^2 + y^2 + z^2 + 4x - 2y + 4z + 5 = 0$$

et

$$x^2 + y^2 + z^2 = 4.$$

9.2 Les vecteurs

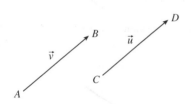

FIGURE 1
Des vecteurs égaux

Le mot **vecteur** dans la bouche d'un scientifique désigne une grandeur orientée (telle un déplacement, une vitesse ou une force) c'est-à-dire une grandeur qui a une direction, un sens et une mesure. Un vecteur est souvent représenté par une flèche ou un segment orienté. La longueur de la flèche représente la mesure du vecteur, la droite qui la porte indique la direction et la flèche le sens du vecteur. Un vecteur est noté par une lettre en gras ($\mathbf{v}$) ou une lettre surmontée d'une flèche $\vec{v}$.

On suppose par exemple qu'un point matériel se déplace le long d'une droite depuis A jusqu'à B. Le **vecteur déplacement** correspondant $\vec{v}$ que montre la figure 1 a un **point initial** A (l'origine) et un **point final** B (l'extrémité), ce qui est indiqué par $\vec{v} = \overrightarrow{AB}$. Remarquez que le vecteur $\vec{u} = \overrightarrow{CD}$ a la même mesure, la même direction et le même sens que $\vec{v}$, même s'il est à une place différente. On dit que $\vec{u}$ et $\vec{v}$ sont égaux et on écrit $\vec{u} = \vec{v}$. Le **vecteur nul**, noté $\vec{0}$, est de mesure nulle. Il est le seul vecteur qui n'a ni direction, ni sens.

■■ Opérations avec des vecteurs

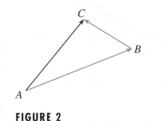

FIGURE 2

On suppose qu'un point matériel se déplace de A à B. Son vecteur déplacement est $\overrightarrow{AB}$. Ensuite, il change de direction et va de B à C. Son vecteur déplacement est maintenant $\overrightarrow{BC}$ (voyez la figure 2). L'effet combiné de ces déplacements est que le point matériel est allé de A à C. Le vecteur déplacement qui en résulte, $\overrightarrow{AC}$, est appelé la *somme* de $\overrightarrow{AB}$ et de $\overrightarrow{BC}$ et on écrit

$$\overrightarrow{AC} = \overrightarrow{AB} + \overrightarrow{BC}$$

De façon générale, à partir des vecteurs $\vec{u}$ et $\vec{v}$, on déplace le vecteur $\vec{v}$ de manière que son origine coïncide avec l'extrémité de $\vec{u}$ et on définit la somme de $\vec{u}$ et $\vec{v}$ comme suit.

Définition de l'addition vectorielle Si $\vec{u}$ et $\vec{v}$ sont des vecteurs positionnés de façon telle que le point initial de $\vec{v}$ et l'extrémité de $\vec{u}$ coïncident, alors la **somme** $\vec{u} + \vec{v}$ est le vecteur qui va du point initial de $\vec{u}$ à l'extrémité de $\vec{v}$.

La figure 3 illustre la définition de l'addition vectorielle. Vous pouvez y voir pourquoi cette définition est parfois appelée le **loi du triangle**.

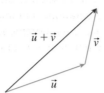

FIGURE 3 La loi du triangle

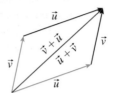

FIGURE 4 La loi du parallélogramme

Dans la figure 4, à partir des mêmes vecteurs $\vec{u}$ et $\vec{v}$ de la figure 3, on trace une autre représentation de $\vec{v}$, celle dont l'origine coïncide avec l'origine de $\vec{u}$. Puis on complète le parallélogramme. On constate ainsi que $\vec{u} + \vec{v} = \vec{v} + \vec{u}$. On peut y voir aussi une autre façon de construire le vecteur somme : si on place $\vec{u}$ et $\vec{v}$ de manière qu'ils aient même origine, le vecteur somme $\vec{u} + \vec{v}$ est sur la diagonale du parallélogramme dont $\vec{u}$ et $\vec{v}$ sont les côtés. (C'est la **règle du parallélogramme**.)

EXEMPLE 1 Dessinez la somme des vecteurs $\vec{a}$ et $\vec{b}$ représentés dans la figure 5.

SOLUTION On commence par translater $\vec{b}$ de sorte que son extrémité vienne se mettre à l'origine de $\vec{a}$, en étant attentif de tracer une copie de $\vec{b}$, de même mesure, de même sens et de même direction. Ensuite, on joint le point initial de $\vec{a}$ à l'extrémité de la copie de $\vec{b}$ (voyez la figure 6 a), c'est le vecteur $\vec{a} + \vec{b}$.

On aurait aussi pu faire coïncider les origines de $\vec{a}$ et de $\vec{b}$ et construire $\vec{a} + \vec{b}$ par la règle du parallélogramme, comme à la figure 6 b).

FIGURE 5

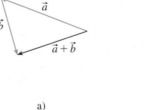
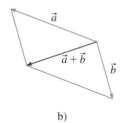

FIGURE 6   a)   b) ■ ■

Il est possible de multiplier un vecteur par un nombre réel c. (Dans ce contexte, le nombre réel c est appelé un scalaire, pour le distinguer d'un vecteur.) Il est souhaitable que le vecteur $2\vec{v}$ soit le même vecteur que $\vec{v} + \vec{v}$, qui a même direction et même sens que $\vec{v}$, mais dont la mesure est le double de celle de $\vec{v}$. En général, le produit d'un vecteur par un scalaire est défini de la manière suivante.

Définition de la multiplication scalaire Si c est un scalaire et $\vec{v}$ un vecteur, alors le **multiple scalaire** $c\vec{v}$ est le vecteur qui a même orientation que $\vec{v}$, dont la mesure est $|c|$ fois la mesure de $\vec{v}$ et qui a le même sens que $\vec{v}$ si $c > 0$ et le sens opposé si $c < 0$. Si $c = 0$ ou si $\vec{v} = \vec{0}$, alors $c\vec{v} = \vec{0}$.

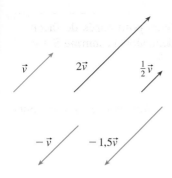

FIGURE 7
Des multiples scalaires de $\vec{v}$

Cette définition est illustrée à la figure 7. Les nombres réels fonctionnent ici comme des facteurs d'échelle, d'où leur nom de scalaires[1]. On remarque que deux vecteurs non nuls sont **parallèles** s'ils sont des multiples scalaires l'un de l'autre. En particulier, le vecteur $-\vec{v} = (-1)\vec{v}$ a la même mesure que $\vec{v}$, mais son sens est opposé. Voilà pourquoi on l'appelle l'**opposé** de $\vec{v}$.

Le vecteur **différence** de deux vecteurs $\vec{u}$ et $\vec{v}$ est défini par

$$\vec{u} - \vec{v} = \vec{u} + (-\vec{v}).$$

Pour construire la **différence** $\vec{u} - \vec{v}$, on trace d'abord l'opposé $-\vec{v}$ de $\vec{v}$, puis on l'ajoute à $\vec{u}$ en suivant la règle du parallélogramme, comme dans la figure 8 a). Sinon, comme $\vec{v} + (\vec{u} - \vec{v}) = \vec{u}$, on peut construire $\vec{u} - \vec{v}$ comme le vecteur qui, additionné à $\vec{v}$ donne $\vec{u}$. C'est alors la règle du triangle qui gouverne la figure 8 b).

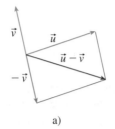

FIGURE 8
Représentation de $\vec{u} - \vec{v}$

a)   b)

EXEMPLE 2 Si $\vec{a}$ et $\vec{b}$ sont les vecteurs représentés dans la figure 9, dessinez $\vec{a} - 2\vec{b}$.

SOLUTION On commence par dessiner le vecteur $-2\vec{b}$, de sens opposé à $\vec{b}$ et deux fois plus long. On place ensuite son origine à l'extrémité de $\vec{a}$ et on utilise la règle du triangle pour obtenir $\vec{a} + (-2\vec{b})$ comme à la figure 10.

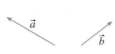
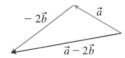

FIGURE 9   **FIGURE 10**

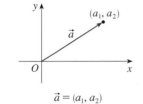

$\vec{a} = (a_1, a_2)$

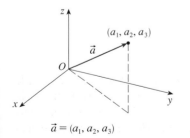

$\vec{a} = (a_1, a_2, a_3)$

FIGURE 11

Les composantes

Dans certains problèmes, il est bon d'introduire un système de coordonnées et de traiter les vecteurs algébriquement. Si un vecteur $\vec{a}$ est placé dans un système d'axes rectangulaire avec son origine en O, les coordonnées de son extrémité sont de la forme (a_1, a_2) ou (a_1, a_2, a_3), selon que le système de coordonnées est à deux ou trois dimensions. Ces coordonnées sont appelées les **composantes** de $\vec{a}$ et on écrit

$$\vec{a} = (a_1, a_2) \quad \text{ou} \quad \vec{a} = (a_1, a_2, a_3).$$

La figure 12 montre plusieurs flèches qui sont toutes équivalentes au sens où elles ont toutes la même longueur, la même direction et le même sens même si elles sont dessinées à des endroits différents. Tous ces segments orientés sont caractérisés par le fait que pour aller du point initial au point final, il faut effectuer un déplacement de trois unités vers la droite et deux unités vers le haut. Nous considérons tous ces segments orientés comme des représentations équivalentes d'une seul objet mathématique, le **vecteur** $\overrightarrow{OP}$ de composantes $(3, 2)$. La représentation particulière $\overrightarrow{OP}$ qui va de l'origine au point P de coordonnées $(3, 2)$ est appelée le **vecteur position** du point P. Semblablement, le vecteur $\vec{a} = \overrightarrow{OP} = (a_1, a_2, a_3)$ est le vecteur position du point $P(a_1, a_2, a_3)$. (Voyez la figure 13.)

---

[1] NdT : du latin scala, échelle.

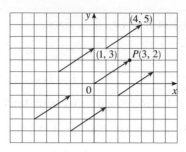

FIGURE 12

Des représentations du vecteur $\vec{a} = (3, 2)$

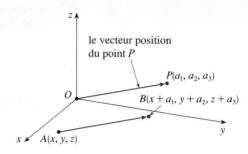

FIGURE 13

Des représentations du vecteur $\vec{a} = (a_1, a_2, a_3)$

Prenons maintenant une autre représentation $\overrightarrow{AB}$ qui va du point initial $A(x_1, y_1, z_1)$ jusqu'au point $B(x_2, y_2, z_2)$. Alors $x_1 + a_1 = x_2$, $y_1 + a_2 = y_2$, $z_1 + a_3 = z_2$ et de là, $a_1 = x_2 - x_1$, $a_2 = y_2 - y_1$ et $a_3 = z_2 - z_1$. Nous avons donc l'énoncé suivant.

---

1 Étant donnés les points $A(x_1, y_1, z_1)$ et $B(x_2, y_2, z_2)$, le vecteur $\vec{a}$ représenté par $\overrightarrow{AB}$ est

$$\vec{a} = (x_2 - x_1, y_2 - y_1, z_2 - z_1).$$

EXEMPLE 3 Déterminez le vecteur représenté par le segment orienté d'origine $A(2, -3, 4)$ et d'extrémité $B(-2, 1, 1)$.

SOLUTION Le vecteur correspondant à $\overrightarrow{AB}$ est, d'après (1),

$$\vec{a} = (-2 - 2, 1 - (-3), 1 - 4) = (-4, 4, -3).$$ ■ ■

La **mesure** ou **longueur** (ou **norme**) du vecteur $\vec{v}$ est la longueur de n'importe lequel des segments orientés qui le représentent. Elle est notée par $\|\vec{v}\|$. En faisant usage de la formule de la distance pour calculer la longueur d'un segment OP, nous obtenons

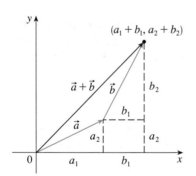

FIGURE 14

La longueur d'un vecteur de dimension deux $\vec{a} = (a_1, a_2)$ est égale à

$$\|\vec{a}\| = \sqrt{a_1^2 + a_2^2}.$$

La longueur d'un vecteur de dimension trois $\vec{a} = (a_1, a_2, a_3)$ est égale à

$$\|\vec{a}\| = \sqrt{a_1^2 + a_2^2 + a_3^2}.$$

Comment additionner des vecteurs algébriquement ? La figure 14 montre que si $\vec{a} = (a_1, a_2)$ et $\vec{b} = (b_1, b_2)$, alors la somme est $\vec{a} + \vec{b} = (a_1 + b_1, a_2 + b_2)$, du moins dans le cas où les composantes sont positives. Autrement dit, pour *additionner algébriquement deux vecteurs, on additionne leurs composantes*. Semblablement, pour *soustraire des vecteurs, on soustrait leurs composantes*. Les triangles semblables de la figure 15 montrent que les composantes de $c\vec{a}$ sont ca_1 et ca_2. De là, pour *multiplier un vecteur par un scalaire, on multiplie chaque composante par ce scalaire*.

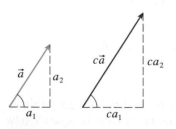

FIGURE 15

Si $\vec{a} = (a_1, a_2)$ et $\vec{b} = (b_1, b_2)$, alors

$$\vec{a} + \vec{b} = (a_1 + b_1, a_2 + b_2) \quad \vec{a} - \vec{b} = (a_1 - b_1, a_2 - b_2)$$

$$c\vec{a} = (ca_1, ca_2)$$

De même, pour les vecteurs de dimension trois,

$$(a_1, a_2, a_3) + (b_1, b_2, b_3) = (a_1 + b_1, a_2 + b_2, a_3 + b_3)$$

$$(a_1, a_2, a_3) - (b_1, b_2, b_3) = (a_1 - b_1, a_2 - b_2, a_3 - b_3)$$

$$c(a_1, a_2, a_3) = (ca_1, ca_2, ca_3)$$

EXEMPLE 4 Déterminez $\|\vec{a}\|$ ainsi que les vecteurs $\vec{a} + \vec{b}$, $\vec{a} - \vec{b}$, $3\vec{b}$ et $2\vec{a} + 5\vec{b}$ si $\vec{a} = (4, 0, 3)$ et $\vec{b} = (-2, 1, 5)$.

SOLUTION

$$\|\vec{a}\| = \sqrt{4^2 + 0^2 + 3^2} = \sqrt{25} = 5$$

$$\vec{a} + \vec{b} = (4, 0, 3) + (-2, 1, 5)$$
$$= (4 - 2, 0 + 1, 3 + 5) = (2, 1, 8)$$

$$\vec{a} - \vec{b} = (4, 0, 3) - (-2, 1, 5)$$
$$= (4 - (-2), 0 - 1, 3 - 5) = (6, -1, -2)$$

$$3\vec{b} = 3(-2, 1, 5) = (3(-2), 3(1), 3(5)) = (-6, 3, 15)$$

$$2\vec{a} + 5\vec{b} = 2(4, 0, 3) + 5(-2, 1, 5)$$
$$= (8, 0, 6) + (-10, 5, 25) = (-2, 5, 31) \quad ■ ■$$

Nous désignons par V_2 l'ensemble de tous les vecteurs de dimension deux et par V_3, l'ensemble de tous les vecteurs de dimension trois. Plus généralement, nous aurons besoin de considérer plus tard l'ensemble V_n des vecteurs de dimension n. Un vecteur de dimension n est un n-uple :

$$\vec{a} = (a_1, a_2, ..., a_n),$$

où a_1, a_2, ..., a_n sont des nombres réels, appelés les composantes de $\vec{a}$. L'addition et la multiplication par un scalaire sont définies en termes de composantes, exactement de la même manière que dans les cas $n = 2$ et $n = 3$.

■ ■ On utilise des vecteurs de dimension n pour faire la liste de différentes quantités organisées d'une certaine façon. Par exemple, les composantes d'un vecteur de dimension six

$$\vec{p} = (p_1, p_2, p_3, p_4, p_5, p_6)$$

peuvent être les prix de six composants de fabrication d'un certain produit. En théorie de la relativité, on emploie des vecteurs de dimension quatre (x, y, z, t) où les trois premières composantes servent à situer une position dans l'espace et la quatrième correspond au temps.

Les propriétés des vecteurs Soient $\vec{a}$, $\vec{b}$ et $\vec{c}$ des vecteurs de V_n et c et d des scalaires. Alors

1. $\vec{a} + \vec{b} = \vec{b} + \vec{a}$ **2.** $\vec{a} + (\vec{b} + \vec{c}) = (\vec{a} + \vec{b}) + \vec{c}$

3. $\vec{a} + \vec{0} = \vec{a}$ **4.** $\vec{a} + (-\vec{a}) = \vec{0}$

5. $c(\vec{a} + \vec{b}) = c\vec{a} + c\vec{b}$ **6.** $(c + d)\vec{a} = c\vec{a} + d\vec{a}$

7. $(cd)\vec{a} = c(d\vec{a})$ **8.** $1\vec{a} = \vec{a}$

Ces huit propriétés des vecteurs peuvent facilement être vérifiées, soit géométriquement, soit algébriquement. La propriété 1, par exemple, se lit dans la figure 4 (elle revient à la règle du parallélogramme) ou se démontre, dans le cas $n = 2$, comme suit :

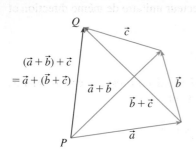

FIGURE 16

$$\vec{a} + \vec{b} = (a_1, a_2) + (b_1, b_2) = (a_1 + b_1, a_2 + b_2)$$
$$= (b_1 + a_1, b_2 + a_2) = (b_1, b_2) + (a_1, a_2)$$
$$= \vec{b} + \vec{a}$$

La propriété 2 (l'associativité) se lit dans la figure 16 en appliquant la règle du triangle plusieurs fois : le vecteur $\overrightarrow{PQ}$ est obtenu comme résultat soit de la construction de $\vec{a} + \vec{b}$ auquel on ajoute $\vec{c}$, soit de $\vec{a}$ auquel on ajoute $\vec{b} + \vec{c}$.

Trois vecteurs de V_3 jouent un rôle spécial. Soit

$$\vec{i} = (1, 0, 0) \quad \vec{j} = (0, 1, 0) \quad \vec{k} = (0, 0, 1)$$

Les vecteurs $\vec{i}$, $\vec{j}$ et $\vec{k}$ sont de longueur 1 et pointent dans le sens positif de chaque axe. De même, en dimension deux, on définit $\vec{i} = (1, 0)$ et $\vec{j} = (0, 1)$ (voyez la figure 17).

FIGURE 17
Les vecteurs standard de base dans V_2 et V_3

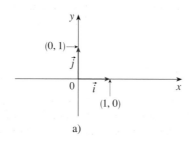

a)

b)

Un vecteur $\vec{a} = (a_1, a_2, a_3)$ quelconque peut maintenant être écrit

$$\vec{a} = (a_1, a_2, a_3) = (a_1, 0, 0) + (0, a_2, 0) + (0, 0, a_3)$$
$$= a_1(1, 0, 0) + a_2(0, 1, 0) + a_3(0, 0, 1)$$

2 $\qquad \vec{a} = a_1\vec{i} + a_2\vec{j} + a_3\vec{k}.$

C'est ainsi qu'un vecteur quelconque de V_3 peut être exprimé en fonction des **vecteurs de base standard** $\vec{i}$, $\vec{j}$ et $\vec{k}$. Par exemple,

$$(1, -2, 6) = \vec{i} - 2\vec{j} + 6\vec{k}.$$

De même, en dimension deux, on peut écrire

3 $\qquad \vec{a} = (a_1, a_2) = a_1\vec{i} + a_2\vec{j}.$

La figure 18 montre une interprétation géométrique des équations 3 et 2. Comparez-la avec la figure 17.

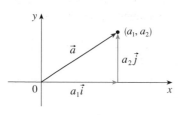

a) $\vec{a} = a_1\vec{i} + a_2\vec{j}$

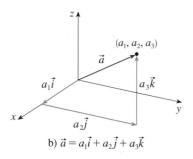

b) $\vec{a} = a_1\vec{i} + a_2\vec{j} + a_3\vec{k}$

FIGURE 18

EXEMPLE 5 Exprimez le vecteur $2\vec{a} + 3\vec{b}$ en termes de $\vec{i}$, $\vec{j}$ et $\vec{k}$, si $\vec{a} = \vec{i} + 2\vec{j} - 3\vec{k}$ et $\vec{b} = 4\vec{i} + 7\vec{k}$.

SOLUTION Grâce aux propriétés 1, 2, 5, 6 et 7 des vecteurs, on a

$$2\vec{a} + 3\vec{b} = 2(\vec{i} + 2\vec{j} - 3\vec{k}) + 3(4\vec{i} + 7\vec{k})$$
$$= 2\vec{i} + 4\vec{j} - 6\vec{k} + 12\vec{i} + 21\vec{k} = 14\vec{i} + 4\vec{j} + 15\vec{k}$$

■ ■

Un vecteur de longueur 1 est appelé un **vecteur unitaire**. Le sont, par exemple, les vecteurs $\vec{i}$, $\vec{j}$ et $\vec{k}$. De façon générale, si $\vec{a} \neq \vec{0}$, le vecteur unitaire de même direction et de même sens que $\vec{a}$ est

4
$$\vec{u} = \frac{1}{\|\vec{a}\|}\vec{a} = \frac{\vec{a}}{\|\vec{a}\|}.$$

En vue de vérifier cela, on pose $c = 1/\|\vec{a}\|$. Alors $\vec{u} = c\vec{a}$ où c est un scalaire positif. Donc $\vec{u}$ a même direction et même sens que $\vec{a}$. Et de plus

$$\|\vec{u}\| = \|c\vec{a}\| = |c|\|\vec{a}\| = \frac{1}{\|\vec{a}\|}\|\vec{a}\| = 1.$$

EXEMPLE 6 Déterminez le vecteur unitaire de même direction et de même sens que le vecteur $2\vec{i} - \vec{j} - 2\vec{k}$.

SOLUTION La norme du vecteur donné est égale à

$$\|2\vec{i} - \vec{j} - 2\vec{k}\| = \sqrt{2^2 + (-1)^2 + (-2)^2} = \sqrt{9} = 3.$$

Selon l'équation 4, le vecteur unitaire de même direction et de même sens est donc

$$\tfrac{1}{3}(2\vec{i} - \vec{j} - 2\vec{k}) = \tfrac{2}{3}\vec{i} - \tfrac{1}{3}\vec{j} - \tfrac{2}{3}\vec{k}.$$

■ ■

■■ Des applications

Les vecteurs sont largement utilisés en physique et en sciences appliquées. Au chapitre 10, nous verrons comment ils décrivent la vitesse et l'accélération d'objets en mouvement dans l'espace. Ici, nous regardons des forces.

Une force est représentée par un vecteur parce qu'elle a à la fois une mesure (exprimée en newtons), une direction et un sens. Lorsque plusieurs forces agissent sur un objet, la **force résultante** exercée sur l'objet est le vecteur somme de ces forces.

EXEMPLE 7 Deux câbles soutiennent un poids de 100 N, comme illustré à la figure 19. Calculez les tensions (forces) $\vec{T}_1$ et $\vec{T}_2$ des deux câbles et leur module.

SOLUTION Nous exprimons d'abord $\vec{T}_1$ et $\vec{T}_2$ en fonction de leurs composantes horizontale et verticale. D'après la figure 20, nous voyons que

5
$$\vec{T}_1 = -\|\vec{T}_1\| \cos 50° \vec{i} + \|\vec{T}_1\| \sin 50° \vec{j}$$

6
$$\vec{T}_2 = \|\vec{T}_2\| \cos 32° \vec{i} + \|\vec{T}_2\| \sin 32° \vec{j}.$$

Comme la résultante $\vec{T}_1 + \vec{T}_2$ des tensions contrecarre le poids $\vec{w}$, il faut que

$$\vec{T}_1 + \vec{T}_2 = -\vec{w} = 100\vec{j}.$$

D'où

$$(-\|\vec{T}_1\| \cos 50° + \|\vec{T}_2\| \cos 32°)\vec{i} + (\|\vec{T}_1\| \sin 50° + \|\vec{T}_2\| \sin 32°)\vec{j} = 100\vec{j}.$$

Égalons les composantes

$$-\|\vec{T}_1\| \cos 50° + \|\vec{T}_2\| \cos 32° = 0$$

$$\|\vec{T}_1\| \sin 50° + \|\vec{T}_2\| \sin 32° = 100$$

Résolvons la première de ces équations par rapport à $\vec{T}_2$ et substituons l'expression obtenue dans la deuxième :

$$\|\vec{T}_1\| \sin 50° + \frac{\|\vec{T}_1\| \cos 50°}{\cos 32°} \sin 32° = 100$$

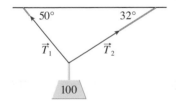

FIGURE 19

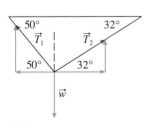

FIGURE 20

Les normes des tensions sont donc

$$\|\vec{T_1}\| = \frac{100}{\sin 50° + \text{tg } 32° \cos 50°} \approx 85,64 \text{ N}$$

et

$$\|\vec{T_2}\| = \frac{\|\vec{T_1}\| \cos 50°}{\cos 32°} \approx 64,91 \text{ N}$$

Reste à remplacer ces valeurs dans (5) et (6) pour obtenir les tensions

$$\vec{T_1} \approx -55,05\vec{i} + 65,60\vec{j} \quad \vec{T_2} \approx 55,05\vec{i} + 34,40\vec{j}.$$

■ ■

9.2 Exercices

1. Les quantités suivantes sont-elles des vecteurs ou des scalaires ? Expliquez.
a) Le coût d'un billet de théâtre.
b) Le courant d'une rivière.
c) Le trajectoire initiale du vol Houston Dallas.
d) La population mondiale.

2. Quelle relation y a-t-il entre le point $(4, 7)$ et le vecteur $(4, 7)$? Illustrez votre réponse.

3. Citez tous les vecteurs égaux dans le parallélogramme.

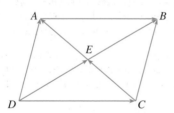

4. Écrivez chaque combinaison de vecteurs comme un seul vecteur.
a) $\overrightarrow{PQ} + \overrightarrow{QR}$
b) $\overrightarrow{RP} + \overrightarrow{PS}$
c) $\overrightarrow{QS} - \overrightarrow{PS}$
d) $\overrightarrow{RS} + \overrightarrow{SP} + \overrightarrow{PQ}$

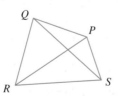

5. Recopier les vecteurs de la figure et, à partir de ceux-ci, tracez les vecteurs suivants.
a) $\vec{u} + \vec{v}$
b) $\vec{u} - \vec{v}$
c) $\vec{v} + \vec{w}$
d) $\vec{w} + \vec{v} + \vec{u}$

6. Recopier les vecteurs de la figure et, à partir de ceux-ci, tracez les vecteurs suivants.
a) $\vec{a} + \vec{b}$
b) $\vec{a} - \vec{b}$
c) $2\vec{a}$
d) $-\frac{1}{2}\vec{b}$
e) $2\vec{a} + \vec{b}$
f) $\vec{b} - 3\vec{a}$

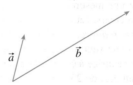

7–10 ■ Déterminez le vecteur $\vec{a}$ représenté par le segment orienté $\overrightarrow{AB}$. Dessinez $\overrightarrow{AB}$ et une autre représentation équivalente dont le point initial est l'origine.

7. $A(2, 3)$, $B(-2, 1)$ **8.** $A(-2, -2)$, $B(5, 3)$

9. $A(0, 3, 1)$, $B(2, 3, -1)$ **10.** $A(4, 0, -2)$, $B(4, 2, 1)$

11–14 ■ Déterminez la somme des vecteurs donnés et illustrez géométriquement.

11. $(3, -1)$, $(-2, 4)$ **12.** $(-2, -1)$, $(5, 7)$

13. $(0, 1, 2)$, $(0, 0, -3)$ **14.** $(-1, 0, 2)$, $(0, 4, 0)$

15–18 ■ Déterminez $\vec{a} + \vec{b}$, $2\vec{a} + 3\vec{b}$, $\|\vec{a}\|$ et $\|\vec{a} - \vec{b}\|$.

15. $\vec{a} = (5, -12)$, $\vec{b} = (-3, -6)$

16. $\vec{a} = 4\vec{i} + \vec{j}$, $\vec{b} = \vec{i} - 2\vec{j}$

17. $\vec{a} = \vec{i} + 2\vec{j} - 3\vec{k}$, $\vec{b} = -2\vec{i} - \vec{j} + 5\vec{k}$

18. $\vec{a} = 2\vec{i} - 4\vec{j} + 4\vec{k}$, $\vec{b} = 2\vec{j} - \vec{k}$

19. Quel est le vecteur unitaire de même direction et de même sens que le vecteur $8\vec{i} - \vec{j} + 4\vec{k}$?

20. Cherchez un vecteur de même sens et de même direction que $(-2, 4, 2)$, mais de longueur 6.

21. Quelles sont les composantes de $\vec{v}$ si $\vec{v}$ se trouve dans le premier quadrant, fait un angle de $\pi/3$ avec la partie positive de l'axe Ox et si $\|\vec{v}\| = 4$.

22. Un enfant tire une luge sur la neige en exerçant une force de 50 N dans une direction qui fait un angle de 38° avec l'horizontale. Quelles sont les composantes horizontale et verticale de la force ?

23. Deux forces $\vec{F}_1$ et $\vec{F}_2$ d'intensité 10 N et 12 N agissent sur un objet situé en P, comme le montre la figure. Déterminez la force résultante $\vec{F}$ qui agit sur P, sa norme et son sens. (Précisez la direction en donnant l'angle θ indiqué dans la figure).

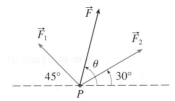

24. Les vitesses ont une mesure, une direction et un sens ; elles sont donc des vecteurs. La mesure d'un vecteur vitesse est appelée la *vitesse scalaire*. On suppose que le vent souffle à 45° nord-ouest (cela veut dire à 45° à l'ouest de la direction nord). Un avion se dirige à 60° nord-est à une vitesse (par rapport à l'air tranquille) de 250 km/h. Le vol réel de l'avion s'effectue dans la direction résultante des vecteurs vitesses de l'avion et du vent. La vitesse scalaire par rapport au sol de l'avion est le module de la résultante. Déterminez la direction réellement suivie par l'avion et sa vitesse scalaire par rapport au sol.

25. Une femme marche droit vers l'ouest sur le pont d'un navire à la vitesse de 3 km/h. Le bateau navigue vers le nord à la vitesse de 22 km/h. Déterminez la vitesse scalaire et la direction de la femme par rapport à la surface de l'eau.

26. Des cordes de 3 m et 5 m de long font partie d'une guirlande décorative placée à l'occasion de la braderie du quartier. La décoration a une masse de 5 kg. Les cordes, attachées à des hauteurs différentes, font des angles de 52° et 40° par rapport à l'horizontale. Déterminez la tension de chaque corde ainsi que le module de chaque tension.

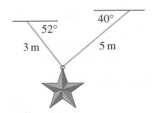

27. Une corde à linge est fixée à deux poteaux distants de 8 m. La corde est tout à fait tendue et fait une flèche négligeable. Une chemise mouillée de 0,8 kg de masse est suspendue au milieu

de la corde qui descend alors de 8 cm. Déterminez la tension de chaque moitié de la corde à linge.

28. La tension $\vec{T}$ à chaque extrémité de la chaîne est de 25 N. Quel est le poids de la chaîne ?

29. a) Dessinez les vecteurs $\vec{a} = (3, 2)$, $\vec{b} = (2, -1)$ et $\vec{c} = (7, 1)$.
   b) Montrez par un dessin qu'il existe des scalaires s et t tels que $\vec{c} = s\vec{a} + t\vec{b}$.
   c) Estimez sur le dessin les valeurs de s et t.
   d) Calculez les valeurs exactes de s et t.

30. Soit $\vec{a}$ et $\vec{b}$ des vecteurs non nuls et non parallèles et soit $\vec{c}$ un vecteur quelconque du plan déterminé par $\vec{a}$ et $\vec{b}$. Montrez géométriquement que $\vec{c}$ peut être écrit sous la forme $\vec{c} = s\vec{a} + t\vec{b}$, pour des scalaires s et t convenables. Donnez ensuite une démonstration de ce résultat en utilisant des composantes.

31. On suppose que $\vec{a}$ est un vecteur unitaire de dimension trois du premier octant qui part de l'origine et qui fait un angle de 60° avec la partie positive de l'axe Ox et de 72° avec la partie positive de l'axe Oy. Écrivez les composantes de $\vec{a}$.

32. Soient α, β et γ les angles que fait un vecteur $\vec{a}$ respectivement avec les parties positives des axes Ox, Oy et Oz. Déterminez les composantes de $\vec{a}$ et démontrez que

$$\cos^2 \alpha + \cos^2 \beta + \cos^2 \gamma = 1.$$

(Les nombres $\cos \alpha$, $\cos \beta$ et $\cos \gamma$ sont appelés les *cosinus directeurs* de $\vec{a}$.)

33. Étant donné $\vec{r} = (x, y, z)$ et $\vec{r}_0 = (x_0, y_0, z_0)$, décrivez l'ensemble de tous les points (x, y, z) tels que $\|\vec{r} - \vec{r}_0\| = 1$.

34. Étant donné $\vec{r} = (x, y)$ et $\vec{r}_1 = (x_1, y_1)$ et $\vec{r}_2 = (x_2, y_2)$, décrivez l'ensemble de tous les points (x, y) tels que

$$\|\vec{r} - \vec{r}_1\| + \|\vec{r} - \vec{r}_2\| = k, \text{ où } k > \|\vec{r}_1 - \vec{r}_2\|.$$

35. La figure 16 donne une démonstration géométrique de la Propriété 2 des vecteurs. Donnez une démonstration algébrique en termes de composantes dans le cas $n = 2$.

36. Démontrez algébriquement la Propriété 5 des vecteurs dans le cas $n = 3$. Utilisez ensuite des triangles semblables pour en donner une preuve de nature géométrique.

37. Démontrez vectoriellement que le segment qui joint les milieux de deux côtés d'un triangle est parallèle au troisième côté et en mesure la moitié.

38. On suppose que les trois plans de coordonnées sont des miroirs et qu'un rayon de lumière représenté par le vecteur $\vec{a} = (a_1, a_2, a_3)$ frappe d'abord le plan Oxz, comme dans la figure. Utilisez le fait que l'angle de réflexion est égal à l'angle d'incidence pour montrer que la direction du rayon réfléchi est donnée par $\vec{b} = (a_1, -a_2, a_3)$. Déduisez-en qu'après avoir été réfléchi par les trois miroirs perpendiculaires, le rayon sortant est parallèle au rayon initial. (Les chercheurs américains de l'espace ont utilisé ce principe, en même temps que des rayons laser et un tableau de miroirs en coin sur la Lune, pour déterminer avec précision la distance de la Terre à la Lune.)

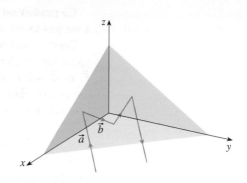

9.3 Le produit scalaire

Jusqu'ici, nous avons additionné deux vecteurs et multiplié un vecteur par un scalaire. Se pose alors la question : comment multiplier deux vecteurs de manière à ce que leur produit soit un résultat utile ? Le produit scalaire que nous étudions dans cette section est une des réponses possibles à cette question. Le produit vectoriel en est une autre et sera étudié dans la section suivante.

Le travail et le produit scalaire

En physique et en sciences appliquées il y a des situations dans lesquelles il faut tenir compte de deux vecteurs, c'est le cas par exemple lors du calcul du travail effectué par une force. Dans la section 6.5, nous avons défini le travail accompli par une force constante F qui fait se déplacer un objet d'une distance d par $W = Fd$, mais cette définition n'est valable que si la direction dans laquelle est exercée la force est celle du mouvement de l'objet. Supposons maintenant que la force constante est un vecteur $\vec{F} = \overrightarrow{PR}$ orienté différemment, comme dans la figure 1. Si la force déplace l'objet de P vers Q, alors le **vecteur déplacement** est $\vec{D} = \overrightarrow{PQ}$. Deux vecteurs sont en présence ici, la force $\vec{F}$ et le déplacement $\vec{D}$. Le **travail** effectué par $\vec{F}$ est défini comme la norme du déplacement, $\|\vec{D}\|$, multipliée par la norme de la force appliquée dans la direction du mouvement, qui, selon la figure 1, est

$$\|\overrightarrow{PS}\| = \|\vec{F}\| \cos \theta.$$

Le travail effectué par $\vec{F}$ est donc défini par

$$\boxed{1} \qquad W = \|\vec{D}\|(\|\vec{F}\| \cos \theta) = \|\vec{F}\|\|\vec{D}\| \cos \theta.$$

Notez que le travail est une grandeur scalaire ; elle n'a pas d'orientation ni de sens ; mais sa valeur dépend de l'angle entre les vecteurs force et déplacement.

Nous nous servons de l'expression 1 pour définir le produit scalaire de deux vecteurs, même lorsqu'ils ne représentent pas une force ou un déplacement.

> **Définition** Le **produit scalaire** de deux vecteurs non nuls $\vec{a}$ et $\vec{b}$ est le nombre
>
> $$\vec{a} \cdot \vec{b} = \|\vec{a}\|\|\vec{b}\| \cos \theta,$$
>
> où θ est l'angle entre $\vec{a}$ et $\vec{b}$, $0 \leqslant \theta \leqslant \pi$. (L'angle θ est le plus petit angle entre les vecteurs lorsqu'ils sont dessinés à partir d'un même point origine.) Au cas où l'un des deux vecteurs est le vecteur nul, le produit scalaire est défini par $\vec{a} \cdot \vec{b} = 0$.

FIGURE 1

Ce produit est appelé **produit scalaire** justement parce que le résultat du calcul $\vec{a} \cdot \vec{b}$ n'est pas un vecteur, mais un nombre réel, un scalaire.

Dans l'exemple du travail $\vec{F} \cdot \vec{D} = \|\vec{F}\|\|\vec{D}\| \cos \theta$ effectué par une force $\vec{F}$ qui opère sur un objet un déplacement $\vec{D} = \overrightarrow{PQ}$, cela n'a pas de sens que l'angle θ entre $\vec{F}$ et $\vec{D}$ soit égal ou supérieur à $\pi/2$ car il n'y aurait pas de mouvement de P vers Q. Par contre, dans notre définition générale de $\vec{a} \cdot \vec{b}$, cette restriction n'existe pas et θ peut être n'importe quel angle entre 0 et π.

EXEMPLE 1 Calculez $\vec{a} \cdot \vec{b}$ si les vecteurs $\vec{a}$ et $\vec{b}$ sont de longueur 4 et 6 et si l'angle qu'ils font entre eux mesure $\pi/3$.

SOLUTION Conformément à la définition,

$$\vec{a} \cdot \vec{b} = \|\vec{a}\|\|\vec{b}\| \cos(\pi/3) = 4 \cdot 6 \cdot \tfrac{1}{2} = 12.$$

■ ■

EXEMPLE 2 Un cageot est traîné sur 8 m le long d'une rampe sous une force constante de 20 N appliquée selon un angle de 25° par rapport à la rampe. Calculez le travail effectué.

SOLUTION Si $\vec{F}$ et $\vec{D}$ désignent les vecteurs force et déplacement, tels qu'ils sont représentés dans la figure 2, alors le travail effectué est

$$W = \vec{F} \cdot \vec{D} = \|\vec{F}\|\|\vec{D}\| \cos 25°$$
$$= (200)(8) \cos 25° \approx 1\ 450\ \text{N} \cdot \text{m} = 1\ 450\ \text{J}.$$

■ ■

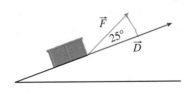

FIGURE 2

Deux vecteurs non nuls $\vec{a}$ et $\vec{b}$ sont dits **perpendiculaires** ou **orthogonaux** s'ils font entre eux un angle $\theta = \pi/2$. Pour ces vecteurs, on a

$$\vec{a} \cdot \vec{b} = \|\vec{a}\|\|\vec{b}\| \cos(\pi/2) = 0,$$

et réciproquement, si $\vec{a} \cdot \vec{b} = 0$, alors $\cos \theta = 0$, d'où $\theta = \pi/2$. Le vecteur nul $\vec{0}$ est considéré comme perpendiculaire à tous les vecteurs. Par conséquent

> **2** Deux vecteurs $\vec{a}$ et $\vec{b}$ sont orthogonaux si et seulement si $\vec{a} \cdot \vec{b} = 0$.

Vu que $\cos \theta > 0$ quand $0 \leqslant \theta < \pi/2$ et $\cos \theta < 0$ quand $\pi/2 < \theta \leqslant \pi$, nous constatons que $\vec{a} \cdot \vec{b}$ est positif lorsque $\theta < \pi/2$ et négatif lorsque $\theta > \pi/2$. Nous pouvons voir $\vec{a} \cdot \vec{b}$ comme une mesure de ce que $\vec{a}$ et $\vec{b}$ vont plus ou moins dans la même direction. Le produit scalaire $\vec{a} \cdot \vec{b}$ est positif si globalement $\vec{a}$ et $\vec{b}$ sont orientés dans le même sens, est nul si $\vec{a}$ et $\vec{b}$ sont perpendiculaires et négatif si grosso modo ils ont des orientations opposées. Dans le cas extrême où $\vec{a}$ et $\vec{b}$ pointent exactement dans la même direction, $\theta = 0$, d'où $\cos \theta = 1$ et

$\vec{a} \cdot \vec{b} > 0$

$\vec{a} \cdot \vec{b} = 0$

$\vec{a} \cdot \vec{b} < 0$

FIGURE 3

$$\vec{a} \cdot \vec{b} = \|\vec{a}\|\|\vec{b}\|.$$

Si $\vec{a}$ et $\vec{b}$ pointent exactement dans des directions opposées, $\theta = \pi$, d'où $\cos \theta = -1$ et $\vec{a} \cdot \vec{b} = -\|\vec{a}\|\|\vec{b}\|$.

Le produit scalaire en termes de composantes

Deux vecteurs sont donnés par leurs composantes

$$\vec{a} = (a_1, a_2, a_3) \quad \vec{b} = (b_1, b_2, b_3).$$

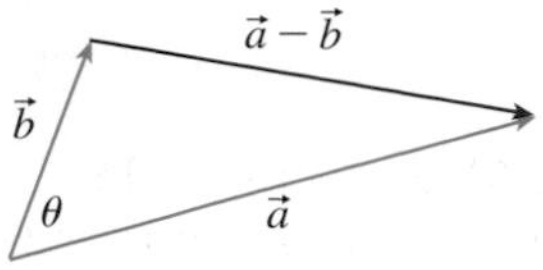

FIGURE 4

Nous voudrions écrire le produit scalaire $\vec{a} \cdot \vec{b}$ de façon intéressante avec les composantes. La Loi des cosinus appliquée au triangle de la figure 4 donne

$$\begin{aligned} \|\vec{a} - \vec{b}\|^2 &= \|\vec{a}\|^2 + \|\vec{b}\|^2 - 2\|\vec{a}\|\|\vec{b}\| \cos\theta \\ &= \|\vec{a}\|^2 + \|\vec{b}\|^2 - 2\vec{a} \cdot \vec{b} \end{aligned}$$

La résolution par rapport au produit scalaire conduit à

$$\begin{aligned} \vec{a} \cdot \vec{b} &= \tfrac{1}{2}(\|\vec{a}\|^2 + \|\vec{b}\|^2 - \|\vec{a} - \vec{b}\|^2) \\ &= \tfrac{1}{2}[a_1^2 + a_2^2 + a_3^2 + b_1^2 + b_2^2 + b_3^2 - (a_1 - b_1)^2 - (a_2 - b_2)^2 - (a_3 - b_3)^2] \\ &= a_1b_1 + a_2b_2 + a_3b_3 \end{aligned}$$

> Le produit scalaire de $\vec{a} = (a_1, a_2, a_3)$ et $\vec{b} = (b_1, b_2, b_3)$ est égal à
>
> $$\vec{a} \cdot \vec{b} = a_1b_1 + a_2b_2 + a_3b_3.$$

Le produit scalaire de deux vecteurs s'obtient donc en faisant le produit des composantes correspondantes et en additionnant les produits. Le produit scalaire de deux vecteurs de dimension deux s'effectue de manière analogue :

$$(a_1, a_2) \cdot (b_1, b_2) = a_1b_1 + a_2b_2.$$

EXEMPLE 3

$$(2, 4) \cdot (3, -1) = 2(3) + 4(-1) = 2$$

$$(-1, 7, 4) \cdot (6, 2, -\tfrac{1}{2}) = (-1)(6) + 7(2) + 4(-\tfrac{1}{2}) = 6$$

$$(\vec{i} + 2\vec{j} - 3\vec{k}) \cdot (2\vec{j} - \vec{k}) = 1(0) + 2(2) + (-3)(-1) = 7.$$

■ ■

EXEMPLE 4 Montrez que $2\vec{i} + 2\vec{j} - \vec{k}$ est perpendiculaire à $5\vec{i} - 4\vec{j} + 2\vec{k}$.

SOLUTION Comme

$$(2\vec{i} + 2\vec{j} - \vec{k}) \cdot (5\vec{i} - 4\vec{j} + 2\vec{k}) = 2(5) + 2(-4) + (-1)(2) = 0,$$

ces vecteurs sont perpendiculaires, d'après (2). ■ ■

EXEMPLE 5 Quel angle font entre eux les vecteurs $\vec{a} = (2, 2, -1)$ et $\vec{b} = (5, -3, 2)$?

SOLUTION Désignons par θ l'angle cherché. Comme

$$\|\vec{a}\| = \sqrt{2^2 + 2^2 + (-1)^2} = 3 \quad \text{et} \quad \|\vec{b}\| = \sqrt{5^2 + (-3)^2 + 2^2} = \sqrt{38},$$

et comme

$$\vec{a} \cdot \vec{b} = 2(5) + 2(-3) + (-1)(2) = 2,$$

on a, par la définition du produit scalaire,

$$\cos\theta = \frac{\vec{a}\cdot\vec{b}}{\|\vec{a}\|\|\vec{b}\|} = \frac{2}{3\sqrt{38}}.$$

L'angle entre $\vec{a}$ et $\vec{b}$ mesure

$$\theta = \text{Arccos}\left(\frac{2}{3\sqrt{38}}\right) \approx 1,46 \quad (\text{ou } 84°).$$

EXEMPLE 6 Une force représentée par un vecteur $\vec{F} = 3\vec{i} + 4\vec{j} + 5\vec{k}$ agit sur un point matériel qui se déplace du point $P(2, 1, 0)$ vers le point $Q(4, 6, 2)$. Calculez le travail effectué.

SOLUTION Le déplacement est représenté par le vecteur $\vec{D} = \overrightarrow{PQ} = (2, 5, 2)$. Le travail est alors calculé comme suit

$$W = \vec{F}\cdot\vec{D} = (3, 4, 5)\cdot(2, 5, 2)$$
$$= 6 + 20 + 10 = 36.$$

Si la longueur est mesurée en mètre et si l'intensité de la force est mesurée en newtons, le travail est de 36 J.

Le produit scalaire vérifie plusieurs lois analogues à celles du produit ordinaire entre nombres réels. Elles sont énoncées dans le théorème suivant.

Les propriétés du produit scalaire Si $\vec{a}$, $\vec{b}$ et $\vec{c}$ sont des vecteurs de V_3 et c un scalaire, alors

1. $\vec{a}\cdot\vec{a} = \|\vec{a}\|^2$ **2.** $\vec{a}\cdot\vec{b} = \vec{b}\cdot\vec{a}$

3. $\vec{a}\cdot(\vec{b}+\vec{c}) = \vec{a}\cdot\vec{b}+\vec{a}\cdot\vec{c}$ **4.** $(c\vec{a})\cdot\vec{b} = c(\vec{a}\cdot\vec{b}) = \vec{a}\cdot(c\vec{b})$

5. $\vec{0}\cdot\vec{a} = 0$

Les propriétés 1, 2 et 5 sont des conséquences immédiates de la définition du produit scalaire. La meilleure démonstration de la propriété 3 se fait en termes de composantes :

$$\vec{a}\cdot(\vec{b}+\vec{c}) = (a_1, a_2, a_3)\cdot(b_1+c_1, b_2+c_2, b_3+c_3)$$
$$= a_1(b_1+c_1) + a_2(b_2+c_2) + a_3(b_3+c_3)$$
$$= a_1 b_1 + a_1 c_1 + a_2 b_2 + a_2 c_2 + a_3 b_3 + a_3 c_3$$
$$= (a_1 b_1 + a_2 b_2 + a_3 b_3) + (a_1 c_1 + a_2 c_2 + a_3 c_3)$$
$$= \vec{a}\cdot\vec{b}+\vec{a}\cdot\vec{c}$$

La démonstration de la propriété 4 fait l'objet de l'exercice 41.

■■ Les projections

La figure 5 montre des représentants $\overrightarrow{PQ}$ et $\overrightarrow{PR}$ de deux vecteurs $\vec{a}$ et $\vec{b}$ qui ont le même point initial P. Si S désigne le pied de la perpendiculaire abaissée de R sur la droite support de PQ, alors le vecteur représenté par PS est appelé le **vecteur projection** de $\vec{b}$ sur

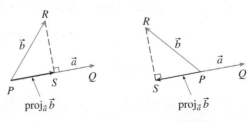

FIGURE 5
Projections vectorielles

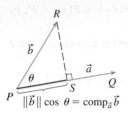

FIGURE 6
Projection scalaire

$\vec{a}$ et noté $\text{proj}_{\vec{a}}\,\vec{b}$. (Vous pouvez le voir comme l'ombre de $\vec{b}$.) La **projection scalaire** de $\vec{b}$ sur $\vec{a}$ (appelée aussi la **composante de $\vec{b}$ selon $\vec{a}$**) est, par définition, la longueur du vecteur projection ; elle vaut $\|\vec{b}\|\cos\theta$ où θ est l'angle entre $\vec{a}$ et $\vec{b}$ (voyez la figure 6). On la note $\text{comp}_{\vec{a}}\,\vec{b}$. Ce nombre est négatif quand $\pi/2 < \theta \leqslant \pi$. (Au début de cette section on a employé la composante de la force $\vec{F}$ dans la direction du déplacement $\vec{D}$, $\text{comp}_{\vec{D}}\,\vec{F}$.)

L'équation

$$\vec{a}\cdot\vec{b} = \|\vec{a}\|\|\vec{b}\|\cos\theta = \|\vec{a}\|(\|\vec{b}\|\cos\theta)$$

montre que le produit scalaire de $\vec{a}$ par $\vec{b}$ peut être vu comme la longueur de $\vec{a}$ multipliée par la projection scalaire de $\vec{b}$ sur $\vec{a}$. Comme

$$\|\vec{b}\|\cos\theta = \frac{\vec{a}\cdot\vec{b}}{\|\vec{a}\|} = \frac{\vec{a}}{\|\vec{a}\|}\cdot\vec{b},$$

la composante de $\vec{b}$ dans la direction de $\vec{a}$ n'est autre que le produit scalaire de $\vec{b}$ avec le vecteur unitaire dans la direction de $\vec{a}$. Pour résumer :

> Projection scalaire de $\vec{b}$ sur $\vec{a}$: $\quad \text{comp}_{\vec{a}}\,\vec{b} = \dfrac{\vec{a}\cdot\vec{b}}{\|\vec{a}\|}$
>
> Vecteur projection de $\vec{b}$ sur $\vec{a}$: $\quad \text{proj}_{\vec{a}}\,\vec{b} = \left(\dfrac{\vec{a}\cdot\vec{b}}{\|\vec{a}\|}\right)\dfrac{\vec{a}}{\|\vec{a}\|} = \dfrac{\vec{a}\cdot\vec{b}}{\|\vec{a}\|^2}\,\vec{a}.$

EXEMPLE 7 Déterminez la projection scalaire et le vecteur projection de $\vec{b} = (1, 1, 2)$ sur $\vec{a} = (-2, 3, 1)$.

SOLUTION Comme $\|\vec{a}\| = \sqrt{(-2)^2 + 3^2 + 1^2} = \sqrt{14}$, la projection scalaire de $\vec{b}$ sur $\vec{a}$ est

$$\text{comp}_{\vec{a}}\,\vec{b} = \frac{\vec{a}\cdot\vec{b}}{\|\vec{a}\|} = \frac{(-2)(1) + 3(1) + 1(2)}{\sqrt{14}} = \frac{3}{\sqrt{14}}.$$

Le vecteur projection est le produit de cette projection scalaire par le vecteur unitaire dans la direction de $\vec{a}$:

$$\text{proj}_{\vec{a}}\,\vec{b} = \frac{3}{\sqrt{14}}\frac{\vec{a}}{\|\vec{a}\|} = \frac{3}{14}\vec{a} = \left(-\frac{3}{7}, \frac{9}{14}, \frac{3}{14}\right).$$ ■ ■

Au début de cette section, nous avons rencontré un des usages des projections en physique — la définition du travail fait intervenir une projection scalaire d'un vecteur force. D'autres occasions d'utiliser des projections seront offertes en géométrie de l'espace. L'exercice 35 demande de calculer la distance d'un point à une droite par le biais d'une projection et à la section 9.5, c'est par une projection que nous déterminerons la distance d'un point à un plan.

9.3 | **Exercices**

1. Parmi les expressions suivantes, lesquelles ont du sens ? Lesquelles n'en ont pas ? Expliquez.

a) $(\vec{a}\cdot\vec{b})\cdot\vec{c}$ b) $(\vec{a}\cdot\vec{b})\vec{c}$

c) $\|\vec{a}\|(\vec{b}\cdot\vec{c})$ d) $\vec{a}\cdot(\vec{b}+\vec{c})$

e) $\vec{a}\cdot\vec{b}+\vec{c}$ f) $\|\vec{a}\|\cdot(\vec{b}+\vec{c})$

2. Calculez le produit scalaire de deux vecteurs si les mesures des vecteurs sont 6 et 1/3 et si l'angle qu'ils font entre eux mesure $\pi/4$.

3–8 ■ Calculez $\vec{a}\cdot\vec{b}$.

3. $\|\vec{a}\| = 6$, $\quad \|\vec{b}\| = 5$, l'angle entre $\vec{a}$ et $\vec{b}$ est $2\pi/3$.

4. $\vec{a} = (-2, 3)$, $\vec{b} = (0,7 \,; 1,2)$.

5. $\vec{a} = (4, 1, \frac{1}{4})$, $\vec{b} = (6, -3, -8)$

6. $\vec{a} = (s, 2s, 3s)$, $\vec{b} = (t, -t, 5t)$

7. $\vec{a} = \vec{i} - 2\vec{j} + 3\vec{k}$, $\vec{b} = 5\vec{i} + 9\vec{k}$

8. $\vec{a} = 4\vec{j} - 3\vec{k}$, $\vec{b} = 2\vec{i} + 4\vec{j} + 6\vec{k}$

9–10 ■ Déterminez $\vec{u} \cdot \vec{v}$ et $\vec{u} \cdot \vec{w}$, sachant que $\vec{u}$ est un vecteur unitaire.

9.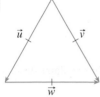

10.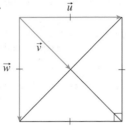

11. a) Montrez que $\vec{i} \cdot \vec{j} = \vec{j} \cdot \vec{k} = \vec{k} \cdot \vec{i} = 0$.
b) Montrez que $\vec{i} \cdot \vec{i} = \vec{j} \cdot \vec{j} = \vec{k} \cdot \vec{k} = 1$.

12. Un certain jour, un marchand ambulant vend a hamburgers, b saucisses chaudes et c boissons. Il fait payer le hamburger 2 €, la saucisse chaude 1,5 € et la boisson 1 €. Si $\vec{A} = (a, b, c)$ et $\vec{P} = (2 \,; 1,5 \,; 1)$, que représente le produit scalaire $\vec{A} \cdot \vec{P}$?

13–15 ■ Cherchez l'angle entre les vecteurs. (Cherchez d'abord une expression exacte et approximez ensuite au degré le plus proche.)

13. $\vec{a} = (-8, 6)$, $\vec{b} = (\sqrt{7}, 3)$

14. $\vec{a} = (4, 0, 2)$, $\vec{b} = (2, -1, 0)$

15. $\vec{a} = \vec{j} + \vec{k}$, $\vec{b} = \vec{i} + 2\vec{j} - 3\vec{k}$

16. Calculez, au degré le plus proche, les trois angles du triangle de sommets $D(0, 1, 1)$, $E(-2, 4, 3)$ et $F(1, 2, -1)$.

17–18 ■ Dites si les vecteurs donnés sont orthogonaux, parallèles ou aucun des deux.

17. a) $\vec{a} = (-5, 3, 7)$, $\vec{b} = (6, -8, 2)$
b) $\vec{a} = (4, 6)$, $\vec{b} = (-3, 2)$
c) $\vec{a} = -\vec{i} + 2\vec{j} + 5\vec{k}$, $\vec{b} = 3\vec{i} + 4\vec{j} - \vec{k}$
d) $\vec{a} = 2\vec{i} + 6\vec{j} - 4\vec{k}$, $\vec{b} = -3\vec{i} - 9\vec{j} + 6\vec{k}$

18. a) $\vec{u} = (-3, 9, 6)$, $\vec{v} = (4, -12, -8)$
b) $\vec{u} = \vec{i} - \vec{j} + 2\vec{k}$, $\vec{v} = 2\vec{i} - \vec{j} + \vec{k}$
c) $\vec{u} = (a, b, c)$, $\vec{v} = (-b, a, 0)$

19. Déterminez si le triangle de sommets $P(1, -3, -2)$, $Q(2, 0, -4)$ et $R(6, -2, -5)$ est rectangle, en utilisant les vecteurs.

20. Pour quelles valeurs de $\vec{b}$ les vecteurs $(-6, b, 2)$ et (b, b^2, b) sont-ils orthogonaux ?

21. Déterminez un vecteur unitaire qui soit orthogonal à la fois à $\vec{i} + \vec{j}$ et $\vec{i} + \vec{k}$.

22. Cherchez deux vecteurs unitaires qui font un angle de 60° avec $\vec{v} = (3, 4)$.

23–26 ■ Déterminez le vecteur projection de $\vec{b}$ sur $\vec{a}$ et la composante de $\vec{b}$ dans la direction de $\vec{a}$.

23. $\vec{a} = (3, -4)$, $\vec{b} = (5,0)$

24. $\vec{a} = (1, 2)$, $\vec{b} = (-4, 1)$

25. $\vec{a} = (3, 6, -2)$, $\vec{b} = (1, 2, 3)$

26. $\vec{a} = \vec{i} + \vec{j} + \vec{k}$, $\vec{b} = \vec{i} - \vec{j} + \vec{k}$

27. Démontrez que le vecteur $\text{orth}_{\vec{a}}\, \vec{b} = \vec{b} - \text{proj}_{\vec{a}}\, \vec{b}$ est orthogonal à $\vec{a}$. (Il est appelé une projection orthogonale de $\vec{b}$).

28. Pour les vecteurs de l'exercice 24, déterminez $\text{orth}_{\vec{a}}\, \vec{b}$ et illustrez en représentant les vecteurs $\vec{a}$, $\vec{b}$, $\text{proj}_{\vec{a}}\, \vec{b}$ et $\text{orth}_{\vec{a}}\, \vec{b}$.

29. Quel est le vecteur $\vec{b}$ tel que $\text{comp}_{\vec{a}}\, \vec{b} = 2$, si $\vec{a} = (3, 0, -1)$?

30. On suppose que $\vec{a}$ et $\vec{b}$ sont des vecteurs non nuls.
a) Dans quelles circonstances a-t-on $\text{comp}_{\vec{a}}\, \vec{b} = \text{comp}_{\vec{b}}\, \vec{a}$?
b) Dans quelles circonstances a-t-on $\text{proj}_{\vec{a}}\, \vec{b} = \text{proj}_{\vec{b}}\, \vec{a}$?

31. Une force constante représentée par le vecteur $\vec{F} = 10\vec{i} + 18\vec{j} - 6\vec{k}$ déplace un objet en ligne droite du point $(2, 3, 0)$ au point $(4, 9, 15)$. Calculez le travail effectué si la distance est mesurée en mètres et l'intensité de la force en newtons.

32. Calculez le travail effectué par une force de 20 N qui, agissant dans la direction 50° nord-ouest, fait se déplacer un objet de 4 m vers l'ouest.

33. Une femme tire avec une force de 100 N, exercée horizontalement, une caisse qu'elle amène 3 m plus loin sur un plan incliné qui fait un angle de 20° avec l'horizontale. Calculez le travail effectué sur la caisse.

34. Un chariot est tiré sur une distance de 100 m sur une route horizontale par une force constante de 50 N. L'attache du chariot fait un angle de 30° par rapport à l'horizontale. Quel est le travail effectué ?

35. Utilisez une projection scalaire pour montrer que la distance entre un point $P_1(x_1, y_1)$ et la droite $ax + by + c = 0$ est donnée par la formule

$$\frac{|ax_1 + by_1 + c|}{\sqrt{a^2 + b^2}}.$$

Calculez par cette formule la distance du point $(-2, 3)$ à la droite $3x - 4y + 5 = 0$.

36. Montrez que l'équation vectorielle $(\vec{r} - \vec{a}) \cdot (\vec{r} - \vec{b}) = 0$, où $\vec{r} = (x, y, z)$, $\vec{a} = (a_1, a_2, a_3)$ et $\vec{b} = (b_1, b_2, b_3)$, représente une sphère. Déterminez son centre et son rayon.

37. Calculez l'amplitude de l'angle entre une diagonale d'un cube et l'une de ses arêtes.

38. Calculez l'amplitude de l'angle entre une diagonale d'un cube et une diagonale de l'une de ses faces.

39. Dans la structure d'une molécule de méthane, CH_4, les quatre atomes d'hydrogène occupent les sommets d'un tétraèdre régulier et l'atome de carbone occupe le centre. L'*angle de liaison* est l'angle formé par la combinaison H—C—H ; c'est l'angle entre les droites qui joignent l'atome de carbone aux deux atomes d'hydrogène. Montrez que l'angle de liaison est d'environ 109,5°.
[*Suggestion* : Choisissez les sommets du tétraèdre aux points $(1, 0, 0)$, $(0, 1, 0)$, $(0, 0, 1)$ et $(1, 1, 1)$ comme dans la figure. Alors le centre occupe la position $(\frac{1}{2}, \frac{1}{2}, \frac{1}{2})$.]

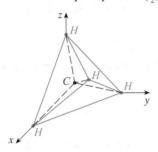

40. Montrez que le vecteur $\vec{c} = \|\vec{a}\|\vec{b} + \|\vec{b}\|\vec{a}$, est porté par la bissectrice de l'angle formé par $\vec{a}$ et $\vec{b}$, étant entendu que $\vec{a}$, $\vec{b}$ et $\vec{c}$ ne sont pas le vecteur nul.

41. Démontrez la propriété 4 du produit scalaire. Vous pouvez utiliser soit la définition du produit scalaire (en distinguant les cas $c > 0$, $c = 0$ et $c < 0$), soit travailler avec les composantes.

42. Démontrez vectoriellement que les diagonales d'un quadrilatère dont les quatre côtés sont égaux et parallèles deux à deux sont perpendiculaires.

43. Démontrez l'inégalité de Cauchy-Schwarz :

$$\|\vec{a} \cdot \vec{b}\| \leqslant \|\vec{a}\|\|\vec{b}\|.$$

44. L'inégalité triangulaire pour les vecteurs s'écrit

$$\|\vec{a} + \vec{b}\| \leqslant \|\vec{a}\| + \|\vec{b}\|.$$

a) Donnez une interprétation géométrique de l'inégalité triangulaire.
b) Servez-vous de l'inégalité de Cauchy-Schwarz de l'exercice 43 pour démontrer l'inégalité triangulaire. [*Suggestion* : Utilisez le fait que $\|\vec{a} + \vec{b}\|^2 = (\vec{a} + \vec{b}) \cdot (\vec{a} + \vec{b})$ ainsi que la propriété 3 du produit scalaire.]

45. La Loi du parallélogramme établit que

$$\|\vec{a} + \vec{b}\|^2 + \|\vec{a} - \vec{b}\|^2 = 2\|\vec{a}\|^2 + 2\|\vec{b}\|^2.$$

a) Interprétez géométriquement la Loi du parallélogramme.
b) Démontrez la Loi du parallélogramme. (Voyez la suggestion de l'exercice 44.)

9.4 | Le produit vectoriel

FIGURE 1

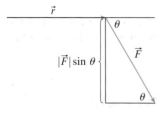

FIGURE 2

Le **produit vectoriel** $\vec{a} \wedge \vec{b}$ de deux vecteurs $\vec{a}$ et $\vec{b}$, à la différence du produit scalaire, est un vecteur. Il porte donc bien son nom. Nous allons voir que le vecteur $\vec{a} \wedge \vec{b}$ rend service en géométrie parce qu'il est perpendiculaire à la fois à $\vec{a}$ et $\vec{b}$. Mais nous allons l'introduire dans le contexte où il intervient en physique et en sciences appliquées.

■■ Moment de force et produit vectoriel

Quand nous vissons un boulon en exerçant une force sur une clé, comme dans la figure 1, nous produisons un effet de rotation appelé *moment de torsion* et désigné par le vecteur $\vec{\tau}$. L'intensité de ce vecteur dépend de deux facteurs :

- Le bras de levier ou distance entre l'axe du boulon et le point où la force est appliquée. C'est $\|\vec{r}\|$, la longueur du vecteur position $\vec{r}$.
- La composante scalaire de la force $\vec{F}$ dans la direction perpendiculaire à $\vec{r}$. C'est la seule composante qui puisse produire une rotation et, d'après la figure 2, nous voyons qu'elle est égale à

$$\|\vec{F}\| \sin \theta,$$

où θ est l'angle entre les vecteurs $\vec{r}$ et $\vec{F}$.

Nous définissons la norme du vecteur moment de torsion comme le produit de ces deux facteurs :

$$\| \vec{\tau} \| = \| \vec{r} \| \| \vec{F} \| \sin \theta.$$

La direction de ce vecteur est celle de l'axe de la rotation produite. Si $\vec{n}$ est un vecteur unitaire dirigé dans le sens de progression d'un boulon muni d'un filet droit (voyez la figure 1), nous définissons le **moment de torsion** comme le vecteur

$$\boxed{1} \qquad \vec{\tau} = (\| \vec{r} \| \| \vec{F} \| \sin \theta)\vec{n}.$$

Nous notons ce vecteur $\vec{\tau} = \vec{r} \wedge \vec{F}$ et nous l'appelons le *produit vectoriel* de $\vec{r}$ et $\vec{F}$.

Une expression du type 1 apparaît tellement fréquemment dans l'étude de l'écoulement des fluides, du mouvement planétaire et d'autres domaines de la physique et des sciences appliquées, que nous définissons et étudions le produit vectoriel de *n'importe quel* couple de vecteurs $\vec{a}$ et $\vec{b}$ de dimension trois.

Définition Si $\vec{a}$ et $\vec{b}$ sont des vecteurs de dimension trois non nuls, le **produit vectoriel** de $\vec{a}$ et $\vec{b}$ est le vecteur

$$\vec{a} \wedge \vec{b} = (\| \vec{a} \| \| \vec{b} \| \sin \theta)\vec{n}$$

où θ est l'angle entre $\vec{a}$ et $\vec{b}$, $0 \leqslant \theta \leqslant \pi$, et où $\vec{n}$ est un vecteur unitaire perpendiculaire aux deux vecteurs $\vec{a}$ et $\vec{b}$ et dont le sens est donné par la **règle de la main droite** : lorsque les doigts de votre main droite tournent d'un angle θ de $\vec{a}$ jusqu'à $\vec{b}$, alors votre pouce indique le sens de $\vec{n}$. (Voyez la figure 3.)

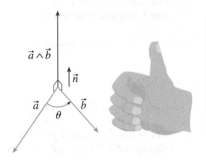

FIGURE 3
La règle de la main droite indique le sens du vecteur $\vec{a} \wedge \vec{b}$.

Si l'un des vecteurs $\vec{a}$ ou $\vec{b}$ est le vecteur nul, alors, par définition, $\vec{a} \wedge \vec{b} = \vec{0}$.
Puisque $\vec{a} \wedge \vec{b}$ est un multiple scalaire de $\vec{n}$, il a la même direction que $\vec{n}$ et donc

$$\vec{a} \wedge \vec{b} \text{ est orthogonal à } \vec{a} \text{ et } \vec{b}.$$

Si on se rappelle que deux vecteurs non nuls sont parallèles si et seulement si l'angle θ entre eux mesure 0 ou π, on constate qu'alors $\vec{a} \wedge \vec{b} = \vec{0}$, puisque dans l'un et l'autre cas $\sin \theta = 0$.

■■ En particulier, comme tout vecteur $\vec{a}$ est parallèle à lui-même,

$$\vec{a} \wedge \vec{a} = \vec{0}.$$

Deux vecteurs non nuls $\vec{a}$ et $\vec{b}$ sont parallèles si et seulement si $\vec{a} \wedge \vec{b} = \vec{0}$.

Ce cas particulier se comprend très bien dans le contexte du moment de torsion : si la force agit (par traction ou pression) dans la même direction que le manche de la clé (ainsi $\vec{F}$ est parallèle à $\vec{r}$), aucune rotation ne se produit.

EXEMPLE 1 Un boulon est serré en appliquant une force de 40 N sur une clé de 0,25 m, comme dans la figure 4. Calculez l'intensité du moment de torsion par rapport au centre du boulon.

SOLUTION L'intensité du moment de torsion est égale à

$$\| \vec{\tau} \| = \| \vec{r} \wedge \vec{F} \| = \| \vec{r} \| \| \vec{F} \| \sin 75° \| \vec{n} \| = (0{,}25)(40) \sin 75°$$
$$= 10 \sin 75° \approx 9{,}66 \text{ N} \cdot \text{m} = 9{,}66 \text{ J}.$$

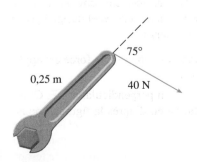

FIGURE 4

Si le boulon est muni d'un filet droit, le moment de torsion lui-même est le vecteur

$$\vec{\tau} = \|\vec{\tau}\|\vec{n} \approx 9{,}66\vec{n},$$

où $\vec{n}$ est un vecteur unitaire qui pointe en direction de la feuille de dessin. ■ ■

EXEMPLE 2 Déterminez $\vec{i} \wedge \vec{j}$ et $\vec{j} \wedge \vec{i}$.

SOLUTION Les vecteurs de base $\vec{i}$ et $\vec{j}$ sont tous les deux de longueur 1 et l'angle qu'ils font entre eux mesure $\pi/2$. Comme, par la règle de la main droite, le vecteur unitaire perpendiculaire à $\vec{i}$ et $\vec{j}$ est $\vec{n} = \vec{k}$ (voyez la figure 5),

$$\vec{i} \wedge \vec{j} = (\|\vec{i}\|\|\vec{j}\| \sin(\pi/2))\vec{k} = \vec{k}.$$

Par contre, si nous appliquons la règle de la main droite aux vecteurs $\vec{j}$ et $\vec{i}$ (dans cet ordre), nous constatons que le sens de $\vec{n}$ est vers le bas et donc, $\vec{n} = -\vec{k}$. D'où

$$\vec{j} \wedge \vec{i} = -\vec{k}.$$ ■ ■

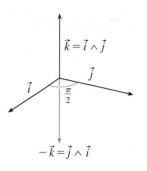

FIGURE 5

L'exemple 2 a établi que

$$\vec{i} \wedge \vec{j} \neq \vec{j} \wedge \vec{i},$$

ce qui suffit à montrer que le produit vectoriel n'est pas commutatif. Un raisonnement semblable montrerait que

$$\vec{j} \wedge \vec{k} = \vec{i} \qquad \vec{k} \wedge \vec{j} = -\vec{i}$$
$$\vec{k} \wedge \vec{i} = \vec{j} \qquad \vec{i} \wedge \vec{k} = -\vec{j}.$$

De façon générale, la règle de la main droite démontre que

$$\vec{b} \wedge \vec{a} = -\vec{a} \wedge \vec{b}.$$

Une autre loi algébrique fait défaut pour le produit vectoriel, c'est celle de l'associativité du produit ; c'est-à-dire, en général,

$$(\vec{a} \wedge \vec{b}) \wedge \vec{c} \neq \vec{a} \wedge (\vec{b} \wedge \vec{c}).$$

Par exemple, si $\vec{a} = \vec{i}$, $\vec{b} = \vec{i}$ et $\vec{c} = \vec{j}$, alors

$$(\vec{i} \wedge \vec{i}) \wedge \vec{j} = \vec{0} \wedge \vec{j} = \vec{0},$$

alors que

$$\vec{i} \wedge (\vec{i} \wedge \vec{j}) = \vec{i} \wedge \vec{k} = -\vec{j}.$$

Néanmoins, certaines règles habituelles de l'algèbre subsistent pour le produit vectoriel :

Propriétés du produit vectoriel Si $\vec{a}$, $\vec{b}$ et $\vec{c}$ sont des vecteurs et c un scalaire, alors

1. $\vec{a} \wedge \vec{b} = -\vec{b} \wedge \vec{a}$

2. $(c\vec{a}) \wedge \vec{b} = c(\vec{a} \wedge \vec{b}) = \vec{a} \wedge (c\vec{b})$

3. $\vec{a} \wedge (\vec{b} + \vec{c}) = \vec{a} \wedge \vec{b} + \vec{a} \wedge \vec{c}$

4. $(\vec{a} + \vec{b}) \wedge \vec{c} = \vec{a} \wedge \vec{c} + \vec{b} \wedge \vec{c}$

La propriété 2 se démontre en appliquant la définition du produit vectoriel à chacune des trois expressions. Les propriétés 3 et 4 (lois de distributivité à droite et à gauche du produit vectoriel par rapport à l'addition) sont plus difficiles à établir ; nous ne le ferons pas ici.

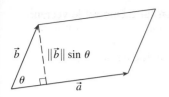

FIGURE 6

Voici, dans la figure 6, une interprétation géométrique de la norme du produit vectoriel. Si $\vec{a}$ et $\vec{b}$ sont représentés par des segments orientés issus du même point initial, alors ils déterminent un parallélogramme de base $\|\vec{a}\|$, de hauteur $\|\vec{b}\| \sin \theta$ et d'aire

$$A = \|\vec{a}\|(\|\vec{b}\| \sin \theta) = \|\vec{a} \wedge \vec{b}\|.$$

> La norme du produit vectoriel $\vec{a} \wedge \vec{b}$ est égale à l'aire du parallélogramme déterminé par $\vec{a}$ et $\vec{b}$.

▪▪ Le produit vectoriel en termes de composantes

On suppose que $\vec{a}$ et $\vec{b}$ sont donnés par leurs composantes :

$$\vec{a} = a_1\vec{i} + a_2\vec{j} + a_3\vec{k} \quad \vec{b} = b_1\vec{i} + b_2\vec{j} + b_3\vec{k}.$$

Les composantes de $\vec{a} \wedge \vec{b}$ résultent des lois de distributivité et des résultats de l'exemple 2 :

■ ■ Notez que

$\vec{i} \wedge \vec{i} = \vec{0} \quad \vec{j} \wedge \vec{j} = \vec{0} \quad \vec{k} \wedge \vec{k} = \vec{0}$

$$\begin{aligned}
\vec{a} \wedge \vec{b} &= (a_1\vec{i} + a_2\vec{j} + a_3\vec{k}) \wedge (b_1\vec{i} + b_2\vec{j} + b_3\vec{k}) \\
&= a_1b_1\vec{i} \wedge \vec{i} + a_1b_2\vec{i} \wedge \vec{j} + a_1b_3\vec{i} \wedge \vec{k} \\
&\quad + a_2b_1\vec{j} \wedge \vec{i} + a_2b_2\vec{j} \wedge \vec{j} + a_2b_3\vec{j} \wedge \vec{k} \\
&\quad + a_3b_1\vec{k} \wedge \vec{i} + a_3b_2\vec{k} \wedge \vec{j} + a_3b_3\vec{k} \wedge \vec{k} \\
&= a_1b_2\vec{k} + a_1b_3(-\vec{j}) + a_2b_1(-\vec{k}) + a_2b_3\vec{i} + a_3b_1\vec{j} + a_3b_2(-\vec{i}) \\
&= (a_2b_3 - a_3b_2)\vec{i} + (a_3b_1 - a_1b_3)\vec{j} + (a_1b_2 - a_2b_1)\vec{k}
\end{aligned}$$

> **2** Soit $\vec{a} = (a_1, a_2, a_3)$ et $\vec{b} = (b_1, b_2, b_3)$. Alors,
>
> $$\vec{a} \wedge \vec{b} = (a_2b_3 - a_3b_2, \, a_3b_1 - a_1b_3, \, a_1b_2 - a_2b_1)$$

Afin de retenir plus facilement l'expression de $\vec{a} \wedge \vec{b}$, nous recourons à la notation des déterminants. Un **déterminant d'ordre 2** est défini par

$$\begin{vmatrix} a & b \\ c & d \end{vmatrix} = ad - bc$$

Par exemple,

$$\begin{vmatrix} 2 & 1 \\ -6 & 4 \end{vmatrix} = 2(4) - 1(-6) = 14.$$

Un **déterminant d'ordre 3** peut être défini à partir de déterminants d'ordre 2 comme suit :

$$\boxed{3} \quad \begin{vmatrix} a_1 & a_2 & a_3 \\ b_1 & b_2 & b_3 \\ c_1 & c_2 & c_3 \end{vmatrix} = a_1 \begin{vmatrix} b_2 & b_3 \\ c_2 & c_3 \end{vmatrix} - a_2 \begin{vmatrix} b_1 & b_3 \\ c_1 & c_3 \end{vmatrix} + a_3 \begin{vmatrix} b_1 & b_2 \\ c_1 & c_2 \end{vmatrix}$$

Observez que chaque terme du membre de droite de l'équation 3 contient un a_i de la première ligne du déterminant et que cet a_i est multiplié par le déterminant d'ordre 2 obtenu en supprimant à partir de la gauche la ligne et la colonne auxquelles a_i appartient. Notez aussi le signe moins du second terme. Par exemple,

$$\begin{vmatrix} 1 & 2 & -1 \\ 3 & 0 & 1 \\ -5 & 4 & 2 \end{vmatrix} = 1 \begin{vmatrix} 0 & 1 \\ 4 & 2 \end{vmatrix} - 2 \begin{vmatrix} 3 & 1 \\ -5 & 2 \end{vmatrix} + (-1) \begin{vmatrix} 3 & 0 \\ -5 & 4 \end{vmatrix}$$

$$= 1(0-4) - 2(6+5) + (-1)(12-0) = -38.$$

À l'aide des déterminants d'ordre 2 et des vecteurs de base $\vec{i}$, $\vec{j}$ et $\vec{k}$, le produit vectoriel de $\vec{a} = a_1\vec{i} + a_2\vec{j} + a_3\vec{k}$ et $\vec{b} = b_1\vec{i} + b_2\vec{j} + b_3\vec{k}$ peut maintenant s'écrire

$$\boxed{4} \qquad \vec{a} \wedge \vec{b} = \begin{vmatrix} a_2 & a_3 \\ b_2 & b_3 \end{vmatrix} \vec{i} - \begin{vmatrix} a_1 & a_3 \\ b_1 & b_3 \end{vmatrix} \vec{j} + \begin{vmatrix} a_1 & a_2 \\ b_1 & b_2 \end{vmatrix} \vec{k}$$

À cause de la ressemblance entre les équations 3 et 4, il arrive souvent d'écrire le déterminant « symbolique »

$$\boxed{5} \qquad \vec{a} \wedge \vec{b} = \begin{vmatrix} \vec{i} & \vec{j} & \vec{k} \\ a_1 & a_2 & a_3 \\ b_1 & b_2 & b_3 \end{vmatrix}$$

Symbolique, parce que la première ligne se compose de vecteurs et non de nombres, mais le développement de ce déterminant à la manière de l'équation 3, comme s'il s'agissait d'un déterminant ordinaire, fournit bien l'expression 4. La formule symbolique 5 est probablement la façon la plus facile de se remémorer et de calculer les produits vectoriels.

EXEMPLE 3 Si $\vec{a} = (1, 3, 4)$ et $\vec{b} = (2, 7, -5)$, alors

$$\vec{a} \wedge \vec{b} = \begin{vmatrix} \vec{i} & \vec{j} & \vec{k} \\ 1 & 3 & 4 \\ 2 & 7 & -5 \end{vmatrix}$$

$$= \begin{vmatrix} 3 & 4 \\ 7 & -5 \end{vmatrix} \vec{i} - \begin{vmatrix} 1 & 4 \\ 2 & -5 \end{vmatrix} \vec{j} + \begin{vmatrix} 1 & 3 \\ 2 & 7 \end{vmatrix} \vec{k}$$

$$= (-15 - 28)\vec{i} - (-5 - 8)\vec{j} + (7 - 6)\vec{k} = -43\vec{i} + 13\vec{j} + \vec{k}. \qquad ■ ■$$

EXEMPLE 4 Cherchez un vecteur perpendiculaire au plan déterminé par les trois points $P(1, 4, 6)$, $Q(-2, 5, -1)$ et $R(1, -1, 1)$.

SOLUTION Le vecteur $\overrightarrow{PQ} \wedge \overrightarrow{PR}$, étant perpendiculaire à la fois à $\overrightarrow{PQ}$ et à $\overrightarrow{PR}$, est perpendiculaire au plan qui passe par P, Q et R. Selon (1) de la section 9.2, les composantes de ces vecteurs sont

$$\overrightarrow{PQ} = (-2 - 1)\vec{i} + (5 - 4)\vec{j} + (-1 - 6)\vec{k} = -3\vec{i} + \vec{j} - 7\vec{k}$$

$$\overrightarrow{PR} = (1 - 1)\vec{i} + (-1 - 4)\vec{j} + (1 - 6)\vec{k} = -5\vec{j} - 5\vec{k}.$$

Le produit vectoriel de ces vecteurs s'effectue comme suit :

$$\overrightarrow{PQ} \wedge \overrightarrow{PR} = \begin{vmatrix} \vec{i} & \vec{j} & \vec{k} \\ -3 & 1 & -7 \\ 0 & -5 & -5 \end{vmatrix}$$

$$= (-5-35)\vec{i} - (15-0)\vec{j} + (15-0)\vec{k} = -40\vec{i} - 15\vec{j} + 15\vec{k}.$$

Le vecteur $(-40, -15, 15)$ est donc perpendiculaire au plan donné. Tout autre multiple scalaire non nul de ce vecteur, comme $(-8, -3, 3)$, ferait également l'affaire. ■ ■

EXEMPLE 5 Calculez l'aire du triangle de sommets $P(1, 4, 6)$, $Q(-2, 5, -1)$ et $R(1, -1, 1)$.

SOLUTION Le produit scalaire $\overrightarrow{PQ} \wedge \overrightarrow{PR} = (-40, -15, 15)$ a été calculé à l'exemple 4 et la norme de ce produit scalaire représente l'aire du parallélogramme construit sur les côtés adjacents PQ et PR :

$$\|\overrightarrow{PQ} \wedge \overrightarrow{PR}\| = \sqrt{(-40)^2 + (-15)^2 + 15^2} = 5\sqrt{82}.$$

L'aire A du triangle PQR étant la moitié de l'aire de ce parallélogramme, elle vaut $\frac{5}{2}\sqrt{82}$. ■ ■

■■ **Des produits de trois vecteurs**

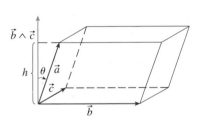

FIGURE 7

Le produit $\vec{a} \cdot (\vec{b} \wedge \vec{c})$ porte le nom de **produit mixte** des vecteurs $\vec{a}$, $\vec{b}$ et $\vec{c}$. Le parallélépipède construit sur ces trois vecteurs (figure 7) permet d'associer une signification géométrique à ce produit. L'aire du parallélogramme de base est $A = \|\vec{b} \wedge \vec{c}\|$. La hauteur h du parallélépipède vaut $h = \|\vec{a}\| |\cos \theta|$, si θ désigne l'angle entre $\vec{a}$ et $\vec{b} \wedge \vec{c}$. (Il faut prévoir $|\cos \theta|$ au lieu de simplement $\cos \theta$ pour le cas où $\theta > \pi/2$.) Par conséquent, le volume du parallélépipède est égal à

$$V = Ah = \|\vec{b} \wedge \vec{c}\| \|\vec{a}\| |\cos \theta| = |\vec{a} \cdot (\vec{b} \wedge \vec{c})|.$$

Nous avons ainsi établi le résultat suivant :

> Le volume du parallélépipède construit sur les vecteurs $\vec{a}$, $\vec{b}$ et $\vec{c}$ est la norme de leur produit mixte :
>
> $$V = Ah = |\vec{a} \cdot (\vec{b} \wedge \vec{c})|.$$

Au lieu de voir comme base du parallélépipède le parallélogramme construit sur les vecteurs $\vec{b}$ et $\vec{c}$, on pourrait tout aussi bien lui voir comme base le parallélogramme construit sur $\vec{a}$ et $\vec{b}$. Cet autre point de vue conduit à

$$\vec{a} \cdot (\vec{b} \wedge \vec{c}) = \vec{c} \cdot (\vec{a} \wedge \vec{b}).$$

Or, le produit scalaire est commutatif. D'où

$$\boxed{6} \qquad \vec{a} \cdot (\vec{b} \wedge \vec{c}) = (\vec{a} \wedge \vec{b}) \cdot \vec{c}.$$

On suppose que $\vec{a}$, $\vec{b}$ et $\vec{c}$ sont donnés par leurs composantes :

$$\vec{a} = a_1\vec{i} + a_2\vec{j} + a_3\vec{k} \quad \vec{b} = b_1\vec{i} + b_2\vec{j} + b_3\vec{k} \quad \vec{c} = c_1\vec{i} + c_2\vec{j} + c_3\vec{k}.$$

Alors,

$$\vec{a} \cdot (\vec{b} \wedge \vec{c}) = \vec{a} \cdot \left[\begin{vmatrix} b_2 & b_3 \\ c_2 & c_3 \end{vmatrix} \vec{i} - \begin{vmatrix} b_1 & b_3 \\ c_1 & c_3 \end{vmatrix} \vec{j} + \begin{vmatrix} b_1 & b_2 \\ c_1 & c_2 \end{vmatrix} \vec{k} \right]$$

$$= a_1 \begin{vmatrix} b_2 & b_3 \\ c_2 & c_3 \end{vmatrix} - a_2 \begin{vmatrix} b_1 & b_3 \\ c_1 & c_3 \end{vmatrix} + a_3 \begin{vmatrix} b_1 & b_2 \\ c_1 & c_2 \end{vmatrix}$$

Ceci montre que le produit mixte des vecteurs $\vec{a}$, $\vec{b}$ et $\vec{c}$ peut être écrit sous la forme d'un déterminant dont les lignes sont les composantes de ces trois vecteurs :

$$\boxed{7} \qquad \vec{a} \cdot (\vec{b} \wedge \vec{c}) = \begin{vmatrix} a_1 & a_2 & a_3 \\ b_1 & b_2 & b_3 \\ c_1 & c_2 & c_3 \end{vmatrix}$$

EXEMPLE 6 Grâce au produit mixte, montrez que les vecteurs $\vec{a} = (1, 4, -7)$, $\vec{b} = (2, -1, 4)$ et $\vec{c} = (0, -9, 18)$ sont coplanaires, c'est-à-dire appartiennent à un même plan.

SOLUTION Nous calculons le produit mixte selon la formule 7 :

$$\vec{a} \cdot (\vec{b} \wedge \vec{c}) = \begin{vmatrix} 1 & 4 & -7 \\ 2 & -1 & 4 \\ 0 & -9 & 18 \end{vmatrix}$$

$$= 1 \begin{vmatrix} -1 & 4 \\ -9 & 18 \end{vmatrix} - 4 \begin{vmatrix} 2 & 4 \\ 0 & 18 \end{vmatrix} - 7 \begin{vmatrix} 2 & -1 \\ 0 & -9 \end{vmatrix}$$

$$= 1(18) - 4(36) - 7(-18) = 0.$$

Le volume du parallélépipède construit sur $\vec{a}$, $\vec{b}$ et $\vec{c}$ étant nul, les trois vecteurs sont coplanaires. ■ ■

Le produit $\vec{a} \wedge (\vec{b} \wedge \vec{c})$ s'appelle le **double produit vectoriel** des vecteurs $\vec{a}$, $\vec{b}$ et $\vec{c}$. L'exercice 30 propose de démontrer la formule suivante relative à ce double produit vectoriel

$$\boxed{8} \qquad \vec{a} \wedge (\vec{b} \wedge \vec{c}) = (\vec{a} \cdot \vec{c})\vec{b} - (\vec{a} \cdot \vec{b})\vec{c}.$$

La formule 8 servira lors de l'établissement de la première loi de Kepler du mouvement planétaire dans le chapitre 10.

9.4 Exercices

1. Examinez si chaque expression a du sens. Si elle n'en a pas, dites pourquoi. Si elle en a, dites si le résultat est un vecteur ou un scalaire.

a) $\vec{a} \cdot (\vec{b} \wedge \vec{c})$
b) $\vec{a} \wedge (\vec{b} \cdot \vec{c})$
c) $\vec{a} \wedge (\vec{b} \wedge \vec{c})$
d) $(\vec{a} \cdot \vec{b}) \wedge \vec{c}$
e) $(\vec{a} \cdot \vec{b}) \wedge (\vec{c} \cdot \vec{d})$
f) $(\vec{a} \wedge \vec{b}) \cdot (\vec{c} \wedge \vec{d})$

2–3 ■ Calculez $\|\vec{u} \wedge \vec{v}\|$ et dites si $\vec{u} \wedge \vec{v}$ pointe vers la page ou vers l'extérieur de la page.

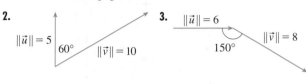

2.

$\|\vec{u}\| = 5$ 60° $\|\vec{v}\| = 10$

3. $\|\vec{u}\| = 6$ 150° $\|\vec{v}\| = 8$

4. La figure montre un vecteur $\vec{a}$ du plan Oxy et un vecteur $\vec{b}$ dirigé comme $\vec{k}$. Leurs longueurs sont $\|\vec{a}\| = 3$ et $\|\vec{b}\| = 2$.

a) Calculer $\|\vec{a} \wedge \vec{b}\|$.
b) Utilisez la règle de la main droite pour savoir si les composantes de $\vec{a} \wedge \vec{b}$ sont positives, négatives ou nulles.

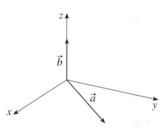

5. La pédale d'un vélo est enfoncée avec une force de 60 N (voyez la figure). Le bras du pédalier mesure 18 cm. Calculez la norme du moment de torsion par rapport à P.

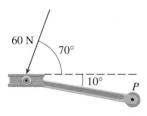

6. Calculez la norme du moment de torsion par rapport à P d'une force de 36 N appliquée comme le montre la figure.

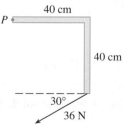

7–11 ■ Effectuez le produit vectoriel $\vec{a} \wedge \vec{b}$ et vérifiez qu'il est orthogonal à $\vec{a}$ et $\vec{b}$.

7. $\vec{a} = (1, 2, 0)$, $\vec{b} = (0, 3, 1)$

8. $\vec{a} = (5, 1, 4)$, $\vec{b} = (-1, 0, 2)$

9. $\vec{a} = (t, t^2, t^3)$, $\vec{b} = (1, 2t, 3t^2)$

10. $\vec{a} = \vec{i} + e^t \vec{j} + e^{-t} \vec{k}$, $\vec{b} = 2\vec{i} + e^t \vec{j} - e^{-t} \vec{k}$

11. $\vec{a} = 3\vec{i} + 2\vec{j} + 4\vec{k}$, $\vec{b} = \vec{i} - 2\vec{j} - 3\vec{k}$

12. Effectuer $\vec{a} \wedge \vec{b}$ si $\vec{a} = \vec{i} - 2\vec{k}$ et $\vec{b} = \vec{j} + \vec{k}$. Représentez $\vec{a}$, $\vec{b}$ et $\vec{a} \wedge \vec{b}$ par des segments orientés, de point initial O.

13. Déterminez deux vecteurs unitaires orthogonaux à la fois à $(2, 0, -3)$ et $(-1, 4, 2)$.

14. Déterminez deux vecteurs unitaires orthogonaux à la fois à $\vec{i} + \vec{j} + \vec{k}$ et $2\vec{i} + \vec{k}$.

15. Calculez l'aire du parallélogramme de sommets $A(-2, 1)$, $B(0, 4)$, $C(4, 2)$ et $D(2, -1)$.

16. Calculez l'aire du parallélogramme de sommets $K(1, 2, 3)$, $L(1, 3, 6)$, $M(3, 8, 6)$ et $N(3, 7, 3)$.

17–18 ■ a) Trouvez un vecteur orthogonal au plan déterminé par les points P, Q et R et b) calculez l'aire du triangle PQR.

17. $P(0, -2, 0)$, $Q(4, 1, -2)$, $R(5, 3, 1)$

18. $P(2, 1, 5)$, $Q(-1, 3, 4)$, $R(3, 0, 6)$

19. La tête d'une clé de 30 cm de long posée le long de la partie positive de l'axe Oy enserre un boulon situé à l'origine. À l'extrémité de la clé, on applique une force dans la direction $(0, 3, -4)$. Quelle doit être l'intensité de la force pour exercer un moment de torsion de 100 J sur le boulon ?

20. Soit $\vec{v} = 5\vec{j}$ et soit $\vec{u}$ un vecteur de longueur 3 dont le point initial est à l'origine et qui tourne dans le plan Oxy. Déterminez les valeurs maximale et minimale de la norme du vecteur $\vec{u} \wedge \vec{v}$. Dans quelle direction pointe $\vec{u} \wedge \vec{v}$?

21–22 ■ Calculez le volume du parallélépipède construit sur les vecteurs $\vec{a}$, $\vec{b}$ et $\vec{c}$.

21. $\vec{a} = (6, 3, -1)$, $\vec{b} = (0, 1, 2)$, $\vec{c} = (4, -2, 5)$

22. $\vec{a} = \vec{i} + \vec{j} - \vec{k}$, $\vec{b} = \vec{i} - \vec{j} + \vec{k}$, $\vec{c} = -\vec{i} + \vec{j} + \vec{k}$

23–24 ■ Calculez le volume du parallélépipède d'arêtes adjacentes PQ, PR et PS.

23. $P(2, 0, -1)$, $Q(4, 1, 0)$, $R(3, -1, 1)$, $S(2, -2, 2)$

24. $P(3, 0, 1)$, $Q(-1, 2, 5)$, $R(5, 1, -1)$, $S(0, 4, 2)$

25. Démontrez, à l'aide du produit mixte, que les vecteurs $\vec{u} = \vec{i} + 5\vec{j} - 2\vec{k}$, $\vec{v} = 3\vec{i} - \vec{j}$ et $\vec{w} = 5\vec{i} + 9\vec{j} - 4\vec{k}$ sont coplanaires.

26. Utilisez le produit mixte pour savoir si les points $A(1, 3, 2)$, $B(3, -1, 6)$, $C(5, 2, 0)$ et $D(3, 6, -4)$ appartiennent à un même plan.

27. a) Soit P un point extérieur à la droite L qui relie les points Q et R. Montrez que la distance d du point P à la droite L vaut
$$d = \frac{\|\vec{a} \wedge \vec{b}\|}{\|\vec{a}\|}$$
où $\vec{a} = \overrightarrow{QR}$ et $\vec{b} = \overrightarrow{QP}$.

b) Servez-vous de la formule de la partie a) pour calculer la distance du point $P(1, 1, 1)$ à la droite qui passe par $Q(0, 6, 8)$ et $R(-1, 4, 7)$.

28. a) Soit P un point extérieur au plan qui passe par les points Q, R et S. Montrez que la distance d du point P au plan vaut
$$d = \frac{|\vec{a} \cdot (\vec{b} \wedge \vec{c})|}{\|\vec{a} \wedge \vec{b}\|}$$
où $\vec{a} = \overrightarrow{QR}$, $\vec{b} = \overrightarrow{QS}$ et $\vec{c} = \overrightarrow{QP}$.

b) Servez-vous de la formule de la partie a) pour calculer la distance du point $P(2, 1, 4)$ au plan déterminé par les points $Q(1, 0, 0)$, $R(0, 2, 0)$ et $S(0, 0, 3)$.

29. Démontrez que $(\vec{a} - \vec{b}) \wedge (\vec{a} + \vec{b}) = 2(\vec{a} \wedge \vec{b})$.

30. Démontrez la formule suivante relative au double produit vectoriel :
$$\vec{a} \wedge (\vec{b} \wedge \vec{c}) = (\vec{a} \cdot \vec{c})\vec{b} - (\vec{a} \cdot \vec{b})\vec{c}.$$

31. Utilisez l'exercice 30 pour démontrer
$$\vec{a} \wedge (\vec{b} \wedge \vec{c}) + \vec{b} \wedge (\vec{c} \wedge \vec{a}) + \vec{c} \wedge (\vec{a} \wedge \vec{b}) = \vec{0}.$$

32. Démontrez que
$$(\vec{a} \wedge \vec{b}) \cdot (\vec{c} \wedge \vec{d}) = \begin{vmatrix} \vec{a} \cdot \vec{c} & \vec{b} \cdot \vec{c} \\ \vec{a} \cdot \vec{d} & \vec{b} \cdot \vec{d} \end{vmatrix}$$

33. On suppose $\vec{a} \neq \vec{0}$.
a) Est-ce que $\vec{a} \cdot \vec{b} = \vec{a} \cdot \vec{c}$ implique $\vec{b} = \vec{c}$?
b) Est-ce que $\vec{a} \wedge \vec{b} = \vec{a} \wedge \vec{c}$ implique $\vec{b} = \vec{c}$?
c) Est-ce que $\vec{a} \cdot \vec{b} = \vec{a} \cdot \vec{c}$ et $\vec{a} \wedge \vec{b} = \vec{a} \wedge \vec{c}$ implique $\vec{b} = \vec{c}$?

34. On suppose que $\vec{v}_1$, $\vec{v}_2$ et $\vec{v}_3$ sont des vecteurs non coplanaires. Soit
$$\vec{k}_1 = \frac{\vec{v}_2 \wedge \vec{v}_3}{\vec{v}_1 \cdot (\vec{v}_2 \wedge \vec{v}_3)}$$
$$\vec{k}_2 = \frac{\vec{v}_3 \wedge \vec{v}_1}{\vec{v}_1 \cdot (\vec{v}_2 \wedge \vec{v}_3)}$$
$$\vec{k}_3 = \frac{\vec{v}_1 \wedge \vec{v}_2}{\vec{v}_1 \cdot (\vec{v}_2 \wedge \vec{v}_3)}$$

(De tels vecteurs se rencontrent en cristallographie. Des vecteurs de la forme $n_1\vec{v}_1 + n_2\vec{v}_2 + n_3\vec{v}_3$, où chaque n_i est un entier, forment un *réseau* pour un cristal. Des vecteurs écrits de manière semblable en termes de $\vec{k}_1$, $\vec{k}_2$ et $\vec{k}_3$ forment le *réseau réciproque*.)
a) Démontrez que $\vec{k}_i$ est perpendiculaire à $\vec{v}_j$ pour $\vec{i} \neq \vec{j}$.
b) Démontrez que $\vec{k}_i \cdot \vec{v}_i = 1$ pour $i = 1, 2, 3$.
c) Démontrez que $\vec{k}_1 \cdot (\vec{k}_2 \wedge \vec{k}_3) = \dfrac{1}{\vec{v}_1 \cdot (\vec{v}_2 \wedge \vec{v}_3)}$.

SUJET À DÉCOUVRIR

La géométrie du tétraèdre

Un tétraèdre est un solide à quatre sommets P, Q, R et S et à quatre faces triangulaires. (Voyez la figure.)

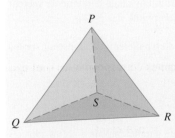

1. Soit $\vec{v}_1$, $\vec{v}_2$, $\vec{v}_3$ et $\vec{v}_4$ des vecteurs de longueurs égales aux aires des faces opposées aux sommets P, Q, R et S respectivement et dirigés perpendiculairement aux faces respectives et pointés vers l'extérieur. Démontrez que
$$\vec{v}_1 + \vec{v}_2 + \vec{v}_3 + \vec{v}_4 = \vec{0}.$$

2. Le volume d'un tétraèdre vaut un tiers de la distance d'un sommet à la face opposée multiplié par l'aire de cette face.
a) Écrivez une formule du volume du tétraèdre en termes des coordonnées des sommets P, Q, R et S.
b) Calculez le volume du tétraèdre dont les sommets sont $P(1, 1, 1)$, $Q(1, 2, 3)$, $R(1, 1, 2)$ et $S(3, -1, 2)$.

3. On suppose que le trièdre en S du tétraèdre de la figure est trirectangle (cela signifie que les angles de sommet S sont tous les trois droits). Soit A, B et C les aires des trois faces qui se rencontrent en S et soit D l'aire de la face opposée PQR. À l'aide du résultat du problème 1, ou autrement, démontrez que

$$D^2 = A^2 + B^2 + C^2.$$

(Ceci est une version à trois dimensions du théorème de Pythagore.)

9.5 | Les équations des droites et des plans

Une droite du plan Oxy est déterminée dès que sont fixés un point par lequel elle passe et sa direction (pente ou angle d'inclinaison). L'équation de la droite peut alors être écrite d'après la formule point-pente.

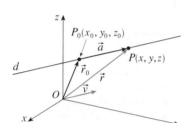

FIGURE 1

De même, une droite d de l'espace de dimension trois est déterminée dès que sont fixés un point $P_0(x_0, y_0, z_0)$ par lequel elle passe et sa direction. Comme en trois dimensions, la direction d'une droite est aisément fixée par un vecteur, désignons par $\vec{v}$ un vecteur parallèle à d. Soit $P(x, y, z)$ un point quelconque sur d et soit $\vec{r}_0$ le vecteur position de P_0 et $\vec{r}$ le vecteur position de P (représentés par $\overrightarrow{OP_0}$ et $\overrightarrow{OP}$). Si $\vec{a}$ désigne le vecteur représenté par $\overrightarrow{P_0P}$, comme dans la figure 1, la loi du triangle de l'addition vectorielle permet d'écrire $\vec{r} = \vec{r}_0 + \vec{a}$. Mais, comme $\vec{a}$ et $\vec{v}$ sont des vecteurs parallèles, il existe un scalaire t tel que $\vec{a} = t\vec{v}$. D'où

$$\boxed{1} \qquad \boxed{\vec{r} = \vec{r}_0 + t\vec{v}}$$

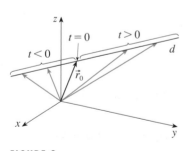

FIGURE 2

Cette expression est l'*équation vectorielle* de d. Chaque valeur du **paramètre** t fixe le vecteur position $\vec{r}$ d'un point de d. Comme l'indique la figure 2, des valeurs positives de t correspondent à des points sur d situés d'un côté de P_0, tandis que des valeurs négatives de t correspondent à des points de d situés de l'autre côté de P_0.

Si le vecteur qui indique la direction de d est décrit par ses composantes $\vec{v} = (a, b, c)$, alors $t\vec{v} = (ta, tb, tc)$. On peut également écrire $\vec{r} = (x, y, z)$ et $r_0 = (x_0, y_0, z_0)$. L'équation vectorielle (1) devient

$$(x, y, z) = (x_0 + ta, y_0 + tb, z_0 + tc).$$

Deux vecteurs sont égaux si et seulement si les composantes correspondantes sont égales. Par conséquent, on a les trois équations scalaires :

$$\boxed{2} \qquad \boxed{x = x_0 + at, \qquad y = y_0 + bt, \qquad z = z_0 + ct}$$

où $t \in \mathbb{R}$. Ces équations sont appelées des **équations paramétriques** de la droite d qui passe par $P_0(x_0, y_0, z_0)$ et parallèle au vecteur $\vec{v} = (a, b, c)$. Chaque valeur du paramètre donne un point (x, y, z) sur d.

EXEMPLE 1

a) Écrivez une équation vectorielle et des équations paramétriques de la droite qui passe par le point $(5, 1, 3)$ et parallèle au vecteur $\vec{i} + 4\vec{j} - 2\vec{k}$.

b) Cherchez les coordonnées de deux autres points de cette droite.

SOLUTION

a) Ici, $\vec{r}_0 = (5, 1, 3) = 5\vec{i} + \vec{j} + 3\vec{k}$ et $\vec{v} = \vec{i} + 4\vec{j} - 2\vec{k}$. L'équation vectorielle 1 devient

$$\vec{r} = (5\vec{i} + \vec{j} + 3\vec{k}) + t(\vec{i} + 4\vec{j} - 2\vec{k})$$

ou

$$\vec{r} = (5 + t)\vec{i} + (1 + 4t)\vec{j} + (3 - 2t)\vec{k}$$

Les équations

$$x = 5 + t, \qquad y = 1 + 4t, \qquad z = 3 - 2t$$

décrivent la droite paramétriquement.

b) La valeur $t = 1$ du paramètre donne $x = 6$, $y = 5$ et $z = 1$. Le point $(6, 5, 1)$ est un point de la droite. De même, $t = -1$ a comme image le point $(4, -3, 5)$. ■ ■

■ ■ La figure 3 montre la droite d de l'exemple 1 et ce qui la relie au point donné et au vecteur qui indique sa direction.

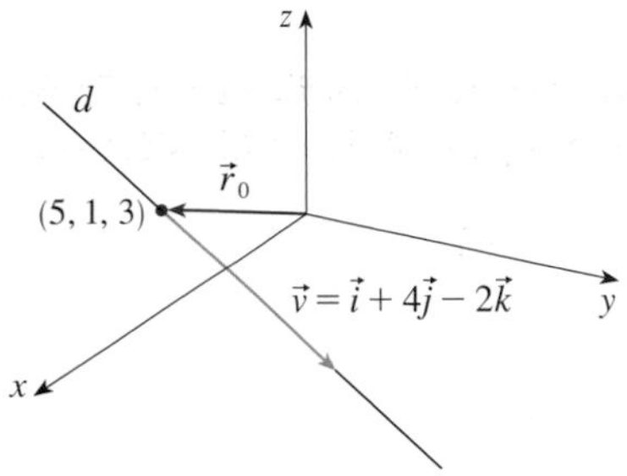

FIGURE 3

L'équation vectorielle et les équations paramétriques d'une droite ne sont pas uniques. En changeant le point ou le paramètre ou en choisissant un autre vecteur parallèle, les équations sont différentes. Par exemple, si, au lieu du point $(5, 1, 3)$, on prend le point $(6, 5, 1)$ dans l'exemple 1, les équations paramétriques de la droite deviennent

$$x = 6 + t \qquad y = 5 + 4t \qquad z = 1 - 2t.$$

Ou, en gardant le point $(5, 1, 3)$, mais en choisissant le vecteur parallèle $2\vec{i} + 8\vec{j} - 4\vec{k}$, on arrive aux équations

$$x = 5 + 2t \qquad y = 1 + 8t \qquad z = 3 - 4t.$$

En général, les composantes a, b et c d'un vecteur $\vec{v} = (a, b, c)$ qui appartient à la direction de la droite s'appellent des **paramètres directeurs** de d. Vu que n'importe quel vecteur parallèle à $\vec{v}$ appartient à la même direction, tout triplet de nombres proportionnels à a, b et c est aussi un ensemble de paramètres directeurs de d.

Une autre façon de décrire une droite d est d'éliminer le paramètre t des équations 2. Si aucun des nombres a, b ou c n'est nul, on peut résoudre chacune des équations paramétriques par rapport à t et égaler les résultats. Cela conduit à

3
$$\frac{x - x_0}{a} = \frac{y - y_0}{b} = \frac{z - z_0}{c}.$$

Ces équations sont appelées des **équations symétriques** de d. Les nombres a, b et c qui figurent au dénominateur de l'équation 3 sont justement des paramètres directeurs de d, c'est-à-dire des composantes d'un vecteur parallèle à d. Même si un de ces nombres est nul, il est encore possible d'éliminer le paramètre t. Par exemple, si c'est a qui est nul, les équations symétriques de d se présenteront sous la forme

$$x = x_0 \qquad \frac{y - y_0}{b} = \frac{z - z_0}{c}.$$

Cela veut dire que d appartient au plan vertical $x = x_0$.

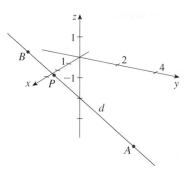

■ ■ La figure 4 montre la droite d de l'exemple 2 et le point P où elle traverse le plan Oxy.

FIGURE 4

EXEMPLE 2

a) Écrivez des équations paramétriques et des équations symétriques de la droite qui passe par les points $A(2, 4, -3)$ et $B(3, -1, 1)$.

b) En quel point cette droite perce-t-elle le plan Oxy ?

SOLUTION

a) Aucun vecteur parallèle à la droite n'a été explicitement donné, mais le vecteur $\vec{v}$ représenté par $\overrightarrow{AB}$ est parallèle à la droite. Ses composantes sont

$$\vec{v} = (3 - 2, -1 - 4, 1 - (-3)) = (1, -5, 4).$$

Les nombres $a = 1$, $b = -5$ et $c = 4$ peuvent servir de paramètres directeurs. En faisant jouer au point $(2, 4, -3)$ le rôle de P_0, les équations paramétriques (2) s'écrivent

$$x = 2 + t \qquad y = 4 - 5t \qquad z = -3 + 4t,$$

et des équations symétriques (3),

$$\frac{x - 2}{1} = \frac{y - 4}{-5} = \frac{z + 3}{4}.$$

b) La droite traverse la plan Oxy lorsque $z = 0$. On pose donc $z = 0$ dans les équations symétriques :

$$\frac{x - 2}{1} = \frac{y - 4}{-5} = \frac{3}{4}.$$

Cela conduit à $x = \frac{11}{4}$ et $y = \frac{1}{4}$. Les coordonnées du point de percée de la droite avec le plan Oxy sont donc $\left(\frac{11}{4}, \frac{1}{4}, 0\right)$. ■ ■

La solution de l'exemple 2 a montré que, de façon générale, des paramètres directeurs de la droite qui passe par les points $P_0(x_0, y_0, z_0)$ et $P_1(x_1, y_1, z_1)$ sont $x_1 - x_0$, $y_1 - y_0$ et $z_1 - z_0$ et qu'en conséquence, des équations symétriques de d sont

$$\frac{x - x_0}{x_1 - x_0} = \frac{y - y_0}{y_1 - y_0} = \frac{z - z_0}{z_1 - z_0}.$$

Il arrive souvent que l'on ait besoin de la description, non pas de la droite entière, mais seulement d'un segment. Comment, par exemple, décrire le segment AB de l'exemple 2. Si on pose $t = 0$ dans les équations paramétriques de l'exemple 2 a), on obtient le point $(2, 4, -3)$ et si on pose $t = 1$, on obtient le point $(3, -1, 1)$. Le segment AB est donc décrit par les équations paramétriques

$$x = 2 + t \qquad y = 4 - 5t \qquad z = -3 + 4t, \qquad 0 \leqslant t \leqslant 1,$$

ou par l'équation vectorielle correspondante

$$\vec{r}(t) = (2 + t, 4 - 5t, -3 + 4t) \qquad 0 \leqslant t \leqslant 1.$$

En général, nous savons (voyez l'équation 1) que l'équation vectorielle d'une droite qui passe par (l'extrémité de) $\vec{r}_0$ orientée comme le vecteur $\vec{v}$ est $\vec{r} = \vec{r}_0 + t\vec{v}$. Au cas où elle passe aussi par (l'extrémité de) $\vec{r}_1$, alors $\vec{v}$ peut être égal à $\vec{r}_1 - \vec{r}_0$ et son équation vectorielle

$$\vec{r} = \vec{r}_0 + t(\vec{r}_1 - \vec{r}_0) = (1 - t)\vec{r}_0 + t\vec{r}_1.$$

Le segment qui va de $\vec{r}_0$ à $\vec{r}_1$ correspond à l'intervalle $[0, 1]$ du paramètre t.

---

4 Le segment qui joint $\vec{r}_0$ à $\vec{r}_1$ est décrit par l'équation vectorielle

$$\vec{r}(t) = (1-t)\vec{r}_0 + t\vec{r}_1 \qquad 0 \leqslant t \leqslant 1$$

EXEMPLE 3 Démontrez que les droites d_1 et d_2 d'équations paramétriques

$$x = 1 + t \qquad y = -2 + 3t \qquad z = 4 - t,$$

$$x = 2s \qquad y = 3 + s \qquad z = -3 + 4s,$$

sont **gauches**, c'est-à-dire qu'elles ne se coupent pas et ne sont pas parallèles (elles ne sont donc pas dans un même plan).

SOLUTION Ces droites ne sont pas parallèles parce que les vecteurs correspondants $(1, 3, -1)$ et $(2, 1, 4)$ ne sont pas parallèles (leurs composantes ne sont pas proportionnelles). Si d_1 et d_2 ont un point en commun, alors il y a des valeurs de t et s telles que

$$1 + t = 2s$$

$$-2 + 3t = 3 + s$$

$$4 - t = -3 + 4s$$

Or, la solution des deux premières équations, $t = \frac{11}{5}$ et $s = \frac{8}{5}$, ne vérifie pas la troisième. Il n'y a donc pas de valeurs de s et t qui vérifient les trois équations. Les droites d_1 et d_2 ne se coupent pas. N'étant ni parallèles, ni sécantes, d_1 et d_2 sont des droites gauches. ■ ■

■ ■ Les droites d_1 et d_2 de l'exemple 3 et que montre la figure 5 sont gauches.

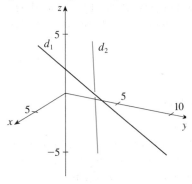

FIGURE 5

■■ Les plans

Même si une droite de l'espace est déterminée entièrement par un point et une direction, un plan de l'espace est plus difficile à décrire. Un seul vecteur parallèle au plan ne suffit pas à préciser la « direction » du plan ; par contre, un vecteur perpendiculaire au plan suffit à spécifier entièrement cette direction. Un plan de l'espace est donc déterminé par un point $P_0(x_0, y_0, z_0)$ qu'il contient et un vecteur $\vec{n}$ qui lui est orthogonal. Un tel vecteur orthogonal est appelé un **vecteur normal**. Soit donc $P(x, y, z)$ un point arbitraire du plan et soit $\vec{r}_0$ et $\vec{r}$ les vecteurs positions de P_0 et P. Le segment orienté $\overrightarrow{P_0P}$ est un représentant du vecteur $\vec{r} - \vec{r}_0$ (voyez la figure 6). Le vecteur normal $\vec{n}$ est orthogonal à tout vecteur du plan considéré. En particulier, $\vec{n}$ est orthogonal à $\vec{r} - \vec{r}_0$ et donc

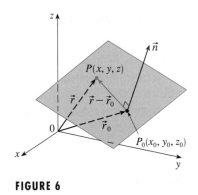

FIGURE 6

5
$$\vec{n} \cdot (\vec{r} - \vec{r}_0) = 0$$

Cette équation peut encore être écrite

6
$$\vec{n} \cdot \vec{r} = \vec{n} \cdot \vec{r}_0$$

Les équations 5 ou 6 sont une **équation vectorielle du plan**.

Afin d'obtenir une équation scalaire du plan, on écrit $\vec{n} = (a, b, c)$, $\vec{r} = (x, y, z)$ et $\vec{r}_0 = (x_0, y_0, z_0)$. L'équation vectorielle (5) devient

$$(a, b, c) \cdot (x - x_0, y - y_0, z - z_0) = 0$$

ou

7 $\qquad \boxed{a(x - x_0) + b(y - y_0) + c(z - z_0) = 0.}$

L'équation 7 est l'**équation scalaire du plan passant par $P_0(x_0, y_0, z_0)$ et normal au vecteur** $\vec{n} = (a, b, c)$.

EXEMPLE 4 Écrivez une équation du plan qui passe par le point $(2, 4, -1)$ et qui admet comme vecteur normal $\vec{n} = (2, 3, 4)$. Déterminez les intersections de ce plan avec les axes et dessinez le plan.

SOLUTION L'équation demandée s'obtient en posant dans l'expression 7 $a = 2$, $b = 3$, $c = 4$, $x_0 = 2$, $y_0 = 4$ et $z_0 = -1$:

$$2(x - 2) + 3(y - 4) + 4(z + 1) = 0,$$

ou $\qquad\qquad\qquad\qquad 2x + 3y + 4z = 12.$

L'intersection avec Ox se produit quand $y = z = 0$, ce qui donne $x = 6$. De même, l'intersection avec Oy a lieu en $y = 4$ et avec Oz en $z = 3$. Ces éléments permettent de dessiner la partie du plan visible dans le premier octant (voyez la figure 7). ■ ■

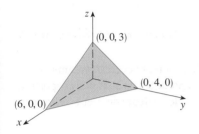

FIGURE 7

En regroupant les termes dans l'équation 7, comme cela a été fait dans l'exemple 4, on obtient de l'équation du plan l'expression

8 $\qquad \boxed{ax + by + cz + d = 0.}$

où $d = -(ax_0 + by_0 + cz_0)$. L'équation 8 est appelée une **équation du premier degré** en x, y et z. Réciproquement, il est démontré que si a, b et c ne sont pas tous nuls, l'équation du premier degré (8) représente un plan normal au vecteur (a, b, c) (voyez l'exercice 55).

■ ■ La figure 8 montre la portion du plan intérieure au triangle PQR.

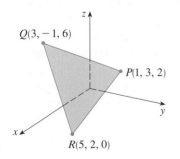

FIGURE 8

EXEMPLE 5 Quelle est une équation du plan déterminé par les trois points $P(1, 3, 2)$, $Q(3, -1, 6)$ et $R(5, 2, 0)$.

SOLUTION Les vecteurs $\vec{a}$ et $\vec{b}$ représentés par $\overrightarrow{PQ}$ et $\overrightarrow{PR}$ sont

$$\vec{a} = (2, -4, 4) \qquad \vec{b} = (4, -1, -2).$$

Puisque $\vec{a}$ et $\vec{b}$ sont tous les deux inclus dans le plan en question, le produit vectoriel $\vec{a} \wedge \vec{b}$ est orthogonal au plan et peut donc servir de vecteur normal. D'où

$$\vec{n} = \vec{a} \wedge \vec{b} = \begin{vmatrix} \vec{i} & \vec{j} & \vec{k} \\ 2 & -4 & 4 \\ 4 & -1 & -2 \end{vmatrix} = 12\vec{i} + 20\vec{j} + 14\vec{k}.$$

Une équation du plan passant par $P(1, 3, 2)$ et admettant $\vec{n}$ comme vecteur normal s'écrit

$$12(x - 1) + 20(y - 3) + 14(z - 2) = 0,$$

ou $\qquad\qquad\qquad\qquad 6x + 10y + 7z = 50.$ ■ ■

EXEMPLE 6 Repérez le point en lequel la droite d'équations paramétriques $x = 2 + 3t$, $y = -4t$, $z = 5 + t$ coupe le plan $4x + 5y - 2z = 18$.

SOLUTION On substitue les expressions de x, y et z des équations paramétriques dans l'équation du plan :

$$4(2 + 3t) + 5(-4t) - 2(5 + t) = 18.$$

Après simplification, on arrive à $-10t = 20$ ou $t = -2$. Le point d'intersection de la droite et du plan se produit pour la valeur $t = -2$ du paramètre, c'est-à-dire au point de coordonnées $x = 2 + 3(-2) = -4$, $y = -4(-2) = 8$, $z = 5 - 2 = 3$. Le point cherché est $(-4, 8, 3)$. ■ ■

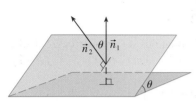

FIGURE 9

Deux plans sont **parallèles** si leurs vecteurs normaux sont parallèles. Par exemple, les plans $x + 2y - 3z = 4$ et $2x + 4y - 6z = 3$ sont parallèles parce que leurs vecteurs normaux $\vec{n}_1 = (1, 2, -3)$ et $\vec{n}_2 = (2, 4, -6)$ sont tels que $\vec{n}_2 = 2\vec{n}_1$. Si deux plans ne sont pas parallèles, ils se coupent selon une droite et l'angle qu'ils font entre eux est défini comme l'angle aigu formé par leurs vecteurs normaux (voyez l'angle θ de la figure 9).

EXEMPLE 7

a) Quel angle forment entre eux les plans $x + y + z = 1$ et $x - 2y + 3z = 1$?
b) Écrivez des équations symétriques de la droite d'intersection d de ces deux plans.

SOLUTION a) Les vecteurs normaux à ces plans sont

$$\vec{n}_1 = (1, 1, 1) \qquad \vec{n}_2 = (1, -2, 3),$$

■ ■ La figure 10 montre les plans de l'exemple 7 et leur droite d'intersection d.

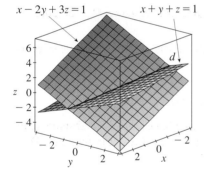

FIGURE 10

et l'angle θ entre les deux plans est tel que

$$\cos \theta = \frac{\vec{n}_1 \cdot \vec{n}_2}{\|\vec{n}_1\| \|\vec{n}_2\|} = \frac{1(1) + 1(-2) + 1(3)}{\sqrt{1 + 1 + 1}\sqrt{1 + 4 + 9}} = \frac{2}{\sqrt{42}}.$$

$$\theta = \text{Arccos}\left(\frac{2}{\sqrt{42}}\right) \approx 72°.$$

b) Il faut d'abord trouver un point de d. Par exemple celui en lequel d perce le plan Oxy. Il est tel que $z = 0$ dans les équations des plans. Cela donne $x + y = 1$ et $x - 2y = 1$. La solution est $x = 1$, $y = 0$. Le point $(1, 0, 0)$ appartient donc à d.

Maintenant, puisque d est incluse dans les deux plans, elle est orthogonale à chacun des vecteurs normaux. Par conséquent, un vecteur $\vec{v}$ parallèle à d est donné par le produit vectoriel

■ ■ Une autre façon de trouver la droite d'intersection est de résoudre les équations des plans par rapport à deux variables en fonction de la troisième, qui peut alors jouer le rôle de paramètre.

$$\vec{v} = \vec{n}_1 \wedge \vec{n}_2 = \begin{vmatrix} \vec{i} & \vec{j} & \vec{k} \\ 1 & 1 & 1 \\ 1 & -2 & 3 \end{vmatrix} = 5\vec{i} - 2\vec{j} - 3\vec{k}.$$

Les équations symétriques de d s'écrivent

$$\frac{x - 1}{5} = \frac{y}{-2} = \frac{z}{-3}.$$

■ ■

REMARQUE ◦ Puisqu'une équation du premier degré en x, y et z représente un plan et que deux plans non parallèles se coupent selon une droite, il s'ensuit que deux équations du

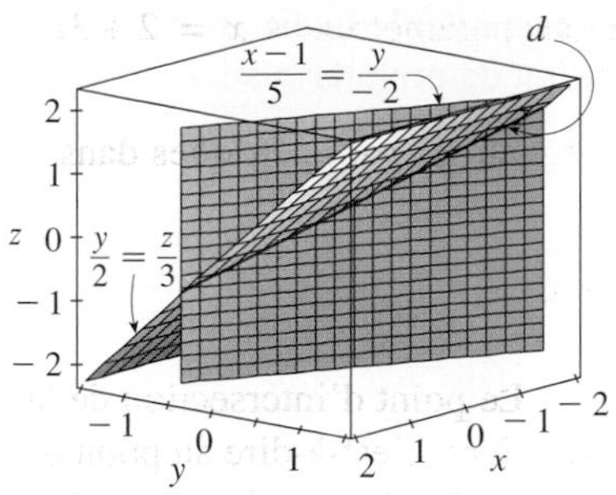

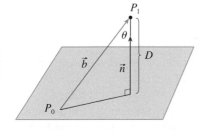

FIGURE 11

■ ■ La figure 11 montre comment la droite d de l'exemple 7 peut être vue comme la droite d'intersection des plans issus de ses équations symétriques.

premier degré peuvent représenter une droite. Les points (x, y, z) qui satisfont à la fois à

$$a_1x + b_1y + c_1z + d_1 = 0 \qquad \text{et à} \qquad a_2x + b_2y + c_2z + d_2 = 0$$

appartiennent aux deux plans et donc la paire d'équations du premier degré définit l'intersection des plans (s'ils ne sont pas parallèles). Par exemple, dans l'exemple 7, la droite d a été donnée comme la droite d'intersection des plans $x + y + z = 1$ et $x - 2y + 3z = 1$. Les équations symétriques de d auxquelles la solution a abouti pourraient être écrites ainsi

$$\frac{x-1}{5} = \frac{y}{-2} \quad \text{et} \quad \frac{y}{-2} = \frac{z}{-3},$$

de manière à faire apparaître à nouveau une paire d'équations du premier degré. Cette écriture met en évidence d comme droite d'intersection des plans $(x-1)/5 = y/(-2)$ et $y/(-2) = z/(-3)$ (voyez la figure 11).

De façon générale, lorsqu'une droite est donnée par des équations symétriques

$$\frac{x-x_0}{a} = \frac{y-y_0}{b} = \frac{z-z_0}{c},$$

elle peut être vue comme l'intersection des deux plans

$$\frac{x-x_0}{a} = \frac{y-y_0}{b} \qquad \text{et} \qquad \frac{y-y_0}{b} = \frac{z-z_0}{c}.$$

EXEMPLE 8 Établissez une formule qui permette de calculer la distance D d'un point $P_1(x_1, y_1, z_1)$ à un plan $ax + by + cz + d = 0$.

SOLUTION Soit $P_0(x_0, y_0, z_0)$ un point quelconque du plan donné et soit $\vec{b}$ le vecteur représenté par $\overrightarrow{P_0P_1}$. Alors,

$$\vec{b} = (x_1 - x_0, y_1 - y_0, z_1 - z_0).$$

La figure 12 permet de voir que la distance D de P_1 au plan est la valeur absolue de la projection scalaire de $\vec{b}$ sur le vecteur normal $\vec{n} = (a, b, c)$. (Voyez la section 9.3) D'où

$$D = |\text{comp}_{\vec{n}} \vec{b}| = \frac{|\vec{n} \cdot \vec{b}|}{\|\vec{n}\|}$$

$$= \frac{|a(x_1 - x_0) + b(y_1 - y_0) + c(z_1 - z_0)|}{\sqrt{a^2 + b^2 + c^2}}$$

$$= \frac{|(ax_1 + by_1 + cz_1) - (ax_0 + by_0 + cz_0)|}{\sqrt{a^2 + b^2 + c^2}}$$

FIGURE 12

Comme P_0 appartient au plan, ses coordonnées satisfont à l'équation du plan, autrement dit $ax_0 + by_0 + cz_0 + d = 0$. La formule de la distance D prend la forme :

9

$$D = \frac{|ax_1 + by_1 + cz_1 + d|}{\sqrt{a^2 + b^2 + c^2}}$$

■ ■

EXEMPLE 9 Quelle distance sépare les plans parallèles $10x + 2y - 2z = 5$ et $5x + y - z = 1$?

SOLUTION On vérifie aisément que les plans sont bien parallèles puisque leurs vecteurs normaux $(10, 2, -2)$ et $(5, 1, -1)$ sont parallèles. Pour trouver la distance entre les deux plans, on choisit un point quelconque de l'un des plans et on calcule sa distance à l'autre plan. En particulier, en posant $y = z = 0$ dans l'équation du premier plan, on obtient $10x = 5$ ou $x = 1/2$. Ainsi, le point $(\frac{1}{2}, 0, 0)$ est un point de ce plan. Par la formule 9, la distance entre $(\frac{1}{2}, 0, 0)$ et le plan $5x + y - z = 1$ est

$$D = \frac{\left| 5(\frac{1}{2}) + 1(0) - 1(0) - 1 \right|}{\sqrt{5^2 + 1^2 + (-1)^2}} = \frac{\frac{3}{2}}{3\sqrt{3}} = \frac{\sqrt{3}}{6}.$$

La distance entre les deux plans est donc égale à $\sqrt{3}/6$. ■ ■

EXEMPLE 10 Il a été démontré, à l'exemple 3, que les droites

$$d_1 : \quad x = 1 + t \qquad y = -2 + 3t \qquad z = 4 - t$$

$$d_2 : \quad x = 2s \qquad y = 3 + s \qquad z = -3 + 4s$$

étaient gauches. Calculez la distance qui les sépare.

SOLUTION Comme les deux droites d_1 et d_2 sont gauches, on peut les voir comme appartenant à deux plans parallèles π_1 et π_2. La distance entre les deux droites est la même que la distance entre les deux plans et cette dernière peut être calculée comme dans l'exemple 9. Un vecteur normal commun aux deux plans doit être orthogonal à la fois à $\vec{v}_1 = (1, 3, -1)$ (la direction de d_1) et à $\vec{v}_2 = (2, 1, 4)$ (la direction de d_2). Voici un tel vecteur normal

$$\vec{n} = \vec{v}_1 \wedge \vec{v}_2 = \begin{vmatrix} \vec{i} & \vec{j} & \vec{k} \\ 1 & 3 & -1 \\ 2 & 1 & 4 \end{vmatrix} = 13\vec{i} - 6\vec{j} - 5\vec{k}.$$

En posant $s = 0$ dans les équations de d_2, on obtient le point $(0, 3, -3)$ de d_2 et, de là, une équation de π_2 est

$$13(x - 0) - 6(y - 3) - 5(z + 3) = 0 \qquad \text{ou} \qquad 13x - 6y - 5z + 3 = 0.$$

En posant maintenant $t = 0$ dans les équations de d_1, on obtient le point $(1, -2, 4)$ dans π_1. La distance entre d_1 et d_2 est la même que la distance entre $(1, -2, 4)$ et $13x - 6y - 5z + 3 = 0$. Cette dernière est calculée par la formule 9 :

$$D = \frac{\left| 13(1) - 6(-2) - 5(4) + 3 \right|}{\sqrt{13^2 + (-6)^2 + (-5)^2}} = \frac{8}{\sqrt{230}} \approx 0{,}53.$$

■ ■

9.5 | Exercices

1. Dites si l'énoncé est vrai ou faux.
   a) Deux droites parallèles à une troisième droite sont parallèles.
   b) Deux droites perpendiculaires à une troisième droite sont parallèles.
   c) Deux plans parallèles à un troisième plan sont parallèles.
   d) Deux plans perpendiculaires à un troisième plan sont parallèles.
   e) Deux droites parallèles à un plan sont parallèles.
   f) Deux droites perpendiculaires à un plan sont parallèles.
   g) Deux plans parallèles à une droite sont parallèles.
   h) Deux plans perpendiculaires à une droite sont parallèles.
   i) Deux plans, soit se coupent, soit sont parallèles.
   j) Deux droites, soit se coupent, soit sont parallèles.
   k) Une droite et un plan, soit se coupent, soit sont parallèles.

2–5 ■ Écrivez une équation vectorielle et des équations paramétriques de la droite.

2. La droite passe par le point $(1, 0, -3)$ et est parallèle au vecteur $2\vec{i} - 4\vec{j} + 5\vec{k}$.

3. La droite passe par le point $(-2, 4, 10)$ et est parallèle au vecteur $(3, 1, -8)$.

4. La droite passe par l'origine et est parallèle à la droite $x = 2t$, $y = 1 - t$, $z = 4 + 3t$.

5. La droite passe par le point $(1, 0, 6)$ et est perpendiculaire au plan $x + 3y + z = 5$.

6–10 ■ Écrivez des équations paramétriques et des équations symétriques de la droite.

6. La droite passe par les points $(6, 1, -3)$ et $(2, 4, 5)$.

7. La droite passe par les points $(0, \frac{1}{2}, 1)$ et $(2, 1, -3)$.

8. La droite passe par $(2, 1, 0)$ et est perpendiculaire aux deux vecteurs $\vec{i} + \vec{j}$ et $\vec{j} + \vec{k}$.

9. La droite passe par $(1, -1, 1)$ et est parallèle à la droite $x + 2 = \frac{1}{2}y = z - 3$.

10. La droite est l'intersection des plans $x + y + z = 1$ et $x + z = 0$.

11. Est-ce que la droite qui passe par les points $(-4, -6, 1)$ et $(-2, 0, -3)$ est parallèle à la droite qui passe par les points $(10, 18, 4)$ et $(5, 3, 14)$?

12. Est-ce que la droite qui passe par les points $(4, 1, -1)$ et $(2, 5, 3)$ est perpendiculaire à la droite qui passe par les points $(-3, 2, 0)$ et $(5, 1, 4)$?

13. a) Écrivez des équations symétriques de la droite qui passe par le point $(0, 2, -1)$ et est parallèle à la droite d'équations paramétriques $x = 1 + 2t$, $y = 3t$, $z = 5 - 7t$.
b) En quels points la droite de la partie a) coupe-t-elle les plans de coordonnées.

14. a) Cherchez des équations paramétriques de la droite qui passe par $(5, 1, 0)$ et qui est perpendiculaire au plan $2x - y + z = 1$.
b) En quels points cette droite coupe-t-elle les plans de coordonnées ?

15. Écrivez une équation vectorielle du segment qui joint $(2, -1, 4)$ à $(4, 6, 1)$.

16. Écrivez des équations paramétriques du segment qui joint $(10, 3, 1)$ à $(5, 6, -3)$.

17–20 ■ Dites si les droites d_1 et d_2 sont parallèles, gauches ou concourantes. Si elles se coupent, déterminez leur point d'intersection.

17. $d_1 : x = -6t$, $y = 1 + 9t$, $z = -3t$
$d_2 : x = 1 + 2s$, $y = 4 - 3s$, $z = s$

18. $d_1 : x = 1 + 2t$, $y = 3t$, $z = 2 - t$
$d_2 : x = -1 + s$, $y = 4 + s$, $z = 1 + 3s$

19. $d_1 : \dfrac{x}{1} = \dfrac{y-1}{2} = \dfrac{z-2}{3}$

$d_2 : \dfrac{x-3}{-4} = \dfrac{y-2}{-3} = \dfrac{z-1}{2}$

20. $d_1 : \dfrac{x-1}{2} = \dfrac{y-3}{2} = \dfrac{z-2}{-1}$

$d_2 : \dfrac{x-2}{1} = \dfrac{y-6}{-1} = \dfrac{z+2}{3}$

21–30 ■ Cherchez une équation du plan.

21. Le plan passe par le point $(6, 3, 2)$ et est perpendiculaire au vecteur $(-2, 1, 5)$.

22. Le plan passe par le point $(4, 0, -3)$ et est normal au vecteur $\vec{j} + 2\vec{k}$.

23. Le plan passe par l'origine et est parallèle au plan $2x - y + 3z = 1$.

24. Le plan contient la droite $x = 3 + 2t$, $y = t$, $z = 8 - t$ et est parallèle au plan $2x + 4y + 8z = 17$.

25. Le plan passe par les points $(0, 1, 1)$, $(1, 0, 1)$ et $(1, 1, 0)$.

26. Le plan passe par l'origine et par les points $(2, -4, 6)$, $(5, 1, 3)$.

27. Le plan passe par le point $(6, 0, -2)$ et contient la droite $x = 4 - 2t$, $y = 3 + 5t$, $z = 7 + 4t$.

28. Le plan passe par le point $(1, -1, 1)$ et contient la droite d'équations symétriques $x = 2y = 3z$.

29. Le plan passe par le point $(-1, 2, 1)$ et contient le droite d'intersection des plans $x + y - z = 2$ et $2x - y + 3z = 1$.

30. Le plan contient la droite d'intersection des plans $x - z = 1$ et $y + 2z = 3$ et est perpendiculaire au plan $x + y - 2z = 1$.

31. Déterminez le point en lequel la droite $x = 3 - t$, $y = 2 + t$, $z = 5t$ perce le plan $x - y + 2z = 9$.

32. Où la droite qui passe par $(1, 0, 1)$ et $(4, -2, 2)$ coupe-t-elle le plan $x + y + z = 6$?

33–36 ■ Dites si les plans sont parallèles, perpendiculaires ou ni l'un ni l'autre. Dans ce dernier cas, calculez l'angle qu'ils font entre eux.

33. $x + y + z = 1$, $x - y + z = 1$

34. $2x - 3y + 4z = 5$, $x + 6y + 4z = 3$

35. $x = 4y - 2z$, $8y = 1 + 2x + 4z$

36. $x + 2y + 2z = 1$, $2x - y + 2z = 1$

37. a) Écrivez des équations symétriques de la droite d'intersection des plans $x + y - z = 2$ et $3x - 4y + 5z = 6$.
b) Quel angle font-ils entre eux ?

38. Déterminez une équation du plan composé de tous les points équidistants des points $(-4, 2, 1)$ et $(2, -4, 3)$.

39. Écrivez une équation du plan qui coupe Ox en a, Oy en b et Oz en c.

40. a) En quel point les droites

$$\vec{r} = (1, 1, 0) + t(1, -1, 2)$$

et $\qquad \vec{r} = (2, 0, 2) + s(-1, 1, 0)$

se coupent-elles ?
b) Écrivez une équation du plan que ces droites déterminent ?

41. Écrivez des équations paramétriques de la droite qui passe par le point $(0, 1, 2)$, qui est parallèle au plan $x + y + z = 2$ et perpendiculaire à la droite $x = 1 + t$, $y = 1 - t$, $z = 2t$.

42. Écrivez des équations paramétriques de la droite qui passe par le point $(0, 1, 2)$, qui est perpendiculaire à la droite $x = 1 + t$, $y = 1 - t$, $z = 2t$ et la coupe.

43. Parmi les quatre plans que voici, lesquels sont parallèles ? Certains d'entre eux sont-ils confondus ?

$\pi_1 :\quad 4x - 2y + 6z = 3 \qquad \pi_2 :\quad 4x - 2y - 2z = 6$

$\pi_3 :\quad -6x + 3y - 9z = 5 \qquad \pi_4 :\quad z = 2x - y - 3$

44. Parmi les quatre droites que voici, lesquelles sont parallèles ? Certaines d'entre elles sont-elles confondues ?

$$d_1 : x = 1 + t, \quad y = t, \quad z = 2 - 5t$$

$$d_2 : x + 1 = y - 2 = 1 - z$$

$$d_3 : x = 1 + t, \quad y = 4 + t, \quad z = 1 - t$$

$$d_4 : \vec{r} = (2, 1, -3) + t(2, 2, -10)$$

45–46 ■ Calculez la distance entre le point et la droite donnés à l'aide de la formule de l'exercice 27 de la section 9.4.

45. $(1, 2, 3)$; $\quad x = 2 + t, \quad y = 2 - 3t, \quad z = 5t$

46. $(1, 0, -1)$; $\quad x = 5 - t, \quad y = 3t, \quad z = 1 + 2t$

47–48 ■ Calculez la distance du point au plan.

47. $(2, 8, 5)$, $\quad x - 2y - 2z = 1$

48. $(3, -2, 7)$, $4x - 6y + z = 5$

49–50 ■ Calculez la distance entre les plans parallèles donnés.

49. $z = x + 2y + 1$, $3x + 6y - 3z = 4$

50. $3x + 6y - 9z = 4$, $\quad x + 2y - 3z = 1$

51. Montrez que la distance entre les plans parallèles $ax + by + cz + d_1 = 0$ et $ax + by + cz + d_2 = 0$ est

$$D = \frac{|d_1 - d_2|}{\sqrt{a^2 + b^2 + c^2}}.$$

52. Écrivez des équations des plans parallèles au plan $x + 2y - 2z = 1$, à deux unités de lui.

53. Démontrez que les droites d'équations symétriques $x = y = z$ et $x + 1 = y/2 = z/3$ sont gauches et calculez la distance entre elles.

54. Calculez la distance entre les droites gauches d'équations paramétriques $x = 1 + t$, $y = 1 + 6t$, $z = 2t$ et $x = 1 + 2s$, $y = 5 + 15s$, $z = -2 + 6s$.

55. Montrez que l'équation $ax + by + cz + d = 0$ (où a, b et c ne sont pas tous nuls) représente un plan et que (a, b, c) est un vecteur normal à ce plan.

Suggestion : On suppose $a \neq 0$ et on réécrit l'équation sous la forme

$$a\left(x + \frac{d}{a}\right) + b(y - 0) + c(z - 0) = 0.$$

56. Décrivez d'un point de vue géométrique chaque famille de plans.
a) $x + y + z = c$ \qquad b) $x + y + cz = 1$
c) $y \cos\theta + z \sin\theta = 1$

SUJET D'ÉTUDE

3D en perspective

La programmation de graphiques par ordinateur rencontre les mêmes défis que les grands peintres du passé : comment représenter un objet tri-dimensionnel par une image sans épaisseur dans un plan à deux dimensions (un écran ou une toile). Afin de créer l'illusion de la perspective, où les objects plus proches paraissent plus grands que les objects plus éloignés, les objets tridimensionnels présents dans la mémoire de l'ordinateur sont projetés sur un écran rectangulaire à partir du « point de vue » où l'on positionne l'œil ou la caméra. Le volume visible — la portion d'espace qui sera visible — est la région comprise entre les quatre plans qui passent par le « point de vue » et les bords de l'écran. Les objets placés en dehors de ces quatres plans doivent être éliminés avant que les pixels ne soient envoyés vers l'écran. Ces plans sont appelés les *plans sécants*.

1. Supposons que l'écran soit représenté par un rectangle dont les coordonnées des sommets sont $(0, \pm 400, 0)$ et $(0, \pm 400, 600)$. La caméra est placée au point $(1\,000, 0, 0)$. Une droite d passe par les points $(230, -285, 102)$ et $(860, 105, 264)$. En quels points la droite doit-elle être sectionnée par les plans sécants ?

2. Déterminez le segment de droite qui est projeté sur l'écran à partir de ce segment sectionné.

3. Utilisez des équations paramétriques pour dessiner les bords de l'écran, le segment sectionné et sa projection sur l'écran. Tracez ensuite les lignes reliant le « point de vue » à chaque extrémité des segments sectionnés pour vérifier si la projection est correcte.

4. Un rectangle dont les coordonnées des sommets sont $(621, -147, 206)$, $(563, 31, 242)$, $(657, -111, 86)$ et $(599, 67, 122)$ est inséré dans la scène. La droite d coupe ce rectangle. Pour que le rectangle devienne opaque, un programmeur peut utiliser la commande qui permet de masquer les parties d'objects situés à l'arrière d'autres objets. Identifiez la portion de la droite d qui doit être masquée.

9.6 Les fonctions et les surfaces

Dans cette section, nous allons jeter un premier coup d'œil aux fonctions de deux variables et à leurs représentations graphiques qui sont des surfaces de l'espace de dimension trois. Ces fonctions seront traitées de façon beaucoup plus complète dans le chapitre 11.

■■ Les fonctions de deux variables

La température T en un point de la surface du globe terrestre à un moment donné dépend de la longitude x et de la latitude y du point. C'est ainsi que la température T apparaît comme une fonction des deux variables x et y, ou comme une fonction du couple (x, y). Cette dépendance fonctionnelle s'écrit $T = f(x, y)$.

Le volume V d'un cylindre circulaire dépend du rayon r et de la hauteur h. Nous savons en effet que $V = \pi r^2 h$. Nous disons alors que V est une fonction de r et h, et nous écrivons $V(r, h) = \pi r^2 h$.

> **Définition** Une **fonction de deux variables** est une règle qui assigne à chaque couple de nombres réels (x, y) d'un ensemble D un unique nombre réel, noté $f(x, y)$. L'ensemble D est le **domaine de définition** de f et son **ensemble image** est l'ensemble des valeurs atteintes par f, c'est-à-dire $\{f(x, y) \mid (x, y) \in D\}$.

On écrit souvent $z = f(x, y)$ pour désigner explicitement la valeur prise par f en un point général (x, y). Les variables x et y sont des **variables indépendantes** et z est la **variable dépendante**. (C'est le pendant de la notation $y = f(x)$ pour les fonctions d'une seule variable).

Le domaine de définition est un sous-ensemble de $\mathbb{R}^2$, le plan Oxy. Il faut penser au domaine de définition comme l'ensemble de toutes les entrées possibles et à l'ensemble image, comme l'ensemble de toutes les sorties possibles. Lorsqu'une fonction est donnée par une formule sans que soit précisé son domaine de définition, ce dernier est entendu comme l'ensemble de tous les couples (x, y) pour lesquels l'expression donnée est un nombre réel bien défini.

EXEMPLE 1 Si $f(x, y) = 4x^2 + y^2$, $f(x, y)$ est définie pour tous les couples de nombres réels (x, y) et le domaine de définition est $\mathbb{R}^2$, la totalité du plan Oxy. L'ensemble image de f est l'ensemble $[0, \infty[$ de tous les nombres réels positifs. (Car $x^2 \geq 0$ et $y^2 \geq 0$ entraînent $f(x, y) \geq 0$ quels que soient x et y.) ■ ■

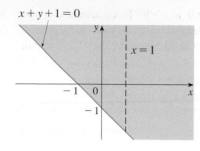

FIGURE 1

Domaine de définition de

$$f(x, y) = \frac{\sqrt{x + y + 1}}{x - 1}$$

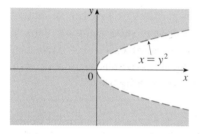

FIGURE 2

Domaine de définition de

$f(x, y) = x \ln(y^2 - x)$

EXEMPLE 2 Déterminez le domaine de définition des fonctions suivantes et calculez $f(3,2)$.

a) $f(x, y) = \dfrac{\sqrt{x + y + 1}}{x - 1}$　　　　　　b) $f(x, y) = x \ln(y^2 - x)$.

SOLUTION

a)
$$f(3, 2) = \frac{\sqrt{3 + 2 + 1}}{3 - 1} = \frac{\sqrt{6}}{2}.$$

L'expression de f a du sens lorsque le dénominateur n'est pas nul et que la quantité sous le radical est positive. Le domaine de définition de f est donc

$$D = \{(x, y) \mid x + y + 1 \geqslant 0,\ x \neq 1\}$$

L'inégalité $x + y + 1 \geqslant 0$ ou $y \geqslant -x - 1$ caractérise les points qui se trouvent sur la droite $y = -x - 1$ ou plus haut, tandis que $x \neq 1$ signifie que les points de la droite verticale $x = 1$ doivent être exclus du domaine de définition (voyez la figure 1).

b)
$$f(3, 2) = 3 \ln(2^2 - 3) = 3 \ln 1 = 0.$$

Comme $\ln(y^2 - x)$ n'est défini que si $y^2 - x > 0$ ou $x < y^2$, le domaine de définition de f est $D = \{(x, y) \mid x < y^2\}$. Ces points sont situés à gauche de la parabole $x = y^2$ (voyez la figure 2). ■ ■

Il y a des fonctions qui ne peuvent pas être représentées par des formules explicites. La fonction de l'exemple que voici est décrite verbalement et par des estimations numériques de ses valeurs.

EXEMPLE 3 En haute mer, la hauteur h des vagues (en pieds) dépend essentiellement de la force v du vent (en nœuds) et du temps t (en heures) pendant lequel le vent souffle à cette vitesse. C'est ainsi que h est une fonction de v et de t que nous écrivons $h = f(v, t)$. Voici rassemblés dans un tableau quelques résultats issus des observations et des mesures enregistrées par des météorologues et des océanographes.

TABLEAU 1

Les hauteurs des vagues (en pieds) selon diverses forces du vent et diverses durées

		Durée (heures)						
	t　v	5	10	15	20	30	40	50
	10	2	2	2	2	2	2	2
	15	4	4	5	5	5	5	5
Force du vent (nœuds)	20	5	7	8	8	9	9	9
	30	9	13	16	17	18	19	19
	40	14	21	25	28	31	33	33
	50	19	29	36	40	45	48	50
	60	24	37	47	54	62	67	69

On peut par exemple lire dans la table que si le vent souffle à 50 nœuds pendant 30 heures, la hauteur des vagues sera de 45 pieds :

$$f(50, 30) \approx 45.$$

Le domaine de définition de cette fonction h est $v \geqslant 0$ et $t \geqslant 0$. Nous allons voir que, malgré l'absence d'une formule explicite qui exprimerait la dépendance de h par rapport à v et t, les diverses opérations du calcul différentiel peuvent être effectuées sur une telle fonction définie expérimentalement. ■ ■

▌▌ Les représentations graphiques

Une façon de visualiser le comportement d'une fonction de deux variables est d'envisager sa représentation graphique.

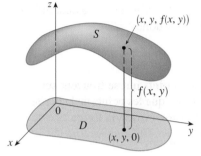

FIGURE 3

> **Définition** Si f est une fonction de deux variables définie sur D, alors sa **représentation graphique** est l'ensemble de tous les points (x, y, z) de $\mathbb{R}^2$ tels que $z = f(x, y)$ et (x, y) dans D.

Tout comme le graphique d'une fonction f d'une variable est une courbe C d'équation $y = f(x)$, le graphique d'une fonction f de deux variables est une surface S d'équation $z = f(x, y)$. Le graphique S de f se trouve juste au-dessus ou en dessous de son domaine de définition D situé dans le plan Oxy (voyez la figure 3).

EXEMPLE 4 Tracez le graphique de la fonction $f(x, y) = 6 - 3x - 2y$.

SOLUTION L'équation du graphique de f est $z = 6 - 3x - 2y$ ou $3x + 2y + z = 6$, qui représente un plan. Pour tracer ce plan, on cherche d'abord ses intersections. En posant $y = z = 0$, on trouve son intersection avec Ox en $x = 2$. De même, l'intersection avec Oy a lieu en $y = 3$ et avec Oz en $z = 6$. La partie de ce plan située dans le premier octant est visible dans la figure 4. ■ ■

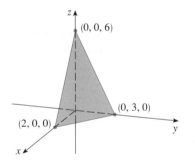

FIGURE 4

La fonction de l'exemple 4 est un cas particulier de la fonction

$$f(x, y) = ax + by + c$$

appelée **fonction du premier degré**. L'équation du graphique d'une telle fonction est $z = ax + by + c$ ou $ax + by - z + c = 0$ et il s'agit d'un plan. De la même façon que les fonctions du premier degré à une variable sont importantes dans le calcul différentiel à une variable, les fonctions du premier degré à deux variables jouent un rôle central dans le calcul différentiel à plusieurs variables.

EXEMPLE 5 Tracez le graphique de la fonction $f(x, y) = x^2$.

SOLUTION Remarquez que, quelle que soit la valeur attribuée à y, la valeur de $f(x, y)$ est toujours x^2. L'équation du graphique est $z = x^2$ et ne comprend donc pas y. Cela signifie que n'importe quel plan vertical d'équation $y = k$ (parallèle au plan de coordonnées Oxz) coupe la surface selon une courbe d'équation $z = x^2$, qui est une parabole. La figure 5 montre comment la surface est engendrée en prenant la parabole $z = x^2$ du plan Oxz et en la faisant glisser tout le long de l'axe Oy. Le graphique est donc un **cylindre parabolique** fait d'une infinité de copies translatées de la même parabole. ■ ■

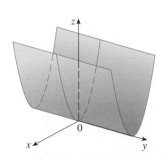

FIGURE 5
Le graphique de $f(x, y) = x^2$ est le cylindre parabolique $z = x^2$.

Lors de la recherche des représentations graphiques des fonctions de deux variables, il est souvent utile de commencer par déterminer les formes de leurs sections transversales (tranches). Par exemple, en maintenant x fixé, mettons $x = k$ (une constante) et

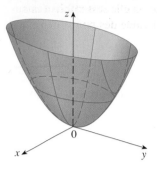

FIGURE 6

Le graphique de $f(x, y) = 4x^2 + y^2$ est le paraboloïde elliptique $z = 4x^2 + y^2$.

Les traces horizontales sont des ellipses, les traces verticales, des paraboles.

en faisant varier y, la fonction devient $z = f(k, y)$ et n'est plus ainsi qu'une fonction d'une seule variable, dont la courbe représentative est l'intersection de la surface $z = f(x, y)$ avec le plan vertical $y = k$. De même, nous pouvons trancher la surface par un plan vertical $y = k$ et chercher les courbes $z = f(x, k)$. Il reste encore les intersections par des plans horizontaux $z = k$. Ces trois types de courbes s'appellent des **traces** (ou sections transversales) de la surface $z = f(x, y)$.

EXEMPLE 6 Utilisez les traces pour déterminer l'allure du graphique de la fonction $f(x, y) = 4x^2 + y^2$.

SOLUTION L'équation du graphique est $z = 4x^2 + y^2$. Le plan Oyz d'équation $x = 0$ laisse dans cette surface une trace d'équation $z = y^2$; c'est une parabole. Les plans, parallèles au précédent, d'équation $x = k$ (une constante) coupent la surface selon les courbes $z = y^2 + 4k^2$, qui sont des paraboles dont la concavité est tournée vers le haut. De même, si $y = k$, l'équation de la trace est $z = 4x^2 + k^2$, à nouveau une parabole ouverte vers le haut. Enfin, si nous coupons par les plans horizontaux $z = k$, nous obtenons les courbes d'équation $4x^2 + y^2 = k$, en laquelle nous reconnaissons une famille d'ellipses. Connaissant l'allure des traces, il est possible de dessiner le graphique de f à la figure 6. Une telle surface porte le nom de **paraboloïde elliptique** à cause des traces elliptiques et paraboliques. ■ ■

EXEMPLE 7 Dessinez la surface représentative de la fonction $f(x, y) = y^2 - x^2$.

SOLUTION Les traces dans les plans verticaux $x = k$ sont les paraboles $z = y^2 - k^2$, ouvertes vers le haut. Les traces dans $y = k$ sont les paraboles $z = -x^2 + k^2$, qui sont ouvertes vers le bas. Les traces horizontales sont $y^2 - x^2 = k$, une famille d'hyperboles. La figure 7 montre les différentes familles de traces tandis que la figure 8 les montre, replacées dans leurs plans respectifs.

FIGURE 7

Les traces verticales sont des paraboles, les traces horizontales sont des hyperboles. Toutes les traces portent la valeur de k à laquelle elles correspondent.

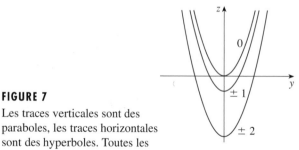

Les traces de $x = k$ sont $z = y^2 - k^2$

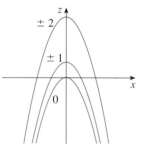

Les traces de $y = k$ sont $z = -x^2 + k^2$

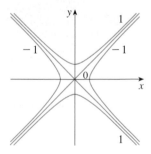

Les traces de $z = k$ sont $y^2 - x^2 = k$

FIGURE 8

Les traces replacées dans leurs plans respectifs.

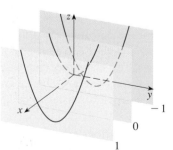

Les traces de $x = k$

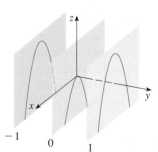

Les traces de $y = k$

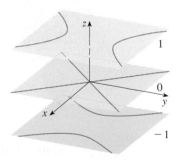

Les traces de $z = k$

Finalement, la figure 9 fait apparaître la surface $z = y^2 - x^2$ qui provient du rassemblement de toutes les traces. Elle porte le nom de **paraboloïde hyperbolique.** Remarquez la forme particulière de cette surface à proximité de l'origine où elle ressemble à une selle. Cette surface sera reprise dans la section 11.7 lors de l'étude des points de selle.

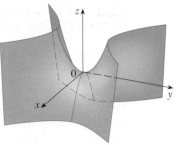

FIGURE 9

Le graphique de $f(x, y) = y^2 - x^2$ est le paraboloïde hyperbolique $z = y^2 - x^2$.

L'idée de se servir des traces pour dessiner des surfaces est exploitée par les logiciels de dessin en trois dimensions. Dans la plupart de ces logiciels, les traces par les plans verticaux $x = k$ et $y = k$ sont dessinées pour des valeurs régulièrement espacées de k et elles sont en partie effacées moyennant la disparition des lignes cachées. La figure 10 montre les graphiques de plusieurs fonctions réalisés par ordinateur. Vous remarquez que l'image d'une fonction est particulièrement bonne lorsque, à la faveur d'une rotation, elle se présente sous un bon angle. Dans les figures a) et b), le graphique de f est très plat et proche du plan Oxy sauf près de l'origine ; c'est dû au fait que $e^{-x^2 - y^2}$ est très petit lorsque x et y sont grands.

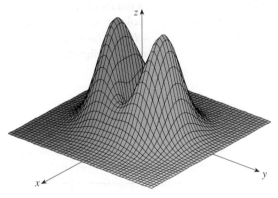

a) $f(x, y) = (x^2 + 3y^2)e^{-x^2 - y^2}$

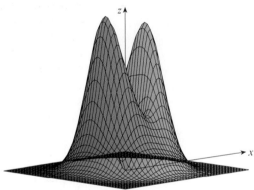

b) $f(x, y) = (x^2 + 3y^2)e^{-x^2 - y^2}$

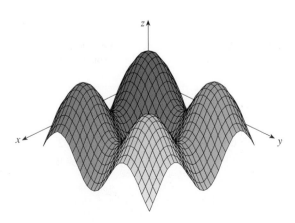

c) $f(x, y) = \sin x + \sin y$

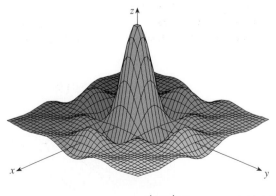

d) $f(x, y) = \dfrac{\sin x \sin y}{xy}$

FIGURE 10

▪▪ Les quadriques

Le graphique d'une équation du second degré en les trois variables x, y et z est appelée une **quadrique**. Nous venons déjà de rencontrer deux quadriques, un paraboloïde elliptique $z = 4x^2 + y^2$ à la figure 6 et un paraboloïde hyperbolique $z = y^2 - x^2$ à la figure 9. Voici une autre quadrique appelée *ellipsoïde* dans l'exemple suivant.

EXEMPLE 8 Dessinez la quadrique d'équation

$$x^2 + \frac{y^2}{9} + \frac{z^2}{4} = 1.$$

SOLUTION Le plan Oxy ($z = 0$) coupe la surface suivant la courbe d'équation $x^2 + y^2/9 = 1$. C'est l'équation d'une ellipse. Un plan horizontal $z = k$ laisse la trace d'équation

$$x^2 + \frac{y^2}{9} = 1 - \frac{k^2}{4}, \quad z = k$$

à condition que $k^2 < 4$, ou $-2 < k < 2$. C'est aussi une ellipse.

De même, les traces verticales sont aussi des ellipses :

$$\frac{y^2}{9} + \frac{z^2}{4} = 1 - k^2, \; x = k \quad (\text{si } -1 < k < 1)$$

$$x^2 + \frac{z^2}{4} = 1 - \frac{k^2}{9}, \; y = k \quad (\text{si } -3 < k < 3)$$

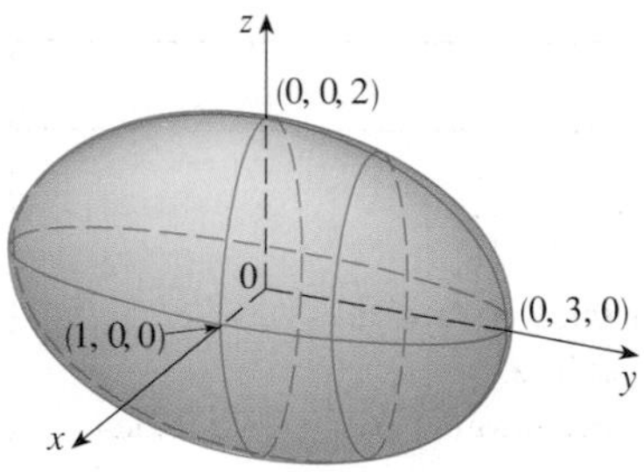

La figure 11 montre comment le dessin de quelques traces suffit à rendre la surface. Elle porte le nom d'**ellipsoïde** parce que toutes ses traces sont des ellipses. Remarquez la symétrie par rapport à chacun des plans de coordonnées, celle-ci étant le reflet de ce que l'équation ne comporte que des puissances paires de x, y et z.   ■ ■

FIGURE 11

L'ellipsoïde $x^2 + \dfrac{y^2}{9} + \dfrac{z^2}{4} = 1$

L'ellipsoïde de l'exemple 8 n'est *pas* le graphique d'une fonction parce que certaines droites verticales (l'axe Oz par exemple) le rencontre plus d'une fois. En revanche, la moitié supérieure ou la moitié inférieure *sont* des graphiques de fonctions. La résolution de l'équation de l'ellipsoïde par rapport à z conduit à

$$z^2 = 4\left(1 - x^2 - \frac{y^2}{9}\right) \qquad z = \pm 2\sqrt{1 - x^2 - \frac{y^2}{9}}$$

De là, les graphiques des fonctions

$$f(x, y) = 2\sqrt{1 - x^2 - \frac{y^2}{9}} \quad \text{et} \quad g(x, y) = -2\sqrt{1 - x^2 - \frac{y^2}{9}}$$

sont les moitiés supérieure et inférieure de l'ellispoïde (voyez la figure 12). Le domaine de définition des fonctions f et g est l'ensemble des points (x, y) tels que

$$1 - x^2 - \frac{y^2}{9} \geqslant 0 \quad \Leftrightarrow \quad x^2 + \frac{y^2}{9} \leqslant 1,$$

autrement dit l'ensemble des points qui, dans le plan Oxy se trouvent, soit sur, soit à l'intérieur de l'ellipse $x^2 + y^2/9 = 1$.

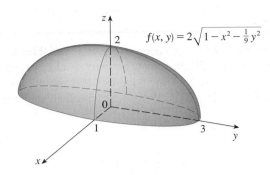

$$f(x, y) = 2\sqrt{1 - x^2 - \tfrac{1}{9}y^2}$$

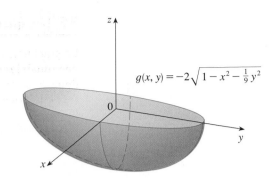

$$g(x, y) = -2\sqrt{1 - x^2 - \tfrac{1}{9}y^2}$$

FIGURE 12

La table 2 montre les images des six types de quadriques en position standard. Toutes ces surfaces sont symétriques par rapport à l'axe Oz. Lorsque la quadrique est symétrique par rapport à un autre axe, son équation change en conséquence.

TABLE 2. Graphiques des quadriques			
Surface	Équation	Surface	Équation
Ellipsoïde	$\dfrac{x^2}{a^2} + \dfrac{y^2}{b^2} + \dfrac{z^2}{c^2} = 1$ Toutes les traces sont des ellipses Si $a = b = c$, l'ellipsoïde est une sphère.	Cône	$\dfrac{z^2}{c^2} = \dfrac{x^2}{a^2} + \dfrac{y^2}{b^2}$ Les traces horizontales sont des ellipses. Les traces verticales dans les plans $x = k$ et $y = k$ sont des hyperboles lorsque $k \neq 0$ et des paires de droites dans le cas $k = 0$.
Paraboloïde elliptique	$\dfrac{z}{c} = \dfrac{x^2}{a^2} + \dfrac{y^2}{b^2}$ Les traces horizontales sont des ellipses. Les traces verticales sont des paraboles. La variable à la première puissance indique l'axe du paraboloïde.	Hyperboloïde à une nappe	$\dfrac{x^2}{a^2} + \dfrac{y^2}{b^2} - \dfrac{z^2}{c^2} = 1$ Les traces horizontales sont des ellipses. Les traces verticales sont des hyperboles. L'axe de symétrie correspond à la variable dont le coefficient est négatif.
Paraboloïde hyperbolique	$\dfrac{z}{c} = \dfrac{x^2}{a^2} - \dfrac{y^2}{b^2}$ Les traces horizontales sont des hyperboles. Les traces verticales sont des paraboles. La figure montre le cas où $c < 0$.	Hyperboloïde à deux nappes	$-\dfrac{x^2}{a^2} - \dfrac{y^2}{b^2} + \dfrac{z^2}{c^2} = 1$ Les traces horizontales dans $z = k$ sont des ellipses si $k > c$ ou $k < -c$. Les traces verticales sont des hyperboles. Les deux signes moins indiquent qu'il y a deux nappes.

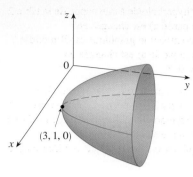

FIGURE 13
$x^2 + 2z^2 - 6x - y + 10 = 0$

EXEMPLE 9 Identifiez la quadrique $x^2 + 2z^2 - 6x - y + 10 = 0$.

SOLUTION En complétant le carré l'équation peut s'écrire

$$y - 1 = (x - 3)^2 + 2z^2.$$

Après consultation de la table 2, on voit qu'il s'agit d'un paraboloïde elliptique. Ici, cependant, l'axe du paraboloïde est parallèle à l'axe Oy et il a subi une translation qui a porté son sommet en $(3, 1, 0)$. Les traces dans le plan $y = k$ $(k > 1)$ sont les ellipses d'équation

$$(x - 3)^2 + 2z^2 = k - 1 \qquad y = k.$$

La trace dans le plan Oxy est la parabole d'équation $y = 1 + (x - 3)^2$, $z = 0$. Le paraboloïde elliptique est représenté dans la figure 13. ■ ■

9.6 Exercices

1. Dans l'exemple 3, nous avons envisagé la fonction $h = f(v, t)$, où h est la hauteur des vagues produites par un vent de force v pendant une durée de t heures. Cherchez dans la table 1 les réponses aux questions suivantes :
a) Que vaut $f(40, 15)$? Que signifie cette valeur ?
b) Expliquez le sens de la fonction $h = f(30, t)$. Décrivez le comportement de cette fonction.
c) Expliquez le sens de la fonction $h = f(v, 30)$. Décrivez le comportement de cette fonction.

2. La figure montre les traces verticales d'une fonction $z = f(x, y)$. Lequel des graphiques I à IV correspond à ces traces ? Expliquez.

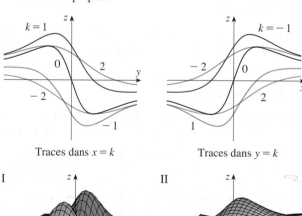

Traces dans $x = k$ Traces dans $y = k$

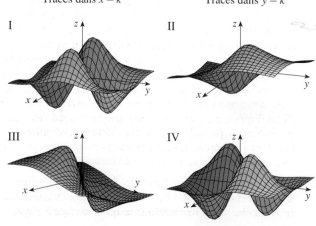

3. Soit $f(x, y) = x^2 e^{3xy}$.
a) Calculez $f(2, 0)$.
b) Déterminez le domaine de définition de f.
c) Déterminez l'ensemble image de f.

4. Soit $f(x, y) = \ln(x + y - 1)$.
a) Calculez $f(1, 1)$.
b) Calculez $f(e, 1)$
c) Déterminez et esquissez le domaine de définition de f.
d) Déterminez l'ensemble image de f.

5–8 ■ Déterminez et esquissez le domaine de définition de la fonction.

5. $f(x, y) = \dfrac{\sqrt{y - x^2}}{1 - x^2}$ **6.** $f(x, y) = \sqrt{xy}$

7. $f(x, y) = \sqrt{1 - x^2} - \sqrt{1 - y^2}$

8. $f(x, y) = \sqrt{x^2 + y^2 - 1} + \ln(4 - x^2 - y^2)$

■ ■ ■ ■ ■ ■ ■ ■ ■ ■

9–13 ■ Dessinez le graphique de la fonction.

9. $f(x, y) = 3$ **10.** $f(x, y) = y$

11. $f(x, y) = 6 - 3x - 2y$ **12.** $f(x, y) = \cos x$

13. $f(x, y) = y^2 + 1$

■ ■ ■ ■ ■ ■ ■ ■ ■ ■

14. a) Déterminez les traces de la fonction $f(x, y) = x^2 + y^2$ dans les plans $x = k$, $y = k$ et $z = k$. À l'aide de ces traces, dessinez le graphique.
b) Tracez le graphique de $g(x, y) = -x^2 - y^2$. Quelle relation a-t-il avec celui de f ?
c) Tracez le graphique de $h(x, y) = 3 - x^2 - y^2$. Quelle relation a-t-il avec celui de g ?

15. Appariez la fonction avec un graphique (étiqueté I-VI) de la page 685. Justifiez votre choix.
a) $f(x, y) = |x| + |y|$ b) $f(x, y) = |xy|$

c) $f(x, y) = \dfrac{1}{1 + x^2 + y^2}$ d) $f(x, y) = (x^2 - y^2)^2$

e) $f(x, y) = (x - y)^2$ f) $f(x, y) = \sin(|x| + |y|)$

I 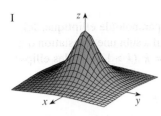   II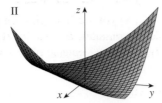

III 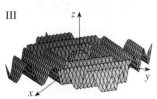   IV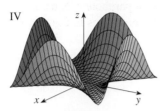

V 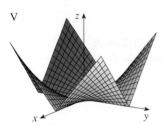   VI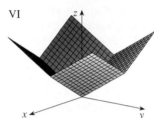

16–18 ■ Dessinez le graphique de la fonction à l'aide des traces.

16. $f(x, y) = \sqrt{16 - x^2 - 16y^2}$

17. $f(x, y) = \sqrt{4x^2 + y^2}$ **18.** $f(x, y) = x^2 - y^2$

19–20 ■ Dessinez la surface à l'aide des traces.

19. $y = z^2 - x^2$ **20.** $y = x^2 + z^2$

21–22 ■ Identifiez la surface en la comparant avec l'une des formes standards de la table 2. Dessinez-la ensuite.

21. $4x^2 + y^2 + 4z^2 - 4y - 24z + 36 = 0$

22. $4y^2 + z^2 - x - 16y - 4z + 20 = 0$

23. a) Que représente l'équation $x^2 + y^2 = 1$ en tant que courbe de $\mathbb{R}^2$?
b) Que représente-t-elle en tant que surface de $\mathbb{R}^3$?
c) Que représente l'équation $x^2 + z^2 = 1$?

24. a) Reconnaissez les traces de la surface $z^2 = x^2 + y^2$.
b) Dessinez la surface.
c) Dessinez le graphique des fonctions $f(x, y) = \sqrt{x^2 + y^2}$ et $g(x, y) = -\sqrt{x^2 + y^2}$.

25. a) Déterminez et reconnaissez les traces de la quadrique $x^2 + y^2 - z^2 = 1$ et expliquez pourquoi cette surface res-

semble à celle de l'hyperboloïde à une nappe de la table 2.
b) Si l'équation de la partie a) est changée en $x^2 - y^2 + z^2 = 1$, comment le graphique est-il modifié ?
c) Et si l'équation de la partie a) est changée en $x^2 + y^2 + 2y - z^2 = 0$?

26. a) Déterminez et reconnaissez les traces de la quadrique $-x^2 - y^2 + z^2 = 1$ et expliquez pourquoi cette surface ressemble à celle de l'hyperboloïde à deux nappes de la table 2.
b) Si l'équation de la partie a) est changée en $x^2 - y^2 - z^2 = 1$ qu'arrive-t-il au graphique ? Dessinez la nouvelle figure.

27–28 ■ À l'aide d'un ordinateur, faites le graphique de la fonction sur plusieurs domaines de définition et sous divers angles de vue. Faites une copie papier qui donne une bonne vue des « sommets » et des « fonds ». Diriez-vous que la fonction a une valeur maximale ? Pouvez-vous identifier des points du graphique que vous considérez comme des « maxima locaux » ? Voyez-vous des « minima locaux » ?

27. $f(x, y) = 3x - x^4 - 4y^2 - 10xy$

28. $f(x, y) = xye^{-x^2 - y^2}$

29–30 ■ À l'aide d'un ordinateur, faites le graphique de la fonction sur plusieurs domaines de définition et sous divers angles de vue. Commentez le comportement à l'infini de la fonction. Que se passe-t-il lorsqu'à la fois x et y deviennent grands ? Que se passe-t-il lorsque (x, y) s'approche de l'origine ?

29. $f(x, y) = \dfrac{x + y}{x^2 + y^2}$ **30.** $f(x, y) = \dfrac{xy}{x^2 + y^2}$

31. Faites apparaître les graphiques de $z = x^2 + y^2$ et $z = 1 - y^2$ dans la même fenêtre sur le domaine de définition $|x| \leq 1,2$, $|y| \leq 1,2$, et observez la courbe d'intersection de ces surfaces. Montrez que la projection de cette courbe sur le plan Oxy est une ellipse.

32. Démontrez que la courbe d'intersection des surfaces $x^2 + 2y^2 - z^2 + 3x = 1$ et $2x^2 + 4y^2 - 2z^2 - 5y = 0$ est plane.

33. Démontrez que les droites, décrites par les équations paramétriques $x = a + t$, $y = b + t$, $z = c + 2(b - a)t$ et $x = a + t$, $y = b - t$ et $z = c - 2(b + a)t$ et qui passent manifestement par (a, b, c), appartiennent entièrement au paraboloïde hyperbolique $z = y^2 - x^2$, si le point (a, b, c) est un point de cette quadrique. (Ceci démontre que le paraboloïde hyperbolique est ce qu'on appelle une surface **réglée**, c'est-à-dire une surface qui peut être engendrée par le mouvement d'une droite. En fait, cet exercice montre que par chaque point du paraboloïde hyperbolique passe deux droites génératrices. Parmi les quadriques, les autres surfaces réglées sont les cylindres, les cônes et les hyperboloïdes à une nappe.)

34. Déterminez une équation de la surface faite de tous les points P tels que la distance de P à l'axe Ox est le double de la distance de P au plan Oyz. Reconnaissez de quelle surface il s'agit.

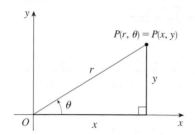

FIGURE 1

9.7 Les coordonnées cylindriques et sphériques

En géométrie plane, le système de coordonnées polaires est particulièrement adapté pour décrire certaines courbes et régions. (Voyez l'annexe H.) La figure 1 est là pour rappeler la connexion entre les coordonnées cartésiennes et polaires. Si (x, y) sont les coordonnées cartésiennes et (r, θ) les coordonnées polaires d'un point P, la figure met en évidence les relations suivantes :

$$x = r \cos \theta \qquad y = r \sin \theta$$

$$r^2 = x^2 + y^2 \qquad \operatorname{tg} \theta = \frac{y}{x}.$$

En dimension trois, il y a deux systèmes de coordonnées, analogues aux coordonnées polaires, pour décrire aisément certaines surfaces et solides que l'on rencontre fréquemment. Ils seront particulièrement bienvenus dans le chapitre 12 pour calculer des volumes et des intégrales triples.

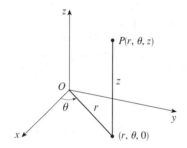

FIGURE 2

Les coordonnées cylindriques
d'un point

▉▉ Les coordonnées cylindriques

En **coordonnées cylindriques**, un point P de l'espace est représenté par un triplet (r, θ, z), où r et θ sont les coordonnées polaires du projeté de P sur le plan Oxy et z la cote de P (voyez la figure 2).

Le passage des coordonnées cylindriques aux coordonnées cartésiennes s'effectue au moyen des équations

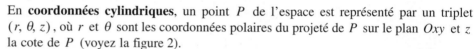

$$\boxed{1} \qquad \boxed{x = r \cos \theta \qquad y = r \sin \theta \qquad z = z,}$$

tandis que le passage des équations cartésiennes aux coordonnées cylindriques se fait par

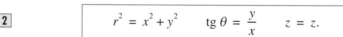

$$\boxed{2} \qquad \boxed{r^2 = x^2 + y^2 \qquad \operatorname{tg} \theta = \frac{y}{x} \qquad z = z.}$$

EXEMPLE 1

a) Situez le point de coordonnées cylindriques $(2, 2\pi/3, 1)$ et déterminez ses coordonnées cartésiennes.

b) Déterminez les coordonnées cylindriques du point de coordonnées rectangulaires $(3, -3, -7)$.

SOLUTION

a) Le point de coordonnées cylindriques $(2, 2\pi/3, 1)$ est marqué dans la figure 3. Suivant les équations 1, ses coordonnées cartésiennes sont

$$x = 2 \cos \frac{2\pi}{3} = 2\left(-\frac{1}{2}\right) = -1$$

$$y = 2 \sin \frac{2\pi}{3} = 2\left(\frac{\sqrt{3}}{2}\right) = \sqrt{3}$$

$$z = 1$$

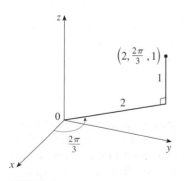

FIGURE 3

Il s'agit donc du point $(-1, \sqrt{3}, 1)$ en coordonnées rectangulaires.

b) D'après les équations 2, on a

$$r = \sqrt{3^2 + (-3)^2} = 3\sqrt{2}$$

$$\text{tg } \theta = \frac{-3}{3} = -1 \quad \text{ou} \quad \theta = \frac{7\pi}{4} + 2n\pi$$

$$z = -7$$

Par conséquent, un triplet de coordonnées cylindriques est $(3\sqrt{2},\, 7\pi/4,\, -7)$. En voici un autre $(3\sqrt{2},\, -\pi/4,\, -7)$. Comme en coordonnées polaires, il y a une infinité de choix possibles. ■ ■

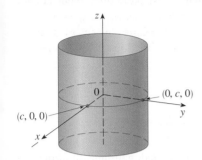

FIGURE 4
$r = c$, un cylindre

Les coordonnées cylindriques sont employées surtout dans les problèmes où intervient une symétrie par rapport à un axe et on fait en sorte que cet axe soit l'axe Oz. Par exemple, l'axe du cylindre d'équation cartésienne $x^2 + y^2 = c^2$ est l'axe Oz. En coordonnées cylindriques, une équation de ce cylindre est tout simplement $r = c$ (voyez la figure 4). Voilà pourquoi ces coordonnées portent le nom de coordonnées « cylindriques ».

EXEMPLE 2 Décrivez la surface représentée en coordonnées cylindriques par l'équation $z = r$.

SOLUTION L'équation dit que la cote de chaque point de la surface est égale à la distance r du point à l'axe Oz. Puisque θ n'apparaît pas dans l'équation, il peut varier. C'est ainsi que n'importe quelle trace horizontale dans un plan $z = k$ $(k > 0)$ est un cercle de rayon k. Ces traces suggèrent que la surface soit un cône. Cette conjecture peut être confirmée en convertissant l'équation donnée en coordonnées cartésiennes. Selon la première équation de (2),

$$z^2 = r^2 = x^2 + y^2.$$

On reconnaît que l'équation $z^2 = x^2 + y^2$ (par référence à la table 2 de la section 9.6) est celle d'un cône circulaire dont l'axe est Oz (voyez la figure 5). ■ ■

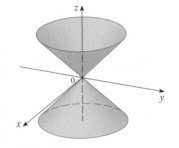

FIGURE 5
$z = r$, un cône

EXEMPLE 3 Déterminez une équation en coordonnées cylindriques de l'ellipsoïde $4x^2 + 4y^2 + z^2 = 1$.

SOLUTION Comme $r^2 = x^2 + y^2$ d'après les équations 2, on a

$$z^2 = 1 - 4(x^2 + y^2) = 1 - 4r^2.$$

L'équation en coordonnées cylindriques de l'ellipsoïde est donc $z^2 = 1 - 4r^2$. ■ ■

■■ Les coordonnées sphériques

La figure 6 montre les **coordonnées sphériques** (ρ, θ, ϕ) d'un point P de l'espace : $\rho = |OP|$ est la distance du point P à l'origine, θ est le même angle qu'en coordonnées cylindriques et ϕ est l'angle entre la partie positive de l'axe Oz et le segment OP. Remarquez que

$$\rho \geqslant 0 \qquad 0 \leqslant \phi \leqslant \pi.$$

Les coordonnées sphériques sont plus particulièrement utilisées dans les problèmes où intervient une symétrie par rapport à un point et il est fait en sorte que ce point occupe l'origine. Par exemple, la sphère de centre O et de rayon c a comme équation tout simplement $\rho = c$ (voyez la figure 7) et c'est la raison de l'appellation coordonnées « sphériques ». Le graphique de l'équation $\theta = c$ est un demi-plan vertical (voyez la figure 8) et celui de l'équation $\phi = c$ est un demi-cône dont l'axe est l'axe Oz (voyez la figure 9).

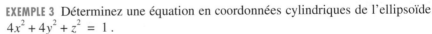

FIGURE 6
Les coordonnées sphériques
d'un point

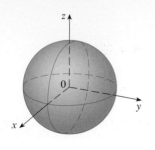

FIGURE 7 $\rho = c$, une sphère

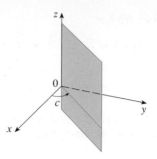

FIGURE 8 $\theta = c$, un demi-plan

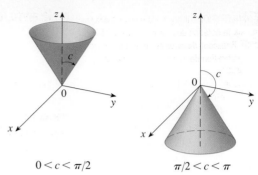

$0 < c < \pi/2$ $\pi/2 < c < \pi$

FIGURE 9 $\phi = c$, un demi-cône

La relation entre les coordonnées cartésiennes et sphériques se lit dans la figure 10. Des triangles OPQ et OPP', il ressort que

$$z = \rho \cos \phi \qquad r = \rho \sin \phi.$$

Mais, comme $x = r \cos \theta$ et $y = r \sin \theta$, les formules de conversion des coordonnées sphériques vers les coordonnées cartésiennes deviennent

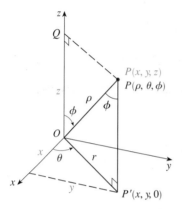

FIGURE 10

3 $x = \rho \sin \phi \cos \theta \qquad y = \rho \sin \phi \sin \theta \qquad z = \rho \cos \phi$

De plus, d'après la formule de la distance,

4 $\rho^2 = x^2 + y^2 + z^2$

Cette équation permet de passer des coordonnées cartésiennes aux coordonnées sphériques.

EXEMPLE 4 Déterminez les coordonnées cartésiennes du point de coordonnées sphériques $(2, \pi/4, \pi/3)$.

SOLUTION Le point est représenté dans la figure 11. D'après les équations 3, on a

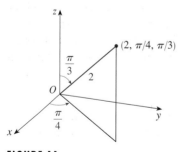

FIGURE 11

$$x = \rho \sin \phi \cos \theta = 2 \sin \frac{\pi}{3} \cos \frac{\pi}{4} = 2\left(\frac{\sqrt{3}}{2}\right)\left(\frac{1}{\sqrt{2}}\right) = \sqrt{\frac{3}{2}}$$

$$y = \rho \sin \phi \sin \theta = 2 \sin \frac{\pi}{3} \sin \frac{\pi}{4} = 2\left(\frac{\sqrt{3}}{2}\right)\left(\frac{1}{\sqrt{2}}\right) = \sqrt{\frac{3}{2}}$$

$$z = \rho \cos \phi = 2 \cos \frac{\pi}{3} = 2(\tfrac{1}{2}) = 1$$

Ainsi, le point $(2, \pi/4, \pi/3)$ est le point de coordonnées cartésiennes $(\sqrt{3/2}, \sqrt{3/2}, 1)$.

EXEMPLE 5 Un point est donné en coordonnées cartésiennes $(0, 2\sqrt{3}, -2)$. Cherchez ses coordonnées sphériques.

SOLUTION D'après l'équation 4, on a

$$\rho = \sqrt{x^2 + y^2 + z^2} = \sqrt{0 + 12 + 4} = 4$$

et donc les équations 3 fournissent

$$\cos \phi = \frac{z}{\rho} = \frac{-2}{4} = -\frac{1}{2} \qquad \phi = \frac{2\pi}{3}$$

$$\cos \theta = \frac{x}{\rho \sin \phi} = 0 \qquad \theta = \frac{\pi}{2}$$

(Remarquez que $\theta \neq 3\pi/2$ parce que $y = 2\sqrt{3} > 0$.) Par conséquent, les coordonnées sphériques du point donné sont $(4, \pi/2, 2\pi/3)$. ■ ■

EXEMPLE 6 Déterminez une équation en coordonnées sphériques de l'hyperboloïde à deux nappes d'équation cartésienne $x^2 - y^2 - z^2 = 1$.

SOLUTION On introduit dans l'équation donnée les expressions des équations 3. Cela donne

$$\rho^2 \sin^2 \phi \cos^2 \theta - \rho^2 \sin^2 \phi \sin^2 \theta - \rho^2 \cos^2 \phi = 1$$

$$\rho^2 [\sin^2 \phi(\cos^2 \theta - \sin^2 \theta) - \cos^2 \phi] = 1$$

ou $$\rho^2(\sin^2 \phi \cos 2\theta - \cos^2 \phi) = 1$$ ■ ■

EXEMPLE 7 Quelle est une équation cartésienne de la surface décrite en coordonnées sphériques par $\rho = \sin \theta \sin \phi$.

SOLUTION Grâce aux équations 4 et 3, il vient

$$x^2 + y^2 + z^2 = \rho^2 = \rho \sin \theta \sin \phi = y$$

ou $$x^2 + (y - \tfrac{1}{2})^2 + z^2 = \tfrac{1}{4},$$

ce qui est l'équation d'une sphère de centre $(0, \tfrac{1}{2}, 0)$ et de rayon $\tfrac{1}{2}$. ■ ■

EXEMPLE 8 Utilisez un logiciel de dessin pour représenter ce qu'il reste d'une sphère de rayon 4 après qu'elle ait été percée centralement d'un trou cylindrique de rayon 3.

SOLUTION Pour que les équations soient simples, on choisit l'origine du système de coor-données au centre de la sphère et l'axe Oz comme axe du trou cylindrique. On pourrait travailler aussi bien en coordonnées cylindriques qu'en coordonnées sphériques, mais la description est un peu plus simple en coordonnées cylindriques. En effet, l'équation du cylindre est $r = 3$ et celle de la sphère, $x^2 + y^2 + z^2 = 16$, ou $r^2 + z^2 = 16$. Les points de la sphère extérieurs au cylindre sont à une distance de l'origine qui satisfait à la dou-ble inégalité

$$3 \leqslant r \leqslant \sqrt{16 - z^2}.$$

■ ■ La plupart des programmes de dessin à trois dimensions sont aptes à représenter des surfaces spécifiées par des équations cylindri-ques ou sphériques. Ainsi que le démontre l'exemple 8, c'est souvent le moyen le plus commode de faire dessiner un solide.

Pour s'assurer que l'ordinateur ne dessine que la partie voulue de ces surfaces, on cal-cule à quelle hauteur les surfaces se coupent en résolvant les équations $r = 3$ et $r = \sqrt{16 - z^2}$:

$$\sqrt{16 - z^2} = 3 \Rightarrow 16 - z^2 = 9 \Rightarrow z^2 = 7 \Rightarrow z = \pm\sqrt{7}$$

Le solide est compris entre les plans $z = -\sqrt{7}$ et $z = \sqrt{7}$. Par conséquent, on demande à l'ordinateur de tracer les surfaces qui correspondent aux équations et aux domaines de définition suivants :

$$r = 3 \qquad 0 \leqslant \theta \leqslant 2\pi \qquad -\sqrt{7} \leqslant z \leqslant \sqrt{7}$$

$$r = \sqrt{16 - z^2} \qquad 0 \leqslant \theta \leqslant 2\pi \qquad -\sqrt{7} \leqslant z \leqslant \sqrt{7}$$

FIGURE 12

La figure qui en résulte est exactement ce qui était demandé. ■ ■

9.7 Exercices

1. Qu'entend-on par coordonnées cylindriques ? À quels types de surfaces ces coordonnées sont-elles particulièrement adaptées ?

2. Qu'entend-on par coordonnées sphériques ? Pour quels types de surfaces ces coordonnées conviennent-elles particulièrement ?

3–4 ■ Marquez le point de coordonnées cylindriques donné. Cherchez ensuite les coordonnées cartésiennes du point.

3. a) $(2, \pi/4, 1)$ b) $(4, -\pi/3, 5)$

4. a) $(1, \pi, e)$ b) $(1, 3\pi/2, 2)$

5–6 ■ Transformez les coordonnées cartésiennes en coordonnées cylindriques.

5. a) $(1, -1, 4)$ b) $(-1, -\sqrt{3}, 2)$

7. a) $(3, 3, -2)$ b) $(3, 4, 5)$

7–8 ■ Situez le point de coordonnées sphériques donné. Cherchez ensuite les coordonnées cartésiennes du point.

7. a) $(1, 0, 0)$ b) $(2, \pi/3, \pi/4)$

8. a) $(5, \pi, \pi/2)$ b) $(4, 3\pi/4, \pi/3)$

9–10 ■ Transformez les coordonnées cartésiennes en coordonnées sphériques.

9. a) $(1, \sqrt{3}, 2\sqrt{3})$ b) $(0, -1, -1)$

10. a) $(0, \sqrt{3}, 1)$ b) $(-1, 1, \sqrt{6})$

11–14 ■ Décrivez verbalement la surface d'équation donnée.

11. $r = 3$ **12.** $\rho = 3$

13. $\phi = \pi/3$ **14.** $\theta = \pi/3$

15–20 ■ Reconnaissez la surface d'équation donnée.

15. $z = r^2$ **16.** $\rho \sin \phi = 2$

17. $r = 2 \cos \theta$ **18.** $\rho = 2 \cos \phi$

19. $r^2 + z^2 = 25$ **20.** $r^2 - 2z^2 = 4$

21–24 ■ Écrivez l'équation a) en coordonnées cylindriques et b) en coordonnées sphériques.

21. $z = x^2 + y^2$ **22.** $x^2 + y^2 + z^2 = 2$

23. $x^2 + y^2 = 2y$ **24.** $z = x^2 - y^2$

25–30 ■ Représentez le solide décrit par les inéquations données.

25. $r^2 \le z \le 2 - r^2$

26. $0 \le \theta \le \pi/2$, $r \le z \le 2$

27. $\rho \le 2$, $0 \le \phi \le \pi/2$, $0 \le \theta \le \pi/2$

28. $2 \le \rho \le 3$, $\pi/2 \le \phi \le \pi$

29. $-\pi/2 \le \theta \le \pi/2$, $0 \le \phi \le \pi/6$, $0 \le \rho \le \sec \phi$

30. $0 \le \phi \le \pi/3$, $\rho \le 2$

31. Un tube cylindrique mesure 20 cm de long. Son rayon intérieur mesure 6 cm et extérieur 7 cm. Écrivez des inégalités qui décrivent le tube dans un système de coordonnées approprié. Expliquez comment vous avez positionné les axes par rapport au tube.

32. a) Cherchez des inégalités qui décrivent une balle creuse de 30 cm de diamètre et de 0,5 cm d'épaisseur. Expliquez comment vous avez positionné les axes que vous avez choisis.
   b) Si la balle est coupée en deux, donnez des inégalités qui décrivent une des moitiés.

33. Un solide est délimité inférieurement par le cône $z = \sqrt{x^2 + y^2}$ et supérieurement par la sphère $x^2 + y^2 + z^2 = z$. Écrivez des inéquations en coordonnées sphériques qui correspondent à ce solide.

34. Dessinez à l'aide d'un ordinateur le solide enfermé dans les paraboloïdes $z = x^2 + y^2$ et $z = 5 - x^2 - y^2$.

35. Dessinez à l'aide d'un ordinateur un silo formé d'un cylindre de rayon 3 et de hauteur 10, fermé par une demi-sphère.

36. Voici comment la latitude et la longitude d'un point P de l'hémisphère nord sont liées aux coordonnées sphériques. L'origine coïncide avec le centre de la Terre et l'axe Oz passe par le pôle nord. Le demi-axe positif Ox passe par le point en lequel le premier méridien (le méridien de Greenwich, Angleterre) coupe l'équateur. Alors, la latitude de P est $\alpha = 90° - \phi°$ et la longitude, $\beta = 360° - \theta°$. Déterminez la distance de grand cercle qui sépare Los Angeles (lat. 34,06° N, long. 118,25° O) de Montréal (lat. 45,50° N, long. 73,60° O). Prenez le rayon de la Terre égal à 6 370 km. (Un *grand cercle* est un cercle d'intersection d'une sphère avec un plan qui passe par le centre de la sphère.)

SUJET D'ÉTUDE

⊞ Des familles de surfaces

Il s'agit au cours de cette étude de découvrir les formes intéressantes que prennent les membres d'une famille de surfaces. Vous serez amenés à porter votre attention sur comment évoluent les surfaces lorsque vous faites varier les constantes.

1. Servez-vous d'un ordinateur pour examiner la famille des fonctions

$$f(x, y) = (ax^2 + by^2)e^{-x^2 - y^2}.$$

Comment la forme du graphique dépend-elle des nombres a et b ?

2. Utilisez un ordinateur pour observer la famille des surfaces $z = x^2 + y^2 + cxy$. Et plus particulièrement déterminez la valeur charnière de c qui fait passer d'un type de quadrique à un autre.

3. Certains membres de la famille des surfaces définies en coordonnées sphériques par l'équation

$$\rho = 1 + 0{,}2 \sin m\theta \sin n\phi$$

ont été présentés comme modèles de tumeurs et, de ce fait, ont été appelés *surfaces défoncées* et *surfaces froissées*. Étudiez cette famille de surfaces, en supposant que m et n sont des entiers positifs. Quel rôle jouent les valeurs de m et n dans la forme de la surface ?

---

9 Révision

CONTRÔLE DES CONCEPTS

1. Quelle différence y a-t-il entre un vecteur et un scalaire ?

2. Comment additionne-t-on géométriquement deux vecteurs ? Comment les additionne-t-on algébriquement ?

3. Si $\vec{a}$ est un vecteur et c un scalaire, quelle relation géométrique lie $c\vec{a}$ à $\vec{a}$? Comment trouve-t-on algébriquement $c\vec{a}$?

4. Comment obtient-on le vecteur qui joint un point à un autre ?

5. Comment déterminez-vous le produit scalaire $\vec{a} \cdot \vec{b}$ de deux vecteurs si vous connaissez leur longueur et l'angle qu'ils forment ? Et si vous connaissez leurs composantes ?

6. En quoi le produit scalaire est-il utile ?

7. Écrivez l'expression des projections vectorielle et scalaire de $\vec{b}$ sur $\vec{a}$. Éclairez ces expressions d'un dessin.

8. Comment déterminez-vous le produit vectoriel $\vec{a} \wedge \vec{b}$ de deux vecteurs si vous connaissez leur longueur et l'angle qu'ils forment ? Et si vous connaissez leurs composantes ?

9. En quoi le produit vectoriel est-il utile ?

10. a) Comment calculez-vous l'aire d'un parallélogramme construit sur $\vec{a}$ et $\vec{b}$?
b) Comment calculez-vous le volume d'un parallélépipède construit sur $\vec{a}$, $\vec{b}$ et $\vec{c}$?

11. Comment trouve-t-on un vecteur perpendiculaire à un plan ?

12. Comment déterminer l'angle entre deux plans qui se coupent ?

13. Écrivez une équation vectorielle, des équations paramétriques et des équations symétriques d'une droite.

14. Écrivez une équation vectorielle et une équation scalaire d'un plan.

15. a) Comment traduit-on le parallélisme de deux vecteurs ?
b) Comment traduit-on la perpendicularité de deux vecteurs ?
c) Comment traduit-on le parallélisme de deux plans ?

16. a) Décrivez une méthode pour s'assurer que trois points P, Q et R se trouvent sur une même droite.
b) Décrivez une méthode pour s'assurer que quatre points P, Q, R et S se trouvent dans un même plan.

17. a) Par quelle formule calcule-t-on la distance d'un point à une droite ?
b) Par quelle formule calcule-t-on la distance d'un point à un plan ?
c) Par quelle formule calcule-t-on la distance entre deux droites ?

18. Comment obtenez-vous le graphique d'une fonction de deux variables ?

19. Écrivez des équations de six quadriques différentes en position standard.

20. a) Écrivez les équations de conversion des coordonnées cylindriques aux coordonnées cartésiennes. Dans quelles circonstances emploie-t-on des coordonnées cylindriques ?
b) Écrivez les équations de conversion des coordonnées sphériques aux coordonnées cartésiennes. Dans quelles circonstances emploie-t-on des coordonnées sphériques ?

VRAI-FAUX

Dites si la proposition est vraie ou fausse. Si elle est vraie, expliquez pourquoi. Si elle est fausse, expliquez pourquoi ou donnez un exemple qui contredit la proposition.

1. Quels que soient les vecteurs $\vec{u}$ et $\vec{v}$ de V_3, $\vec{u} \cdot \vec{v} = \vec{v} \cdot \vec{u}$.

2. Quels que soient les vecteurs $\vec{u}$ et $\vec{v}$ de V_3, $\vec{u} \wedge \vec{v} = \vec{v} \wedge \vec{u}$.

3. Quels que soient les vecteurs $\vec{u}$ et $\vec{v}$ de V_3,
$\| \vec{u} \wedge \vec{v} \| = \| \vec{v} \wedge \vec{u} \|$.

4. Quels que soient les vecteurs $\vec{u}$ et $\vec{v}$ de V_3 et un scalaire k quelconque, $k(\vec{u} \cdot \vec{v}) = (k\vec{u}) \cdot \vec{v}$.

5. Quels que soient les vecteurs $\vec{u}$ et $\vec{v}$ de V_3, et un scalaire k quelconque, $k(\vec{u} \wedge \vec{v}) = (k\vec{u}) \wedge \vec{v}$.

6. Quels que soient les vecteurs $\vec{u}$, $\vec{v}$ et $\vec{w}$ de V_3,
$(\vec{u} + \vec{v}) \wedge \vec{w} = \vec{u} \wedge \vec{w} + \vec{v} \wedge \vec{w}$.

7. Quels que soient les vecteurs $\vec{u}$, $\vec{v}$ et $\vec{w}$ de V_3,
$\vec{u} \cdot (\vec{v} \wedge \vec{w}) = (\vec{u} \wedge \vec{v}) \cdot \vec{w}$.

8. Quels que soient les vecteurs $\vec{u}$, $\vec{v}$ et $\vec{w}$ de V_3,
$\vec{u} \wedge (\vec{v} \wedge \vec{w}) = (\vec{u} \wedge \vec{v}) \wedge \vec{w}$.

9. Quels que soient les vecteurs $\vec{u}$ et $\vec{v}$ de V_3, $(\vec{u} \wedge \vec{w}) \cdot \vec{u} = 0$.

10. Quels que soient les vecteurs $\vec{u}$ et $\vec{v}$ de V_3,
$(\vec{u} + \vec{v}) \wedge \vec{v} = \vec{u} \wedge \vec{v}$.

11. Le produit vectoriel de deux vecteurs unitaires est un vecteur unitaire.

12. Une équation linéaire $Ax + By + Cz + D = 0$ représente une droite de l'espace.

13. L'ensemble des points $\{ (x, y, z) \mid x^2 + y^2 = 1 \}$ est un cercle.

14. Si $\vec{u} = (u_1, u_2)$ et $\vec{v} = (v_1, v_2)$, alors $\vec{u} \cdot \vec{v} = (u_1 v_1, u_2 v_2)$.

15. Si $\vec{u} \cdot \vec{v} = 0$, alors $\vec{u} = \vec{0}$ ou $\vec{v} = \vec{0}$.

16. Quels que soient $\vec{u}$ et $\vec{v}$ éléments de V_3, $|\vec{u} \cdot \vec{v}| \leqslant \| \vec{u} \| \| \vec{v} \|$.

EXERCICES

---

1. a) Écrivez une équation de la sphère qui passe par le point $(6, -2, 3)$ et centrée en $(-1, 2, 1)$.

   b) Déterminez la courbe selon laquelle cette sphère coupe le plan Oyz.

   c) Déterminez le centre et le rayon de la sphère

$$x^2 + y^2 + z^2 - 8x + 2y + 6z + 1 = 0.$$

2. Recopiez les vecteurs de la figure et utilisez-les pour dessinez chacun des vecteurs suivants.

   a) $\vec{a} + \vec{b}$ b) $\vec{a} - \vec{b}$

   c) $-\frac{1}{2} \vec{a}$ d) $2\vec{a} + \vec{b}$

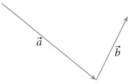

3. Déterminez $\vec{u} \cdot \vec{v}$ et $\| \vec{u} \wedge \vec{v} \|$ pour les vecteurs $\vec{u}$ et $\vec{v}$ représentés dans la figure. Le vecteur $\vec{u} \wedge \vec{v}$ rentre-t-il dans la feuille ou en sort-il ?

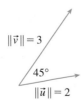

4. Calculez la grandeur demandée sachant que

$$\vec{a} = \vec{i} + \vec{j} - 2\vec{k} \qquad \vec{b} = 3\vec{i} - 2\vec{j} + \vec{k} \qquad \vec{c} = \vec{j} - 5\vec{k}.$$

   a) $2\vec{a} + 3\vec{b}$ b) $\| \vec{b} \|$

   c) $\vec{a} \cdot \vec{b}$ d) $\vec{a} \wedge \vec{b}$

   e) $\| \vec{b} \wedge \vec{c} \|$ f) $\vec{a} \cdot (\vec{b} \wedge \vec{c})$

   g) $\vec{c} \wedge \vec{c}$ h) $\vec{a} \wedge (\vec{b} \wedge \vec{c})$

   i) $\text{comp}_{\vec{a}} \vec{b}$ j) $\text{proj}_{\vec{a}} \vec{b}$

   k) L'angle entre $\vec{a}$ et $\vec{b}$ (exact au degré le plus proche)

5. Déterminez les valeurs de x telles que les vecteurs $(3, 2, x)$ et $(2x, 4, x)$ soient orthogonaux.

6. Déterminez deux vecteurs unitaires orthogonaux à la fois à $\vec{j} + 2\vec{k}$ et $\vec{i} - 2\vec{j} + 3\vec{k}$.

7. On suppose que $\vec{u} \cdot (\vec{v} \wedge \vec{w}) = 2$. Déterminez

   a) $(\vec{u} \wedge \vec{v}) \cdot \vec{w}$ b) $\vec{u} \cdot (\vec{w} \wedge \vec{v})$

   c) $\vec{v} \cdot (\vec{u} \wedge \vec{w})$ d) $(\vec{u} \wedge \vec{v}) \cdot \vec{v}$

8. Montrez que si $\vec{a}$, $\vec{b}$ et $\vec{c}$ sont des vecteurs de V_3, alors

$$(\vec{a} \wedge \vec{b}) \cdot [(\vec{b} \wedge \vec{c}) \wedge (\vec{c} \wedge \vec{a})] = [\vec{a} \cdot (\vec{b} \wedge \vec{c})]^2.$$

9. Combien mesure l'angle aigu entre deux diagonales d'un cube ?

10. Étant donné les points $A(1, 0, 1)$, $B(2, 3, 0)$, $C(-1, 1, 4)$ et $D(0, 3, 2)$, déterminez le volume du parallélépipède de côtés adjacents AB, AC et AD.

11. a) Déterminez un vecteur perpendiculaire au plan qui passe par les points $A(1, 0, 0)$, $B(2, 0, -1)$ et $C(1, 4, 3)$.

   b) Calculez l'aire du triangle ABC.

12. Une force constante $\vec{F} = 3\vec{i} + 5\vec{j} + 10\vec{k}$ s'exerce sur un objet le long du segment qui joint $(1, 0, 2)$ à $(5, 3, 8)$. Calculez le travail effectué si la distance est mesurée en mètres et la force en newtons.

13. On tire un bateau sur le rivage au moyen de deux cordes, comme le montre la figure. S'il faut une force de 255 N, déterminez l'intensité de la force sur chacune des cordes.

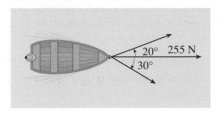

14. Quelle est la norme du moment de torsion en P si une force de 50 N est appliquée de la manière que montre la figure.

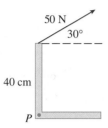

15–17 ■ Écrivez des équations paramétriques de la droite qui satisfait aux conditions données.

15. Droite qui passe par $(4, -1, 2)$ et $(1, 1, 5)$.

16. Droite qui passe par $(1, 0, -1)$ et parallèle à la droite $\frac{1}{3}(x - 4) = \frac{1}{2}y = z + 2$.

17. Droite qui passe par $(-2, 2, 4)$ et perpendiculaire au plan $2x - y + 5z = 12$.

■ ■ ■ ■ ■ ■ ■ ■ ■ ■ ■ ■

18–21 ■ Déterminez une équation du plan qui vérifie les conditions données.

18. Passe par $(2, 1, 0)$ et parallèle à $x + 4y - 3z = 1$.

19. Passe par $(3, -1, 1)$, $(4, 0, 2)$ et $(6, 3, 1)$.

20. Passe par $(1, 2, -2)$ et contient la droite $x = 2t$, $y = 3 - t$, $z = 1 + 3t$.

21. Comprend la droite d'intersection des plans $x - z = 1$ et $y + 2z = 3$ et est perpendiculaire au plan $x + y - 2z = 1$.

■ ■ ■ ■ ■ ■ ■ ■ ■ ■ ■ ■

22. Déterminez les coordonnées du point de percée de la droite de coordonnées paramétriques $x = 2 - t$, $y = 1 + 3t$ $z = 4t$ dans le plan $2x - y + z = 2$.

23. Examinez si les droites d'équations symétriques

$$\frac{x - 1}{2} = \frac{y - 2}{3} = \frac{z - 3}{4}$$

et

$$\frac{x + 1}{6} = \frac{y - 3}{-1} = \frac{z + 5}{2}$$

sont parallèles, gauches ou concourantes.

24. a) Montrez que les plans $x + y - z = 1$ et $2x - 3y + 4z = 5$ ne sont ni parallèles ni perpendiculaires.
  b) Calculez la mesure de l'angle entre ces deux plans, au degré près.

25. Quelle distance sépare les plans $3x + y - 4z = 2$ et $3x + y - 4z = 24$.

26. Calculez la distance entre l'origine et la droite $x = 1 + t$, $y = 2 - t$, $z = -1 + 2t$.

27–28 ■ Déterminez et représentez le domaine de définition de la fonction.

27. $f(x, y) = x \ln(x - y^2)$

28. $f(x, y) = \sqrt{\sin \pi(x^2 + y^2)}$

■ ■ ■ ■ ■ ■ ■ ■ ■ ■ ■ ■

29–32 ■ Dessinez le graphique de la fonction.

29. $f(x, y) = 6 - 2x - 3y$

30. $f(x, y) = \cos y$

31. $f(x, y) = 4 - x^2 - 4y^2$

32. $f(x, y) = \sqrt{4 - x^2 - 4y^2}$

■ ■ ■ ■ ■ ■ ■ ■ ■ ■ ■ ■

33–36 ■ Identifiez et dessinez la surface. Indiquez quelques traces dans votre dessin.

33. $y^2 + z^2 = 1 - 4x^2$ **34.** $y^2 + z^2 = x$

35. $y^2 + z^2 = 1$ **36.** $y^2 + z^2 = 1 + x^2$

■ ■ ■ ■ ■ ■ ■ ■ ■ ■ ■ ■

37. Les coordonnées cylindriques d'un point sont $(2\sqrt{3}, \pi/3, 2)$. Cherchez ses coordonnées cartésiennes et sphériques.

38. Les coordonnées cartésiennes d'un point sont $(2, 2, -1)$. Cherchez des coordonnées cylindriques et sphériques du point.

39. Les coordonnées sphériques d'un point sont $(8, \pi/4, \pi/6)$. Cherchez les coordonnées cartésiennes et cylindriques du point.

40. Reconnaissez les surfaces d'équation donnée.
  a) $\theta = \pi/4$ b) $\phi = \pi/4$

41–42 ■ Écrivez l'équation en coordonnées cylindriques et en coordonnées sphériques.

41. $x^2 + y^2 + z^2 = 4$ **42.** $x^2 + y^2 = 4$

■ ■ ■ ■ ■ ■ ■ ■ ■ ■ ■ ■

43. La parabole $z = 4y^2$, $x = 0$ subit une rotation autour de l'axe Oz. Écrivez une équation en coordonnées cylindriques de la surface ainsi engendrée.

44. Esquissez le solide composé de tous les points dont les coordonnées sphériques (ρ, θ, ϕ) sont telles que $0 \leqslant \theta \leqslant \pi/2$, $0 \leqslant \phi \leqslant \pi/6$ et $0 \leqslant \rho \leqslant 2 \cos \phi$.

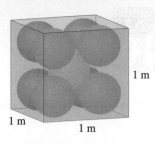

FIGURE relative au problème 1

1. Chaque arête d'une boîte cubique mesure 1 m. La boîte renferme 9 balles sphériques de même rayon r. La balle centrale a son centre au centre du cube et touche les huit autres balles. Chacune de ces huit autres balles touche trois faces du cube. Les balles sont donc entassées dans la boîte. Déterminez r. (Si ce problème vous cause des difficultés, allez lire la stratégie de résolution de problème appelée *Procéder par analogie* à la page 87.)

2. Soit B un parallélépipède rectangle de longueur L, largeur l et hauteur h. Soit S l'ensemble de tous les points dont la distance à un point quelconque de B n'excède pas 1. Cherchez une expression du volume de S en termes de L, l et h.

3. Soit d la droite d'intersection des plans $cx + y + z = c$ et $x - cy + cz = -1$, où c est un nombre réel.
   a) Déterminez des équations symétriques de d.
   b) Lorsque c varie, la droite d balaie une surface S. Trouvez une équation de la courbe d'intersection de S avec le plan horizontal $z = t$ (ou trace de S dans le plan $z = t$).
   c) Calculez le volume du solide délimité par S et les plans $z = 0$ et $z = 1$.

4. Un avion est capable de voler à une vitesse de 180 km/h par rapport à l'air. Un pilote décolle d'un aéroport et met le cap sur le nord suivant sa boussole. Trente minutes plus tard, il remarque, qu'à cause du vent, l'avion a réellement parcouru 80 km dans une direction qui fait un angle de 5° vers l'est.
   a) Quelle est la vitesse du vent ?
   b) Quelle direction le pilote aurait-il dû prendre pour atteindre la destination voulue ?

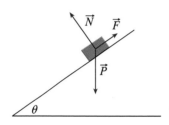

FIGURE relative au problème 5

5. Un bloc de masse m est placé sur un plan incliné, comme le montre la figure. Le frottement ralentit la descente du bloc ; si l'angle θ est faible, il va même empêcher tout simplement le bloc de glisser. Les forces qui agissent sur le bloc sont le poids $\vec{P}$, où $\|\vec{P}\| = mg$ (g est l'accélération due à la gravité) ; la force normale $\vec{N}$ (force de réaction du plan sur le bloc), où $\|\vec{N}\| = n$; et la force $\vec{F}$ due au frottement qui agit parallèlement au plan incliné, dans la direction opposée à celle du mouvement. Si le bloc est immobile et que θ augmente, $\|\vec{F}\|$ se met à croître jusqu'à atteindre son maximum, valeur au delà de laquelle le bloc se met à glisser. À cet angle θ_s, il se fait que $\|\vec{F}\|$ est proportionnel à n. On peut donc écrire que $\|\vec{F}\| = \mu_s n$, où μ_s est appelé le **coefficient de frottement statique** et dépend des matériaux qui sont en contact.
   a) Observez que $\vec{N} + \vec{F} + \vec{P} = \vec{0}$ et déduisez-en que $\mu_s = \operatorname{tg}(\theta_s)$.
   b) Supposons qu'une force extérieure additionnelle $\vec{H}$, horizontale orientée de gauche à droite, soit appliquée au bloc lorsque $\theta > \theta_s$ et que $\|\vec{H}\| = h$. Lorsque h est petit, le bloc peut encore glisser vers le bas ; par contre, lorsque h est suffisamment grand, le bloc peut remonter le plan incliné. Soit $h_{\min}$ la plus petite valeur de h qui permette au bloc de rester immobile ($\|\vec{F}\|$ est donc maximal).

   En choisissant les axes de coordonnées de manière à ce que $\vec{F}$ soit le long de l'axe Ox, développez chaque force en composantes parallèles et perpendiculaires au plan incliné et démontrez ainsi que

   $$h_{\min} \sin \theta + mg \cos \theta = n, \quad h_{\min} \cos \theta + \mu_s n = mg \sin \theta.$$

   c) Montrez que $$h_{\min} = mg \operatorname{tg}(\theta - \theta_s)$$

   Cette équation semble-t-elle raisonnable ? A-t-elle du sens pour $\theta = \theta_s$? Lorsque $\theta \to 90°$? Expliquez.
   d) Soit $h_{\max}$ la plus grande valeur de h qui permette au bloc de rester immobile. (Dans quelle direction est dirigée $\vec{F}$?) Montrez que

   $$h_{\max} = mg \operatorname{tg}(\theta + \theta_s).$$

   Cette équation semble-t-elle plausible ? Expliquez.

Les fonctions vectorielles

Les fonctions que nous avons rencontrées jusqu'à présent étaient des fonctions à valeurs réelles. Nous allons étudier maintenant des fonctions dont les valeurs sont des vecteurs parce que de telles fonctions sont nécessaires pour décrire des courbes et des surfaces de l'espace. Nous allons nous servir de fonctions à valeurs vectorielles pour décrire le mouvement d'objets qui voyagent dans l'espace. En particulier, nous les utiliserons pour établir les lois de Kepler sur le mouvement des planètes.

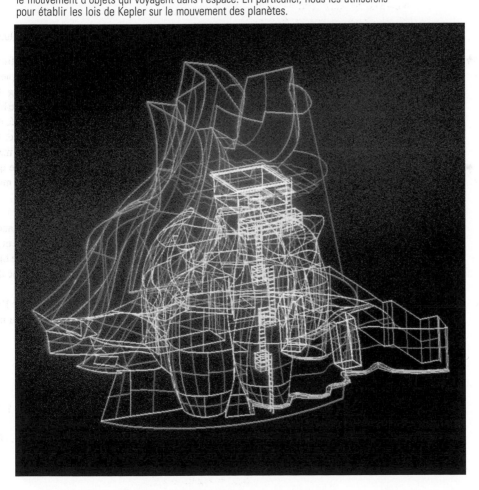

10.1 Les fonctions vectorielles et les courbes de l'espace

De façon générale, une fonction est une règle qui assigne à chaque élément du domaine de définition un élément de l'ensemble image. Une **fonction à valeurs vectorielles** ou **fonction vectorielle** est simplement une fonction dont le domaine de définition est un ensemble de nombres réels mais dont l'ensemble image est un ensemble de vecteurs. Nous sommes plus particulièrement intéressés par les fonctions vectorielles $\vec{r}$ dont les valeurs sont des vecteurs de dimension trois. Cela signifie qu'à chaque nombre t du domaine de définition de $\vec{r}$ correspond un unique vecteur de V_3, noté $\vec{r}(t)$. Si $f(t)$, $g(t)$ et $h(t)$ sont les composantes du vecteur $\vec{r}(t)$, alors f, g et h sont des fonctions réelles appelées les **fonctions composantes** de $\vec{r}$ et nous pouvons écrire

$$\vec{r}(t) = (f(t), g(t), h(t)) = f(t)\vec{i} + g(t)\vec{j} + h(t)\vec{k}.$$

Le choix de la lettre t pour désigner la variable indépendante est dicté par le fait que, dans beaucoup d'applications des fonctions vectorielles, cette variable représente le temps.

EXEMPLE 1 Si

$$\vec{r}(t) = (t^3, \ln(3-t), \sqrt{t}),$$

alors les fonctions composantes sont

$$f(t) = t^3 \qquad g(t) = \ln(3-t) \qquad h(t) = \sqrt{t}.$$

Comme d'habitude, le domaine de définition de $\vec{r}$ se compose de toutes les valeurs de t pour lesquelles $\vec{r}(t)$ est définie. Les expressions t^3, $\ln(3-t)$ et $\sqrt{t}$ sont toutes trois définies quand $3-t>0$ et $t \geqslant 0$. Par conséquent, le domaine de définition de $\vec{r}$ est l'intervalle $[0, 3[$. ■ ■

La **limite** d'une fonction vectorielle $\vec{r}$ est définie en prenant les limites de ses fonctions composantes comme suit.

■ ■ La définition $\lim_{t \to a} \vec{r}(t) = \vec{L}$ revient à dire que le vecteur $\vec{r}(t)$ tend vers le vecteur $\vec{L}$ en longueur, direction et sens.

> **1** Si $\vec{r}(t) = (f(t), g(t), h(t))$, alors
>
> $$\lim_{t \to a} \vec{r}(t) = (\lim_{t \to a} f(t), \lim_{t \to a} g(t), \lim_{t \to a} h(t)),$$
>
> pourvu que les limites des fonctions composantes existent.

Les limites des fonctions vectorielles obéissent aux mêmes règles que les limites des fonctions à valeurs réelles (voyez l'exercice 39).

EXEMPLE 2 Déterminez $\lim\limits_{t \to 0} \vec{r}(t)$ où $\vec{r}(t) = (1+t^3)\vec{i} + te^{-t}\vec{j} + \dfrac{\sin t}{t}\vec{k}$.

SOLUTION Conformément à la définition 1, la limite de $\vec{r}$ est le vecteur dont les composantes sont les limites des fonctions composantes de $\vec{r}$:

$$\lim_{t \to 0} \vec{r}(t) = [\lim_{t \to 0}(1+t^3)]\vec{i} + [\lim_{t \to 0} te^{-t}]\vec{j} + [\lim_{t \to 0} \frac{\sin t}{t}]\vec{k}$$

$$= \vec{i} + \vec{k} \qquad \text{(d'après l'équation 3.4.2)} \qquad \blacksquare\ \blacksquare$$

Une fonction vectorielle $\vec{r}$ est **continue en a** si

$$\lim_{t \to a} \vec{r}(t) = \vec{r}(a).$$

Au vu de la définition 1, il est clair que $\vec{r}$ est continue en a si et seulement si ses fonctions composantes f, g et h sont continues en a.

Les fonctions vectorielles continues sont étroitement liées aux courbes de l'espace. Supposons que f, g et h soient des fonctions réelles continues sur un intervalle I. Alors, l'ensemble C de tous les points (x, y, z) de l'espace tels que

2 $$x = f(t) \qquad y = g(t) \qquad z = h(t),$$

et où t parcourt l'intervalle I est appelé une **courbe de l'espace.** Les équations (2) sont appelées des **équations paramétriques de C** et t est appelé le **paramètre**. On peut voir C comme tracée par un point dont la position au moment t est $(f(t), g(t), h(t))$. La fonction vectorielle $\vec{r}(t) = (f(t), g(t), h(t))$ correspond au rayon vecteur du point $P(f(t), g(t), h(t))$ sur C. N'importe quelle fonction vectorielle continue $\vec{r}$ définit donc une courbe de l'espace C parcourue par la pointe du vecteur en mouvement $\vec{r}(t)$, comme l'indique la figure 1.

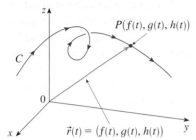

FIGURE 1

C est parcourue par la pointe d'un vecteur position $\vec{r}(t)$ en mouvement.

EXEMPLE 3 Décrivez la courbe définie par la fonction vectorielle

$$\vec{r}(t) = (1 + t, \ 2 + 5t, \ -1 + 6t).$$

SOLUTION Les équations paramétriques correspondantes sont

$$x = 1 + t \qquad y = 2 + 5t \qquad z = -1 + 6t,$$

identifiées, à la lumière des équations 9.5.2, comme des équations paramétriques d'une droite qui passe par le point $(1, 2, -1)$ et qui est parallèle au vecteur $(1, 5, 6)$. Autrement, on peut aussi observer que l'équation de la fonction est de la forme $\vec{r} = \vec{r}_0 + t\vec{v}$ où $\vec{r}_0 = (1, 2, -1)$ et $\vec{v} = (1, 5, 6)$, celle-ci étant l'équation vectorielle d'une droite, d'après l'équation 9.5.1. ■ ■

Des courbes planes peuvent aussi être représentées vectoriellement. Par exemple, la courbe donnée par les équations paramétriques $x = t^2 - 2t$ et $y = t + 1$ (voyez l'exemple 1 de la section 1.7) pourrait être décrite par la fonction vectorielle

$$\vec{r}(t) = (t^2 - 2t, \ t + 1) = (t^2 - 2t)\vec{i} + (t + 1)\vec{j},$$

où $\vec{i} = (1, 0)$ et $\vec{j} = (0, 1)$.

EXEMPLE 4 Dessinez la courbe dont l'équation vectorielle est

$$\vec{r}(t) = \cos t \, \vec{i} + \sin t \, \vec{j} + t \, \vec{k}.$$

SOLUTION Les équations paramétriques de cette courbe sont

$$x = \cos t \quad y = \sin t \quad z = t.$$

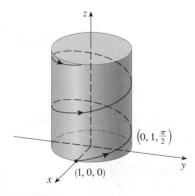

FIGURE 2

Puisque $x^2 + y^2 = \cos^2 t + \sin^2 t = 1$, la courbe doit se trouver sur le cylindre elliptique $x^2 + y^2 = 1$. Le point (x, y, z) se trouve juste au-dessus du point $(x, y, 0)$ qui tourne en sens contraire des aiguilles d'une montre sur le cercle $x^2 + y^2 = 1$. (Voyez l'exemple 2 de la section 1.7.) Comme $z = t$, la courbe monte en spirale autour du cylindre lorsque t croît. C'est l'**hélice** que l'on voit dans la figure 2. ■ ■

FIGURE 3

La forme en tire-bouchon de l'hélice de l'exemple 4 est familière car c'est aussi la forme des ressorts. On la trouve également dans la structure en double hélice de l'ADN (acide désoxyribonucléique, le matériel génétique des cellules vivantes). C'est en 1953 que James Watson et Francis Crick ont montré que la structure de la molécule d'ADN était celle de deux hélices parallèles, entrelacées comme celles de la figure 3.

Les exemples 3 et 4 proposaient de découvrir l'aspect géométrique de courbes données par leur équation vectorielle. À l'inverse, les deux exemples suivants demandent d'écrire des équations paramétriques de courbes données géométriquement.

EXEMPLE 5 Écrivez une équation vectorielle et des équations paramétriques du segment qui joint le point $P(1, 3, -2)$ et le point $Q(2, -1, 3)$.

SOLUTION À la section 9.5, nous avons mis au point une équation vectorielle du segment qui va de l'extrémité du vecteur $\vec{r}_0$ à l'extrémité du vecteur $\vec{r}_1$:

$$\vec{r}(t) = (1 - t)\vec{r}_0 + t\vec{r}_1 \qquad 0 \leqslant t \leqslant 1.$$

■ ■ La figure 4 montre le segment PQ dont il est question à l'exemple 5.

(Voyez l'équation 9.5.4.) Nous prenons ici $\vec{r}_0 = (1, 3, -2)$ et $\vec{r}_1 = (2, -1, 3)$ et obtenons une équation vectorielle du segment PQ :

$$\vec{r}(t) = (1 - t)(1, 3, -2) + t(2, -1, 3) \qquad 0 \leqslant t \leqslant 1$$

ou

$$\vec{r}(t) = (1 + t, 3 - 4t, -2 + 5t) \qquad 0 \leqslant t \leqslant 1.$$

Des équations paramétriques correspondantes sont

$$x = 1 + t \qquad y = 3 - 4t \qquad z = -2 + 5t \qquad 0 \leqslant t \leqslant 1. \qquad ■ ■$$

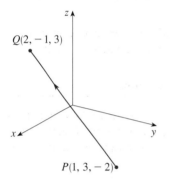

FIGURE 4

EXEMPLE 6 Cherchez une fonction vectorielle qui représente la courbe d'intersection du cylindre $x^2 + y^2 = 1$ et du plan $y + z = 2$.

SOLUTION La figure 5 montre le plan qui coupe le cylindre et la figure 6, la courbe d'intersection C, qui a la forme d'une ellipse.

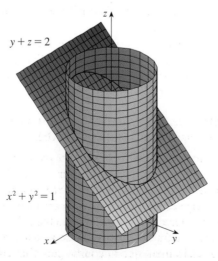

FIGURE 5

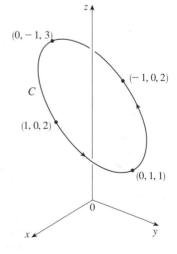

FIGURE 6

Cette ellipse se projette sur la plan Oxy selon le cercle $x^2 + y^2 = 1$, $z = 0$. Aussi, de l'exemple 2 de la section 1.7, nous tirons que

$$x = \cos t \qquad y = \sin t \qquad 0 \leqslant t \leqslant 2\pi.$$

De plus, l'équation du plan dit que

$$z = 2 - y = 2 - \sin t.$$

Des équations paramétriques de C sont dès lors

$$x = \cos t \qquad y = \sin t \qquad z = 2 - \sin t \qquad 0 \leqslant t \leqslant 2\pi.$$

L'équation vectorielle correspondante s'écrit

$$\vec{r}(t) = \cos t\, \vec{i} + \sin t\, \vec{j} + (2 - \sin t)\, \vec{k} \qquad 0 \leqslant t \leqslant 2\pi.$$

Cette équation est appelée une *paramétrisation* de la courbe C. Les flèches dans la figure 6 indiquent le sens dans lequel C est parcourue lorsque le paramètre t croît. ■ ■

▪▪ Faire tracer des courbes de l'espace par ordinateur

Les courbes de l'espace sont intrinsèquement plus difficiles à dessiner à la main que les courbes planes ; une représentation précise nécessite donc de faire appel à la technologie. Par exemple, la figure 7 montre un graphique réalisé par ordinateur de la courbe d'équations paramétriques

$$x = (4 + \sin 20t)\cos t \qquad y = (4 + \sin 20t)\sin t \qquad z = \cos 20t.$$

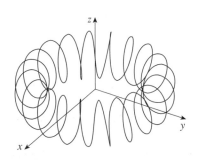

FIGURE 7 Un solenoïde torique

C'est un **solénoïde torique** parce qu'elle repose sur un tore. Une autre courbe intéressante, le **nœud de trèfle**, d'équations

$$x = (2 + \cos 1{,}5t)\cos t \qquad y = (2 + \cos 1{,}5t)\sin t \qquad z = \sin 1{,}5t$$

est présenté dans la figure 8. Tracer l'une ou l'autre de ces courbes à la main ne serait vraiment pas chose facile.

Même quand une courbe de l'espace a été tracée à l'aide d'un ordinateur, des illusions d'optique peut venir gêner la vue de l'allure de la courbe. (C'est justement le cas de la figure 8. Voyez l'exercice 40). L'exemple suivant montre comment faire face à ce problème.

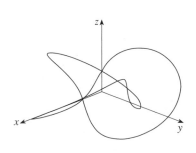

FIGURE 8 Un nœud de trèfle

EXEMPLE 7 Dessinez par ordinateur la courbe d'équation vectorielle $\vec{r}(t) = (t, t^2, t^3)$. Cette courbe s'appelle une **cubique gauche**.

SOLUTION On commence par faire dessiner par l'ordinateur la courbe de paramétrisation cartésienne $x = t$, $y = t^2$, $z = t^3$ pour $-2 \leqslant t \leqslant 2$. La figure 9 a) montre le résultat. Il n'est pas facile sur cette image de voir réellement l'allure de la courbe. La plupart des ordinateurs capables de produire des graphiques en dimension trois sont munis d'une commande qui place la courbe dans une boîte (parallélépipède rectangle) au lieu d'un système d'axes. La figure 9 b) montre donc la même courbe à l'intérieur d'une boîte et il apparaît plus clairement que la courbe part d'un coin inférieur et grimpe en tournant jusqu'au coin supérieur à l'avant plan.

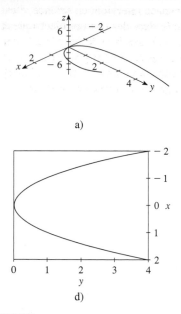

a)

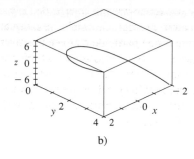

b)

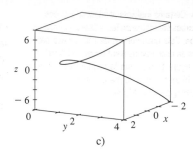

c)

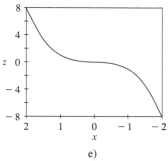

d)

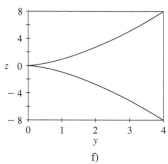

e)

f)

FIGURE 9 Des vues de la cubique gauche

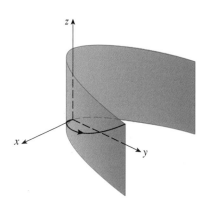

FIGURE 10

On en a encore une meilleure idée visuelle en la regardant sous divers angles. La partie c) la présente dans la boîte qui a subi une rotation. Les parties d), e) et f) offrent les vues obtenues en regardant à travers chaque face de la boîte. En particulier, la figure d) montre la vue d'en haut, c'est-à-dire la projection de la courbe dans le plan Oxy qui n'est autre que la parabole $y = x^2$. La figure e) montre la projection dans le plan Oxz, la cubique $z = x^3$. La raison pour laquelle la courbe s'appelle une cubique gauche est maintenant devenue évidente. ■ ■

Une autre façon de visualiser une courbe de l'espace est de la tracer sur une surface. Par exemple, la cubique gauche de l'exemple 7 se trouve sur le cylindre parabolique $y = x^2$. (Éliminez le paramètre des deux premières équations paramétriques $x = t$ et $y = t^2$.) La figure 10 montre le cylindre et la cubique gauche qui monte depuis l'origine à même la surface du cylindre. C'est de cette façon que l'hélice de l'exemple 4 était présentée à la surface du cylindre elliptique (voyez la figure 2).

Une troisième façon de visualiser la cubique gauche est de réaliser qu'elle est aussi sur le cylindre $z = x^3$. Elle est de ce fait la courbe intersection des cylindres $y = x^2$ et $z = x^3$ (voyez la figure 11).

FIGURE 11

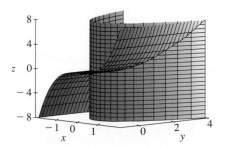

■ ■ Certains logiciels rendent la vue des courbes plus claire en les présentant dans un tube. Cela nous permet de voir quelles parties de la courbe passent devant ou derrière. La figure 13 présente la courbe de la figure 12 b) telle que la donne la commande `tubeplot` de Maple.

Nous avons rencontré une courbe de l'espace intéressante, l'hélice, liée au modèle du DNA. Un autre exemple de courbe remarquable de l'espace intervient en science, c'est la trajectoire d'une particule chargée positivement placée dans des champs électrique et magnétique $\vec{E}$ et $\vec{B}$ orthogonalement orientés. Selon la vitesse initiale donnée à la particule à l'origine, la trajectoire est soit une courbe de l'espace dont la projection sur le plan horizontal est la cycloïde que nous avons étudiée dans la section 1.7 [Figure 12 a)], soit une courbe dont la projection est la trochoïde examinée à l'exercice 36 de la section 1.7 [Figure 12 b)].

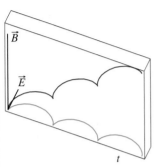

a) $\vec{r}(t) = (t - \sin t, 1 - \cos t, t)$

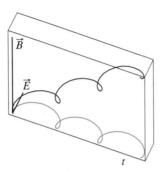

b) $\vec{r}(t) = (t - \frac{3}{2} \sin t, 1 - \frac{3}{2} \cos t, t)$

FIGURE 13

FIGURE 12
Mouvement d'une particule électrique dans des champs électrique et magnétique orthogonalement orientés.

10.1 Exercices

1–2 ■ Décrivez le domaine de définition de la fonction vectorielle.

1. $\vec{r}(t) = (t^2, \sqrt{t-1}, \sqrt{5-t})$

2. $\vec{r}(t) = \frac{t-2}{t+2}\vec{i} + \sin t\,\vec{j} + \ln(9-t^2)\vec{k}$

- - - - - - - - - -

3–4 ■ Calculez la limite.

3. $\lim\limits_{t \to 0^+} (\cos t, \sin t, t \ln t)$

4. $\lim\limits_{t \to \infty} \left(\text{Arctg}\, t, e^{-2t}, \frac{\ln t}{t} \right)$

- - - - - - - - -

5–12 ■ Dessinez la courbe correspondant à l'équation vectorielle donnée. Indiquez avec une flèche le sens de parcours lorsque t croît.

5. $\vec{r}(t) = (\sin t, t)$

6. $\vec{r}(t) = (t^3, t^2)$

7. $\vec{r}(t) = (t, \cos 2t, \sin 2t)$

8. $\vec{r}(t) = (1+t, 3t, -t)$

9. $\vec{r}(t) = (1, \cos t, 2 \sin t)$

10. $\vec{r}(t) = t^2\vec{i} + t\vec{j} + 2\vec{k}$

11. $\vec{r}(t) = t^2\vec{i} + t^4\vec{j} + t^6\vec{k}$

12. $\vec{r}(t) = \cos t\,\vec{i} - \cos t\,\vec{j} + \sin t\,\vec{k}$

- - - - - - - - - - -

13–16 ■ Cherchez une équation vectorielle et des équations paramétriques du segment PQ.

13. $P(0, 0, 0)$, $\quad Q(1, 2, 3)$

14. $P(1, 0, 1)$, $\quad Q(2, 3, 1)$

15. $P(1, -1, 2)$, $\quad Q(4, 1, 7)$

16. $P(-2, 4, 0)$, $\quad Q(6, -1, 2)$

- - - - - - - - - - -

17–22 ■ Appariez les équations paramétriques et les graphiques (étiquetés I-VI). Justifiez votre choix.

17. $x = \cos 4t$, $\quad y = t$, $\quad z = \sin 4t$

18. $x = t$, $\quad y = t^2$, $\quad z = e^{-t}$

19. $x = t,\quad y = 1/(1+t^2),\quad z = t^2$

20. $x = e^{-t}\cos 10t,\quad y = e^{-t}\sin 10t,\quad z = e^{-t}$

21. $x = \cos t,\quad y = \sin t,\quad z = \sin 5t$

22. $x = \cos t,\quad y = \sin t,\quad z = \ln t$

I
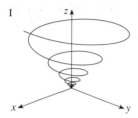

II
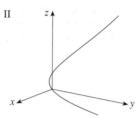

III
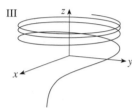

IV
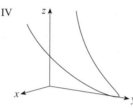

V
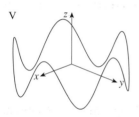

VI
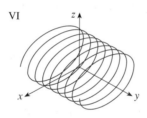

23. Montrez que la courbe d'équations paramétriques
$x = t\cos t$, $y = t\sin t$, $z = t$ repose sur le cône
$z^2 = x^2 + y^2$ et aidez-vous de cela pour la tracer.

24. Montrez que la courbe d'équations paramétriques $x = \sin t$,
$y = \cos t$, $z = \sin^2 t$ est la courbe d'intersection des surfaces $z = x^2$ et $x^2 + y^2 = 1$. Cela doit vous aider à la tracer.

25. En quel point la courbe $\vec{r}(t) = t\vec{i} + (2t - t^2)\vec{k}$ coupe-t-elle le
paraboloïde $z = x^2 + y^2$?

26–28 ■ Utilisez un ordinateur pour dessiner la courbe d'équation vectorielle donnée. Assurez-vous de choisir un domaine de
définition pour le paramètre et les bons angles de vue qui offrent
de voir le comportement réel de la courbe.

26. $\vec{r}(t) = (t^4 - t^2 + 1,\ t,\ t^2)$

27. $\vec{r}(t) = (t^2,\ \sqrt{t-1},\ \sqrt{5-t})$

28. $\vec{r}(t) = (\sin t,\ \sin 2t,\ \sin 3t)$

29. Faites tracer la courbe d'équations paramétriques
$x = (1 + \cos 16t)\cos t$, $y = (1 + \cos 16t)\sin t$,
$z = 1 + \cos 16t$. Expliquez l'allure du graphique en montrant que cette courbe repose sur un cône.

30. Dessinez la courbe d'équations paramétriques
$$x = \sqrt{1 - 0{,}25\cos^2 10t}\,\cos t$$
$$y = \sqrt{1 - 0{,}25\cos^2 10t}\,\sin t$$
$$z = 0{,}5\cos 10t$$

Expliquez l'allure du graphique en démontrant que cette
courbe repose sur une sphère.

31. Montrez que la courbe d'équations paramétriques $x = t^2$,
$y = 1 - 3t$, $z = 1 + t^3$ passe par les points $(1, 4, 0)$ et
$(9, -8, 28)$, mais pas par le point $(4, 7, -6)$.

32–34 ■ Écrivez une fonction vectorielle qui représente la
courbe d'intersection des deux surfaces.

32. Le cylindre $x^2 + y^2 = 4$ et la surface $z = xy$.

33. Le cône $z = \sqrt{x^2 + y^2}$ et le plan $z = 1 + y$.

34. Le paraboloïde $z = 4x^2 + y^2$ et le cylindre parabolique
$y = x^2$.

35. Essayez de tracer à la main la courbe d'intersection du cylindre circulaire $x^2 + y^2 = 4$ et du cylindre parabolique $z = x^2$.
Ensuite, déterminez des équations paramétriques de cette
courbe et servez-vous en pour faire dessiner la courbe par un
ordinateur.

36. Essayez de tracer à la main la courbe d'intersection du cylindre
parabolique $y = x^2$ avec la moitié supérieure de l'ellipsoïde
$x^2 + 4y^2 + 4z^2 = 16$. Ensuite, déterminez des équations paramétriques de cette courbe et servez-vous en pour faire dessiner
la courbe par un ordinateur.

37. Lorsque deux objets se déplacent sur deux courbes différentes
de l'espace, il est souvent important de savoir s'ils vont entrer
en collision. (Un missile va-t-il atteindre sa cible ? Deux avions vont-ils se rencontrer ?) Il se peut que les courbes se croi-
sent, mais ce que nous avons besoin de savoir, c'est si les
objets sont au même endroit *au même moment*. On suppose
que les trajectoires des deux objets sont données par les équations vectorielles
$$\vec{r}_1(t) = (t^2,\ 7t - 12,\ t^2) \quad \vec{r}_2(t) = (4t - 3,\ t^2,\ 5t - 6)$$
pour $t \geqslant 0$. Les objets vont-ils se toucher ?

38. Deux points matériels se déplacent sur les courbes de l'espace
$$\vec{r}_1(t) = (t,\ t^2,\ t^3) \qquad \vec{r}_2(t) = (1 + 2t,\ 1 + 6t,\ 1 + 14t).$$
Est-ce qu'ils entrent en collision ? Est-ce que leurs trajectoi-
res se coupent ?

39. On suppose que $\vec{u}$ et $\vec{v}$ sont des fonctions vectorielles qui
possèdent une limite quand $t \to a$ et que c est une constante.
Démontrez les propriétés suivantes des limites.

a) $\displaystyle\lim_{t \to a} [\vec{u}(t) + \vec{v}(t)] = \lim_{t \to a} \vec{u}(t) + \lim_{t \to a} \vec{v}(t)$

b) $\displaystyle\lim_{t \to a} c\vec{u}(t) = c \lim_{t \to a} \vec{u}(t)$.

c) $\displaystyle\lim_{t \to a} [\vec{u}(t) \cdot \vec{v}(t)] = \lim_{t \to a} \vec{u}(t) \cdot \lim_{t \to a} \vec{v}(t)$

d) $\displaystyle\lim_{t \to a} [\vec{u}(t) \wedge \vec{v}(t)] = \lim_{t \to a} \vec{u}(t) \wedge \lim_{t \to a} \vec{v}(t)$

40. La vue du nœud de trèfle qu'offre la figure 8 est précise mais ne révèle pas tout. Utilisez les équations paramétriques

$$x = (2 + \cos 1{,}5t) \cos t \qquad y = (2 + \cos 1{,}5t) \sin t$$

$$z = \sin 1{,}5t$$

pour dessiner à la main une vue d'en haut, en interrompant le trait afin de marquer les endroits où la courbe se recoupe elle-même. Commencez par montrer que la projection de la courbe sur le plan Oxy admet la description polaire $r = 2 + \cos 1{,}5t$ et $\theta = t$, de sorte que r varie entre 1 et 3. Montrez ensuite que z atteint son maximum et son minimum quand la projection est à mi-chemin entre $r = 1$ et $r = 3$.

Lorsque vous avez fini votre croquis, demandez à un ordinateur de dessiner la courbe vue d'en haut et comparez avec votre dessin. Demandez encore à l'ordinateur de la montrer sous divers angles de vue. Vous aurez une meilleure impression de la courbe si vous la placez dans un tube de rayon 0,2 (Commande `tubeplot` de Maple).

10.2 Les dérivées et les intégrales des fonctions vectorielles

Plus loin dans ce chapitre, les fonctions vectorielles serviront à décrire le mouvement des planètes et d'autres objets dans l'espace. En préparation à cela, nous développons le calcul différentiel et intégral des fonctions vectorielles.

■■ Les dérivées

La **dérivée** $\vec{r}\,'$ d'une fonction vectorielle $\vec{r}$ est définie de façon fort semblable à la dérivée des fonctions réelles :

$$\boxed{1} \qquad \boxed{\frac{d\vec{r}}{dt} = \vec{r}\,'(t) = \lim_{h \to 0} \frac{\vec{r}(t+h) - \vec{r}(t)}{h}}$$

si cette limite existe. La figure 1 montre l'interprétation géométrique de cette définition. Si les vecteurs positions $\vec{r}(t)$ et $\vec{r}(t+h)$ ont comme extrémité respectivement les points P et Q, alors le vecteur $\overrightarrow{PQ}$ représente le vecteur $\vec{r}(t+h) - \vec{r}(t)$, qui peut être vu comme un vecteur sécant. Si $h > 0$, le multiple scalaire $(1/h)(\vec{r}(t+h) - \vec{r}(t))$ est de même direction et de même sens que $\vec{r}(t+h) - \vec{r}(t)$. Lorsque $h \to 0$, il semble que ce vecteur tende vers un vecteur porté par la droite tangente. Pour cette raison, le vecteur $\vec{r}\,'(t)$ est appelé le **vecteur tangent** à la courbe définie par $\vec{r}(t)$ au point P, à condition que $\vec{r}\,'(t)$ existe et $\vec{r}\,'(t) \neq \vec{0}$. La **droite tangente** à C en P est définie comme la droite qui passe par P et parallèle au vecteur tangent $\vec{r}\,'(t)$. Nous aurons aussi besoin à l'occasion d'envisager le **vecteur tangent unitaire**, défini par

$$\vec{T}(t) = \frac{\vec{r}\,'(t)}{\|\vec{r}\,'(t)\|}.$$

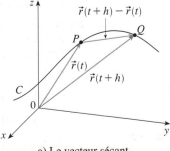

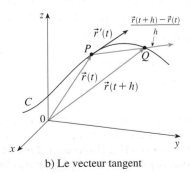

FIGURE 1   a) Le vecteur sécant   b) Le vecteur tangent

Le théorème suivant nous fournit un moyen très commode de calculer la dérivée d'une fonction vectorielle : dériver tout simplement une à une les composantes de $\vec{r}$.

---

2 **Théorème** Si $\vec{r}(t) = (f(t), g(t), h(t)) = f(t)\vec{i} + g(t)\vec{j} + h(t)\vec{k}$, où f, g et h sont des fonctions dérivables, alors

$$\vec{r}'(t) = (f'(t), g'(t), h'(t)) = f'(t)\vec{i} + g'(t)\vec{j} + h'(t)\vec{k}.$$

Démonstration

$$\vec{r}'(t) = \lim_{\Delta t \to 0} \frac{1}{\Delta t}[\vec{r}(t + \Delta t) - \vec{r}(t)]$$

$$= \lim_{\Delta t \to 0} \frac{1}{\Delta t}[(f(t + \Delta t), g(t + \Delta t), h(t + \Delta t)) - (f(t), g(t), h(t))]$$

$$= \lim_{\Delta t \to 0} \left(\frac{f(t + \Delta t) - f(t)}{\Delta t}, \frac{g(t + \Delta t) - g(t)}{\Delta t}, \frac{h(t + \Delta t) - h(t)}{\Delta t}\right)$$

$$= \left(\lim_{\Delta t \to 0} \frac{f(t + \Delta t) - f(t)}{\Delta t}, \lim_{\Delta t \to 0} \frac{g(t + \Delta t) - g(t)}{\Delta t}, \lim_{\Delta t \to 0} \frac{h(t + \Delta t) - h(t)}{\Delta t}\right)$$

$$= (f'(t), g'(t), h'(t)). \quad \blacksquare\blacksquare$$

EXEMPLE 1
a) Calculez la dérivée de $\vec{r}(t) = (1 + t^3)\vec{i} + te^{-t}\vec{j} + \sin 2t\,\vec{k}$.
b) Déterminez le vecteur tangent unitaire au point correspondant à $t = 0$.

SOLUTION
a) Conformément au théorème 2, on dérive chaque composante de $\vec{r}$:

$$\vec{r}'(t) = 3t^2\,\vec{i} + (1 - t)e^{-t}\vec{j} + 2\cos 2t\,\vec{k}.$$

b) Comme $\vec{r}(0) = \vec{i}$ et $\vec{r}'(0) = \vec{j} + 2\vec{k}$, le vecteur tangent unitaire au point $(1, 0, 0)$ est

$$\vec{T}(0) = \frac{\vec{r}'(0)}{\|\vec{r}'(0)\|} = \frac{\vec{j} + 2\vec{k}}{\sqrt{1 + 4}} = \frac{1}{\sqrt{5}}\vec{j} + \frac{2}{\sqrt{5}}\vec{k}. \quad \blacksquare\blacksquare$$

EXEMPLE 2 Pour la courbe $\vec{r}(t) = \sqrt{t}\,\vec{i} + (2 - t)\vec{j}$, calculez $\vec{r}'(t)$ et dessinez le vecteur position $\vec{r}(1)$ et le vecteur tangent $\vec{r}'(1)$.

SOLUTION On a

$$\vec{r}'(t) = \frac{1}{2\sqrt{t}}\vec{i} - \vec{j} \qquad \text{et} \qquad \vec{r}'(1) = \frac{1}{2}\vec{i} - \vec{j}.$$

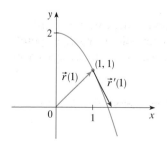

FIGURE 2

Il s'agit d'une courbe plane et l'élimination du paramètre des équations $x = \sqrt{t}$ et $y = 2 - t$ conduit à $y = 2 - x^2$, $x \geq 0$. Dans la figure 2, on a tracé le vecteur position $\vec{r}(1) = \vec{i} + \vec{j}$ avec son point initial à l'origine et le vecteur tangent $\vec{r}'(1)$ avec son point initial au point $(1, 1)$ de la courbe. $\quad \blacksquare\blacksquare$

EXEMPLE 3 Cherchez des équations paramétriques de la droite tangente à l'hélice d'équations paramétriques

$$x = 2\cos t \qquad y = \sin t \qquad z = t$$

au point $(0, 1, \pi/2)$.

SOLUTION L'équation vectorielle de l'hélice est $\vec{r}(t) = (2\cos t, \sin t, t)$ et la dérivée

$$\vec{r}'(t) = (-2\sin t, \cos t, 1).$$

Comme le point $(0, 1, \pi/2)$ est l'image de $t = \pi/2$, le vecteur tangent en ce point est $\vec{r}'(\pi/2) = (-2, 0, 1)$. La tangente demandée est la droite qui passe par $(0, 1, \pi/2)$ et parallèle au vecteur $(-2, 0, 1)$. Des équations paramétriques sont, suivant les équations 9.5.2,

$$x = -2t \qquad y = 1 \qquad z = \frac{\pi}{2} + t.$$

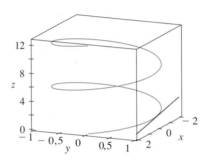

■ ■ L'hélice et la tangente de l'exemple 3 sont exposées dans la figure 3.

FIGURE 3

■ ■ Nous verrons dans la section 10.4 l'interprétation de $\vec{r}'(t)$ et $\vec{r}''(t)$ comme vecteur vitesse et vecteur accélération d'une particule en mouvement dans l'espace selon le vecteur position $\vec{r}(t)$ au temps t.

Tout comme pour les fonctions réelles, la **dérivée seconde** d'une fonction vectorielle $\vec{r}$ est la dérivée de $\vec{r}'$, c'est-à-dire $\vec{r}'' = (\vec{r}')'$. Par exemple, la dérivée seconde de la fonction de l'exemple 3 est

$$\vec{r}''(t) = (-2\cos t, -\sin t, 0).$$

On dit qu'une courbe donnée par une fonction vectorielle $\vec{r}(t)$ sur un intervalle I est **lisse**[1] si $\vec{r}'$ est continue et si $\vec{r}'(t) \neq \vec{0}$ (sauf peut-être en l'une ou l'autre des extrémités de I). Par exemple, l'hélice de l'exemple 3 est lisse parce que $\vec{r}'(t)$ n'est jamais le vecteur nul.

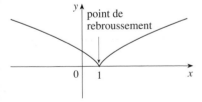

EXEMPLE 4 Est-ce que la parabole semi-cubique $\vec{r}(t) = (1 + t^3, t^2)$ est lisse ?

SOLUTION Comme

$$\vec{r}'(t) = (3t^2, 2t),$$

$\vec{r}'(0) = (0, 0) = \vec{0}$. La courbe n'est donc pas lisse. Le point image de $t = 0$ est $(1, 0)$, point en lequel la courbe de la figure 4 montre un coin pointu, appelé un **point de rebroussement.** Dès qu'une courbe présente ce comportement — un brusque changement de direction — elle n'est pas lisse.

FIGURE 4
La courbe $\vec{r}(t) = (1 + t^3, t^2)$
n'est pas lisse.

La parabole semi-cubique ou tout autre courbe faite d'un nombre fini de morceaux lisses est dite **lisse par morceaux**.

---

[1] NdT : au sens de sans à coups. Ce terme, issu directement de l'anglais *smooth*, plus suggestif graphiquement, remplace de classe C^1.

▛ Les règles de dérivation

Le théorème suivant montre que les formules de dérivation des fonctions à valeurs réelles ont leurs équivalents pour les fonctions à valeurs vectorielles.

---

3 **Théorème** On suppose que $\vec{u}$ et $\vec{v}$ sont des fonctions vectorielles dérivables, que c est un scalaire et que f est une fonction réelle. Alors

1. $\dfrac{d}{dt}[\vec{u}(t) + \vec{v}(t)] = \vec{u}\,'(t) + \vec{v}\,'(t)$

2. $\dfrac{d}{dt}[c\vec{u}(t)] = c\vec{u}\,'(t)$

3. $\dfrac{d}{dt}[f(t)\vec{u}(t)] = f'(t)\vec{u}(t) + f(t)\vec{u}\,'(t)$

4. $\dfrac{d}{dt}[\vec{u}(t) \cdot \vec{v}(t)] = \vec{u}\,'(t) \cdot \vec{v}(t) + \vec{u}(t) \cdot \vec{v}\,'(t)$

5. $\dfrac{d}{dt}[\vec{u}(t) \wedge \vec{v}(t)] = \vec{u}\,'(t) \wedge \vec{v}(t) + \vec{u}(t) \wedge \vec{v}\,'(t)$

6. $\dfrac{d}{dt}[\vec{u}(f(t))] = f'(t)\vec{u}\,'(f(t))$ (Règle de dérivation des fonctions composées)

La démonstration de ces formules repose soit sur la définition 1, soit sur le théorème 2 associé aux formules de dérivation des fonctions réelles. Voici la démonstration de la formule 4, celles des autres formules sont laissées en exercices.

Démonstration de la formule 4 Soit

$$\vec{u}(t) = (f_1(t), f_2(t), f_3(t)) \qquad \vec{v}(t) = (g_1(t), g_2(t), g_3(t)).$$

Alors, $\quad \vec{u}(t) \cdot \vec{v}(t) = f_1(t)g_1(t) + f_2(t)g_2(t) + f_3(t)g_3(t) = \displaystyle\sum_{i=1}^{3}[f_i(t)g_i(t)],$

et la règle ordinaire de dérivation du produit conduit à

$$\frac{d}{dt}[\vec{u}(t) \cdot \vec{v}(t)] = \frac{d}{dt}\sum_{i=1}^{3}[f_i(t)g_i(t)] = \sum_{i=1}^{3}\frac{d}{dt}[f_i(t)g_i(t)]$$

$$= \sum_{i=1}^{3}[f_i'(t)g_i(t) + f_i(t)g_i'(t)]$$

$$= \sum_{i=1}^{3}f_i'(t)g_i(t) + \sum_{i=1}^{3}f_i(t)g_i'(t)$$

$$= \vec{u}\,'(t) \cdot \vec{v}(t) + \vec{u}(t) \cdot \vec{v}\,'(t). \qquad ■ ■$$

EXEMPLE 5 Démontrez que si $\|\vec{r}(t)\| = c$ (une constante), alors $\vec{r}\,'(t)$ est orthogonal à $\vec{r}(t)$ quel que soit t.

SOLUTION Comme

$$\vec{r}(t) \cdot \vec{r}(t) = \|\vec{r}(t)\|^2 = c^2,$$

et que c^2 est une constante, la formule 4 du théorème 3 conduit à

$$0 = \frac{d}{dt}[\vec{r}(t) \cdot \vec{r}(t)] = \vec{r}\,'(t) \cdot \vec{r}(t) + \vec{r}(t) \cdot \vec{r}\,'(t) = 2\vec{r}\,'(t) \cdot \vec{r}(t).$$

Or, $\vec{r}\,'(t) \cdot \vec{r}(t) = 0$ revient à dire que $\vec{r}\,'(t)$ est orthogonal à $\vec{r}(t)$.

Géométriquement, ce résultat affirme que si une courbe appartient à la surface d'une sphère, le vecteur tangent $\vec{r}\,'(t)$ est toujours perpendiculaire au vecteur position $\vec{r}(t)$. ■ ■

■■ Les intégrales

L'**intégrale définie** d'une fonction vectorielle continue est pour beaucoup définie comme l'intégrale définie d'une fonction réelle, à part qu'elle est un vecteur. C'est pourquoi il est possible d'exprimer l'intégrale de $\vec{r}$ en fonction des intégrales de ses fonctions composantes f, g et h. (Les notations sont les mêmes qu'au chapitre 5.)

$$\int_a^b \vec{r}(t)\,dt = \lim_{n \to \infty} \sum_{i=1}^n \vec{r}(t_i^*)\,\Delta t$$

$$= \lim_{n \to \infty} \left[\left(\sum_{i=1}^n f(t_i^*)\,\Delta t \right)\vec{i} + \left(\sum_{i=1}^n g(t_i^*)\,\Delta t \right)\vec{j} + \left(\sum_{i=1}^n h(t_i^*)\,\Delta t \right)\vec{k} \right]$$

et, de là,

$$\boxed{\int_a^b \vec{r}(t)\,dt = \left(\int_a^b f(t)\,dt \right)\vec{i} + \left(\int_a^b g(t)\,dt \right)\vec{j} + \left(\int_a^b h(t)\,dt \right)\vec{k}.}$$

Pour calculer l'intégrale d'une fonction vectorielle, il suffit donc d'intégrer chacune des fonctions composantes.

Le Théorème fondamental du calcul intégral s'étend aux fonctions vectorielles continues comme ceci :

$$\int_a^b \vec{r}(t)\,dt = \vec{R}(t) \Big]_a^b = \vec{R}(b) - \vec{R}(a),$$

où $\vec{R}$ est une primitive de $\vec{r}$, c'est-à-dire que $\vec{R}\,'(t) = \vec{r}(t)$. La notation $\int \vec{r}(t)\,dt$ est attribuée aux intégrales indéfinies (primitives).

EXEMPLE 6 Si $\vec{r}(t) = 2\cos t\,\vec{i} + \sin t\,\vec{j} + 2t\,\vec{k}$, alors

$$\int \vec{r}(t)\,dt = \left(\int 2\cos t\,dt \right)\vec{i} + \left(\int \sin t\,dt \right)\vec{j} + \left(\int 2t\,dt \right)\vec{k}$$

$$= 2\sin t\,\vec{i} - \cos t\,\vec{j} + t^2\,\vec{k} + \vec{C},$$

où $\vec{C}$ est un vecteur constant d'intégration, et

$$\int_0^{\pi/2} \vec{r}(t)\,dt = [\,2\sin t\,\vec{i} - \cos t\,\vec{j} + t^2\,\vec{k}\,]_0^{\pi/2} = 2\vec{i} + \vec{j} + \frac{\pi^2}{4}\,\vec{k}.$$

■ ■

10.2 Exercices

1. La figure montre la courbe C représentative d'une fonction vectorielle $\vec{r}(t)$.

a) Représentez les vecteurs $\vec{r}(4,5) - \vec{r}(4)$ et $\vec{r}(4,2) - \vec{r}(4)$;

b) Représentez les vecteurs

$$\frac{\vec{r}(4,5) - \vec{r}(4)}{0,5} \quad \text{et} \quad \frac{\vec{r}(4,2) - \vec{r}(4)}{0,2}.$$

c) Écrivez des expressions pour $\vec{r}\,'(4)$ et pour le vecteur tangent unitaire $\vec{T}(4)$.

d) Représentez le vecteur $\vec{T}(4)$.

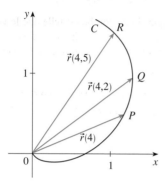

2. a) Faites un grand dessin de la courbe décrite par l'équation vectorielle $\vec{r}(t) = (t^2, t)$, $0 \leqslant t \leqslant 2$ et tracez les vecteurs $\vec{r}(1)$, $\vec{r}(1,1)$ et $\vec{r}(1,1) - \vec{r}(1)$.

b) Tracez le vecteur $\vec{r}\,'(1)$ en partant du point $(1, 1)$ et comparez-le avec le vecteur

$$\frac{\vec{r}(1,1) - \vec{r}(1)}{0,1}.$$

Expliquez pourquoi ces vecteurs sont si proches l'un de l'autre en longueur, en direction et en sens.

3–8 ■

a) Dessinez la courbe plane d'équation vectorielle donnée.

b) Calculez $\vec{r}\,'(t)$.

c) Dessinez le vecteur position $\vec{r}(t)$ et le vecteur tangent $\vec{r}\,'(t)$ pour la valeur de t indiquée.

3. $\vec{r}(t) = (t - 2, t^2 + 1)$, $t = -1$

4. $\vec{r}(t) = (1 + t, \sqrt{t})$, $t = 1$

5. $\vec{r}(t) = \sin t\,\vec{i} + 2\cos t\,\vec{j}$, $t = \pi/4$

6. $\vec{r}(t) = e^t\,\vec{i} + e^{-t}\,\vec{j}$, $t = 0$

7. $\vec{r}(t) = e^t\,\vec{i} + e^{3t}\,\vec{j}$, $t = 0$

8. $\vec{r}(t) = (1 + \cos t)\,\vec{i} + (2 + \sin t)\,\vec{j}$, $t = \pi/6$

9–14 ■ Calculez la dérivée de la fonction vectorielle.

9. $\vec{r}(t) = (t^2, 1 - t, \sqrt{t})$

10. $\vec{r}(t) = (\cos 3t, t, \sin 3t)$

11. $\vec{r}(t) = e^{t^2}\,\vec{i} - \vec{j} + \ln(1 + 3t)\,\vec{k}$

12. $\vec{r}(t) = at\cos 3t\,\vec{i} + b\sin^3 t\,\vec{j} + c\cos^3 t\,\vec{k}$

13. $\vec{r}(t) = \vec{a} + t\vec{b} + t^2\vec{c}$

14. $\vec{r}(t) = t\,\vec{a} \wedge (\vec{b} + t\vec{c})$

15–16 ■ Déterminez le vecteur tangent unitaire $\vec{T}(t)$ au point correspondant à la valeur indiquée du paramètre t.

15. $\vec{r}(t) = \cos t\,\vec{i} + 3t\,\vec{j} + 2\sin 2t\,\vec{k}$, $t = 0$

16. $\vec{r}(t) = 2\sin t\,\vec{i} + 2\cos t\,\vec{j} + \text{tg}\,t\,\vec{k}$, $t = \pi/4$

17. Déterminez $\vec{r}\,'(t)$, $\vec{T}(1)$, $\vec{r}\,''(t)$ et $\vec{r}\,'(t) \wedge \vec{r}\,''(t)$ pour $\vec{r}(t) = (t, t^2, t^3)$.

18. Déterminez $\vec{T}(0)$, $\vec{r}\,''(0)$ et $\vec{r}\,'(t) \cdot \vec{r}\,''(t)$ pour $\vec{r}(t) = (e^{2t}, e^{-2t}, te^{2t})$.

19–22 ■ Écrivez des équations paramétriques de la droite tangente à la courbe d'équations paramétriques donnée au point spécifié.

19. $x = t^5$, $y = t^4$, $z = t^3$; $(1, 1, 1)$

20. $x = t^2 - 1$, $y = t^2 + 1$, $z = t + 1$; $(-1, 1, 1)$

21. $x = e^{-t}\cos t$, $y = e^{-t}\sin t$, $z = e^{-t}$; $(1, 0, 1)$

22. $x = \ln t$, $y = 2\sqrt{t}$, $z = t^2$; $(0, 2, 1)$

23–24 ■ Écrivez des équations paramétriques de la droite tangente à la courbe d'équations paramétriques données au point spécifié. Illustrez en dessinant la courbe et sa tangente dans la même fenêtre.

23. $x = t$, $y = e^{-t}$, $z = 2t - t^2$; $(0, 1, 0)$

24. $x = 2\cos t$, $y = 2\sin t$, $z = 4\cos 2t$; $(\sqrt{3}, 1, 2)$

25. Vérifiez si la courbe est lisse.

a) $\vec{r}(t) = (t^3, t^4, t^5)$ b) $\vec{r}(t) = (t^3 + t, t^4, t^5)$

c) $\vec{r}(t) = (\cos^3 t, \sin^3 t)$

26. a) En quel point les tangentes à la courbe $\vec{r}(t) = (\sin \pi t, 2\sin \pi t, \cos \pi t)$ aux points images de $t = 0$ et $t = 0,5$ se coupent-elles ?

b) Éclairez la situation par un dessin de la courbe et des deux tangentes.

27. Les courbes $\vec{r}_1(t) = (t, t^2, t^3)$ et $\vec{r}_2(t) = (\sin t, \sin 2t, t)$ se coupent à l'origine. Sous quel angle (au degré le plus proche) ?

28. En quel point les courbes $\vec{r}_1(t) = (t, 1 - t, 3 + t^2)$ et $\vec{r}_2(s) = (3 - s, s - 2, s^2)$ se coupent-elles ? Sous quel angle (au degré le plus proche) ?

29–34 ■ Calculez l'intégrale.

29. $\displaystyle\int_0^1 (16t^3\,\vec{i} - 9t^2\,\vec{j} + 25t^4\,\vec{k})\,dt$

30. $\displaystyle\int_0^1 \left(\frac{4}{1 + t^2}\,\vec{j} + \frac{2t}{1 + t^2}\,\vec{k} \right) dt$

31. $\int_{0}^{\pi/2} (3 \sin^2 t \cos t \, \vec{i} + 3 \sin t \cos^2 t \, \vec{j} + 2 \sin t \cos t \, \vec{k}) \, dt$

32. $\int_{1}^{2} (t^2 \vec{i} + t\sqrt{t-1} \, \vec{j} + t \sin \pi t \, \vec{k}) \, dt$

33. $\int (e^t \vec{i} + 2t \, \vec{j} + \ln t \, \vec{k}) \, dt$

34. $\int (\cos \pi t \, \vec{i} + \sin \pi t \, \vec{j} + t \, \vec{k}) \, dt$

. . . .

35. Déterminez $\vec{r}(t)$ si $\vec{r}\,'(t) = 2t \, \vec{i} + 3t^2 \, \vec{j} + \sqrt{t} \, \vec{k}$ et $\vec{r}(1) = \vec{i} + \vec{j}$.

36. Déterminez $\vec{r}(t)$ si $\vec{r}\,'(t) = t \, \vec{i} + e^t \, \vec{j} + te^t \, \vec{k}$ et $\vec{r}(0) = \vec{i} + \vec{j} + \vec{k}$.

37. Démontrez la formule 1 du théorème 3.

38. Démontrez la formule 3 du théorème 3.

39. Démontrez la formule 5 du théorème 3.

40. Démontrez la formule 6 du théorème 3.

41. Calculez $\dfrac{d}{dt}[\vec{u}(t) \cdot \vec{v}(t)]$, si $\vec{u}(t) = \vec{i} - 2t^2 \, \vec{j} + 3t^3 \, \vec{k}$ et $\vec{v}(t) = t \, \vec{i} + \cos t \, \vec{j} + \sin t \, \vec{k}$.

42. Calculez $\dfrac{d}{dt}[\vec{u}(t) \wedge \vec{v}(t)]$, si $\vec{u}$ et $\vec{v}$ sont les fonctions vectorielles de l'exercice 41.

43. Montrez que si $\vec{r}(t)$ est une fonction vectorielle telle que $\vec{r}\,''$ existe, alors
$$\frac{d}{dt}[\vec{r}(t) \wedge \vec{r}\,'(t)] = \vec{r}(t) \wedge \vec{r}\,''(t).$$

44. Trouvez une expression de $\dfrac{d}{dt}[\vec{u}(t) \cdot (\vec{v}(t) \wedge \vec{w}(t))]$.

45. Si $\vec{r}(t) \neq \vec{0}$, montrez que $\dfrac{d}{dt}\|\vec{r}(t)\| = \dfrac{1}{\|\vec{r}(t)\|}\vec{r}(t) \cdot \vec{r}\,'(t)$.
[*Suggestion :* $\|\vec{r}(t)\|^2 = \vec{r}(t) \cdot \vec{r}(t)$]

46. Démontrez que si une courbe est telle que le vecteur position $\vec{r}(t)$ est toujours perpendiculaire au vecteur tangent $\vec{r}\,'(t)$, alors elle se trouve à la surface d'une sphère centrée à l'origine.

47. Démontrez que
$$\vec{u}\,'(t) = \vec{r}(t) \cdot [\vec{r}\,'(t) \wedge \vec{r}\,'''(t)]$$
si $\vec{u}(t) = \vec{r}(t) \cdot [\vec{r}\,'(t) \wedge \vec{r}\,''(t)]$.

10.3 | La longueur d'un arc et la courbure

Dans la section 6.3, la longueur d'un arc de courbe plane d'équations paramétriques $x = f(t)$, $y = g(t)$, $a \leqslant t \leqslant b$ a été définie comme la limite des longueurs des polygones inscrits à cet arc et, dans le cas où f' et g' étaient continues, cette longueur était calculée par la formule

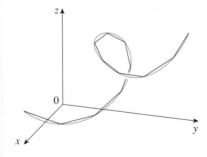

FIGURE 1
La longueur d'une courbe de l'espace est la limite des longueurs des polygones inscrits.

$$\boxed{1} \qquad L = \int_{a}^{b} \sqrt{[f'(t)]^2 + [g'(t)]^2} \, dt = \int_{a}^{b} \sqrt{\left(\frac{dx}{dt}\right)^2 + \left(\frac{dy}{dt}\right)^2} \, dt.$$

La longueur d'une courbe de l'espace est définie exactement de la même manière (voyez la figure 1). On suppose que la courbe représente l'équation vectorielle $\vec{r}(t) = (f(t), g(t), h(t))$, $a \leqslant t \leqslant b$, ou, de façon équivalente, les équations paramétriques $x = f(t)$, $y = g(t)$, $z = h(t)$, où f', g' et h' sont continues. À condition d'avoir affaire à une courbe parcourue exactement une fois lorsque t va de a à b, on peut démontrer que sa longueur est donnée par la formule

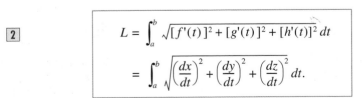

$$\boxed{2} \qquad L = \int_{a}^{b} \sqrt{[f'(t)]^2 + [g'(t)]^2 + [h'(t)]^2} \, dt$$
$$= \int_{a}^{b} \sqrt{\left(\frac{dx}{dt}\right)^2 + \left(\frac{dy}{dt}\right)^2 + \left(\frac{dz}{dt}\right)^2} \, dt.$$

Il est à noter que les deux formules de longueur d'arc (1) et (2) peuvent être écrites sous l'unique forme plus compacte que voici

$$\boxed{3} \qquad L = \int_{a}^{b} \|\vec{r}\,'(t)\| \, dt$$

parce que, pour les courbes planes $\vec{r}(t) = f(t)\vec{i} + g(t)\vec{j}$,

$$\|\vec{r}\,'(t)\| = \|f'(t)\vec{i} + g'(t)\vec{j}\| = \sqrt{[f'(t)]^2 + [g'(t)]^2}$$

et pour les courbes de l'espace $\vec{r}(t) = f(t)\vec{i} + g(t)\vec{j} + h(t)\vec{k}$,

$$\|\vec{r}\,'(t)\| = \|f'(t)\vec{i} + g'(t)\vec{j} + h'(t)\vec{k}\| = \sqrt{[f'(t)]^2 + [g'(t)]^2 + [h'(t)]^2}.$$

EXEMPLE 1 Calculez la longueur d'un arc d'hélice circulaire d'équation vectorielle $\vec{r}(t) = \cos t\,\vec{i} + \sin t\,\vec{j} + t\,\vec{k}$ compris entre les points $(1, 0, 0)$ et $(1, 0, 2\pi)$.

SOLUTION
Comme $\vec{r}\,'(t) = -\sin t\,\vec{i} + \cos t\,\vec{j} + \vec{k}$, on a

$$\|\vec{r}\,'(t)\| = \sqrt{(-\sin t)^2 + \cos^2 t + 1} = \sqrt{2}.$$

L'arc compris entre $(1, 0, 0)$ et $(1, 0, 2\pi)$ est parcouru lorsque le paramètre passe par toutes les valeurs de l'intervalle $[0, 2\pi]$. D'où la formule 3 donne

$$L = \int_0^{2\pi} \|\vec{r}\,'(t)\|\, dt = \int_0^{2\pi} \sqrt{2}\, dt = 2\sqrt{2}\,\pi.$$

Une même courbe C admet plus d'une fonction vectorielle pour la représenter. Par exemple, la cubique gauche

$$\boxed{4} \qquad\qquad \vec{r}_1(t) = (t, t^2, t^3) \qquad 1 \leqslant t \leqslant 2$$

peut aussi être représentée par la fonction

$$\boxed{5} \qquad\qquad \vec{r}_2(u) = (e^u, e^{2u}, e^{3u}) \qquad 0 \leqslant u \leqslant \ln 2,$$

où la relation entre les paramètres t et u est de façon évidente $t = e^u$. On dit que les équations 4 et 5 sont des **paramétrisations** de la courbe C. La longueur de C calculée par la formule 3 doit être la même, qu'on y introduise les équations 4 ou 5. De façon générale, il est démontré que le résultat de la formule 3 qui calcule la longueur d'une courbe quelconque lisse par morceaux ne dépend pas de la paramétrisation envisagée.

On suppose maintenant que C est une courbe lisse par morceaux représentée par la fonction vectorielle $\vec{r}(t) = f(t)\,\vec{i} + g(t)\,\vec{j} + h(t)\,\vec{k}$, $a \leqslant t \leqslant b$ et que C est parcourue exactement une fois lorsque t va de a à b. On appelle l'**abscisse curviligne** s la fonction

$$\boxed{6} \qquad s(t) = \int_a^t \|\vec{r}\,'(u)\|\, du = \int_a^t \sqrt{\left(\frac{dx}{du}\right)^2 + \left(\frac{dy}{du}\right)^2 + \left(\frac{dz}{du}\right)^2}\, du.$$

Ainsi, $s(t)$ vaut la longueur de l'arc d'extrémités $\vec{r}(a)$ et $\vec{r}(t)$ (voyez la figure 3). En dérivant les deux membres de l'équation 6 et en appliquant la première partie du Théorème fondamental du calcul intégral, on obtient

$$\boxed{7} \qquad\qquad\qquad \frac{ds}{dt} = \|\vec{r}\,'(t)\|.$$

Il est souvent intéressant de choisir l'abscisse curviligne comme paramétrisation d'une courbe parce qu'ainsi la longueur d'un arc découle naturellement de la forme de la courbe et ne dépend pas d'un système de coordonnées particulier. Une courbe $\vec{r}(t)$ étant déjà donnée en termes d'un paramètre t, et si $s(t)$ est la fonction abscisse curviligne définie par l'équation 6, on peut exprimer t en fonction de s : $t = t(s)$. La courbe est ensuite paramétrisée en s en y substituant dans la paramétrisation en t, l'expression de t en fonction de s. De cette façon, la courbe est désormais paramétrisée

■ ■ La figure 2 montre l'arc d'hélice dont la longueur est calculée dans l'exemple 1.

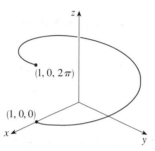

FIGURE 2

■ ■ Il a été question des courbes lisses par morceaux à la page 705.

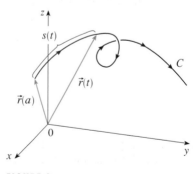

FIGURE 3

par rapport à s : $\vec{r} = \vec{r}(t(s))$. Par exemple, si $s = 3$, $\vec{r}(t(3))$ est le vecteur position du point situé à 3 unités, mesurées sur la courbe, du point de départ.

EXEMPLE 2 Reparamétrisez l'hélice $\vec{r}(t) = \cos t\,\vec{i} + \sin t\,\vec{j} + t\,\vec{k}$ par rapport à l'abscisse curviligne mesurée depuis le point $(1, 0, 0)$ et dans le sens des t croissants.

SOLUTION Le point $(1, 0, 0)$ est l'image de la valeur $t = 0$ du paramètre. Suite à l'exemple 1, on a

$$\frac{ds}{dt} = \|\vec{r}'(t)\| = \sqrt{2},$$

et de là
$$s = s(t) = \int_0^t \|\vec{r}'(u)\|\,du = \int_0^t \sqrt{2}\,du = \sqrt{2}\,t.$$

Par conséquent, $t = s/\sqrt{2}$ et la paramétrisation souhaitée est obtenue en substituant cette expression de t :

$$\vec{r}(t(s)) = \cos(s/\sqrt{2})\,\vec{i} + \sin(s/\sqrt{2})\,\vec{j} + (s/\sqrt{2})\,\vec{k}.$$

■ ■

▪▪ La courbure

Si C est une courbe lisse définie par la fonction vectorielle $\vec{r}$, alors $\vec{r}'(t) \neq \vec{0}$. Rappelez-vous que le vecteur tangent unitaire $\vec{T}(t)$ est donné par

$$\vec{T}(t) = \frac{\vec{r}'(t)}{\|\vec{r}'(t)\|},$$

et rend compte de la direction de la courbe. En lisant attentivement la figure 4, on peut observer que $\vec{T}(t)$ change très peu de direction là où la courbe est assez droite et très fortement là où la courbe s'infléchit ou se tord de façon plus aiguë.

La courbure de C en un point donné est une mesure de la vitesse à laquelle la courbe change de direction en ce point. Précisément, on la définit comme le taux de variation du vecteur tangent unitaire par rapport à l'abscisse curviligne. (On utilise l'abscisse curviligne de manière à ce que la courbure ne dépende pas de la paramétrisation.)

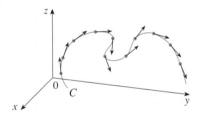

FIGURE 4
Les vecteurs tangents unitaires en des points équidistants sur C

> **8** **Définition** La **courbure** d'une courbe est
>
> $$\kappa = \left\|\frac{d\vec{T}}{ds}\right\|$$
>
> où $\vec{T}$ est le vecteur tangent unitaire.

Vu que la courbure est plus facile à calculer lorsqu'elle est exprimée par rapport au paramètre t plutôt que s, on fait appel à la règle de dérivation des fonctions composées (formule 6 du théorème 10.2.3) pour écrire

$$\frac{d\vec{T}}{dt} = \frac{d\vec{T}}{ds}\frac{ds}{dt} \qquad \text{et} \qquad \kappa = \left\|\frac{d\vec{T}}{ds}\right\| = \left\|\frac{d\vec{T}/dt}{ds/dt}\right\|.$$

Or, $ds/dt = \|\vec{r}'(t)\|$ selon l'équation 7. D'où

9
$$\kappa(t) = \frac{\|\vec{T}'(t)\|}{\|\vec{r}'(t)\|}$$

EXEMPLE 3 Montrez que la courbure d'un cercle de rayon a vaut $1/a$.

SOLUTION On peut centrer le cercle à l'origine de manière à ce qu'il ait comme représentation paramétrique

$$\vec{r}(t) = a\cos t\,\vec{i} + a\sin t\,\vec{j}.$$

De là, $\qquad \vec{r}'(t) = -a\sin t\,\vec{i} + a\cos t\,\vec{j} \qquad$ et $\qquad \|\vec{r}'(t)\| = a.$

Par conséquent, $\qquad \vec{T}(t) = \dfrac{\vec{r}'(t)}{\|\vec{r}'(t)\|} = -\sin t\,\vec{i} + \cos t\,\vec{j},$

et $\qquad\qquad\qquad\qquad \vec{T}'(t) = -\cos t\,\vec{i} - \sin t\,\vec{j}.$

Il s'ensuit $\|\vec{T}'(t)\| = 1$ et, suivant l'équation 9,

$$\kappa(t) = \frac{\|\vec{T}'(t)\|}{\|\vec{r}'(t)\|} = \frac{1}{a}.$$

Le résultat de l'exemple 3 confirme ce que l'intuition laisse prévoir, à savoir que la courbure des petits cercles est forte tandis que celle des grands cercles l'est moins. La définition même de la courbure montre que la courbure d'une droite vaut toujours 0 parce que le vecteur tangent est constant.

Même si la formule 9 permet de calculer la courbure dans tous les cas, il s'avère que la formule du théorème suivant est plus facile à mettre en œuvre.

---

10 **Théorème** La courbure d'une courbe d'équation vectorielle $\vec{r}$ est donnée par

$$\kappa(t) = \frac{\|\vec{r}'(t) \wedge \vec{r}''(t)\|}{\|\vec{r}'(t)\|^3}.$$

Démonstration Comme $\vec{T} = \vec{r}'/\|\vec{r}'\|$ et $\|\vec{r}'\| = ds/dt$, on a

$$\vec{r}' = \|\vec{r}'\|\vec{T} = \frac{ds}{dt}\vec{T}.$$

La dérivée de $\vec{r}'$ s'obtient en appliquant la règle de dérivation du produit (formule 3 du théorème 10.2.3) :

$$\vec{r}'' = \frac{d^2 s}{dt^2}\vec{T} + \frac{ds}{dt}\vec{T}'.$$

Vu que $\vec{T} \wedge \vec{T} = \vec{0}$ (voyez la section 9.4), on a encore

$$\vec{r}' \wedge \vec{r}'' = \left(\frac{ds}{dt}\right)^2 (\vec{T} \wedge \vec{T}').$$

Maintenant $\|\vec{T}(t)\| = 1$, quel que soit t, entraîne, selon l'exemple 5 de la section 10.2, que $\vec{T}$ et $\vec{T}'$ sont orthogonaux. Par conséquent, en appliquant la définition du produit vectoriel,

$$\|\vec{r}' \wedge \vec{r}''\| = \left(\frac{ds}{dt}\right)^2 \|\vec{T} \wedge \vec{T}'\| = \left(\frac{ds}{dt}\right)^2 \|\vec{T}\|\|\vec{T}'\| = \left(\frac{ds}{dt}\right)^2 \|\vec{T}'\|.$$

D'où
$$\|\vec{T}'\| = \frac{\|\vec{r}' \wedge \vec{r}''\|}{(ds/dt)^2} = \frac{\|\vec{r}' \wedge \vec{r}''\|}{\|\vec{r}'\|^2}$$

et finalement
$$\kappa = \frac{\|\vec{T}'\|}{\|\vec{r}'\|} = \frac{\|\vec{r}' \wedge \vec{r}''\|}{\|\vec{r}'\|^3}.$$

■ ■

EXEMPLE 4 Calculez la courbure de la cubique gauche $\vec{r}(t) = (t, t^2, t^3)$ en un point quelconque et à l'origine.

SOLUTION On commence par calculer les différents vecteurs nécessaires :

$$\vec{r}'(t) = (1, 2t, 3t^2) \qquad r''(t) = (0, 2, 6t)$$

$$\|\vec{r}'(t)\| = \sqrt{1 + 4t^2 + 9t^4}$$

$$\vec{r}'(t) \wedge \vec{r}''(t) = \begin{vmatrix} \vec{i} & \vec{j} & \vec{k} \\ 1 & 2t & 3t^2 \\ 0 & 2 & 6t \end{vmatrix} = 6t^2\vec{i} - 6t\vec{j} + 2\vec{k}$$

$$\|\vec{r}'(t) \wedge \vec{r}''(t)\| = \sqrt{36t^4 + 36t^2 + 4} = 2\sqrt{9t^4 + 9t^2 + 1}.$$

Reste à appliquer la formule du théorème 10 :

$$\kappa(t) = \frac{\|\vec{r}'(t) \wedge \vec{r}''(t)\|}{\|\vec{r}'(t)\|^3} = \frac{2\sqrt{1 + 9t^2 + 9t^4}}{(1 + 4t^2 + 9t^4)^{3/2}}$$

À l'origine, la courbure vaut $\kappa(0) = 2$.

■ ■

Dans le cas particulier d'une courbe plane d'équation $y = f(x)$, on peut choisir x comme paramètre et écrire $\vec{r}(x) = x\vec{i} + f(x)\vec{j}$. Alors $\vec{r}'(x) = \vec{i} + f'(x)\vec{j}$ et $\vec{r}''(x) = f''(x)\vec{j}$. Comme $\vec{i} \wedge \vec{j} = \vec{k}$ et $\vec{j} \wedge \vec{j} = \vec{0}$, on a $\vec{r}'(x) \wedge \vec{r}''(x) = f''(x)\vec{k}$. On a aussi $\|\vec{r}'(x)\| = \sqrt{1 + [f'(x)]^2}$. La formule du théorème 10 fournit maintenant

11
$$\kappa(x) = \frac{|f''(x)|}{[1 + (f'(x))^2]^{3/2}}$$

EXEMPLE 5 Calculez la courbure de la parabole $y = x^2$ aux points $(0, 0)$, $(1, 1)$ et $(2, 4)$.

SOLUTION Comme $y' = 2x$ et $y'' = 2$, la formule 11 donne immédiatement

$$\kappa(x) = \frac{|y''|}{[1 + (y')^2]^{3/2}} = \frac{2}{(1 + 4x^2)^{3/2}}.$$

En $(0, 0)$, la courbure vaut $\kappa(0) = 2$. En $(1, 1)$, elle vaut $\kappa(1) = 2/5^{3/2} \approx 0,18$. En $(2, 4)$, elle vaut $\kappa(2) = 2/17^{3/2} \approx 0,03$. Observez à l'expression de $\kappa(x)$ ou au graphique de κ dans la figure 5 que $\kappa(x) \to 0$ lorsque $x \to \pm\infty$. Cela correspond bien au fait que la parabole se raidit de plus en plus lorsque $x \to \pm\infty$.

■ ■

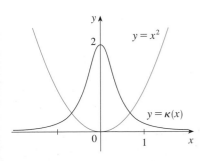

FIGURE 5
La parabole $y = x^2$ et sa fonction courbure.

◼◼ Les vecteurs normaux et binormaux

En un point donné d'une courbe lisse de l'espace $\vec{r}(t)$, il y a beaucoup de vecteurs qui sont orthogonaux au vecteur tangent unitaire $\vec{T}(t)$. L'un de ceux-ci est le vecteur $\vec{T}'(t)$; en effet, étant donné que $\|\vec{T}(t)\| = 1$ pour tout t, il résulte de l'exemple 5 dans la section 10.2 que $\vec{T}(t) \cdot \vec{T}'(t) = 0$. Il est à noter que le vecteur $\vec{T}'(t)$ lui-même n'est pas unitaire. Mais si $\vec{r}'$ est aussi lisse, on peut définir le **vecteur normal unitaire principal** $\vec{N}(t)$ (ou simplement **normal unitaire**) par

$$\vec{N}(t) = \frac{\vec{T}'(t)}{\|\vec{T}'(t)\|}.$$

Enfin, on appelle **vecteur binormal** le vecteur $\vec{B}(t) = \vec{T}(t) \wedge \vec{N}(t)$. Il est perpendiculaire à la fois à $\vec{T}$ et à $\vec{N}$ et est unitaire (voyez la figure 6).

EXEMPLE 6 Déterminez les vecteurs normaux et binormaux de l'hélice circulaire

$$\vec{r}(t) = \cos t\,\vec{i} + \sin t\,\vec{j} + t\,\vec{k}.$$

SOLUTION On calcule successivement les vecteurs nécessaires au calcul du vecteur normal unitaire :

$$\vec{r}'(t) = -\sin t\,\vec{i} + \cos t\,\vec{j} + \vec{k} \qquad \|\vec{r}'(t)\| = \sqrt{2}$$

$$\vec{T}(t) = \frac{\vec{r}'(t)}{\|\vec{r}'(t)\|} = \frac{1}{\sqrt{2}}(-\sin t\,\vec{i} + \cos t\,\vec{j} + \vec{k})$$

$$\vec{T}'(t) = \frac{1}{\sqrt{2}}(-\cos t\,\vec{i} - \sin t\,\vec{j}) \qquad \|\vec{T}'(t)\| = \frac{1}{\sqrt{2}}$$

$$\vec{N}(t) = \frac{\vec{T}'(t)}{\|\vec{T}'(t)\|} = -\cos t\,\vec{i} - \sin t\,\vec{j} = (-\cos t, -\sin t, 0).$$

Ceci montre que le vecteur normal en un point de l'hélice est horizontal et dirigé vers l'axe Oz. Le vecteur binormal est

$$\vec{B}(t) = \vec{T}(t) \wedge \vec{N}(t) = \frac{1}{\sqrt{2}} \begin{vmatrix} \vec{i} & \vec{j} & \vec{k} \\ -\sin t & \cos t & 1 \\ -\cos t & -\sin t & 0 \end{vmatrix} = \frac{1}{\sqrt{2}}(\sin t, -\cos t, 1).$$

Le plan déterminé par les vecteurs normal et binormal $\vec{N}$ et $\vec{B}$ en un point P d'une courbe C est appelé le plan **normal** de C en P. C'est tout simplement le plan de toutes les perpendiculaires au vecteur tangent $\vec{T}$. Le plan déterminé par les vecteurs $\vec{T}$ et $\vec{N}$ est appelé le **plan osculateur** de C en P. Ce terme est tiré du latin *osculum* qui signifie « baiser ». C'est le plan qui vient le plus près pour contenir la partie de la courbe proche de P. (Dans le cas d'une courbe plane, le plan osculateur est tout simplement le plan qui contient la courbe.)

Le cercle, contenu dans le plan osculateur de C en P, qui admet en P la même tangente que C, qui se trouve du côté concave de C (vers où $\vec{N}$ pointe) et dont le rayon est $\rho = 1/\kappa$ (l'inverse de la courbure) est appelé le **cercle osculateur** (ou **cercle de courbure**) de C en P. C'est le cercle qui décrit le mieux comment C se comporte au voisinage de P ; il partage avec C la tangente, la normale et la courbure en P.

◼◼ On peut penser au vecteur normal comme à celui qui, en chaque point, indique la direction dans laquelle la courbe tourne.

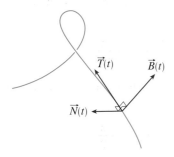

FIGURE 6

◼◼ La figure 7 présente les vecteurs $\vec{T}$, $\vec{N}$ et $\vec{B}$ calculés dans l'exemple 6, en deux endroits de l'hélice. En général, les vecteurs $\vec{T}$, $\vec{N}$ et $\vec{B}$, issus des différents points d'une courbe, forment un ensemble de vecteurs orthogonaux, appelé **trièdre de Frenet**, qui se déplace le long de la courbe lorsque t varie. Ce trièdre joue un rôle important dans un domaine des mathématiques appelé la géométrie différentielle et dans les applications de celui-ci au mouvement des vaisseaux spatiaux.

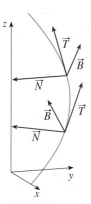

FIGURE 7

EXEMPLE 7 Déterminez les équations du plan normal et du plan osculateur de l'hélice de l'exemple 6 au point $P(0, 1, \pi/2)$.

SOLUTION Comme le plan normal en P est orthogonal au vecteur $\vec{r}\,'(\pi/2) = (-1, 0, 1)$, son équation s'écrit

$$-1(x - 0) + 0(y - 1) + 1\left(z - \frac{\pi}{2}\right) = 0 \qquad \text{or} \qquad z = x + \frac{\pi}{2}.$$

Le plan osculateur en P contient les vecteurs $\vec{T}$ et $\vec{N}$. Le vecteur $\vec{T} \wedge \vec{N} = \vec{B}$ lui est donc orthogonal. À la suite de l'exemple 6, on sait que

$$\vec{B}(t) = \frac{1}{\sqrt{2}}(\sin t, -\cos t, 1) \qquad \vec{B}\left(\frac{\pi}{2}\right) = \left(\frac{1}{\sqrt{2}}, 0, \frac{1}{\sqrt{2}}\right).$$

Le vecteur $(1, 0, 1)$, plus simple, est orthogonal au plan osculateur dont une équation est alors

$$1(x - 0) + 0(y - 1) + 1\left(z - \frac{\pi}{2}\right) = 0 \qquad \text{ou} \qquad z = -x + \frac{\pi}{2}.$$ ■ ■

EXEMPLE 8 Définissez et représentez le cercle osculateur de la parabole $y = x^2$ à l'origine.

SOLUTION Suite à l'exemple 5, la courbure de la parabole à l'origine vaut $\kappa(0) = 2$. Le rayon du cercle osculateur à l'origine est donc $1/\kappa = \frac{1}{2}$ et son centre $(0, \frac{1}{2})$. Son équation s'écrit

$$x^2 + \left(y - \frac{1}{2}\right)^2 = \frac{1}{4}.$$

Pour le dessiner dans la figure 9, on fait appel à ses équations paramétriques :

$$x = \frac{1}{2}\cos t \qquad y = \frac{1}{2} + \frac{1}{2}\sin t.$$ ■ ■

À titre récapitulatif, voici les formules des vecteurs tangent unitaire, normal unitaire et binormal ainsi que celle de la courbure.

$$\vec{T}(t) = \frac{\vec{r}\,'(t)}{\|\vec{r}\,'(t)\|} \qquad \vec{N}(t) = \frac{\vec{T}\,'(t)}{\|\vec{T}\,'(t)\|} \qquad \vec{B}(t) = \vec{T}(t) \wedge \vec{N}(t)$$

$$\kappa = \left\|\frac{d\vec{T}}{ds}\right\| = \frac{\|\vec{T}\,'(t)\|}{\|\vec{r}\,'(t)\|} = \frac{\|\vec{r}\,'(t) \wedge \vec{r}\,''(t)\|}{\|\vec{r}\,'(t)\|^3}$$

■ ■ La figure 8 montre l'hélice et le plan osculateur de l'exemple 7.

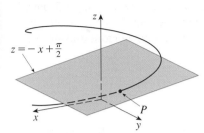

FIGURE 8

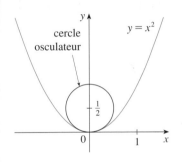

FIGURE 9

10.3 Exercices

1–4 ■ Calculez la longueur de l'arc de courbe décrit.

1. $\vec{r}(t) = (2\sin t, 5t, 2\cos t), \quad -10 \leqslant t \leqslant 10$

2. $\vec{r}(t) = (t^2, \sin t - t\cos t, \cos t + t\sin t), \quad 0 \leqslant t \leqslant \pi$

3. $\vec{r}(t) = \vec{i} + t^2\vec{j} + t^3\vec{k}, \quad 0 \leqslant t \leqslant 1$

4. $\vec{r}(t) = 12t\vec{i} + 8t^{3/2}\vec{j} + 3t^2\vec{k}, \quad 0 \leqslant t \leqslant 1$

5. À l'aide de la Règle de Simpson avec $n = 10$, estimez la longueur de l'arc de la cubique gauche $x = t$, $y = t^2$, $z = t^3$ depuis l'origine jusqu'au point $(2, 4, 8)$.

6. Faites dessiner par un ordinateur la courbe d'équations paramétriques $x = \cos t$, $y = \sin 3t$, $z = \sin t$. Calculez la longueur totale de cette courbe avec une précision de 4 décimales.

7–8 ■ Donnez de la courbe une description paramétrique en fonction de l'abscisse curviligne à partir du point image de $t = 0$ dans le sens des t croissants.

7. $\vec{r}(t) = 2t\vec{i} + (1 - 3t)\vec{j} + (5 + 4t)\vec{k}$

8. $\vec{r}(t) = e^{2t}\cos 2t\,\vec{i} + 2\vec{j} + e^{2t}\sin 2t\,\vec{k}$

9. Si vous partez du point $(0, 0, 3)$ et vous déplacez de 5 unités le long de la courbe $x = 3 \sin t$, $y = 4t$, $z = 3 \cos t$ dans la direction positive, où vous trouvez-vous ?

10. Donnez de la courbe

$$\vec{r}(t) = \left(\frac{2}{t^2 + 1} - 1 \right) \vec{i} + \frac{2t}{t^2 + 1} \vec{j}$$

une paramétrisation en fonction de l'abscisse curviligne à partir du point $(1, 0)$ dans le sens des t croissants. Mettez cette nouvelle paramétrisation sous sa forme la plus simple. Que pouvez-vous dire de la courbe ?

11–14 ■
a) Cherchez l'expression des vecteurs tangent unitaire et normal unitaire $\vec{T}(t)$ et $\vec{N}(t)$.
b) Calculez la courbure par la formule 9.

11. $\vec{r}(t) = (2 \sin t, 5t, 2 \cos t)$

12. $\vec{r}(t) = (t^2, \sin t - t \cos t, \cos t + t \sin t)$, $t > 0$

13. $\vec{r}(t) = (\sqrt{2}t, e^t, e^{-t})$

14. $\vec{r}(t) = (t, \frac{1}{2}t^2, t^2)$

15–17 ■ Calculez la courbure par la formule 10.

15. $\vec{r}(t) = t^2 \vec{i} + t \vec{k}$

16. $\vec{r}(t) = t \vec{i} + t \vec{j} + (1 + t^2) \vec{k}$

17. $\vec{r}(t) = 3t \vec{i} + 4 \sin t \vec{j} + 4 \cos t \vec{k}$

18. Calculez la courbure de $\vec{r}(t) = (e^t \cos t, e^t \sin t, t)$ au point $(1, 0, 0)$.

19. Calculez la courbure de $\vec{r}(t) = (t, t^2, t^3)$ au point $(1, 1, 1)$.

20. Faites dessiner la courbe d'équations paramétriques

$$x = t \qquad y = 4t^{3/2} \qquad z = -t^2,$$

et calculez sa courbure au point $(1, 4, -1)$.

21–23 ■ Calculez la courbure par la formule 11.

21. $y = xe^x$ **22.** $y = \cos x$ **23.** $y = 4x^{5/2}$

24–25 ■ En quel point la courbe présente-t-elle une courbure maximale ? Que devient la courbure lorsque $x \to \infty$?

24. $y = \ln x$ **25.** $y = e^x$

26. Écrivez une équation d'une parabole de courbure 4 à l'origine.

27. a) La courbure d'une courbe dessinée ci-dessous est-elle plus grande en P ou en Q ? Expliquez.

b) Estimez la courbure en P et en Q en esquissant les cercles osculateurs en ces points.

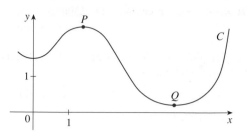

28–29 ■ Sur l'écran d'une calculatrice graphique ou d'un ordinateur, faites apparaître simultanément le graphique de la fonction et celui de la fonction courbure $\kappa(x)$. Le graphique de κ est-il ce que vous attendiez ?

28. $y = x^4 - 2x^2$ **29.** $y = x^{-2}$

30–31 ■ Deux courbes sont superposées. L'une est représentative de $y = f(x)$ et l'autre de la fonction courbure $y = \kappa(x)$. Identifiez chaque courbe et expliquez votre choix.

30.

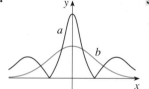

31.

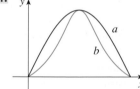

32. a) Tracez le graphique de $\vec{r}(t) = (\sin 3t, \sin 2t, \sin 3t)$. En combien de points sur la courbe la courbure semble-t-elle atteindre un maximum local ou un maximum absolu ?
b) Utilisez un logiciel de calcul symbolique pour représenter la fonction courbure. Ce graphique confirme-t-il votre réponse au point a) ?

33. La figure 12 b) de la section 10.1 montre le graphique de $\vec{r}(t) = (t - \frac{3}{2} \sin t, 1 - \frac{3}{2} \cos t, t)$. Où pensez-vous que la courbure est la plus grande ? Utilisez un logiciel de calcul symbolique pour représenter la fonction courbure. Pour quelles valeurs de t la courbure est-elle la plus grande ?

34. Servez-vous du théorème 10 pour montrer que la courbure d'une courbe plane décrite par les équations paramétriques $x = f(t)$, $y = g(t)$ s'obtient par la formule

$$\kappa = \frac{|\dot{x}\ddot{y} - \dot{y}\ddot{x}|}{[\dot{x}^2 + \dot{y}^2]^{3/2}}$$

où les points désignent des dérivées par rapport à t.

35–36 ■ Calculez la courbure d'après la formule de l'exercice 34.

35. $x = e^t \cos t$, $y = e^t \sin t$

36. $x = 1 + t^3$, $y = t + t^2$

37–38 ■ Cherchez les vecteurs $\vec{T}$, $\vec{N}$ et $\vec{B}$ au point indiqué.

37. $\vec{r}(t) = (t^2, \frac{2}{3}t^3, t)$, $(1, \frac{2}{3}, 1)$

38. $\vec{r}(t) = (e^t, e^t \sin t, e^t \cos t)$, $(1, 0, 1)$

. . . .

39–40 ■ Déterminez des équations du plan normal et du plan osculateur de la courbe au point donné.

39. $x = 2 \sin 3t$, $y = t$, $z = 2 \cos 3t$; $(0, \pi, -2)$

40. $x = t$, $y = t^2$, $z = t^3$; $(1, 1, 1)$

. . . .

41. Écrivez les équations des cercles osculateurs de l'ellipse $9x^2 + 4y^2 = 36$ aux points $(2, 0)$ et $(0, 3)$. Avec une calculatrice graphique, montrez le dessin de l'ellipse et de ses deux cercles osculateurs dans une même fenêtre.

42. Écrivez les équations des cercles osculateurs de la parabole $y = \frac{1}{2}x^2$ aux points $(0, 0)$ et $(1, \frac{1}{2})$. Représentez sur un même graphique les cercles et la parabole.

43. En quel point de la courbe $x = t^3$, $y = 3t$, $z = t^4$ le plan normal est-il parallèle au plan $6x + 6y - 8z = 1$?

44. Y a-t-il un point sur la courbe de l'exercice 43 en lequel le plan osculateur est parallèle au plan $x + y + z = 1$? (*Remarque :* Vous avez besoin d'un logiciel de calcul symbolique pour dériver, pour simplifier et pour calculer un produit vectoriel.)

45. Montrez que la courbure κ est liée aux vecteurs tangent et normal par l'équation

$$\frac{d\vec{T}}{ds} = \kappa\vec{N}.$$

46. Démontrez que la courbure d'une courbe plane est égale à $\kappa = |d\phi/ds|$, où ϕ est l'angle entre $\vec{T}$ et $\vec{i}$, autrement dit l'angle d'inclinaison de la tangente.

47. a) Montrez que $d\vec{B}/ds$ est perpendiculaire à $\vec{B}$.
b) Montrez que $d\vec{B}/ds$ est perpendiculaire à $\vec{T}$.
c) Déduisez des parties a) et b) que $d\vec{B}/ds = -\tau(s)\vec{N}$ pour un certain nombre $\tau(s)$ appelé **torsion** de la courbe. (La torsion mesure combien une courbe se tord.)
d) Démontrez que la torsion $\tau(s)$ d'une courbe plane est nulle.

48. Les formules suivantes, appelées formules de **Frenet-Serret**, sont fondamentales en géométrie différentielle :
1. $d\vec{T}/ds = \kappa\vec{N}$
2. $d\vec{N}/ds = -\kappa\vec{T} + \tau\vec{B}$
3. $d\vec{B}/ds = -\tau\vec{N}$
(La formule 1 est celle de l'exercice 45 et la formule 3 découle de l'exercice 47.) Servez-vous du fait que $\vec{N} = \vec{B} \wedge \vec{T}$ pour établir la formule 2 comme une conséquence des formules 1 et 3.

49. Exploitez les formules de Frenet-Serret pour démontrer chacun des énoncés suivants (Les primes désignent des dérivées par rapport à t. Démarrez comme dans la démonstration du théorème 10.)
a) $\vec{r}'' = s''\vec{T} + \kappa(s')^2\vec{N}$ b) $\vec{r}' \wedge \vec{r}'' = \kappa(s')^3\vec{B}$
c) $\vec{r}''' = [s''' - \kappa^2(s')^3]\vec{T} + [3\kappa s's'' + \kappa'(s')^2]\vec{N}$
$\qquad + \kappa\tau(s')^3\vec{B}$

d) $\tau = \dfrac{(\vec{r}' \wedge \vec{r}'') \cdot \vec{r}'''}{\|\vec{r}' \wedge \vec{r}''\|^2}$

50. Démontrez que la courbure et la torsion de l'hélice circulaire
$$\vec{r}(t) = (a \cos t, a \sin t, bt),$$
où a et b sont des constantes positives, sont constantes. [Utilisez le résultat de l'exercice 49 d).]

51. La molécule de DNA a la forme d'une double hélice (voyez la figure 3 à la page 698). Le rayon de chaque hélice est d'environ 10 angströms (1 angström = 10^{-8} cm). Chaque hélice monte d'environ 34 angströms à chaque tour complet et il y a environ $2,9 \times 10^8$ tours complets. Estimez la longueur de chaque hélice.

52. Soit le projet de créer une voie de chemin de fer qui fasse une transition lisse avec des sections de voies existantes rectilignes. Une voie rectiligne le long de la partie négative de l'axe Ox doit être connectée avec une voie le long de la droite $y = 1$, à partir de $x = 1$.
a) Déterminez un polynôme $P = P(x)$ de degré 5 tel que la fonction définie par

$$F(x) = \begin{cases} 0 & \text{si } x \leqslant 0 \\ P(x) & \text{si } 0 < x < 1 \\ 1 & \text{si } x \geqslant 1 \end{cases}$$

soit continue, ait une pente continue et une courbure continue.
b) Tracez le graphique de F à l'aide d'une calculatrice graphique ou d'un ordinateur.

10.4 Le mouvement dans l'espace : vitesse et accélération

Dans cette section, nous allons montrer comment les notions de vecteurs tangent et normal et de courbure sont utilisées pour étudier en physique, le mouvement d'un objet, y compris sa vitesse et son accélération, le long d'une courbe de l'espace.

En particulier, nous empruntons les traces de Newton pour établir, selon ses méthodes, la première loi de Kepler relative au mouvement des planètes.

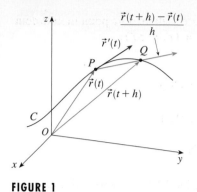

FIGURE 1

On suppose qu'un point matériel se meut dans l'espace de façon telle que son vecteur position au moment t est $\vec{r}(t)$. On remarque dans la figure 1 que, pour de petites valeurs de h, le vecteur

$$\boxed{1} \qquad \frac{\vec{r}(t+h) - \vec{r}(t)}{h}$$

pointe à peu près dans la direction du point en mouvement sur la courbe $\vec{r}(t)$. Sa norme donne la mesure du vecteur déplacement par unité de temps. Le vecteur (1) fournit la vitesse moyenne sur une durée h et sa limite est le **vecteur vitesse** $\vec{v}(t)$ au moment t :

$$\boxed{2} \qquad \boxed{\;\vec{v}(t) = \lim_{h \to 0} \frac{\vec{r}(t+h) - \vec{r}(t)}{h} = \vec{r}'(t).\;}$$

Le vecteur vitesse est donc aussi un vecteur tangent et sa direction est celle de la droite tangente.

La **vitesse scalaire** d'un point mobile au temps t est la norme du vecteur vitesse, $\|\vec{v}(t)\|$. C'est cohérent, puisque, de (2) et de l'équation 10.3.7, il découle

$$\|\vec{v}(t)\| = \|\vec{r}'(t)\| = \frac{ds}{dt} = \text{taux de variation de la distance par rapport au temps}$$

Tout comme dans le cas du mouvement à une dimension, l'**accélération** du point est définie comme la dérivée de la vitesse :

$$\vec{a}(t) = \vec{v}'(t) = \vec{r}''(t).$$

EXEMPLE 1 Le vecteur position d'un objet en mouvement dans un plan est $\vec{r}(t) = t^3\vec{i} + t^2\vec{j}$, $t \geqslant 0$. Calculez sa vitesse, sa vitesse scalaire et son accélération au moment $t = 1$, et illustrez graphiquement.

SOLUTION La vitesse et l'accélération sont respectivement

$$\vec{v}(t) = \vec{r}'(t) = 3t^2\vec{i} + 2t\vec{j},$$

$$\vec{a}(t) = \vec{r}''(t) = 6t\vec{i} + 2\vec{j},$$

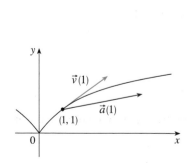

FIGURE 2

et la vitesse scalaire vaut

$$\|\vec{v}(t)\| = \sqrt{(3t^2)^2 + (2t)^2} = \sqrt{9t^4 + 4t^2}.$$

Au moment $t = 1$, on a

$$\vec{v}(1) = 3\vec{i} + 2\vec{j} \qquad \vec{a}(1) = 6\vec{i} + 2\vec{j} \qquad \|\vec{v}(1)\| = \sqrt{13}.$$

La figure 2 montre ces vecteurs vitesse et accélération.

■ ■

■ ■ La figure 3 montre la trajectoire du point mobile de l'exemple 2, ainsi que les vecteurs vitesse et accélération quand $t = 1$.

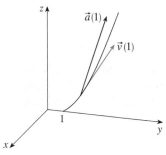

FIGURE 3

EXEMPLE 2 Calculez la vitesse, l'accélération et la vitesse scalaire d'un point mobile dont le mouvement est décrit par le vecteur position $\vec{r}(t) = (t^2, e^t, te^t)$.

SOLUTION

$$\vec{v}(t) = \vec{r}'(t) = (2t, e^t, (1+t)e^t),$$

$$\vec{a}(t) = \vec{v}'(t) = (2, e^t, (2+t)e^t),$$

$$\|\vec{v}(t)\| = \sqrt{4t^2 + e^{2t} + (1+t)^2 e^{2t}}.$$

■ ■

Les intégrales vectorielles, introduites dans la section 10.2, permettent d'obtenir les vecteurs positions quand les vecteurs vitesse et accélération sont connus, comme dans l'exemple suivant.

EXEMPLE 3 Un point matériel démarre du point $\vec{r}(0) = (1, 0, 0)$ avec une vitesse initiale $\vec{v}(0) = \vec{i} - \vec{j} + \vec{k}$. Son accélération est régie par l'expression $\vec{a}(t) = 4t\vec{i} + 6t\vec{j} + \vec{k}$. Cherchez un expression de sa vitesse et de sa position à tout moment t.

SOLUTION Puisque $\vec{a}(t) = \vec{v}'(t)$, on a

$$\vec{v}(t) = \int \vec{a}(t)\, dt = \int (4t\vec{i} + 6t\vec{j} + \vec{k})\, dt$$

$$= 2t^2\vec{i} + 3t^2\vec{j} + t\vec{k} + \vec{C}.$$

Pour déterminer la valeur du vecteur constant $\vec{C}$, on se sert de la vitesse initiale $\vec{v}(0) = \vec{i} - \vec{j} + \vec{k}$. L'équation précédente donne $\vec{v}(0) = \vec{C}$, d'où $\vec{C} = \vec{i} - \vec{j} + \vec{k}$ et

$$\vec{v}(t) = 2t^2\vec{i} + 3t^2\vec{j} + t\vec{k} + \vec{i} - \vec{j} + \vec{k}$$

$$= (2t^2 + 1)\vec{i} + (3t^2 - 1)\vec{j} + (t+1)\vec{k}.$$

■ ■ La trajectoire du point mobile a été dessinée dans la figure 4 à partir de l'expression de $\vec{r}(t)$ obtenue dans l'exemple 3, pour $0 \leqslant t \leqslant 3$.

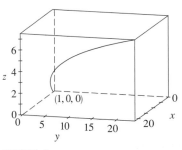

FIGURE 4

Puisque $\vec{v}(t) = \vec{r}'(t)$, on a

$$\vec{r}(t) = \int \vec{v}(t)\, dt$$

$$= \int [(2t^2 + 1)\vec{i} + (3t^2 - 1)\vec{j} + (t+1)\vec{k}]\, dt$$

$$= (\tfrac{2}{3}t^3 + t)\vec{i} + (t^3 - t)\vec{j} + (\tfrac{1}{2}t^2 + t)\vec{k} + \vec{D}$$

En posant $t = 0$, on trouve $\vec{D} = \vec{r}(0) = \vec{i}$, d'où

$$\vec{r}(t) = (\tfrac{2}{3}t^3 + t + 1)\vec{i} + (t^3 - t)\vec{j} + (\tfrac{1}{2}t^2 + t)\vec{k}.$$

■ ■

En général, les intégrales vectorielles permettent de retrouver la vitesse à partir de l'accélération et la position à partir de la vitesse :

$$\vec{v}(t) = \vec{v}(t_0) + \int_{t_0}^{t} \vec{a}(u)\, du \qquad \vec{r}(t) = \vec{r}(t_0) + \int_{t_0}^{t} \vec{v}(u)\, du.$$

Si la force exercée sur un objet est connue, alors l'accélération peut être calculée grâce à la **deuxième loi de Newton relative au mouvement**. La version vectorielle de cette loi établit que si, à tout moment t, une force $\vec{F}(t)$ agit sur un objet de masse m en lui donnant une accélération $\vec{a}(t)$, alors

$$\vec{F}(t) = m\vec{a}(t).$$

 ■ ■ La vitesse angulaire de l'objet en mouvement, en position P, est $\omega = d\theta/dt$, où θ est l'angle indiqué dans la figure 5

EXEMPLE 4 Le vecteur position d'un objet de masse m qui se meut sur une trajectoire circulaire avec une vitesse angulaire ω constante est donné par $\vec{r}(t) = a\cos\omega t\,\vec{i} + a\sin\omega t\,\vec{j}$. Calculez la force qui agit sur l'objet et montrez qu'elle est dirigée vers l'origine.

SOLUTION
$$\vec{v}(t) = \vec{r}\,'(t) = -a\omega\sin\omega t\,\vec{i} + a\omega\cos\omega t\,\vec{j}$$

$$\vec{a}(t) = \vec{v}\,'(t) = -a\omega^2\cos\omega t\,\vec{i} - a\omega^2\sin\omega t\,\vec{j}.$$

Par conséquent, la deuxième loi de Newton mène à l'expression de la force

$$\vec{F}(t) = m\vec{a}(t) = -m\omega^2(a\cos\omega t\,\vec{i} + a\sin\omega t\,\vec{j})$$

On remarque que $\vec{F}(t) = -m\omega^2\vec{r}(t)$, ce qui signifie que la force agit dans le sens opposé du vecteur position $\vec{r}(t)$, c'est-à-dire vers l'origine (voyez la figure 5). Une telle force est appelée une force *centripète* (qui tend à s'approcher du centre). ■ ■

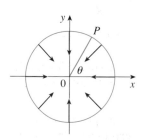

FIGURE 5

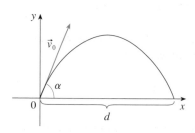

FIGURE 6

EXEMPLE 5 Un projectile est tiré selon un angle d'élévation α et avec une vitesse initiale $\vec{v}_0$ (voyez la figure 6). Déterminez la fonction position $\vec{r}(t)$ du projectile, en supposant que la résistance de l'air est négligeable et que la seule force extérieure est la gravité. Quel angle α maximise la portée (la distance horizontale atteinte) ?

SOLUTION Les axes sont choisis de façon à ce que le projectile quitte l'origine. Puisque la force due à la pesanteur agit vers le bas, on a

$$\vec{F} = m\vec{a} = -mg\vec{j},$$

où $g = \|\vec{a}\| \approx 9{,}8$ m/s². D'où

$$\vec{a} = -g\vec{j}.$$

Comme $\vec{v}\,'(t) = \vec{a}$, on a

$$\vec{v}(t) = -gt\vec{j} + \vec{C},$$

où $\vec{C} = \vec{v}(0) = \vec{v}_0$. De là,

$$\vec{r}\,'(t) = \vec{v}(t) = -gt\vec{j} + \vec{v}_0.$$

Une nouvelle intégration conduit à

$$\vec{r}(t) = -\tfrac{1}{2}gt^2\vec{j} + t\vec{v}_0 + \vec{D}.$$

Or, $\vec{D} = \vec{r}(0) = \vec{0}$. Donc le vecteur position du projectile est donné par

3
$$\vec{r}(t) = -\tfrac{1}{2}gt^2\vec{j} + t\vec{v}_0.$$

Si $\|\vec{v}_0\| = v_0$ désigne la vitesse scalaire initiale du projectile, alors

$$\vec{v}_0 = v_0\cos\alpha\,\vec{i} + v_0\sin\alpha\,\vec{j},$$

et l'équation 3 se réécrit

$$\vec{r}(t) = (v_0\cos\alpha)t\,\vec{i} + [(v_0\sin\alpha)t - \tfrac{1}{2}gt^2]\vec{j}.$$

■ ■ En éliminant t des équations 4, vous verrez que y est une fonction du deuxième degré en x. La trajectoire du projectile est un morceau de parabole.

Les équations paramétriques de la trajectoire sont donc

4
$$x = (v_0 \cos \alpha)t \qquad y = (v_0 \sin \alpha)t - \tfrac{1}{2}gt^2.$$

La portée ou distance horizontale d est la valeur de x qui correspond à $y = 0$. Or, $y = 0$ lorsque $t = 0$ ou $t = (2v_0 \sin \alpha)/g$. Cette dernière valeur de t donne

$$d = x = (v_0 \cos \alpha)\frac{2v_0 \sin \alpha}{g} = \frac{v_0^2(2 \sin \alpha \cos \alpha)}{g} = \frac{v_0^2 \sin 2\alpha}{g}.$$

Clairement, d prend sa plus grande valeur lorsque $\sin 2\alpha = 1$ ou $\alpha = \pi/4$.   ■ ■

EXEMPLE 6 Un projectile, situé 10 m au-dessus du sol, est tiré avec une vitesse initiale de 150 m/s sous un angle d'élévation de 45°. Où le projectile frappe-t-il le sol et à quelle vitesse ?

SOLUTION Si l'origine est placée au niveau du sol, la position initiale du projectile est $(0, 10)$. Les équations 4 doivent être ajustées en ajoutant 10 à l'expression de y. Pour $v_0 = 150$, $\alpha = 45°$ et $g = 9,8$ m/s^2, elles donnent

$$x = 150 \cos(\pi/4)t = 75\sqrt{2}t$$
$$y = 10 + 150 \sin(\pi/4)t - \tfrac{1}{2}(9,8)t^2 = 10 + 75\sqrt{2}t - 4,9t^2.$$

L'impact se produit quand $y = 0$, soit $4,9t^2 - 75\sqrt{2}t - 10 = 0$. C'est une équation quadratique en t dont on ne retient que la solution positive, à savoir

$$t = \frac{75\sqrt{2} + \sqrt{11\,250 + 196}}{9,8} \approx 21,74.$$

À ce moment, $x = 75\sqrt{2}(21,74) \approx 2\,306$. L'impact se produit donc environ 2 306 m plus loin.

La vitesse du projectile est donnée par

$$\vec{v}(t) = \vec{r}\,'(t) = 75\sqrt{2}\,\vec{i} + (75\sqrt{2} - 9,8t)\vec{j}.$$

Au moment de l'impact, la vitesse scalaire est égale à

$$\|\vec{v}(21,74)\| = \sqrt{(75\sqrt{2})^2 + (75\sqrt{2} - 9,8 \cdot 21,74)^2} \approx 151 \text{ m/s.}$$ ■ ■

■■ **Composantes tangentielle et normale de l'accélération**

Lors de l'étude du mouvement d'un objet, il est souvent utile de distinguer deux composantes de l'accélération, celle selon la tangente et l'autre selon la normale. Si la vitesse scalaire est désignée par $v = \|\vec{v}\|$, alors

$$\vec{T}(t) = \frac{\vec{r}\,'(t)}{\|\vec{r}\,'(t)\|} = \frac{\vec{v}(t)}{\|\vec{v}(t)\|} = \frac{\vec{v}}{v},$$

de sorte que

$$\vec{v} = v\vec{T}.$$

La dérivation des deux membres de cette équation par rapport à t conduit à

5
$$\vec{a} = \vec{v}\,' = v'\vec{T} + v\vec{T}\,'.$$

On reprend maintenant l'expression de la courbure fournie par l'équation 10.3.9 :

$$\boxed{6} \qquad \kappa = \frac{\|\vec{T'}\|}{\|\vec{r'}\|} = \frac{\|\vec{T'}\|}{v}$$

et on en tire $\|\vec{T'}\| = \kappa v$.

Le vecteur normal unitaire a été défini dans la section précédente comme $\vec{N} = \vec{T'}/\|\vec{T'}\|$, d'où, selon 6,

$$\vec{T'} = \|\vec{T'}\|\vec{N} = \kappa v \vec{N},$$

et l'équation 5 devient

$$\boxed{7} \qquad \boxed{\vec{a} = v'\vec{T} + \kappa v^2\vec{N}.}$$

En désignant par a_T et a_N respectivement les composantes tangentielle et normale de l'accélération, on a

$$\vec{a} = a_T\vec{T} + a_N\vec{N},$$

où

$$\boxed{8} \qquad a_T = v' \qquad \text{et} \qquad a_N = \kappa v^2.$$

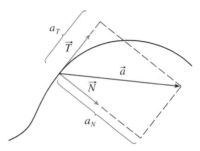

FIGURE 7

Cette résolution est illustrée dans la figure 7.

Mais quel est le sens de la formule 7 ? La première chose à remarquer est l'absence de $\vec{B}$. Quelle que soit la façon dont un objet se meut dans l'espace, son accélération se trouve toujours dans le plan de $\vec{T}$ et $\vec{N}$ (le plan osculateur). (Rappelez-vous que $\vec{T}$ indique le sens du mouvement et que $\vec{N}$ indique le sens dans lequel la courbe est en train de tourner.) Ensuite, on remarque que la composante tangentielle de l'accélération est v', le taux de variation de la vitesse scalaire, et que la composante normale de l'accélération est κv^2, la courbure multipliée par le carré de la vitesse scalaire. Cela se comprend, si l'on pense à ce qui arrive au passager d'une voiture lors d'un tournant en épingle à cheveux qui correspond à une forte courbure κ et donc à une importante composante de l'accélération perpendiculaire au mouvement : le passager est projeté contre la portière. Prendre un tournant à grande vitesse produit le même effet ; doubler la vitesse revient à quadrupler a_N.

Bien que les composantes tangentielle et normale de l'accélération soient données par la formule 8, il est intéressant d'en connaître une expression qui ne dépend que de $\vec{r}$, $\vec{r'}$ et $\vec{r''}$. Pour l'obtenir, on prend le produit scalaire de $\vec{v} = v\vec{T}$ avec $\vec{a}$ selon son expression 7 :

$$\vec{v} \cdot \vec{a} = v\vec{T} \cdot (v'\vec{T} + \kappa v^2\vec{N})$$

$$= vv'\vec{T} \cdot \vec{T} + \kappa v^3\vec{T} \cdot \vec{N}$$

$$= vv' \qquad\qquad \text{(puisque } \vec{T} \cdot \vec{T} = 1 \text{ et } \vec{T} \cdot \vec{N} = 0)$$

De là,

$$\boxed{9} \qquad a_T = v' = \frac{\vec{v} \cdot \vec{a}}{v} = \frac{\vec{r'}(t) \cdot \vec{r''}(t)}{\|\vec{r'}(t)\|}.$$

Et pour a_N, on introduit la formule de la courbure issue du théorème 10.3.10 :

$$\boxed{10} \qquad a_N = \kappa v^2 = \frac{\|\vec{r'}(t) \wedge \vec{r''}(t)\|}{\|\vec{r'}(t)\|^3}\|\vec{r'}(t)\|^2 = \frac{\|\vec{r'}(t) \wedge \vec{r''}(t)\|}{\|\vec{r'}(t)\|}.$$

EXEMPLE 7 Un objet est animé d'un mouvement décrit par la fonction position $\vec{r}(t) = (t^2, t^2, t^3)$. Déterminez les composantes tangentielle et normale de l'accélération.

SOLUTION

$$\vec{r}(t) = t^2\vec{i} + t^2\vec{j} + t^3\vec{k}$$

$$\vec{r}'(t) = 2t\vec{i} + 2t\vec{j} + 3t^2\vec{k}$$

$$\vec{r}''(t) = 2\vec{i} + 2\vec{j} + 6t\vec{k}$$

$$\|\vec{r}'(t)\| = \sqrt{8t^2 + 9t^4}.$$

De là, la composante tangentielle est, d'après 9,

$$a_T = \frac{\vec{r}'(t) \cdot \vec{r}''(t)}{\|\vec{r}'(t)\|} = \frac{8t + 18t^3}{\sqrt{8t^2 + 9t^4}}.$$

Comme

$$\vec{r}'(t) \wedge \vec{r}''(t) = \begin{vmatrix} \vec{i} & \vec{j} & \vec{k} \\ 2t & 2t & 3t^2 \\ 2 & 2 & 6t \end{vmatrix} = 6t^2\vec{i} - 6t^2\vec{j},$$

l'équation 10 donne la composante normale

$$a_N = \frac{\|\vec{r}'(t) \wedge \vec{r}''(t)\|}{\|\vec{r}'(t)\|} = \frac{6\sqrt{2}t^2}{\sqrt{8t^2 + 9t^4}}.$$

■ ■

■■ Les lois de Kepler sur le mouvement des planètes

Nous exposons maintenant une des grandes performances du calcul différentiel et intégral, à savoir comment la matière de ce chapitre sert à établir les lois de Kepler sur le mouvement des planètes. Après avoir étudié pendant 20 ans les observations de l'astronome danois Tycho Brahe, le mathématicien et astronome allemand Johannes Kepler (1571-1630) énonça les trois lois suivantes.

Les lois de Kepler

1. Une planète tourne autour du Soleil selon une trajectoire elliptique dont le Soleil occupe un des foyers.

2. Le rayon vecteur allant du centre de la planète au centre du Soleil balaye des aires égales en des temps égaux.

3. Le carré de la période de révolution d'une planète est proportionnel au cube du grand axe de son orbite.

Dans son livre *Principia Mathematica* de 1687, Sir Isaac Newton démontra que ces lois étaient des conséquences de deux de ses propres lois, la seconde loi du mouvement et la loi de la gravitation universelle. Dans ce qui suit, nous allons démontrer la première loi de Kepler. Les autres sont laissées à titre d'exercices (avec des indications).

Comme la force gravitationnelle exercée par le Soleil sur une planète est beaucoup plus forte que les forces exercées par les autres corps célestes, on peut tranquillement ignorer tous les corps de l'univers à l'exception du Soleil et d'une planète qui tourne autour de lui. Le système de coordonnées est choisi de telle façon que le Soleil occupe l'origine et soit $\vec{r} = \vec{r}(t)$ le vecteur position de la planète, ($\vec{r}$ pourrait tout aussi bien être le vecteur position de la lune ou d'un satellite qui tourne autour de la Terre ou d'une comète qui tourne autour d'une étoile). Le vecteur vitesse est $\vec{v} = \vec{r}\,'$ et le vecteur accélération est $\vec{a} = \vec{r}\,''$. Voici les deux lois de Newton qui seront utilisées :

$$\text{La deuxième loi du mouvement :} \qquad \vec{F} = m\vec{a}$$

$$\text{La loi de la gravitation :} \qquad \vec{F} = -\frac{GMm}{r^3}\vec{r} = -\frac{GMm}{r^2}\vec{u},$$

où $\vec{F}$ est la force gravitationnelle sur la planète, m et M les masses de la planète et du Soleil, G la constante gravitationnelle, $r = \|\vec{r}\|$ et $\vec{u} = (1/r)\vec{r}$ le vecteur unitaire dans la direction de $\vec{r}$.

On commence par montrer que la planète se meut dans un plan. En égalant les expressions de $\vec{F}$ dans les deux lois de Newton, il vient :

$$\vec{a} = -\frac{GM}{r^3}\vec{r},$$

et ainsi, $\vec{a}$ est parallèle à $\vec{r}$. Il s'ensuit que $\vec{r} \wedge \vec{a} = \vec{0}$. Grâce à la formule 5 du théorème 10.2.3, on peut écrire

$$\frac{d}{dt}(\vec{r} \wedge \vec{v}) = \vec{r}\,' \wedge \vec{v} + \vec{r} \wedge \vec{v}\,'$$

$$= \vec{v} \wedge \vec{v} + \vec{r} \wedge \vec{a} = \vec{0} + \vec{0} = \vec{0}.$$

Par conséquent, $\qquad\qquad\qquad \vec{r} \wedge \vec{v} = \vec{h}$

où $\vec{h}$ est un vecteur constant. (On peut supposer que $\vec{h} \neq \vec{0}$; ce qui revient à supposer que $\vec{r}$ et $\vec{v}$ ne sont pas parallèles.) Quel que soit t donc, le vecteur $\vec{r} = \vec{r}(t)$ est perpendiculaire à $\vec{h}$ et de ce fait la planète se trouve toujours dans le plan qui passe par l'origine et perpendiculaire à $\vec{h}$. L'orbite de la planète est donc une courbe plane.

Pour démontrer la première loi de Kepler, on réécrit le vecteur $\vec{h}$ comme ceci :

$$\vec{h} = \vec{r} \wedge \vec{v} = \vec{r} \wedge \vec{r}\,' = r\vec{u} \wedge (r\vec{u})'$$

$$= r\vec{u} \wedge (r\vec{u}\,' + r'\vec{u}) = r^2(\vec{u} \wedge \vec{u}\,') + rr'(\vec{u} \wedge \vec{u})$$

$$= r^2(\vec{u} \wedge \vec{u}\,').$$

Alors,

$$\vec{a} \wedge \vec{h} = -\frac{GM}{r^3}\vec{u} \wedge (r^2\vec{u} \wedge \vec{u}\,') = -GM\vec{u} \wedge (\vec{u} \wedge \vec{u}\,')$$

$$= -GM[(\vec{u} \cdot \vec{u}\,')\vec{u} - (\vec{u} \cdot \vec{u})\vec{u}\,'] \qquad \text{(selon la formule 9.4.8)}$$

Or, $\vec{u} \cdot \vec{u} = \|\vec{u}\|^2 = 1$ et, puisque $\|\vec{u}(t)\| = 1$, $\vec{u} \cdot \vec{u}\,' = 0$ en vertu de l'exemple 5 de la section 10.2. De la dernière équation il reste

$$\vec{a} \wedge \vec{h} = GM\vec{u}\,',$$

ou encore $\qquad\qquad (\vec{v} \wedge \vec{h})' = \vec{v}\,' \wedge \vec{h} = \vec{a} \wedge \vec{h} = GM\vec{u}\,'.$

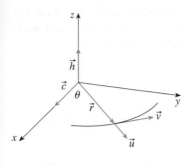

FIGURE 8

En intégrant les deux membres de cette équation, on arrive à

$$\boxed{11} \qquad \vec{v} \wedge \vec{h} = GM\vec{u} + \vec{c},$$

où $\vec{c}$ est un vecteur constant.

À ce point, il convient de choisir les axes de coordonnées de manière que le vecteur de base $\vec{k}$ soit de même direction et de même sens que $\vec{h}$. Le mouvement de la planète se passe alors dans le plan Oxy. On peut choisir les axes Ox et Oy de manière que le vecteur $\vec{i}$ ait même direction et même sens que $\vec{c}$, comme dans la figure 8.

De cette façon, le couple (r, θ) constitue les coordonnées polaires de la position de la planète, où θ désigne l'angle compris entre $\vec{c}$ et $\vec{r}$. On calcule le produit scalaire suivant, à partir de l'équation 11,

$$\vec{r} \cdot (\vec{v} \wedge \vec{h}) = \vec{r} \cdot (GM\vec{u} + \vec{c}) = GM\vec{r} \cdot \vec{u} + \vec{r} \cdot \vec{c}$$

$$= GMr\vec{u} \cdot \vec{u} + \|\vec{r}\|\|\vec{c}\| \cos \theta = GMr + rc \cos \theta$$

où $c = \|\vec{c}\|$. De là,

$$r = \frac{\vec{r} \cdot (\vec{v} \wedge \vec{h})}{GM + c \cos \theta} + \frac{1}{GM} \frac{\vec{r} \cdot (\vec{v} \wedge \vec{h})}{1 + e \cos \theta}$$

où $e = c/(GM)$. Or,

$$\vec{r} \cdot (\vec{v} \wedge \vec{h}) = (\vec{r} \wedge \vec{v}) \cdot \vec{h} = \vec{h} \cdot \vec{h} = \|\vec{h}\|^2 = h^2,$$

où $h = \|\vec{h}\|$. Ainsi,

$$r = \frac{h^2/(GM)}{1 + e \cos \theta} = \frac{eh^2/c}{1 + e \cos \theta}.$$

En posant $d = h^2/c$, on arrive à l'équation

$$\boxed{12} \qquad r = \frac{ed}{1 + e \cos \theta}.$$

Si vous avez lu l'annexe H, vous reconnaissez dans l'équation 12 l'équation polaire d'une conique dont le foyer est à l'origine et d'excentricité e. Sachant que l'orbite d'une planète est une courbe fermée, il ne peut s'agir que d'une ellipse.

Ceci achève la démonstration de la première loi de Kepler. Des indications sur comment démontrer les deux autres lois de Kepler sont données dans le Sujet appliqué à la page 728.

L'objectif de ces démonstrations est de mettre en évidence que les méthodes de ce chapitre constituent des outils puissants aptes à décrire certaines des lois de la nature.

10.4 Exercices

1. La table présente les coordonnées d'un point matériel qui se meut dans l'espace en suivant une courbe lisse.

a) Calculez la vitesse moyenne sur les intervalles de temps $[0, 1]$, $[0,5 ; 1]$, $[1, 2]$ et $[1 ; 1,5]$.

b) Estimez la vitesse et la vitesse scalaire du point en $t = 1$.

t	x	y	z
0	2,7	9,8	3,7
0,5	3,5	7,2	3,3
1,0	4,5	6,0	3,0
1,5	5,9	6,4	2,8
2,0	7,3	7,8	2,7

2. La figure montre la trajectoire d'un point matériel dont le vecteur position est $\vec{r}(t)$ au temps t.

a) Dessinez un vecteur qui représente la vitesse moyenne du point sur l'intervalle de temps $2 \leqslant t \leqslant 2,4$.

b) Dessinez un vecteur qui représente la vitesse moyenne sur l'intervalle de temps $1,5 \leqslant t \leqslant 2$.

c) Écrivez une expression du vecteur vitesse $\vec{v}(2)$.

d) Tracez approximativement le vecteur $\vec{v}(2)$ et estimez la vitesse scalaire du point en $t = 2$.

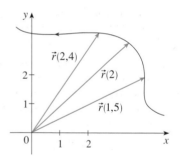

3–8 ■ Calculez la vitesse, l'accélération et la vitesse scalaire d'un point matériel dont la fonction position est donnée. Tracez la trajectoire suivie et représentez les vecteurs vitesse et accélération pour la valeur indiquée de t.

3. $\vec{r}(t) = (-\frac{1}{2}t^2, t)$, $\quad t = 2$

4. $\vec{r}(t) = (2 - t, 4\sqrt{t})$, $\quad t = 1$

5. $\vec{r}(t) = 3\cos t\,\vec{i} + 2\sin t\,\vec{j}$, $\quad t = \pi/3$

6. $\vec{r}(t) = e^t\,\vec{i} + e^{2t}\,\vec{j}$, $\quad t = 0$

7. $\vec{r}(t) = t\,\vec{i} + t^2\,\vec{j} + 2\,\vec{k}$, $\quad t = 1$

8. $\vec{r}(t) = t\,\vec{i} + 2\cos t\,\vec{j} + \sin t\,\vec{k}$, $\quad t = 0$

9–12 ■ Calculez la vitesse, l'accélération et la vitesse scalaire d'un point matériel dont la fonction position est donnée.

9. $\vec{r}(t) = (t^2 + 1, t^3, t^2 - 1)$

10. $\vec{r}(t) = (2\cos t, 3t, 2\sin t)$

11. $\vec{r}(t) = \sqrt{2}\,t\,\vec{i} + e^t\,\vec{j} + e^{-t}\,\vec{k}$

12. $\vec{r}(t) = t\sin t\,\vec{i} + t\cos t\,\vec{j} + t^2\,\vec{k}$

13–14 ■ Déterminez les vecteurs vitesse et position d'un point matériel dont on donne l'accélération ainsi que les vitesse et position initiales.

13. $\vec{a}(t) = \vec{i} + 2\vec{j}$, $\quad \vec{v}(0) = \vec{k}$, $\quad \vec{r}(0) = \vec{i}$

14. $\vec{a}(t) = 2\vec{i} + 6t\,\vec{j} + 12t^2\,\vec{k}$, $\quad \vec{v}(0) = \vec{i}$, $\quad \vec{r}(0) = \vec{j} - \vec{k}$

15–16 ■

a) Déterminez le vecteur position d'un point matériel dont on donne l'accélération ainsi que les vitesse et position initiales.

b) Représentez le trajectoire à l'aide d'un ordinateur.

15. $\vec{a}(t) = 2t\,\vec{i} + \sin t\,\vec{j} + \cos 2t\,\vec{k}$, $\quad \vec{v}(0) = \vec{i}$, $\quad \vec{r}(0) = \vec{j}$

16. $\vec{a}(t) = t\,\vec{i} + e^t\,\vec{j} + e^{-t}\,\vec{k}$, $\quad \vec{v}(0) = \vec{k}$, $\quad \vec{r}(0) = \vec{j} + \vec{k}$

17. Voici la fonction position d'un point matériel : $\vec{r}(t) = (t^2, 5t, t^2 - 16t)$. À quel moment la vitesse scalaire est-elle la plus faible ?

18. Quelle force faut-il appliquer pour qu'un objet de masse m ait comme fonction position $\vec{r}(t) = t^3\,\vec{i} + t^2\,\vec{j} + t^3\,\vec{k}$?

19. Une force de 20 N d'intensité agit directement vers le haut sur un objet de masse 4 kg déposé sur le plan Oxy. L'objet part de l'origine avec une vitesse initiale $\vec{v}(0) = \vec{i} - \vec{j}$. Déterminez sa fonction position et sa vitesse scalaire au moment t.

20. Démontrez que lorsqu'un point matériel se déplace avec une vitesse scalaire constante, alors son vecteur vitesse et son vecteur accélération sont orthogonaux.

21. Un obus est tiré avec une vitesse initiale de 500 m/s et un angle d'élévation de 30°. Déterminez a) sa portée, b) l'altitude maximale qu'il atteint et c) sa vitesse scalaire au moment de l'impact.

22. Refaites l'exercice 21 si l'obus est tiré d'un endroit situé à 200 m au-dessus du niveau du sol.

23. Une balle est lancée sous un angle de 45° avec le sol. Si la balle atterrit 90 m plus loin, quelle était sa vitesse scalaire initiale ?

24. Un révolver tire dans une direction qui fait un angle de 30° avec l'horizontale. Quelle est la vitesse initiale si la hauteur maximum de la balle est 500 m ?

25. Un révolver est capable de tirer une balle qui part à la vitesse de 150 m/s. Cherchez deux angles d'élévation sous lesquels la cible atteinte est à 800 m ?

26. Un batteur frappe une balle de base-ball à 1 m du sol en direction de la clôture du centre du terrain. La clôture est haute de 3 m et se trouve à 120 m de la plaque de but où se trouve le batteur. La balle quitte la batte à la vitesse de 40 m/s sous un angle de 50° par rapport à l'horizontale. Est-ce un circuit ? (En d'autres mots, la balle franchit-elle la clôture ?)

27. Une ville médiévale en forme de carré est protégée par des murs de 500 m de long et de 15 m de haut. Vous êtes le chef d'une armée prête à prendre la ville d'assaut, mais il n'est pas possible d'approcher les murs à moins de 100 m. Pour que les bombes tirées avec une vitesse initiale de 80 m/s passent au-dessus du mur d'enceinte, dans quel intervalle d'angles devez-vous ordonner les tirs ? (On suppose que la trajectoire des tirs est perpendiculaire au mur.)

28. Une balle de 0,8 kg est tirée vers le sud avec une vitesse de 30 m/s, sous un angle de 30°. Un vent d'ouest pousse la balle de façon constante avec une force de 4 N vers l'est. Où la balle tombe-t-elle et avec quelle vitesse ?

29. Sur un tronçon rectiligne d'une rivière la vitesse de l'eau est maximale au centre et diminue jusqu'à être presque nulle le long des berges. On considère un long trajet rectiligne d'une rivière coulant vers le nord entre des berges parallèles distantes de 40 m. Si la vitesse maximum de l'eau est 3 m/s, on peut employer un modèle quadratique pour la vitesse d'écoulement à x unités de la rive ouest : $f(x) = \frac{3}{400}x(40-x)$.
   a) Un bateau navigue à une vitesse constante de 5 m/s d'un point A de la berge ouest en maintenant un cap perpendiculaire à la berge. A quelle distance du point B directement opposé à A sur l'autre berge va-t-il accoster ? Faites un graphique du trajet.
   b) Supposons que le pilote souhaite atteindre le point B. Si la vitesse reste constante à 5 m/s et la direction fixe, trouvez l'angle qu'il doit choisir. Ensuite dessinez le graphique du trajet. Ce trajet vous semble-t-il réaliste ?

30. La vitesse de l'eau dans le problème 29 peut aussi être modélisée raisonnablement par une fonction sinus :
$f(x) = 3 \sin(\pi x/40)$. Si un bateau souhaite traverser la rivière de A à B avec une direction fixe et une vitesse constante de 5 m/s, selon quel angle doit-il appareiller ?

31–34 ■ Calculez les composantes tangentielle et normale du vecteur accélération.

31. $\vec{r}(t) = (3t - t^3)\vec{i} + 3t^2\vec{j}$

32. $\vec{r}(t) = (1 + t)\vec{i} + (t^2 - 2t)\vec{j}$

33. $\vec{r}(t) = \cos t\,\vec{i} + \sin t\,\vec{j} + t\,\vec{k}$

34. $\vec{r}(t) = t\,\vec{i} + t^2\vec{j} + 3t\,\vec{k}$

35. La norme du vecteur accélération $\vec{a}$ est égale à 10 cm/s². Utilisez la figure pour estimer les composantes tangentielle et normale de $\vec{a}$.

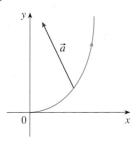

36. Lorsqu'une particule de masse m se déplace selon un vecteur position $\vec{r}(t)$, alors son **moment cinétique** est défini par $\vec{L}(t) = m\vec{r}(t) \wedge \vec{v}(t)$ et son **moment de torsion** par $\vec{\tau}(t) = m\vec{r}(t) \wedge \vec{a}(t)$. Démontrez que $\vec{L}'(t) = \vec{\tau}(t)$. Déduisez-en que si $\vec{\tau}(t) = \vec{0}$, quel que soit t, alors $\vec{L}(t)$ est constant. (Ce résultat s'appelle la *loi de conservation du moment cinétique*.)

37. La fonction position d'un vaisseau spatial est
$$\vec{r}(t) = (3 + t)\vec{i} + (2 + \ln t)\vec{j} + \left(7 - \frac{4}{t^2 + 1}\right)\vec{k}$$
et les coordonnées d'une station spatiale sont $(6, 4, 9)$. Le chef de la mission veut que le vaisseau spatial rejoigne la station spatiale. Quand faudra-t-il éteindre les moteurs ?

38. Une fusée en train de brûler le carburant qui est à son bord pendant qu'elle se déplace dans l'espace a une vitesse $\vec{v}(t)$ et une masse $m(t)$ au moment t. Si les gaz d'échappement s'en vont avec une vitesse $\vec{v}_e$ relative à la fusée, on peut déduire de la seconde loi de Newton que
$$m\frac{d\vec{v}}{dt} = \frac{dm}{dt}\vec{v}_e.$$
   a) Montrez que $\vec{v}(t) = \vec{v}(0) - \ln\frac{m(0)}{m(t)}\vec{v}_e$.
   b) Pour que, du repos, la fusée accélère en ligne droite jusqu'à une vitesse double de celle de ses gaz d'échappement, quelle part de sa masse initiale en carburant doit-elle avoir brûlé ?

Les lois de Kepler

Des masses de données dont il disposait sur les positions des planètes à des moments différents, Johann Kepler a tiré les trois lois suivantes sur le mouvement planétaire.

Les lois de Kepler

1. Une planète tourne autour du Soleil selon une trajectoire elliptique dont le Soleil occupe un des foyers.

2. Le rayon vecteur allant du centre de la planète au centre du Soleil balaye des aires égales en des temps égaux.

3. Le carré de la période de révolution d'une planète est proportionnel au cube du grand axe de son orbite.

Kepler a formulé ces lois parce qu'elles correspondaient aux données astronomiques. Il ne fut pas capable de voir pourquoi elles étaient vraies, ni comment elles étaient liées entre elles. Mais Isaac Newton, dans ses *Principia Mathematica* en 1687, a démontré comment déduire les trois lois de Kepler de deux de ses propres lois, la deuxième loi du mouvement et la loi de la gravitation universelle. La section 10.4 a exposé la démonstration de la première loi de Kepler en exploitant le calcul différentiel des fonctions vectorielles. Dans ce projet nous vous proposons une marche à suivre pour démontrer la deuxième et la troisième loi de Kepler et nous explorons quelques-unes de leurs conséquences.

1. Suivez les étapes suivantes pour prouver la deuxième loi de Kepler. Les notations sont les mêmes que dans la démonstration de la première loi dans la section 10.4. En particulier, utilisez des coordonnées polaires de manière que $\vec{r} = (r \cos \theta)\vec{i} + (r \sin \theta)\vec{j}$.

   a) Montrez que $\vec{h} = r^2 \dfrac{d\theta}{dt} \vec{k}$.

   b) Déduisez-en que $r^2 \dfrac{d\theta}{dt} = h$.

   c) Si $A = A(t)$ est l'aire balayée par le rayon vecteur $\vec{r} = \vec{r}(t)$ durant l'intervalle de temps $[t_0, t]$, comme dans la figure, montrez que

   $$\frac{dA}{dt} = \tfrac{1}{2} r^2 \frac{d\theta}{dt}.$$

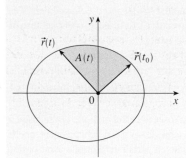

   d) Concluez en que

   $$\frac{dA}{dt} = \tfrac{1}{2} h = \text{constante}.$$

   Ce résultat signifie que la vitesse à laquelle A est balayée est constante, et prouve ainsi la seconde loi de Kepler.

2. Soit T la période de révolution d'une planète autour du Soleil ; autrement dit, T est la durée d'une révolution elliptique complète. Les longueurs des grand et petit axes de l'ellipse sont désignés par $2a$ et $2b$.

   a) Montrez que $T = 2\pi ab/h$, grâce à la partie d) du problème 1.

   b) Montrez que $\dfrac{h^2}{GM} = ed = \dfrac{b^2}{a}$.

   c) Démontrez que $T^2 = \dfrac{4\pi^2}{GM} a^3$ à l'aide des parties a) et b).

   Ceci démontre la troisième loi de Kepler. [Remarquez que la constante de proportionnalité $4\pi^2/(GM)$ est indépendante de la planète.]

3. La période de révolution de la Terre est à peu près égale à 365,25 jours. Ce résultat joint à la troisième loi de Kepler doit vous permettre de calculer la longueur du grand axe de l'orbite terrestre. Il faut connaître la masse du Soleil, $M = 1,99 \times 10^{30}$ kg et la constante de gravitation $G = 6,67 \times 10^{-11}$ N $\cdot$ m^2/kg^2.

4. Il est possible de placer un satellite sur une orbite autour de la Terre de manière à ce qu'il reste fixe au-dessus d'un certain endroit sur l'équateur. Calculez l'altitude que doit avoir un tel satellite. (Cette orbite est appelée l'orbite géosynchrone de Clarke, en souvenir de Arthur C. Clarke qui émit cette idée en premier en 1948. Le premier satellite de ce type, *Syncom II*, a été lancé en juillet 1963.)

10.5 Les surfaces paramétrées

Les surfaces que nous avons rencontrées dans la section 9.6 représentaient des fonctions de deux variables. Ici, nous étudions des surfaces plus générales, appelées des *surfaces paramétrées*, avec le concours des fonctions vectorielles.

De même qu'une courbe de l'espace est décrite par une fonction vectorielle $\vec{r}(t)$ d'un seul paramètre t, une surface de l'espace est décrite par une fonction vectorielle $\vec{r}(u, v)$ de deux paramètres u et v. Nous supposons que

$$\boxed{1} \qquad \vec{r}(u, v) = x(u, v)\,\vec{i} + y(u, v)\,\vec{j} + z(u, v)\,\vec{k}$$

est une fonction vectorielle définie sur une région D du plan Ouv. Ainsi, x, y et z, les fonctions composantes de $\vec{r}$, sont des fonctions des deux variables u et v dont le domaine de définition est D. L'ensemble des points (x, y, z) de $\mathbb{R}^3$ tels que

$$\boxed{2} \qquad x = x(u, v) \quad y = y(u, v) \quad z = (u, v)$$

et tels que (u, v) parcourt tout D est appelé une **surface paramétrée** S et les équations 2 sont appelées les **équations paramétriques** de S. Chaque fois que des valeurs sont attribuées à u et v, il y a un point image sur S ; tous les choix possibles mènent à la surface S. Autrement dit, la surface S est parcourue par l'extrémité du vecteur position $\vec{r}(u, v)$ lorsque (u, v) se meut à travers la région D (voyez la figure 1).

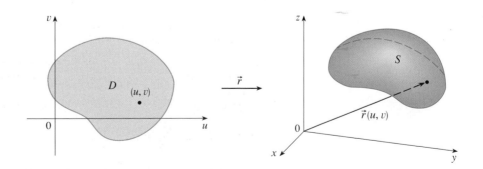

FIGURE 1
Une surface paramétrée

EXEMPLE 1 Reconnaissez et dessinez la surface d'équation vectorielle

$$\vec{r}(u, v) = 2 \cos u\,\vec{i} + v\,\vec{j} + 2 \sin u\,\vec{k}$$

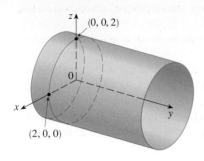

FIGURE 2

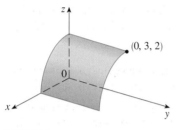

FIGURE 3

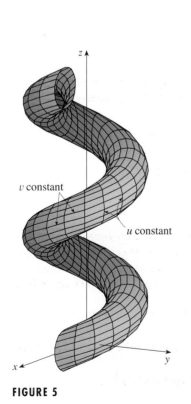

v constant

u constant

FIGURE 5

SOLUTION Les équations paramétriques de cette surface sont

$$x = 2 \cos u \quad y = v \quad z = 2 \sin u.$$

D'où, les coordonnées (x, y, z) de n'importe quel point de la surface vérifient

$$x^2 + z^2 = 4 \cos^2 u + 4 \sin^2 u = 4.$$

Cela signifie que les sections parallèles au plan Oxz (ou d'équation $y =$ constante) sont des cercles de rayon 2. Puisque $y = v$ et qu'aucune restriction n'est faite sur v, la surface est un cylindre circulaire de rayon 2 dont l'axe est Oy (voyez la figure 2). ■ ■

Dans l'exemple 1, aucune restriction n'affectait les paramètres u et v et de ce fait, la surface correspondante était le cylindre tout entier. Si nous restreignons par exemple le domaine de variation des paramètres à

$$0 \leqslant u \leqslant \pi/2 \quad 0 \leqslant v \leqslant 3,$$

alors $x \geqslant 0$, $y \geqslant 0$ et la surface correspondante n'est plus qu'un quart du cylindre sur trois unités de longueur, comme il apparaît dans la figure 3.

Sur une surface paramétrée S représentée par une fonction vectorielle $\vec{r}(u, v)$, se distinguent deux familles de courbes, l'une caractérisée par u constant et l'autre par v constant. Si nous maintenons u constant en posant $u = u_0$, alors $\vec{r}(u_0, v)$ devient une fonction vectorielle à un seul paramètre v et définit une courbe C_1 tracée sur S (voyez la figure 4).

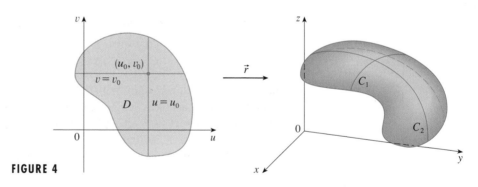

FIGURE 4

De même, si nous maintenons v constant en posant $v = v_0$, nous obtenons une courbe C_2 tracée sur S, représentée par $\vec{r}(u, v_0)$. Ces courbes constituent une **grille**. (Dans l'exemple 1, la grille correspondante à u constant est constituée de droites horizontales, tandis que la grille correspondante à v constant est formée de cercles.) Quand un ordinateur trace une surface paramétrée, il procède habituellement en traçant ces grilles, ainsi que le montre l'exemple suivant.

EXEMPLE 2 Utilisez un logiciel de calcul symbolique pour dessiner le graphique de la surface

$$\vec{r}(u, v) = ((2 + \sin v) \cos u, (2 + \sin v) \sin u, u + \cos v).$$

Quelles sont les grilles issues de u constant ? De v constant ?

SOLUTION Nous faisons dessiner la portion de surface image du domaine de définition des paramètres $0 \leqslant u \leqslant 4\pi$, $0 \leqslant v \leqslant 2\pi$ (figure 5). Cette surface a l'air d'un tube en spirale.

Pour reconnaître les grilles, nous écrivons les équations paramétriques correspondantes.

$$x = (2 + \sin v) \cos u, \qquad y = (2 + \sin v) \sin u \qquad z = u + \cos v.$$

Lorsque v est constant, $\sin v$ et $\cos v$ sont constants et les équations paramétriques ressemblent à celles de l'hélice de l'exemple 4 de la section 10.1. Les grilles correspondant à v constant sont donc les spirales de la figure 5. Par déduction, nous pensons que les grilles de paramètres u constant doivent être constituées des courbes qui ont l'air de cercles dans la figure. Cette supposition se confirme si nous observons que $u = u_0$ entraîne $z = u_0 + \cos v$, et de là que z varie entre $u_0 - 1$ et $u_0 + 1$. ■ ■

Dans les exemples 1 et 2, c'est l'équation vectorielle qui était donnée et il était demandé de dessiner la surface paramétrée correspondante. Dans les exemples suivants au contraire, le problème posé est plus ardu puisqu'il s'agit, au départ d'une surface donnée, de déterminer l'équation vectorielle correspondante. C'est justement le défi qui se posera dans les chapitres ultérieurs.

EXEMPLE 3 Cherchez une fonction vectorielle qui représente le plan qui passe par le point P_0 de vecteur position $\vec{r}_0$ et qui contient les deux vecteurs non parallèles $\vec{a}$ et $\vec{b}$.

SOLUTION Un point P quelconque du plan peut être rejoint à partir de P_0 moyennant un certain déplacement parallèlement à $\vec{a}$ et un autre déplacement parallèlement à $\vec{b}$. Il existe donc des scalaires u et v tels que $\overrightarrow{P_0P} = u\vec{a} + v\vec{b}$. (La figure 6 illustre comment faire, en utilisant la règle du parallélogramme, dans le cas où u et v sont positifs. Voyez aussi l'exercice 30 de la section 9.2.) Si $\vec{r}$ désigne le vecteur position de P, alors

$$\vec{r} = \overrightarrow{OP_0} + \overrightarrow{P_0P} = \vec{r}_0 + u\vec{a} + v\vec{b}.$$

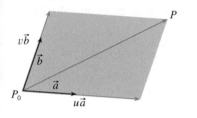

FIGURE 6

L'équation vectorielle du plan peut donc être écrite

$$\vec{r}(u, v) = r_0 + u\vec{a} + v\vec{b},$$

où u et v sont des nombres réels.

En écrivant $\vec{r} = (x, y, z)$, $\vec{r}_0 = (x_0, y_0, z_0)$, $\vec{a} = (a_1, a_2, a_3)$ et $\vec{b} = (b_1, b_2, b_3)$, les équations paramétriques du plan passant par le point (x_0, y_0, z_0) sont

$$x = x_0 + ua_1 + vb_1 \qquad y = y_0 + ua_2 + vb_2 \qquad z = z_0 + ua_3 + vb_3.$$ ■ ■

EXEMPLE 4 Cherchez une représentation paramétrique de la sphère

$$x^2 + y^2 + z^2 = a^2.$$

SOLUTION Vu que la sphère a une équation particulièrement simple en coordonnées sphériques, $\rho = a$, on choisit les angles ϕ et θ des coordonnées sphériques comme paramètres (voyez la section 9.7). Si on substitue $\rho = a$ dans les équations de conversion des coordonnées sphériques vers les équations cartésiennes (équations 9.7.3), on obtient

$$x = a \sin \phi \cos \theta \qquad y = a \sin \phi \sin \theta \qquad z = a \cos \phi$$

comme équations paramétriques de la sphère. L'équation vectorielle qui en découle est

$$\vec{r}(\phi, \theta) = a \sin \phi \cos \theta\, \vec{i} + a \sin \phi \sin \theta\, \vec{j} + a \cos \phi\, \vec{k}.$$

Comme $0 \leqslant \phi \leqslant \pi$ et $0 \leqslant \theta \leqslant 2\pi$, le domaine de définition des paramètres est $D = [0, \pi] \times [0, 2\pi]$. La grille du paramètre ϕ constant est composée des cercles de latitude constante (y compris l'équateur). La grille du paramètre θ constant est constituée des méridiens (demi-cercles) qui relient le pôle sud au pôle nord. ■ ■

■ ■ Une des applications des surfaces paramétrées est le dessin par ordinateur. La figure 7 montre le résultat obtenu en essayant de faire dessiner la sphère $x^2 + y^2 + z^2 = 1$ par résolution de l'équation par rapport à z et tracé des deux demi-sphères inférieure et supérieure séparément. Une partie de la sphère apparaît mal à cause de la grille rectangulaire adoptée par l'ordinateur. Une meilleure image est sans nul doute celle de la figure 8 qui résulte des équations paramétriques déduites à l'exemple 4.

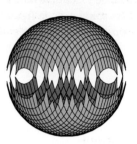

FIGURE 7

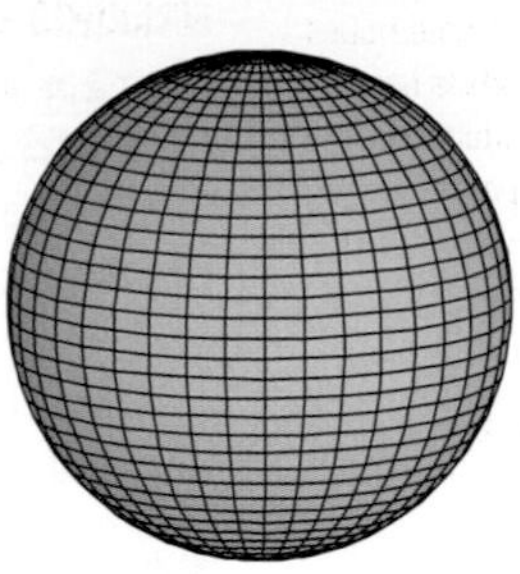

FIGURE 8

EXEMPLE 5 Cherchez une représentation paramétrique du cylindre

$$x^2 + y^2 = 4 \qquad 0 \leqslant z \leqslant 1.$$

SOLUTION Comme le cylindre a une représentation simple $r = 2$ en coordonnées cylindriques, on choisit comme paramètres θ et z des coordonnées cylindriques. De là, les coordonnées paramétriques du cylindre sont

$$x = 2\cos\theta \qquad y = 2\sin\theta \qquad z = z,$$

où $0 \leqslant \theta \leqslant 2\pi$ et $0 \leqslant z \leqslant 1$. ■ ■

EXEMPLE 6 Cherchez une fonction vectorielle qui représente le paraboloïde elliptique $z = x^2 + 2y^2$.

SOLUTION En considérant x et y comme paramètres, les équations paramétriques pourraient être

$$x = x \qquad y = y \qquad z = x^2 + 2y^2$$

et l'équation vectorielle

$$\vec{r}(x, y) = x\,\vec{i} + y\,\vec{j} + (x^2 + 2y^2)\,\vec{k}. \qquad ■ ■$$

En général, une surface représentative d'une fonction de x et y, c'est-à-dire d'une fonction de la forme $z = f(x, y)$, peut toujours être vue comme une surface paramétrée en les paramètres x et y dont les équations paramétriques s'écrivent

$$x = x \qquad y = y \qquad z = f(x, y).$$

Une surface n'a pas qu'une seule description paramétrique. L'exemple suivant met en évidence deux paramétrisations d'un cône.

EXEMPLE 7 Déterminez une paramétrisation de la surface $z = 2\sqrt{x^2 + y^2}$, c'est-à-dire de la moitié supérieure du cône $z^2 = 4x^2 + 4y^2$.

SOLUTION 1 Une première paramétrisation possible s'obtient en choisissant x et y comme paramètre :

$$x = x \qquad y = y \qquad z = 2\sqrt{x^2 + y^2}.$$

L'équation vectorielle est donc

$$\vec{r}(x, y) = x\vec{i} + y\vec{j} + 2\sqrt{x^2 + y^2}\,\vec{k}.$$

SOLUTION 2 Une autre paramétrisation s'obtient en choisissant comme paramètres les coordonnées polaires r et θ. Un point (x, y, z) du cône satisfait à $x = r\cos\theta$, $y = r\sin\theta$ et $z = 2\sqrt{x^2 + y^2} = 2r$. Une équation vectorielle du cône est donc aussi

$$\vec{r}(r, \theta) = r\cos\theta\,\vec{i} + r\sin\theta\,\vec{j} + 2r\,\vec{k},$$

où $r \geqslant 0$ et $0 \leqslant \theta \leqslant 2\pi$. ■ ■

■ ■ Les deux représentations paramétriques des solutions 1 et 2 se valent, mais la deuxième convient mieux dans certaines situations. C'est le cas, par exemple, si seule la partie inférieure du cône, celle sous le plan $z = 1$, est concernée car il suffit alors de réduire le domaine de définition du paramètre à

$$0 \leqslant r \leqslant \tfrac{1}{2} \qquad 0 \leqslant \theta \leqslant 2\pi\,.$$

▦ Les surfaces de révolution

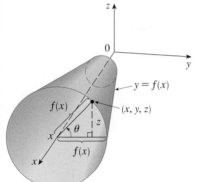

FIGURE 9

Les surfaces de révolution peuvent être décrites paramétriquement et dessinées par ordinateur. Prenons le cas de la surface S obtenue en faisant tourner la courbe $y = f(x)$, $a \leqslant x \leqslant b$ autour de l'axe Ox, où $f(x) \geqslant 0$. L'angle de rotation est désigné par θ comme vous pouvez le constater dans la figure 9. Si (x, y, z) est un point de S, alors

$$\boxed{3} \qquad x = x \qquad y = f(x)\cos\theta \qquad z = f(x)\sin\theta.$$

Par conséquent, x et θ servent de paramètres et l'équation 3 est vue comme une description paramétrique de S. Le domaine de définition des paramètres est $a \leqslant x \leqslant b$, $0 \leqslant \theta \leqslant 2\pi$.

EXEMPLE 8 On fait tourner autour de l'axe Ox l'arc de courbe $y = \sin x$, $0 \leqslant x \leqslant 2\pi$. Écrivez des équations paramétriques pour cette surface à l'aide de ces équations.

SOLUTION Suivant les équations 3, les équations paramétriques sont

$$x = x \qquad y = \sin x \cos\theta \qquad z = \sin x \sin\theta,$$

et le domaine de définition, $0 \leqslant x \leqslant 2\pi$, $0 \leqslant \theta \leqslant 2\pi$. À l'aide d'un ordinateur qui représente cette fonction et en fait tourner l'image, on obtient le graphique de la figure 10. ■ ■

FIGURE 10

Il suffit d'adapter les équations 3 pour qu'elles représentent une surface obtenue par révolution autour de l'axe Oy ou Oz. (Voyez l'exercice 28.)

10.5 Exercices

1–4 ■ Reconnaissez la surface d'équation vectorielle donnée.

1. $\vec{r}(u, v) = (u + v)\vec{i} + (3 - v)\vec{j} + (1 + 4u + 5v)\vec{k}$

2. $\vec{r}(u, v) = 2\sin u\,\vec{i} + 3\cos u\,\vec{j} + v\,\vec{k}$, $0 \leqslant v \leqslant 2$

3. $\vec{r}(s, t) = (s, t, t^2 - s^2)$

4. $\vec{r}(s, t) = (s\sin 2t, s^2, s\cos 2t)$

⬚ **5–10** ■ Faites dessiner par un ordinateur le graphique de la surface paramétrée. Faites-en une copie papier et surlignez la grille de paramètre u constant et celle de paramètre v constant.

5. $\vec{r}(u, v) = (u^2 + 1, v^3 + 1, u + v)$,
$\quad -1 \leqslant u \leqslant 1$, $-1 \leqslant v \leqslant 1$

6. $\vec{r}(u, v) = (u + v, u^2, v^2)$,
$\quad -1 \leqslant u \leqslant 1$, $-1 \leqslant v \leqslant 1$

■ ■ ■ ■ ■ ■ ■ ■ ■ ■ ■ ■ ■ ■

7. $\vec{r}(u, v) = (\cos^3 u \cos^3 v, \sin^3 u \cos^3 v, \sin^3 v)$,
$0 \leqslant u \leqslant \pi$, $0 \leqslant v \leqslant 2\pi$

8. $\vec{r}(u, v) = (\cos u \sin v, \sin u \sin v, \cos v + \ln \text{tg}(v/2))$,
$0 \leqslant u \leqslant 2\pi$, $0,1 \leqslant v \leqslant 6,2$

9. $x = \cos u \sin 2v$, $y = \sin u \sin 2v$, $z = \sin v$

10. $x = u \sin u \cos v$, $y = u \cos u \cos v$, $z = u \sin v$

11–16 ■ Voici 6 équations et 6 graphiques (étiquetés I-VI). Appariez-les et justifiez votre choix. Pour chaque grille, dites si c'est le paramètre u qui est constant ou le paramètre v.

11. $\vec{r}(u, v) = \cos v \vec{i} + \sin v \vec{j} + u \vec{k}$

12. $\vec{r}(u, v) = u \cos v \vec{i} + u \sin v \vec{j} + u \vec{k}$

13. $\vec{r}(u, v) = u \cos v \vec{i} + u \sin v \vec{j} + v \vec{k}$

14. $x = u^3$, $y = u \sin v$, $z = u \cos v$

15. $x = (u - \sin u) \cos v$, $y = (1 - \cos u) \sin v$, $z = u$

16. $x = (1 - u)(3 + \cos v) \cos 4\pi u$,
$y = (1 - u)(3 + \cos v) \sin 4\pi u$,
$z = 3u + (1 - u) \sin v$

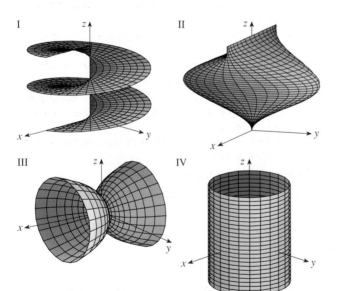

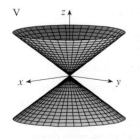

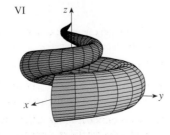

17–24 ■ Déterminez une représentation paramétrique de la surface.

17. Le plan qui passe par le point $(1, 2, -3)$ et qui contient les vecteurs $\vec{i} + \vec{j} - \vec{k}$ et $\vec{i} - \vec{j} + \vec{k}$.

18. La moitié supérieure de l'ellipsoïde $2x^2 + 4y^2 + z^2 = 1$.

19. La partie de l'hyperboloïde $x^2 + y^2 - z^2 = 1$ qui se trouve à droite du plan Oxz .

20. La partie du paraboloïde elliptique $x + y^2 + 2z^2 = 4$ qui se trouve en avant du plan $x = 0$.

21. La partie de la sphère $x^2 + y^2 + z^2 = 4$ qui surplombe le cône $z = \sqrt{x^2 + y^2}$.

22. La partie de la sphère $x^2 + y^2 + z^2 = 16$ qui se trouve entre les plans $z = -2$ et $z = 2$.

23. La partie du cylindre $y^2 + z^2 = 16$ comprise entre les plans $x = 0$ et $x = 5$.

24. La partie du plan $z = x + 3$ qui se trouve à l'intérieur du cylindre $x^2 + y^2 = 1$.

CAS **25–26** ■ Commandez à un logiciel les images ci-dessous.

25.   **26.**

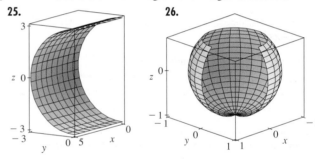

27. Déterminez des équations paramétriques de la surface obtenue par révolution de la courbe $y = e^{-x}$, $0 \leqslant x \leqslant 3$ autour de l'axe Ox et servez-vous en pour faire dessiner cette surface.

28. Déterminez des équations paramétriques de la surface obtenue par révolution de la courbe $x = 4y^2 - y^4$, $-2 \leqslant y \leqslant 2$ autour de l'axe Oy et servez-vous en pour faire dessiner cette surface.

29. a) Montrez que les équations paramétriques
$x = a \sin u \cos v$, $y = b \sin u \sin v$, $z = c \cos u$,
$0 \leqslant u \leqslant \pi$, $0 \leqslant v \leqslant 2\pi$ représente un ellipsoïde.

    b) Servez-vous des équations paramétriques de la partie a) pour faire dessiner l'ellipsoïde dans le cas $a = 1$, $b = 2$ et $c = 3$.

30. La surface d'équations paramétriques

$$x = 2 \cos \theta + r \cos (\theta/2)$$
$$y = 2 \sin \theta + r \cos (\theta/2)$$
$$z = r \sin (\theta/2)$$

où $-\frac{1}{2} \leqslant r \leqslant \frac{1}{2}$ et $0 \leqslant \theta \leqslant 2\pi$, est appelée **ruban de Möbius**.

Dessinez cette surface sous différents points de vue. Qu'a-t-elle d'inhabituel ?

31. a) Que devient la surface tubulaire de l'exemple 2 (voyez la figure 5) si on remplace $\cos u$ par $\sin u$ et $\sin u$ par $\cos u$?

b) Que se passe-t-il si on remplace $\cos u$ par $\cos 2u$ et $\sin u$ par $\sin 2u$?

32. a) Trouvez une représentation paramétrique du tore obtenu en faisant tourner autour de l'axe Oz le cercle du plan Oxz centré en $(b, 0, 0)$ et de rayon $a < b$. [*Suggestion :* Prenez comme paramètres les angles θ et α indiqués dans la figure.]

b) Servez-vous des équations paramétriques pour faire dessiner le tore pour diverses valeurs de a et b.

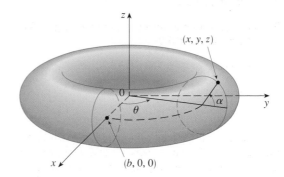

10 Révision

1. Qu'est-ce qu'une fonction vectorielle ? Comment calcule-t-on sa dérivée et son intégrale ?

2. Quel est le lien entre fonctions vectorielles et courbes de l'espace ?

3. a) Qu'est-ce qu'une courbe lisse ?

b) Comment déterminez-vous le vecteur tangent à une courbe lisse en un point ? Comment déterminez-vous la tangente ? Le vecteur tangent unitaire ?

4. Si $\vec{u}$ et $\vec{v}$ sont des fonctions vectorielles dérivables, si c est un scalaire et f une fonction réelle, écrivez les règles de dérivation des fonctions vectorielles suivantes.

a) $\vec{u}(t) + \vec{v}(t)$ b) $c\vec{u}(t)$ c) $f(t)\vec{u}(t)$

d) $\vec{u}(t) \cdot \vec{v}(t)$ e) $\vec{u}(t) \wedge \vec{v}(t)$ f) $\vec{u}(f(t))$

5. Comment calculez-vous la longueur d'une courbe de l'espace donnée par une fonction vectorielle $\vec{r}(t)$?

6. a) Définissez la courbure.

b) Écrivez une formule de la courbure en termes de $\vec{r}'(t)$ et $\vec{T}'(t)$.

c) Écrivez une formule de la courbure en termes de $\vec{r}'(t)$ et $\vec{r}''(t)$.

d) Écrivez une formule de la courbure d'une courbe plane d'équation $y = f(x)$.

7. a) Écrivez les formules des vecteurs normal et binormal unitaires d'une courbe lisse de l'espace $\vec{r}(t)$.

b) Qu'appelle-t-on plan normal à une courbe en un point ? Plan osculateur ? Qu'entend-on par cercle osculateur ?

8. a) Comment calculez-vous la vitesse, la vitesse scalaire et l'accélération d'un point matériel qui se déplace le long d'une courbe de l'espace ?

b) Écrivez l'accélération en termes de ses composantes tangentielles et normales.

9. Énoncez les lois de Kepler.

10. Qu'est-ce qu'une surface paramétrée ? Qu'est-ce qu'une grille ?

Dites si la proposition est vraie ou fausse. Si elle est vraie, expliquez pourquoi. Si elle est fausse, expliquez pourquoi ou donnez un exemple qui contredit la proposition.

1. La courbe d'équation vectorielle $\vec{r}(t) = t^3\vec{i} + 2t^3\vec{j} + 3t^3\vec{k}$ est une droite.

2. La courbe d'équation vectorielle $\vec{r}(t) = (t, t^3, t^5)$ est lisse.

3. La courbe d'équation vectorielle $\vec{r}(t) = (\cos t, t^2, t^4)$ est lisse.

4. La dérivée d'une fonction vectorielle est obtenue en dérivant chacune des composantes de la fonction.

5. Si $\vec{u}(t)$ et $\vec{v}(t)$ sont des fonctions vectorielles dérivables, alors

$$\frac{d}{dt}[\vec{u}(t) \wedge \vec{v}(t)] = \vec{u}'(t) \wedge \vec{v}'(t).$$

6. Si $\vec{r}(t)$ est une fonction vectorielle dérivable, alors

$$\frac{d}{dt}\|\vec{r}(t)\| = \|\vec{r}'(t)\|.$$

7. Si $\vec{T}(t)$ est le vecteur tangent unitaire d'une courbe lisse, alors la courbure est $\kappa = \|d\vec{T}/dt\|$.

8. Le vecteur binormal est $\vec{B}(t) = \vec{N}(t) \wedge \vec{T}(t)$.

9. Le cercle osculateur d'une courbe C en un point a même vecteur tangent, vecteur normal et courbure que C en ce point.

10. Des paramétrisations différentes d'une même courbe aboutissent à des vecteurs tangents identiques en un point donné d'une courbe.

EXERCICES

1. a) Dessinez la courbe représentée par la fonction vectorielle

$$\vec{r}(t) = t\,\vec{i} + \cos \pi t\,\vec{j} + \sin \pi t\,\vec{k} \quad t \geqslant 0.$$

b) Calculez $\vec{r}'(t)$ et $\vec{r}''(t)$.

2. Soit $\vec{r}(t) = (\sqrt{2-t}, (e^t - 1)/t, \ln(t+1))$.
a) Déterminez le domaine de définition de $\vec{r}$.
b) Calculez $\lim_{t \to 0} \vec{r}(t)$.
c) Calculez $\vec{r}'(t)$.

3. Décrivez avec une fonction vectorielle la courbe d'intersection du cylindre $x^2 + y^2 = 16$ et le plan $x + z = 5$.

4. Déterminez des équations paramétriques de la droite tangente à la courbe $x = 2 \sin t$, $y = 2 \sin 2t$, $z = 2 \sin 3t$ au point $(1, \sqrt{3}, 2)$. Faites apparaître dans une même fenêtre la tangente et la courbe.

5. Calculez $\int_0^1 \vec{r}(t)\,dt$, si $\vec{r}(t) = t^2\,\vec{i} + t \cos \pi t\,\vec{j} + \sin \pi t\,\vec{k}$.

6. Soit C la courbe définie par $x = 2 - t^3$, $y = 2t - 1$, $z = \ln t$. Déterminez a) le point en lequel la courbe traverse le plan Oxz, b) des équations paramétriques de la droite tangente en $(1, 1, 0)$ et c) une équation du plan normal à C en $(1, 1, 0)$.

7. Par la Méthode de Simpson avec $n = 6$, estimez la longueur de l'arc de la courbe d'équations $x = t^2$, $y = t^3$, $z = t^4$, $0 \leqslant t \leqslant 3$.

8. Calculez la longueur de la courbe $\vec{r}(t) = (2t^{3/2}, \cos 2t, \sin 2t)$, $0 \leqslant t \leqslant 1$.

9. L'hélice $\vec{r}_1(t) = \cos t\,\vec{i} + \sin t\,\vec{j} + t\,\vec{k}$ rencontre la courbe $\vec{r}_2(t) = (1+t)\,\vec{i} + t^2\,\vec{j} + t^3\,\vec{k}$ au point $(1, 0, 0)$. Calculez l'angle d'intersection de ces courbes.

10. Reparamétrisez la courbe $\vec{r}(t) = e^t\,\vec{i} + e^t \sin t\,\vec{j} + e^t \cos t\,\vec{k}$ par rapport à l'abscisse curviligne mesurée depuis le point $(1, 0, 1)$ dans le sens des t croissants.

11. Déterminez a) le vecteur tangent unitaire, b) le vecteur normal unitaire et c) la courbure de la courbe $\vec{r}(t) = (t^3/3, t^2/2, t)$.

12. Calculez la courbure de l'ellipse $x = 3 \cos t$, $y = 4 \sin t$ aux points $(3, 0)$ et $(0, 4)$.

13. Calculez la courbure de la courbe $y = x^4$ au point $(1, 1)$.

14. Déterminez une équation du cercle osculateur de la courbe $y = x^4 - x^2$ à l'origine. Dessinez la courbe et son cercle osculateur.

15. Déterminez une équation du plan osculateur de la courbe $x = \sin 2t$, $y = t$, $z = \cos 2t$ au point $(0, \pi, 1)$.

16. Voici la trajectoire C d'un point matériel caractérisée par un vecteur position $\vec{r}(t)$ au temps t.
a) Dessinez un vecteur qui représente la vitesse moyenne du point sur l'intervalle de temps $3 \leqslant t \leqslant 3,2$.
b) Écrivez une expression de la vitesse $\vec{v}(3)$.
c) Écrivez une expression du vecteur tangent unitaire $\vec{T}(3)$ et représentez-le.

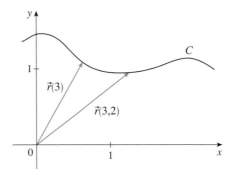

17. Le vecteur position d'un objet en mouvement est $\vec{r}(t) = t \ln t\,\vec{i} + t\,\vec{j} + e^{-t}\,\vec{k}$. Calculez la vitesse, la vitesse scalaire et l'accélération de l'objet.

18. Un mobile part de l'origine avec une vitesse initiale $\vec{i} - \vec{j} + 3\vec{k}$. Son accélération est $\vec{a}(t) = 6t\,\vec{i} + 12t^2\,\vec{j} - 6t\,\vec{k}$. Quelle est sa fonction position ?

19. Un athlète effectue un lancer sous un angle de 45° par rapport à l'horizontale à une vitesse initiale de 13,1 m/s. Le poids quitte sa main à 2,1 m au-dessus du sol.
a) Où est le poids 2 secondes plus tard ?
b) Jusqu'à quelle hauteur est-il allé ?
c) Où le poids est-il tombé ?

20. Déterminez les composantes normale et tangentielle du vecteur accélération d'un point matériel dont la fonction de position est $\vec{r}(t) = t\,\vec{i} + 2t\,\vec{j} + t^2\,\vec{k}$.

21. Donnez une représentation paramétrique de la partie de la sphère $x^2 + y^2 + z^2 = 4$ qui se trouve entre les plans $z = 1$ et $z = -1$.

22. Dessinez par ordinateur la surface d'équation vectorielle

$$\vec{r}(u, v) = ((1 - \cos u)\sin v, u, (u - \sin u)\cos v).$$

Imprimez cette surface sous un bon angle de vue et indiquez la grille des courbes de paramètre u constant et de paramètre v constant.

23. Calculez la courbure de la courbe décrite par les équations paramétriques

$$x = \int_0^t \sin \tfrac{1}{2}\pi\theta^2\,d\theta \qquad y = \int_0^t \cos \tfrac{1}{2}\pi\theta^2\,d\theta.$$

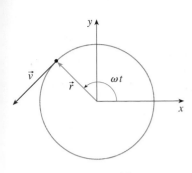

FIGURE relative au problème 1

1. Un point matériel se meut à vitesse angulaire constante ω autour d'un cercle centré à l'origine et de rayon R. On dit que le point est animé d'un *mouvement circulaire uniforme*. On suppose que le mouvement s'effectue dans le sens contraire des aiguilles d'une montre et que le point se trouve en $(R, 0)$ au moment $t = 0$. Le vecteur position au moment t a l'expression

$$\vec{r}(t) = R \cos \omega t\, \vec{i} + R \sin \omega t\, \vec{j}.$$

a) Cherchez l'expression du vecteur vitesse $\vec{v}$ et montrez que $\vec{v} \cdot \vec{r} = 0$. Tirez la conclusion que $\vec{v}$ est tangent au cercle et va dans le même sens que le mouvement.

b) Démontrez que la vitesse scalaire du point est la constante ωR. La *période* T du point est la durée d'une révolution complète. Vérifiez donc que

$$T = \frac{2\pi R}{\|\vec{v}\|} = \frac{2\pi}{\omega}.$$

c) Cherchez le vecteur accélération $\vec{a}$. Montrez qu'il est proportionnel à $\vec{r}$ et dirigé vers l'origine. Une accélération qui possède cette propriété est qualifiée de *centripète*. Montrez que la norme de l'accélération vaut $\|\vec{a}\| = R\omega^2$.

d) On suppose que le point matériel a une masse m. Montrez que l'intensité de la force $\vec{F}$ requise pour produire ce mouvement, appelée *force centripète* vaut

$$\|\vec{F}\| = \frac{m\|\vec{v}\|^2}{R}.$$

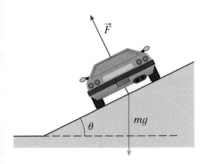

FIGURE relative au problème 2

2. Lors d'un virage en arc de cercle (de rayon R) une autoroute est relevée d'un angle θ pour qu'une voiture puisse franchir ce tournant de façon sûre, sans déraper en l'absence de frottement entre la route et les pneus. En cas de fortes pluies ou de verglas, par exemple, ce frottement peut devenir quasi nul. La vitesse scalaire maximale qu'une voiture peut faire sans déraper sur la courbe est notée v_R. On suppose qu'une voiture de masse m franchit la courbe à cette vitesse v_R. Deux forces agissent sur la voiture : une force verticale mg, due au poids de la voiture, et une force $\vec{F}$ exercée par la route, et normale à celle-ci (voyez la figure).

La composante verticale de $\vec{F}$ compense le poids de la voiture ; donc, $\|\vec{F}\| \cos \theta = mg$. La composante horizontale de $\vec{F}$ exerce une force centripète sur la voiture, de sorte que, en vertu de la seconde loi de Newton et de la partie d) du problème 1,

$$\|\vec{F}\| \sin \theta = \frac{mv_R^2}{R}.$$

a) Montrez que $v_R^2 = Rg\, \text{tg}\,\theta$.

b) Calculez la vitesse maximale sur une route circulaire de 120 m de rayon relevée d'un angle de 12°.

c) On suppose que les ingénieurs des ponts et chaussées veulent maintenir l'angle de 12°, mais augmenter la vitesse maximale possible de 50 %. Quel rayon doive-t-il imposer au virage ?

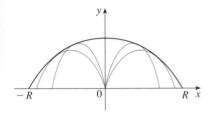

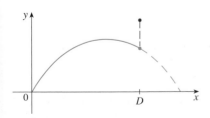

FIGURE relative au problème 3

3. Un projectile est tiré depuis l'origine sous un angle d'élévation α et avec une vitesse initiale v_0. Nous avons montré dans l'exemple 5 de la section 10.4 que, sous l'hypothèse que la résistance de l'air est négligeable et que seule la force de pesanteur g agit sur le projectile, le vecteur position est

$$\vec{r}(t) = (v_0 \cos \alpha)t\, \vec{i} + \left[(v_0 \sin \alpha)t - \tfrac{1}{2} g t^2\right]\vec{j}$$

Nous avons également calculé que la distance horizontale maximale du projectile est atteinte lorsque $\alpha = 45°$ et que, dans ce cas, la portée est $R = v_0^2/g$.

a) Sous quel angle le projectile devrait-il être tiré pour atteindre une hauteur maximale et quelle est cette hauteur maximale ?

b) Fixez la vitesse initiale à v_0 et considérez la parabole $x^2 + 2Ry - R^2 = 0$, dont l'image est ci-contre. Montrez que le projectile peut atteindre n'importe quelle cible sur ou à l'intérieur de la région délimitée par la parabole et l'axe Ox, et qu'aucune cible en dehors de cette région ne peut être atteinte.

c) On suppose que le révolver présente un angle d'inclinaison α de manière à atteindre une cible suspendue à une hauteur h directement au-dessus d'un point à D unités. La cible est lâchée à l'instant où la balle est tirée. Montrez que la balle atteint toujours la cible, indépendamment de la vitesse v_0, pourvu que la balle ne touche pas le sol « avant » D.

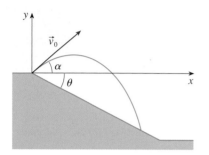

FIGURE relative au problème 4

4. a) Un projectile est tiré depuis l'origine vers le bas d'un plan incliné qui fait un angle θ avec l'horizontale. L'angle d'élévation du tir est noté α et la vitesse initiale du projectile v_0. Déterminez le vecteur position du projectile et les équations paramétriques de la trajectoire en fonction du temps. (Ne tenez pas compte de la résistance de l'air.)

b) Montrez que l'angle d'élévation α qui maximise la portée (en descente) est l'angle à mi-chemin entre le plan et la verticale.

c) On suppose que le projectile est tiré vers le haut d'un plan incliné qui fait un angle d'inclinaison θ. Montrez que pour maximiser la portée (vers le haut), le projectile doit être tiré dans une direction à mi-chemin entre le plan et la verticale.

d) Dans un article présenté en 1686, Edmond Halley a résumé les lois de la gravité et du mouvement des corps projetés et les a appliquées aux tirs. Un des problèmes qu'il a posé concerne le tir d'un projectile dont la cible est à une distance R en haut d'un plan incliné. Montrez que l'angle sous lequel le projectile devrait être tiré pour atteindre sa cible avec le moins d'énergie possible est le même que l'angle de la partie c). (Utilisez le fait que l'énergie nécessaire pour tirer le projectile est proportionnelle au carré de la vitesse initiale et qu'économiser l'énergie revient à minimiser la vitesse initiale.)

5. Une balle roule en bas d'une table à la vitesse de 60 cm/s. La table mesure 1 m de haut.

a) En quel point la balle touche-t-elle le sol et quelle est sa vitesse scalaire au moment de l'impact ?

b) Que vaut l'angle θ entre la trajectoire de la balle et la verticale passant par le point d'impact (voyez la figure) ?

c) La balle rebondit sous un même angle, mais perd 20 % de sa vitesse scalaire à cause de l'énergie absorbée par le choc. À quel endroit la balle retouche-t-elle le sol la deuxième fois ?

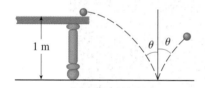

FIGURE relative au problème 5

6. Explorez la forme de la surface d'équations paramétriques

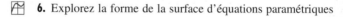

$$x = \sin u \qquad y = \sin v \qquad z = \sin(u+v).$$

Commencez par dessiner la surface sous divers angles de vue. Expliquez l'allure des graphiques en identifiant les traces dans les plans horizontaux $z = 0$, $z = \pm 1$ et $z = \pm\frac{1}{2}$.

7. Lorsqu'un projectile est tiré sous un angle d'élévation α et avec une vitesse scalaire initiale v, des équations paramétriques de sa trajectoire (voyez l'exemple 5 de la section 10.4) sont

$$x = (v\cos\alpha)t \qquad y = (v_0\sin\alpha)t - \frac{1}{2}gt^2.$$

On sait que la portée (distance horizontale parcourue) est maximale lorsque $\alpha = 45°$. Quelle est la valeur de α qui rend maximale la distance totale parcourue par le projectile ? (Calculez la réponse correcte au degré le plus proche.)

8. Un câble de rayon r et de longueur L est enroulé autour d'une bobine de rayon R sans chevauchement. Quelle est la longueur la plus courte sur la bobine couverte par le câble ?

Les dérivées partielles

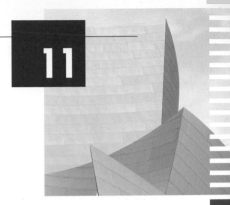

11

Les grandeurs physiques dépendent souvent de deux ou plusieurs variables. Nous allons dans ce chapitre étendre les notions de base du calcul différentiel et intégral à ces fonctions-là.

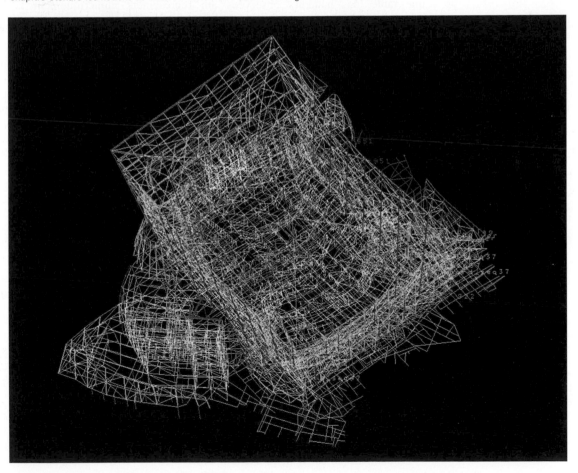

11.1 Les fonctions de plusieurs variables

Dans la section 9.6, nous avons étudié des fonctions de deux variables ainsi que leur représentation graphique. Ici, nous étudions des fonctions de deux variables ou plus sous quatre points de vue :

- verbalement (en les décrivant avec des mots)
- numériquement (en présentant un tableau de leurs valeurs)
- algébriquement (en les définissant par une formule explicite)
- visuellement (en montrant leur graphique ou leurs courbes de niveau)

Rappelons qu'une fonction f de deux variables est une règle qui assigne à chaque couple (x, y) de nombres réels de son domaine de définition un unique nombre réel, noté $f(x, y)$. Dans l'exemple 3 de la section 9.6, nous avons examiné les hauteurs des vagues h en haute mer comme une fonction principalement de la force v du vent et du temps t pendant lequel le vent souffle à cette vitesse. Nous y avons présenté, dans une table, des hauteurs observées qui représentent numériquement la fonction $h = f(v, t)$. La fonction de l'exemple suivant est aussi décrite verbalement et numériquement.

EXEMPLE 1 Dans des régions où l'hiver est rude, l'*indice de refroidissement dû au vent* est utilisé pour rendre compte du froid réellement ressenti. Cet indice I est une température subjective qui dépend de la température réelle T et de la vitesse du vent v. Ainsi, I est une fonction de T et de v et nous pouvons écrire $I = f(T, v)$. La table que voici rassemble des valeurs de I enregistrées par l'Institut météorologique du Canada.

TABLE 1

Indice de refroidissement dû au vent comme une fonction de la température de l'air et de la vitesse du vent

					Vitesse du vent (km/h)						
T \\ v	5	10	15	20	25	30	40	50	60	70	80
5	4	3	2	1	1	0	−1	−1	−2	−2	−3
0	−2	−3	−4	−5	−6	−6	−7	−8	−9	−9	−10
−5	−7	−9	−11	−12	−12	−13	−14	−15	−16	−16	−17
−10	−13	−15	−17	−18	−19	−20	−21	−22	−23	−23	−24
−15	−19	−21	−23	−24	−25	−26	−27	−29	−30	−30	−31
−20	−24	−27	−29	−30	−32	−33	−34	−35	−36	−37	−38
−25	−30	−33	−35	−37	−38	−39	−41	−42	−43	−44	−45
−30	−36	−39	−41	−43	−44	−46	−48	−49	−50	−51	−52
−35	−41	−45	−48	−49	−51	−52	−54	−56	−57	−58	−60
−40	−47	−51	−54	−56	−57	−59	−61	−63	−64	−65	−67

Température réelle (°C)

■ ■ LE NOUVEL INDICE DE REFROIDISSEMENT DÛ AU VENT

Un nouvel indice a été introduit en novembre 2001, plus précis que le précédent. Ce nouvel indice est basé sur un modèle de comment le visage humain se refroidit. Il a été établi à la suite d'essais cliniques au cours desquels des volontaires ont été exposés à diverses températures et vitesses de vent dans un tunnel réfrigéré soumis à des vents.

La table dit par exemple qu'une température de −5 °C associée à un vent de 50 km/h est ressentie comme un froid de −15 °C, sans vent. Donc,

$$f(-5, 50) = -15.$$

■ ■

TABLE 2

Année	P	L	K
1899	100	100	100
1900	101	105	107
1901	112	110	114
1902	122	117	122
1903	124	122	131
1904	122	121	138
1905	143	125	149
1906	152	134	163
1907	151	140	176
1908	126	123	185
1909	155	143	198
1910	159	147	208
1911	153	148	216
1912	177	155	226
1913	184	156	236
1914	169	152	244
1915	189	156	266
1916	225	183	298
1917	227	198	335
1918	223	201	366
1919	218	196	387
1920	231	194	407
1921	179	146	417
1922	240	161	431

EXEMPLE 2 En 1928, Charles Cobb et Paul Douglas ont publié une étude dans laquelle apparaissait une modélisation de la croissance de l'économie américaine entre 1899 et 1922. Ils y avaient adopté une vue simplifiée de l'économie selon laquelle la quantité produite n'est fonction que de la quantité de travail réalisé et du montant des capitaux investis. Malgré que beaucoup d'autres facteurs affectent les performances économiques, leur modèle s'est avéré remarquablement précis. La fonction qu'ils ont employée pour modéliser la production était de la forme

$$\boxed{1} \qquad P(L, K) = bL^{\alpha}K^{1-\alpha},$$

où P est la production totale (la valeur monétaire de tous les biens produits en un an), L la quantité de travail (le nombre total d'heures de travail prestées en un an) et K la quantité de capital investi (la valeur monétaire de toutes les machines, équipements et bâtiments). Nous expliquerons dans la section 11.3 en quoi la forme de l'équation 1 reflète certaines hypothèses économiques.

Les données économiques exploitées par Cobb et Douglas sont celles de la table 2 publiées par le gouvernement. Ils prirent délibérément l'année 1899 comme base, c'est-à-dire qu'ils attribuèrent le niveau 100 à chacun des facteurs et exprimèrent les valeurs des autres années en pourcentage de cette année-là.

Cobb et Douglas utilisèrent le critère des moindres carrés pour ajuster leur modèle aux données de la table 2 et aboutirent à la fonction

$$\boxed{2} \qquad P(L, K) = 1{,}01 L^{0{,}75} K^{0{,}25}.$$

(Pour les détails, voyez l'exercice 45.)

Vérifions la précision de ce modèle en calculant par exemple la production des années 1910 et 1920 :

$$P(147, 208) = 1{,}01(147)^{0{,}75}(208)^{0{,}25} \approx 161{,}9$$

$$P(194, 407) = 1{,}01(194)^{0{,}75}(407)^{0{,}25} \approx 235{,}8$$

Ces valeurs sont assez proches des valeurs réelles 159 et 231.

La fonction de production (1) a été ultérieurement utilisée dans d'autres cadres, depuis la petite unité commerciale jusqu'aux questions économiques globales. Elle est connue comme la **fonction de production de Cobb-Douglas**. ■ ■

Le domaine de définition de la fonction de production de l'exemple 2 est $\{(L, K) \mid L \geqslant 0, K \geqslant 0\}$ parce que L et K, représentant le travail et le capital, ne peuvent pas prendre des valeurs négatives. Pour une fonction f donnée par une formule algébrique, rappelons que le domaine de définition se compose de tous les couples (x, y) pour lesquels l'expression de $f(x, y)$ donne lieu à un nombre réel bien défini.

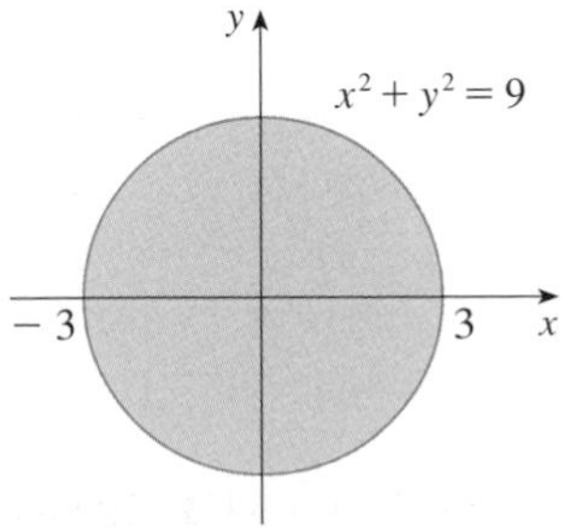

EXEMPLE 3 Déterminez le domaine de définition et l'ensemble image de $g(x, y) = \sqrt{9 - x^2 - y^2}$.

SOLUTION Le domaine de définition de g est

$$D = \{(x, y) \mid 9 - x^2 - y^2 \geqslant 0\} = \{(x, y) \mid x^2 + y^2 \leqslant 9\},$$

c'est-à-dire le disque centré en $(0, 0)$ de rayon 3 (voyez la figure 1). L'ensemble image de g est

$$\{z \mid z = \sqrt{9 - x^2 - y^2}, (x, y) \in D\}.$$

Comme z est une racine carrée positive, $z \geqslant 0$. De plus,

$$9 - x^2 - y^2 \leqslant 9 \quad \Rightarrow \quad \sqrt{9 - x^2 - y^2} \leqslant 3.$$

FIGURE 1
Domaine de définition
de $g(x, y) = \sqrt{9 - x^2 - y^2}$

D'où, l'ensemble image est

$$\{ z \mid 0 \leqslant z \leqslant 3 \} = [0, 3].$$

■ ■

■ ■ Les représentations visuelles

Une première manière de visualiser une fonction de deux variables est de se tourner vers sa représentation graphique. Rappelons de la section 9.6 que le graphique de f est une surface d'équation $z = f(x, y)$.

EXEMPLE 4 Tracez le graphique de $g(x, y) = \sqrt{9 - x^2 - y^2}$.

SOLUTION L'équation du graphique est $z = \sqrt{9 - x^2 - y^2}$. En élevant au carré les deux membres de l'équation, nous obtenons $z^2 = 9 - x^2 - y^2$ ou $x^2 + y^2 + z^2 = 9$. Dans cette dernière expression, nous reconnaissons l'équation d'une sphère centrée à l'origine et de rayon 3. Mais, comme $z \geqslant 0$, le graphique de g n'est que la moitié supérieure de la sphère (voyez la figure 2).

■ ■

EXEMPLE 5 Dessinez par ordinateur le graphique de la fonction de production de Cobb-Douglas $P(L, K) = 1{,}01 L^{0{,}75} K^{0{,}25}$.

SOLUTION La figure 3 montre le graphique de P pour des valeurs de L et de K comprises entre 0 et 300. L'ordinateur a dessiné la surface en marquant les traces verticales. Sur ces traces, on peut constater que la valeur de la production P augmente dès que l'une ou l'autre des variables L ou K augmente, ainsi qu'on pouvait s'y attendre.

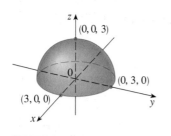

FIGURE 2
Graphique de $g(x, y) = \sqrt{9 - x^2 - y^2}$

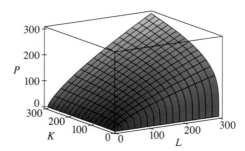

FIGURE 3

■ ■

Une autre façon de visualiser des fonctions, empruntée aux cartographes, est un diagramme de courbes de niveau où des points d'élévation constante sont reliés pour former des *courbes de niveau*.

> **Définition** Les **courbes de niveau** d'une fonction f de deux variables sont les courbes d'équations $f(x, y) = k$, où k est une constante (de l'ensemble image de f).

Une courbe de niveau $f(x, y) = k$ est l'ensemble de tous les points en lesquels f prend une valeur donnée k. Autrement dit, elle montre où le graphique de f passe à l'altitude k.

La figure 4 sert à montrer la relation entre les courbes de niveau et les traces horizontales. La courbe de niveau $f(x, y) = k$ est le projeté dans le plan Oxy de la trace laissée par le graphique de f dans le plan horizontal $z = k$. Aussi, si vous dessinez quelques courbes de niveau d'une fonction et les regardez élevées jusqu'à la bonne hauteur dans la surface, vous pouvez mentalement reconstituer une image du graphique. La surface est raide où les courbes de niveau sont rapprochées. Elle est un peu plus plate là où elles sont plus distantes.

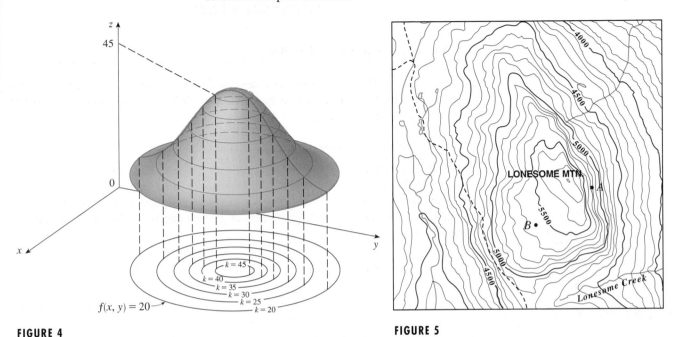

FIGURE 4

FIGURE 5

L'exemple le plus familier de courbes de niveau est celui des cartes topographiques des régions montagneuses, comme la carte de la figure 5. Les courbes de niveau sont des courbes d'altitude constante au-dessus du niveau de la mer. Si vous marchez à la verticale de ces courbes, vous ne montez ni ne descendez. Un autre exemple très commun est la fonction de température présentée dans le paragraphe introductif de cette section. Les courbes de niveau dans ce contexte sont appelées des courbes **isothermales**. Elles joignent des points de même température. La figure 6 montre une carte météorologique du monde sur laquelle figurent des températures moyennes en janvier. Les isothermes sont les courbes qui séparent les zones de couleurs différentes.

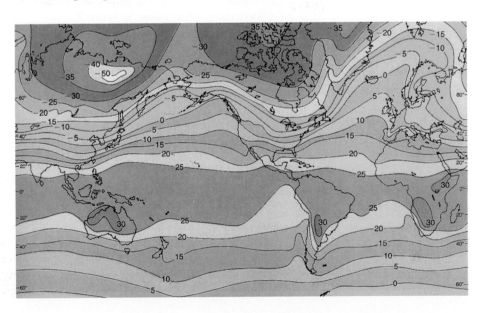

FIGURE 6
Les températures mondiales moyennes au niveau de la mer en janvier en degrés Celsius.

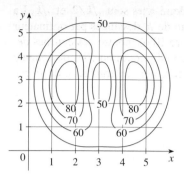

FIGURE 7

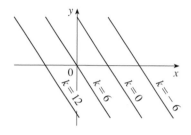

FIGURE 8

Carte de courbes de niveau
de $f(x, y) = 6 - 3x - 2y$

EXEMPLE 6 Voici dans la figure 7 une carte de courbes de niveau d'une fonction f. Lisez sur cette carte les valeurs approximatives de $f(1, 3)$ et $f(4, 5)$.

SOLUTION Le point $(1, 3)$ se trouve quelque part entre les courbes de niveau $z = 70$ et $z = 80$. On estime que

$$f(1, 3) \approx 73.$$

De même, on estime que

$$f(4, 5) \approx 56. \qquad \blacksquare \ \blacksquare$$

EXEMPLE 7 Dessinez les courbes de niveau de la fonction $f(x, y) = 6 - 3x - 2y$ pour les valeurs de $k = -6, 0, 6, 12$.

SOLUTION Les équations des courbes de niveau sont

$$6 - 3x - 2y = k \qquad \text{ou} \qquad 3x + 2y + (k - 6) = 0.$$

Il s'agit d'une famille de droites de pentes $-\frac{3}{2}$. Les quatre courbes de niveau $k = -6$, 0, 6 et 12 demandées sont $3x + 2y - 12 = 0$, $3x + 2y - 6 = 0$, $3x + 2y = 0$ et $3x + 2y + 6 = 0$. Elles sont dessinées dans la figure 8. Ces courbes de niveau sont parallèles et équidistantes parce que le graphique de f est un plan (voyez la figure 4 dans la section 9.6). $\qquad \blacksquare \ \blacksquare$

EXEMPLE 8 Dessinez les courbes de niveau de la fonction

$$g(x, y) = \sqrt{9 - x^2 - y^2} \quad \text{pour} \quad k = 0, 1, 2, 3.$$

SOLUTION Les équations des courbes de niveau sont

$$\sqrt{9 - x^2 - y^2} = k \qquad \text{ou} \qquad x^2 + y^2 = 9 - k^2.$$

C'est une famille de cercles concentriques, centrés en $(0, 0)$ et de rayon $\sqrt{9 - k^2}$. Les cas $k = 0, 1, 2, 3$ sont représentés dans la figure 9. Essayez de visualiser ces courbes remontées au niveau voulu jusqu'à former une surface et comparez avec le graphique de g (une demi-sphère) dans la figure 2.

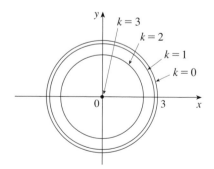

FIGURE 9

Carte de courbes de niveau
de $g(x, y) = \sqrt{9 - x^2 - y^2}$

$\blacksquare \ \blacksquare$

EXEMPLE 9 Dessinez quelques courbes de niveau de la fonction $h(x, y) = 4x^2 + y^2$.

SOLUTION Les équations des courbes de niveau sont

$$4x^2 + y^2 = k \qquad \text{ou} \qquad \frac{x^2}{k/4} + \frac{y^2}{k} = 1.$$

Il s'agit, pour $k > 0$, d'une famille d'ellipses dont les demi-axes sont $\sqrt{k}/2$ et $\sqrt{k}$. La figure 10 a) montre un diagramme de courbes de niveau de h dessinées par ordinateur pour les niveaux $k = 0{,}25$, $0{,}5$, $0{,}75$, …, 4. La figure 10 b) montre ces courbes de niveau élevées jusqu'au graphique de h (un paraboloïde elliptique) où elles deviennent des traces horizontales. La figure 10 met en évidence comment le graphique de h est recomposé à partir de ses courbes de niveau.

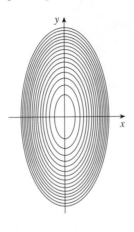

FIGURE 10
Le graphique
de $h(x, y) = 4x^2 + y^2$ vu comme
des courbes de niveau relevées.

a) Carte de courbes de niveau

b) Les traces horizontales sont des courbes
de niveau relevées au niveau correspondant.

EXEMPLE 10 Représentez des courbes de niveau de la fonction de production de Cobb-Douglas de l'exemple 2.

SOLUTION C'est un ordinateur qui a tracé les courbes de niveau de la fonction de production de Cobb-Douglas

$$P(L, K) = 1{,}01 L^{0{,}75} K^{0{,}25}.$$

Chaque courbe de niveau porte le niveau de production P auquel elle correspond. Par exemple, la courbe de niveau marquée 140 se compose de toutes les valeurs de travail L et de capital investi K qui aboutissent à un niveau de production $P = 140$. On observe que, pour une valeur fixée de P, plus L croît, plus K décroît et réciproquement.

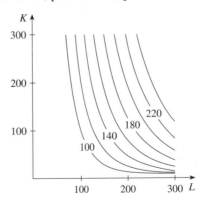

FIGURE 11

Un diagramme de courbes de niveau est à certains égards plus utile qu'un graphique. C'est certainement vrai dans l'exemple 10. (Comparez la figure 11 avec la figure 3.) C'est également vrai pour estimer des valeurs comme dans l'exemple 6.

La figure 12 montre quelques cartes de courbes de niveau engendrées par ordinateur à côté des graphiques eux aussi tracés par ordinateur. Remarquez que les courbes de niveau de la partie c) s'amassent près de l'origine. C'est dû au fait que le graphique de la partie d) est très raide au voisinage de l'origine.

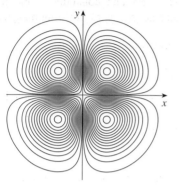

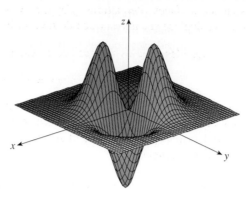

a) Courbes de niveau de $f(x, y) = -xye^{-x^2-y^2}$

b) Deux vues de $f(x, y) = -xye^{-x^2-y^2}$

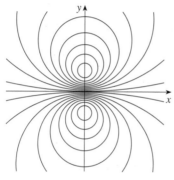

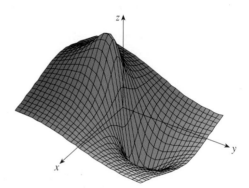

FIGURE 12

c) Courbes de niveau de $f(x, y) = \dfrac{-3y}{x^2+y^2+1}$

d) $f(x, y) = \dfrac{-3y}{x^2+y^2+1}$

▚ Les fonctions de trois variables ou plus

Une **fonction de trois variables** f est une règle qui assigne à chaque triplet ordonné (x, y, z) dans le domaine de définition $D \subset \mathbb{R}^3$ un unique nombre réel, noté $f(x, y, z)$. Par exemple, comme la température en un point de la Terre dépend de la longitude x, de la latitude y du point et du moment t, on peut écrire $T = f(x, y, t)$.

EXEMPLE 11 Déterminez le domaine de définition de f pour

$$f(x, y, z) = \ln(z-y) + xy \sin z.$$

SOLUTION L'expression de $f(x, y, z)$ est définie pourvu que $z - y > 0$. Le domaine de définition de f est donc

$$D = \{(x, y, z) \in \mathbb{R}^3 \mid z > y\}.$$

Il s'agit du **demi-espace** composé de tous les points situés au-dessus du plan $z = y$. ■ ■

Il est très difficile de visualiser une fonction de trois variables par son graphique, vu que celui-ci devrait se trouver dans un espace à quatre dimensions. Néanmoins, examiner ses **surfaces de niveau** permet de comprendre un peu mieux le comportement de f. Ce sont les surfaces d'équations $f(x, y, z) = k$, où k est une constante. Tant que (x, y, z) se déplace sur une surface de niveau, la valeur de $f(x, y, z)$ reste inchangée.

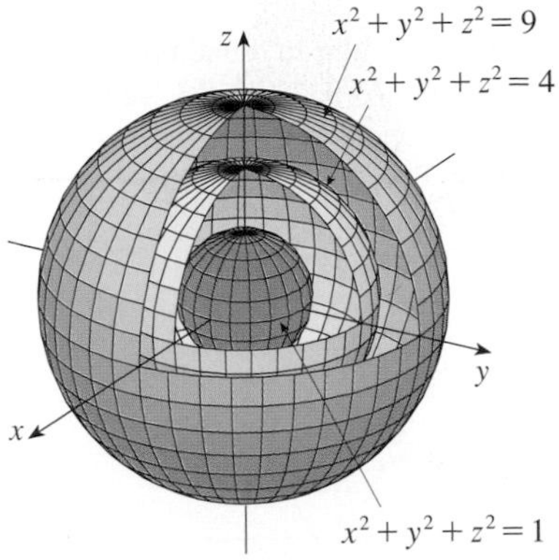

EXEMPLE 12 Quelles sont les surfaces de niveau de la fonction

$$f(x, y, z) = x^2 + y^2 + z^2.$$

SOLUTION Les surfaces de niveau ont pour équation $x^2 + y^2 + z^2 = k$, où $k \geqslant 0$. Une telle équation représente une famille de sphères concentriques de rayon $\sqrt{k}$ (voyez la figure 13). Lorsque (x, y, z) se meut sur une quelconque de ces sphères, la valeur de $f(x, y, z)$ reste la même. ■ ■

$x^2 + y^2 + z^2 = 9$
$x^2 + y^2 + z^2 = 4$
$x^2 + y^2 + z^2 = 1$

FIGURE 13

On peut envisager des fonctions d'un nombre quelconque de variables. Une **fonction de n variables** est une règle qui assigne un nombre $z = f(x_1, x_2, \ldots, x_n)$ à un n-uple $(x_1, x_2, \ldots, x_n)$ de nombres réels. L'ensemble de ces n-uples est noté $\mathbb{R}^n$. Par exemple, si n ingrédients interviennent dans la fabrication d'un aliment, si c_i est le coût par unité de l'ingrédient i et si x_i est la quantité nécessaire du $i^{\text{ième}}$ ingrédient, alors la fonction de coût total C est une fonction des n variables $x_1, x_2, \ldots, x_n$:

$$\boxed{3} \qquad C = f(x_1, x_2, \ldots, x_n) = c_1 x_1 + c_2 x_2 + \cdots + c_n x_n.$$

La fonction f est une fonction à valeurs réelles dont le domaine de définition est un sous-ensemble de $\mathbb{R}^n$. Nous allons parfois adopter la notation vectorielle pour écrire de telles fonctions sous une forme plus compacte : au lieu de $f(x_1, x_2, \ldots, x_n)$, nous écrirons souvent $f(\vec{x})$ où $\vec{x} = (x_1, x_2, \ldots, x_n)$. Dans ces notations, la fonction de l'équation 3 s'écrit

$$f(\vec{x}) = \vec{c} \cdot \vec{x},$$

où $\vec{c} = (c_1, c_2, \ldots, c_n)$ et $\vec{c} \cdot \vec{x}$ est le produit scalaire des vecteurs $\vec{c}$ et $\vec{x}$ de V_n.

Face à la correspondance bijective entre points $(x_1, x_2, \ldots, x_n)$ de $\mathbb{R}^n$ et leurs vecteurs positions $\vec{x} = (x_1, x_2, \ldots, x_n)$ de V_n, nous avons trois façons de regarder une fonction f définie sur un sous-ensemble de $\mathbb{R}^n$:

1. comme une fonction de n variables réelles $x_1, x_2, \ldots, x_n$,
2. comme une fonction d'un simple point variable $(x_1, x_2, \ldots, x_n)$,
3. comme une fonction d'un simple vecteur variable $\vec{x} = (x_1, x_2, \ldots, x_n)$.

Chacun de ces points de vue a ses avantages, ainsi que nous le verrons plus tard.

11.1 | Exercices

1. Nous avons considéré, dans l'exemple 1, la fonction $I = f(T, v)$ où I est l'indice de refroidissement dû au vent, T la température réelle et v la vitesse du vent. Elle est représentée numériquement par la table 1.

a) Combien vaut $f(-15, 40)$? Quelle est la signification de ce nombre ?

b) Expliquez en mots le sens de la question « Pour quelle valeur de v est-ce que $f(-20, v) = -30$? » Répondez ensuite à la question.

c) Expliquez en mots le sens de la question « Pour quelle valeur de T est-ce que $f(T, 20) = -49$? » Répondez ensuite à la question.

d) Interprétez la fonction $I = f(-5, v)$. Décrivez le comportement de cette fonction.

e) Interprétez la fonction $I = f(T, 50)$. Décrivez le comportement de cette fonction.

2. L'*indice température-humidité* I est la température de l'air perçue alors que la température réelle est T et l'humidité relative h. Ainsi, $I = f(T, h)$. La table des valeurs de I que voici est un extrait des tables établies par les organismes internationaux responsables des conditions climatiques.

TABLE 3 La température apparente comme une fonction de la température et de l'humidité

Humidité relative (%)

T \\ h	20	30	40	50	60	70
80	77	78	79	81	82	83
85	82	84	86	88	90	93
90	87	90	93	96	100	106
95	93	96	101	107	114	124
100	99	104	110	120	132	144

Température réelle (°F)

a) Combien vaut $f(95, 70)$? Quelle est la signification de ce nombre ?

b) Pour quelle valeur de h est-ce que $f(90, h) = 100$?

c) Pour quelle valeur de T est-ce que $f(T, 50) = 88$?

d) Interprétez les fonctions $I = f(80, h)$ et $I = f(100, h)$. Comparez le comportement de ces deux fonctions de h.

3. Vérifiez pour la fonction de production de Cobb-Douglas

$$P(L, K) = 1{,}01 L^{0{,}75} K^{0{,}25}$$

rencontrée dans l'exemple 2, que la production est doublée si les facteurs travail et capital sont doublés. Est-ce également vrai pour la fonction de production générale $P(L, K) = bL^{\alpha}K^{1-\alpha}$?

4. L'indice de refroidissement lié au vent I défini dans l'exemple 1 a été modélisé par la fonction suivante :

$$I(T, v) = 13{,}12 + 0{,}6215T - 11{,}37v^{0{,}16} + 0{,}3965Tv^{0{,}16}.$$

Vérifiez pour quelques valeurs de T et v que cette fonction donne bien des valeurs proches de celles de la table 1.

5. Déterminez et représentez le domaine de définition de la fonction $f(x, y) = \ln(9 - x^2 - 9y^2)$.

6. Déterminez et représentez graphiquement le domaine de définition de la fonction $f(x, y) = \sqrt{1 + x - y^2}$. Quel est son ensemble image ?

7. Soit $f(x, y, z) = e^{\sqrt{z - x^2 - y^2}}$.

a) Calculez $f(2, -1, 6)$.

b) Déterminez le domaine de définition de f.

c) Déterminez l'ensemble image de f.

8. Soit $g(x, y, z) = \ln(25 - x^2 - y^2 - z^2)$.

a) Calculez $g(2, -2, 4)$.

b) Déterminez le domaine de définition de g.

c) Déterminez l'ensemble image de g.

9. Voici un diagramme de courbes de niveau d'une fonction f. D'après cette carte, combien vaut $f(-3, 3)$ et $f(3, -2)$? Que pouvez-vous dire sur l'allure du graphique ?

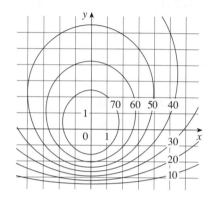

10. Voici deux graphiques de courbes de niveau. L'un est celui d'une fonction f dont la représentation graphique est un cône. L'autre concerne une fonction g représentée par un paraboloïde. Lequel est lequel et pourquoi ?

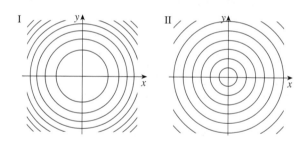

11. Situez les points A et B sur la carte du mont Lonesome (figure 5). Décrivez le relief aux abords de A. Et aux abords de B.

12. Voici le graphique d'une fonction. Faites une esquisse des courbes de niveau de cette surface.

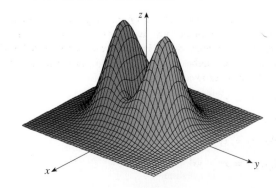

13–14 ■ Voici un diagramme de courbes de niveau d'une fonction. Esquissez le graphique de la fonction.

13.

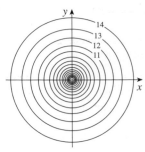

14.

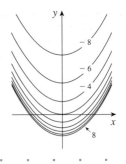

15–22 ■ Dressez un diagramme de quelques courbes de niveau de la fonction.

15. $f(x, y) = (y - 2x)^2$

16. $f(x, y) = x^3 - y$

17. $f(x, y) = y - \ln x$

18. $f(x, y) = e^{y/x}$

19. $f(x, y) = ye^x$

20. $f(x, y) = y \sec x$

21. $f(x, y) = \sqrt{y^2 - x^2}$

22. $f(x, y) = y/(x^2 + y^2)$

23–24 ■ Dessinez les courbes de niveau et le graphique de la fonction et comparez-les.

23. $f(x, y) = x^2 + 9y^2$

24. $f(x, y) = \sqrt{36 - 9x^2 - 4y^2}$

25. En un point (x, y) d'une fine plaque de métal, situé dans le plan Oxy, la température est désignée par $T(x, y)$. Les courbes de niveau de T sont appelées des courbes *isothermales* parce qu'en tous les points de ces courbes la température est la même. Dessinez quelques isothermales si la fonction de température est donnée par

$$T(x, y) = 100/(1 + x^2 + 2y^2).$$

26. Si $V(x, y)$ désigne le potentiel électrique au point (x, y) du plan Oxy, les courbes de niveau de V s'appellent des *courbes équipotentielles* parce qu'en chacun de leurs points le potentiel électrique est le même. Dessinez quelques courbes équipotentielles si $V(x, y) = c/\sqrt{r^2 - x^2 - y^2}$, où c est une constante positive.

 27–30 ■ Faites dessiner la fonction par ordinateur sur différents domaines de définition et sous divers angles de vue. Imprimez l'image qui, selon vous, donne la meilleure vue. Si votre logiciel produit aussi des courbes de niveau, faites la carte des courbes de niveau et comparez avec le graphique.

27. $f(x, y) = e^x \cos y$

28. $f(x, y) = (1 - 3x^2 + y^2)e^{1 - x^2 - y^2}$

29. $f(x, y) = xy^2 - x^3$ (selle de singe)

30. $f(x, y) = xy^3 - yx^3$ (selle de chien)

31–36 ■ Couplez la fonction a) avec son graphique (étiqueté A-F sur la page 750) et b) avec sa carte de courbes de niveau (étiquetée I-VI). Justifiez vos choix.

31. $z = \sin(xy)$

32. $z = e^x \cos y$

33. $z = \sin(x - y)$

34. $z = \sin x - \sin y$

35. $z = (1 - x^2)(1 - y^2)$

36. $z = \dfrac{x - y}{1 + x^2 + y^2}$

37–40 ■ Décrivez les surfaces de niveau des fonctions.

37. $f(x, y, z) = x + 3y + 5z$

38. $f(x, y, z) = x^2 + 3y^2 + 5z^2$

39. $f(x, y, z) = x^2 - y^2 + z^2$

40. $f(x, y, z) = x^2 - y^2$

41–42 ■ Expliquez comment on obtient le graphique de g à partir de celui de f.

41. a) $g(x, y) = f(x, y) + 2$ b) $g(x, y) = 2f(x, y)$
c) $g(x, y) = -f(x, y)$ d) $g(x, y) = 2 - f(x, y)$

42. a) $g(x, y) = f(x - 2, y)$ b) $g(x, y) = f(x, y + 2)$
c) $g(x, y) = f(x + 3, y - 4)$

43. Étudiez la famille des fonctions $f(x, y) = e^{cx^2 + y^2}$ à l'aide d'un ordinateur. Comment la forme du graphique dépend-elle de c ?

44. Dessinez les fonctions

$$f(x, y) = \sqrt{x^2 + y^2}, \qquad f(x, y) = e^{\sqrt{x^2 + y^2}},$$
$$f(x, y) = \ln\sqrt{x^2 + y^2}, \qquad f(x, y) = \sin\sqrt{x^2 + y^2}$$

et
$$f(x, y) = 1/\sqrt{x^2 + y^2}.$$

En général, si g est une fonction d'une variable, comment le graphique de $f(x, y) = g(\sqrt{x^2 + y^2})$ s'obtient-il à partir du graphique de g ?

45. a) Montrez, en prenant le logarithme, que la fonction générale de Cobb-Douglas $P = bL^\alpha K^{1-\alpha}$ peut être exprimée comme

$$\ln\frac{P}{K} = \ln b + \alpha \ln\frac{L}{K}.$$

b) En posant $x = \ln(L/K)$ et $y = \ln(P/K)$, l'équation de la partie a) devient l'équation du premier degré $y = \alpha x + \ln b$. Construisez une table des valeurs de $\ln(L/K)$ et $\ln(P/K)$ pour les années 1899-1922 à partir des valeurs de la table 2 (de l'exemple 2). Déterminez ensuite la droite des moindres carrés passant par les points $(\ln(L/K), \ln(P/K))$ à l'aide d'une calculatrice graphique ou d'un ordinateur (voyez la section 1.2).

c) Déduisez enfin la fonction de production de Cobb-Douglas $P(L, K) = 1,01L^{0,75}K^{0,25}$.

Graphiques et carte de courbes de niveau des exercices 31-36

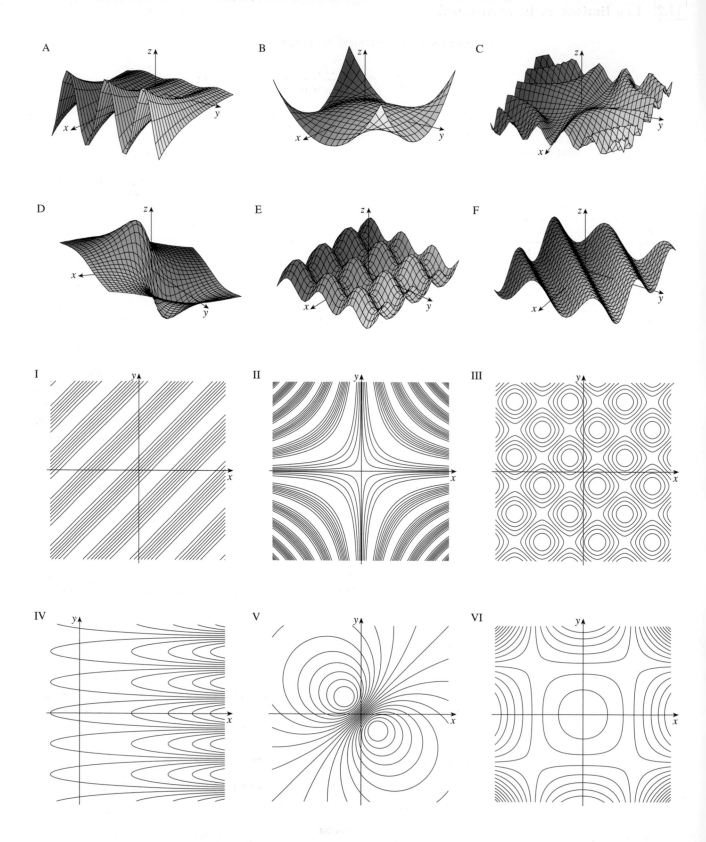

11.2 Les limites et la continuité

Comparons le comportement des fonctions

$$f(x, y) = \frac{\sin(x^2 + y^2)}{x^2 + y^2} \qquad \text{et} \qquad g(x, y) = \frac{x^2 - y^2}{x^2 + y^2},$$

lorsque x et y tendent toutes les deux vers 0 (et par conséquent le point (x, y) s'approche de l'origine).

TABLE 1 Valeurs de $f(x, y)$

x \ y	$-1,0$	$-0,5$	$-0,2$	0	$0,2$	$0,5$	$1,0$
$-1,0$	0,455	0,759	0,829	0,841	0,829	0,759	0,455
$-0,5$	0,759	0,959	0,986	0,990	0,986	0,959	0,759
$-0,2$	0,829	0,986	0,999	1,000	0,999	0,986	0,829
0	0,841	0,990	1,000		1,000	0,990	0,841
$0,2$	0,829	0,986	0,999	1,000	0,999	0,986	0,829
$0,5$	0,759	0,959	0,986	0,990	0,986	0,959	0,759
$1,0$	0,455	0,759	0,829	0,841	0,829	0,759	0,455

TABLE 2 Valeurs de $g(x, y)$

x \ y	$-1,0$	$-0,5$	$-0,2$	0	$0,2$	$0,5$	$1,0$
$-1,0$	0,000	0,600	0,923	1,000	0,923	0,600	0,000
$-0,5$	$-0,600$	0,000	0,724	1,000	0,724	0,000	$-0,600$
$-0,2$	$-0,923$	$-0,724$	0,000	1,000	0,000	$-0,724$	$-0,923$
0	$-1,000$	$-1,000$	$-1,000$		$-1,000$	$-1,000$	$-1,000$
$0,2$	$-0,923$	$-0,724$	0,000	1,000	0,000	$-0,724$	$-0,923$
$0,5$	$-0,600$	0,000	0,724	1,000	0,724	0,000	$-0,600$
$1,0$	0,000	0,600	0,923	1,000	0,923	0,600	0,000

Les tables 1 et 2 montrent les valeurs de $f(x, y)$ et $g(x, y)$, avec trois décimales correctes, en des points proches de l'origine. (Remarquez qu'aucune des deux fonctions n'est définie à l'origine.) Il semble que lorsque (x, y) s'approche de $(0, 0)$, les valeurs de $f(x, y)$ deviennent proches de 1 tandis que celle de $g(x, y)$ ne deviennent proches d'aucun nombre. Il s'avère que ces conjectures basées sur des observations numériques évidentes sont correctes et on écrit

$$\lim_{(x, y) \to (0, 0)} \frac{\sin(x^2 + y^2)}{x^2 + y^2} = 1 \qquad \text{et} \qquad \lim_{(x, y) \to (0, 0)} \frac{x^2 - y^2}{x^2 + y^2} \quad \text{n'existe pas}$$

En général, on utilise la notation

$$\lim_{(x, y) \to (a, b)} f(x, y) = L$$

pour dire que les valeurs de $f(x, y)$ tendent vers le nombre L lorsque le point (x, y) tend vers le point (a, b) le long de n'importe quel chemin inclus dans le domaine de définition de f.

■ ■ Une définition plus précise de la limite d'une fonction de deux variables est donnée à l'annexe D.

> **1 Définition** On écrit
>
> $$\lim_{(x, y) \to (a, b)} f(x, y) = L,$$
>
> et on dit que **la limite de $f(x, y)$ quand (x, y) tend vers (a, b)** est L si on peut rendre les valeurs de $f(x, y)$ aussi proches que l'on veut de L en choisissant (x, y) suffisamment proche du point (a, b), mais non égal à (a, b).

D'autres notations sont encore employées pour la limite de la définition 1,

$$\lim_{\substack{x \to a \\ y \to b}} f(x, y) = L \quad \text{et} \quad f(x, y) \to L \text{ lorsque } (x, y) \to (a, b)$$

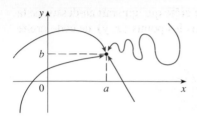

FIGURE 1

Dans le cas des fonctions d'une seule variable, quand x tendait vers a, il n'y avait que deux provenances possibles, soit la gauche, soit la droite. Et on se souvient qu'il a été dit au chapitre 2 que si $\lim_{x \to a^-} f(x) \neq \lim_{x \to a^+} f(x)$, alors $\lim_{x \to a} f(x)$ n'existe pas.

Dans le cas des fonctions de deux variables la situation est beaucoup moins simple parce que (x, y) peut s'approcher de (a, b) en provenance d'un nombre infini de directions et de toutes sortes de manières (voyez la figure 1), pourvu que (x, y) appartienne au domaine de définition de f.

La définition 1 affirme que la distance entre $f(x, y)$ et L peut être rendue arbitrairement petite en rendant la distance entre (x, y) et (a, b) suffisamment petite (mais non nulle). La définition ne porte que sur la *distance* entre (x, y) et (a, b). Elle ne dit rien sur la direction de l'approche. Par conséquent, si la limite existe, alors $f(x, y)$ doit tendre vers la même limite quelle que soit la manière selon laquelle (x, y) s'approche de (a, b). Il s'ensuit que $\lim_{(x, y) \to (a, b)} f(x, y)$ n'existe pas dès que l'on peut mettre en évidence deux chemins différents vers (a, b) le long desquels $f(x, y)$ atteint des limites différentes.

> Si $f(x, y) \to L_1$ lorsque $(x, y) \to (a, b)$ le long d'un chemin C_1 et $f(x, y) \to L_2$ lorsque $(x, y) \to (a, b)$ le long d'un chemin C_2, avec $L_1 \neq L_2$, alors $\lim_{(x, y) \to (a, b)} f(x, y)$ n'existe pas.

EXEMPLE 1 Démontrez que $\displaystyle\lim_{(x, y) \to (0, 0)} \frac{x^2 - y^2}{x^2 + y^2}$ n'existe pas.

SOLUTION Soit $f(x, y) = (x^2 - y^2)/(x^2 + y^2)$. Suivons l'axe Ox pour arriver à $(0, 0)$. Les points sont de coordonnées $(x, 0)$ et $f(x, 0) = x^2/x^2 = 1$, quel que soit $x \neq 0$. D'où

$$f(x, y) \to 1 \quad \text{lorsque} \quad (x, y) \to (0, 0) \text{ le long de l'axe } Ox.$$

Empruntons maintenant l'axe Oy pour arriver à $(0, 0)$. Là, $x = 0$ et $f(0, y) = -y^2/y^2 = -1$, quel que soit $y \neq 0$.

$$f(x, y) \to -1 \quad \text{lorsque } (x, y) \to (0, 0) \text{ le long de l'axe } Oy.$$

(Voyez la figure 2.) Comme f a deux limites différentes sur deux droites différentes, la limite demandée n'existe pas. (Voilà qui confirme la conjecture que nous avions faite sur la base d'évidences numériques, au début de cette section.) ■ ■

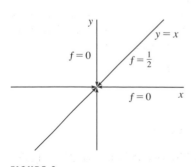

FIGURE 2

EXEMPLE 2 Est-ce que $\displaystyle\lim_{(x, y) \to (0, 0)} f(x, y)$ existe, si $f(x, y) = xy/(x^2 + y^2)$?

SOLUTION Quand $y = 0$, $f(x, 0) = 0/x^2 = 0$. D'où

$$f(x, y) \to 0 \quad \text{lorsque } (x, y) \to (0, 0) \text{ le long de l'axe } Ox.$$

Quand $x = 0$, $f(0, y) = 0/y^2 = 0$. D'où

$$f(x, y) \to 0 \quad \text{lorsque } (x, y) \to (0, 0) \text{ le long de l'axe } Oy.$$

Bien que les limites soient égales le long des axes, cela ne prouve pas que la limite demandée est 0. Approchons encore $(0, 0)$ le long d'une autre droite, $y = x$. Quel que soit $x \neq 0$,

$$f(x, x) = \frac{x^2}{x^2 + x^2} = \frac{1}{2}.$$

D'où $\qquad f(x, y) \to \frac{1}{2} \quad \text{lorsque } (x, y) \to (0, 0) \text{ le long de } y = x.$

(Voyez la figure 3.) Désormais, deux chemins différents conduisent à des limites différentes. La limite demandée n'existe donc pas. ■ ■

FIGURE 3

La figure 4 éclaire un tant soit peu l'exemple 2. La crête qui apparaît au-dessus de la droite $y = x$ reflète le fait que $f(x, y) = \frac{1}{2}$ pour tous les points (x, y) de cette droite sauf en $(0, 0)$.

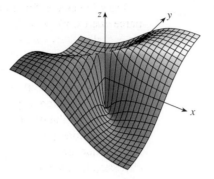

FIGURE 4

$$f(x, y) = \frac{xy}{x^2 + y^2}$$

EXEMPLE 3 Est-ce que $\lim\limits_{(x, y) \to (0, 0)} f(x, y)$ existe, si $f(x, y) = \frac{xy^2}{x^2 + y^4}$?

SOLUTION Ayant à l'esprit la solution de l'exemple 2, essayons de gagner un peu de temps en faisant tendre (x, y) vers $(0, 0)$ le long de toutes les droites (non verticales) qui passent par l'origine, celles d'équation $y = mx$, où m désigne la pente. Sur ces chemins,

$$f(x, y) = f(x, mx) = \frac{x(mx)^2}{x^2 + (mx)^4} = \frac{m^2 x^3}{x^2 + m^4 x^4} = \frac{m^2 x}{1 + m^4 x^2}.$$

■ ■ La figure 5 montre le graphique de la fonction de l'exemple 3. Remarquez l'arête au-dessus de la parabole $x = y^2$.

Ainsi, $\qquad f(x, y) \to 0 \quad$ lorsque $(x, y) \to (0, 0)$ le long de $y = mx$.

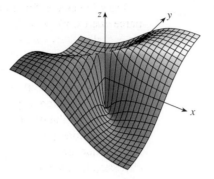

Le long de toutes les droites non verticales passant par l'origine, f tend donc vers la même limite. Mais cela ne suffit pas à démontrer que la limite demandée vaut 0. En effet, faisons maintenant tendre (x, y) vers $(0, 0)$ le long de la parabole $x = y^2$:

$$f(x, y) = f(y^2, y) = \frac{y^2 \cdot y^2}{(y^2)^2 + y^4} = \frac{y^4}{2y^4} = \frac{1}{2}.$$

FIGURE 5

Ainsi, $\qquad f(x, y) \to \frac{1}{2} \quad$ lorsque $(x, y) \to (0, 0)$ le long de $x = y^2$.

Comme des chemins différents mènent à des limites différentes, la limite demandée n'existe pas. ■ ■

Tournons-nous maintenant vers des limites qui *existent*. Comme c'était déjà le cas pour les fonctions d'une seule variable, le calcul des limites des fonctions de deux variables est grandement facilité par la mise en application des propriétés des limites. Les lois algébriques des limites énumérées dans la section 2.3 s'étendent aux fonctions de deux variables. La limite d'une somme est la somme des limites, la limite d'un produit est le produit des limites, etc. Et en particulier, sont vrais les résultats suivants :

$$\boxed{2} \qquad \lim\limits_{(x, y) \to (a, b)} x = a \qquad \lim\limits_{(x, y) \to (a, b)} y = b \qquad \lim\limits_{(x, y) \to (a, b)} c = c.$$

Le théorème du sandwich subsiste également.

EXEMPLE 4 Déterminez $\lim\limits_{(x, y) \to (0, 0)} \dfrac{3x^2 y}{x^2 + y^2}$ si cette limite existe.

SOLUTION Comme dans l'exemple 3, nous pourrions vérifier que la limite est 0 le long de toutes les droites qui passent par l'origine. Ceci ne prouve pas que la limite vaut 0, mais il se fait que les limites le long des paraboles $y = x^2$ et $x = y^2$ valent aussi 0. Aussi, nous commençons à suspecter que la limite pourrait exister et être égale à 0.

Pour le démontrer, nous évaluons la distance entre $f(x, y)$ et 0 :

$$\left| \frac{3x^2 y}{x^2 + y^2} - 0 \right| = \left| \frac{3x^2 y}{x^2 + y^2} \right| = \frac{3x^2 |y|}{x^2 + y^2}$$

Comme $x^2 \leqslant x^2 + y^2$ parce que $y^2 \geqslant 0$,

$$\frac{x^2}{x^2 + y^2} \leqslant 1.$$

D'où,

$$0 \leqslant \frac{3x^2 |y|}{x^2 + y^2} \leqslant 3|y|.$$

C'est le moment d'employer le théorème du sandwich. Comme

$$\lim_{(x, y) \to (0, 0)} 0 = 0 \quad \text{et} \quad \lim_{(x, y) \to (0, 0)} 3|y| = 0 \quad [\text{par}\,(2)]$$

nous arrivons à la conclusion que $\displaystyle\lim_{(x, y) \to (0, 0)} \frac{3x^2 y}{x^2 + y^2} = 0.$ ■ ■

■■ La continuité

Rappelez-vous qu'il était facile de calculer les limites des fonctions *continues* car, conformément à la définition des fonctions continues $\lim_{x \to a} f(x) = f(a)$, une substitution directe suffisait. La continuité des fonctions de deux variables est aussi définie par cette propriété de substitution directe.

---

3 Définition Une fonction f de deux variables est dite **continue en** (a, b) si

$$\lim_{(x, y) \to (a, b)} f(x, y) = f(a, b).$$

On dit que f est **continue sur D** si f est continue en tout point (a, b) de D.

L'interprétation intuitive de la continuité est que si le point (x, y) change de peu, alors la valeur de $f(x, y)$ change aussi de peu. Cela signifie qu'une surface qui représente une fonction continue n'a ni trou, ni fracture.

Les propriétés des limites impliquent que les sommes, différences, produits et quotients de fonctions continues sont continues sur leurs domaines. Appuyons-nous sur ce résultat pour donner quelques exemples de fonctions continues.

Une **fonction polynomiale de deux variables** (ou plus brièvement polynôme) est la somme de termes de la forme $cx^m y^n$, où c est une constante et où m et n sont des entiers positifs ou nuls. Une **fonction rationnelle** est un rapport de polynômes. Par exemple,

$$f(x, y) = x^4 + 5x^3 y^2 + 6xy^4 - 7y + 6,$$

est un polynôme, tandis que

$$g(x, y) = \frac{2xy + 1}{x^2 + y^2}$$

est une fonction rationnelle.

Les limites des formules (2) affirment que les fonctions $f(x, y) = x$, $g(x, y) = y$ et $h(x, y) = c$ sont continues. Or, n'importe quel polynôme est construit par multiplication et addition des fonctions simples f, g et h. Par conséquent, *tous les polynômes sont des fonctions continues sur* $\mathbb{R}^2$. Semblablement, toute fonction rationnelle, en tant que quotient de fonctions continues, est continue sur son domaine de définition.

EXEMPLE 5 Calculez $\lim\limits_{(x, y) \to (1, 2)} (x^2y^3 - x^3y^2 + 3x + 2y)$.

SOLUTION Vu que $f(x, y) = x^2y^3 - x^3y^2 + 3x + 2y$ est un polynôme, elle est continue partout et sa limite s'obtient par substitution directe :

$$\lim\limits_{(x, y) \to (1, 2)} (x^2y^3 - x^3y^2 + 3x + 2y) = 1^2 \cdot 2^3 - 1^3 \cdot 2^2 + 3 \cdot 1 + 2 \cdot 2 = 11.$$ ■ ■

EXEMPLE 6 Où la fonction $f(x, y) = \dfrac{x^2 - y^2}{x^2 + y^2}$ est-elle continue ?

SOLUTION La fonction f est discontinue en $(0, 0)$ parce qu'elle n'y est pas définie. Mais pour le reste, étant une fonction rationnelle, f est continue sur tout son domaine de définition qui est l'ensemble $D = \{(x, y) \mid (x, y) \neq (0, 0)\}$. ■ ■

EXEMPLE 7 Soit

$$g(x, y) = \begin{cases} \dfrac{x^2 - y^2}{x^2 + y^2} & \text{si } (x, y) \neq (0, 0) \\ 0 & \text{si } (x, y) = (0, 0). \end{cases}$$

Ici, g est définie en $(0, 0)$ mais elle reste malgré tout discontinue en $(0, 0)$ parce que $\lim\limits_{(x, y) \to (0, 0)} g(x, y)$ n'existe pas (voyez l'exemple 1). ■ ■

■ ■ La figure 6 montre le graphique de la fonction continue de l'exemple 8.

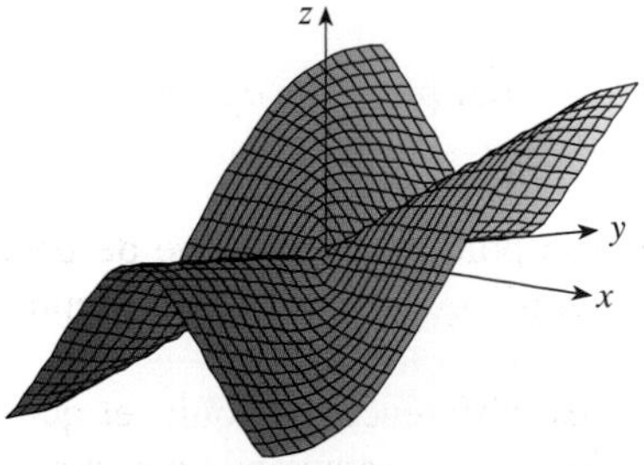

FIGURE 6

EXEMPLE 8 Soit

$$f(x, y) = \begin{cases} \dfrac{3x^2y}{x^2 + y^2} & \text{si } (x, y) \neq (0, 0) \\ 0 & \text{si } (x, y) = (0, 0) \end{cases}$$

Nous savons que f est continue pour $(x, y) \neq (0, 0)$ puisqu'elle est une fonction rationnelle. De plus, de l'exemple 4, nous tenons que

$$\lim\limits_{(x, y) \to (0, 0)} f(x, y) = \lim\limits_{(x, y) \to (0, 0)} \frac{3x^2y}{x^2 + y^2} = 0 = f(0, 0).$$

Par conséquent, f est continue en $(0, 0)$ et, de ce fait, continue sur tout $\mathbb{R}^2$. ■ ■

De même que pour les fonctions d'une seule variable, la composition est une autre façon d'associer deux fonctions continues pour en obtenir une troisième. Il est possible de démontrer que si f est une fonction continue de deux variables et g une fonction continue d'une variable définie sur l'ensemble image de f, alors la fonction composée $h = g \circ f$ définie par $h(x, y) = g(f(x, y))$ est aussi une fonction continue.

EXEMPLE 9 Où la fonction $h(x, y) = \text{Arctg}\,(y/x)$ est-elle continue ?

SOLUTION La fonction $f(x, y) = y/x$ est une fonction rationnelle et donc continue sauf sur la droite $x = 0$. La fonction $g(t) = \text{Arctg}\,t$ est continue partout. Dès lors, la fonction composée

$$g(f(x, y)) = \text{Arctg}\,(y/x) = h(x, y)$$

est continue sauf quand $x = 0$. La figure 7 permet de voir la fracture dans le graphique de h au-dessus de l'axe Oy. ■ ■

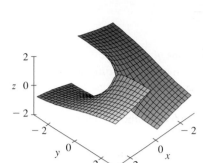

FIGURE 7
La fonction $h(x, y) = \text{Arctg}\,(y/x)$
est discontinue quand $x = 0$.

Tout ce qui a été dit et fait dans cette section est susceptible d'extension aux fonctions de plus de deux variables. La notation

$$\lim_{(x, y, z) \to (a, b, c)} f(x, y, z) = L$$

signifie que les valeurs de $f(x, y, z)$ tendent vers le nombre L lorsque le point (x, y, z) s'approche du point (a, b, c) le long de n'importe quel chemin pourvu qu'il soit dans le domaine de définition de f. La fonction f est continue en (a, b, c) lorsque

$$\lim_{(x, y, z) \to (a, b, c)} f(x, y, z) = f(a, b, c).$$

Par exemple, la fonction

$$f(x, y, z) = \frac{1}{x^2 + y^2 + z^2 - 1}$$

est une fraction rationnelle de trois variables. Elle est donc continue en tout point de $\mathbb{R}^3$, sauf là où $x^2 + y^2 + z^2 = 1$. Autrement dit, elle est discontinue sur la sphère centrée à l'origine de rayon 1.

11.2 Exercices

1. On suppose que $\lim_{(x, y) \to (3, 1)} f(x, y) = 6$. Que pouvez-vous dire de la valeur de $f(3, 1)$? Et si f est continue ?

2. Pensez-vous que la fonction est continue ou discontinue et expliquez pourquoi.
   a) La température extérieure comme fonction de la longitude, de la latitude et du temps.
   b) L'altitude (par rapport au niveau de la mer) comme une fonction de la longitude, de la latitude et du temps.
   c) Le coût d'une course en taxi comme une fonction de la distance parcourue et du temps.

3–4 ■ Conjecturez la valeur de la limite de $f(x, y)$ quand $(x, y) \to (0, 0)$ sur la base d'une table de valeurs numériques de $f(x, y)$ pour (x, y) aux abords de l'origine. Ensuite, expliquez pourquoi votre conjecture est correcte.

3. $f(x, y) = \dfrac{x^2 y^3 + x^3 y^2 - 5}{2 - xy}$ **4.** $f(x, y) = \dfrac{2xy}{x^2 + 2y^2}$

5–18 ■ Calculez la limite, si elle existe, ou démontrez qu'elle n'existe pas.

5. $\displaystyle\lim_{(x, y) \to (5, -2)} (x^5 + 4x^3 y - 5xy^2)$

6. $\displaystyle\lim_{(x, y) \to (6, 3)} xy \cos(x - 2y)$

7. $\displaystyle\lim_{(x, y) \to (0, 0)} \frac{y^4}{x^4 + 3y^4}$ **8.** $\displaystyle\lim_{(x, y) \to (0, 0)} \frac{x^2 + \sin^2 y}{2x^2 + y^2}$

9. $\displaystyle\lim_{(x, y) \to (0, 0)} \frac{xy \cos y}{3x^2 + y^2}$ **10.** $\displaystyle\lim_{(x, y) \to (0, 0)} \frac{6x^3 y}{2x^4 + y^4}$

11. $\displaystyle\lim_{(x, y) \to (0, 0)} \frac{xy}{\sqrt{x^2 + y^2}}$ **12.** $\displaystyle\lim_{(x, y) \to (0, 0)} \frac{x^2 \sin^2 y}{x^2 + 2y^2}$

13. $\displaystyle\lim_{(x, y) \to (0, 0)} \frac{2x^2 y}{x^4 + y^2}$ **14.** $\displaystyle\lim_{(x, y) \to (0, 0)} \frac{xy^4}{x^2 + y^8}$

15. $\displaystyle\lim_{(x,y)\to(0,0)} \frac{x^2+y^2}{\sqrt{x^2+y^2+1}-1}$ **16.** $\displaystyle\lim_{(x,y)\to(0,0)} \frac{x^4-y^4}{x^2+y^2}$

17. $\displaystyle\lim_{(x,y,z)\to(0,0,0)} \frac{xy+yz^2+xz^2}{x^2+y^2+z^4}$

18. $\displaystyle\lim_{(x,y,z)\to(0,0,0)} \frac{x^2+2y^2+3z^2}{x^2+y^2+z^2}$

19–20 ■ Faites dessiner le graphique de la fonction par un ordinateur et au vu du graphique, expliquez pourquoi la limite n'existe pas.

19. $\displaystyle\lim_{(x,y)\to(0,0)} \frac{2x^2+3xy+4y^2}{3x^2+5y^2}$

20. $\displaystyle\lim_{(x,y)\to(0,0)} \frac{xy^3}{x^2+y^6}$

21–22 ■ Écrivez l'expression de $h(x,y)=g(f(x,y))$ et déterminez l'ensemble sur lequel h est continue.

21. $g(t)=t^2+\sqrt{t}$, $f(x,y)=2x+3y-6$

22. $g(t)=\dfrac{\sqrt{t}-1}{\sqrt{t}+1}$, $f(x,y)=x^2-y$

23–24 ■ Dessinez par ordinateur la fonction et repérez où elle est discontinue. Tournez-vous ensuite vers la formule pour expliquer ce que vous avez observé.

23. $f(x,y)=e^{1/(x-y)}$ **24.** $f(x,y)=\dfrac{1}{1-x^2-y^2}$

25–32 ■ Déterminez le plus grand domaine sur lequel la fonction est continue.

25. $F(x,y)=\dfrac{\sin(xy)}{e^x-y^2}$ **26.** $F(x,y)=\dfrac{x-y}{1+x^2+y^2}$

27. $G(x,y)=\ln(x^2+y^2-4)$

28. $F(x,y)=e^{x^2y}+\sqrt{x+y^2}$

29. $f(x,y,z)=\dfrac{\sqrt{y}}{x^2-y^2+z^2}$

30. $f(x,y,z)=\sqrt{x+y+z}$

31. $f(x,y)=\begin{cases}\dfrac{x^2y^3}{2x^2+y^2} & \text{si }(x,y)\neq(0,0)\\ 1 & \text{si }(x,y)=(0,0)\end{cases}$

32. $f(x,y)=\begin{cases}\dfrac{xy}{x^2+xy+y^2} & \text{si }(x,y)\neq(0,0)\\ 0 & \text{si }(x,y)=(0,0)\end{cases}$

33–34 ■ Déterminez la limite à l'aide des coordonnées polaires. [Remarquez que $r\to0^+$ lorsque $(x,y)\to(0,0)$, si (r,θ) sont les coordonnées polaires du point (x,y) avec $r\geq0$.]

33. $\displaystyle\lim_{(x,y)\to(0,0)} \frac{x^3+y^3}{x^2+y^2}$

34. $\displaystyle\lim_{(x,y)\to(0,0)} (x^2+y^2)\ln(x^2+y^2)$

35. Calculez à l'aide des coordonnées sphériques
$$\lim_{(x,y,z)\to(0,0,0)} \frac{xyz}{x^2+y^2+z^2}.$$

36. Au début de cette section, on a envisagé la fonction
$$f(x,y)=\frac{\sin(x^2+y^2)}{x^2+y^2}$$
et conjecturé, sur la base d'observations numériques, que $f(x,y)\to1$ lorsque $(x,y)\to(0,0)$. Utilisez des coordonnées polaires pour confirmer la valeur de la limite. Ensuite, faites le graphique de la fonction.

11.3 Les dérivées partielles

Par une chaude journée, nous ressentons la température plus élevée qu'elle n'est en réalité à cause du degré d'humidité, en revanche, nous pensons que la température est plus basse que ne l'indique le thermomètre lorsque l'air est sec. Les services météorologiques ont conçu l'*indice chaleur* (appelé aussi indice température-humidité) pour refléter les effets conjugués de la température et de l'humidité. L'indice chaleur I désigne la température de l'air ressentie alors que la température réelle est T et l'humidité relative H. Ainsi, I est une fonction de T et de H, ce qui s'écrit $I=f(T,H)$. La table suivante est empruntée aux services météorologiques.

TABLE 1 Indice de chaleur I comme fonction de la température et de l'humidité.

Humidité relative (%)

T \\ H	50	55	60	65	70	75	80	85	90
90	96	98	100	103	106	109	112	115	119
92	100	103	105	108	112	115	119	123	128
94	104	107	111	114	118	122	127	132	137
96	109	113	116	121	125	130	135	141	146
98	114	118	123	127	133	138	144	150	157
100	119	124	129	135	141	147	154	161	168

Température réelle (°F)

Si on ne regarde que la colonne surlignée de la table, qui correspond à une humidité relative $H = 70$ %, l'indice chaleur est vu comme une fonction de la seule variable T, H étant fixé. Écrivons $g(T) = f(T, 70)$. Cette fonction décrit comment évolue l'indice chaleur I lorsque la température réelle T augmente, sous une humidité relative de 70 %. La dérivée de g quand $T = 96$ °F est le taux de variation de I par rapport à T quand $T = 96$ °F :

$$g'(96) = \lim_{h \to 0} \frac{g(96 + h) - g(96)}{h} = \lim_{h \to 0} \frac{f(96 + h, 70) - f(96, 70)}{h}.$$

On peut avoir une idée de sa valeur en se servant des valeurs de la table 1 pour $h = 2$ et $h = -2$:

$$g'(96) \approx \frac{g(98) - g(96)}{2} = \frac{f(98, 70) - f(96, 70)}{2} = \frac{133 - 125}{2} = 4.$$

$$g'(96) \approx \frac{g(94) - g(96)}{-2} = \frac{f(94, 70) - f(96, 70)}{-2} = \frac{118 - 125}{-2} = 3,5.$$

On peut dire que $g'(96)$ vaut à peu près la moyenne de ces deux valeurs, à savoir 3,75. L'interprétation de ce nombre est que, quand la température réelle est de 96 °F et le degré d'humidité relative de 70 %, la température ressentie (l'indice chaleur) monte d'environ 3,75 °F à chaque degré supplémentaire de la température réelle !

Tournons-nous maintenant vers la ligne surlignée de la table 1, qui correspond à une température fixe de 96 °F. Les nombres de cette ligne sont les valeurs de la fonction $G(H) = f(96, H)$, qui décrit comment l'indice chaleur croît en fonction de l'augmentation de l'humidité relative H, la température réelle restant inchangée à $T = 96$ °F. La dérivée de cette fonction quand $H = 70$ % est le taux de variation de I par rapport à H quand $H = 70$ % :

$$G'(70) = \lim_{h \to 0} \frac{G(70 + h) - G(70)}{h} = \lim_{h \to 0} \frac{f(96, 70 + h) - f(96, 70)}{h}.$$

Deux valeurs approchées de $G'(70)$ sont calculées en prenant dans la table $h = 5$ et -5 :

$$G'(70) \approx \frac{G(75) - G(70)}{5} = \frac{f(96, 75) - f(96, 70)}{5} = \frac{130 - 125}{5} = 1.$$

$$G'(70) \approx \frac{G(65) - G(70)}{-5} = \frac{f(96, 65) - f(96, 70)}{-5} = \frac{121 - 125}{-5} = 0,8.$$

L'estimation retenue de $G'(70)$ est la moyenne des deux valeurs précédentes, à savoir $0,9$. Cette valeur signifie que, quand la température est de $96\,°F$ et le taux d'humidité relative de $70\,\%$, l'indice chaleur augmente de $0,9\,°F$ à chaque augmentation d'un pour cent de l'humidité.

Traitons du cas général où f est une fonction de deux variables x et y et où seule la variable x varie, y étant maintenue fixée à la valeur $y = b$. En réalité, nous sommes devant une fonction d'une seule variable x, à savoir $g(x) = f(x, b)$. Si g admet une dérivée en a, elle s'appelle la **dérivée partielle de f par rapport à x en (a, b)** et est notée $f_x'(a, b)$. Donc,

$$\boxed{1} \qquad f_x'(a, b) = g'(a) \quad \text{où} \quad g(x) = f(x, b).$$

Or, d'après la définition de la dérivée,

$$g'(a) = \lim_{h \to 0} \frac{g(a + h) - g(a)}{h}.$$

D'où, l'expression 1 devient :

$$\boxed{2} \qquad f_x'(a, b) = \lim_{h \to 0} \frac{f(a + h, b) - f(a, b)}{h}.$$

De même, la **dérivée partielle de f par rapport à y en (a, b)** et notée $f_y'(a, b)$ est obtenue en tenant x fixé ($x = a$) et en prenant la dérivée habituelle en b de la fonction $G(y) = f(a, y)$:

$$\boxed{3} \qquad f_y'(a, b) = \lim_{h \to 0} \frac{f(a, b + h) - f(a, b)}{h}.$$

Dans ces notations de dérivée partielle, les taux de variation de l'indice chaleur I par rapport à la température réelle T et l'humidité relative H, quand $T = 96\,°F$ et $H = 70\,\%$ peuvent s'écrire :

$$f_T'(96, 70) \approx 3,75 \qquad f_H'(96, 70) \approx 0,9.$$

Dès le moment où le point (a, b) devient variable dans les équations 2 et 3, f_x' et f_y' deviennent des fonctions de deux variables.

> $\boxed{4}$ Si f est une fonction de deux variables, ses **dérivées partielles** sont les fonctions f_x' et f_y' définies par
>
> $$f_x'(x, y) = \lim_{h \to 0} \frac{f(x + h, y) - f(x, y)}{h}.$$
>
> $$f_y'(x, y) = \lim_{h \to 0} \frac{f(x, y + h) - f(x, y)}{h}.$$

D'autres notations sont en usage pour les dérivées partielles. Par exemple, au lieu de f_x', on rencontre f_1' (pour spécifier que la dérivée concerne la première variable) ou $\partial f / \partial x$. Mais ici, $\partial f / \partial x$ ne peut pas être interprété comme un quotient de différentielles.

Notation des dérivées partielles Si $z = f(x, y)$, on écrit

$$f_x'(x, y) = f_x' = \frac{\partial f}{\partial x} = \frac{\partial}{\partial x} f(x, y) = \frac{\partial z}{\partial x} = f_1' = D_1 f = D_x f$$

$$f_y'(x, y) = f_y' = \frac{\partial f}{\partial y} = \frac{\partial}{\partial y} f(x, y) = \frac{\partial z}{\partial y} = f_2' = D_2 f = D_y f$$

Pour calculer des dérivées partielles, la seule chose dont il faut se souvenir est ce que dit l'équation 1, à savoir que la dérivée partielle par rapport à x n'est autre que la dérivée ordinaire de la fonction g d'une seule variable obtenue en tenant y fixé. La règle est donc la suivante :

Règle de calcul des dérivées partielles de $z = f(x, y)$
1. Pour calculer f_x', regarder y comme une constante et dériver $f(x, y)$ par rapport à x.
2. Pour calculer f_y', regarder x comme une constante et dériver $f(x, y)$ par rapport à y.

EXEMPLE 1 Calculez $f_x'(2, 1)$ et $f_y'(2, 1)$ si $f(x, y) = x^3 + x^2 y^3 - 2y^2$.

SOLUTION En tenant y constante et en dérivant par rapport à x, on obtient

$$f_x'(x, y) = 3x^2 + 2xy^3,$$

et de là
$$f_x'(2, 1) = 3 \cdot 2^2 + 2 \cdot 2 \cdot 1^3 = 16.$$

En tenant x constante et en dérivant par rapport à y, on obtient

$$f_y'(x, y) = 3x^2 y^2 - 4y,$$

et de là
$$f_y'(2, 1) = 3 \cdot 2^2 \cdot 1^2 - 4 \cdot 1 = 8.$$
■ ■

■■ Interprétation géométrique des dérivées partielles

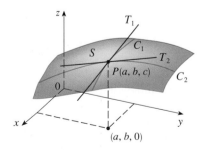

FIGURE 1

Les dérivées partielles de f en (a, b) sont les pentes des tangentes à C_1 et C_2.

L'interprétation géométrique des dérivées partielles passe forcément par la surface S représentative de f d'équation $z = f(x, y)$. Si $f(a, b) = c$, alors le point $P(a, b, c)$ se trouve sur S. Fixer $y = b$ revient à restreindre l'attention à la courbe C_1 selon laquelle le plan vertical $y = b$ coupe S. (Autrement dit, C_1 est la trace de S dans le plan $y = b$.) De même, le plan vertical $x = a$ coupe S selon la courbe C_2. Les deux courbes C_1 et C_2 passent par P (voyez la figure 1).

Remarquez que la courbe C_1 n'est autre que le graphique de la fonction $g(x) = f(x, b)$ et que la pente de la tangente T_1 en P est donnée par $g'(a) = f_x'(a, b)$. La courbe C_2 est le graphique de la fonction $G(y) = f(a, y)$ et la pente de la tangente T_2 en P est $G'(b) = f_y'(a, b)$.

Par conséquent, les dérivées partielles $f_x'(a, b)$ et $f_y'(a, b)$ peuvent être interprétées géométriquement comme les pentes des tangentes en $P(a, b, c)$ aux traces C_1 et C_2 de S dans les plans $y = b$ et $x = a$.

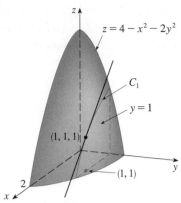

FIGURE 2

Ainsi que nous l'avons dit dans l'exemple de l'indice chaleur, les dérivées partielles peuvent aussi être interprétées comme des *taux de variation*. Si $z = f(x, y)$, alors $\partial z / \partial x$ représente le taux de variation de z par rapport à x, quand y est fixée. De même, $\partial z / \partial y$ représente le taux de variation de z par rapport à y quand x est fixée.

EXEMPLE 2 Soit $f(x, y) = 4 - x^2 - 2y^2$. Calculez $f_x'(1, 1)$ et $f_y'(1, 1)$ et interprétez ces nombres en tant que pentes.

SOLUTION On a

$$f_x'(x, y) = -2x \qquad f_y'(x, y) = -4y$$

$$f_x'(1, 1) = -2 \qquad f_y'(1, 1) = -4$$

Le graphique de f est le paraboloïde $z = 4 - x^2 - 2y^2$ et le plan vertical $y = 1$ le coupe suivant la parabole $z = 2 - x^2$, $y = 1$. (Cette courbe d'intersection est notée C_1 dans la figure 2, comme dans le paragraphe précédent.) La pente de la droite tangente à cette parabole au point $(1, 1, 1)$ vaut $f_x'(1, 1) = -2$. De même, la courbe C_2 selon laquelle le plan $x = 1$ coupe le paraboloïde est la parabole $z = 3 - 2y^2$, $x = 1$, et la pente de la tangente en $(1, 1, 1)$ est donnée par $f_y'(1, 1) = -4$ (voyez la figure 3). ■ ■

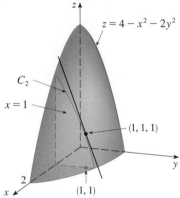

FIGURE 3

La figure 4 est un dessin fait par ordinateur de la figure 2. La partie a) montre le plan $y = 1$ coupant la surface pour former la courbe C_1 et la partie b) montre C_1 et T_1. [Le dessin est commandé par les équations vectorielles $\vec{r}(t) = (t, 1, 2 - t^2)$ pour C_1 et $\vec{r}(t) = (1 + t, 1, 1 - 2t)$ pour T_1.] De même, la figure 5 correspond à la figure 3.

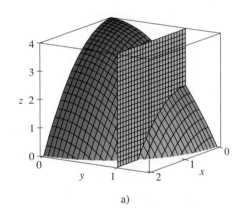

FIGURE 4

a)

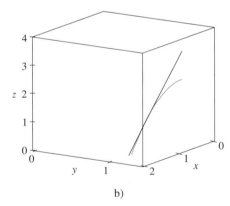

b)

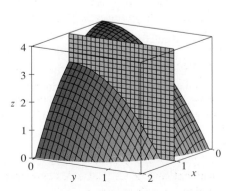

FIGURE 5

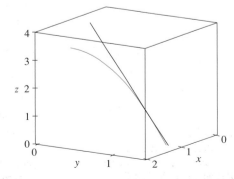

EXEMPLE 3 Soit $f(x, y) = \sin\left(\dfrac{x}{1+y}\right)$. Calculez $\dfrac{\partial f}{\partial x}$ et $\dfrac{\partial f}{\partial y}$.

SOLUTION On fait appel à la règle de dérivation des fonctions composées à une seule variable et on arrive à :

$$\frac{\partial f}{\partial x} = \cos\left(\frac{x}{1+y}\right) \cdot \frac{\partial}{\partial x}\left(\frac{x}{1+y}\right) = \cos\left(\frac{x}{1+y}\right) \cdot \frac{1}{1+y}$$

$$\frac{\partial f}{\partial y} = \cos\left(\frac{x}{1+y}\right) \cdot \frac{\partial}{\partial y}\left(\frac{x}{1+y}\right) = -\cos\left(\frac{x}{1+y}\right) \cdot \frac{x}{(1+y)^2}$$ ■ ■

EXEMPLE 4 Déterminez $\partial z/\partial x$ et $\partial z/\partial y$ si z est définie implicitement comme une fonction de x et y par l'équation

$$x^3 + y^3 + z^3 + 6xyz = 1.$$

■ ■ Certains ordinateurs sont capables de dessiner des fonctions définies implicitement par des équations à trois variables. C'est ainsi que la figure 6 montre le dessin de la surface définie par l'équation de l'exemple 4.

SOLUTION Pour déterminez $\partial z/\partial x$, on dérive implicitement par rapport à x, attentif à traiter y comme une constante :

$$3x^2 + 3z^2 \frac{\partial z}{\partial x} + 6yz + 6xy \frac{\partial z}{\partial x} = 0.$$

La résolution de cette équation par rapport à $\partial z/\partial x$ conduit à :

$$\frac{\partial z}{\partial x} = -\frac{x^2 + 2yz}{z^2 + 2xy}.$$

Une dérivation implicite analogue par rapport à y donne :

$$\frac{\partial z}{\partial y} = -\frac{y^2 + 2xz}{z^2 + 2xy}.$$ ■ ■

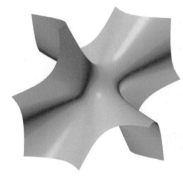

FIGURE 6

■■ Les fonctions de plus de deux variables

On peut aussi définir les dérivées partielles des fonctions de trois variables ou plus. Par exemple, si f est une fonction des trois variables x, y et z, sa dérivée partielle par rapport à x est définie par

$$f_x'(x, y, z) = \lim_{h \to 0} \frac{f(x+h, y, z) - f(x, y, z)}{h}$$

et elle est calculée en considérant y et z comme des constantes et en dérivant $f(x, y, z)$ par rapport à x. Si $w = f(x, y, z)$, alors $f_x' = \partial w/\partial x$ peut être interprétée comme le taux de variation de w par rapport à x quand y et z sont maintenues fixes. Par contre, ce nombre n'a pas d'interprétation géométrique parce que le graphique de f appartient à un espace de dimension quatre.

En général, si u est une fonction de n variables $u = f(x_1, x_2, \ldots, x_n)$, sa dérivée partielle par rapport à sa $i^{\text{ième}}$ variable x_i est, par définition,

$$\frac{\partial u}{\partial x_i} = \lim_{h \to 0} \frac{f(x_1, \ldots, x_{i-1}, x_i + h, x_{i+1}, \ldots, x_n) - f(x_1, \ldots, x_i, \ldots, x_n)}{h}$$

et elle s'écrit aussi

$$\frac{\partial u}{\partial x_i} = \frac{\partial f}{\partial x_i} = f_{x_i}' = f_i' = D_i f.$$

EXEMPLE 5 Calculez f_x', f_y' et f_z' si $f(x, y, z) = e^{xy} \ln z$.

SOLUTION En tenant y et z constantes et en dérivant par rapport à x, on obtient

$$f_x' = ye^{xy} \ln z.$$

De même, $\qquad\qquad f_y' = xe^{xy} \ln z \qquad$ et $\qquad f_z' = \dfrac{e^{xy}}{z}.$ ■ ■

■■ Les dérivées d'ordre supérieur

Si f est une fonction de deux variables, alors ses dérivées partielles sont aussi des fonctions de deux variables, qui ont à leur tour des dérivées partielles $(f_x')_x'$, $(f_x')_y'$, $(f_y')_x'$ et $(f_y')_y'$, appelées les **dérivées partielles secondes** de f. Si $z = f(x, y)$, voici les notations adoptées :

$$(f_x')_x' = f_{xx}'' = f_{11}'' = \frac{\partial}{\partial x}\left(\frac{\partial f}{\partial x}\right) = \frac{\partial^2 f}{\partial x^2} = \frac{\partial^2 z}{\partial x^2}$$

$$(f_x')_y' = f_{xy}'' = f_{12}'' = \frac{\partial}{\partial y}\left(\frac{\partial f}{\partial x}\right) = \frac{\partial^2 f}{\partial y \partial x} = \frac{\partial^2 z}{\partial y \partial x}$$

$$(f_y')_x' = f_{yx}'' = f_{21}'' = \frac{\partial}{\partial x}\left(\frac{\partial f}{\partial y}\right) = \frac{\partial^2 f}{\partial x \partial y} = \frac{\partial^2 z}{\partial x \partial y}$$

$$(f_y')_y' = f_{yy}'' = f_{22}'' = \frac{\partial}{\partial y}\left(\frac{\partial f}{\partial y}\right) = \frac{\partial^2 f}{\partial y^2} = \frac{\partial^2 z}{\partial y^2}$$

La notation f_{xy}'' (ou $\partial^2 f / \partial y \partial x$) signifie que la dérivée se fait d'abord par rapport à x, puis par rapport à y, tandis que f_{yx}'' désigne l'ordre inverse.

EXEMPLE 6 Calculez les dérivées secondes partielles de

$$f(x, y) = x^3 + x^2 y^3 - 2y^2.$$

SOLUTION Dans l'exemple 1, on a déjà trouvé

$$f_x'(x, y) = 3x^2 + 2xy^3 \qquad\qquad f_y'(x, y) = 3x^2 y^2 - 4y.$$

De là,

$$f_{xx}'' = \frac{\partial}{\partial x}(3x^2 + 2xy^3) = 6x + 2y^3 \qquad f_{xy}'' = \frac{\partial}{\partial y}(3x^2 + 2xy^3) = 6xy^2$$

$$f_{yx}'' = \frac{\partial}{\partial x}(3x^2 y^2 - 4y) = 6xy^2 \qquad f_{yy}'' = \frac{\partial}{\partial y}(3x^2 y^2 - 4y) = 6x^2 y - 4$$

■ ■

■ ■ La figure 7 montre le graphique de la fonction f de l'exemple 6 ainsi que les graphiques de ses dérivées partielles première et seconde pour $-2 \leqslant x \leqslant 2$, $-2 \leqslant y \leqslant 2$. Remarquez que ces graphiques sont cohérents avec notre interprétation de f_x' et f_y' comme pentes des tangentes aux traces du graphique de f. Par exemple, si on parcourt le graphique de f depuis le point $(0, -2)$ vers les x positifs, f diminue de valeur, ce qui se voit aux valeurs négatives de f_x'. Vous pourriez comparer les graphiques de f_{xy}'' et f_{yx}'' à celui de f_y' pour reconnaître le lien.

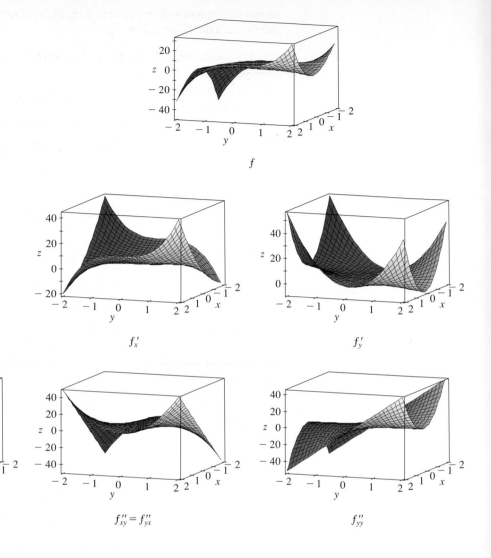

FIGURE 7

■ ■ Alexis Clairaut fut un enfant prodige en mathématiques. Ayant lu l'œuvre de l'Hospital sur l'analyse quand il avait dix ans, il présenta un article sur la géométrie à l'Académie française des Sciences, à peine âgé de treize ans. Clairaut publia à l'âge de 18 ans, *Recherches sur les courbes à double courbure*, le premier traité systématique de géométrie analytique à trois dimensions qui comprenait l'analyse des courbes de l'espace.

Vous aurez remarqué dans l'exemple 6 que les expressions de f_{xy}'' et f_{yx}'' sont égales. Ce n'est pas fortuit. Il s'avère que les dérivées partielles mixtes f_{xy}'' et f_{yx}'' sont égales pour la plupart des fonctions que l'on rencontre couramment. Le théorème suivant, qui porte le nom du mathématicien français Alexis Clairaut (1713-1765), énonce les conditions sous lesquelles il est certain que $f_{xy}'' = f_{yx}''$. La démonstration figure dans l'annexe E.

> **Théorème de Clairaut** (appelé aussi théorème de Schwarz) On suppose que f est définie sur un disque D contenant le point (a, b). Si les fonctions f_{xy}'' et f_{yx}'' sont toutes les deux continues sur D, alors $f_{xy}''(a, b) = f_{yx}''(a, b)$.

On peut encore définir des dérivées partielles d'ordre 3 ou plus. Par exemple,

$$f_{xyy}''' = (f_{xy}'')_y' = \frac{\partial}{\partial y}\left(\frac{\partial^2 f}{\partial y \partial x}\right) = \frac{\partial^3 f}{\partial y^2 \partial x}$$

et si ces dérivées sont continues, on peut, en s'appuyant sur le théorème de Clairaut, démontrer que $f'''_{xyy} = f'''_{yxy} = f'''_{yyx}$.

EXEMPLE 7 Calculez $f^{(4)}_{xxyz}$ si $f(x, y, z) = \sin(3x + yz)$.

SOLUTION

$$f'_x = 3\cos(3x + yz)$$

$$f''_{xx} = -9\sin(3x + yz)$$

$$f'''_{xxy} = -9z\cos(3x + yz)$$

$$f^{(4)}_{xxyz} = -9\cos(3x + yz) + 9yz\sin(3x + yz)$$ ■ ■

■■ Les équations aux dérivées partielles

Les dérivées partielles interviennent dans des *équations aux dérivées partielles* qui traduisent certaines lois de la physique. Par exemple, l'équation aux dérivées partielles

$$\frac{\partial^2 u}{\partial x^2} + \frac{\partial^2 u}{\partial y^2} = 0,$$

est connue sous le nom d'**équation de Laplace**, en l'honneur du marquis Pierre de Laplace (1749-1827). Les solutions de cette équation sont les **fonctions harmoniques** qui jouent un rôle dans les problèmes de conduction de chaleur, d'écoulement des fluides et de potentiel électrique.

EXEMPLE 8 Démontrez que la fonction $u(x, y) = e^x \sin y$ est une solution de l'équation de Laplace.

SOLUTION

$$u'_x = e^x \sin y \qquad u'_y = e^x \cos y$$

$$u''_{xx} = e^x \sin y \qquad u''_{yy} = -e^x \sin y$$

$$u''_{xx} + u''_{yy} = e^x \sin y - e^x \sin y = 0.$$

Par conséquent, u satisfait à l'équation de Laplace. ■ ■

L'**équation des ondes**

$$\frac{\partial^2 u}{\partial t^2} = a^2 \frac{\partial^2 u}{\partial x^2}$$

décrit le mouvement ondulatoire, qu'il s'agisse d'une vague dans l'océan, d'une onde sonore, d'une onde lumineuse ou d'une onde qui voyage le long d'une corde vibrante. Par exemple, si $u(x, t)$ représente le déplacement de la corde d'un violon au moment t et à une distance x de l'une des extrémités de la corde (comme dans la figure 8), alors $u(x, t)$ satisfait à l'équation des ondes. La constante a dépend de la densité de la corde et de sa tension.

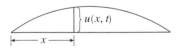

FIGURE 8

EXEMPLE 9 Vérifiez que la fonction $u(x, t) = \sin(x - at)$ est une solution de l'équation des ondes.

SOLUTION $\qquad u'_x = \cos(x - at) \qquad\qquad u''_{xx} = -\sin(x - at)$

$$u'_t = -a\cos(x - at) \qquad u''_{tt} = -a^2 \sin(x - at) = a^2 u''_{xx}.$$

Ainsi, u satisfait à l'équation des ondes. ■ ■

▪▪ La fonction de production de Cobb-Douglas

Nous avons décrit, dans l'exemple 2 de la section 11.1, le travail de modélisation accompli par Cobb et Douglas au sujet de la production totale P d'un système économique comme fonction de la main d'œuvre totale L et du capital investi K. Ici, nous recourons aux dérivées partielles pour expliquer comment la forme particulière de leur modèle provient de certaines hypothèses qu'ils ont faites à propos de l'économie.

Si la fonction de production est notée $P = P(L, K)$, la dérivée partielle $\partial P/\partial L$ indique le taux de variation de la production par rapport à la quantité de main d'œuvre. C'est ce que les économistes appellent la production marginale par rapport au travail ou la *productivité marginale du travail*. De même, la dérivée partielle $\partial P/\partial K$ indique le taux de variation de la production par rapport au capital et est appelée la *productivité marginale du capital*. En ces termes, les hypothèses faites par Cobb et Douglas s'énoncent comme suit.

- Sans travail ou sans capital, pas de production.
- La productivité marginale du travail est proportionnelle à la quantité produite par unité de travail.
- La productivité marginale du capital est proportionnelle à la quantité produite par unité de capital.

Vu que la production par unité de travail est le rapport P/L, l'hypothèse 2 s'écrit

$$\frac{\partial P}{\partial L} = \alpha\,\frac{P}{L},$$

pour une certaine constante α. Au cas où K est constant ($K = K_0$), l'équation aux dérivées partielles devient une équation différentielle ordinaire :

$$\boxed{5} \qquad \frac{dP}{dL} = \alpha\,\frac{P}{L}.$$

Cette équation est à variables séparées et peut donc être résolue par les méthodes de la section 7.3 (voyez aussi l'exercice 69). Cela donne

$$\boxed{6} \qquad P(L, K_0) = C_1(K_0)L^{\alpha}.$$

La constante C_1 a été écrite comme une fonction de K_0 car elle pourrait dépendre de la valeur K_0.

De même, l'hypothèse 3 s'écrit

$$\frac{\partial P}{\partial K} = \beta\,\frac{P}{K}$$

et la solution de cette équation différentielle est

$$\boxed{7} \qquad P(L_0, K) = C_2(L_0)K^{\beta}.$$

En comparant les équations 6 et 7, on a

$$\boxed{8} \qquad P(L, K) = bL^{\alpha}K^{\beta},$$

où b est une constante indépendante de K et L. L'hypothèse 1 implique $\alpha > 0$ et $\beta > 0$.

Observons ce qu'implique l'équation 8 au cas où capital et travail sont multipliés tous les deux par un facteur m :

$$P(mL, mK) = b(mL)^{\alpha}(mK)^{\beta} = m^{\alpha+\beta}bL^{\alpha}K^{\beta} = m^{\alpha+\beta}P(L, K).$$

Si $\alpha + \beta = 1$, alors $P(mL, mK) = mP(L, K)$, ce qui signifie que la production est elle aussi multipliée par un facteur m. Voilà pourquoi Cobb et Douglas ont supposé $\alpha + \beta = 1$ et il s'ensuit que

$$P(L, K) = bL^{\alpha}K^{1-\alpha}.$$

Telle était la fonction de production de Cobb et Douglas que nous avons étudiée dans la section 11.1.

11.3 Exercices

1. La température T en un lieu de l'hémisphère nord dépend de la longitude x, de la latitude y et du temps t. On peut donc écrire $T = f(x, y, t)$. On décide de mesurer le temps en heures à partir du début du mois de janvier.
a) Quelle est la signification des dérivées partielles $\partial T/\partial x$, $\partial T/\partial y$, $\partial T/\partial t$?
b) La ville d'Honolulu est située à 158° de longitude O et 21° de latitude N. Il est 9 h du matin le premier janvier et le vent souffle de l'air chaud du nord-est. L'air qui se déplace en direction du sud et de l'ouest est chaud tandis que l'air qui circule vers le nord et l'est est plus frais. Vous attendez-vous à ce que $f_x'(158, 21, 9)$, $f_y'(158, 21, 9)$, $f_t'(158, 21, 9)$ soient positifs ou négatifs ? Expliquez vos motifs.

2. Au début de cette section, il a été question de la fonction $I = f(T, H)$, où I est l'indice chaleur, T la température et H l'humidité relative. Estimez la valeur de $f_T'(92, 60)$ et $f_H'(92, 60)$ à partir de la table 1. Quelle est l'interprétation concrète de ces valeurs ?

3. L'indice de froid dû au vent I représente la température ressentie alors que la température réelle vaut T et la vitesse du vent v. On peut donc écrire $I = f(T, v)$. La table des valeurs de I ci-après est extraite de la table 1 de la section 11.1.

Vitesse du vent (km/h)

T＼v	20	30	40	50	60	70
−10	−18	−20	−21	−22	−23	−23
−15	−24	−26	−27	−29	−30	−30
−20	−30	−33	−34	−35	−36	−37
−25	−37	−39	−41	−42	−43	−44

Température réelle (°C)

a) Estimez la valeur de $f_T'(-15, 30)$ et de $f_v'(-15, 30)$. Quelle est l'interprétation concrète de ces valeurs ?

b) De façon générale, que pouvez-vous dire à propos des signes de $\partial I/\partial T$ et $\partial I/\partial v$?
c) Quelle semble être la valeur de la limite suivante

$$\lim_{v \to \infty} \frac{\partial I}{\partial v} \ ?$$

4. La hauteur des vagues h en haute mer dépend principalement de la force v du vent et du temps t pendant lequel le vent souffle à cette vitesse. Des valeurs de la fonction $h = f(v, t)$ sont rassemblées dans la table suivante.

Durée (en heures)

v＼t	5	10	15	20	30	40	50
10	2	2	2	2	2	2	2
15	4	4	5	5	5	5	5
20	5	7	8	8	9	9	9
30	9	13	16	17	18	19	19
40	14	21	25	28	31	33	33
50	19	29	36	40	45	48	50
60	24	37	47	54	62	67	69

Vitesse du vent (en nœuds)

a) Quelle signification ont les dérivées partielles $\partial h/\partial v$ et $\partial h/\partial t$?
b) Estimez les valeurs de $f_v'(40, 15)$ et $f_t'(40, 15)$. Quelle est l'interprétation concrète de ces valeurs ?
c) Quelle semble être la valeur de la limite suivante

$$\lim_{t \to \infty} \frac{\partial h}{\partial t} \ ?$$

5–6 ■ Déterminez les signes des dérivées partielles de la fonction f dont le graphique est proposé.

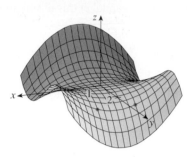

5. a) $f_x'(1, 2)$ b) $f_y'(1, 2)$

6. a) $f_x'(-1, 2)$ b) $f_y'(-1, 2)$
    c) $f_{xx}''(-1, 2)$ d) $f_{yy}''(-1, 2)$

7. Les surfaces suivantes, étiquetées a, b et c sont les surfaces représentatives d'une fonction f et de ses dérivées partielles f_x' et f_y'. Associez à chaque surface sa fonction et justifiez vos choix.

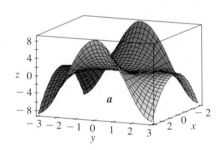

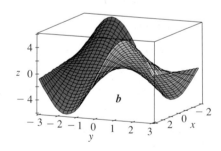

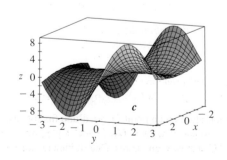

8. Voici un diagramme de courbes de niveau d'une fonction f. D'après cette figure, estimez $f_x'(2, 1)$ et $f_y'(2, 1)$.

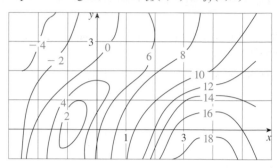

9. Soit $f(x, y) = 16 - 4x^2 - y^2$. Calculez $f_x'(1, 2)$ et $f_y'(1, 2)$ et interprétez ces nombres en tant que pente. Illustrez, avec une esquisse faite à la main ou avec un graphique réalisé par un ordinateur.

10. Soit $f(x, y) = \sqrt{4 - x^2 - 4y^2}$. Calculez $f_x'(1, 0)$ et $f_y'(1, 0)$ et interprétez ces nombres en tant que pente. Illustrez, avec une esquisse faite à la main ou avec un graphique réalisé par un ordinateur.

11–12 ■ Calculez f_x' et f_y' et représentez f, f_x' et f_y' sur des domaines et sous des points de vue qui vous permettent de voir les relations entre les graphiques.

11. $f(x, y) = x^2 + y^2 + x^2 y$ **12.** $f(x, y) = xe^{-x^2 - y^2}$

13–34 ■ Calculez les dérivées partielles premières de la fonction.

13. $f(x, y) = 3x - 2y^4$

14. $f(x, y) = x^5 + 3x^3 y^2 + 3xy^4$

15. $z = xe^{3y}$ **16.** $z = y \ln x$

17. $f(x, y) = \dfrac{x - y}{x + y}$ **18.** $f(x, y) = x^y$

19. $w = \sin \alpha \cos \beta$ **20.** $f(s, t) = st^2/(s^2 + t^2)$

21. $f(r, s) = r \ln (r^2 + s^2)$ **22.** $f(x, t) = \text{Arctg}(x\sqrt{t})$

23. $u = te^{w/t}$ **24.** $f(x, y) = \displaystyle\int_y^x \cos(t^2)\,dt$

25. $f(x, y, z) = xy^2 z^3 + 3yz$ **26.** $f(x, y, z) = x^2 e^{yz}$

27. $w = \ln(x + 2y + 3z)$ **28.** $w = \sqrt{r^2 + s^2 + t^2}$

29. $u = xe^{-t} \sin \theta$ **30.** $u = x^{y/z}$

31. $f(x, y, z, t) = xyz^2 \,\text{tg}(yt)$ **32.** $f(x, y, z, t) = \dfrac{xy^2}{t + 2z}$

33. $u = \sqrt{x_1^2 + x_2^2 + \cdots + x_n^2}$

34. $u = \sin(x_1 + 2x_2 + \cdots + nx_n)$

35–38 ■ Calculez les dérivées partielles demandées.

35. $f(x, y) = \sqrt{x^2 + y^2}$; $f_x'(3, 4)$

36. $f(x, y) = \sin(2x + 3y)$; $f_y'(-6, 4)$

37. $f(x, y, z) = x/(y + z)$; $f_z'(3, 2, 1)$

38. $f(u, v, w) = w \, \mathrm{tg}\,(uv)$; $f_v'(2, 0, 3)$

39–40 ■ Déterminez $f_x'(x, y)$ et $f_y'(x, y)$ par la définition (4) en termes de limites.

39. $f(x, y) = xy^2 - x^3 y$

40. $f(x, y) = \dfrac{x}{x + y^2}$

41–44 ■ Cherchez $\partial z / \partial x$ et $\partial z / \partial y$ en utilisant la dérivation implicite.

41. $x^2 + y^2 + z^2 = 3xyz$

42. $yz = \ln(x + z)$

43. $x - z = \mathrm{Arctg}\,(yz)$

44. $\sin(xyz) = x + 2y + 3z$

45–46 ■ Cherchez l'expression de $\partial z / \partial x$ et $\partial z / \partial y$.

45. a) $z = f(x) + g(y)$ b) $z = f(x + y)$

46. a) $z = f(x)g(y)$ b) $z = f(xy)$
    c) $z = f(x/y)$

47–52 ■ Calculez l'expression de toutes les dérivées partielles secondes.

47. $f(x, y) = x^4 - 3x^2 y^3$

48. $f(x, y) = \ln(3x + 5y)$

49. $z = x/(x + y)$

50. $z = y \, \mathrm{tg}\, 2x$

51. $u = e^{-s} \sin t$

52. $v = \sqrt{x + y^2}$

53–54 ■ Vérifiez la conclusion du théorème de Clairaut, à savoir $u_{xy}'' = u_{yx}''$.

53. $u = x \sin(x + 2y)$

54. $u = x^4 y^2 - 2xy^5$

55–60 ■ Déterminez la dérivée partielle indiquée.

55. $f(x, y) = 3xy^4 + x^3 y^2$; f_{xxy}''', f_{yyy}'''

56. $f(x, t) = x^2 e^{-ct}$; f_{ttt}''', f_{txx}'''

57. $f(x, y, z) = \cos(4x + 3y + 2z)$; f_{xyz}''', f_{yzz}'''

58. $f(r, s, t) = r \ln(rs^2 t^3)$; f_{rss}''', f_{rst}'''

59. $u = e^{r\theta} \sin \theta$; $\dfrac{\partial^3 u}{\partial r^2 \partial \theta}$

60. $u = x^a y^b z^c$; $\dfrac{\partial^6 u}{\partial x \partial y^2 \partial z^3}$

61. Utilisez la table des valeurs de $f(x, y)$ pour estimer les valeurs de $f_x'(3, 2)$, $f_x'(3 \,; 2,2)$ et de $f_{xy}''(3, 2)$.

x \ y	1,8	2,0	2,2
2,5	12,5	10,2	9,3
3,0	18,1	17,5	15,9
3,5	20,0	22,4	26,1

62. Voici des courbes de niveau d'une fonction f. Dites si les dérivées partielles suivantes sont positives ou négatives au point P.

a) f_x' b) f_y' c) f_{xx}''
d) f_{xy}'' e) f_{yy}''

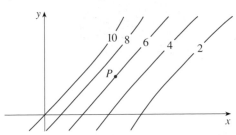

63. Vérifiez que la fonction $u = e^{-\alpha^2 k^2 t} \sin kx$ est une solution de l'équation de diffusion de la chaleur $u_t' = \alpha^2 u_{xx}''$.

64. Examinez si chacune des fonctions suivantes est une solution de l'équation de Laplace $u_{xx}'' + u_{yy}'' = 0$
a) $u = x^2 + y^2$
b) $u = x^2 - y^2$
c) $u = x^3 + 3xy^2$
d) $u = \ln\sqrt{x^2 + y^2}$
e) $u = e^{-x}\cos y - e^{-y}\cos x$

65. Vérifiez que la fonction $u = 1/\sqrt{x^2 + y^2 + z^2}$ est une solution de l'équation de Laplace de dimension trois $u_{xx}'' + u_{yy}'' + u_{zz}'' = 0$

66. Montrez que chacune des fonctions suivantes est une solution de l'équation des ondes $u_{tt}'' = a^2 u_{xx}''$.
a) $u = \sin(kx)\sin(akt)$
b) $u = t/(a^2 t^2 - x^2)$
c) $u = (x - at)^6 + (x + at)^6$
d) $u = \sin(x - at) + \ln(x + at)$

67. Montrez que la fonction

$$u(x, t) = f(x + at) + g(x - at)$$

est une solution de l'équation des ondes donnée dans l'exercice 66, à condition que f et g soient des fonctions deux fois dérivables d'une seule variable.

68. Démontrez que la fonction de production de Cobb-Douglas $P = bL^\alpha K^\beta$ satisfait à l'équation

$$L\frac{\partial P}{\partial L} + K\frac{\partial P}{\partial K} = (\alpha + \beta)P.$$

69. En résolvant l'équation différentielle

$$\frac{dP}{dL} = \alpha \frac{P}{L}$$

montrez que la fonction de production de Cobb-Douglas satisfait à $P(L, K_0) = C_1(K_0)L^\alpha$ (voyez l'équation 5).

70. La température en un point (x, y) d'une fine plaque de métal est donnée par $T(x, y) = 60/(1 + x^2 + y^2)$, où T est mesurée en °C et x et y en mètres. Déterminez le taux de variation de la température par rapport à la distance au point $(2, 1)$ dans la direction a) de l'axe Ox et b) de l'axe Oy.

71. La résistance totale R produite par trois conducteurs de résistance R_1, R_2 et R_3, connectés en parallèles dans un circuit électrique est donnée par la formule

$$\frac{1}{R} = \frac{1}{R_1} + \frac{1}{R_2} + \frac{1}{R_3}.$$

Calculez l'expression de $\partial R / \partial R_1$.

72. La loi des gaz relative à une masse fixée m d'un gaz parfait à température absolue T, pression P et volume V s'écrit $PV = mRT$, où R est la constante du gaz. Montrez que

$$\frac{\partial P}{\partial V} \frac{\partial V}{\partial T} \frac{\partial T}{\partial P} = -1$$

73. Pour le gaz parfait de l'exercice 72, montrez que

$$T \frac{\partial P}{\partial T} \frac{\partial V}{\partial T} = mR.$$

74. L'indice de froid lié au vent I défini dans l'exemple 1 a été modélisé par la fonction suivante :

$$I(T, v) = 13{,}12 + 0{,}6215T - 11{,}37v^{0{,}16} + 0{,}3965Tv^{0{,}16},$$

où T est la température (en °C) et v la vitesse du vent (en km/h). Quand $T = -15$ °C et $v = 30$ km/h, de combien vous attendez-vous à voir chuter la température ressentie si la température réelle descend de 1 °C ? Et si la vitesse du vent augmente de 1 km/h ?

75. L'énergie cinétique d'un corps de masse m et vitesse v est donnée par $K = \frac{1}{2}mv^2$. Démontrez que

$$\frac{\partial K}{\partial m} \frac{\partial^2 K}{\partial v^2} = K.$$

76. Calculez $\partial A / \partial a$, $\partial A / \partial b$, $\partial A / \partial c$ en dérivant la Loi des cosinus, sachant que a, b, c sont les côtés d'un triangle et A, B, C les angles opposés.

77. On vous a dit qu'il y avait une fonction f dont les dérivées partielles sont $f_x'(x, y) = x + 4y$ et $f_y'(x, y) = 3x - y$. Le croyez-vous ?

78. L'intersection du paraboloïde $z = 6 - x - x^2 - 2y^2$ avec le plan $x = 1$ est une parabole. Déterminez des équations paramétriques de la tangente à cette parabole au point $(1, 2, -4)$. À l'aide d'un ordinateur, représentez le paraboloïde, la parabole et la droite tangente sur un même écran.

79. L'ellipsoïde $4x^2 + 2y^2 + z^2 = 16$ coupe le plan $y = 2$ selon une ellipse. Déterminez des équations paramétriques de la tangente à cette ellipse au point $(1, 2, 2)$.

80. Une étude sur la pénétration du froid a démontré que la température T au temps t (mesuré en jours) à une profondeur x (mesurée en pieds) pouvait être modélisée par la fonction

$$T(x, t) = T_0 + T_1 e^{-\lambda x} \sin(\omega t - \lambda x),$$

où $\omega = 2\pi / 365$ et λ est une constante positive.
   a) Déterminez $\partial T / \partial x$. Quelle est la signification physique de cette grandeur ?
   b) Déterminez $\partial T / \partial t$. Quelle est la signification physique de cette grandeur ?
   c) Montrez que T satisfait à l'équation de la chaleur $T_t' = kT_{xx}''$ pour une certaine constante k.
   d) Faites dessiner le graphique de $T(x, t)$, dans le cas où $\lambda = 0{,}2$, $T_0 = 0$ et $T_1 = 10$.
   e) Quel est le sens physique du terme $-\lambda x$ dans l'expression $\sin(\omega t - \lambda x)$?

81. Calculez $f_x'(1, 0)$ si $f(x, y) = x(x^2 + y^2)^{-3/2} e^{\sin(x^2 y)}$. [*Suggestion* : Au lieu de calculer d'abord $f_x'(x, y)$, remarquez qu'il est plus facile d'utiliser l'équation 1 ou l'équation 2.]

82. Calculez $f_x'(0, 0)$ pour $f(x, y) = \sqrt[3]{x^3 + y^3}$.

83. Soit

$$f(x, y) = \begin{cases} \dfrac{x^3 y - xy^3}{x^2 + y^2} & \text{si } (x, y) \neq (0, 0) \\ 0 & \text{si } (x, y) = (0, 0) \end{cases}$$

   a) Dessinez f à l'aide d'un ordinateur.
   b) Trouvez $f_x'(x, y)$ et $f_y'(x, y)$ pour $(x, y) \neq (0,0)$.
   c) Calculez $f_x'(0, 0)$ et $f_y'(0, 0)$ à l'aide des équations 2 et 3.
   d) Montrez que $f_{xy}''(0, 0) = -1$ et $f_{yx}''(0, 0) = 1$.
   e) Le résultat d) est-il en contradiction avec le théorème de Clairaut ? Illustrez votre réponse sur les graphiques de f_{xy}'' et f_{yx}''.

11.4 Les plans tangents et les approximations du premier degré

Le fait qu'il devienne quasi impossible de distinguer la courbe représentative d'une fonction dérivable de sa tangente en un point lorsqu'on s'approche suffisamment près est l'un des faits les plus remarquables du calcul différentiel à une variable. C'est ce qui justifie l'approximation de la fonction par une fonction affine (voyez la section 3.8). Ici, nous développons le fait analogue dans l'espace de dimension trois. Lorsqu'on zoome sur un point d'une surface représentative d'une fonction différentiable de deux variables, la surface devient de plus en plus semblable à un plan (son plan tangent) et on peut approximer la fonction par une fonction affine de deux variables.

▦ Les plans tangents

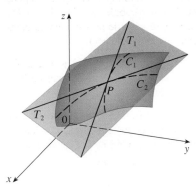

FIGURE 1
Le plan tangent contient les droites tangentes T_1 et T_2.

Soit S une surface d'équation $z = f(x, y)$, où f est une fonction qui a des dérivées partielles premières continues et soit $P(x_0, y_0, z_0)$ un point sur S. On reprend les notations C_1 et C_2 de la section précédente pour désigner les intersections de S avec les plans verticaux $y = y_0$ et $x = x_0$. Le point P appartient à C_1 et à C_2. Soit T_1 et T_2 les tangentes aux courbes C_1 et C_2 en P. Le **plan tangent** à la surface S au point P est défini comme le plan qui contient les deux droites T_1 et T_2 (voyez la figure 1).

On verra dans la section 11.6 que la tangente à n'importe quelle autre courbe C tracée sur la surface et passant par P appartient aussi au plan tangent en P à S. Par conséquent, le plan tangent à S en P peut être vu comme le plan qui contient toutes les tangentes en P aux courbes tracées sur S et passant par P. C'est ainsi que le plan tangent est le plan qui approxime de plus près la surface S à proximité du point P. Or, l'équation d'un plan qui passe par le point $P(x_0, y_0, z_0)$ est, d'après l'équation 9.5.6, de la forme

$$A(x - x_0) + B(y - y_0) + C(z - z_0) = 0.$$

Cette équation s'écrit encore, après avoir divisé par C et posé $a = -A/C$ et $b = -B/C$,

$$\boxed{1} \qquad z - z_0 = a(x - x_0) + b(y - y_0).$$

Si l'équation 1 représente le plan tangent au point P, alors son intersection avec le plan $y = y_0$ doit être la tangente T_1. Poser $y = y_0$ dans l'équation 1 conduit à

$$z - z_0 = a(x - x_0) \quad y = y_0,$$

où l'on reconnaît les équations (sous la forme point-pente) d'une droite de pente a. Or, la pente de T_1 est $f_x'(x_0, y_0)$, d'après l'interprétation de la dérivée partielle dans la section 11.3. D'où $a = f_x'(x_0, y_0)$.

Si, de même, on pose $x = x_0$ dans l'équation 1, on obtient $z - z_0 = b(y - y_0)$ qui doit représenter la tangente T_2. Ce qui entraîne $b = f_y'(x_0, y_0)$.

■ ■ Notez la ressemblance entre l'équation d'un plan tangent et celle d'une droite tangente

$$y - y_0 = f'(x_0)(x - x_0).$$

---

2 Soit f une fonction dont les dérivées partielles sont continues. Une équation du plan tangent à la surface $z = f(x, y)$ au point $P(x_0, y_0, z_0)$ est

$$z - z_0 = f_x'(x_0, y_0)(x - x_0) + f_y'(x_0, y_0)(y - y_0).$$

EXEMPLE 1 Déterminez le plan tangent au paraboloïde elliptique $z = 2x^2 + y^2$ au point $(1, 1, 3)$.

SOLUTION Soit $f(x, y) = 2x^2 + y^2$. Alors

$$f_x'(x, y) = 4x \qquad\qquad f_y'(x, y) = 2y$$

$$f_x'(1, 1) = 4 \qquad\qquad f_y'(1, 1) = 2$$

L'équation du plan tangent en $(1, 1, 3)$ s'écrit, selon (2),

$$z - 3 = 4(x - 1) + 2(y - 1),$$

ou $\qquad\qquad\qquad\qquad z = 4x + 2y - 3.$ ■ ■

La figure 2 a) exhibe le paraboloïde elliptique et son plan tangent en $(1, 1, 3)$, déterminé dans l'exemple 1. Les figures 2 b) et 2 c) sont des images rapprochées, la deuxième plus que la première, du point $(1, 1, 3)$, obtenues en restreignant le domaine sur lequel la fonction $f(x, y) = 2x^2 + y^2$ est considérée. Plus on regarde de près, plus la surface du paraboloïde semble plate et se confond presque avec son plan tangent.

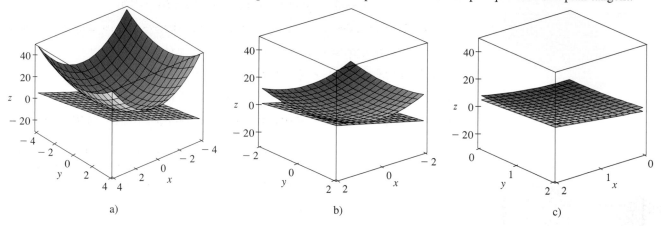

a)   b)   c)

FIGURE 2 Plus on zoome sur le point $(1, 1, 3)$, plus le paraboloïde elliptique $z = 2x^2 + y^2$ semble coïncider avec son plan tangent.

Cette impression est confirmée par la figure 3 qui montre des vues de plus en plus rapprochées du point $(1, 1)$ sur le diagramme des courbes de niveau de la fonction $f(x, y) = 2x^2 + y^2$. Plus on zoome, plus les courbes de niveau semblent former un réseau de droites parallèles équidistantes, ce qui est caractéristique d'un plan.

FIGURE 3

On regarde de plus en plus près le point $(1, 1)$ sur un diagramme de courbes de niveau de $f(x, y) = 2x^2 + y^2$

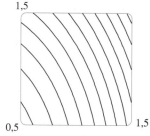 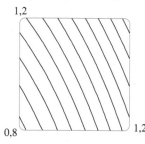 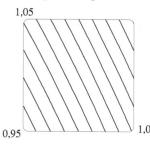

▪▪ Approximations du premier degré

On a trouvé dans l'exemple 1 qu'une équation du plan tangent à la surface représentative de la fonction $f(x, y) = 2x^2 + y^2$ au point $(1, 1, 3)$ était $z = 4x + 2y - 3$. Par conséquent, après la lecture convaincante des figures 2 et 3, la fonction du premier degré à deux variables

$$L(x, y) = 4x + 2y - 3$$

est une bonne approximation de $f(x, y)$ lorsque (x, y) est proche de $(1, 1)$. La fonction L est appelée la *linéarisation* de f en $(1, 1)$ et l'approximation

$$f(x, y) \approx 4x + 2y - 3$$

est appelée l'*approximation linéaire*[1] ou *approximation par le plan tangent* de f en $(1, 1)$.

Par exemple, au point $(1,1 ; 0,95)$, l'approximation du premier degré donne

$$f(1,1 ; 0,95) \approx 4(1,1) + 2(0,95) - 3 = 3,3,$$

valeur proche de la valeur exacte de la fonction $f(1,1 ; 0,95) = 2(1,1)^2 + (0,95)^2 = 3,3225$.

---

[1] NdT : Le terme *linéaire* est employé ici pour signifier que l'approximation est un polynôme de degré 1. Il serait plus correct en français de parler d'*approximation affine*, mais alors le terme *linéarisation* serait incongru.

Mais, en un point plus éloigné de $(1, 1)$, comme $(2, 3)$ par exemple, l'approximation n'est plus bonne : $L(2, 3) = 11$ alors que $f(2, 3) = 17$.

De façon générale, une équation du plan tangent au graphique d'une fonction f de deux variables au point $(a, b, f(a, b))$ est, d'après (2),

$$z = f(a, b) + f_x'(a, b)(x - a) + f_y'(a, b)(y - b).$$

La fonction du premier degré dont la représentation graphique est ce plan tangent, à savoir,

$$\boxed{3} \qquad L(x, y) = f(a, b) + f_x'(a, b)(x - a) + f_y'(a, b)(y - b),$$

est appelée la **linéarisation** de f en (a, b) et l'approximation

$$\boxed{4} \qquad f(x, y) \approx f(a, b) + f_x'(a, b)(x - a) + f_y'(a, b)(y - b)$$

est appelée l'**approximation linéaire** ou **approximation par le plan tangent** de f en (a, b).

Nous avons défini des plans tangents à des surfaces d'équation $z = f(x, y)$ sous l'hypothèse que f admette des dérivées partielles premières continues. Qu'arrive-t-il dans le cas où f_x' et f_y' ne sont pas continues ? La figure 4 propose une telle fonction ; son équation est

$$f(x, y) = \begin{cases} \dfrac{xy}{x^2 + y^2} & \text{si } (x, y) \neq (0, 0) \\[2mm] 0 & \text{si } (x, y) = (0, 0). \end{cases}$$

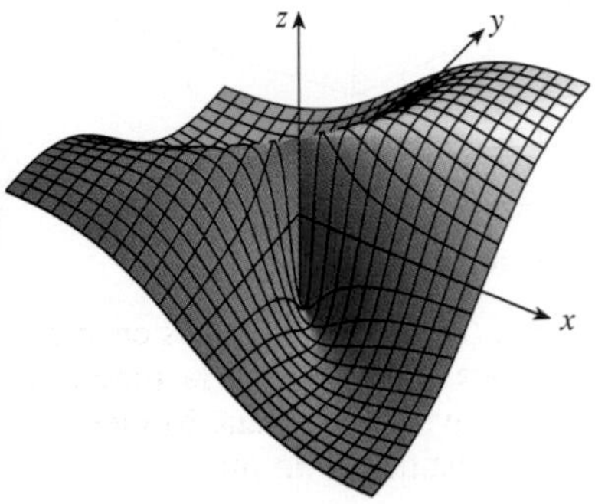

FIGURE 4

$f(x, y) = \dfrac{xy}{x^2 + y^2}$ si $(x, y) \neq (0, 0)$,

$f(0, 0) = 0$

L'exercice 42 consiste à vérifier que ses dérivées partielles à l'origine existent, en effet $f_x'(0, 0) = 0$ et $f_y'(0, 0) = 0$, mais n'y sont pas continues. L'approximation linéaire devrait donner dans ce cas $f(x, y) \approx 0$ alors que $f(x, y) = \frac{1}{2}$ tout au long de la droite $x = y$. Une fonction de deux variables peut donc mal se comporter même lorsque ses deux dérivées partielles existent. C'est pour exclure de telle situation qu'on a besoin de considérer la notion de fonction différentiable de deux variables.

Rappelez-vous que dans le cas d'une fonction d'une variable $y = f(x)$, lorsque x passe de a à $a + \Delta x$, l'accroissement de y est défini par

$$\Delta y = f(a + \Delta x) - f(a).$$

Au chapitre 3, il a été établi que, si f est dérivable en a,

■■ C'est l'équation 3.5.8.

$$\boxed{5} \qquad \Delta y = f'(a)\Delta x + \varepsilon \Delta x \quad \text{où} \quad \varepsilon \to 0 \quad \text{quand} \quad \Delta x \to 0.$$

On considère maintenant une fonction de deux variables $z = f(x, y)$ et on suppose que x passe de a à $a + \Delta x$ et y passe de b à $b + \Delta y$. L'**accroissement** correspondant de z est alors défini par

$$\boxed{6} \qquad \Delta z = f(a + \Delta x, b + \Delta y) - f(a, b).$$

Cet accroissement Δz représente donc la variation de la valeur de f quand (x, y) passe de (a, b) à $(a + \Delta x, b + \Delta y)$. Par analogie avec (5), on définit la différentiabilité d'une fonction de deux variables comme suit.

$\boxed{7}$ **Définition** Si $z = f(x, y)$, alors f est **différentiable**[2] en (a, b) si Δz peut être écrit sous la forme

$$\Delta z = f_x'(a, b)\Delta x + f_y'(a, b)\Delta y + \varepsilon_1 \Delta x + \varepsilon_2 \Delta y,$$

où ε_1 et $\varepsilon_2 \to 0$ lorsque $(\Delta x, \Delta y) \to (0, 0)$.

---

[2] NdT : Pour les fonctions d'une seule variable, ce terme se confond avec celui de dérivable.

La définition 7 garantit que, pour une fonction différentiable, l'approximation linéaire (4) est une bonne approximation quand (x, y) est proche de (a, b). En d'autres mots, le plan tangent modélise bien le graphique de f à proximité du point de tangence.

Vérifier la différentiabilité d'une fonction directement par la définition 7 est parfois difficile, mais heureusement la condition suffisante du théorème suivant vient pallier cette difficulté.

■ ■ Le théorème 8 est démontré dans l'annexe E.

> **8 Théorème** Si les dérivées partielles f_x' et f_y' existent à proximité de (a, b) et sont continues en (a, b), alors f est différentiable en (a, b).

EXEMPLE 2 Démontrez que $f(x, y) = xe^{xy}$ est différentiable en $(1, 0)$ et déterminez sa linéarisation en ce point. Utilisez-la pour estimer la valeur $f(1,1 ; -0,1)$.

SOLUTION Les dérivées partielles sont

■ ■ La figure 5 montre les graphiques de la fonction f de l'exemple 2 et de sa linéarisation L.

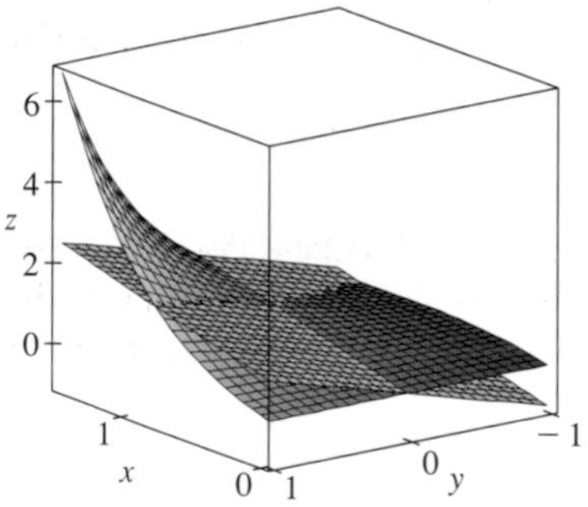

$$f_x'(x, y) = e^{xy} + xye^{xy} \qquad f_y'(x, y) = x^2 e^{xy}$$

$$f_x'(1, 0) = 1 \qquad\qquad f_y'(1, 0) = 1.$$

Comme les fonctions f_x' et f_y' sont continues, selon le théorème 8, f est différentiable. La linéarisation est

$$\begin{aligned} L(x, y) &= f(1, 0) + f_x'(1, 0)(x - 1) + f_y'(1, 0)(y - 0) \\ &= 1 + 1(x - 1) + 1 \cdot y = x + y. \end{aligned}$$

L'approximation linéaire correspondante est

$$xe^{xy} \approx x + y,$$

et donc,

$$f(1,1 ; -0,1) \approx 1,1 - 0,1 = 1.$$

FIGURE 5

Cette valeur est à comparer avec la valeur réelle $f(1,1 ; -0,1) = 1,1 e^{-0,11} \approx 0,98542.$ ■ ■

EXEMPLE 3 Au début de la section 11.3, il a été question de l'indice de chaleur I (température ressentie) comme fonction de la température T et de l'humidité relative H et de la table de valeurs extraites des observations effectuées par le service de météorologie nationale.

	H	Humidité relative (%)								
	T	50	55	60	65	70	75	80	85	90
	90	96	98	100	103	106	109	112	115	119
	92	100	103	105	108	112	115	119	123	128
Température réelle (°F)	94	104	107	111	114	118	122	127	132	137
	96	109	113	116	121	125	130	135	141	146
	98	114	118	123	127	133	138	144	150	157
	100	119	124	129	135	141	147	154	161	168

Cherchez une approximation linéaire de l'indice de chaleur $I = f(T, H)$ quand T est proche de 96 °F et H proche de 70 %. Utilisez-la pour estimer l'indice de chaleur quand la température est de 97 °F et l'humidité relative de 72 %.

SOLUTION La table indique $f(96, 70) = 125$. Dans la section 11.3, on a, sur base de la table, estimé les valeurs $f_T'(96, 70) \approx 3,75$ et $f_H'(96, 70) \approx 0,9$. (Voyez les pages 758-59.) L'approximation linéaire qui en découle est

$$f(T, H) \approx f(96, 70) + f_T'(96, 70)(T - 96) + f_H'(96, 70)(H - 70)$$
$$\approx 125 + 3,75(T - 96) + 0,9(H - 70)$$

En particulier,

$$f(97, 72) \approx 125 + 3,75(1) + 0,9(2) = 130,55$$

Par conséquent, quand $T = 97$ °F et $H = 72$ %, l'indice de chaleur vaut

$$I \approx 131 \text{ °F}. \qquad \blacksquare \ \blacksquare$$

▪▪ Les différentielles

Dans le cas des fonctions d'une seule variable, $y = f(x)$, la différentielle dx est définie comme une variable indépendante, c'est-à-dire que dx peut prendre n'importe quelle valeur réelle. La différentielle de y est ensuite définie par

$$\boxed{9} \qquad\qquad dy = f'(x)\,dx.$$

(Voyez la section 3.8.) La figure 6 permet de comparer l'accroissement Δy et la différentielle dy : Δy est la quantité dont a varié l'ordonnée y sur la courbe, suite à la variation $dx = \Delta x$ de x, tandis que dy est la quantité dont a varié l'ordonnée sur la tangente.

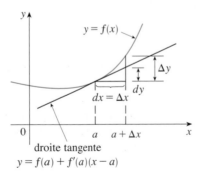

FIGURE 6

droite tangente
$y = f(a) + f'(a)(x - a)$

Dans le cas des fonctions de deux variables $z = f(x, y)$, les **différentielles** dx et dy sont définies comme des variables indépendantes, qui peuvent donc prendre n'importe quelles valeurs réelles. La **différentielle** dz, dite aussi la **différentielle totale**, est définie par

$$\boxed{10} \qquad dz = f_x'(x, y)\,dx + f_y'(x, y)\,dy = \frac{\partial z}{\partial x}\,dx + \frac{\partial z}{\partial y}\,dy$$

(Comparez avec l'équation 9.) On écrit parfois df au lieu de dz. En prenant $dx = \Delta x = x - a$ et $dy = \Delta y = y - b$ dans l'équation 10, la différentielle dz s'écrit

$$dz = f_x'(a, b)(x - a) + f_y'(a, b)(y - b).$$

L'approximation linéaire (4) s'exprime en termes de différentielle

$$f(x, y) \approx f(a, b) + dz.$$

La figure 7 est l'analogue à trois dimensions de la figure 6 et permet de comparer géométriquement dz et l'accroissement Δz : dz est la quantité dont a varié la cote sur le plan tangent, tandis que Δz est la quantité dont a varié la cote z sur la surface, suite au passage de (a, b) à $(a + \Delta x, b + \Delta y)$.

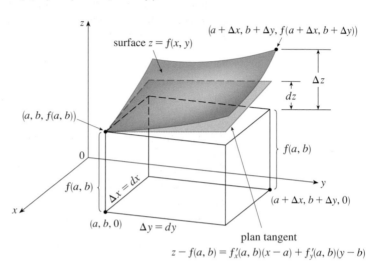

FIGURE 7

EXEMPLE 4
a) Quelle est l'expression de la différentielle dz pour $z = f(x, y) = x^2 + 3xy - y^2$.
b) Comparez dz et Δz si x passe de 2 à 2,05 et y, de 3 à 2,96.

SOLUTION
a) Conformément à la définition 10,

$$dz = \frac{\partial z}{\partial x} \, dx + \frac{\partial z}{\partial y} \, dy = (2x + 3y)dx + (3x - 2y)dy.$$

■■ dz est proche de Δz dans l'exemple 4 parce que le plan tangent est une bonne modélisation de la surface $z = x^2 + 3xy - y^2$ à proximité de $(2, 3, 13)$. (Voyez la figure 8.)

b) Les substitutions $x = 2$, $dx = \Delta x = 0,05$, $y = 3$ et $dy = \Delta y = -0,04$ conduisent à

$$dz = [2(2) + 3(3)]0,05 + [3(2) - 2(3)](-0,04)$$
$$= 0,65.$$

La variation de z est égale à

$$\Delta z = f(2,05 \; ; 2,96) - f(2, 3)$$
$$= [(2,05)^2 + 3(2,05)(2,96) - (2,96)^2] - [2^2 + 3(2)(3) - 3^2]$$
$$= 0,6449.$$

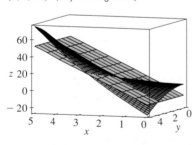

FIGURE 8

Notez que $\Delta z \approx dz$, mais dz est plus facile à calculer. ■■

EXEMPLE 5 Le rayon de la base d'un cône circulaire droit mesure 10 cm et la hauteur, 25 cm, avec une incertitude de 0,1 cm, sur chaque mesure. Estimez, à l'aide des différentielles, l'incertitude sur le volume du cône calculé sur ces mesures.

SOLUTION Le volume V du cône de rayon de base r et de hauteur h est donné par la formule $V = \pi r^2 h / 3$. La différentielle de V est donc

$$dV = \frac{\partial V}{\partial r}\, dr + \frac{\partial V}{\partial h}\, dh = \frac{2\pi r h}{3}\, dr + \frac{\pi r^2}{3}\, dh.$$

Comme l'erreur ne dépasse pas $0,1$ cm, on a $|\Delta r| \leqslant 0,1$, $|\Delta h| \leqslant 0,1$. L'erreur sur le volume est maximale lorsque l'erreur sur le rayon r et l'erreur sur la hauteur h sont maximales. Aussi, on prend $dr = 0,1$ et $dh = 0,1$ en même temps que $r = 10$ et $h = 25$. Avec ces données,

$$dV = \frac{500\pi}{3}\,(0,1) + \frac{100\pi}{3}\,(0,1) = 20\pi.$$

L'erreur maximale du volume calculé est d'environ 20π cm$^3 \approx 63$ cm^3. ■ ■

■■ Les fonctions de trois variables ou plus

Toutes ces notions, que ce soit les approximations linéaires, la différentiabilité ou les différentielles, sont définies de manière analogue pour les fonctions de plus de deux variables. Une fonction différentiable est définie par une expression semblable à celle de la définition 7. Pour ces fonctions, l'**approximation linéaire** est

$$f(x, y, z) \approx f(a, b, c) + f_x'(a, b, c)(x - a) + f_y'(a, b, c)(y - b) + f_z'(a, b, c)(z - c)$$

et la linéarisation $L(x, y, z)$ est le membre de droite de cette expression.

Si $w = f(x, y, z)$, alors l'**accroissement** de w est

$$\Delta w = f(x + \Delta x, y + \Delta y, z + \Delta z) - f(x, y, z).$$

La **différentielle** dw est définie en termes des différentielles dx, dy et dz des variables indépendantes par

$$dw = \frac{\partial w}{\partial x}\, dx + \frac{\partial w}{\partial y}\, dy + \frac{\partial w}{\partial z}\, dz.$$

EXEMPLE 6 Un parallélépipède mesure 75 cm de long, 60 cm de large et 40 cm de haut. Chaque mesure est correcte à 0,2 cm près. À l'aide des différentielles, estimez la pire erreur que vous puissiez commettre en calculant le volume de ce parallélépipède.

SOLUTION Si x, y et z désignent les dimensions du parallélépipède, son volume est donné par la formule $V = xyz$ de sorte que

$$dV = \frac{\partial V}{\partial x}\, dx + \frac{\partial V}{\partial y}\, dy + \frac{\partial V}{\partial z}\, dz = yz\, dx + xz\, dy + xy\, dz.$$

Il est dit que $|\Delta x| \leqslant 0,2$, $|\Delta y| \leqslant 0,2$, et $|\Delta z| \leqslant 0,2$. Pour que l'erreur sur le volume soit maximale, on prend $dx = 0,2$, $dy = 0,2$ et $dz = 0,2$ en même temps que $x = 75$, $y = 60$ et $z = 40$:

$$\Delta V \approx dV = (60)(40)(0,2) + (75)(40)(0,2) + (75)(60)(0,2) = 1\ 980.$$

Une erreur d'à peine 0,2 cm dans la mesure de chaque côté peut conduire à une erreur de 1 980 cm^3 dans la mesure du volume. Cela peut paraître une erreur importante, mais en fait, ce n'est jamais qu'une erreur d'environ 1 % du volume. ■ ■

⊞ Les plans tangents aux surfaces paramétrées

Les surfaces paramétrées ont été introduites dans la section 10.5. On est donc maintenant à la recherche du plan tangent à la surface paramétrée S décrite par une fonction vectorielle

$$\vec{r}(u, v) = x(u, v)\,\vec{i} + y(u, v)\,\vec{j} + z(u, v)\,\vec{k}$$

au point P_0 extrémité du vecteur position $\vec{r}(u_0, v_0)$. Si le paramètre u est tenu fixe, $u = u_0$, alors la fonction vectorielle $\vec{r}(u_0, v)$ n'est plus fonction que d'un seul paramètre et représente une coubre C_1 tracée sur S (voyez la figure 9). La direction de la tangente à C_1 en P_0 est donnée par la dérivée partielle de $\vec{r}$ par rapport à v :

$$\vec{r}_v' = \frac{\partial x}{\partial v}(u_0, v_0)\,\vec{i} + \frac{\partial y}{\partial v}(u_0, v_0)\,\vec{j} + \frac{\partial z}{\partial v}(u_0, v_0)\,\vec{k}$$

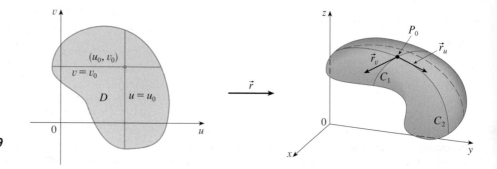

FIGURE 9

De même, si le paramètre v est tenu fixe, $v = v_0$, la fonction vectorielle $\vec{r}(u, v_0)$ représente une courbe C_2 tracée sur S et la direction de la tangente à C_2 en P_0 est donnée par la dérivée partielle de $\vec{r}$ par rapport à u

$$\vec{r}_u' = \frac{\partial x}{\partial u}(u_0, v_0)\,\vec{i} + \frac{\partial y}{\partial u}(u_0, v_0)\,\vec{j} + \frac{\partial z}{\partial u}(u_0, v_0)\,\vec{k}$$

Quand $\vec{r}_u' \wedge \vec{r}_v'$ n'est pas le vecteur nul, la surface est dite **lisse** (elle ne présente pas de « coins »). Pour une surface lisse, le **plan tangent** est le plan qui contient les vecteurs tangents $\vec{r}_u'$ et $\vec{r}_v'$ et le vecteur $\vec{r}_u' \wedge \vec{r}_v'$ lui est orthogonal.

EXEMPLE 7 Déterminez le plan tangent à la surface paramétrée par les équations $x = u^2$, $y = v^2$, $z = u + 2v$ au point $(1, 1, 3)$.

SOLUTION On commence par calculer les vecteurs tangents :

$$\vec{r}_u' = \frac{\partial x}{\partial u}\vec{i} + \frac{\partial y}{\partial u}\vec{j} + \frac{\partial z}{\partial u}\vec{k} = 2u\,\vec{i} + \vec{k}$$

$$\vec{r}_v' = \frac{\partial x}{\partial v}\vec{i} + \frac{\partial y}{\partial v}\vec{j} + \frac{\partial z}{\partial v}\vec{k} = 2v\,\vec{j} + 2\vec{k}$$

Ensuite, le vecteur normal,

$$\vec{r}_u' \wedge \vec{r}_v' = \begin{vmatrix} \vec{i} & \vec{j} & \vec{k} \\ 2u & 0 & 1 \\ 0 & 2v & 2 \end{vmatrix} = -2v\,\vec{i} - 4u\,\vec{j} + 4uv\,\vec{k}$$

■ ■ La figure 10 montre la surface de l'exemple 7 qui se coupe elle-même et le plan tangent en $(1, 1, 3)$.

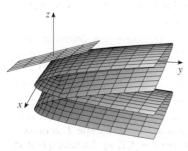

FIGURE 10

Comme le point $(1, 1, 3)$ est l'image des valeurs $u = 1$ et $v = 1$ des paramètres, le vecteur normal en ce point est

$$-2\vec{i} - 4\vec{j} + 4\vec{k}.$$

Le plan tangent en $(1, 1, 3)$ admet donc comme équation

$$-2(x-1) - 4(y-1) + 4(z-3) = 0$$

soit encore,

$$x + 2y - 2z + 3 = 0.$$

■ ■

11.4 | Exercices

1–4 ■ Écrivez une équation du plan tangent à la surface donnée au point spécifié.

1. $z = 4x^2 - y^2 + 2y$, $\quad (-1, 2, 4)$

2. $z = e^{x^2 - y^2}$, $\quad (1, -1, 1)$

3. $z = y\cos(x - y)$, $\quad (2, 2, 2)$

4. $z = y\ln x$, $\quad (1, 4, 0)$

5–6 ■ Servez-vous d'un ordinateur pour représenter la surface et le plan tangent au point donné. (Choisissez le domaine et l'angle de vue qui permettent de bien distinguer la surface et son plan tangent.) Ensuite, zoomez jusqu'à ce que la surface et le plan tangent semblent être confondus.

5. $z = x^2 + xy + 3y^2$, $\quad (1, 1, 5)$

6. $z = \text{Arctg}(xy^2)$, $\quad (1, 1, \pi/4)$

7–8 ■ Dessinez le graphique de f et celui de son plan tangent au point donné. (Utilisez votre logiciel de calcul symbolique tant pour calculer les dérivées partielles que pour dessiner la surface et son plan tangent.) Zoomez ensuite jusqu'à ce que la surface et le plan tangent semblent devenir indiscernables.

7. $f(x, y) = \dfrac{xy\sin(x - y)}{1 + x^2 + y^2}$, $\quad (1, 1, 0)$

8. $f(x, y) = e^{-xy/10}(\sqrt{x} + \sqrt{y} + \sqrt{xy})$, $\quad (1, 1, 3e^{-0,1})$

9–12 ■ Expliquez pourquoi la fonction est différentiable au point donné. Cherchez ensuite la linéarisation $L(x, y)$ de la fonction en ce point.

9. $f(x, y) = x\sqrt{y}$, $\quad (1, 4)$

10. $f(x, y) = x/y$, $\quad (6, 3)$

11. $f(x, y) = \text{Arctg}(x + 2y)$, $\quad (1, 0)$

12. $f(x, y) = \sqrt{x + e^{4y}}$, $\quad (3, 0)$

13. Cherchez l'approximation linéaire de la fonction $f(x, y) = \sqrt{20 - x^2 - 7y^2}$ en $(2, 1)$ et utilisez-la pour calculer une valeur approchée de $f(1,95 \,; 1,08)$.

14. Cherchez l'approximation linéaire de la fonction $f(x, y) = \ln(x - 3y)$ en $(7, 2)$ et utilisez-la pour calculer une valeur approchée de $f(6,9 \,; 2,06)$. Illustrez par le dessin de f et du plan tangent.

15. Cherchez l'approximation linéaire de la fonction $f(x, y, z) = \sqrt{x^2 + y^2 + z^2}$ en $(3, 2, 6)$ et utilisez-la pour calculer une valeur approchée de $\sqrt{(3,02)^2 + (1,97)^2 + (5,99)^2}$.

16. Les hauteurs des vagues h dépendent principalement de la force v du vent (en nœuds) et du temps t (en heures) pendant lequel le vent souffle à cette vitesse. Des valeurs de la fonction $h = f(v, t)$ sont rassemblées dans un tableau.

Durée (en heures)

v \ t	5	10	15	20	30	40	50
20	5	7	8	8	9	9	9
30	9	13	16	17	18	19	19
40	14	21	25	28	31	33	33
50	19	29	36	40	45	48	50
60	24	37	47	54	62	67	69

Vitesse du vent (en nœuds)

Basez-vous sur les valeurs du tableau pour écrire une approximation linéaire de la hauteur des vagues quand v est proche de 40 nœuds et t proche de 20 heures. Estimez ensuite les hauteurs des vagues quand le vent souffle depuis 24 heures avec une force de 43 nœuds.

17. Servez-vous de la table de l'exemple 3 pour déterminer une approximation linéaire de la fonction indice de chaleur quand la température est de 94 °F et l'humidité relative de 80 %. Estimez ensuite l'indice de chaleur quand la température est de 95 °F et l'humidité relative de 78 %.

18. L'indice de refroidissement dû au vent I est une température subjective qui dépend de la température réelle T et de la vitesse du vent v de sorte que $I = f(T, v)$. La table que voici est extraite de la table 1 de la section 11.1.

Vitesse du vent (km/h)

T \ v	20	30	40	50	60	70
−10	−18	−20	−21	−22	−23	−23
−15	−24	−26	−27	−29	−30	−30
−20	−30	−33	−34	−35	−36	−37
−25	−37	−39	−41	−42	−43	−44

Température réelle (°C)

Servez-vous de la table pour trouver une approximation linéaire de l'indice de refroidissement dû au vent quand T est proche de −15 ° et v proche de 50 km/h. Estimez ensuite la valeur de cet indice quand la température est de −17 °C et la vitesse du vent de 55 km/h.

19–22 ■ Cherchez l'expression de la différentielle de la fonction.

19. $z = x^3 \ln(y^2)$

20. $u = e^{-t} \sin(s + 2t)$

21. $R = \alpha\beta^2 \cos\gamma$

22. $w = xye^{xz}$

23. Comparez les valeurs de Δz et dz lorsque (x, y) passe de $(1, 2)$ à $(1{,}05\,;2{,}1)$ dans la fonction $z = 5x^2 + y^2$.

24. Comparez les valeurs de Δz et dz lorsque (x, y) passe de $(3, -1)$ à $(2{,}96\,;-0{,}95)$ dans la fonction $z = x^2 - xy + 3y^2$.

25. Un rectangle mesure 30 cm de long et 24 cm de large. Chaque mesure est correcte à 0,1 cm près. À l'aide des différentielles, estimez la pire erreur que vous puissiez commettre en calculant l'aire de ce rectangle.

26. Les dimensions d'une boîte rectangulaire fermée sont 80 cm de long, 60 cm de large et 50 cm de haut. Chaque mesure est correcte à 0,2 cm près. À l'aide des différentielles, estimez la pire erreur que vous puissiez commettre en calculant la surface de cette boîte.

27. À l'aide des différentielles, estimez la quantité de métal d'une boîte de conserve fermée dont le diamètre de la base mesure 8 cm et la hauteur 12 cm. L'épaisseur du métal est de 0,04 cm.

28. À l'aide des différentielles, estimez la quantité de métal d'une boîte de forme cylindrique fermée dont le diamètre de la base mesure 4 cm et la hauteur 10 cm. L'épaisseur du métal de la paroi est de 0,05 cm et celle du fond et du couvercle, de 0,1 cm.

29. On modélise la surface du corps humain par $S = 0{,}1091w^{0{,}425}h^{0{,}725}$, où w est le poids (en livres) et h la hauteur (en pieds) ; S est obtenue en pieds carrés. Si l'erreur dans les mesures de w et h ne dépasse pas 2 %, estimez à l'aide des différentielles l'erreur maximale, en pour cent, de la surface calculée.

30. La pression, le volume et la température d'une mole de gaz idéal sont liés par l'équation $PV = 8{,}31T$, où P est mesuré en kilopascals, V en litres et T en kelvins. Utilisez les différentielles pour déterminer la variation approximative de la pression si le volume passe de 12 L à 12,3 et la température diminue de 310 K à 305 K.

31. La résistance totale R produite par trois conducteurs, de résistance R_1, R_2 et R_3, connectés en parallèles dans un circuit électrique est donnée par la formule

$$\frac{1}{R} = \frac{1}{R_1} + \frac{1}{R_2} + \frac{1}{R_3}.$$

Si les résistances, mesurées en ohms, sont $R_1 = 25\ \Omega$, $R_2 = 40\ \Omega$ et $R_3 = 50\ \Omega$ avec une erreur possible de 0,5 % dans chaque cas, estimez l'erreur maximale possible de la valeur calculée de R.

32. Quatre nombres positifs, inférieurs à 50, sont arrondis à la première décimale et ensuite multipliés entre eux. Quelle est l'erreur maximale que cet arrondi peut provoquer sur le produit ?

33–37 ■ Déterminez une équation du plan tangent à la surface paramétrée au point donné. Utilisez un ordinateur pour dessiner la surface et son plan tangent.

33. $x = u + v$, $\quad y = 3u^2$, $\quad z = u - v$; $\quad (2, 3, 0)$

34. $x = u^2$, $\quad y = v^2$, $\quad z = uv$; $\quad u = 1$, $v = 1$

35. $\vec{r}(u, v) = u^2\vec{i} + 2u \sin v\,\vec{j} + u \cos v\,\vec{k}$; $\quad u = 1$, $v = 0$

36. $\vec{r}(u, v) = uv\vec{i} + u \sin v\,\vec{j} + v \cos u\,\vec{k}$; $\quad u = 0$, $v = \pi$

37. $\vec{r}(u, v) = u\vec{i} + \ln(uv)\vec{j} + v\vec{k}$; $\quad u = 1$, $v = 1$

38. Vous souhaitez connaître une équation du plan tangent en $P(2, 1, 3)$ à une surface S. Vous ne disposez pas de l'équation de la surface S, mais vous savez que les courbes

$$\vec{r}_1(t) = (2 + 3t,\, 1 - t^2,\, 3 - 4t + t^2)$$

$$\vec{r}_2(u) = (1 + u^2,\, 2u^3 - 1,\, 2u + 1)$$

se trouvent toutes les deux sur la surface. Déterminez une équation du plan tangent en P.

39–40 ■ Démontrez que la fonction est différentiable en déterminant les expressions de ε_1 et ε_2 qui satisfont à la définition 7.

39. $f(x, y) = x^2 + y^2$

40. $f(x, y) = xy - 5y^2$

41. Démontrez qu'une fonction de deux variables différentiable en (a, b) y est continue.
Suggestion : Montrez que

$$\lim_{(\Delta x,\, \Delta y) \to (0,\, 0)} f(a + \Delta x,\, b + \Delta y) = f(a, b).$$

42. a) La fonction

$$f(x, y) = \begin{cases} \dfrac{xy}{x^2 + y^2} & \text{si } (x, y) \neq (0, 0) \\ 0 & \text{si } (x, y) = (0, 0) \end{cases}$$

a été dessinée dans la figure 4. Démontrez que $f_x'(0, 0)$ et $f_y'(0, 0)$ existent toutes les deux, mais que f n'est pas différentiable en $(0, 0)$. [*Suggestion :* Servez-vous du résultat de l'exercice 41.]

b) Expliquez pourquoi f_x' et f_y' ne sont pas continues en $(0, 0)$.

11.5 | La Règle de dérivation des fonctions composées

Il convient d'abord de se rappeler cette règle dans le cas de la composition de deux fonctions d'une variable : si $y = f(x)$ et $x = g(t)$, où f et g sont des fonctions dérivables, alors y est indirectement une fonction dérivable de t et

$$\boxed{1} \qquad \frac{dy}{dt} = \frac{dy}{dx}\frac{dx}{dt}.$$

Dans le cas des fonctions de plus d'une variable, la Règle de dérivation des fonctions composées comporte plusieurs versions, chacune d'elle expliquant comment calculer la ou les dérivées d'une fonction composée. La première version (théorème 2) se rapporte au cas où $z = f(x, y)$ et où x et y sont à leur tour des fonctions d'une variable t. C'est ainsi que z est indirectement une fonction de t, $z = f(g(t), h(t))$ et la Règle de dérivation des fonctions composées donne une formule de dérivation de z en tant que fonction de t. On suppose que f est différentiable (définition 11.4.7). Il suffit pour cela, rappelez-vous, que f_x' et f_y' soient continues (Théorème 11.4.8).

$\boxed{2}$ Règle de dérivation des fonctions composées (Cas 1) On suppose que $z = f(x, y)$ est une fonction différentiable de x et y, où $x = g(t)$ et $y = h(t)$ sont toutes les deux des fonctions dérivables de t. Alors z est une fonction dérivable de t et

$$\frac{dz}{dt} = \frac{\partial f}{\partial x}\frac{dx}{dt} + \frac{\partial f}{\partial y}\frac{dy}{dt}$$

Démonstration Lorsque t varie de Δt, x varie de Δx et y, de Δy. Ces variations provoquent à leur tour une variation Δz de z, et d'après la définition 11.4.7, on a

$$\Delta z = \frac{\partial f}{\partial x}\Delta x + \frac{\partial f}{\partial y}\Delta y + \varepsilon_1 \Delta x + \varepsilon_2 \Delta y$$

où $\varepsilon_1 \to 0$ et $\varepsilon_2 \to 0$ lorsque $(\Delta x, \Delta y) \to (0, 0)$. [Au cas où les fonctions ε_1 et ε_2 ne seraient pas définies en $(0, 0)$, on peut décider qu'elles valent 0 en $(0, 0)$.] On divise les deux membres de l'équation par Δt. Cela donne

$$\frac{\Delta z}{\Delta t} = \frac{\partial f}{\partial x}\frac{\Delta x}{\Delta t} + \frac{\partial f}{\partial y}\frac{\Delta y}{\Delta t} + \varepsilon_1 \frac{\Delta x}{\Delta t} + \varepsilon_2 \frac{\Delta y}{\Delta t}$$

Si maintenant on fait tendre $\Delta t \to 0$, alors $\Delta x = g(t + \Delta t) - g(t) \to 0$ parce que g est dérivable et de là continue. De même, $\Delta y \to 0$. Il s'ensuit alors que $\varepsilon_1 \to 0$ et $\varepsilon_2 \to 0$. Ainsi,

$$
\begin{aligned}
\frac{dz}{dt} &= \lim_{\Delta t \to 0} \frac{\Delta z}{\Delta t} \\
&= \frac{\partial f}{\partial x}\lim_{\Delta t \to 0}\frac{\Delta x}{\Delta t} + \frac{\partial f}{\partial y}\lim_{\Delta t \to 0}\frac{\Delta y}{\Delta t} + \lim_{\Delta t \to 0}\varepsilon_1 \lim_{\Delta t \to 0}\frac{\Delta x}{\Delta t} + \lim_{\Delta t \to 0}\varepsilon_2 \lim_{\Delta t \to 0}\frac{\Delta y}{\Delta t} \\
&= \frac{\partial f}{\partial x}\frac{dx}{dt} + \frac{\partial f}{\partial y}\frac{dy}{dt} + 0 \cdot \frac{dx}{dt} + 0 \cdot \frac{dy}{dt} \\
&= \frac{\partial f}{\partial x}\frac{dx}{dt} + \frac{\partial f}{\partial y}\frac{dy}{dt}
\end{aligned}
$$

■ ■

■ ■ Notez la ressemblance avec la définition de la différentielle :

$$dz = \frac{\partial z}{\partial x}\, dx + \frac{\partial z}{\partial y}\, dy.$$

Vu qu'il est fréquent d'écrire $\partial z / \partial x$ au lieu de $\partial f / \partial x$, la Règle de dérivation des fonctions composées peut encore être écrite sous la forme

$$\frac{dz}{dt} = \frac{\partial z}{\partial x}\frac{dx}{dt} + \frac{\partial z}{\partial y}\frac{dy}{dt}$$

EXEMPLE 1 Calculez dz/dt en $t = 0$ pour $z = x^2 y + 3xy^4$, si $x = \sin 2t$ et $y = \cos t$.

SOLUTION La Règle de dérivation des fonctions composées dicte

$$\frac{dz}{dt} = \frac{\partial z}{\partial x}\frac{dx}{dt} + \frac{\partial z}{\partial y}\frac{dy}{dt}$$

$$= (2xy + 3y^4)(2\cos 2t) + (x^2 + 12xy^3)(-\sin t).$$

Il n'est pas nécessaire de substituer les expressions en t de x et y. Il suffit d'observer qu'en $t = 0$, $x = \sin 0 = 0$ et $y = \cos 0 = 1$. Dès lors,

$$\left.\frac{dz}{dt}\right|_{t=0} = (0 + 3)(2\cos 0) + (0 + 0)(-\sin 0) = 6.$$ ■ ■

La dérivée de l'exemple 1 peut être interprétée comme la vitesse de variation z par rapport à t lorsque le point (x, y) se meut le long de la courbe C d'équations paramétriques $x = \sin 2t$, $y = \cos t$. (Voyez la figure 1.) En particulier, quand $t = 0$, le point (x, y) est $(0, 1)$ et $dz/dt = 6$. Telle est la vitesse de déplacement le long de C au point $(0, 1)$. Si, par exemple, $z = T(x, y) = x^2 y + 3xy^4$ représente la température au point (x, y), alors la fonction composée $z = T(\sin 2t, \cos t)$ représente la température aux points de C et la dérivée dz/dt est alors la vitesse à laquelle la température varie le long de C.

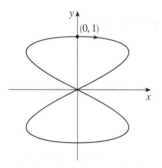

FIGURE 1
La courbe $x = \sin 2t$, $y = \cos t$

EXEMPLE 2 La pression P (en kilopascals), le volume V (en litres) et la température T (en kelvins) d'une mole d'un gaz idéal sont liés par l'équation $PV = 8,31T$. Déterminez la vitesse à laquelle la pression change quand la température est 300 K et est en train d'augmenter à raison de 0,1 K/s et quand le volume est de 100 L et est en train de croître à raison de 0,2 L/s.

SOLUTION À l'instant considéré, $T = 300$, $dT/dt = 0,1$, $V = 100$ et $dV/dt = 0,2$. Or,

$$P = 8,31\,\frac{T}{V}.$$

D'où, d'après la Règle de dérivation des fonctions composées,

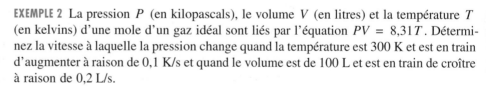

$$\frac{dP}{dt} = \frac{\partial P}{\partial T}\frac{dT}{dt} + \frac{\partial P}{\partial V}\frac{dV}{dt} = \frac{8,31}{V}\frac{dT}{dt} - \frac{8,31T}{V^2}\frac{dV}{dt}$$

$$= \frac{8,31}{100}\,(0,1) - \frac{8,31(300)}{100^2}\,(0,2) = -0,04155.$$

La pression est donc en train de diminuer d'environ 0,042 kPa/s. ■ ■

On envisage maintenant la situation où $z = f(x, y)$, et où chacune des variables x et y est une fonction de deux variables s et t : $x = g(s, t)$, $y = h(s, t)$. Ainsi, z est indirectement une fonction de s et t et on cherche comment obtenir $\partial z/\partial s$ et $\partial z/\partial t$. Si on se souvient que, pour calculer $\partial z/\partial t$ on tient la variable s constante et on calcule la dérivée ordinaire de z par rapport à t, on applique le théorème 2 et on obtient

$$\frac{\partial z}{\partial t} = \frac{\partial z}{\partial x}\frac{\partial x}{\partial t} + \frac{\partial z}{\partial y}\frac{\partial y}{\partial t}$$

Comme le même argument s'applique à $\partial z/\partial s$, on a ainsi démontré la version suivante de la Règle de dérivation des fonctions composées.

> **3** **Règle de dérivation des fonctions composées (Cas 2)** On suppose que $z = f(x, y)$ est une fonction différentiable de x et y, où $x = g(s, t)$ et $y = h(s, t)$ sont toutes les deux des fonctions différentiables de s et t. Alors
>
> $$\frac{\partial z}{\partial s} = \frac{\partial z}{\partial x}\frac{\partial x}{\partial s} + \frac{\partial z}{\partial y}\frac{\partial y}{\partial s} \qquad \frac{\partial z}{\partial t} = \frac{\partial z}{\partial x}\frac{\partial x}{\partial t} + \frac{\partial z}{\partial y}\frac{\partial y}{\partial t}$$

EXEMPLE 3 Calculez $\partial z/\partial s$ et $\partial z/\partial t$ pour $z = e^x \sin y$ avec $x = st^2$ et $y = s^2 t$.

SOLUTION On applique le deuxième cas de la Règle de dérivation des fonctions composées :

$$\frac{\partial z}{\partial s} = \frac{\partial z}{\partial x}\frac{\partial x}{\partial s} + \frac{\partial z}{\partial y}\frac{\partial y}{\partial s} = (e^x \sin y)(t^2) + (e^x \cos y)(2st)$$

$$= t^2 e^{st^2} \sin(s^2 t) + 2st e^{st^2} \cos(s^2 t)$$

$$\frac{\partial z}{\partial t} = \frac{\partial z}{\partial x}\frac{\partial x}{\partial t} + \frac{\partial z}{\partial y}\frac{\partial y}{\partial t} = (e^x \sin y)(2st) + (e^x \cos y)(s^2)$$

$$= 2st e^{st^2} \sin(s^2 t) + s^2 e^{st^2} \cos(s^2 t). \qquad ■\ ■$$

La Règle de dérivation des fonctions composées met en présence, dans cette deuxième situation, trois types de variables : les variables **indépendantes** s et t, les variables dites **intermédiaires** x et y et la variable **dépendante** z. Remarquez que, dans les formules du théorème 3, il y a un terme pour chaque variable intermédiaire et que celui-ci est de la forme du terme de la Règle de dérivation des fonctions composées 1 à une dimension.

Il est très utile, pour se souvenir de la Règle de dérivation des fonctions composées, de dessiner un **diagramme en arbre** comme celui de la figure 2. De la variable indépendante z partent deux branches vers les variables intermédiaires x et y pour indiquer que z est fonction de x et y. Ensuite, de x et y partent deux branches vers les variables indépendantes s et t. Le long de chaque branche est indiquée la dérivée partielle correspondante. La formule qui donne $\partial z/\partial s$ s'obtient en effectuant d'abord les produits des dérivées partielles le long de chaque chemin qui va de z à s et en additionnant ensuite ces produits :

$$\frac{\partial z}{\partial s} = \frac{\partial z}{\partial x}\frac{\partial x}{\partial s} + \frac{\partial z}{\partial y}\frac{\partial y}{\partial s}$$

On détermine de même $\partial z/\partial t$ en se servant des chemins qui vont de z à t.

On envisage maintenant le cas général où une variable indépendante u est une fonction de n variables intermédiaires $x_1, \ldots, x_n$, chacune d'elles étant à son tour une fonction de

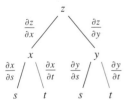

FIGURE 2

m variables indépendantes $t_1, \ldots, t_m$. Il y aura donc n termes, un pour chaque variable intermédiaire. La démonstration est la même que celle du cas 1.

---

3 **Règle de dérivation des fonctions composées (Cas général)** On suppose que u est une fonction différentiable de n variables $x_1, x_2, \ldots, x_n$, et que chaque x_j est une fonction différentiable de m variables $t_1, t_2, \ldots, t_m$. Alors, u est une fonction de $t_1, t_2, \ldots, t_m$ et

$$\frac{\partial u}{\partial t_i} = \frac{\partial u}{\partial x_1}\frac{\partial x_1}{\partial t_i} + \frac{\partial u}{\partial x_2}\frac{\partial x_2}{\partial t_i} + \cdots + \frac{\partial u}{\partial x_n}\frac{\partial x_n}{\partial t_i}$$

pour chaque $i = 1, 2, \ldots, m$.

EXEMPLE 4 Écrivez la Règle de dérivation des fonctions composées dans le cas où $w = f(x, y, z, t)$ et $x = x(u, v)$, $y = y(u, v)$, $z = z(u, v)$ et $t = t(u, v)$.

SOLUTION Il faut appliquer le théorème 4 avec $n = 4$ et $m = 2$. La figure 3 montre le diagramme en arbre. Bien que les dérivées ne soient pas écrites le long des branches, il est entendu que le long de la branche qui va de y à u, par exemple, c'est la dérivée partielle $\partial y/\partial u$ qui devrait s'y trouver. On peut ainsi aisément, à l'aide du diagramme en arbre, écrire les formules demandées :

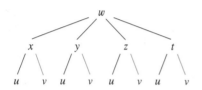

FIGURE 3

$$\frac{\partial w}{\partial u} = \frac{\partial w}{\partial x}\frac{\partial x}{\partial u} + \frac{\partial w}{\partial y}\frac{\partial y}{\partial u} + \frac{\partial w}{\partial z}\frac{\partial z}{\partial u} + \frac{\partial w}{\partial t}\frac{\partial t}{\partial u}$$

$$\frac{\partial w}{\partial v} = \frac{\partial w}{\partial x}\frac{\partial x}{\partial v} + \frac{\partial w}{\partial y}\frac{\partial y}{\partial v} + \frac{\partial w}{\partial z}\frac{\partial z}{\partial v} + \frac{\partial w}{\partial t}\frac{\partial t}{\partial v}.$$

■ ■

EXEMPLE 5 Calculez la valeur de $\partial u/\partial s$ pour la fonction $u = x^4 y + y^2 z^3$ où $x = rse^t$, $y = rs^2 e^{-t}$ et $z = r^2 s \sin t$ quand $r = 2$, $s = 1$ et $t = 0$.

SOLUTION Grâce au diagramme en arbre de la figure 4, on a

$$\frac{\partial u}{\partial s} = \frac{\partial u}{\partial x}\frac{\partial x}{\partial s} + \frac{\partial u}{\partial y}\frac{\partial y}{\partial s} + \frac{\partial u}{\partial z}\frac{\partial z}{\partial s}$$

$$= (4x^3 y)(re^t) + (x^4 + 2yz^3)(2rse^{-t}) + (3y^2 z^2)(r^2 \sin t)$$

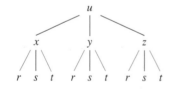

FIGURE 4

Quand $r = 2$, $s = 1$ et $t = 0$, on a $x = 2$, $y = 2$ et $z = 0$, de sorte que

$$\frac{\partial u}{\partial s} = (64)(2) + (16)(4) + (0)(0) = 192.$$

■ ■

EXEMPLE 6 Étant donné que $g(s, t) = f(s^2 - t^2, t^2 - s^2)$ et que f est différentiable, montrez que g vérifie l'équation

$$t\frac{\partial g}{\partial s} + s\frac{\partial g}{\partial t} = 0.$$

SOLUTION Soit $x = s^2 - t^2$ et $y = t^2 - s^2$. Alors, $g(s, t) = f(x, y)$ et la Règle de dérivation des fonctions composées donne

$$\frac{\partial g}{\partial s} = \frac{\partial f}{\partial x}\frac{\partial x}{\partial s} + \frac{\partial f}{\partial y}\frac{\partial y}{\partial s} = \frac{\partial f}{\partial x}(2s) + \frac{\partial f}{\partial y}(-2s)$$

$$\frac{\partial g}{\partial t} = \frac{\partial f}{\partial x}\frac{\partial x}{\partial t} + \frac{\partial f}{\partial y}\frac{\partial y}{\partial t} = \frac{\partial f}{\partial x}(-2t) + \frac{\partial f}{\partial y}(2t)$$

De là,

$$t\frac{\partial g}{\partial s} + s\frac{\partial g}{\partial t} = \left(2st\frac{\partial f}{\partial x} - 2st\frac{\partial f}{\partial y}\right) + \left(-2st\frac{\partial f}{\partial x} + 2st\frac{\partial f}{\partial y}\right) = 0$$

■ ■

EXEMPLE 7 On suppose que $z = f(x, y)$ a des dérivées partielles secondes continues et que $x = r^2 + s^2$ et $y = 2rs$. Calculez a) $\partial z/\partial r$ et b) $\partial^2 z/\partial r^2$.

SOLUTION

a) La Règle de dérivation des fonctions composées donne

$$\frac{\partial z}{\partial r} = \frac{\partial z}{\partial x}\frac{\partial x}{\partial r} + \frac{\partial z}{\partial y}\frac{\partial y}{\partial r} = \frac{\partial z}{\partial x}(2r) + \frac{\partial z}{\partial y}(2s)$$

b) Pour dériver partiellement par rapport à r cette dernière expression, il faut recourir à la Règle de dérivation du produit

$$\boxed{5} \qquad \frac{\partial^2 z}{\partial r^2} = \frac{\partial}{\partial r}\left(2r\frac{\partial z}{\partial x} + 2s\frac{\partial z}{\partial y}\right)$$

$$= 2\frac{\partial z}{\partial x} + 2r\frac{\partial}{\partial r}\left(\frac{\partial z}{\partial x}\right) + 2s\frac{\partial}{\partial r}\left(\frac{\partial z}{\partial y}\right)$$

Or, par la Règle de dérivation des fonctions composées, on a

$$\frac{\partial}{\partial r}\left(\frac{\partial z}{\partial x}\right) = \frac{\partial}{\partial x}\left(\frac{\partial z}{\partial x}\right)\frac{\partial x}{\partial r} + \frac{\partial}{\partial y}\left(\frac{\partial z}{\partial x}\right)\frac{\partial y}{\partial r}$$

$$= \frac{\partial^2 z}{\partial x^2}(2r) + \frac{\partial^2 z}{\partial y\partial x}(2s)$$

$$\frac{\partial}{\partial r}\left(\frac{\partial z}{\partial y}\right) = \frac{\partial}{\partial x}\left(\frac{\partial z}{\partial y}\right)\frac{\partial x}{\partial r} + \frac{\partial}{\partial y}\left(\frac{\partial z}{\partial y}\right)\frac{\partial y}{\partial r}$$

$$= \frac{\partial^2 z}{\partial x\partial y}(2r) + \frac{\partial^2 z}{\partial y^2}(2s).$$

Il reste maintenant à substituer ces expressions dans l'équation 5 et à tenir compte de l'égalité des dérivées partielles secondes mixtes. Il vient finalement

$$\frac{\partial^2 z}{\partial r^2} = 2\frac{\partial z}{\partial x} + 2r\left(2r\frac{\partial^2 z}{\partial x^2} + 2s\frac{\partial^2 z}{\partial y\partial x}\right) + 2s\left(2r\frac{\partial^2 z}{\partial x\partial y} + 2s\frac{\partial^2 z}{\partial y^2}\right)$$

$$= 2\frac{\partial z}{\partial x} + 4r^2\frac{\partial^2 z}{\partial x^2} + 8rs\frac{\partial^2 z}{\partial x\partial y} + 4s^2\frac{\partial^2 z}{\partial y^2}.$$

■ ■

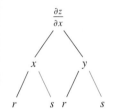

FIGURE 5

▪▪ La dérivation implicite

Les processus de dérivation implicite, introduits dans les sections 3.6 et 11.3, peuvent être complétés à la faveur de la Règle de dérivation des fonctions composées. On suppose qu'une équation de la forme $F(x, y) = 0$ définit y comme une fonction dérivable de x, notée $y = f(x)$, où $F(x, f(x)) = 0$ quel que soit x dans le domaine de définition de f. Si F est différentiable, on peut appliquer le premier cas de la Règle de dérivation des fonctions composées pour dériver les deux membres de l'équation $F(x, y) = 0$ par rapport à x. Vu que x et y sont des fonctions de x, on obtient

$$\frac{\partial F}{\partial x}\frac{dx}{dx} + \frac{\partial F}{\partial y}\frac{dy}{dx} = 0.$$

Or, $dx/dx = 1$ et si $\partial F/\partial y \neq 0$, on peut résoudre par rapport à dy/dx et obtenir ainsi

[6]
$$\frac{dy}{dx} = -\frac{\dfrac{\partial F}{\partial x}}{\dfrac{\partial F}{\partial y}} = -\frac{F'_x}{F'_y}$$

Avant d'effectuer les calculs qui mènent à cette formule, il a fallu supposer que $F(x, y) = 0$ définissait implicitement y comme une fonction de x. Le **Théorème des fonctions implicites**, que l'on démontre dans des manuels plus avancés, énonce les conditions sous lesquelles cette hypothèse est valide. Il affirme que si F est définie sur un disque ouvert contenant (a, b), où $F(a, b) = 0$, $F'_y(a, b) \neq 0$ et F'_x et F'_y sont continues sur le disque, alors l'équation $F(x, y) = 0$ définit y comme une fonction de x dans un voisinage de (a, b) et la dérivée de cette fonction est donnée par la formule 6.

EXEMPLE 8 Calculer l'expression de y' si $x^3 + y^3 = 6xy$.

SOLUTION L'équation donnée peut s'écrire

$$F(x, y) = x^3 + y^3 - 6xy = 0,$$

■ ■ La solution de l'exemple 8 est à comparer avec celle de l'exemple 2 dans la section 3.6.

et alors, par application de la formule 6,

$$\frac{dy}{dx} = -\frac{F'_x}{F'_y} = -\frac{3x^2 - 6y}{3y^2 - 6x} = -\frac{x^2 - 2y}{y^2 - 2x}.$$

■ ■

On suppose maintenant que $z = f(x, y)$ est définie implicitement par une équation de la forme $F(x, y, z) = 0$. Cela signifie que $F(x, y, f(x, y)) = 0$ pour tout (x, y) dans le domaine de définition de f. Si F et f sont différentiables, alors la Règle de dérivation des fonctions composées, appliquée à l'équation $F(x, y, z) = 0$, aboutit au résultat que voici :

$$\frac{\partial F}{\partial x}\frac{\partial x}{\partial x} + \frac{\partial F}{\partial y}\frac{\partial y}{\partial x} + \frac{\partial F}{\partial z}\frac{\partial z}{\partial x} = 0$$

Or,
$$\frac{\partial}{\partial x}(x) = 1 \qquad \text{et} \qquad \frac{\partial}{\partial x}(y) = 0.$$

D'où
$$\frac{\partial F}{\partial x} + \frac{\partial F}{\partial z}\frac{\partial z}{\partial x} = 0$$

À condition que $\partial F/\partial z \neq 0$, on résout par rapport à $\partial z/\partial x$, ce qui conduit à la première formule 7. La deuxième formule, celle de $\partial z/\partial y$, s'obtient de manière analogue.

[7]
$$\frac{\partial z}{\partial x} = -\frac{\dfrac{\partial F}{\partial x}}{\dfrac{\partial F}{\partial z}} \qquad \frac{\partial z}{\partial y} = -\frac{\dfrac{\partial F}{\partial y}}{\dfrac{\partial F}{\partial z}}$$

Il faut à nouveau mentionner la version du **Théorème des fonctions implicites** qui précise les conditions sous lesquelles l'hypothèse initiale est valide. Si F est définie sur une sphère contenant le point (a, b, c), où $F(a, b, c) = 0$, $F_z'(a, b, c) \neq 0$, F_x', F_y', F_z' sont des fonctions continues à l'intérieur de la sphère, alors l'équation $F(x, y, z) = 0$ définit z comme une fonction de x et y dans un voisinage du point (a, b, c) et les dérivées partielles de cette fonction sont données par les formules 7.

EXEMPLE 9 Calculez $\dfrac{\partial z}{\partial x}$ et $\dfrac{\partial z}{\partial y}$ si $x^3 + y^3 + z^3 + 6xyz = 1$.

SOLUTION Soit $F(x, y, z) = x^3 + y^3 + z^3 + 6xyz - 1$. Alors, selon les équations 7, on a

$$\frac{\partial z}{\partial x} = -\frac{F_x'}{F_z'} = -\frac{3x^2 + 6yz}{3z^2 + 6xy} = -\frac{x^2 + 2yz}{z^2 + 2xy}$$

$$\frac{\partial z}{\partial y} = -\frac{F_y'}{F_z'} = -\frac{3y^2 + 6xz}{3z^2 + 6xy} = -\frac{y^2 + 2xz}{z^2 + 2xy}$$

■ ■ La résolution de l'exemple 9 doit être rapprochée de celle de l'exemple 4 dans la section 11.3.

11.5 | Exercices

1–4 ■ Calculez dz/dt ou dw/dt à l'aide de la Règle de dérivation des fonctions composées.

1. $z = \sin x \cos y$, $\quad x = \pi t$, $\quad y = \sqrt{t}$

2. $z = x \ln(x + 2y)$, $\quad x = \sin t$, $\quad y = \cos t$

3. $w = xe^{y/z}$, $\quad x = t^2$, $\quad y = 1 - t$, $\quad z = 1 + 2t$

4. $w = xy + yz^2$, $\quad x = e^t$, $\quad y = e^t \sin t$, $\quad z = e^t \cos t$

- - - - - - - - - - - -

5–8 ■ Calculez $\partial z/\partial s$ et $\partial z/\partial t$ à l'aide de la Règle de dérivation des fonctions composées.

5. $z = x^2 + xy + y^2$, $\quad x = s + t$, $\quad y = st$

6. $z = x/y$, $\quad x = se^t$, $\quad y = 1 + se^{-t}$

7. $z = e^r \cos \theta$, $\quad r = st$, $\quad \theta = \sqrt{s^2 + t^2}$

8. $z = \sin \alpha \operatorname{tg} \beta$, $\quad \alpha = 3s + t$, $\quad \beta = s - t$

- - - - - - - - - - - -

9. Sachant que $z = f(x, y)$, où $x = g(t)$, $y = h(t)$, $g(3) = 2$, $g'(3) = 5$, $h(3) = 7$, $h'(3) = -4$, $f_x'(2, 7) = 6$ et $f_y'(2, 7) = -8$, calculez dz/dt quand $t = 3$.

10. Soit $W(s, t) = F(u(s, t), v(s, t))$, où F, u et v sont différentiables. De plus $u(1, 0) = 2$, $u_s'(1, 0) = -2$, $u_t'(1, 0) = 6$, $v(1, 0) = 3$, $v_s'(1, 0) = 5$, $v_t'(1, 0) = 4$, $F_u'(2, 3) = -1$ et $F_v'(2, 3) = 10$. Calculez $W_s'(1, 0)$ et $W_t'(1, 0)$.

11. On suppose que f est une fonction différentiable de x et y et soit $g(u, v) = f(e^u + \sin v, e^u + \cos v)$. Utilisez la table des valeurs pour calculer $g_u'(0, 0)$ et $g_v'(0, 0)$.

	f	g	f_x'	f_y'
$(0, 0)$	3	6	4	8
$(1, 2)$	6	3	2	5

12. On suppose que f est une fonction différentiable de x et y et soit $g(r, s) = f(2r - s, s^2 - 4r)$. Utilisez la table des valeurs de l'exercice 11 pour calculer $g_r'(1, 2)$ et $g_s'(1, 2)$.

13–16 ■ Construisez un diagramme en arbre pour écrire la Règle de dérivation des fonctions composées relative au cas donné. On suppose que toutes les fonctions sont différentiables.

13. $u = f(x, y)$, $\quad$ où $x = x(r, s, t)$, $y = y(r, s, t)$

14. $w = f(x, y, z)$, $\quad$ où $x = x(t, u)$, $y = y(t, u)$, $z = z(t, u)$

15. $v = f(p, q, r)$, $\quad$ où $p = p(x, y, z)$, $q = q(x, y, z)$, $r = r(x, y, z)$

16. $u = f(s, t)$, $\quad$ où $s = s(w, x, y, z)$, $t = t(w, x, y, z)$

- - - - - - - - - - - -

17–21 ■ Utilisez la Règle de dérivation des fonctions composées pour trouver les dérivées partielles demandées.

17. $z = x^2 + xy^3$, $\quad x = uv^2 + w^3$, $\quad y = u + ve^w$;

$\dfrac{\partial z}{\partial u}, \dfrac{\partial z}{\partial v}, \dfrac{\partial z}{\partial w}$ $\quad$ quand $u = 2$, $v = 1$, $w = 0$

18. $u = \sqrt{r^2 + s^2}$, $\quad r = y + x \cos t$, $\quad s = x + y \sin t$;

$\dfrac{\partial u}{\partial x}, \dfrac{\partial u}{\partial y}, \dfrac{\partial u}{\partial t}$ $\quad$ quand $x = 1$, $y = 2$, $t = 0$

19. $R = \ln(u^2 + v^2 + w^2)$,

$u = x + 2y$, $\quad y = 2x - y$, $\quad w = 2xy$;

$\dfrac{\partial R}{\partial x}, \dfrac{\partial R}{\partial y}$ $\quad$ quand $x = y = 1$

20. $M = xe^{y-z^2}$, $\quad x = 2uv$, $\quad y = u - v$, $\quad z = u + v$;

$\dfrac{\partial M}{\partial u}, \dfrac{\partial M}{\partial v}$ $\quad$ quand $u = 3$, $v = -1$

21. $u = x^2 + yz$, $x = pr\cos\theta$, $y = pr\sin\theta$, $z = p + r$; $\dfrac{\partial u}{\partial p}$, $\dfrac{\partial u}{\partial r}$, $\dfrac{\partial u}{\partial \theta}$ quand $p = 2$, $r = 3$, $\theta = 0$

22–24 ■ Servez-vous de l'équation 6 pour calculer dy/dx.

22. $y^5 + x^2 y^3 = 1 + ye^{x^2}$ **23.** $\sqrt{xy} = 1 + x^2 y$

24. $\sin x + \cos y = \sin x \cos y$

25–28 ■ Servez-vous des équations 7 pour calculer l'expression de $\partial z/\partial x$ et $\partial z/\partial y$.

25. $x^2 + y^2 + z^2 = 3xyz$ **26.** $xyz = \cos(x + y + z)$

27. $x - z = \text{Arctg}(yz)$ **28.** $yz = \ln(x + z)$

29. La température en un point (x, y) est notée $T(x, y)$ et mesurée en degrés Celsius. Un insecte en train de ramper se trouve après t secondes en $x = \sqrt{1 + t}$, $y = 2 + \frac{1}{3}t$, où x et y sont mesurés en centimètres. La fonction température satisfait à $T_x'(2, 3) = 4$ et $T_y'(2, 3) = 3$. À quelle vitesse croît la température sur la trajectoire de l'insecte après 3 secondes ?

30. La production annuelle de blé W dépend de la température moyenne T et des précipitations annuelles R. Les scientifiques estiment que la température moyenne est en train de croître de 0,15 °C/an et que les précipitations diminuent à raison de 0,1 cm/an. Ils pensent aussi qu'aux niveaux de production actuels $\partial W/\partial T = -2$ et que $\partial W/\partial R = 8$.
a) Quelle est la signification des signes de ces dérivées partielles ?
b) Estimez le taux actuel de variation de la production de blé dW/dt.

31. Voici un modèle pour la vitesse du son qui voyage à travers l'océan dans de l'eau salée à 35 parts par millième :

$$C = 1\,449,2 + 4,6T - 0,055T^2 + 0,00029T^3 + 0,016D$$

où C est la vitesse du son (en mètres par secondes), T la température (en degrés Celsius) et D la profondeur par rapport à la surface de l'océan (en mètres). Un plongeur sous-marin autonome entame une lente descente sous l'eau ; la profondeur et la température de l'eau environnante sont enregistrées au cours du temps et donnent lieu aux graphiques ci-dessous. Estimez la vitesse de variation (par rapport au temps) de la vitesse du son dans les eaux visitées par le plongeur après 20 minutes de plongée. En quelles unités s'exprime-t-elle ?

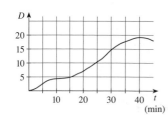 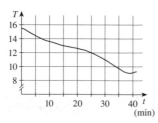

32. Le rayon d'un cylindre circulaire droit croît à la vitesse de 1,8 cm/s tandis que sa hauteur décroît à la vitesse de 2,5 cm/s. À quelle vitesse le volume du cône est-il en train de changer au moment où le rayon mesure 120 cm et la hauteur 140 cm ?

33. La longueur ℓ, la largeur L et la hauteur h d'une boîte varie dans le temps. À un moment donné, les dimensions sont $\ell = 1$ m et $L = h = 2$ m et ℓ et L croissent à raison de 2 m/s tandis que h diminue de 3 m/s. Déterminez le taux de variation des grandeurs suivantes, à cet instant.
a) Le volume.   b) La surface.
c) La longueur d'une diagonale.

34. La tension V dans un circuit électrique simple diminue lentement à mesure que s'épuise la pile. La résistance R augmente lentement à mesure que se réchauffe le résistor. Servez-vous de la loi d'Ohm $V = IR$ pour déterminer comment le courant I varie au moment où $R = 400\ \Omega$, $I = 0,08$ A, $dV/dt = -0,01$ V/s et $dR/dt = 0,03\ \Omega$/s.

35. La pression d'une mole d'un gaz idéal augmente de 0,05 kPa/s et la température augmente de 0,15 K/s. Utilisez l'équation de l'exemple 2 pour déterminer à quelle vitesse varie le volume lorsque la pression est de 20 kPa et la température de 320 K.

36. Lorsqu'un son de fréquence f_s est émis par une source qui se déplace en ligne droite avec une vitesse v_s et qu'un observateur se déplace avec une vitesse v_O sur la même ligne droite en sens inverse, donc en direction de la source sonore, la fréquence du son perçu par l'observateur est donnée par

$$f_o = \left(\frac{c + v_O}{c - v_s}\right)f_s,$$

où c est la vitesse du son, soit environ 332 m/s. (Il s'agit de **l'effet Doppler**.) On suppose qu'à un moment donné, vous êtes dans un train qui roule à une vitesse de 34 m/s et accélère à raison de 1,2 m/s². Un autre train arrive en sens inverse sur l'autre voie à la vitesse de 40 m/s, en accélérant de 1,4 m/s², et se met à siffler. La fréquence du sifflet est 460 Hz. Quelle est la fréquence du son que perçoit votre oreille à cet instant et à quelle vitesse change-t-elle ?

37–40 ■ On suppose que toutes les fonctions données sont différentiables.

37. Soit $z = f(x, y)$ où $x = r\cos\theta$ et $y = r\sin\theta$.
a) Calculez $\partial z/\partial r$ et $\partial z/\partial \theta$.
b) Démontrez que

$$\left(\frac{\partial z}{\partial x}\right)^2 + \left(\frac{\partial z}{\partial y}\right)^2 = \left(\frac{\partial z}{\partial r}\right)^2 + \frac{1}{r^2}\left(\frac{\partial z}{\partial \theta}\right)^2$$

38. Soit $u = f(x, y)$ où $x = e^s \cos t$ et $y = e^s \sin t$. Démontrez que

$$\left(\frac{\partial u}{\partial x}\right)^2 + \left(\frac{\partial u}{\partial y}\right)^2 = e^{-2s}\left[\left(\frac{\partial u}{\partial s}\right)^2 + \left(\frac{\partial u}{\partial t}\right)^2\right]$$

39. Démontrez que $\dfrac{\partial z}{\partial x} + \dfrac{\partial z}{\partial y} = 0$ si $z = f(x - y)$.

40. Démontrez que

$$\left(\frac{\partial z}{\partial x}\right)^2 - \left(\frac{\partial z}{\partial y}\right)^2 = \frac{\partial z}{\partial s}\frac{\partial z}{\partial t}$$

si $z = f(x, y)$ où $x = s + t$ et $y = s - t$.

41–46 ■ On suppose que toutes les fonctions données ont des dérivées partielles secondes continues.

41. Démontrez que toute fonction de la forme
$z = f(x + at) + g(x - at)$ est une solution de l'équation des ondes

$$\frac{\partial^2 z}{\partial t^2} = a^2 \frac{\partial^2 z}{\partial x^2}$$

[*Suggestion* : Poser $u = x + at$, $v = x - at$.]

42. Si $u = f(x, y)$ où $x = e^s \cos t$ et $y = e^s \sin t$, démontrez que

$$\frac{\partial^2 u}{\partial x^2} + \frac{\partial^2 u}{\partial y^2} = e^{-2s}\left[\frac{\partial^2 u}{\partial s^2} + \frac{\partial^2 u}{\partial t^2}\right]$$

43. Calculez $\partial^2 z/\partial r \partial s$, si $z = f(x, y)$ où $x = r^2 + s^2$ et $y = 2rs$. (Comparez avec l'exemple 7.)

44. Si $z = f(x, y)$ où $x = r \cos \theta$ et $y = r \sin \theta$, déterminez a) $\partial z/\partial r$, b) $\partial z/\partial \theta$ et c) $\partial^2 z/\partial r \partial \theta$.

45. Si $z = f(x, y)$ où $x = r \cos \theta$ et $y = r \sin \theta$, démontrez que

$$\frac{\partial^2 z}{\partial x^2} + \frac{\partial^2 z}{\partial y^2} = \frac{\partial^2 z}{\partial r^2} + \frac{1}{r^2}\frac{\partial^2 z}{\partial \theta^2} + \frac{1}{r}\frac{\partial z}{\partial r}$$

46. Supposez que $z = f(x, y)$, où $x = g(s, t)$ et $y = h(s, t)$.
a) Démontrez que

$$\frac{\partial^2 z}{\partial t^2} = \frac{\partial^2 z}{\partial x^2}\left(\frac{\partial x}{\partial t}\right)^2 + 2\frac{\partial^2 z}{\partial x \partial y}\frac{\partial x}{\partial t}\frac{\partial y}{\partial t} + \frac{\partial^2 z}{\partial y^2}\left(\frac{\partial y}{\partial t}\right)^2$$

$$+ \frac{\partial z}{\partial x}\frac{\partial^2 x}{\partial t^2} + \frac{\partial z}{\partial y}\frac{\partial^2 y}{\partial t^2}$$

b) Cherchez une formule analogue pour $\partial^2 z/\partial s \partial t$.

47. On suppose que $F(x, y, z) = 0$ définit implicitement chacune des trois variables x, y et z en fonction des deux autres :
$z = f(x, y)$, $y = g(x, z)$ et $x = h(y, z)$. Démontrez que

$$\frac{\partial z}{\partial x}\frac{\partial x}{\partial y}\frac{\partial y}{\partial z} = -1,$$

si F est différentiable et si F_x', F_y' et F_z' sont non nulles.

11.6 Les dérivées dans une direction et le vecteur gradient

La carte météorologique de la figure 1 montre un diagramme de courbes de niveau de la fonction température $T(x, y)$ sur les États de Californie et Névada à 15 h, une journée d'octobre. Les courbes de niveau, ou isothermes, relient les points de même température. La dérivée partielle T_x' en un endroit, tel que Reno représente le taux de variation de la température par rapport à la distance si on se déplace vers l'est depuis Reno ; T_y' représente le taux de variation de la température si on se déplace vers le nord. Mais comment connaître le taux de changement de la température si on se déplace vers le sud-est, (vers Las Vegas), ou dans une autre direction ? Dans cette section, on va introduire un

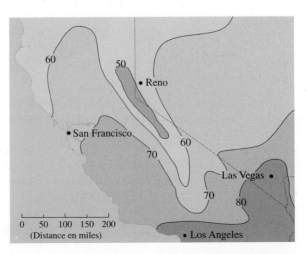

FIGURE 1

type de dérivée, appelée *dérivée dans une direction* qui permet de calculer le taux de variation d'une fonction de deux variables ou plus dans n'importe quelle direction.

▦ Les dérivées dans une direction

On se rappelle que si $z = f(x, y)$, les dérivées partielles f_x' et f_y' sont définies par

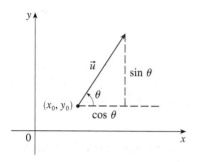

FIGURE 2

Un vecteur unitaire
$\vec{u} = (a, b) = (\cos \theta, \sin \theta)$

$$\boxed{1} \qquad f_x'(x_0, y_0) = \lim_{h \to 0} \frac{f(x_0 + h, y_0) - f(x_0, y_0)}{h}$$

$$f_y'(x_0, y_0) = \lim_{h \to 0} \frac{f(x_0, y_0 + h) - f(x_0, y_0)}{h}$$

et représentent les taux de variation de z dans les directions Ox et Oy, c'est-à-dire dans les directions des vecteurs $\vec{i}$ et $\vec{j}$.

On voudrait maintenant déterminer le taux de variation de z en (x_0, y_0) dans la direction d'un vecteur unitaire arbitraire $\vec{u} = (a, b)$ (voyez la figure 2). Pour cela, on considère la surface S d'équation $z = f(x, y)$ (le graphique de f) et on pose $z_0 = f(x_0, y_0)$. Le point $P(x_0, y_0, z_0)$ appartient à S. Le plan vertical qui passe par P et orienté dans la direction $\vec{u}$ coupe S selon une courbe C (voyez la figure 3). La pente de la tangente T à C en P est le taux de variation de z dans la direction $\vec{u}$.

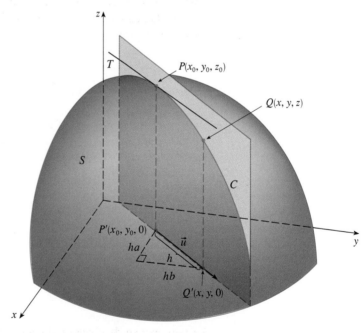

FIGURE 3

Si $Q(x, y, z)$ est un autre point de C et si P' et Q' sont les projections de P et Q dans le plan Oxy, alors le vecteur $\overrightarrow{P'Q'}$ est parallèle à $\vec{u}$, de sorte que

$$\overrightarrow{P'Q'} = h\vec{u} = (ha, hb),$$

pour un certain scalaire h. Par conséquent, $x - x_0 = ha$, $y - y_0 = hb$ et $x = x_0 + ha$, $y = y_0 + hb$. Il suit que

$$\frac{\Delta z}{h} = \frac{z - z_0}{h} = \frac{f(x_0 + ha, y_0 + hb) - f(x_0, y_0)}{h}$$

Si on prend la limite quand $h \to 0$, on obtient le taux de variation de z (par rapport à la distance) dans la direction $\vec{u}$, qui est appelé la dérivée de f dans la direction de $\vec{u}$.

---

2 **Définition** La **dérivée de f en (x_0, y_0) dans la direction du vecteur unitaire** $\vec{u} = (a, b)$ est

$$f_{\vec{u}}'(x_0, y_0) = \lim_{h \to 0} \frac{f(x_0 + ha, y_0 + hb) - f(x_0, y_0)}{h}$$

si cette limite existe.

La comparaison de la définition 2 avec les expressions 1 fait voir que dans le cas particulier où $\vec{u} = \vec{i} = (1, 0)$, $f_{\vec{i}}' = f_x'$ et dans le cas particulier où $\vec{u} = \vec{j} = (0, 1)$, alors $f_{\vec{j}}' = f_y'$. Autrement dit, les dérivées partielles par rapport à x et à y ne sont que des cas particuliers de la dérivée dans une direction.

EXEMPLE 1 Grâce à la carte météorologique de la figure 1, estimez la valeur de la dérivée de la fonction température à Reno dans la direction sud-est.

SOLUTION Le vecteur unitaire dans la direction sud-est est $\vec{u} = (\vec{i} - \vec{j})/\sqrt{2}$, mais on n'en a pas besoin. On commence par tracer une ligne qui passe par Reno dans la direction sud-est (voyez la figure 4).

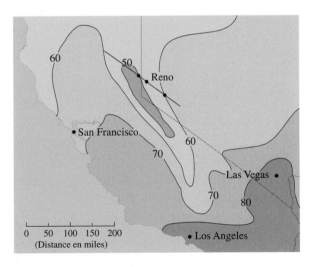

FIGURE 4

Le taux moyen de variation de la température entre les points où la ligne coupe les isothermes $T = 50$ et $T = 60$ sert d'approximation à la dérivée $T_{\vec{u}}'$. Au point situé au sud-est de Reno, $T = 60\,°F$ et au point situé au nord-ouest, $T = 50\,°F$. Ces points semblent à une distance de 75 miles. Le taux de variation de la température dans la direction sud-est est donc

$$T_{\vec{u}}' \approx \frac{60 - 50}{75} = \frac{10}{75} \approx 0{,}13 \ °F/mi.$$

Pour calculer la dérivée dans une direction d'une fonction définie par une formule, on emploie généralement le théorème que voici.

> **3** **Théorème** Si f est une fonction différentiable de x et y, alors f a une dérivée dans la direction de n'importe quel vecteur unitaire $\vec{u} = (a, b)$ et
>
> $$f_{\vec{u}}'(x, y) = f_x'(x, y)a + f_y'(x, y)b.$$

Démonstration Si on désigne par g la fonction de la seule variable h définie par

$$g(h) = f(x_0 + ha, y_0 + hb),$$

on a, suivant la définition d'une dérivée,

$$\boxed{4} \qquad g'(0) = \lim_{h \to 0} \frac{g(h) - g(0)}{h} = \lim_{h \to 0} \frac{f(x_0 + ha, y_0 + hb) - f(x_0, y_0)}{h}$$

$$= f_{\vec{u}}'(x_0 y_0)$$

Par ailleurs, on peut écrire $g(h) = f(x, y)$ où $x = x_0 + ha$, $y = y_0 + hb$ et alors la Règle de dérivation des fonctions composées (théorème 11.5.2) donne

$$g'(h) = \frac{\partial f}{\partial x} \frac{dx}{dh} + \frac{\partial f}{\partial y} \frac{dy}{dh} = f_x'(x, y)a + f_y'(x, y)b.$$

En $h = 0$, $x = x_0$, $y = y_0$ et

$$\boxed{5} \qquad g'(0) = f_x'(x_0, y_0)a + f_y'(x_0, y_0)b.$$

Il ne reste qu'à comparer les équations 4 et 5 pour obtenir

$$f_{\vec{u}}'(x_0, y_0) = f_x'(x_0, y_0)a + f_y'(x_0, y_0)b. \qquad \blacksquare \ \blacksquare$$

Si θ désigne l'angle que fait le vecteur unitaire $\vec{u}$ avec la partie positive de l'axe Ox (comme dans la figure 2), alors on peut écrire $\vec{u} = (\cos\theta, \sin\theta)$ et la formule du théorème 3 devient

$$\boxed{6} \qquad f_{\vec{u}}'(x, y) = f_x'(x, y)\cos\theta + f_y'(x, y)\sin\theta.$$

■ ■ La dérivée $f_{\vec{u}}'(1, 2)$ dans l'exemple 2 représente le taux de variation de z dans la direction de $\vec{u}$. C'est la pente de la tangente à la courbe d'intersection de la surface $z = x^3 - 3xy + 4y^2$ avec le plan vertical passant par $(1, 2, 0)$ et orienté selon $\vec{u}$, ainsi que le montre la figure 5.

EXEMPLE 2 Déterminez l'expression de la dérivée $f_{\vec{u}}'(x, y)$ si

$$f(x, y) = x^3 - 3xy + 4y^2,$$

et si $\vec{u}$ est le vecteur unitaire d'angle $\theta = \pi/6$. Que vaut $f_{\vec{u}}'(1, 2)$?

SOLUTION La formule 6 donne

$$f_{\vec{u}}'(x, y) = f_x'(x, y)\cos\frac{\pi}{6} + f_y'(x, y)\sin\frac{\pi}{6}$$

$$= (3x^2 - 3y)\frac{\sqrt{3}}{2} + (-3x + 8y)\tfrac{1}{2}$$

$$= \tfrac{1}{2}[3\sqrt{3}x^2 - 3x + (8 - 3\sqrt{3})y]$$

Par conséquent,

$$f_{\vec{u}}'(1, 2) = \tfrac{1}{2}[3\sqrt{3}(1)^2 - 3(1) + (8 - 3\sqrt{3})(2)] = \frac{13 - 3\sqrt{3}}{2}. \qquad \blacksquare \ \blacksquare$$

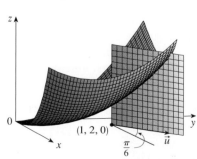

FIGURE 5

▚▚ Le vecteur gradient

On remarque que la formule de la dérivée dans une direction du théorème 3 a la forme d'un produit scalaire de deux vecteurs :

$$\boxed{7} \qquad \begin{aligned} f_{\vec{u}}'(x, y) &= f_x'(x, y)a + f_y'(x, y)b \\ &= (f_x'(x, y), f_y'(x, y)) \cdot (a, b) \\ &= (f_x'(x, y), f_y'(x, y)) \cdot \vec{u} \end{aligned}$$

Le premier vecteur de ce produit scalaire intervient non seulement dans le calcul des dérivées dans une direction, mais encore dans beaucoup d'autres situations. Aussi, on lui donne un nom particulier (le *gradient* de f) et une notation spéciale ($\overrightarrow{\text{grad}}\, f$ ou ∇f, qui est lu « del f »).

> **8 Définition** Si f est une fonction de deux variables x et y, alors le **gradient** de f est la fonction vectorielle ∇f définie par
>
> $$\nabla f(x, y) = (f_x'(x, y), f_y'(x, y)) = \frac{\partial f}{\partial x}\vec{i} + \frac{\partial f}{\partial y}\vec{j}.$$

EXEMPLE 3 Si $f(x, y) = \sin x + e^{xy}$, alors

$$\nabla f(x, y) = (f_x', f_y') = (\cos x + ye^{xy}, xe^{xy})$$

et
$$\nabla f(0, 1) = (2, 0). \qquad \blacksquare\ \blacksquare$$

En termes de gradient, l'expression (7) de la dérivée dans une direction s'écrit

$$\boxed{9} \qquad \boxed{f_{\vec{u}}'(x, y) = \nabla f(x, y) \cdot \vec{u}.}$$

Cette écriture fait voir la dérivée dans une direction $\vec{u}$ comme la projection scalaire du vecteur gradient sur $\vec{u}$.

EXEMPLE 4 Déterminez la dérivée de la fonction $f(x, y) = x^2 y^3 - 4y$ au point $(2, -1)$ dans la direction du vecteur $\vec{v} = 2\vec{i} + 5\vec{j}$.

SOLUTION On calcule d'abord le vecteur gradient en $(2, -1)$:

$$\nabla f(x, y) = 2xy^3\vec{i} + (3x^2y^2 - 4)\vec{j}.$$

$$\nabla f(2, -1) = -4\vec{i} + 8\vec{j}.$$

Remarquez que le vecteur $\vec{v}$ n'est pas unitaire, mais, puisque $\|\vec{v}\| = \sqrt{29}$, le vecteur unitaire parallèle à $\vec{v}$ est

$$\vec{u} = \frac{\vec{v}}{\|\vec{v}\|} = \frac{2}{\sqrt{29}}\vec{i} + \frac{5}{\sqrt{29}}\vec{j}.$$

■ ■ La figure 6 met en évidence le vecteur gradient $\nabla f(2, -1)$ de l'exemple 4 au départ du point $(2, -1)$. Le vecteur $\vec{v}$, direction de la dérivée, est aussi tracé. Ces deux vecteurs sont superposés dans le même diagramme de courbes de niveau du graphique de f.

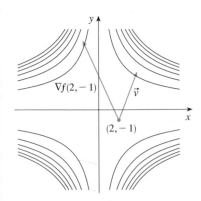

FIGURE 6

Par suite, d'après l'équation 9, on a

$$f_{\vec{u}}'(2, -1) = \nabla f(2, -1) \cdot \vec{u} = (-4\vec{i} + 8\vec{j}) \cdot \left(\frac{2}{\sqrt{29}}\,\vec{i} + \frac{5}{\sqrt{29}}\,\vec{j}\right)$$

$$= \frac{-4 \cdot 2 + 8 \cdot 5}{\sqrt{29}} = \frac{32}{\sqrt{29}}.$$

■ ■

■■ Les fonctions de trois variables

La dérivée dans une direction se définit de la même manière dans le cas des fonctions de trois variables. Elle peut à nouveau être interprétée comme le taux de variation de la fonction dans la direction du vecteur unitaire $\vec{u}$.

---

10 **Définition** La **dérivée de** f **en** (x_0, y_0, z_0) **dans la direction d'un vecteur unitaire** $\vec{u} = (a, b, c)$ est

$$f_{\vec{u}}'(x_0, y_0, z_0) = \lim_{h \to 0} \frac{f(x_0 + ha, y_0 + hb, z_0 + hc) - f(x_0, y_0, z_0)}{h}$$

pourvu que cette limite existe.

En notation vectorielle, les deux définitions (2) et (10) des dérivées dans une direction prennent une même forme compacte

11
$$f_{\vec{u}}'(\vec{x}_0) = \lim_{h \to 0} \frac{f(\vec{x}_0 + h\vec{u}) - f(\vec{x}_0)}{h}$$

où $\vec{x}_0 = (x_0, y_0)$ si $n = 2$ et $\vec{x}_0 = (x_0, y_0, z_0)$ si $n = 3$. Cela semble tout à fait acceptable si on se souvient que l'équation vectorielle d'une droite qui passe par $\vec{x}_0$ et parallèle au vecteur $\vec{u}$ est donnée par $\vec{x} = \vec{x}_0 + t\vec{u}$ (voyez l'équation 9.5.1) et donc $f(\vec{x}_0 + h\vec{u})$ représente la valeur de f en un point de cette droite.

Sous l'hypothèse que f est différentiable et si $\vec{u} = (a, b, c)$, on est conduit, par la même méthode que celle qui a servi à démontrer le théorème 3, à

12
$$f_{\vec{u}}'(x, y, z) = f_x'(x, y, z)a + f_y'(x, y, z)b + f_z'(x, y, z)c.$$

Le **vecteur gradient** d'une fonction f de trois variables, noté ∇f ou $\overrightarrow{\text{grad}}\,f$, est

$$\nabla f(x, y, z) = (f_x'(x, y, z), f_y'(x, y, z), f_z'(x, y, z)),$$

ou, plus brièvement,

13
$$\nabla f = (f_x', f_y', f_z') = \frac{\partial f}{\partial x}\,\vec{i} + \frac{\partial f}{\partial y}\,\vec{j} + \frac{\partial f}{\partial z}\,\vec{k}.$$

Tout comme pour les fonctions de deux variables, la formule 12 de la dérivée dans une direction peut être réécrite

$$\boxed{14} \qquad \boxed{f_{\vec{u}}'(x, y, z) = \nabla f(x, y, z) \cdot \vec{u}.}$$

EXEMPLE 5 Soit $f(x, y, z) = x \sin yz$. Déterminez a) le gradient de f et b) la dérivée de f en $(1, 3, 0)$ dans la direction de $\vec{v} = \vec{i} + 2\vec{j} - \vec{k}$.

SOLUTION

a) Le gradient de f est

$$\nabla f(x, y, z) = (f_x'(x, y, z), f_y'(x, y, z), f_z'(x, y, z))$$
$$= (\sin yz, xz \cos yz, xy \cos yz).$$

b) En $(1, 3, 0)$, $\nabla f(1, 3, 0) = (0, 0, 3)$. Le vecteur unitaire de même direction et de même sens que $\vec{v} = \vec{i} + 2\vec{j} - \vec{k}$ est

$$\vec{u} = \frac{1}{\sqrt{6}} \vec{i} + \frac{2}{\sqrt{6}} \vec{j} - \frac{1}{\sqrt{6}} \vec{k}.$$

Dès lors, par l'équation 14,

$$f_{\vec{u}}'(1, 3, 0) = \nabla f(1, 3, 0) \cdot \vec{u}$$
$$= 3\vec{k} \cdot \left(\frac{1}{\sqrt{6}} \vec{i} + \frac{2}{\sqrt{6}} \vec{j} - \frac{1}{\sqrt{6}} \vec{k} \right)$$
$$= 3\left(-\frac{1}{\sqrt{6}} \right) = -\sqrt{\frac{3}{2}}.$$

■ ■

■ Maximiser la dérivée dans une direction

Pour une fonction f de deux ou trois variables, on considère, en un point donné, toutes ses dérivées dans une direction possibles. Celles-ci donnent la vitesse de variation de f dans chacune de ces directions. On peut se demander si, dans une direction, cette vitesse de variation est plus grande que dans toutes les autres ? La réponse figure dans le théorème suivant.

> $\boxed{15}$ **Théorème** On fait l'hypothèse que f est une fonction différentiable de deux ou trois variables. La valeur maximale de la dérivée dans une direction est égale à $\|\nabla f(\vec{x})\|$ et elle est atteinte dans la direction du vecteur gradient $\nabla f(\vec{x})$.

Démonstration Des équations (9) et (14), on a

$$f_{\vec{u}}' = \nabla f \cdot \vec{u} = \|\nabla f\| \|\vec{u}\| \cos\theta = \|\nabla f\| \cos\theta,$$

où θ est l'angle entre les vecteurs ∇f et $\vec{u}$. Le maximum de $\cos\theta$ vaut 1 et est atteint lorsque $\theta = 0$, c'est-à-dire lorsque $\vec{u}$ a même direction et même sens que ∇f. ■ ■

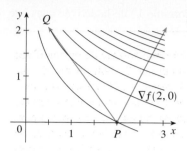

FIGURE 7

■ ■ C'est dans la direction du vecteur gradient $\nabla f(2, 0) = (1, 2)$ qu'en $(2, 0)$ la fonction de l'exemple 6 croît le plus vite. On remarque dans la figure 7 que ce vecteur semble être perpendiculaire à la courbe de niveau qui passe par $(2, 0)$. La figure 8 montre le graphique de f et le vecteur gradient.

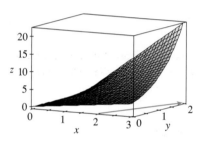

FIGURE 8

EXEMPLE 6

a) Déterminez le taux de variation de f, définie par $f(x, y) = xe^y$, au point $P(2, 0)$ dans la direction $\overrightarrow{PQ}$ avec $Q(\frac{1}{2}, 2)$.

b) Dans quelle direction f varie-t-elle le plus vite ? Quelle est cette vitesse de variation maximale ?

SOLUTION

a) On commence par calculer le vecteur gradient :

$$\nabla f(x, y) = (f_x', f_y') = (e^y, xe^y).$$

$$\nabla f(2, 0) = (1, 2).$$

Le vecteur unitaire dans la direction de $\overrightarrow{PQ} = (-1,5 \; ; \; 2)$ est $\vec{u} = (-\frac{3}{5}, \frac{4}{5})$. Le taux de variation de f dans la direction de P vers Q est donc

$$f_{\vec{u}}'(2, 0) = \nabla f(2, 0) \cdot \vec{u} = (1, 2) \cdot (-\tfrac{3}{5}, \tfrac{4}{5})$$

$$= 1(-\tfrac{3}{5}) + 2(\tfrac{4}{5}) = 1.$$

b) Conformément au théorème 15, f croît le plus vite dans la direction du gradient $\nabla f(2, 0) = (1, 2)$. Ce taux de variation maximum vaut

$$\|\nabla f(2, 0)\| = \|(1, 2)\| = \sqrt{5}.$$ ■ ■

EXEMPLE 7 On suppose que la température en un point (x, y, z) de l'espace est donnée par $T(x, y, z) = 80/(1 + x^2 + 2y^2 + 3z^2)$, où T est mesurée en degrés Celsius et x, y et z en mètres. Dans quelle direction la température augmente-t-elle le plus vite au point $(1, 1, -2)$? Calculez ce taux maximum.

SOLUTION L'expression du gradient de T est

$$\nabla T = \frac{\partial T}{\partial x}\vec{i} + \frac{\partial T}{\partial y}\vec{j} + \frac{\partial T}{\partial z}\vec{k}$$

$$= -\frac{160x}{(1 + x^2 + 2y^2 + 3z^2)^2}\vec{i} - \frac{320y}{(1 + x^2 + 2y^2 + 3z^2)^2}\vec{j} - \frac{480z}{(1 + x^2 + 2y^2 + 3z^2)^2}\vec{k}$$

$$= \frac{160}{(1 + x^2 + 2y^2 + 3z^2)^2}(-x\vec{i} - 2y\vec{j} - 3z\vec{k})$$

Au point $(1, 1, -2)$, le vecteur gradient est

$$\nabla T(1, 1, -2) = \tfrac{160}{256}(-\vec{i} - 2\vec{j} + 6\vec{k}) = \tfrac{5}{8}(-\vec{i} - 2\vec{j} + 6\vec{k}).$$

Selon le théorème 15, la température augmente le plus vite dans la direction du vecteur gradient $\nabla T(1, 1, -2) = \tfrac{5}{8}(-\vec{i} - 2\vec{j} + 6\vec{k})$ ou, de façon équivalente, dans la direction $-\vec{i} - 2\vec{j} + 6\vec{k}$ ou encore, celle du vecteur unitaire $(-\vec{i} - 2\vec{j} + 6\vec{k})/\sqrt{41}$. Le taux maximum est la norme du vecteur gradient :

$$\|\nabla T(1, 1, -2)\| = \tfrac{5}{8}\|(-\vec{i} - 2\vec{j} + 6\vec{k})\| = \frac{5\sqrt{41}}{8}.$$

Par conséquent, la température augmente à la vitesse maximale de $5\sqrt{41}/8 \approx 4\ °C/m$. ■ ■

∷ Les plans tangents aux surfaces de niveau

Soit S une surface d'équation $F(x, y, z) = k$, c'est-à-dire une surface de niveau d'une fonction F de trois variables et soit $P(x_0, y_0, z_0)$ un point sur S. Soit encore C une courbe quelconque tracée sur la surface et passant par le point P. Rappelez-vous que, d'après la section 10.1, la courbe C est décrite par une fonction vectorielle continue $\vec{r}(t) = (x(t), y(t), z(t))$. Le point P est l'image de la valeur t_0 du paramètre, c'est-à-dire que $\vec{r}(t_0) = (x_0, y_0, z_0)$. Vu que C est tracée sur la surface S, chacun de ses points est un point de S ; les coordonnées $(x(t), y(t), z(t))$ doivent vérifier l'équation de S, à savoir

$$\boxed{16} \qquad F(x(t), y(t), z(t)) = k.$$

Si x, y et z sont des fonctions dérivables de t et si F est une fonction différentiable, alors on peut dériver les deux membres de cette équation en faisant appel à la Règle de dérivation des fonctions composées :

$$\boxed{17} \qquad \frac{\partial F}{\partial x}\frac{dx}{dt} + \frac{\partial F}{\partial y}\frac{dy}{dt} + \frac{\partial F}{\partial z}\frac{dz}{dt} = 0.$$

L'équation 17 peut s'écrire comme un produit scalaire si on y reconnaît les composantes du vecteur gradient $\nabla F = (F'_x, F'_y, F'_z)$ et celles du vecteur $\vec{r}'(t) = (x'(t), y'(t), z'(t))$:

$$\nabla F \cdot \vec{r}'(t) = 0.$$

En particulier, quand $t = t_0$, on a $\vec{r}(t_0) = (x_0, y_0, z_0)$ et donc

$$\boxed{18} \qquad \nabla F(x_0, y_0, z_0) \cdot \vec{r}'(t_0) = 0.$$

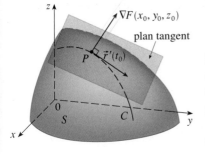

L'équation 18 certifie que *le vecteur gradient en P, $\nabla F(x_0, y_0, z_0)$, est perpendiculaire au vecteur tangent $\vec{r}'(t_0)$ à n'importe quelle courbe C dessinée sur S et passant par P* (voyez la figure 9). Si $\nabla F(x_0, y_0, z_0) \neq \vec{0}$, il est dès lors naturel de définir le **plan tangent à la surface de niveau** $F(x, y, z) = k$ en $P(x_0, y_0, z_0)$ comme le plan passant par P et normal au vecteur $\nabla F(x_0, y_0, z_0)$. Faisant usage de la formule classique de l'équation d'un plan (formule 9.5.7), on a comme équation de ce plan tangent

FIGURE 9

$$\boxed{19} \quad F'_x(x_0, y_0, z_0)(x - x_0) + F'_y(x_0, y_0, z_0)(y - y_0) + F'_z(x_0, y_0, z_0)(z - z_0) = 0$$

La **droite normale** à S en P est la droite qui passe par P et perpendiculaire au plan tangent. La direction de cette normale est donc donnée par le vecteur gradient $\nabla F(x_0, y_0, z_0)$ et ses équations symétriques sont, selon la formule 9.5.3,

$$\boxed{20} \qquad \frac{x - x_0}{F'_x(x_0, y_0, z_0)} = \frac{y - y_0}{F'_y(x_0, y_0, z_0)} = \frac{z - z_0}{F'_z(x_0, y_0, z_0)}.$$

Dans le cas particulier où l'équation de la surface S se présente sous la forme $z = f(x, y)$ (c'est-à-dire que S est le graphique d'une fonction f de deux variables), on se ramène à la situation décrite précédemment en écrivant l'équation

$$F(x, y, z) = f(x, y) - z = 0,$$

et en regardant S comme une surface de niveau (avec $k = 0$) de F. Alors,

$$F_x'(x_0, y_0, z_0) = f_x'(x_0, y_0)$$

$$F_y'(x_0, y_0, z_0) = f_y'(x_0, y_0)$$

$$F_z'(x_0, y_0, z_0) = -1$$

et l'équation 19 devient

$$f_x'(x_0, y_0)(x - x_0) + f_y'(x_0, y_0)(y - y_0) - (z - z_0) = 0,$$

qui est équivalente à l'équation 11.4.2. La nouvelle définition, plus générale, d'un plan tangent est donc cohérente avec la définition relative au cas particulier de la section 11.4.

EXEMPLE 8 Écrivez les équations du plan tangent et de la droite normale au point $(-2, 1, -3)$ de l'ellipsoïde

$$\frac{x^2}{4} + y^2 + \frac{z^2}{9} = 3.$$

SOLUTION L'ellipsoïde est la surface de niveau (avec $k = 3$) de la fonction

$$F(x, y, z) = \frac{x^2}{4} + y^2 + \frac{z^2}{9}.$$

Par conséquent, on a

$$F_x'(x, y, z) = \frac{x}{2} \qquad F_y'(x, y, z) = 2y \qquad F_z'(x, y, z) = \frac{2z}{9}$$

$$F_x'(-2, 1, -3) = -1 \qquad F_y'(-2, 1, -3) = 2 \qquad F_z'(-2, 1, -3) = -\tfrac{2}{3}$$

La formule 19 fournit alors l'équation du plan tangent en $(-2, 1, -3)$:

$$-1(x + 2) + 2(y - 1) - \tfrac{2}{3}(z + 3) = 0,$$

qui se simplifie en $3x - 6y + 2z + 18 = 0$.

Selon la formule 20, des équations symétriques de la droite normale sont

$$\frac{x + 2}{-1} = \frac{y - 1}{2} = \frac{z + 3}{-\tfrac{2}{3}}.$$

■ ■

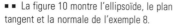

■ ■ La figure 10 montre l'ellipsoïde, le plan tangent et la normale de l'exemple 8.

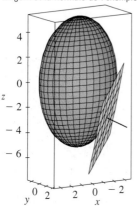

FIGURE 10

■■ La signification du vecteur gradient

Nous rapprochons maintenant les diverses situations dans lesquelles le vecteur gradient prend un sens. Nous considérons d'abord une fonction f de trois variables et un point $P(x_0, y_0, z_0)$ de son domaine de définition. D'une part, nous savons, par le théorème 15, que le vecteur gradient $\nabla f(x_0, y_0, z_0)$ indique la direction de la plus forte croissance de f.

D'autre part, nous savons que $\nabla f(x_0, y_0, z_0)$ est orthogonal à la surface de niveau S de f passant par P. (Référez-vous à la figure 9.) Ces deux propriétés semblent intuitivement bien s'accorder : si, du point P, on se déplace sur la surface de niveau, la valeur de f ne change pas du tout, il est donc vraisemblable que c'est en quittant la surface perpendiculairement que f croît le plus.

Semblablement, nous considérons une fonction f de deux variables et un point $P(x_0, y_0)$ dans son domaine de définition. Le vecteur gradient $\nabla f(x_0, y_0)$ indique à nouveau la direction de la plus forte croissance de f. Aussi, en tenant un raisonnement analogue à celui tenu pour les plans tangents, on peut montrer que $\nabla f(x_0, y_0)$ est perpendiculaire à la courbe de niveau $f(x, y) = k$ à laquelle appartient P. C'est tout aussi vraisemblable intuitivement puisque les valeurs de f reste inchangées si on se déplace le long de la courbe. (Voyez la figure 11.)

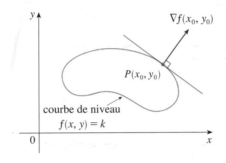

FIGURE 11

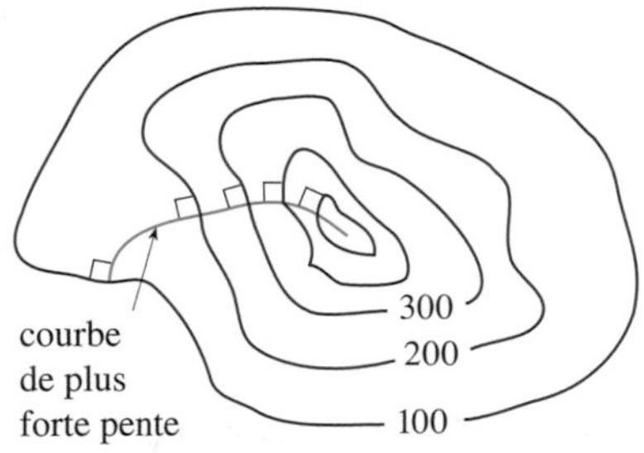

FIGURE 12

Si $f(x, y)$ représente l'altitude par rapport au niveau de la mer d'un point d'une montagne représentée sur une carte topographique, alors une courbe de plus forte pente peut être tracée, comme dans la figure 12, en la menant perpendiculairement à chaque courbe de niveau qu'elle traverse. Vous pouvez observer que le tracé de la rivière Lonesome dans la carte reproduite à la figure 5 de la section 11.1 suit la plus forte pente vers le bas.

Les logiciels de calculs algébriques sont pourvus de commandes pour tracer des vecteurs gradients. Chaque vecteur $\nabla f(a, b)$ est dessiné à partir du point (a, b). La figure 13 montre un tel diagramme (appelé *champ de gradient*) pour la fonction $f(x, y) = x^2 - y^2$ en surimpression au diagramme des courbes de niveau de f. Comme prévu, les vecteurs gradients sont orientés vers où « ça monte » et sont perpendiculaires aux courbes de niveau.

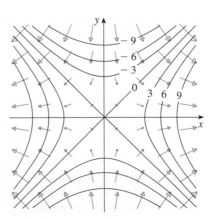

FIGURE 13

11.6 | Exercices

1. Voici une carte de courbes de niveau de la pression baromé-
trique (en millibars) à 7 h du matin, le 12 septembre 1960, au
moment où l'ouragan Donna faisait rage. Estimez la valeur de
la dérivée de la fonction pression à Raleigh, en Caroline du
nord, dans la direction du centre de l'ouragan. En quelles unités s'exprime la dérivée dans une direction ?

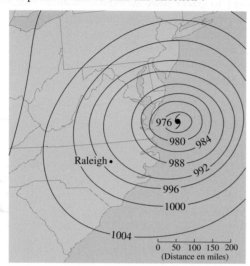

2. Le diagramme de courbes de niveau que vous voyez dans la
figure est celui de l'enneigement (en pieds) autour du lac
Michigan. Estimez la valeur de la dérivée de cette fonction
enneigement à Muskegon dans la direction de Ludington. En
quelles unités s'exprime-t-elle ?

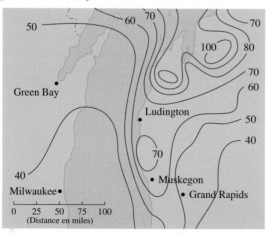

3. Reprenez la table des valeurs de l'indice du froid lié au vent
$I = f(T, v)$ donnée à l'exercice 3, page 767. À l'aide de cette
table, estimez la valeur de la dérivée $f'_{\vec{u}}(-20, 30)$, où
$\vec{u} = (\vec{i} + \vec{j})/\sqrt{2}$.

4–6 ■ Calculez la dérivée de f au point donné dans la direction
indiquée par l'angle θ.

4. $f(x, y) = x^2 y^3 - y^4$, $(2, 1)$, $\theta = \pi/4$

5. $f(x, y) = \sqrt{5x - 4y}$, $(4, 1)$, $\theta = -\pi/6$

6. $f(x, y) = x \sin(xy)$, $(2, 0)$, $\theta = \pi/3$

7–10 ■
a) Déterminez les composantes du gradient de f.
b) Calculez le gradient au point P.
c) Calculez la vitesse de variation de f en P dans la direction
du vecteur $\vec{u}$.

7. $f(x, y) = 5xy^2 - 4x^3 y$, $P(1, 2)$, $\vec{u} = (\frac{5}{13}, \frac{12}{13})$

8. $f(x, y) = y \ln x$, $P(1, -3)$, $\vec{u} = (-\frac{4}{5}, \frac{3}{5})$

9. $f(x, y, z) = xe^{2yz}$, $P(3, 0, 2)$, $\vec{u} = (\frac{2}{3}, -\frac{2}{3}, \frac{1}{3})$

10. $f(x, y, z) = \sqrt{x + yz}$, $P(1, 3, 1)$, $\vec{u} = (\frac{2}{7}, \frac{3}{7}, \frac{6}{7})$

11–15 ■ Calculez la dérivée de la fonction au point donné dans
la direction du vecteur $\vec{v}$.

11. $f(x, y) = 1 + 2x\sqrt{y}$, $(3, 4)$, $\vec{v} = (4, -3)$

12. $f(x, y) = \ln(x^2 + y^2)$, $(2, 1)$, $\vec{v} = (-1, 2)$

13. $g(s, t) = s^2 e^t$, $(2, 0)$, $\vec{v} = \vec{i} + \vec{j}$

14. $f(x, y, z) = x/(y + z)$, $(4, 1, 1)$, $\vec{v} = (1, 2, 3)$

15. $g(x, y, z) = (x + 2y + 3z)^{3/2}$, $(1, 1, 2)$, $\vec{v} = 2\vec{j} - \vec{k}$

16. Servez-vous de la figure pour estimer $f'_{\vec{u}}(2, 2)$.

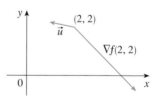

17. Calculez la dérivée de $f(x, y) = \sqrt{xy}$ en $P(2, 8)$ dans la
direction de $Q(5, 4)$.

18. Calculez la dérivée de $f(x, y, z) = x^2 + y^2 + z^2$ en $P(2, 1, 3)$
dans la direction de l'origine.

19–22 ■ Calculez le taux de variation maximum de f au point
donné et indiquez dans quelle direction il se produit.

19. $f(x, y) = y^2/x$, $(2, 4)$

20. $f(p, q) = qe^{-p} + pe^{-q}$, $(0, 0)$

21. $f(x, y, z) = \ln(xy^2 z^3)$, $(1, -2, -3)$

22. $f(x, y, z) = \text{tg}(x + 2y + 3z)$, $(-5, 1, 1)$

23. a) Démontrez qu'une fonction différentiable décroît le plus rapidement en $\vec{x}$ dans le sens opposé à celui du gradient, c'est-à-dire dans le sens $-\nabla f(\vec{x})$.

b) Servez-vous de ce résultat pour déterminer la direction dans laquelle la fonction $f(x, y) = x^4 y - x^2 y^3$ décroît le plus vite au point $(2, -3)$.

24. Dans quelles directions la dérivée de la fonction $f(x, y) = x^2 + \sin xy$ au point $(1, 0)$ vaut-elle 1 ?

25. Cherchez tous les points en lesquels la direction de la variation la plus rapide de la fonction $f(x, y) = x^2 + y^2 - 2x - 4y$ est $\vec{i} + \vec{j}$.

26. À proximité d'une bouée, la profondeur d'un lac au point de coordonnées (x, y) est donnée par $z = 200 + 0{,}02x^2 - 0{,}001y^3$, où x, y et z sont mesurés en mètres. Un pêcheur dans une barque part du point $(80, 60)$ et navigue vers la bouée, située en $(0, 0)$. L'eau sous la barque devient-elle plus profonde ou, au contraire, moins profonde qu'au départ ? Expliquez votre réponse.

27. La température T dans une boule métallique est inversement proportionnelle à la distance du centre de la boule, qu'on fait coïncider avec l'origine. La température au point $(1, 2, 2)$ est de $120°$.

a) Déterminez à quelle vitesse varie T en $(1, 2, 2)$ dans la direction du point $(2, 1, 3)$.

b) Démontrez qu'en n'importe quel point de la boule, la direction de la plus grande variation de température est donnée par un vecteur qui pointe vers l'origine.

28. La température en un point (x, y, z) est donnée par

$$T(x, y, z) = 200e^{-x^2 - 3y^2 - 9z^2},$$

où T est mesurée en °C et x, y et z en mètres.

a) Déterminez le taux de variation de la température au point $P(2, -1, 2)$ dans la direction du point $(3, -3, 3)$.

b) Dans quelle direction la température augmente-t-elle le plus au départ du point P ?

c) Calculez ce taux maximum en P.

29. Sur une certaine région de l'espace, le potentiel électrique V est donné par

$$V(x, y, z) = 5x^2 - 3xy + xyz.$$

a) À quelle vitesse varie le potentiel en $P(3, 4, 5)$ dans la direction du vecteur $\vec{v} = \vec{i} + \vec{j} - \vec{k}$?

b) Dans quelle direction V varie-t-il le plus vite en P ?

c) Quel est le taux maximum de variation de V en P ?

30. Imaginez que vous êtes en train d'escalader une montagne dont la forme est donnée par l'équation $z = 1\,000 - 0{,}005x^2 - 0{,}01y^2$ et que vous êtes arrivé au point de coordonnées $(60, 40, 966)$. L'axe Ox est dirigé positivement vers l'est et l'axe Oy, vers le nord.

a) Si vous prenez la direction sud, vos premiers pas vous feront-ils monter ou descendre ? Avec quelle pente ?

b) Si vous marchez dans la direction nord-ouest, allez-vous monter ou descendre ? Selon quelle pente ?

c) Dans quelle direction la pente est-elle la plus forte ? Quelle est cette pente ? Quel est angle par rapport à l'hori-

zontale que fait le chemin que vous empruntez pour monter le plus vite vers le sommet ?

31. Soit f une fonction de deux variables qui a des dérivées partielles continues. On considère les points $A(1, 3)$, $B(3, 3)$, $C(1, 7)$ et $D(6, 15)$. La dérivée de f en A dans la direction du vecteur $\overrightarrow{AB}$ vaut 3 et dans la direction du vecteur $\overrightarrow{AC}$, 26. Calculez la dérivée de f dans la direction du vecteur $\overrightarrow{AD}$.

32. Sur le diagramme de courbes de niveau donné, tracez les courbes de plus grande pente ascendante depuis P et depuis Q.

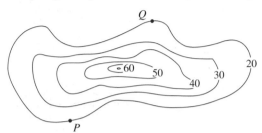

33. Démontrez que l'opérateur gradient d'une fonction possède la propriété donnée. On suppose que u et v sont des fonctions différentiables de x et y et que a et b sont des constantes.

a) $\nabla(au + bv) = a\nabla u + b\nabla v$

b) $\nabla(uv) = u\nabla v + v\nabla u$

c) $\nabla\left(\dfrac{u}{v}\right) = \dfrac{v\nabla u - u\nabla v}{v^2}$

d) $\nabla u^n = nu^{n-1}\nabla u$

34. Voici des courbes de niveau d'une fonction f. Tracez le vecteur gradient $\nabla f(4, 6)$. Expliquez comment vous choisissez la direction et la longueur de ce vecteur.

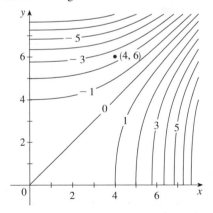

35–38 ■ Écrivez des équations a) du plan tangent et b) de la droite normale à la surface donnée au point spécifié.

35. $x^2 - 2y^2 + z^2 + yz = 2$, $(2, 1, -1)$

36. $x - z = 4\,\mathrm{Arctg}(yz)$, $(1 + \pi, 1, 1)$

37. $z + 1 = xe^y \cos z$, $(1, 0, 0)$

38. $yz = \ln(x + z)$, $(0, 0, 1)$

39–40 ■ À l'aide d'un ordinateur, représentez la surface, le plan tangent et la droite normale dans une même fenêtre. Choisissez soigneusement le domaine de définition de manière à éviter les plans verticaux superflus. Choisissez l'angle sous lequel on a une bonne vue des trois objets.

39. $xy + yz + zx = 3$, $(1, 1, 1)$

40. $xyz = 6$, $(1, 2, 3)$

41. Soit $f(x, y) = x^2 + 4y^2$. Calculez le vecteur gradient $\nabla f(2, 1)$ et utilisez-le pour déterminer la tangente à la courbe de niveau $f(x, y) = 8$ au point $(2, 1)$. Dessinez la courbe de niveau, la tangente et le vecteur gradient.

42. Soit $g(x, y) = x - y^2$. Calculez le vecteur gradient $\nabla g(3, -1)$ et utilisez-le pour déterminez la tangente à la courbe de niveau $g(x, y) = 2$ au point $(3, -1)$. Dessinez la courbe de niveau, la tangente et le vecteur gradient.

43. Démontrez que l'équation du plan tangent à l'ellipsoïde $x^2/a^2 + y^2/b^2 + z^2/c^2 = 1$ au point (x_0, y_0, z_0) peut être écrite sous la forme
$$\frac{xx_0}{a^2} + \frac{yy_0}{b^2} + \frac{zz_0}{c^2} = 1.$$

44. En quels points de l'ellipsoïde $x^2 + 2y^2 + 3z^2 = 1$ le plan tangent est-il parallèle au plan $3x - y + 3z = 1$?

45. En quels points de l'hyperboloïde $x^2 - y^2 + 2z^2 = 1$ la droite normale est-elle parallèle à la droite qui joint les points $(3, -1, 0)$ et $(5, 3, 6)$?

46. Démontrez que l'ellipsoïde $3x^2 + 2y^2 + z^2 = 9$ et la sphère $x^2 + y^2 + z^2 - 8x - 6y - 8z + 24 = 0$ sont tangents l'un à l'autre au point $(1, 1, 2)$. (Cela signifie que le plan tangent en ce point est commun.)

47. Démontrez que n'importe quel plan tangent à la surface $\sqrt{x} + \sqrt{y} + \sqrt{z} = \sqrt{c}$ coupe les axes de coordonnées en des points dont la somme des coordonnées est une constante.

48. Démontrez que toute droite normale à la sphère $x^2 + y^2 + z^2 = r^2$ passe par le centre de la sphère.

49. Déterminez des équations paramétriques de la droite tangente à la courbe d'intersection du paraboloïde $z = x^2 + y^2$ et de l'ellipsoïde $4x^2 + y^2 + z^2 = 9$ au point $(-1, 1, 2)$.

50. a) Le plan $y + z = 3$ coupe le cylindre $x^2 + y^2 = 5$ selon une ellipse. Déterminez des équations paramétriques de la tangente à cette ellipse au point $(1, 2, 1)$.

b) À l'aide d'un ordinateur, représentez sur un même écran le cylindre, le plan et la tangente.

51. a) Deux surfaces sont dites **orthogonales** en un point d'intersection si leurs normales sont perpendiculaires en ce point. Démontrez que des surfaces d'équations $F(x, y, z) = 0$ et $G(x, y, z) = 0$ sont orthogonales en un point P tel que $\nabla F \neq \vec{0}$ et $\nabla G \neq \vec{0}$ si et seulement si
$$F_x'G_x' + F_y'G_y' + F_z'G_z' = 0$$
en P.

b) Servez-vous de la partie a) pour démontrer que les surfaces $z^2 = x^2 + y^2$ et $x^2 + y^2 + z^2 = r^2$ sont orthogonales en chacun de leurs points d'intersection. Essayez de voir pourquoi il en est ainsi, sans aucun calcul.

52. a) Démontrez que la fonction $f(x, y) = \sqrt[3]{xy}$ est continue à l'origine et que les dérivées partielles f_x' et f_y' y existent alors qu'aucune autre dérivée dans une direction n'existe.

b) Dessinez le graphique de f à proximité de l'origine à l'aide d'un ordinateur pour confirmer graphiquement la partie a).

53. On suppose connues les dérivées de $f(x, y)$ en un certain point dans deux directions non parallèles données par des vecteurs unitaires $\vec{u}$ et $\vec{v}$. Est-il possible de calculer ∇f en ce point ? Si oui, comment ?

54. Démontrez que si $z = f(x, y)$ est différentiable en $\vec{x}_0 = (x_0, y_0)$, alors
$$\lim_{\vec{x} \to \vec{x}_0} \frac{f(\vec{x}) - f(\vec{x}_0) - \nabla f(\vec{x}_0) \cdot (\vec{x} - \vec{x}_0)}{\|\vec{x} - \vec{x}_0\|} = 0$$

[*Suggestion :* Utilisez directement la définition 11.4.7]

11.7 | Les valeurs extrêmes

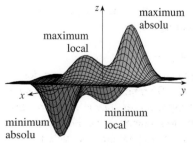

FIGURE 1

Ainsi que nous l'avons vu dans le chapitre 4, un des principaux usages des dérivées ordinaires est de localiser les valeurs extrêmes. Dans cette section, nous allons voir comment les dérivées partielles conduisent aux valeurs maximales et minimales des fonctions de deux variables. En particulier, dans l'exemple 6, nous allons voir comment maximiser le volume d'une boîte sans couvercle si la quantité de carton pour la fabriquer est fixée.

Jetez un coup d'œil aux montagnes et aux vallées représentatives d'une fonction f dans la figure 1. Il y a deux points (a, b) en lesquels f atteint un *maximum local*, c'est-à-dire où $f(a, b)$ est supérieur aux valeurs voisines de $f(x, y)$. La plus grande de ces deux valeurs est un *maximum absolu*. De même, f admet deux minimums locaux, là où $f(a, b)$ est inférieur aux valeurs voisines. La plus petite des deux est un *minimum absolu*.

> **1 Définition** Une fonction f de deux variables présente un **maximum local** en (a, b) si $f(x, y) \leqslant f(a, b)$ pour (x, y) à proximité de (a, b). [Plus précisément, $f(x, y) \leqslant f(a, b)$ pour tous les points (x, y) dans un certain disque centré en (a, b).] Le nombre $f(a, b)$ est la valeur du **maximum local**. Si $f(x, y) \geqslant f(a, b)$ lorsque (x, y) est proche de (a, b), alors $f(a, b)$ est la valeur du **minimum local**.

Au cas où les inégalités de la définition 1 ont lieu pour *tous* les points (x, y) du domaine de définition de f, alors f a un **maximum absolu** (ou un **minimum absolu**) en (a, b).

■ ■ Il est à noter, qu'en termes de gradient, la conclusion du théorème 2 s'écrit tout simplement $\nabla f(a, b) = \vec{0}$.

> **2 Théorème** Si f passe par un maximum ou un minimum local en (a, b) et si les dérivées partielles premières de f y existent, alors $f_x'(a, b) = 0$ et $f_y'(a, b) = 0$.

Démonstration Soit $g(x) = f(x, b)$. Si f passe par un maximum (ou un minimum) local en (a, b), alors g passe aussi par un maximum (ou un minimum) local en a et de ce fait, $g'(a) = 0$ en vertu du Théorème de Fermat (voyez le théorème 4.2.4). Or, $g'(a) = f_x'(a, b)$ (voyez l'équation 11.3.1) et donc, $f_x'(a, b) = 0$. De même, en appliquant le théorème de Fermat à la fonction $G(y) = f(a, y)$, on obtient $f_y'(a, b) = 0$. ■ ■

En posant $f_x'(a, b) = 0$ et $f_y'(a, b) = 0$ dans l'équation d'un plan tangent (équation 11.4.2), on arrive à $z = z_0$. Le théorème 2 a donc une interprétation géométrique : si le graphique de f admet un plan tangent en un point de maximum ou de minimum local, celui-ci est forcément horizontal.

Un point (a, b) est dit point **critique** (ou un *point stationnaire*) de f si $f_x'(a, b) = 0$ et $f_y'(a, b) = 0$, ou si l'une de ces dérivées n'existe pas. Le théorème 2 certifie donc que si f passe par un maximum ou un minimum local en (a, b), alors (a, b) est un point critique de f. Toutefois, comme dans le cas des fonctions à une variable, tous les points critiques ne donnent pas lieu à des maxima ou des minima. En un point critique, une fonction peut avoir un maximum local ou un minimum local ou ni l'un ni l'autre.

EXEMPLE 1 Soit $f(x, y) = x^2 + y^2 - 2x - 6y + 14$. Alors,

$$f_x'(x, y) = 2x - 2 \qquad f_y'(x, y) = 2y - 6.$$

Ces dérivées partielles sont nulles quand $x = 1$ et $y = 3$. Le seul point critique est donc $(1, 3)$. En complétant le carré, on trouve que

$$f(x, y) = 4 + (x - 1)^2 + (y - 3)^2.$$

Vu que $(x - 1)^2 \geqslant 0$ et $(y - 3)^2 \geqslant 0$, $f(x, y) \geqslant 4$ quelles que soient les valeurs de x et y. Par conséquent, $f(1, 3) = 4$ est un minimum local, et même un minimum absolu de f. La représentation graphique le confirme géométriquement : le graphique de f est le paraboloïde elliptique de sommet $(1, 3, 4)$ de la figure 2. ■ ■

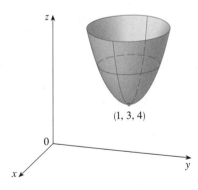

FIGURE 2
$z = x^2 + y^2 - 2x - 6y + 14$

EXEMPLE 2 Cherchez les valeurs extrêmes de $f(x, y) = y^2 - x^2$.

SOLUTION Puisque $f_x' = -2x$ et $f_y' = 2y$, le seul point critique est $(0, 0)$. Or, en des points de l'axe Ox, $y = 0$ et $f(x, 0) = -x^2 < 0$ (si $x \neq 0$) tandis qu'en des points de l'axe Oy, $x = 0$ et $f(0, y) = y^2 > 0$ (si $y \neq 0$). N'importe quel disque centré à l'origine contient des points en lesquels f prend aussi bien des valeurs strictement positives que strictement négatives. Par conséquent, $f(0, 0) = 0$ ne peut être une valeur extrême de f et f n'a pas de valeurs extrêmes. ■ ■

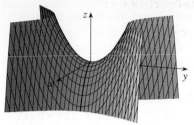

FIGURE 3

$z = y^2 - x^2$

L'exemple 2 illustre le fait qu'une fonction n'a pas nécessairement un maximum ou un minimum local en un point critique. La figure 3 permet de visualiser comment c'est possible. Le graphique de f est le paraboloïde hyperbolique $z = y^2 - x^2$, qui, à l'origine, admet un plan tangent horizontal ($z = 0$). Vous pouvez observer que $f(0, 0) = 0$ est un maximum dans la direction de l'axe Ox mais un minimum dans la direction de l'axe Oy. Au voisinage de l'origine, la surface représentative de f a la forme d'une selle et c'est la raison pour laquelle $(0, 0)$ est appelé un *point-selle* de f.

Il est nécessaire de savoir déterminer si une fonction a ou non une valeur extrême en un point critique. Le test que voici répond à cette demande. Il est démontré dans l'annexe E et fait pendant au test de la dérivée seconde des fonctions d'une seule variable.

---

3 **Le Test des dérivées secondes** On suppose que les dérivées partielles secondes de f sont continues sur un disque centré en (a, b) et que $f_x'(a, b) = 0$ et $f_y'(a, b) = 0$ [c'est-à-dire que (a, b) est un point critique de f]. Soit

$$D = D(a, b) = f_{xx}''(a, b)f_{yy}''(a, b) - [f_{xy}''(a, b)]^2$$

a) Si $D > 0$ et $f_{xx}''(a, b) > 0$, alors $f(a, b)$ est un minimum local.

b) Si $D > 0$ et $f_{xx}''(a, b) < 0$, alors $f(a, b)$ est un maximum local.

c) Si $D < 0$, alors $f(a, b)$ n'est ni un maximum local, ni un minimum local.

REMARQUE 1 ◦ Dans le cas c), le point (a, b) est un **point-selle** de f et le graphique de f coupe son plan tangent en (a, b).

REMARQUE 2 ◦ Quand $D = 0$, le test n'est pas concluant : f peut avoir un maximum ou un minimum local en (a, b) ou (a, b) peut être un point-selle de f.

REMARQUE 3 ◦ La formule de D se retrouve facilement si elle est écrite sous la forme d'un déterminant

$$D = \begin{vmatrix} f_{xx}'' & f_{xy}'' \\ f_{yx}'' & f_{yy}'' \end{vmatrix} = f_{xx}''f_{yy}'' - (f_{xy}'')^2$$

EXEMPLE 3 Recherchez les valeurs maximales et minimales et les points-selles de $f(x, y) = x^4 + y^4 - 4xy + 1$.

SOLUTION On localise d'abord les points critiques :

$$f_x' = 4x^3 - 4y \quad f_y' = 4y^3 - 4x.$$

L'égalisation à 0 de ces dérivées partielles conduit au système d'équations

$$x^3 - y = 0 \quad \text{et} \quad y^3 - x = 0.$$

On résout ce système en substituant $y = x^3$ de la première équation dans la deuxième. Cela donne

$$0 = x^9 - x = x(x^8 - 1) = x(x^4 - 1)(x^4 + 1) = x(x^2 - 1)(x^2 + 1)(x^4 + 1).$$

Il y a donc trois racines : $x = 0$, 1, -1. Les trois points critiques sont $(0, 0)$, $(1, 1)$ et $(-1, -1)$.

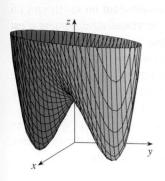

FIGURE 4
$z = x^4 + y^4 - 4xy + 1$

■ ■ La figure 5 montre un diagramme de courbes de niveau de la fonction f de l'exemple 3. Les courbes de niveau près de $(1, 1)$ et de $(-1, -1)$ sont de forme ovale et indique que, quelle que soit la direction dans laquelle on s'éloigne de $(1, 1)$ ou de $(-1, -1)$, les valeurs de f augmentent. Les courbes de niveau près de $(0, 0)$ ont plutôt l'air d'hyperboles. Elles révèlent que quand on quitte l'origine (en laquelle f vaut 1), les valeurs de f décroissent dans certaines directions et croissent dans d'autres. Le diagramme de courbes de niveau laisse donc deviner la présence des minima et du point-selle identifiés dans l'exemple 3.

On calcule maintenant les dérivées secondes partielles et $D(x, y)$:

$$f''_{xx} = 12x^2 \qquad f''_{xy} = -4 \qquad f''_{yy} = 12y^2$$

$$D(x, y) = f''_{xx}f''_{yy} - (f''_{xy})^2 = 144x^2y^2 - 16.$$

Puisque $D(0, 0) = -16 < 0$, on peut dire que le point $(0, 0)$ est un point-selle par application du cas c) du Test des dérivées secondes. Puisque $D(1, 1) = 128 > 0$, et $f''_{xx}(1, 1) = 12 > 0$, on constate en vertu du cas a) du Test que $f(1, 1) = -1$ est un minimum local. Et de même, $D(-1, -1) = 128 > 0$ et $f''_{xx}(-1, -1) = 12 > 0$ entraînent que $f(-1, -1) = -1$ est aussi un minimum local.

Le graphique est celui de la figure 4. ■ ■

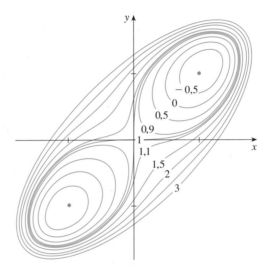

FIGURE 5

EXEMPLE 4 Déterminez et classez les points critiques de la fonction

$$f(x, y) = 10x^2y - 5x^2 - 4y^2 - x^4 - 2y^4.$$

Cherchez aussi le point le plus haut du graphique de f.

SOLUTION Les dérivées partielles d'ordre 1 sont

$$f'_x = 20xy - 10x - 4x^3 \qquad f'_y = 10x^2 - 8y - 8y^3.$$

Il faut donc résoudre les équations

$$\boxed{4} \qquad 2x(10y - 5 - 2x^2) = 0$$

$$\boxed{5} \qquad 5x^2 - 4y - 4y^3 = 0.$$

De l'équation 4, on tire que,

$$x = 0 \quad \text{ou} \quad 10y - 5 - 2x^2 = 0.$$

Dans le premier cas ($x = 0$), l'équation 5 devient $-4y(1 + y^2) = 0$, de sorte que $y = 0$ et le point $(0, 0)$ est un point critique.

Dans le second cas ($10y - 5 - 2x^2 = 0$), on a

6 $$x^2 = 5y - 2,5$$

et en substituant cela dans l'équation 5, on arrive à $25y - 12,5 - 4y - 4y^3 = 0$. Pour résoudre cette équation cubique

7 $$4y^3 - 21y + 12,5 = 0,$$

on fait tracer par une calculatrice graphique la courbe de la fonction

$$g(y) = 4y^3 - 21y + 12,5$$

et, on constate, au vu de la figure 6, que l'équation 7 a trois racines. Le zoom permet de déterminer chacune d'elles avec 4 décimales :

$$y \approx -2,5452 \qquad y \approx 0,6468 \qquad y \approx 1,8984$$

(On aurait pu aussi déterminer ces racines par la Méthode de Newton ou à l'aide d'un outil de recherche de racine.) L'équation 6 donne les valeurs de x correspondantes

$$x = \pm\sqrt{5y - 2,5}.$$

Pour $y \approx -2,5452$, il n'y a pas de valeur réelle correspondante de x. Pour $y \approx 0,6468$, $x \approx \pm 0,8567$. Pour $y \approx 1,8984$, $x \approx \pm 2,6442$. Au total, il y a donc 5 points critiques dont le caractère est analysé dans le cadre ci-après. Toutes les valeurs sont arrondies à 2 décimales.

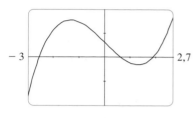

FIGURE 6

Point critique	Valeur de f	f''_{xx}	D	Conclusion
$(0, 0)$	0	-10	80	maximum local
$(\pm 2,64 \ ; 1,9)$	8,5	$-55,93$	2 488,71	maximum local
$(\pm 0,86 \ ; 0,65)$	$-1,48$	$-5,87$	$-187,64$	point-selle

Les figures 7 et 8 montrent la surface représentative de f sous deux angles de vue. Cette surface est ouverte vers le bas. [Cela pouvait se déduire de l'expression de $f(x, y)$: les termes dominants sont $-x^4 - 2y^4$ quand $|x|$ et $|y|$ sont grands.] La comparaison des valeurs de f en ses points de maximum local mène à décerner le titre de maximum absolu aux points $(\pm 2,64 \ ; 1,9 \ ; 8,5)$. Ce sont les points les plus hauts du graphique de f.

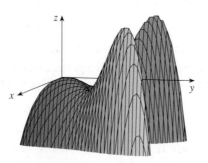

FIGURE 7

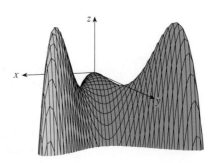

FIGURE 8

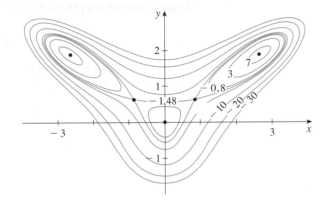

■ ■ Les cinq points critiques de la fonction f de l'exemple 4 sont en rouge dans le diagramme de courbes de niveau de f dans la figure 9.

FIGURE 9

EXEMPLE 5 Quelle est la plus courte distance du point $(1, 0, -2)$ au plan $x + 2y + z = 4$.

SOLUTION La distance de n'importe quel point (x, y, z) au point $(1, 0, -2)$ est donnée par

$$d = \sqrt{(x - 1)^2 + y^2 + (z + 2)^2},$$

mais si (x, y, z) appartient au plan $x + 2y + z = 4$, alors $z = 4 - x - 2y$ et de là $d = \sqrt{(x - 1)^2 + y^2 + (6 - x - 2y)^2}$. On peut rendre d minimal en rendant minimale l'expression plus simple

$$d^2 = f(x, y) = (x - 1)^2 + y^2 + (6 - x - 2y)^2.$$

La résolution des équations

$$f'_x = 2(x - 1) - 2(6 - x - 2y) = 4x + 4y - 14 = 0$$

$$f'_y = 2y - 4(6 - x - 2y) = 4x + 10y - 24 = 0$$

ne fournit qu'un seul point critique, $(\frac{11}{6}, \frac{5}{3})$. Comme $f''_{xx} = 4$, $f''_{xy} = 4$ et $f''_{yy} = 10$, $D(x, y) = f''_{xx} f''_{yy} - (f''_{xy})^2 = 24 > 0$. D'après le Test de la dérivée seconde, $(\frac{11}{6}, \frac{5}{3})$ est un point de minimum local. On peut ajouter intuitivement qu'il s'agit d'un point de minimum absolu car il ne peut y avoir qu'un point sur un plan donné qui soit le plus proche de $(1, 0, -2)$. Cette distance minimale est calculée en posant $x = \frac{11}{6}$ et $y = \frac{5}{3}$ dans l'expression de d :

■ ■ L'exemple 5 pourrait aussi être résolu vectoriellement. Comparez avec les méthodes de la section 9.5

$$d = \sqrt{(x - 1)^2 + y^2 + (6 - x - 2y)^2} = \sqrt{(\tfrac{5}{6})^2 + (\tfrac{5}{3})^2 + (\tfrac{5}{6})^2} = \frac{5\sqrt{6}}{6}.$$

La plus courte distance de $(1, 0, -2)$ au plan $x + 2y + z = 4$ est égale à $5\sqrt{6}/6$. ■ ■

EXEMPLE 6 Il faut fabriquer une boîte rectangulaire sans couvercle avec 12 m^2 de carton. Quelle est le volume maximum de cette boîte ?

SOLUTION On désigne par x, y et z respectivement la longueur, la largeur et la hauteur de la boîte (en mètres), comme sur la figure 10. Le volume est alors donné par

$$V = xyz.$$

Il peut être exprimé en fonction des deux variables x et y seulement en exploitant le fait que l'aire des quatre faces et du fond totalise 12 m^2 :

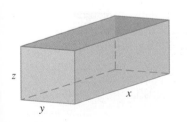

FIGURE 10

$$2xz + 2yz + xy = 12.$$

Pour cela, on résout par rapport à z : $z = (12 - xy)/[2(x + y)]$ et on introduit l'expression de z dans celle de V :

$$V = xy \frac{12 - xy}{2(x + y)} = \frac{12xy - x^2 y^2}{2(x + y)}.$$

On calcule maintenant les dérivées partielles :

$$\frac{\partial V}{\partial x} = \frac{y^2(12 - 2xy - x^2)}{2(x + y)^2} \qquad \frac{\partial V}{\partial y} = \frac{x^2(12 - 2xy - y^2)}{2(x + y)^2}$$

Quand V est maximum, $\partial V/\partial x = \partial V/\partial y = 0$. Mais $x = 0$ ou $y = 0$ conduisent à $V = 0$. Donc, les équations à résoudre sont

$$12 - 2xy - x^2 = 0 \qquad 12 - 2xy - y^2 = 0$$

Elles impliquent $x^2 = y^2$, ou, dans ce cas (x et y ne peuvent être que positives), $x = y$. Si on pose $x = y$ dans l'une ou l'autre des équations, on obtient $12 - 3x^2 = 0$, ce qui donne $x = 2$, $y = 2$ et $z = (12 - 2 \cdot 2)/[2(2 + 2)] = 1$.

On pourrait faire appel au Test de la dérivée seconde pour certifier qu'il s'agit bien d'un maximum local de V mais, plus simplement, il suffit de remarquer qu'intuitivement, vu le contexte physique du problème, il ne peut y avoir qu'un maximum absolu, qui se produit en un point critique de V. Il a donc lieu quand $x = 2$, $y = 2$, et $z = 1$. Dans ce cas, $V = 2 \cdot 2 \cdot 1 = 4$. Le volume maximum de la boîte est donc $4\ \text{m}^3$. ■ ■

■■ Maximum et minimum absolus

Le Théorème des valeurs extrêmes pour une fonction d'une variable certifie que si f est continue sur un intervalle fermé $[a, b]$, alors f atteint un minimum absolu et un maximum absolu. D'après la Méthode de l'intervalle fermé dans la section 4.2, on les trouve en calculant f non seulement aux points critiques, mais aussi aux extrémités a et b de l'intervalle.

La situation est semblable pour les fonctions de deux variables. De même qu'un intervalle fermé contient ses extrémités, un **ensemble fermé** de $\mathbb{R}^2$ est celui qui contient ses points frontières. [Un point frontière de D est un point (a, b) tel que chaque disque centré en (a, b) contienne à la fois des points de D et des points hors de D.] Par exemple, le disque

$$D = \{ (x, y) \mid x^2 + y^2 \leqslant 1 \}$$

composé de tous les points à l'intérieur du cercle $x^2 + y^2 = 1$ ou sur celui-ci, est un ensemble fermé parce qu'il contient tous ses points frontières (qui sont les points du cercle $x^2 + y^2 = 1$). Qu'il vienne à manquer un seul point de la frontière et l'ensemble n'est plus fermé (voyez la figure 11).

Un **ensemble borné** de $\mathbb{R}^2$ est celui qui est contenu dans un certain disque. En d'autres mots, il est d'étendue finie. Maintenant, en termes d'ensembles fermés et bornés, on peut énoncer le théorème analogue au Théorème des Valeurs Extrêmes mais pour les fonctions de deux variables.

a) Des ensembles fermés

b) Des ensembles non fermés

FIGURE 11

> **8** **Théorème des valeurs extrêmes pour les fonctions de deux variables** Si f est continue sur un ensemble borné fermé D de $\mathbb{R}^2$, alors f atteint un maximum absolu $f(x_1, y_1)$ et un minimum absolu $f(x_2, y_2)$ en des points (x_1, y_1) et (x_2, y_2) de D.

Pour déterminer ces valeurs extrêmes dont l'existence est garantie par le Théorème 8, on remarque que, en vertu du Théorème 2, si f atteint une valeur extrême en (x_1, y_1), alors (x_1, y_1) est soit un point critique de f, soit un point de la frontière de D. On a donc l'extension suivante de la Méthode de l'intervalle fermé.

> **9** Pour déterminer les valeurs maximales et minimales *absolues* d'une fonction continue f sur un ensemble borné fermé D :
> **1.** Calculez les valeurs de f aux points critiques de f situés dans D.
> **2.** Cherchez les valeurs extrêmes de f sur la frontière de D.
> **3.** La plus grande des valeurs issues des étapes 1 et 2 est la valeur maximale absolue ; la plus petite de ces valeurs est la valeur minimale absolue.

EXEMPLE 7 Quelles sont les valeurs extrêmes absolues de la fonction
$f(x, y) = x^2 - 2xy + 2y$ sur la région rectangulaire $D = \{(x, y) \mid 0 \le x \le 3, 0 \le y \le 2\}$?

SOLUTION Que f ait un maximum absolu et un minimum absolu est garanti par le théorème 8, puisque f est continue et que D est un rectangle borné fermé. En suivant la première étape de la démarche indiquée dans (9), on est amené à chercher d'abord les points critiques. Ils sont obtenus en résolvant les équations

$$f_x' = 2x - 2y = 0 \qquad f_y' = -2x + 2 = 0.$$

Le seul point critique est $(1, 1)$ et la valeur que f y atteint est $f(1, 1) = 1$.

La deuxième étape consiste à examiner les valeurs que f prend sur la frontière de D, à savoir sur les quatre segments L_1, L_2, L_3 et L_4 de la figure 12. Sur L_1, $y = 0$ et donc

$$f(x, 0) = x^2 \qquad 0 \le x \le 3$$

Comme il s'agit d'une fonction strictement croissante de x, son minimum est $f(0, 0) = 0$ et son maximum, $f(3, 0) = 9$. Sur L_2, on a $x = 3$ et

$$f(3, y) = 9 - 4y \qquad 0 \le y \le 2$$

Comme il s'agit d'une fonction strictement décroissante de y, son maximum est $f(3, 0) = 9$ et son minimum $f(3, 2) = 1$. Sur L_3, on a $y = 2$ et

$$f(x, 2) = x^2 - 4x + 4 \qquad 0 \le x \le 3$$

Par les méthodes du chapitre 4 ou plus simplement en observant que $f(x, 2) = (x - 2)^2$, on voit que le minimum de cette fonction est $f(2, 2) = 0$ et le maximum $f(0, 2) = 4$. Enfin, sur L_4, on a $x = 0$ et

$$f(0, y) = 2y \qquad 0 \le y \le 2$$

de sorte que le maximum est $f(0, 2) = 4$ et le minimum $f(0, 0) = 0$. En conclusion, sur la frontière, le minimum de f vaut 0 et le maximum 9.

Enfin, la troisième étape recommande de comparer ces valeurs avec la valeur $f(1, 1) = 1$ au point critique. Il en résulte que le maximum absolu de f sur D est $f(3, 0) = 9$ et le minimum absolu, $f(0, 0) = f(2, 2) = 0$. La figure 13 reproduit le graphique de f. ■ ■

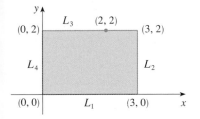

FIGURE 12

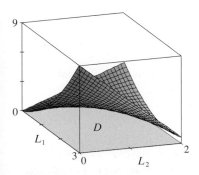

FIGURE 13
$f(x, y) = x^2 - 2xy + 2y$

11.7 Exercices

1. On suppose que $(1, 1)$ est un point critique d'une fonction f dont les dérivées secondes sont continues. Dans chaque cas, que pouvez-vous dire au sujet de f ?
a) $f''_{xx}(1, 1) = 4$, $f''_{xy}(1, 1) = 1$, $f''_{yy}(1, 1) = 2$
b) $f''_{xx}(1, 1) = 4$, $f''_{xy}(1, 1) = 3$, $f''_{yy}(1, 1) = 2$

2. On suppose que $(0, 2)$ est un point critique d'une fonction g dont les dérivées secondes sont continues. Dans chaque cas, que pouvez-vous dire au sujet de g ?
a) $g''_{xx}(0, 2) = -1$, $g''_{xy}(0, 2) = 6$, $g''_{yy}(0, 2) = 1$
b) $g''_{xx}(0, 2) = -1$, $g''_{xy}(0, 2) = 2$, $g''_{yy}(0, 2) = -8$
c) $g''_{xx}(0, 2) = 4$, $g''_{xy}(0, 2) = 6$, $g''_{yy}(0, 2) = 9$

3–4 ■ Localisez à partir de la carte des courbes de niveau de la figure les points critiques de f et précisez pour chacun de ces points s'il s'agit d'un point-selle ou d'un maximum ou d'un minimum local. Expliquez votre raisonnement. Servez-vous ensuite du Test de la dérivée seconde pour confirmer vos prédictions.

3. $f(x, y) = 4 + x^3 + y^3 - 3xy$

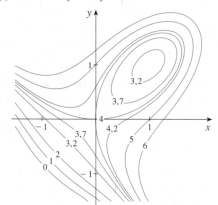

4. $f(x, y) = 3x - x^3 - 2y^2 + y^4$

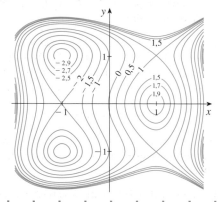

5–16 ■ Déterminez les valeurs maximales et minimales locales ainsi que les points-selles de la fonction. Si vous disposez d'un logiciel de dessin en trois dimensions, faites apparaître sous le meilleur angle de vue et sur le domaine de définition convenable le graphique de la fonction afin d'en voir tous les aspects importants.

5. $f(x, y) = 9 - 2x + 4y - x^2 - 4y^2$

6. $f(x, y) = x^3 y + 12x^2 - 8y$

7. $f(x, y) = x^4 + y^4 - 4xy + 2$

8. $f(x, y) = e^{4y - x^2 - y^2}$

9. $f(x, y) = (1 + xy)(x + y)$

10. $f(x, y) = 2x^3 + xy^2 + 5x^2 + y^2$

11. $f(x, y) = e^x \cos y$

12. $f(x, y) = x^2 + y^2 + \dfrac{1}{x^2 y^2}$

13. $f(x, y) = x \sin y$

14. $f(x, y) = (2x - x^2)(2y - y^2)$

15. $f(x, y) = (x^2 + y^2)e^{y^2 - x^2}$

16. $f(x, y) = x^2 y e^{-x^2 - y^2}$

17–20 ■ Utilisez un graphique et/ou un diagramme de courbes de niveau pour estimer les valeurs maximales et minimales ainsi que les points-selles de la fonction. Ensuite, calculez ces valeurs avec précision à l'aide des outils du calcul différentiel.

17. $f(x, y) = 3x^2 y + y^3 - 3x^2 - 3y^2 + 2$

18. $f(x, y) = xy e^{-x^2 - y^2}$

19. $f(x, y) = \sin x + \sin y + \sin(x + y)$,
$0 \leqslant x \leqslant 2\pi$, $0 \leqslant y \leqslant 2\pi$

20. $f(x, y) = \sin x + \sin y + \cos(x + y)$,
$0 \leqslant x \leqslant \pi/4$, $0 \leqslant y \leqslant \pi/4$

21–24 ■ Servez-vous d'un outil graphique comme dans l'exemple 4 (ou de la méthode de Newton ou d'un logiciel de calcul des racines) pour déterminer les points critiques de f avec une précision de 3 décimales. Ensuite, reconnaissez de quelle nature sont ces points critiques et déterminez le point le plus haut et le point le plus bas du graphique.

21. $f(x, y) = x^4 - 5x^2 + y^2 + 3x + 2$

22. $f(x, y) = 5 - 10xy - 4x^2 + 3y - y^4$

23. $f(x, y) = 2x + 4x^2 - y^2 + 2xy^2 - x^4 - y^4$

24. $f(x, y) = e^x + y^4 - x^3 + 4 \cos y$

25–30 ■ Cherchez le maximum et le minimum absolu de f sur l'ensemble D.

25. $f(x, y) = 1 + 4x - 5y$, D est la région triangulaire fermée de sommets $(0, 0)$, $(2, 0)$ et $(0, 3)$.

26. $f(x, y) = 3 + xy - x - 2y$, D est la région triangulaire fermée de sommets $(1, 0)$, $(5, 0)$ et $(1, 4)$.

27. $f(x, y) = x^2 + y^2 + x^2 y + 4$,
$D = \{(x, y) \mid |x| \leqslant 1, |y| \leqslant 1\}$.

28. $f(x, y) = 4x + 6y - x^2 - y^2$,
$D = \{(x, y) \mid 0 \leqslant x \leqslant 4, 0 \leqslant y \leqslant 5\}$.

29. $f(x, y) = x^4 + y^4 - 4xy + 2$,
$D = \{(x, y) \mid 0 \leqslant x \leqslant 3, 0 \leqslant y \leqslant 2\}$.

30. $f(x, y) = xy^2$,
$D = \{(x, y) \mid x \geqslant 0, y \geqslant 0, x^2 + y^2 \leqslant 3\}$.

31. Il n'est pas possible pour une fonction continue d'une variable d'avoir deux maxima locaux et pas de minimum local alors que c'est possible pour une fonction de deux variables. Montrez que la fonction

$$f(x, y) = -(x^2 - 1)^2 - (x^2 y - x - 1)^2$$

n'a que deux points critiques, et que ce sont tous les deux des maxima locaux. Ensuite, employez un ordinateur pour faire tracer un graphique sur un domaine de définition soigneusement choisi et sous un angle de vue qui permettent de voir comment c'est possible.

32. Lorsqu'une fonction d'une variable est continue sur un intervalle et n'a qu'un point critique, alors un maximum local doit être un maximum absolu. Ceci n'est pas vrai pour les fonctions de deux variables. Montrez que la fonction

$$f(x, y) = 3xe^y - x^3 - e^{3y}$$

a exactement un point critique, que f a en ce point un maximum local qui n'est pas un maximum absolu. Ensuite, employez un ordinateur pour faire tracer un graphique sur un domaine de définition soigneusement choisi et sous un angle de vue qui permettent de voir comment c'est possible.

33. Déterminez la plus courte distance entre le point $(2, 1, -1)$ et le plan $x + y - z = 1$.

34. Déterminez le point du plan $x - y + z = 4$ qui est le plus proche du point $(1, 2, 3)$.

35. Déterminez les points du cône $z^2 = x^2 + y^2$ qui sont les plus proches du point $(4, 2, 0)$.

36. Déterminez les points de la surface $y^2 = 9 + xz$ qui sont les plus proches de l'origine.

37. Déterminez trois nombres positifs dont la somme vaut 100 et dont le produit est maximum.

38. Déterminez trois nombres positifs x, y et z dont la somme vaut 100 et tels que $x^a y^b z^c$ est maximum.

39. Calculez le volume du plus grand parallélépipède rectangle dont les arêtes sont parallèles aux axes de coordonnées qui puisse être inscrit dans l'ellipsoïde $9x^2 + 36y^2 + 4z^2 = 36$.

40. Résolvez le problème de l'exercice 39 pour un ellipsoïde général

$$\frac{x^2}{a^2} + \frac{y^2}{b^2} + \frac{z^2}{c^2} = 1.$$

41. Calculez le volume de la plus grande boîte rectangulaire du premier octant dont trois faces sont dans les plans de coordonnées et qui a un sommet dans le plan $x + 2y + 3z = 6$.

42. Déterminez les dimensions d'une boîte rectangulaire de volume maximum si la surface totale est fixée à 64 cm^2.

43. Sachant que la somme des longueurs des 12 arêtes d'une boîte rectangulaire est une constante c, quelles sont les dimensions qui lui donnent le volume maximum.

44. Si le fond d'un aquarium de volume fixé V est fait dans un matériau qui coûte cinq fois plus, par unité d'aire, que le verre, matériau des faces latérales, quelles sont les dimensions à donner à cet aquarium pour qu'il coûte le moins possible ?

45. Une boîte en carton sans couvercle doit avoir un volume de 32 000 cm^3. Déterminez les dimensions qui minimisent la quantité de carton utilisée.

46. Un immeuble rectangulaire doit être construit de manière à minimiser les déperditions de chaleur. Les façades est et ouest laissent passer la chaleur à raison de 10 unités/m^2 par jour, les façades nord et sud, à raison de 8 unités/m^2 par jour, le plancher inférieur, à raison de 1 unité/m^2 par jour et le toit, à raison de 5 unités/m^2 par jour. Chaque mur de façade doit avoir au moins 30 m de long, la hauteur au moins 4 m de haut et le volume doit être exactement égal à 4 000 m^3.
   a) Déterminez le domaine de définition de la déperdition de chaleur comme fonction des longueurs des côtés et représentez-le.
   b) Calculez les dimensions qui rendent les déperditions de chaleur minimales. (Vérifiez les points critiques et la frontière du domaine de définition.)
   c) Serait-il possible de construire un immeuble avec encore moins de déperdition de chaleur si les contraintes sur les longueurs des façades étaient levées ?

47. Quelle est la boîte de plus grand volume dont la longueur de la diagonale est fixée égale à L ?

48. Trois allèles A, B et O déterminent les quatre groupes sanguins A (AA ou AO), B (BB ou BO), O (OO) et AB. La loi de Hardy-Weinberg établit que la proportion d'individus qui, dans une population, portent deux allèles différents est

$$P = 2pq + 2pr + 2rq,$$

où p, q et r sont les proportions de A, B et O dans la population. Utilisez le fait que $p + q + r = 1$ pour montrer que P vaut au plus 2/3.

49. On suppose qu'un chercheur a des raisons de croire que deux grandeurs x et y sont liées par une relation affine, c'est-à-dire de la forme $y = mx + b$, au moins approximativement, pour certaines valeurs de m et b. Le chercheur met au point une expérience et récolte des données sous la forme de points $(x_1, y_1), (x_2, y_2), \ldots, (x_n, y_n)$ et il en fait une représentation graphique. Il constate que les points ne sont pas exactement alignés et souhaite trouver les constantes m et b qui conviennent pour que la droite $y = mx + b$ s'ajuste le mieux possible aux points observés. (Voyez la figure.)

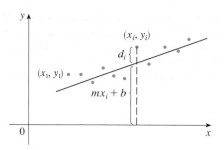

Soit $d_i = y_i - (mx_i + b)$ l'écart vertical du point (x_i, y_i) par rapport à la droite. La **méthode des moindres carrés** est celle qui choisit m et b de sorte que la somme des carrés de ces déviations, $\sum_{i=1}^{n} d_i^2$ soit minimale. Démontrez que, selon cette méthode, la droite qui s'ajuste le mieux est obtenue quand

$$m \sum_{i=1}^{n} x_i + bn = \sum_{i=1}^{n} y_i$$

$$m \sum_{i=1}^{n} x_i^2 + b \sum_{i=1}^{n} x_i = \sum_{i=1}^{n} x_i y_i$$

La droite est donc déterminée si l'on résout ces deux équations en m et b. (Voyez la section 1.2 pour une étude plus avancée et des applications de la méthode des moindres carrés.)

50. Recherchez une équation du plan qui, passant par le point $(1, 2, 3)$, découpe le plus petit volume du premier octant.

Dresser les plans d'une benne à ordures

Dans ce projet, nous observons une benne à ordures afin d'en étudier la forme et le procédé de construction. Ensuite, nous essayons de déterminer les dimensions d'un conteneur de même type dont le coût de fabrication soit le plus faible possible.

1. Repérez dans votre environnement un conteneur à déchets. Relevez soigneusement et décrivez tous les détails de sa fabrication, et calculez son volume. Ajoutez un croquis du conteneur.

2. Tout en gardant la forme générale et le même type de construction, déterminez les dimensions qu'un tel conteneur de même volume devrait avoir pour coûter le moins possible. Utilisez les hypothèses suivantes dans votre étude :
   • Les parois avant et arrière sont en feuilles d'acier de 0,25 cm, qui coûtent 7 € le mètre carré (y compris les coupes ou courbures).
   • Le fond est en feuilles d'acier de 0,35 cm, qui coûtent 10 € le mètre carré.
   • Les couvercles coûtent environ 50 € pièce, indépendamment de leur dimension.
   • Les soudures coûtent approximativement 0,6 € par mètre, matériel et main-d'œuvre compris.

Justifiez toute autre supposition ou simplification adoptée à propos des détails de construction.

3. Décrivez en quoi vos suppositions ou simplifications peuvent affecter le résultat final.

4. Si vous étiez appelé en tant que consultant dans cette étude, quelle serait votre conclusion ? Votre recommandation serait-elle de changer la forme du conteneur ? Et si oui, décrivez quelles seraient les économies réalisées ?

Approximations quadratiques et points critiques

Le polynôme de Taylor qui approxime les fonctions d'une variable que nous avons étudié au chapitre 8 est susceptible d'être étendu aux fonctions de deux variables ou plus. Nous examinons ici les approximations quadratiques des fonctions de deux variables et en tirons parti pour éclairer le Test des dérivées secondes qui différencie les points critiques.

Dans la section 11.4, il a été question de la linéarisation d'une fonction f de deux variables au point (a, b) :

$$L(x, y) = f(a, b) + f_x'(a, b)(x - a) + f_y'(a, b)(y - b).$$

Rappelez-vous que la représentation graphique de L est le plan tangent à la surface $z = f(x, y)$ en $(a, b, f(a, b))$ et que l'approximation du premier degré correspondante est $f(x, y) \approx L(x, y)$. La linéarisation L est aussi appelée le **polynôme de Taylor de degré 1** de f en (a, b).

1. Si f admet des dérivées secondes partielles continues en (a, b), alors le **polynôme de Taylor du second degré** de f en (a, b) est

$$Q(x, y) = f(a, b) + f_x'(a, b)(x - a) + f_y'(a, b)(y - b)$$
$$+ \tfrac{1}{2} f_{xx}''(a, b)(x - a)^2 + f_{xy}''(a, b)(x - a)(y - b) + \tfrac{1}{2} f_{yy}''(a, b)(y - b)^2$$

et l'approximation $f(x, y) \approx Q(x, y)$ est appelée **l'approximation quadratique** de f en (a, b). Vérifiez que Q a les mêmes dérivées partielles premières et secondes que f en (a, b).

2. a) Écrivez les polynômes de Taylor L de degré 1 et Q de degré 2 de $f(x, y) = e^{-x^2 - y^2}$ en $(0, 0)$.

  b) Représentez f, L et Q. Commentez la façon dont L et Q modélisent f.

3. a) Écrivez les polynômes de Taylor L de degré 1 et Q de degré 2 de $f(x, y) = xe^y$ en $(1, 0)$.

  b) Comparez les valeurs de L, Q et f en $(0,9\ ;\ 0,1)$.

  c) Représentez f, L et Q. Commentez la façon dont L et Q modélisent f.

4. Dans cette question, nous analysons le comportement du polynôme $f(x, y) = ax^2 + bxy + cy^2$ (sans le Test des dérivées secondes) pour reconnaître le graphique d'un paraboloïde.

  a) Montrez, en complétant le carré, que si $a \neq 0$, alors

$$f(x, y) = ax^2 + bxy + cy^2 = a\left[\left(x + \frac{b}{2a}\, y\right)^2 + \left(\frac{4ac - b^2}{4a^2}\right)y^2\right]$$

  b) Soit $D = 4ac - b^2$. Démontrez que si $D > 0$ et $a > 0$, alors f présente un minimum local en $(0, 0)$.

  c) Démontrez que si $D > 0$ et $a < 0$, alors f présente un maximum local en $(0, 0)$.

  d) Démontrez que si $D < 0$, alors $(0, 0)$ est un point selle.

5. a) On suppose que f est une fonction quelconque qui a des dérivées partielles secondes continues, que $f(0, 0) = 0$ et que $(0, 0)$ est un point critique de f. Écrivez le polynôme de Taylor du deuxième degré Q de f en $(0, 0)$.

  b) Suite à la question 4, que pouvez-vous dire à propos de Q ?

  c) Compte tenu de l'approximation quadratique $f(x, y) \approx Q(x, y)$, qu'est-ce que la partie b) suggère à propos de f ?

11.8 Les multiplicateurs de Lagrange

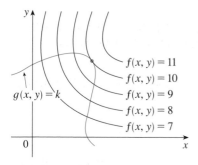

FIGURE 1

L'exemple 6 de la section 11.7 posait le problème de maximiser une fonction volume $V = xyz$ soumise à la contrainte $2xz + 2yz + xy = 12$, qui traduisait une condition annexe sur la surface, à savoir mesurer 12 m². Dans cette section, nous présentons la méthode de Lagrange pour maximiser ou minimiser une fonction générale $f(x, y, z)$ sujette à une contrainte (ou condition annexe) de la forme $g(x, y, z) = k$.

Comme il est plus facile d'expliquer la méthode de Lagrange d'un point de vue géométrique pour des fonctions de deux variables, nous commençons par essayer de trouver les valeurs extrêmes de $f(x, y)$ soumise à une contrainte de la forme $g(x, y) = k$. En d'autres mots, nous sommes à la recherche des valeurs extrêmes par lesquelles passerait $f(x, y)$ quand le point (x, y) est limité à ne prendre que les valeurs de la courbe de niveau $g(x, y) = k$. La figure 1 montre cette courbe en même temps que plusieurs courbes de niveau de f, celles d'équations $f(x, y) = c$ pour $c = 7, 8, 9, 10$ et 11. Maximiser $f(x, y)$ sous la contrainte $g(x, y) = k$ revient à trouver la plus grande valeur de c telle que la courbe de niveau $f(x, y) = c$ coupe $g(x, y) = k$. Il est visible dans la figure 1 que cela se produit lorsque ces courbes se touchent tout juste l'une l'autre, c'est-à-dire quand elles ont une tangente en commun. (Sinon, les valeurs de c pourraient encore être majorées.) Et en un point (x_0, y_0) où elles se touchent, elles ont la même droite normale. Les vecteurs gradients sont donc parallèles, ce qui s'écrit $\nabla f(x_0, y_0) = \lambda \nabla g(x_0, y_0)$ pour un certain scalaire λ.

Ce type d'argumentation s'applique aussi au problème de trouver les valeurs extrêmes de $f(x, y, z)$ soumise à la contrainte $g(x, y, z) = k$. Le point (x, y, z) ne peut varier que sur la surface de niveau S d'équation $g(x, y, z) = k$. Aux courbes de niveau de la figure 1 viennent se substituer dans cette situation-ci des surfaces de niveau $f(x, y, z) = c$ et si le maximum de f est $f(x_0, y_0, z_0) = c$, alors la surface de niveau $f(x, y, z) = c$ est tangente à la surface de niveau $g(x, y, z) = k$. En ce point, les vecteurs gradients correspondants sont parallèles.

Ce raisonnement intuitif se formalise comme suit. Supposons qu'une valeur extrême de f se produise au point $P(x_0, y_0, z_0)$ de S et soit C une courbe quelconque, décrite vectoriellement par $\vec{r}(t) = (x(t), y(t), z(t))$, tracée sur S et passant par P. Le point P est l'image de la valeur t_0 du paramètre : $\vec{r}(t_0) = (x_0, y_0, z_0)$. Alors, la fonction composée $h(t) = f(x(t), y(t), z(t))$ représente les valeurs prises par la fonction f le long de la courbe C. Comme f passe par une valeur extrême en (x_0, y_0, z_0), h passe par une valeur extrême en t_0. De ce fait, $h'(t_0) = 0$. Or, si f est différentiable, h' se calcule par la Règle de dérivation des fonctions composées :

$$0 = h'(t_0) = f_x'(x_0, y_0, z_0)x'(t_0) + f_y'(x_0, y_0, z_0)y'(t_0) + f_z'(x_0, y_0, z_0)z'(t_0)$$
$$= \nabla f(x_0, y_0, z_0) \cdot \vec{r}'(t_0).$$

Ceci montre que le vecteur gradient $\nabla f(x_0, y_0, z_0)$ est orthogonal au vecteur tangent $\vec{r}'(t_0)$ à chacune des courbes C. Or, nous savons depuis la section 11.6 que le vecteur gradient de g, $\nabla g(x_0, y_0, z_0)$, est lui aussi orthogonal à $\vec{r}'(t_0)$ (voyez l'équation 11.6.18). Il en résulte que les deux vecteurs gradients $\nabla f(x_0, y_0, z_0)$ et $\nabla g(x_0, y_0, z_0)$ sont forcément parallèles. Dès lors, si $\nabla g(x_0, y_0, z_0) \neq \vec{0}$, il existe un nombre λ tel que

■ ■ Les multiplicateurs de Lagrange doivent leur appellation au mathématicien franco-italien Joseph-Louis Lagrange (1736-1813). Pour une brève biographie voyez à la page 280.

1 $$\nabla f(x_0, y_0, z_0) = \lambda \nabla g(x_0, y_0, z_0).$$

Le nombre λ dans l'expression 1 est appelé un **multiplicateur de Lagrange**. La marche à suivre basée sur l'équation 1 est la suivante :

> **Méthode des multiplicateurs de Lagrange** Pour déterminer les valeurs maximales et minimales de $f(x, y, z)$ soumises à la contrainte $g(x, y, z) = k$ (à supposer qu'elles existent) :
>
> a) Cherchez toutes les valeurs de x, y, z et λ telles que
>
> $$\nabla f(x, y, z) = \lambda \nabla g(x, y, z)$$
>
> et
> $$g(x, y, z) = k.$$
>
> b) Calculez la valeur de f en tous les points (x, y, z) repérés à l'étape a). La plus grande de ces valeurs est le maximum de f ; la plus petite est le minimum de f.

■ ■ Lors de la déduction de la méthode de Lagrange, il a été supposé que $\nabla g \neq \vec{0}$. Vous pouvez vérifier dans chacun des exemples que $\nabla g \neq \vec{0}$ en tous les points où $g(x, y, z) = k$.

Lorsqu'on écrit l'équation vectorielle $\nabla f = \lambda \nabla g$ en composantes, les équations de l'étape a) deviennent

$$f_x' = \lambda g_x' \quad f_y' = \lambda g_y' \quad f_z' = \lambda g_z' \quad g(x, y, z) = k.$$

C'est un système de quatre équations en les quatre inconnues x, y, z et λ, mais il n'est pas nécessaire d'obtenir explicitement l'expression de λ.

Pour les fonctions de deux variables, la méthode des multiplicateurs de Lagrange est semblable. Pour déterminer les valeurs maximales et minimales de $f(x, y)$ soumises à la contrainte $g(x, y) = k$, on cherche toutes les valeurs de x, y et λ telles que $\nabla f(x, y) = \lambda \nabla g(x, y)$ et $g(x, y) = k$. Ce qui revient à résoudre un système de trois équations à trois inconnues :

$$f_x' = \lambda g_x' \quad f_y' = \lambda g_y' \quad g(x, y) = k.$$

La première illustration consiste à reprendre le problème posé à l'exemple 6 de la section 11.7.

EXEMPLE 1 Une boîte rectangulaire sans couvercle est faite avec 12 m^2 de carton. Quelle est la boîte de plus grand volume ?

SOLUTION Comme dans l'exemple 6 de la section 11.7, on pose x, y et z respectivement la longueur, la largeur et la hauteur de la boîte, exprimées en mètres. Il s'agit alors de maximiser

$$V = xyz$$

sous la contrainte

$$g(x, y, z) = 2xz + 2yz + xy = 12.$$

Selon la méthode des multiplicateurs de Lagrange, on recherche les valeurs de x, y, z et λ telles que $\nabla f = \lambda \nabla g$ et $g(x, y, z) = 12$. Ce qui conduit aux équations

$$V_x' = \lambda g_x' \quad V_y' = \lambda g_y' \quad V_z' = \lambda g_z' \quad 2xz + 2yz + xy = 12$$

qui s'écrivent explicitement

$$\boxed{2} \qquad yz = \lambda(2z + y)$$

$$\boxed{3} \qquad xz = \lambda(2z + x)$$

■ ■ Une autre façon de résoudre le système d'équations (2-5) est de résoudre les équations (2), (3) et (4) par rapport à λ et d'égaler les expressions obtenues.

$$\boxed{4} \qquad\qquad xy = \lambda(2x + 2y)$$

$$\boxed{5} \qquad\qquad 2xz + 2yz + xy = 12$$

Il n'y a pas de méthode générale pour résoudre un système d'équations. Parfois cela demande un peu d'adresse. Dans le cas présent, vous pouvez remarquer qu'en multipliant (2) par x, (3) par y et (4) par z, les membres de gauche de ces équations deviennent identiques. On a ainsi

$$\boxed{6} \qquad\qquad xyz = \lambda(2xz + xy)$$

$$\boxed{7} \qquad\qquad xyz = \lambda(2yz + xy)$$

$$\boxed{8} \qquad\qquad xyz = \lambda(2xz + 2yz)$$

On observe que $\lambda \neq 0$, car si c'était le cas, cela impliquerait $yz = xz = xy = 0$ en raison de (2), (3) et (4) et cela contredirait (5). Par conséquent, (6) et (7) entraînent

$$2xz + xy = 2yz + xy,$$

ce qui donne $xz = yz$. Comme $z \neq 0$ (car sinon, cela voudrait dire que $V = 0$), la dernière équation implique $x = y$. Maintenant, (7) et (8) entraînent

$$2yz + xy = 2xz + 2yz,$$

ce qui donne $2xz = xy$, et ainsi (puisque $x \neq 0$) $y = 2z$. En substituant $x = y = 2z$ dans (5), on arrive à

$$4z^2 + 4z^2 + 4z^2 = 12.$$

Et comme x, y et z sont positifs, cela donne finalement $z = 1$, $x = 2$ et $y = 2$ comme précédemment. ■ ■

EXEMPLE 2 Déterminez les valeurs extrêmes de la fonction $f(x, y) = x^2 + 2y^2$ sur le cercle $x^2 + y^2 = 1$.

SOLUTION Il est demandé de chercher les valeurs extrêmes de f sous la contrainte $g(x, y) = x^2 + y^2 = 1$. Conformément à la méthode des multiplicateurs de Lagrange, on résout les équations $\nabla f = \lambda \nabla g$, $g(x, y) = 1$, qui s'écrivent

$$f_x' = \lambda g_x' \quad f_y' = \lambda g_y' \quad g(x, y) = 1,$$

ou encore

$$\boxed{9} \qquad\qquad 2x = 2x\lambda$$

$$\boxed{10} \qquad\qquad 4y = 2y\lambda$$

$$\boxed{11} \qquad\qquad x^2 + y^2 = 1$$

De (9), découlent $x = 0$ ou $\lambda = 1$. Quand $x = 0$, alors (11) conduit à $y = \pm 1$. Quand $\lambda = 1$, alors $y = 0$ à cause de (10) et de là, $x = \pm 1$ grâce à (11). En résumé, f pourrait avoir des valeurs extrêmes aux points $(0, 1)$, $(0, -1)$, $(1, 0)$ et $(-1, 0)$. Les valeurs prises par f en chacun de ces points sont

$$f(0, 1) = 2 \qquad f(0, -1) = 2 \qquad f(1, 0) = 1 \qquad f(-1, 0) = 1.$$

Par conséquent, le maximum de f sur le cercle $x^2 + y^2 = 1$ est $f(0, \pm 1) = 2$ et le minimum $f(\pm 1, 0) = 1$. Ces valeurs sont vraisemblables au vu de la figure de contrôle 2. ■ ■

■ ■ Géométriquement parlant, l'exemple 2 demande les points les plus hauts et les plus bas de la courbe C dans la figure 2 qui se trouve sur le paraboloïde $z = x^2 + 2y^2$ et directement à la verticale du cercle $x^2 + y^2 = 1$.

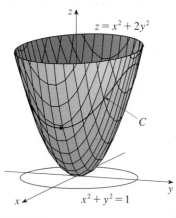

FIGURE 2

■ ■ La géométrie qui se cache sous la méthode des multiplicateurs de Lagrange dans l'exemple 2 est mise à nu dans la figure 3. Les valeurs extrêmes de $f(x, y) = x^2 + 2y^2$ correspondent aux courbes de niveau qui touchent le cercle $x^2 + y^2 = 1$.

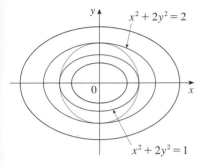

FIGURE 3

EXEMPLE 3 Quelles sont les valeurs extrêmes de $f(x, y) = x^2 + 2y^2$ sur le disque $x^2 + y^2 \leqslant 1$.

SOLUTION Fidèle à la démarche décrite en (9) de la section 11.7, on compare les valeurs de f aux points critiques avec les valeurs de f sur la frontière. Vu que $f_x' = 2x$ et $f_y' = 4y$, le seul point critique est $(0, 0)$. On met côte à côte la valeur de f en ce point et les valeurs extrêmes de f sur la frontière tels qu'elles ont été obtenues à l'exemple 2 :

$$f(0, 0) = 0 \qquad f(\pm 1, 0) = 1 \qquad f(0, \pm 1) = 2.$$

Il s'ensuit que le maximum de f sur le disque $x^2 + y^2 \leqslant 1$ est $f(0, \pm 1) = 2$ et le minimum $f(0, 0) = 0$. ■ ■

EXEMPLE 4 Quels sont les points de la sphère $x^2 + y^2 + z^2 = 4$ les plus proches et les plus éloignés du point $(3, 1, -1)$?

SOLUTION La distance qui sépare le point $(3, 1, -1)$ d'un point (x, y, z) quelconque est donnée par

$$d = \sqrt{(x-3)^2 + (y-1)^2 + (z+1)^2},$$

Pour simplifier l'algèbre, on préfère maximiser ou minimiser le carré de cette distance :

$$d^2 = f(x, y, z) = (x-3)^2 + (y-1)^2 + (z+1)^2.$$

La contrainte est que le point (x, y, z) doit appartenir à la sphère, c'est-à-dire

$$g(x, y, z) = x^2 + y^2 + z^2 = 4.$$

Suivant la méthode des multiplicateurs de Lagrange, on résout $\nabla f = \lambda \nabla g$, $g = 4$. Cela donne

■ ■ La figure 4 montre la sphère et le point le plus proche P. Voyez-vous comment déterminer les coordonnées de P sans l'aide du calcul différentiel ?

$$\boxed{12} \qquad 2(x-3) = 2x\lambda$$

$$\boxed{13} \qquad 2(y-1) = 2y\lambda$$

$$\boxed{14} \qquad 2(z+1) = 2z\lambda$$

$$\boxed{15} \qquad x^2 + y^2 + z^2 = 4$$

La façon la plus simple de procéder est de résoudre (12), (13) et (14) par rapport à x, y et z en fonction de λ et de substituer les expressions ainsi obtenues dans (15). De (12), il vient

$$x - 3 = x\lambda \quad \text{ou} \quad x(1 - \lambda) = 3 \quad \text{ou} \quad x = \frac{3}{1 - \lambda}.$$

[Remarquez que $1 - \lambda \neq 0$ parce que $\lambda = 1$ est impossible à cause de (12).] De même, (13) et (14) donnent

$$y = \frac{1}{1 - \lambda} \qquad z = -\frac{1}{1 - \lambda}.$$

La substitution dans (15) fournit

$$\frac{3^2}{(1 - \lambda)^2} + \frac{1^2}{(1 - \lambda)^2} + \frac{(-1)^2}{(1 - \lambda)^2} = 4.$$

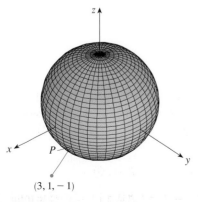

$(3, 1, -1)$

FIGURE 4

D'où successivement, $(1 - \lambda)^2 = \frac{11}{4}$, $1 - \lambda = \pm\sqrt{11}/2$,

$$\lambda = 1 \pm \frac{\sqrt{11}}{2}.$$

À ces valeurs de λ correspondent les points (x, y, z) suivants :

$$\left(\frac{6}{\sqrt{11}}, \frac{2}{\sqrt{11}}, \frac{-2}{\sqrt{11}}\right) \quad \text{et} \quad \left(-\frac{6}{\sqrt{11}}, -\frac{2}{\sqrt{11}}, \frac{2}{\sqrt{11}}\right).$$

Il est facile de voir que c'est au premier de ces points que f a une plus petite valeur. Le point le plus proche est donc $(6/\sqrt{11}, 2/\sqrt{11}, -2/\sqrt{11})$ et le plus éloigné $(-6/\sqrt{11}, -2/\sqrt{11}, 2/\sqrt{11})$. ■ ■

■■ Deux contraintes

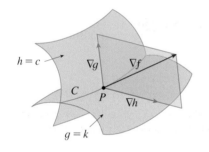

FIGURE 5

On veut maintenant déterminer les valeurs maximales et minimales de $f(x, y, z)$ lorsque (x, y, z) est soumis à deux contraintes $g(x, y, z) = k$ et $h(x, y, z) = c$. Géométrique-ment, cela revient à chercher les valeurs extrêmes de f lorsque (x, y, z) se trouve sur la courbe intersection des surfaces de niveau $g(x, y, z) = k$ et $h(x, y, z) = c$ (voyez la figure 5). Supposons que f atteigne une telle valeur extrême en $P(x_0, y_0, z_0)$. Nous savons depuis le début de cette section, qu'en ce point, ∇f est orthogonal à C. Mais comme, par ailleurs, ∇g est orthogonal à $g(x, y, z) = k$ et ∇h à $h(x, y, z) = c$, ∇g et ∇h sont tous deux orthogonaux à C. Dès lors le vecteur gradient $\nabla f(x_0, y_0, z_0)$ appartient au plan déterminé par les vecteurs $\nabla g(x_0, y_0, z_0)$ et $\nabla h(x_0, y_0, z_0)$. (On sup-pose que ces vecteurs ne sont ni nuls, ni parallèles.) Il existe donc des nombres λ et μ (appelés des multiplicateurs de Lagrange) tels que

16
$$\nabla f(x_0, y_0, z_0) = \lambda \nabla g(x_0, y_0, z_0) + \mu \nabla h(x_0, y_0, z_0).$$

Dans ce cas, la méthode de Lagrange consiste à chercher les valeurs extrêmes en résol-vant un système de cinq équations en les cinq inconnues x, y, z, λ et μ. Ces cinq équations sont celles que l'on obtient en développant (16) en ses composantes et en ajoutant les équations des contraintes :

$$f'_x = \lambda g'_x + \mu h'_x$$

$$f'_y = \lambda g'_y + \mu h'_y$$

$$f'_z = \lambda g'_z + \mu h'_z$$

$$g(x, y, z) = k$$

$$h(x, y, z) = c$$

EXEMPLE 5 Déterminez la valeur maximale de $f(x, y, z) = x + 2y + 3z$ sur la courbe d'intersection du plan $x - y + z = 1$ et du cylindre $x^2 + y^2 = 1$.

SOLUTION Il s'agit de chercher le maximum de la fonction $f(x, y, z) = x + 2y + 3z$ sous les contraintes $g(x, y, z) = x - y + z = 1$ et $h(x, y, z) = x^2 + y^2 = 1$. Comme la

■ ■ Le cylindre $x^2 + y^2 = 1$ coupe le plan $x - y + z = 1$ selon une ellipse (Figure 6). L'exemple 5 demande le maximum de f quand (x, y, z) est contraint d'appartenir à l'ellipse.

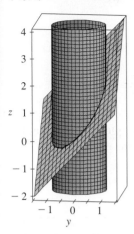

FIGURE 6

condition de Lagrange est $\nabla f = \lambda \nabla g + \mu \nabla h$, on a à résoudre les équations

17		$1 = \lambda + 2x\mu$
18		$2 = -\lambda + 2y\mu$
19		$3 = \lambda$
20		$x - y + z = 1$
21		$x^2 + y^2 = 1$

En introduisant $\lambda = 3$ [de (19)] dans (17), on a $2x\mu = -2$, ou $x = -1/\mu$. De même, (18) donne $y = 5/(2\mu)$. La substitution de ces expressions de x et y dans (21) conduit à

$$\frac{1}{\mu^2} + \frac{25}{4\mu^2} = 1,$$

de sorte que $\mu^2 = \frac{29}{4}$, $\mu = \pm\sqrt{29}/2$. Ensuite, $x = \mp 2/\sqrt{29}$, $y = \pm 5/\sqrt{29}$, et, de (20), $z = 1 - x + y = 1 \pm 7/\sqrt{29}$. Les valeurs correspondantes de f sont

$$\mp\frac{2}{\sqrt{29}} + 2\left(\pm\frac{5}{\sqrt{29}}\right) + 3\left(1 \pm \frac{7}{\sqrt{29}}\right) = 3 \pm \sqrt{29}.$$

Le maximum de f sur la courbe donnée est finalement $3 + \sqrt{29}$.   ■ ■

11.8 Exercices

1. Voici représentés le diagramme des courbes de niveau de f et une courbe d'équation $g(x, y) = 8$. Estimez les valeurs maximale et minimale de f soumise à la contrainte $g(x, y) = 8$. Expliquez votre raisonnement.

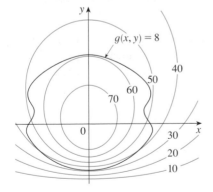

2. a) Avec une calculatrice graphique ou un ordinateur, dessinez le cercle $x^2 + y^2 = 1$. Sur le même écran représentez plusieurs courbes de la forme $x^2 + y = c$ jusqu'à ce que vous en trouviez deux qui touchent juste le cercle. Quelle est l'interprétation des valeurs de c pour ces deux courbes ?

b) Calculez par la méthode des multiplicateurs de Lagrange les valeurs extrêmes de $f(x, y) = x^2 + y$ sous la contrainte $x^2 + y^2 = 1$. Comparez ces réponses avec celles de la partie a).

3–17 ■ Calculez par la méthode des multiplicateurs de Lagrange les valeurs extrêmes de la fonction sous la (ou les) contrainte(s) donnée(s).

3. $f(x, y) = x^2 + y^2$; $xy = 1$

4. $f(x, y) = 4x + 6y$; $x^2 + y^2 = 13$

5. $f(x, y) = x^2 y$; $x^2 + 2y^2 = 6$

6. $f(x, y) = e^{xy}$; $x^3 + y^3 = 16$

7. $f(x, y, z) = 2x + 6y + 10z$; $x^2 + y^2 + z^2 = 35$

8. $f(x, y, z) = 8x - 4z$; $x^2 + 10y^2 + z^2 = 5$

9. $f(x, y, z) = xyz$; $x^2 + 2y^2 + 3z^2 = 6$

10. $f(x, y, z) = x^2 y^2 z^2$; $x^2 + y^2 + z^2 = 1$

11. $f(x, y, z) = x^2 + y^2 + z^2$; $x^4 + y^4 + z^4 = 1$

12. $f(x, y, z) = x^4 + y^4 + z^4$; $x^2 + y^2 + z^2 = 1$

13. $f(x, y, z, t) = x + y + z + t$; $x^2 + y^2 + z^2 + t^2 = 1$

14. $f(x_1, x_2, ..., x_n) = x_1 + x_2 + \cdots + x_n$; $x_1^2 + x_2^2 + \cdots + x_n^2 = 1$

15. $f(x, y, z) = x + 2y$; $x + y + z = 1$; $y^2 + z^2 = 4$

16. $f(x, y, z) = 3x - y - 3z$;
$x + y - z = 0$, $x^2 + 2z^2 = 1$

17. $f(x, y, z) = yz + xy$; $xy = 1$, $y^2 + z^2 = 1$

18–19 ■ Déterminez les valeurs extrêmes de f sur la région décrite par l'inégalité.

18. $f(x, y) = 2x^2 + 3y^2 - 4x - 5$, $x^2 + y^2 \leqslant 16$

19. $f(x, y) = e^{-xy}$, $x^2 + 4y^2 \leqslant 1$

CAS 20. a) Si votre logiciel de calcul formel trace des courbes décrites implicitement, utilisez-le pour situer graphiquement le maximum et le minimum de $f(x, y) = x^3 + y^3 + 3xy$ sous la contrainte $(x - 3)^2 + (y - 3)^2 = 9$.

b) Résolvez le problème de la partie a) par les multiplicateurs de Lagrange. Effectuez la résolution numérique des équations à l'aide de votre logiciel de calcul formel. Comparez vos réponses avec celles de la partie a).

21. La production totale P d'un certain produit est fonction de la main d'œuvre totale L et du capital investi K. On a vu dans les sections 11.1 et 11.3 comment le modèle de Cobb-Douglas $P = bL^\alpha K^{1-\alpha}$ découle de certaines hypothèses économiques, où b et α sont des constantes positives et $\alpha < 1$. Si m désigne le coût unitaire du travail et n celui du capital, et si la société a un budget limité à p euros, le problème se pose de produire le plus possible sous cette contrainte de budget $mL + nK = p$. Montrez que la production est maximale quand

$$L = \frac{\alpha p}{m} \quad \text{et} \quad K = \frac{(1 - \alpha)p}{n}.$$

22. Dans le même cadre que celui de l'exercice 21, on suppose maintenant que la production est fixée à $bL^\alpha K^{1-\alpha} = Q$ où Q est une constante. Quelles sont les valeurs de L et K qui vont diminuer le plus la fonction de coût $C(L, K) = mL + nK$?

23. Démontrez par la méthode des multiplicateurs de Lagrange que, de tous les rectangles de périmère p fixé, c'est le carré qui a la plus grande aire.

24. Démontrez par la méthode des multiplicateurs de Lagrange que, de tous les triangles de périmère p fixé, c'est le triangle équilatéral qui a la plus grande aire.
[*Suggestion* : Utilisez la formule de Héron de l'aire :
$A = \sqrt{s(s - x)(s - y)(s - z)}$ où $s = p/2$ et x, y, z sont les longueurs des côtés.]

25–37 ■ Employez la méthode de Lagrange pour résoudre différemment l'exercice indiqué de la section 11.7.

25. Exercice 33   **26.** Exercice 34

27. Exercice 35   **28.** Exercice 36

29. Exercice 37   **30.** Exercice 38

31. Exercice 39   **32.** Exercice 40

33. Exercice 41   **34.** Exercice 42

35. Exercice 43   **36.** Exercice 44

37. Exercice 47

38. Déterminez les volumes maximal et minimal d'une boîte rectangulaire dont la surface mesure 1 500 cm^2 et la somme des longueurs des arêtes, 200 cm.

39. Le plan $x + y + 2z = 2$ coupe le paraboloïde $z = x^2 + y^2$ selon une ellipse. Déterminez les points de cette ellipse qui sont le plus proche et le plus éloigné de l'origine.

40. Le plan $4x - 3y + 8z = 5$ coupe le cône $z^2 = x^2 + y^2$ suivant une ellipse.
a) Dessinez le cône, le plan et l'ellipse.
b) Déterminez par la méthode de Lagrange les points le plus haut et le plus bas sur l'ellipse.

CAS 41–42 ■ Déterminez le maximum et le minimum de f sous les contraintes données. Utilisez ensuite un logiciel de calcul algébrique pour résoudre le système d'équations issu de la méthode de Lagrange. (Si votre logiciel ne trouve qu'une seule solution, il est nécessaire d'employer d'autres commandes.)

41. $f(x, y, z) = ye^{x-z}$; $9x^2 + 4y^2 + 36z^2 = 36$, $xy + yz = 1$

42. $f(x, y, z) = x + y + z$; $x^2 - y^2 = z$, $x^2 + z^2 = 4$

43. a) Cherchez le maximum de

$$f(x_1, x_2, \ldots, x_n) = \sqrt[n]{x_1 x_2 \cdots x_n}$$

sachant que $x_1, x_2, \ldots, x_n$ sont des nombres positifs et que $x_1 + x_2 + \cdots + x_n = c$, où c est une constante.
b) Déduisez de la partie a) que si $x_1, x_2, \ldots, x_n$ sont des nombres positifs,

$$\sqrt[n]{x_1 x_2 \cdots x_n} \leqslant \frac{x_1 + x_2 + \cdots + x_n}{n}.$$

Cette inégalité établit que la moyenne géométrique de n nombres est inférieure à leur moyenne arithmétique. Quand ces moyennes sont-elles égales ?

44. a) Rendez $\sum_{i=1}^{n} x_i y_i$ maximum sous les contraintes $\sum_{i=1}^{n} x_i^2 = 1$ et $\sum_{i=1}^{n} y_i^2 = 1$.
b) Posez

$$x_i = \frac{a_i}{\sqrt{\sum a_j^2}} \quad \text{et} \quad y_i = \frac{b_i}{\sqrt{\sum b_j^2}},$$

pour montrer que

$$\sum a_i b_i \leqslant \sqrt{\sum a_j^2} \sqrt{\sum b_j^2}$$

quels que soient les nombres $a_1, \ldots, a_n$, $b_1, \ldots, b_n$. Cette inégalité est connue sous le nom d'inégalité de Cauchy-Schwarz.

PROJET APPLIQUÉ

La science des fusées

Beaucoup de fusées, telle la fusée Pegasus XL utilisée fréquemment pour mettre en orbite des satellites et la fusée Saturn V qui a porté le premier homme sur la Lune, utilisent trois étages dans leur montée vers l'espace. Le premier étage, plus grand que les autres, fournit la première poussée. Cet étage est largué dès que le carburant est épuisé, de façon à réduire le poids de la fusée. Les étages suivants fonctionnent de la même manière et mettent la charge utile en orbite autour de la Terre. (Avec cette technique, il faut au minimum deux étages pour parvenir à atteindre la vitesse suffisante, et l'utilisation de trois étages est manifestement un bon compromis entre le coût et la performance.) Notre but est de calculer les masses respectives des trois étages en minimisant la masse totale tout en atteignant la vitesse désirée.

Pour une fusée à un seul étage, à consommation de carburant constante, voici le modèle de la variation de vitesse découlant de l'accélération de la fusée :

$$\Delta V = -c \ln\left(1 - \frac{(1-S)M_r}{P + M_r}\right),$$

où M_r est la masse de la fusée moteur comprenant le carburant initial, P la masse de la charge utile, S un facteur déterminé par la structure de la fusée (plus précisément, il s'agit du rapport entre la masse de la fusée sans carburant et la masse totale de la fusée plus la charge utile), et c la vitesse (constante) des gaz de combustion par rapport à la fusée.

Considérons une fusée de trois étages et une charge utile de masse A. Négligeons les forces extérieures et supposons que c et S sont constants pour chaque étage. Si M_i est la masse du $i^{\text{ième}}$ étage, nous commençons par analyser la fusée comme ayant une masse M_1 et une charge utile de masse $M_2 + M_3 + A$; les deuxième et troisième étages seront traités de la même façon.

1. Montrer que la vitesse acquise après le largage des trois étages est donnée par :

$$v_f = c\left[\ln\left(\frac{M_1 + M_2 + M_3 + A}{SM_1 + M_2 + M_3 + A}\right) + \ln\left(\frac{M_2 + M_3 + A}{SM_2 + M_3 + A}\right) + \ln\left(\frac{M_3 + A}{SM_3 + A}\right)\right]$$

2. On souhaite rendre la plus faible possible la masse totale $M = M_1 + M_2 + M_3$ de la fusée moteur tout en veillant à ce que la vitesse souhaitée v_f du problème 1 soit atteinte. La méthode des multiplicateurs de Lagrange est celle qui convient ici, mais il est difficile de l'appliquer vu les expressions en jeu. Pour simplifier, on définit des variables N_i telles que l'équation de la contrainte puisse s'écrire $v_f = c(\ln N_1 + \ln N_2 + \ln N_3)$. Vu qu'il est maintenant malaisé d'exprimer M en termes de N_i, on souhaite se servir d'une fonction plus simple qui serait minimale en même temps. Montrez que

$$\frac{M_1 + M_2 + M_3 + A}{M_2 + M_3 + A} = \frac{(1-S)N_1}{1 - SN_1}$$

$$\frac{M_2 + M_3 + A}{M_3 + A} = \frac{(1-S)N_2}{1 - SN_2}$$

$$\frac{M_3 + A}{A} = \frac{(1-S)N_3}{1 - SN_3}$$

et concluez que

$$\frac{M + A}{A} = \frac{(1-S)^3 N_1 N_2 N_3}{(1 - SN_1)(1 - SN_2)(1 - SN_3)}$$

3. Vérifiez que $\ln\left((M + A)/A\right)$ atteint un minimum en même temps que M ; servez-vous des multiplicateurs de Lagrange et des résultats du problème 2 pour déterminer des expressions des valeurs de N_i où se produisent le minimum sous la contrainte $v_f = c(\ln N_1 + \ln N_2 + \ln N_3)$. (*Remarque :* Les propriétés des logarithmes contribuent à simplifier les expressions.)

4. Trouvez une expression de la valeur minimale de M en fonction de v_f.

5. Pour qu'une fusée à trois étages mette une charge utile en orbite à 160 km au-dessus de la surface de la Terre, il faut atteindre une vitesse finale d'environ 28 100 km/h. Supposons que chaque étage est construit avec un facteur structurel $S = 0,2$ et une vitesse de gaz de combustion $c = 9\,600$ km/h.
a) Trouver le minimum de la masse totale M en fonction de A.
b) Trouver la masse de chaque étage en fonction de A. (Ils ne sont pas de même taille !)

6. La vitesse finale nécessaire à la même fusée pour échapper à la gravitation terrestre est de environ 39 740 km/h. Trouver la masse de chaque étage qui minimise la masse totale de la fusée et lui permettre de lancer une sonde de 240 kg dans l'espace.

Optimisation d'une centrale hydroélectrique

Une usine de pâtes à papier installée dans la région du lac St Jean au Québec gère une centrale hydroélectrique sur la rivière Saguenay. À partir d'un barrage, l'eau est canalisée vers la centrale. Le débit varie en fonction des conditions extérieures.

La centrale dispose de trois turbines hydroélectriques, et chaque turbine a une fonction de puissance (unique et connue) qui donne la puissance électrique générée en fonction du débit d'eau qui actionne la turbine. L'eau peut être partagée différemment entre les turbines, et l'objectif est de calculer la répartition de l'eau qui maximise la production totale d'énergie, quelle que soit la quantité d'eau disponible.

Les observations expérimentales et l'*équation de Bernoulli* ont permis d'établir les modèles quadratiques de la production d'énergie de chaque turbine, ainsi que les débits d'eau permis pour chaque turbine :

$$KW_1 = (-18,89 + 0,1277Q_1 - 4,08 \cdot 10^{-5}Q_1^2)(170 - 1,6 \cdot 10^{-6}Q_T^2)$$

$$KW_2 = (-24,51 + 0,1358Q_2 - 4,69 \cdot 10^{-5}Q_2^2)(170 - 1,6 \cdot 10^{-6}Q_T^2)$$

$$KW_3 = (-27,02 + 0,1380Q_3 - 3,84 \cdot 10^{-5}Q_3^2)(170 - 1,6 \cdot 10^{-6}Q_T^2)$$

$$250 \leqslant Q_1 \leqslant 1\,110, \quad 250 \leqslant Q_2 \leqslant 1\,110, \quad 250 \leqslant Q_3 \leqslant 1\,225$$

où

Q_i = le débit d'eau pour la $i^{\text{ème}}$ turbine en mètres cubes par seconde,
KW_i = la puissance générée par la turbine $i^{\text{ème}}$ en kilowatts,
Q_T = le débit d'eau disponible pour la centrale en mètres cubes par seconde.

1. Dans l'hypothèse où les trois turbines sont utilisées en même temps, on souhaite calculer les débits Q_i de chaque turbine qui correspondent à la production d'un maximum d'énergie, compte tenu des limites de quantité d'eau par turbine et du fait que la somme de ces quantités doit être égale au débit total Q_T. Par conséquent, on utilise les multiplicateurs de Lagrange pour calculer les quantités individuelles (en fonction de Q_T) qui maximisent la production d'énergie totale $KW_1 + KW_2 + KW_3$, avec les contraintes $Q_1 + Q_2 + Q_3 = Q_T$ et les restrictions sur chaque Q_i.

2. Pour quelles valeurs de Q_T votre résultat est-il valable ?

3. Calculez la répartition d'eau entre les turbines pour un débit entrant de 70 mètres cubes par seconde et vérifiez (en faisant les calculs pour des répartitions proches) qu'il s'agit bien d'un maximum.

4. Jusqu'à présent nous avons supposé que les trois turbines fonctionnaient en même temps ; serait-il possible, et dans quelles conditions, de produire plus de puissance en utilisant une seule turbine ? Faites un graphique des trois fonctions de puissance et, à partir de ce graphique, décidez si un débit de 28 m³/s doit être réparti entre trois turbines ou alimenter une seule (et laquelle). Et si le débit est de 17 m³/s ?

5. Il pourrait être préférable, pour certains débits, d'utiliser deux turbines. Si le débit est de 43 m³/s, quelles turbines recommanderiez-vous d'utiliser ? À l'aide des multiplicateurs de Lagrange, calculez comment le débit doit être partagé entre les deux turbines pour maximiser l'énergie produite. L'utilisation de deux turbines est-elle plus efficace pour ce débit, que de les utiliser toutes les trois ?

6. Que faudrait-il recommander à l'entreprise si le débit est de 96 m³/s ?

11 | Révision

CONTRÔLE DES CONCEPTS

1. a) Qu'est-ce qu'une fonction de deux variables ?
  b) Décrivez deux façons de visualiser une fonction de deux variables. Comment sont-elles liées entre elles ?

2. Qu'est-ce qu'une fonction de trois variables ? Comment peut-on visualiser une telle fonction ?

3. Que signifie
$$\lim_{(x, y) \to (a, b)} f(x, y) = L \ ?$$
Comment montrer qu'une telle limite n'existe pas ?

4. a) Que veut dire que f est continue en (a, b) ?
  b) Si f est continue sur $\mathbb{R}^2$, que pouvez-vous dire de sa représentation graphique ?

5. a) Écrivez des expressions sous forme de limite des dérivées partielles $f_x'(a, b)$ et $f_y'(a, b)$.
  b) Quelle est l'interprétation géométrique de $f_x'(a, b)$ et $f_y'(a, b)$? Comment les interprétez-vous en termes de taux de variation ?
  c) Connaissant la formule de $f(x, y)$, comment calculez-vous f_x' et f_y' ?

6. Qu'affirme le théorème de Clairaut ?

7. Comment trouver une équation du plan tangent à chacun des types de surface ?
  a) Une représentation graphique d'une fonction de deux variables $z = f(x, y)$.
  b) Une surface de niveau d'une fonction de trois variables $F(x, y, z) = k$.
  c) Une surface décrite paramétriquement par une fonction vectorielle $\vec{r}(u, v)$.

8. Qu'est-ce que la linéarisation de f en (a, b) ? Quelle est l'approximation affine correspondante ? Quelle est l'interprétation géométrique de l'approximation affine ?

9. a) Qu'entend-on par f est différentiable en (a, b) ?
  b) Comment vérifie-t-on habituellement que f est différentiable ?

10. Que sont les différentielles dx, dy et dz pour $z = f(x, y)$?

11. Énoncez la Règle de dérivation des fonctions composées dans le cas où $z = f(x, y)$ et x et y sont des fonctions d'une seule variable. Et si x et y sont des fonctions de deux variables ?

12. Si c'est par une équation implicite de la forme $F(x, y, z) = 0$ que z est définie comme une fonction de x et y, comment calculez-vous $\partial z/\partial x$ et $\partial z/\partial y$?

13. a) Écrivez l'expression en termes de limite de la dérivée de f en (x_0, y_0) dans la direction du vecteur unité $\vec{u} = (a, b)$. Quelle en est l'interprétation en tant que taux de variation ? Quelle en est l'interprétation géométrique ?
  b) Dans le cas où f est différentiable, écrivez une expression de $f_{\vec{u}}'(x_0, y_0)$ en termes de f_x' et f_y'.

14. a) Définissez le vecteur gradient ∇f d'une fonction f de deux ou de trois variables.
  b) Exprimez $f_{\vec{u}}'$ en fonction de ∇f.
  c) Quelle est la signification géométrique du gradient ?

15. Expliquez les énoncés suivants :
  a) f a un maximum local en (a, b).
  b) f a un maximum absolu en (a, b).
  c) f a un minimum local en (a, b).
  d) f a un minimum absolu en (a, b).
  e) f a un point-selle en (a, b).

16. a) Si en (a, b) f présente un maximum local, que pouvez-vous dire de ses dérivées partielles en (a, b) ?
  b) Qu'est-ce qu'un point critique de f ?

17. Énoncez le Test de la dérivée seconde.

18. a) Qu'est-ce qu'un ensemble fermé de $\mathbb{R}^2$? Qu'est-ce qu'un ensemble borné ?
  b) Énoncez le Théorème des valeurs extrêmes pour les fonctions de deux variables ?
  c) Comment repère-t-on les valeurs dont le Théorème des valeurs extrêmes garantit l'existence ?

19. Expliquez comment fonctionne la méthode des multiplicateurs de Lagrange pour trouver les valeurs extrêmes de $f(x, y, z)$ sous la contrainte $g(x, y, z) = k$. Et s'il y a une seconde contrainte $h(x, y, z) = c$?

VRAI-FAUX

Dites si la proposition est vraie ou fausse. Si elle est vraie, expliquez pourquoi. Si elle est fausse, expliquez pourquoi ou donnez un exemple qui contredit la proposition.

1. $f_y'(a, b) = \lim\limits_{y \to b} \dfrac{f(a, y) - f(a, b)}{y - b}$.

2. Il existe une fonction f qui a des dérivées secondes partielles continues et telle que $f_x'(x, y) = x + y^2$ et $f_y'(x, y) = x - y^2$.

3. $f_{xy}'' = \dfrac{\partial^2 f}{\partial x \partial y}$

4. $f_k'(x, y, z) = f_z'(x, y, z)$

5. Lorsque $f(x, y) \to L$ pour $(x, y) \to (a, b)$ le long de toutes les droites passant par (a, b), alors $\lim\limits_{(x, y) \to (a, b)} f(x, y) = L$.

6. f est différentiable en (a, b) dès que $f_x'(a, b)$ et $f_y'(a, b)$ existent toutes les deux.

7. Si f admet un minimum local en (a, b) et si f est différentiable en (a, b), alors $\nabla f(a, b) = \vec{0}$.

8. Pour une fonction f quelconque, $\lim\limits_{(x, y) \to (2, 5)} f(x, y) = f(2, 5)$.

9. Si $f(x, y) = \ln y$, alors $\nabla f(x, y) = 1/y$.

10. Le point $(2, 1)$ est un point-selle de f si $(2, 1)$ est un point critique et si

$$f_{xx}''(2, 1) f_{yy}''(2, 1) < [f_{xy}''(2, 1)]^2$$

11. Si $f(x, y) = \sin x + \sin y$, alors $-\sqrt{2} \leqslant f_{\vec{u}}'(x, y) \leqslant \sqrt{2}$.

12. Si $f(x, y)$ admet deux maxima locaux, alors f admet aussi un minimum local.

EXERCICES

1–2 ■ Déterminez et tracez le domaine de définition de la fonction.

1. $f(x, y) = \ln(x + y + 1)$

2. $f(x, y) = \sqrt{4 - x^2 - y^2} + \sqrt{1 - x^2}$

3–4 ■ Représentez graphiquement la fonction.

3. $f(x, y) = 1 - y^2$ **4.** $f(x, y) = x^2 + (y - 2)^2$

5–6 ■ Tracez quelques courbes de niveau de la fonction.

5. $f(x, y) = \sqrt{4x^2 + y^2}$ **6.** $f(x, y) = e^x + y$

7. Faites une rapide esquisse des courbes de niveau de la fonction dont voici le graphique.

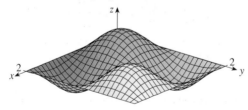

8. Voici un diagramme de courbes de niveau d'une fonction f. Faites un rapide dessin du graphique de la fonction.

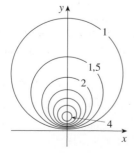

9–10 ■ Calculez la limite ou montrez qu'elle n'existe pas.

9. $\lim\limits_{(x, y) \to (1, 1)} \dfrac{2xy}{x^2 + 2y^2}$ **10.** $\lim\limits_{(x, y) \to (0, 0)} \dfrac{2xy}{x^2 + 2y^2}$

11. Une plaque métallique, située dans le plan Oxy, occupe le rectangle $0 \leqslant x \leqslant 10$, $0 \leqslant y \leqslant 8$, où x et y sont mesurés en mètres. La température au point (x, y), mesurée en degrés Celsius, est désignée par $T(x, y)$. Les températures en des points régulièrement espacés ont été mesurées et rassemblées dans la table.

a) Estimez les valeurs des dérivées partielles $T_x'(6, 4)$ et $T_y'(6, 4)$. En quelles unités s'expriment-elles ?

b) Estimez la valeur de $T_{\vec{u}}'(6, 4)$, où $\vec{u} = (\vec{i} + \vec{j})/\sqrt{2}$. Interprétez votre résultat.

c) Estimez la valeur de $T_{xy}''(6, 4)$.

x \ y	0	2	4	6	8
0	30	38	45	51	55
2	52	56	60	62	61
4	78	74	72	68	66
6	98	87	80	75	71
8	96	90	86	80	75
10	92	92	91	87	78

12. Écrivez une approximation linéaire de la fonction température $T(x, y)$ de l'exercice 11 à proximité du point $(6, 4)$. Quelle valeur approchée de la température fournit-elle au point $(5 ; 3,8)$?

13–17 ■ Calculez l'expression des dérivées partielles premières.

13. $f(x, y) = \sqrt{2x + y^2}$ **14.** $u = e^{-r} \sin 2\theta$

15. $g(u, v) = u \operatorname{Arctg} v$ **16.** $w = \dfrac{x}{y - z}$

17. $T(p, q, r) = p \ln(q + e^r)$

18. Le son se propage dans l'eau de mer à une vitesse qui dépend de la température, de la teneur en sel et de la pression. Cette vitesse a été modélisée par la fonction

$$C = 1\ 449{,}2 + 4{,}6T - 0{,}055T^2 + 0{,}00029T^3$$
$$+ (1{,}34 - 0{,}01T)(S - 35) + 0{,}016D$$

où C est exprimée en mètres par seconde, où T désigne la température en degrés Celsius, S la teneur en sel (la concentration en sel s'exprime en parts par millième ou nombre de grammes de solide dissout par 1 000 g d'eau) et où D est la profondeur par rapport à la surface de la mer (en mètres). Calculez $\partial C/\partial T$, $\partial C/\partial S$ et $\partial C/\partial D$ quand $T = 10\ ^\circ\text{C}$, $S = 35$ parts par millième et $D = 100$ m. Expliquez la signification de ces différentes dérivées partielles.

19–22 ■ Calculez l'expression de toutes les dérivées partielles secondes de f.

19. $f(x, y) = 4x^3 - xy^2$ **20.** $z = xe^{-2y}$

21. $f(x, y, z) = x^k y^l z^m$ **22.** $v = r \cos(s + 2t)$

23. Démontrez que $x \dfrac{\partial z}{\partial x} + y \dfrac{\partial z}{\partial y} = xy + z$, si $z = xy + xe^{y/x}$.

24. Démontrez que

$$\frac{\partial z}{\partial x} \frac{\partial^2 z}{\partial x \partial t} = \frac{\partial z}{\partial t} \frac{\partial^2 z}{\partial x^2}$$

si $z = \sin(x + \sin t)$.

25–29 ■ Écrivez une équation a) du plan tangent et b) de la normale à la surface donnée au point spécifié.

25. $z = 3x^2 - y^2 + 2x$, $(1, -2, 1)$

26. $z = e^x \cos y$, $(0, 0, 1)$

27. $x^2 + 2y^2 - 3z^2 = 3$, $(2, -1, 1)$

28. $xy + yz + zx = 3$, $(1, 1, 1)$

29. $\vec{r}(u, v) = (u + v)\vec{i} + u^2 \vec{j} + v^2 \vec{k}$, $(3, 4, 1)$

30. À l'aide d'un ordinateur, dessinez la surface $z = x^2 + y^4$, son plan tangent et la droite normale en $(1, 1, 2)$ dans un même écran. Choisissez convenablement le domaine de définition et le point de vue afin de bien voir les trois objets.

31. En quels points de l'hyperboloïde $x^2 + 4y^2 - z^2 = 4$ le plan tangent est-il parallèle au plan $2x + 2y + z = 5$.

32. Calculez l'expression de du si $u = \ln(1 + se^{2t})$.

33. Cherchez l'approximation linéaire de la fonction $f(x, y, z) = x^3 \sqrt{y^2 + z^2}$ au point $(2, 3, 4)$ et calculez la valeur approximative qu'elle donne du nombre $(1{,}98)^3 \sqrt{(3{,}01)^2 + (3{,}97)^2}$.

34. Les deux côtés de l'angle droit d'un triangle rectangle mesurent 5 m et 12 m respectivement à 0,2 cm près pour chacun. Grâce aux différentielles, estimez l'erreur maximale que cette imprécision dans la mesure peut entraîner a) sur l'aire du triangle et b) sur la longueur de l'hypoténuse.

35. Calculez, par la Règle de dérivation des fonctions composées, du/dp, si $u = x^2 y^3 + z^4$, $x = p + 3p^2$, $y = pe^p$ et $z = p \sin p$.

36. Calculez, par la Règle de dérivation des fonctions composées, $\partial v/\partial s$ et $\partial v/\partial t$ en $s = 0$ et $t = 1$, si $v = x^2 \sin y + ye^{xy}$, $x = s + 2t$ et $y = st$.

37. On suppose que $z = f(x, y)$, $x = g(s, t)$, $y = h(s, t)$, $g(1, 2) = 3$, $g'_s(1, 2) = -1$, $g'_t(1, 2) = 4$, $h(1, 2) = 6$, $h'_s(1, 2) = -5$, $h'_t(1, 2) = 10$, $f'_x(3, 6) = 7$ et $f'_y(3, 6) = 8$. Calculez $\partial z/\partial s$ et $\partial z/\partial t$ quand $s = 1$ et $t = 2$.

38. Aidez-vous d'un diagramme en arbre pour écrire les formules des dérivées des fonctions composées dans le cas où $w = f(t, u, v)$, $t = t(p, q, r, s)$, $u = u(p, q, r, s)$, $v = v(p, q, r, s)$ sont toutes des fonctions différentiables.

39. Démontrez que

$$y \frac{\partial z}{\partial x} + x \frac{\partial z}{\partial y} = x$$

si $z = y + f(x^2 - y^2)$.

40. La longueur x d'un côté d'un triangle augmente à raison de 3 cm/s, la longueur y d'un autre côté diminue de 2 cm/s et l'angle θ que ces côtés font entre eux s'ouvre de 0,05 rad/s. À quelle vitesse varie l'aire du triangle quand $x = 40$ cm, $y = 50$ cm et $\theta = \pi/6$?

41. Démontrez que

$$x^2 \frac{\partial^2 z}{\partial x^2} - y^2 \frac{\partial^2 z}{\partial y^2} = -4uv \frac{\partial^2 z}{\partial u \partial v} + 2v \frac{\partial z}{\partial v},$$

si $z = f(u, v)$, avec $u = xy$, $v = y/x$ et si f a des dérivées secondes partielles continues.

42. Calculez $\dfrac{\partial z}{\partial x}$ et $\dfrac{\partial z}{\partial y}$, si $yz^4 + x^2 z^3 = e^{xyz}$.

43. Quel est le gradient de la fonction $f(x, y, z) = z^2 e^{x\sqrt{y}}$?

44. a) Quand la dérivée de f dans une direction est-elle maximale ?
   b) Quand est-elle minimale ?
   c) Quand est-elle nulle ?
   d) Quand vaut-elle la moitié de sa valeur maximale ?

45–46 ■ Déterminez la dérivée de f au point donné dans la direction indiquée.

45. $f(x, y) = 2\sqrt{x} - y^2$, $(1, 5)$, dans la direction du point $(4, 1)$.

46. $f(x, y, z) = x^2 y + x\sqrt{1 + z}$, $(1, 2, 3)$, dans la direction de $\vec{v} = 2\vec{i} + \vec{j} - 2\vec{k}$.

47. Déterminez le taux maximal de variation de $f(x, y) = x^2 y + \sqrt{y}$ au point $(2, 1)$. Dans quelle direction se produit-il ?

48. Dans quelle direction $f(x, y, z) = z e^{xy}$ croît-elle le plus vite au point $(0, 1, 2)$. Que vaut cette vitesse maximale d'accroissement ?

49. La figure montre les courbes de niveau de la vitesse du vent (en nœuds) pendant l'ouragan Andrew, le 24 août 1992. Grâce à cette carte, estimez la valeur de la dérivée de la vitesse du vent à Homestead, Floride, dans la direction du centre de l'ouragan.

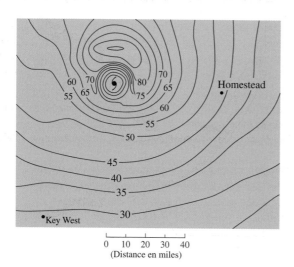

(Distance en miles)

50. Déterminez des équations paramétriques de la droite tangente au point $(-2, 2, 4)$ à la courbe d'intersection de la surface $z = 2x^2 - y^2$ avec le plan $z = 4$.

51–54 ■ Localisez les valeurs maximales et minimales ainsi que les points-selles de la fonction. Si vous disposez d'un grapheur à trois dimensions, dessinez le graphique de la fonction sur un domaine et sous un angle de vue qui fassent apparaître tous les faits marquants de la fonction.

51. $f(x, y) = x^2 - xy + y^2 + 9x - 6y + 10$

52. $f(x, y) = x^3 - 6xy + 8y^3$

53. $f(x, y) = 3xy - x^2 y - xy^2$

54. $f(x, y) = (x^2 + y)e^{y/2}$

55–56 ■ Déterminez les valeurs maximale et minimale absolues de f sur l'ensemble D.

55. $f(x, y) = 4xy^2 - x^2 y^2 - xy^3$; D est la région triangulaire fermée du plan Oxy de sommets $(0, 0)$, $(0, 6)$ et $(6, 0)$.

56. $f(x, y) = e^{-x^2 - y^2}(x^2 + 2y^2)$; D est le disque $x^2 + y^2 \le 4$.

57. Utilisez un graphique et/ou un diagramme de courbes de niveau pour estimer les valeurs maximales et minimales ainsi que les points-selles de $f(x, y) = x^3 - 3x + y^4 - 2y^2$. Ensuite, calculez ces valeurs avec précision à l'aide des outils du calcul différentiel.

58. Servez-vous d'un outil graphique (ou de la méthode de Newton ou d'un logiciel de calcul des racines) pour déterminer les points critiques de $f(x, y) = 12 + 10y - 2x^2 - 8xy - y^4$ avec une précision de 3 décimales. Ensuite, reconnaissez de quelle nature sont ces points critiques et déterminez le point le plus haut du graphique.

59–62 ■ Déterminez par la méthode des multiplicateurs de Lagrange les valeurs extrêmes de f sous la (ou les) contrainte(s).

59. $f(x, y) = x^2 y$; $x^2 + y^2 = 1$

60. $f(x, y) = \dfrac{1}{x} + \dfrac{1}{y}$; $\dfrac{1}{x^2} + \dfrac{1}{y^2} = 1$

61. $f(x, y, z) = xyz$; $x^2 + y^2 + z^2 = 3$

62. $f(x, y, z) = x^2 + 2y^2 + 3z^2$; $x + y + z = 1$, $x - y + 2z = 2$

63. Quels sont les points de la surface $xy^2 z^3 = 2$ les plus proches de l'origine ?

64. Seuls sont admis comme colis postaux les colis de forme rectangulaire dont la somme de la longueur et du périmètre d'une section perpendiculaire à la longueur ne dépasse pas 2 m. Déterminez les dimensions du colis de volume maximum qui soit admis comme colis postal.

65. On construit un pentagone en plaçant un triangle isocèle sur un rectangle, comme le montre la figure. Si le périmètre P du pentagone est fixé, déterminez les longueurs des côtés du pentagone qui maximise son aire.

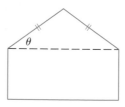

66. Un point matériel de masse m se meut sur la surface $z = f(x, y)$. Soit $x = x(t)$, $y = y(t)$ les coordonnées du point au moment t.
a) Calculez le vecteur vitesse $\vec{v}$ et l'énergie cinétique $K = \frac{1}{2} m \|\vec{v}\|^2$ du point matériel.
b) Déterminez le vecteur accélération $\vec{a}$.
c) Soit $z = x^2 + y^2$ et $x(t) = t \cos t$, $y(t) = t \sin t$. Déterminez le vecteur vitesse, l'énergie cinétique et le vecteur accélération.

1. Un rectangle de longueur L et de largeur l est découpé en quatre rectangles plus petits par deux droites parallèles aux côtés. Cherchez le maximum et le minimum de la somme des carrés des aires de ces plus petits rectangles.

2. Les biologistes de la mer ont remarqué que quand un requin détecte la présence de sang dans l'eau, il se met à nager vers là où la concentration de sang augmente le plus rapidement. Basée sur certains tests effectués en mer, la concentration de sang (en parts par million) en un point $P(x, y)$ sur la surface est approximée par

$$C(x, y) = e^{-(x^2 + 2y^2)/10^4},$$

où x et y sont mesurés en mètres dans un système de coordonnées rectangulaires dont la source du sang occupe l'origine.

a) Identifiez les courbes de niveau de la fonction concentration et dessinez quelques membres de cette famille ainsi qu'une trajectoire suivie par le requin en direction de la source.

b) On suppose qu'un requin est en (x_0, y_0) quand il détecte la présence de sang dans l'eau. Écrivez une équation de la trajectoire en établissant une équation différentielle et en la résolvant.

3. Un long morceau de métal galvanisé de w cm de large doit être plié de façon à former une gouttière. La figure 5 montre une section en forme de trapèze ouvert.

a) Déterminez les dimensions qui rendent le flux maximum ; c'est-à-dire qui maximise l'aire de la section.

b) Une section en forme de demi-cercle serait-elle meilleure qu'une section de forme trapézique ?

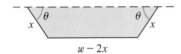

4. Pour quelles valeurs du nombre r, la fonction

$$f(x, y, z) = \begin{cases} \dfrac{(x + y + z)^r}{x^2 + y^2 + z^2} & \text{si} \quad (x, y, z) \neq 0 \\ 0 & \text{si} \quad (x, y, z) = 0 \end{cases}$$

est-elle continue sur $\mathbb{R}^3$?

5. On suppose que f est une fonction différentiable d'une variable. Démontrez que tous les plans tangents à la surface $z = xf(y/x)$ se coupent en un même point.

6. a) La méthode de Newton de calcul approché d'une racine d'une équation $f(x) = 0$ (voyez la section 4.8) peut être adaptée au calcul approché d'une solution d'un système d'équations $f(x, y) = 0$ et $g(x, y) = 0$. Les surfaces $z = f(x, y)$ et $z = g(x, y)$ se coupent selon une courbe qui perce le plan Oxy au point (r, s), solution du système. Si (x_1, y_1) est une première approximation, alors les plans tangents aux surfaces en (x_1, y_1) se coupent selon une droite qui perce le plan Oxy en un point (x_2, y_2), qui devrait être plus proche de (r, s) que la première approximation. (Comparez avec la figure 2 de la section 4.8.) Démontrez que

$$x_2 = x_1 - \frac{fg_y' - f_y'g}{f_x' g_y' - f_y'g_x'} \quad \text{et} \quad y_2 = y_1 - \frac{f_x'g - fg_x'}{f_x'g_y' - f_y'g_x'}$$

où f, g et leurs dérivées partielles sont calculées en (x_1, y_1). En itérant ces calculs, on obtient une suite d'approximations (x_n, y_n).

b) C'est Thomas Simpson (1710-1761) qui formula la méthode de Newton telle que nous la connaissons aujourd'hui et qui l'étendit aux fonctions de deux variables comme expliqué dans la partie a). (Voyez la biographie de Simpson à la page 419.) L'exemple qu'il donna pour illustrer la méthode consistait à résoudre le système d'équations

$$x^x + y^y = 1\,000 \quad x^y + y^x = 100.$$

Ce qui revient à trouver les points d'intersection des courbes de la figure. Servez-vous de la méthode de Newton étendue pour calculer, avec une précision de 6 décimales, les coordonnées des points d'intersection.

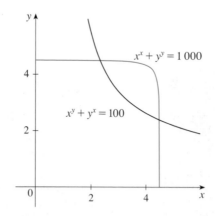

7. a) Démontrez que l'équation de Laplace

$$\frac{\partial^2 u}{\partial x^2} + \frac{\partial^2 u}{\partial y^2} + \frac{\partial^2 u}{\partial z^2} = 0$$

s'écrit en coordonnées cylindriques

$$\frac{\partial^2 u}{\partial r^2} + \frac{1}{r}\frac{\partial u}{\partial r} + \frac{1}{r^2}\frac{\partial^2 u}{\partial \theta^2} + \frac{\partial^2 u}{\partial z^2} = 0.$$

b) Et en coordonnées sphériques

$$\frac{\partial^2 u}{\partial \rho^2} + \frac{2}{\rho}\frac{\partial u}{\partial \rho} + \frac{\cot g\,\phi}{\rho^2}\frac{\partial u}{\partial \phi} + \frac{1}{\rho^2}\frac{\partial^2 u}{\partial \phi^2} + \frac{1}{\rho^2 \sin^2 \phi}\frac{\partial^2 u}{\partial \theta^2} = 0$$

8. Parmi tous les plans qui sont tangents à la surface $xy^2z^2 = 1$, lesquels sont les plus éloignés de l'origine ?

9. Comment choisir les valeurs de a et b pour que l'ellipse $x^2/a^2 + y^2/b^2 = 1$ enferme le cercle $x^2 + y^2 = 2y$ et ait l'aire la plus petite possible ?

Les intégrales
multiples

Nous allons, dans ce chapitre, étendre la notion d'intégrale définie aux intégrales doubles et triples des fonctions de deux et trois variables. Ces notions sont ensuite exploitées pour calculer des volumes, des aires de surfaces, des masses et des centres de gravité de régions plus générales que celles que nous avons pu envisager au chapitre 6. Enfin, les intégrales doubles servent encore à calculer des probabilités dans le cas où deux variables aléatoires sont en jeu.

12.1 Les intégrales doubles sur des rectangles

De la même façon qu'en essayant de résoudre un problème d'aire, nous avons été conduit à l'intégrale définie, nous cherchons ici à résoudre un problème de volume qui va nous conduire à la définition de l'intégrale double.

■ Révision de l'intégrale définie

Rappelons d'abord les éléments de base à propos des intégrales définies des fonctions d'une seule variable. Pour $f(x)$ définie sur l'intervalle $[a, b]$, on commence par subdiviser l'intervalle en n sous-intervalles $[x_{i-1}, x_i]$ de même longueur $\Delta x = (b-a)/n$ et on choisit des points x_i^* dans ces sous-intervalles. Ensuite, on construit la somme de Riemann

$$\boxed{1} \qquad \sum_{i=1}^{n} f(x_i^*)\,\Delta x$$

et on en prend la limite lorsque n tend vers l'infini pour arriver à l'intégrale définie de f depuis a jusqu'à b :

$$\boxed{2} \qquad \int_a^b f(x)\,dx = \lim_{n \to \infty} \sum_{i=1}^{n} f(x_i^*)\,\Delta x.$$

Dans le cas particulier où $f(x) \geqslant 0$, la somme de Riemann peut être interprétée comme la somme des aires des rectangles d'approximation de la figure 1, et $\int_a^b f(x)\,dx$ représente l'aire sous la courbe $y = f(x)$ depuis a jusqu'à b.

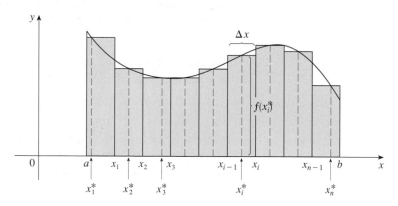

FIGURE 1

■ Des volumes et des intégrales doubles

Pareillement, on considère une fonction de deux variables définie sur un rectangle fermé

$$R = [a, b] \times [c, d] = \{(x, y) \in \mathbb{R}^2 \mid a \leqslant x \leqslant b, c \leqslant y \leqslant d\}$$

et on suppose que $f(x, y) \geqslant 0$. La représentation graphique de f est une surface d'équation $z = f(x, y)$. Soit S le solide dressé sur R et coiffé par le graphique de f, c'est-à-dire,

$$S = \{(x, y, z) \in \mathbb{R}^3 \mid 0 \leqslant z \leqslant f(x, y), (x, y) \in R\}.$$

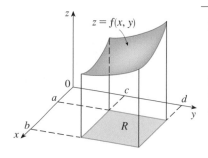

FIGURE 2

(Voyez la figure 2.) L'objectif est de calculer le volume de S.

La première étape consiste à diviser le rectangle R en sous-rectangles. Pour cela, on divise l'intervalle $[a, b]$ en m sous-intervalles $[x_{i-1}, x_i]$ d'égale longueur $\Delta x = (b-a)/m$ et l'intervalle $[c, d]$ en n sous-intervalles $[y_{j-1}, y_i]$ d'égale longueur $\Delta y = (d-c)/n$. Les sous-rectangles de la figure 3 apparaissent dès qu'on trace des parallèles aux axes par les points de subdivision de chacun des intervalles.

$$R_{ij} = [x_{i-1}, x_i] \times [y_{j-1}, y_j] = \{(x, y) \mid x_{i-1} \leqslant x \leqslant x_i, \, y_{j-1} \leqslant y \leqslant y_j\}$$

Leur aire vaut $\Delta x \, \Delta y$.

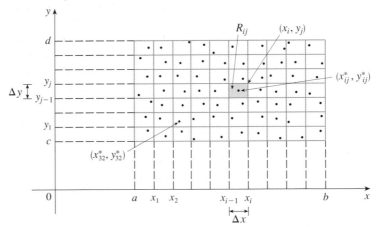

FIGURE 3
Division de R en sous-rectangles.

Si (x_{ij}^*, y_{ij}^*) désigne le **point choisi arbitrairement** dans chaque R_{ij}, alors la portion de S qui se dresse sur chaque R_{ij} n'est pas loin d'avoir le même volume que le parallélépipède (la « colonne ») de base R_{ij} et de hauteur $f(x_{ij}^*, y_{ij}^*)$, comme le montre la figure 4. (Comparez avec la figure 1.) Le volume de ce parallélépipède est égal au produit de la hauteur par l'aire du rectangle de base :

$$f(x_{ij}^*, y_{ij}^*) \, \Delta A.$$

En tenant compte de cette façon de chaque sous-rectangle et en additionnant les volumes des « colonnes » correspondantes, on obtient une valeur approchée du volume total de S :

$$\boxed{3} \qquad V \approx \sum_{i=1}^{m} \sum_{j=1}^{n} f(x_{ij}^*, y_{ij}^*) \, \Delta A$$

(Voyez la figure 5.) Cette double somme signifie que f est calculée en chaque point choisi arbitrairement, que cette valeur est ensuite multipliée par l'aire du sous-rectangle et qu'enfin ces produits sont additionnés.

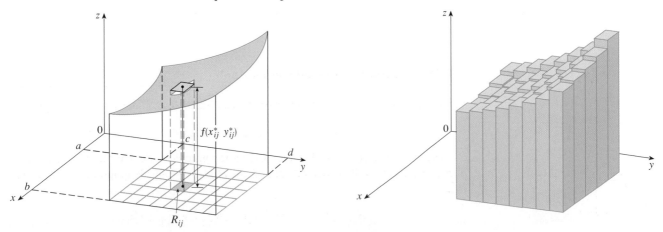

FIGURE 4

FIGURE 5

■ ■ La double limite de l'équation 4 signifie que la double somme peut être rendue aussi proche du nombre V que l'on veut [quel que soit le choix de (x_{ij}^*, y_{ij}^*) dans R_{ij}] à condition de prendre n et m suffisamment grands.

Intuitivement, il semble évident que plus m et n sont grands, meilleure est l'approximation donnée par (3) et donc nous pouvons nous attendre à ce que

$$\boxed{4} \qquad V = \lim_{m, n \to \infty} \sum_{i=1}^{m} \sum_{j=1}^{n} f(x_{ij}^*, y_{ij}^*) \, \Delta A.$$

L'expression 4 sert de définition du **volume** du solide S situé sous le graphique de f et reposant sur le rectangle R. (Il est possible de montrer que cette définition est cohérente avec notre formule du volume dans la section 6.2.)

Des limites comme celles de l'équation 4 se présentent fréquemment, pas seulement lorsqu'il s'agit de calculer des volumes, mais dans toutes sortes d'autres situations — ainsi que nous le verrons dans la section 12.5 — même quand f n'est pas une fonction positive. Aussi, nous adoptons la définition suivante.

■ ■ La similitude entre la définition 5 et la définition de l'intégrale simple de l'équation 2 est remarquable.

$\boxed{5}$ **Définition** L'**intégrale double** de f sur le rectangle R est

$$\iint\limits_{R} f(x, y) \, dA = \lim_{m, n \to \infty} \sum_{i=1}^{m} \sum_{j=1}^{n} f(x_{ij}^*, y_{ij}^*) \, \Delta A$$

pourvu que cette limite existe.

Il est démontré que la limite dont il est question dans la définition 5 existe pour toutes les fonctions continues. (Elle existe même pour certaines fonctions discontinues tant qu'elles se comportent « raisonnablement ».)

Le point (x_{ij}^*, y_{ij}^*) au choix peut être n'importe quel point du rectangle R_{ij}, mais l'expression de l'intégrale double a l'air plus simple si ce point est le coin supérieur droit du sous-rectangle (autrement dit $(x_{ij}^*, y_{ij}^*) = (x_i, y_j)$, voyez la figure 3] :

$$\boxed{6} \qquad \boxed{\iint\limits_{R} f(x, y) \, dA = \lim_{m, n \to \infty} \sum_{i=1}^{m} \sum_{j=1}^{n} f(x_i, y_j) \, \Delta A}$$

En comparant les définitions 4 et 5, on remarque qu'un volume peut être écrit comme une intégrale double :

Si $f(x, y) \geqslant 0$, alors le volume V du solide dressé sur le rectangle R et fermé par la surface $z = f(x, y)$ est égal à

$$V = \iint\limits_{R} f(x, y) \, dA$$

La somme de la définition 5

$$\sum_{i=1}^{m} \sum_{j=1}^{n} f(x_{ij}^*, y_{ij}^*) \, \Delta A$$

s'appelle une **double somme de Riemann** et sert de valeur approchée de l'intégrale double. [Notez la similitude avec la somme de Riemann de (1) pour une fonction d'une seule variable.] Au cas où f est *positive*, alors la double somme de Riemann représente la somme des volumes des colonnes, comme dans la figure 5, et peut être vue comme une approximation du volume sous le graphique de f.

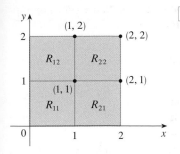

FIGURE 6

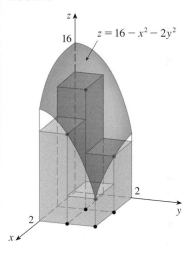

FIGURE 7

EXEMPLE 1 Évaluez le volume du solide qui repose sur le carré $R = [0, 2] \times [0, 2]$ et fermé par la surface du paraboloïde elliptique $z = 16 - x^2 - 2y^2$. Divisez R en quatre carrés égaux et prenez le coin supérieur droit comme point au choix dans chaque carré R_{ij}. Faites un croquis du solide et des parallélépipèdes rectangles d'approximation.

SOLUTION La figure 6 montre les carrés. Le paraboloïde est le graphique de $f(x, y) = 16 - x^2 - 2y^2$ et chaque carré mesure 1 unité carrée. Le volume vaut approximativement la somme de Riemann avec $m = n = 2$:

$$V \approx \sum_{i=1}^{2} \sum_{j=1}^{2} f(x_i, y_i) \Delta A$$

$$= f(1, 1)\Delta A + f(1, 2)\Delta A + f(2, 1)\Delta A + f(2, 2)\Delta A$$

$$= 13(1) + 7(1) + 10(1) + 4(1) = 34.$$

C'est le volume total des parallélépipèdes rectangulaires d'approximation de la figure 7.

■ ■

La valeur approximative du volume de l'exemple 1 peut être améliorée si l'on augmente le nombre de carrés. La figure 8 montre comment progressivement, en considérant 16, 64 et 256 carrés, l'ensemble des colonnes commence à ressembler au solide réel et les approximations correspondantes à devenir plus précises. Dans la section suivante, on sera capable de montrer que le volume exact vaut 48 unités cubes.

FIGURE 8
Les approximations en forme de sommes de Riemann du volume sous $z = 16 - x^2 - 2y^2$ deviennent plus précises lorsque m et n augmentent.

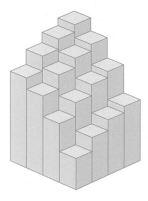
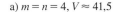
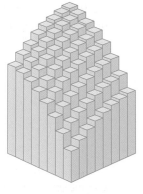
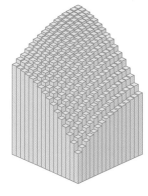

a) $m = n = 4$, $V \approx 41,5$ b) $m = n = 8$, $V \approx 44,875$ c) $m = n = 16$, $V \approx 46,46875$

EXEMPLE 2 Calculez l'intégrale

$$\iint_R \sqrt{1 - x^2} \, dA,$$

si $R = \{(x, y) \mid -1 \leqslant x \leqslant 1, -2 \leqslant y \leqslant 2\}$.

SOLUTION Il serait vraiment difficile de calculer cette intégrale à partir des sommes de Riemann de la définition 2, mais, vu que $\sqrt{1 - x^2} \geqslant 0$, on peut l'interpréter comme un volume et en calculer ainsi la valeur. Si $z = \sqrt{1 - x^2}$, alors $x^2 + z^2 = 1$ et $z \geqslant 0$. L'intégrale double représente donc le volume du solide situé sous le cylindre circulaire $x^2 + z^2 = 1$ et sur le rectangle R (voyez la figure 9). Le volume de S vaut le produit du demi-cercle de rayon 1 par la longueur du cylindre. D'où

$$\iint_R \sqrt{1 - x^2} \, dA = \tfrac{1}{2} \pi(1)^2 \times 4 = 2\pi.$$

■ ■

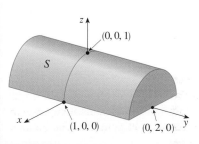

FIGURE 9

La Règle du point médian

Les méthodes de calcul approché des intégrales simples (la Méthode du point médian, la Méthode des trapèzes, la Méthode de Simpson) ont chacune leur homologue pour les intégrales doubles. Nous n'envisageons ici que la Méthode du point médian pour les intégrales doubles. Cela signifie que, pour approcher l'intégrale double, nous construisons une double somme de Riemann sur les points aux choix $(x_{ij}^*, y_{ij}^*) = (\bar{x}_i, \bar{y}_j)$ de R_{ij}. En d'autres termes, $\bar{x}_i$ est le point médian de $[x_{i-1}, x_i]$ et $\bar{y}_j$ le point médian de $[y_{j-1}, y_j]$.

> **Méthode du point médian pour les intégrales doubles**
>
> $$\iint_R f(x, y)\, dA \approx \sum_{i=1}^{m} \sum_{j=1}^{n} f(\bar{x}_i, \bar{y}_j)\, \Delta A.$$
>
> où $\bar{x}_i$ est le point médian de $[x_{i-1}, x_i]$ et $\bar{y}_j$ le point médian de $[y_{j-1}, y_j]$.

EXEMPLE 3 Calculez la valeur approchée de l'intégrale $\iint_R (x - 3y^2)\, dA$ où $R = \{(x, y) \mid 0 \leqslant x \leqslant 2,\ 1 \leqslant y \leqslant 2\}$ que fournit la Méthode du point médian avec $m = n = 2$.

SOLUTION Afin de mettre en œuvre la Méthode du point médian avec $m = n = 2$, on calcule $f(x, y) = x - 3y^2$ aux centres des quatre rectangles de la figure 10, $\bar{x}_1 = \frac{1}{2}$, $\bar{x}_2 = \frac{3}{2}$, $\bar{y}_1 = \frac{5}{4}$, $\bar{y}_2 = \frac{7}{4}$. Chaque sous-rectangle mesure $\Delta A = \frac{1}{2}$. D'où,

$$\iint_R (x - 3y^2)\, dA \approx \sum_{i=1}^{2} \sum_{j=1}^{2} f(\bar{x}_i, \bar{y}_j)\, \Delta A$$

$$= f(\bar{x}_1, \bar{y}_1)\, \Delta A + f(\bar{x}_1, \bar{y}_2)\, \Delta A + f(\bar{x}_2, \bar{y}_1)\, \Delta A + f(\bar{x}_2, \bar{y}_2)\, \Delta A$$

$$= f(\tfrac{1}{2}, \tfrac{5}{4})\, \Delta A + f(\tfrac{1}{2}, \tfrac{7}{4})\, \Delta A + f(\tfrac{3}{2}, \tfrac{5}{4})\, \Delta A + f(\tfrac{3}{2}, \tfrac{7}{4})\, \Delta A$$

$$= (-\tfrac{67}{16})\tfrac{1}{2} + (-\tfrac{139}{16})\tfrac{1}{2} + (-\tfrac{51}{16})\tfrac{1}{2} + (-\tfrac{123}{16})\tfrac{1}{2}$$

$$= -\tfrac{95}{8} = -11{,}875.$$

Finalement,

$$\iint_R (x - 3y^2)\, dA \approx -11{,}875.$$

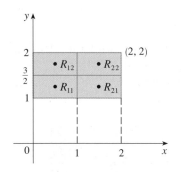

FIGURE 10

REMARQUE ◦ Nous allons développer une méthode efficace de calcul des intégrales doubles dans la section suivante et obtenir ainsi la valeur exacte de l'intégrale de l'exemple 3 qui est -12. (Rappelez-vous que l'interprétation d'une intégrale double comme un volume n'est valable que si l'intégrande f est une fonction *positive*. Comme l'intégrande de l'exemple 3 n'est pas une fonction positive, son intégrale ne représente pas un volume. Dans les exemples 2 et 3 de la section 12.2, nous étudierons comment interpréter des intégrales de fonctions qui ne sont pas toujours positives en termes de volumes.) En découpant plusieurs fois chaque sous-rectangle de la figure 10 en quatre plus petits de même forme, on obtient les approximations fournies par la Méthode du point médian qui sont rassemblées dans le tableau de la marge. Vous observez immédiatement la convergence de ces valeurs vers la valeur exacte annoncée de l'intégrale double, -12.

Nombre de sous-rectangles	Approximations selon la Méthode du point médian
1	$-11{,}5000$
4	$-11{,}8750$
16	$-11{,}9687$
64	$-11{,}9922$
256	$-11{,}9980$
1 024	$-11{,}9995$

La valeur moyenne

Il est bon de rappeler la valeur moyenne d'une fonction f d'une variable définie sur un intervalle $[a, b]$, telle qu'elle a été définie à la section 6.4 :

$$f_{\text{moy}} = \frac{1}{b - a} \int_a^b f(x)\, dx.$$

De façon semblable, on définit la **valeur moyenne** d'une fonction f de deux variables définie sur un rectangle R :

$$f_{\text{moy}} = \frac{1}{A(R)} \iint\limits_R f(x, y) \, dA,$$

où $A(R)$ est l'aire de R.

Dans le cas où $f(x, y) \geqslant 0$, l'équation

$$A(R) \times f_{\text{moy}} = \iint\limits_R f(x, y) \, dA,$$

dit que le parallélépipède de base R et de hauteur f_{moy} a le même volume que le solide sous le graphique de f. [Si $z = f(x, y)$ décrit le relief d'une région montagneuse et si vous rasez tout ce qui dépasse le niveau f_{moy}, vous aurez juste de quoi remplir les vallées pour que la région devienne plate. Voyez la figure 11.]

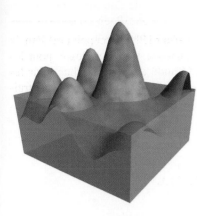

FIGURE 11

EXEMPLE 4 Le diagramme de courbes de niveau de la figure 12 se rapporte à l'état d'enneigement (en pouces) du Colorado le 24 décembre 1982. (Le Colorado a la forme d'un rectangle qui mesure 388 miles d'ouest en est et 276 miles du sud au nord.) Sur la base de ce diagramme, estimez la moyenne des chutes de neige sur l'ensemble du Colorado.

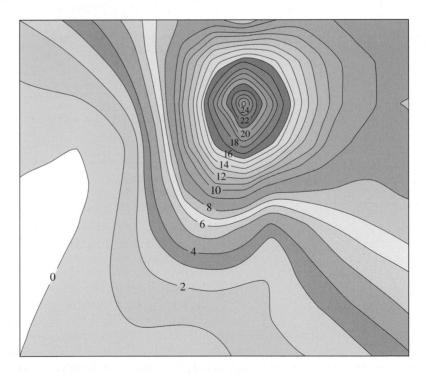

FIGURE 12

SOLUTION On place l'origine dans le coin sud-ouest du Colorado. Alors, $0 \leqslant x \leqslant 388$, $0 \leqslant y \leqslant 276$ et $f(x, y)$ représente la hauteur (en pouces) de neige tombée en un point situé à x miles vers l'est et y miles vers le nord de l'origine. Si R est le rectangle qui représente le Colorado, alors la moyenne des chutes de neige a été, le 24 décembre 1982,

$$f_{\text{moy}} = \frac{1}{A(R)} \iint\limits_R f(x, y) \, dA$$

où $A(R) = 388 \cdot 276$. Une valeur approchée de cette intégrale double s'obtient par la Méthode du point médian avec $m = n = 4$. On divise donc R en 16 sous-rectangles de même aire ; ce sont ceux de la figure 13. L'aire de chaque sous-rectangle est égale à

$$\Delta A = \tfrac{1}{16}(388)(276) = 6\ 693 \text{ mi}^2.$$

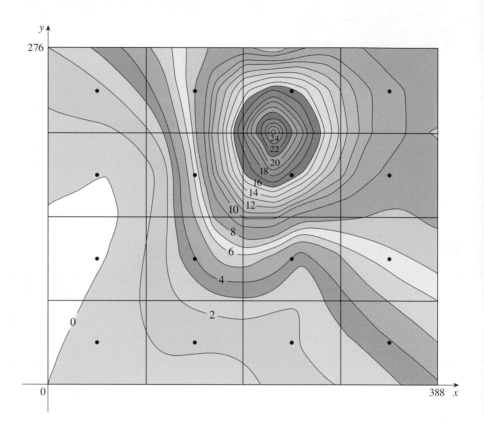

FIGURE 13

En lisant les valeurs de f au centre de chaque sous-rectangle sur la carte des courbes de niveau, on obtient

$$\iint\limits_{R} f(x, y)\, dA \approx \sum_{i=1}^{4} \sum_{j=1}^{4} f(\overline{x}_i, \overline{y}_j)\, \Delta A$$

$$\approx \Delta A[\, 0{,}4 + 1{,}2 + 1{,}8 + 3{,}9 + 0 + 3{,}9 + 4{,}0 + 6{,}5$$

$$+ 0{,}1 + 6{,}1 + 16{,}5 + 8{,}8 + 1{,}8 + 8{,}0 + 16{,}2 + 9{,}4\,]$$

$$= (6\ 693)(88{,}6).$$

Par conséquent, $\qquad\qquad f_{\text{moy}} \approx \dfrac{(6\ 693)(88{,}6)}{(388)(276)} \approx 5{,}5.$

Le 24 décembre 1982, il est tombé en moyenne 5,5 pouces de neige sur le Colorado. ■ ■

▪▪ Les propriétés de l'intégrale double

Nous énumérons ici trois propriétés des intégrales doubles qui peuvent être démontrées de la même manière que dans la section 5.2. On suppose que toutes les intégrales existent. Les propriétés 7 et 8 justifient l'attribut de *linéarité* de l'intégrale.

▪▪ Les intégrales doubles se comportent de cette façon parce que les doubles sommes qui les définissent se comportent de cette façon.

$$\boxed{7} \qquad \iint_R [f(x, y) + g(x, y)]\, dA = \iint_R f(x, y)\, dA + \iint_R g(x, y)\, dA$$

$$\boxed{8} \qquad \iint_R cf(x, y)\, dA = c \iint_R f(x, y)\, dA \ \text{ où } c \text{ est une constante.}$$

Si $f(x, y) \geqslant g(x, y)$ pour tout (x, y) de R, alors

$$\boxed{9} \qquad \iint_R f(x, y)\, dA \geqslant \iint_R g(x, y)\, dA$$

12.1 | Exercices

1. a) Calculez des approximations du volume du solide qui se trouve sous la surface $z = xy$ et sur le rectangle $R = \{(x, y) \mid 0 \leqslant x \leqslant 6, 0 \leqslant y \leqslant 4\}$. Servez-vous d'une somme de Riemann avec $m = 3$, $n = 2$ et prenez les points aux choix au coin supérieur droit de chaque sous-rectangle.

b) Appliquez la Méthode du point médian pour calculer approximativement le volume de la partie a).

2. Soit $R = [-1, 3] \times [0, 2]$. Utilisez une somme de Riemann avec $m = 4$, $n = 2$ pour estimer la valeur de $\iint_R (y^2 - 2x^2)\, dA$. Prenez les points au choix dans le coin supérieur gauche de chaque sous-rectangle.

3. a) Utilisez une somme de Riemann avec $m = n = 2$ pour calculer une valeur approximative de $\iint_R \sin(x + y)\, dA$ où $R = [0, \pi] \times [0, \pi]$. Prenez le point au choix dans le coin inférieur gauche de chaque sous-rectangle.

b) Quelle estimation obtenez-vous par la Méthode du point médian ?

4. a) Calculez le volume du solide situé sous la surface $z = x + 2y^2$ et sur le rectangle $R = [0, 2] \times [0, 4]$. Utilisez une somme de Riemann avec $m = n = 2$. Prenez les points aux choix aux coins inférieurs droits des sous-rectangles.

b) Quelle estimation obtenez-vous par la Méthode du point médian ?

5. Voici une table de valeurs prises par une fonction $f(x, y)$ définie sur $R = [1, 3] \times [0, 4]$.

a) Estimez $\iint_R f(x, y)\, dA$ par la Méthode du point médian avec $m = n = 2$.

b) Estimez l'intégrale double avec $m = n = 4$ en prenant les points les plus éloignés de l'origine comme points aux choix.

y \ x	0	1	2	3	4
1	2	0	−3	−6	−5
1,5	3	1	−4	−8	−6
2	4	3	0	−5	−8
2,5	5	5	3	−1	−4
3	7	8	6	3	0

6. Une piscine de 20 m sur 30 m est remplie d'eau. La profondeur est mesurée tous les 5 m à partir d'un coin de la piscine et reportée dans la table. Estimez le volume d'eau.

	0	5	10	15	20	25	30
0	2	3	4	6	7	8	8
5	2	3	4	7	8	10	8
10	2	4	6	8	10	12	10
15	2	3	4	5	6	8	7
20	2	2	2	2	3	4	4

7. Soit V le volume du solide situé sous le graphique de $f(x, y) = \sqrt{52 - x^2 - y^2}$ et sur le rectangle construit sur les segments $[2, 4]$ et $[2, 6]$. Le rectangle R est divisé en sous-rectangles par les droites $x = 3$ et $y = 4$. Soit L et U les sommes de Riemann calculées sur les coins inférieurs gauches et les coins supérieurs droits respectivement. Sans calculer les nombres V, L et U, ordonnez-les de façon croissante et expliquez votre raisonnement.

8. La figure montre des courbes de niveau d'une fonction f dans le carré $R = [0, 2] \times [0, 2]$. Utilisez cette figure pour estimer $\iint_R f(x, y)\, dA$. Comment pouvez-vous améliorer votre estimation ?

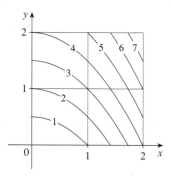

9. Voici une carte de courbes de niveau d'une fonction f sur le carré $R = [0, 4] \times [0, 4]$.
  a) À l'aide de la Méthode du point médian avec $m = n = 2$, estimez la valeur de $\iint_R f(x, y)\, dA$.
  b) Calculez la valeur moyenne de f.

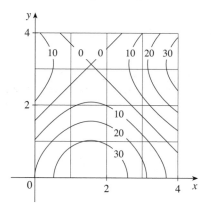

10. Le diagramme de courbes de niveau se rapporte aux températures, en degrés Fahrenheit, à 15 h, le premier mai 1996 au Colorado. (Le Colorado mesure 388 miles d'est en ouest et 276 miles du nord au sud.) Calculez la température moyenne à ce moment au Colorado par la méthode du point médian avec $m = n = 4$.

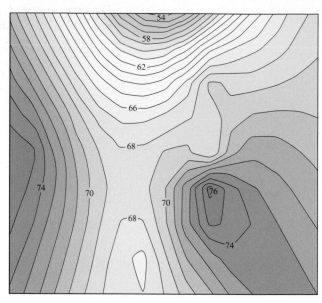

11–13 ■ Calculez l'intégrale double en l'interprétant comme le volume d'un solide.

11. $\iint_R 3\, dA$, $R = \{(x, y) \mid -2 \leqslant x \leqslant 2,\ 1 \leqslant y \leqslant 6\}$

12. $\iint_R (5 - x)\, dA$, $R = \{(x, y) \mid 0 \leqslant x \leqslant 5,\ 0 \leqslant y \leqslant 3\}$

13. $\iint_R (4 - 2y)\, dA$, $R = [0, 1] \times [0, 1]$

14. L'intégrale $\iint_R \sqrt{9 - y^2}\, dA$, où $R = [0, 4] \times [0, 2]$, représente le volume d'un solide. Dessinez-le.

15. Estimez
$$\iint_R \sqrt{1 + xe^{-y}}\, dA\,,$$
où $R = [0, 1] \times [0, 1]$, à l'aide d'une calculatrice programmable ou d'un ordinateur (ou de la commande somme d'un logiciel de calcul formel). Utilisez la Méthode du point médian sur le carré initial divisé en 4, 16, 64, 256 et 1024 sous-carrés.

16. Répétez l'exercice 15 pour l'intégrale $\iint_R \sin(x + \sqrt{y})\, dA$.

17. Démontrez que $\iint_R k\, dA = k(b - a)(d - c)$ si f est une fonction constante $f(x, y) = k$ et $R = [a, b] \times [c, d]$.

18. Démontrez que $0 \leqslant \iint_R \sin(x + y)\, dA \leqslant 1$ si $R = [0, 1] \times [0, 1]$.

12.2 Les intégrales itérées

Le calcul des intégrales simples à partir de la définition était souvent difficile, mais le Théorème de calcul de l'intégrale définie (première partie du Théorème fondamental du calcul intégral) était venu pallier cette difficulté. Il n'est donc pas étonnant que le calcul de l'intégrale double à partir de sa description initiale soit encore plus difficile, mais nous allons justement voir dans cette section comment exprimer une intégrale double comme une intégrale itérée, de manière à ramener le calcul à celui de deux intégrales simples.

On suppose que f est une fonction de deux variables continues sur le rectangle $R = [a, b] \times [c, d]$. La notation $\int_c^d f(x, y)\, dy$ est choisie pour signifier que x est maintenue fixe et que $f(x, y)$ est intégrée par rapport à y depuis $y = c$ jusqu'à $y = d$. Ce procédé est appelé *intégration partielle par rapport à y*. (Notez la similitude avec la dérivation partielle.) Comme, à ce stade, $\int_c^d f(x, y)\, dy$ est un nombre qui dépend de la valeur de x, il définit une fonction de x :

$$A(x) = \int_c^d f(x, y)\, dy.$$

En intégrant maintenant la fonction A par rapport à x depuis $x = a$ jusqu'à $x = b$, on arrive à

1 $$\int_a^b A(x)\, dx = \int_a^b \left[\int_c^d f(x, y)\, dy \right] dx.$$

L'intégrale du membre de droite de l'équation 1 est appelée une **intégrale itérée**. Les crochets ne sont pas indispensables. Donc,

2 $$\int_a^b \int_c^d f(x, y)\, dy\, dx = \int_a^b \left[\int_c^d f(x, y)\, dy \right] dx$$

signifie qu'il faut d'abord intégrer par rapport à y depuis $y = c$ jusqu'à $y = d$, et ensuite par rapport à x depuis $x = a$ jusqu'à $x = b$.

De même, l'intégrale itérée

3 $$\int_c^d \int_a^b f(x, y)\, dx\, dy = \int_c^d \left[\int_a^b f(x, y)\, dx \right] dy$$

signifie qu'il faut d'abord intégrer par rapport à x (tenant y fixé) depuis $x = a$ jusqu'à $x = b$, et ensuite par rapport à y depuis $y = c$ jusqu'à $y = d$. Remarquez que, tant dans l'expression 2 que dans l'expression 3, on travaille *à partir de l'intérieur*.

EXEMPLE 1 Calculez les intégrales itérées

a) $\displaystyle \int_0^3 \int_1^2 x^2 y\, dy\, dx$ \qquad\qquad b) $\displaystyle \int_1^2 \int_0^3 x^2 y\, dx\, dy$.

SOLUTION

a) En considérant x comme une constante, on obtient

$$\int_1^2 x^2 y\, dy = \left[x^2 \frac{y^2}{2} \right]_{y=1}^{y=2}$$

$$= x^2\left(\frac{2^2}{2}\right) - x^2\left(\frac{1^2}{2}\right) = \tfrac{3}{2} x^2.$$

La fonction A dont il était question dans l'explication ci-dessus est donc dans cet exemple $A(x) = \tfrac{3}{2} x^2$. On intègre maintenant cette fonction depuis 0 jusqu'à 3 :

$$\int_0^3 \int_1^2 x^2 y\, dy\, dx = \int_0^3 \left[\int_1^2 x^2 y\, dy \right] dx$$

$$= \int_0^3 \tfrac{3}{2} x^2\, dx = \frac{x^3}{2} \Big]_0^3 = \frac{27}{2}.$$

b) Ici, on intègre d'abord par rapport à x :

$$\int_1^2 \int_0^3 x^2 y \, dx \, dy = \int_1^2 \left[\int_0^3 x^2 y \, dx \right] dy = \int_1^2 \left[\frac{x^3}{3} y \right]_{x=0}^{x=3} dy$$

$$= \int_1^2 9y \, dy = 9 \frac{y^2}{2} \bigg]_1^2 = \frac{27}{2}.$$

Vous aurez certainement remarqué que la réponse est la même dans l'exemple 1, qu'on intègre par rapport à x ou à y d'abord. Il s'avère que (voyez le théorème 4) les deux intégrales itérées des équations 2 et 3 sont toujours égales ; autrement dit, l'ordre d'intégration n'a pas d'importance. (C'est analogue au Théorème de Clairaut sur l'égalité des dérivées partielles mixtes.)

Le théorème suivant énonce la méthode pratique de calcul d'une intégrale double par une intégrale itérée (dans un ordre ou dans l'autre).

■ ■ Le théorème 4 porte le nom du mathématicien italien Guido Fubini (1879-1943), qui démontra une version très générale de ce théorème en 1907. La version pour les fonctions continues était déjà connue du mathématicien français Augustin-Louis Cauchy presqu'un siècle plus tôt.

> **4** **Théorème de Fubini** Si f est continue sur le rectangle
> $R = \{ (x, y) \mid a \leqslant x \leqslant b, c \leqslant y \leqslant d \}$, alors
>
> $$\iint_R f(x, y) \, dA = \int_a^b \int_c^d f(x, y) \, dy \, dx = \int_c^d \int_a^b f(x, y) \, dx \, dy$$
>
> Plus généralement, cet énoncé est vrai si on suppose seulement que f est bornée sur R, que f est discontinue seulement en un nombre fini de courbes lisses et que les intégrales itérées existent.

La démonstration du théorème de Fubini est trop difficile pour l'inclure dans un traité comme celui-ci, mais on peut au moins l'expliquer intuitivement dans le cas où $f(x, y) \geqslant 0$. Dans ce cas en effet, l'intégrale double $\iint_R f(x, y) \, dA$ est interprétée comme le volume V du solide S qui se dresse sur R jusqu'à la surface $z = f(x, y)$. Or, au chapitre 6, on a utilisé une autre formule pour le volume, à savoir,

$$V = \int_a^b A(x) \, dx,$$

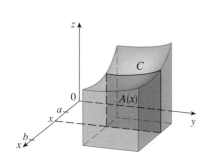

FIGURE 1

où $A(x)$ est l'aire de la section de S par le plan perpendiculaire à l'axe Ox en l'abscisse x. La figure 1 met en évidence que $A(x)$ est l'aire d'une région délimitée par la courbe C d'équation $z = f(x, y)$ où x est maintenu constant, pour $c \leqslant y \leqslant d$. Par conséquent,

$$A(x) = \int_c^d f(x, y) \, dy$$

et

$$\iint_R f(x, y) \, dA = V = \int_a^b A(x) \, dx = \int_a^b \int_c^d f(x, y) \, dy \, dx.$$

Le même raisonnement, tenu à propos des sections perpendiculaires à l'axe Oy, comme dans la figure 2, montre que

$$\iint_R f(x, y) \, dA = \int_c^d \int_a^b f(x, y) \, dx \, dy.$$

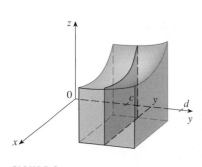

FIGURE 2

EXEMPLE 2 Calculez l'intégrale double $\iint_R (x - 3y^2)\, dA$, où $R = \{(x, y) \mid 0 \leqslant x \leqslant 2,\ 1 \leqslant y \leqslant 2\}$. (Comparez avec l'exemple 3 de la section 12.1.)

SOLUTION 1 Le Théorème de Fubini conduit à

$$\iint_R (x - 3y^2)\, dA = \int_0^2 \int_1^2 (x - 3y^2)\, dy\, dx = \int_0^2 \left[xy - y^3 \right]_{y=1}^{y=2} dx$$

$$= \int_0^2 (x - 7)\, dx = \frac{x^2}{2} - 7x \Big]_0^2 = -12.$$

SOLUTION 2 Par le Théorème de Fubini, mais en intégrant cette fois par rapport à x, on obtient

$$\iint_R (x - 3y^2)\, dA = \int_1^2 \int_0^2 (x - 3y^2)\, dx\, dy$$

$$= \int_1^2 \left[\frac{x^2}{2} - 3xy^2 \right]_{x=0}^{x=2} dy$$

$$= \int_1^2 (2 - 6y^2)\, dy = 2y - 2y^3 \Big]_1^2 = -12.$$

EXEMPLE 3 Calculez $\iint_R y \sin(xy)\, dA$, où $R = [1, 2] \times [0, \pi]$.

SOLUTION 1 En intégrant d'abord par rapport à x, on a

$$\iint_R y \sin(xy)\, dA = \int_0^\pi \int_1^2 y \sin(xy)\, dx\, dy = \int_0^\pi \left[-\cos(xy) \right]_{x=1}^{x=2} dy$$

$$= \int_0^\pi (-\cos 2y + \cos y)\, dy$$

$$= -\tfrac{1}{2} \sin 2y + \sin y \Big]_0^\pi = 0.$$

SOLUTION 2 Si on intervertit l'ordre d'intégration, on a

$$\iint_R y \sin(xy)\, dA = \int_1^2 \int_0^\pi y \sin(xy)\, dy\, dx.$$

Pour calculer l'intégrale intérieure, on emploie la méthode d'intégration par parties avec

$$u = y \qquad\qquad dv = \sin(xy)\, dy$$

$$du = dy \qquad\qquad v = -\frac{\cos(xy)}{x}$$

et ainsi

$$\int_0^\pi y \sin(xy)\, dy = -\frac{y \cos(xy)}{x} \Big]_{y=0}^{y=\pi} + \frac{1}{x} \int_0^\pi \cos(xy)\, dy$$

$$= -\frac{\pi \cos \pi x}{x} + \frac{1}{x^2} \left[\sin(xy) \right]_{y=0}^{y=\pi}$$

$$= -\frac{\pi \cos \pi x}{x} + \frac{\sin \pi x}{x^2}.$$

■ ■ La réponse de l'exemple 2 est négative ; rien n'est faux cependant. Comme la fonction f de cet exemple n'est pas une fonction positive, l'intégrale ne représente pas un volume. On voit même sur la figure 3 que la fonction est négative sur le rectangle R ; il en résulte que la valeur de l'intégrale est l'*opposé* du volume du solide qui se trouve *sous* R et *au-dessus* du graphique de f.

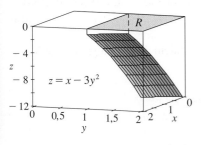

FIGURE 3

■ ■ Lorsqu'une fonction f prend à la fois des valeurs positives et négatives, $\iint_R f(x, y)\, dA$ est une différence de volumes : $V_1 - V_2$, où V_1 est le volume au-dessus de R et sous le graphique de f et V_2, le volume sous R et au-dessus du graphique. Que l'intégrale de l'exemple 3 vale 0 signifie que les deux volumes V_1 et V_2 sont égaux. (Voyez la figure 4.)

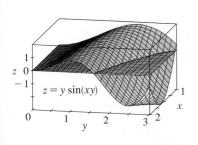

FIGURE 4

L'intégration du premier terme exige à nouveau de procéder par parties avec $u = -1/x$, $dv = \pi \cos \pi x \, dx$, d'où $du = dx/x^2$, $v = \sin \pi x$ et

$$\int \left(-\frac{\pi \cos \pi x}{x} \right) dx = -\frac{\sin \pi x}{x} - \int \frac{\sin \pi x}{x^2} \, dx.$$

Par conséquent,

$$\int \left(-\frac{\pi \cos \pi x}{x} + \frac{\sin \pi x}{x^2} \right) dx = -\frac{\sin \pi x}{x},$$

et ainsi

$$\int_1^2 \int_0^\pi y \sin(xy) \, dy \, dx = \left[-\frac{\sin \pi x}{x} \right]_1^2$$

$$= -\frac{\sin 2\pi}{2} + \sin \pi = 0.$$ ■ ■

■ ■ Dans l'exemple 2, les solutions 1 et 2 sont aussi directes l'une que l'autre, mais dans l'exemple 3, la première solution est baucoup plus simple que la seconde. Il est donc sage, lors du calcul d'intégrales doubles, de choisir l'ordre d'intégration qui conduit aux intégrales les plus simples.

EXEMPLE 4 Calculez la mesure du volume délimité par le paraboloïde elliptique $x^2 + 2y^2 + z = 16$, les plans $x = 2$ et $y = 2$ et les trois plans de coordonnées.

SOLUTION On observe pour commencer qu'il s'agit du volume qui se trouve sous la surface $z = 16 - x^2 - 2y^2$ et au-dessus du carré $R = [0, 2] \times [0, 2]$ (voyez la figure 5). C'est le même que celui de l'exemple 1 dans la section 12.1, sauf que maintenant le calcul de l'intégrale se fait par le Théorème de Fubini. Il vient

$$V = \iint_R (16 - x^2 - 2y^2) \, dA = \int_0^2 \int_0^2 (16 - x^2 - 2y^2) \, dx \, dy$$

$$= \int_0^2 \left[16x - \frac{1}{3}x^3 - 2y^2 x \right]_{x=0}^{x=2} dy$$

$$= \int_0^2 \left(\frac{88}{3} - 4y^2 \right) dy = \left[\frac{88}{3}y - \frac{4}{3}y^3 \right]_0^2 = 48.$$ ■ ■

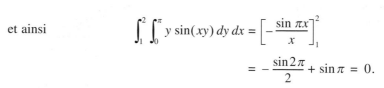

FIGURE 5

Il faut mentionner un cas particulier où l'intégrale double de f peut s'écrire sous une forme particulièrement simple, c'est celui où l'expression de f peut être factorisée en un produit d'une fonction de x seulement et d'une fonction de y seulement. Plus précisément, soit $f(x, y) = g(x)h(y)$ et $R = [a, b] \times [c, d]$. Alors le Théorème de Fubini conduit à

$$\iint_R f(x, y) \, dA = \int_c^d \int_a^b g(x)h(y) \, dx \, dy = \int_c^d \left[\int_a^b g(x)h(y) \, dx \right] dy.$$

Comme dans l'intégrale intérieure, y est une constante, $h(y)$ aussi et on peut écrire

$$\int_c^d \left[\int_a^b g(x)h(y) \, dx \right] dy = \int_c^d \left[h(y) \left(\int_a^b g(x) \, dx \right) \right] dy$$

$$= \int_a^b g(x) \, dx \int_c^d h(y) \, dy,$$

puisque $\int_a^b g(x) \, dx$ est une constante. Dans ce cas, l'intégrale double de f se réduit donc à un produit de deux intégrales simples :

$$\boxed{5} \qquad \iint_R g(x)h(y) \, dA = \int_a^b g(x) \, dx \int_c^d h(y) \, dy \qquad \text{où } R = [a, b] \times [c, d]$$

EXEMPLE 5 Si $R = [0, \pi/2] \times [0, \pi/2]$, alors, selon l'équation 5

$$\iint_R \sin x \cos y \, dA = \int_0^{\pi/2} \sin x \, dx \int_0^{\pi/2} \cos y \, dy$$

$$= \Big[-\cos x\Big]_0^{\pi/2} \Big[\sin y\Big]_0^{\pi/2} = 1 \cdot 1 = 1.$$

■ ■

■ ■ Étant donné que la fonction $f(x, y) = \sin x \cos y$ de l'exemple 5 est positive sur R, l'intégrale représente le volume du solide qui se trouve au-dessus de R et sous le graphique de f, comme le montre la figure 6.

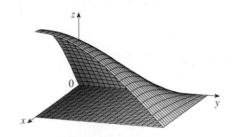

FIGURE 6

12.2 | Exercices

1–2 ■ Calculez $\int_0^3 f(x, y) \, dy$ et $\int_0^4 f(x, y) \, dx$.

1. $f(x, y) = 2x + 3x^2 y$ **2.** $f(x, y) = \dfrac{y}{x + 2}$

3–12 ■ Calculez l'intégrale itérée.

3. $\displaystyle\int_1^3 \int_0^1 (1 + 4xy) \, dx \, dy$

4. $\displaystyle\int_2^4 \int_{-1}^1 (x^2 + y^2) \, dy \, dx$

5. $\displaystyle\int_0^2 \int_0^{\pi/2} x \sin y \, dy \, dx$

6. $\displaystyle\int_1^4 \int_0^2 (x + \sqrt{y}) \, dx \, dy$

7. $\displaystyle\int_0^2 \int_0^1 (2x + y)^8 \, dx \, dy$

8. $\displaystyle\int_0^1 \int_1^2 \dfrac{xe^x}{y} \, dy \, dx$

9. $\displaystyle\int_1^4 \int_1^2 \left(\dfrac{x}{y} + \dfrac{y}{x}\right) dy \, dx$

10. $\displaystyle\int_1^2 \int_0^1 (x + y)^{-2} \, dx \, dy$

11. $\displaystyle\int_0^{\ln 2} \int_0^{\ln 5} e^{2x-y} \, dx \, dy$

12. $\displaystyle\int_0^1 \int_0^1 xy\sqrt{x^2 + y^2} \, dy \, dx$

13–18 ■ Calculez l'intégrale double.

13. $\displaystyle\iint_R \dfrac{xy^2}{x^2 + 1} \, dA$, $R = \{(x, y) \mid 0 \leqslant x \leqslant 1, -3 \leqslant y \leqslant 3\}$

14. $\displaystyle\iint_R \cos(x + 2y) \, dA$,

     $R = \{(x, y) \mid 0 \leqslant x \leqslant \pi, 0 \leqslant y \leqslant \pi/2\}$

15. $\displaystyle\iint_R x \sin(x + y) \, dA$, $R = [0, \pi/6] \times [0, \pi/3]$

16. $\displaystyle\iint_R \dfrac{1 + x^2}{1 + y^2} \, dA$, $R = \{(x, y) \mid 0 \leqslant x \leqslant 1, 0 \leqslant y \leqslant 1\}$

17. $\displaystyle\iint_R xye^{x^2 y} \, dA$, $R = [0, 1] \times [0, 2]$

18. $\displaystyle\iint_R \dfrac{x}{1 + xy} \, dA$, $R = [0, 1] \times [0, 1]$

19–20 ■ Esquissez le solide dont le volume est calculé par l'intégrale itérée.

19. $\displaystyle\int_0^1 \int_0^1 (4 - x - 2y) \, dx \, dy$

20. $\displaystyle\int_0^1 \int_0^1 (2 - x^2 - y^2) \, dy \, dx$

21. Calculez le volume du solide qui se trouve sous le plan $3x + 2y + z = 12$ et au-dessus du rectangle $R = \{(x, y) \mid 0 \leqslant x \leqslant 1, -2 \leqslant y \leqslant 3\}$.

22. Calculez le volume du solide dressé sur le rectangle $R = [-1, 1] \times [0, 2]$ et coiffé par le paraboloïde circulaire $z = 4 + x^2 - y^2$.

23. Calculez le volume du solide dressé sur le rectangle $R = [-1, 1] \times [-2, 2]$ et coiffé par le paraboloïde elliptique $x^2/4 + y^2/9 + z = 1$.

24. Calculez le volume du solide délimité par la surface $z = 1 + e^x \sin y$ et les plans $x = \pm 1$, $y = 0$, $y = \pi$ et $z = 0$.

25. Calculez le volume du solide délimité par la surface $z = x\sqrt{x^2 + y}$ et les plans $x = 0$, $x = 1$, $y = 0$, $y = 1$ et $z = 0$.

26. Calculez le volume du solide enfermé dans le paraboloïde elliptique $z = 1 + (x - 1)^2 + 4y^2$, les plans $x = 3$ et $y = 2$ ainsi que les plans de coordonnées.

27. Calculez le volume du solide du premier octant compris dans le cylindre $z = 9 - y^2$ et le plan $x = 2$.

28. a) Calculez le volume du solide borné par la surface $z = 6 - xy$ et les plans $x = 2$, $x = -2$, $y = 0$, $y = 3$ et $z = 0$.

b) Faites dessiner le solide par un ordinateur.

CAS 29. À l'aide d'un logiciel de calcul symbolique, calculez la valeur exacte de l'intégrale $\iint_R x^5 y^3 e^{xy} dA$, où $R = [0, 1] \times [0, 1]$. Faites ensuite dessiner le solide dont l'intégrale double donne le volume.

CAS 30. Représentez le solide compris entre les surfaces $z = e^{-x^2} \cos(x^2 + y^2)$ et $z = 2 - x^2 - y^2$ pour $|x| \leqslant 1$, $|y| \leqslant 1$. Calculez le volume de ce solide avec quatre décimales correctes, à l'aide d'un logiciel de calcul formel.

31–32 ■ Déterminez la valeur moyenne de f sur le rectangle donné.

31. $f(x, y) = x^2 y$, les sommets de R sont $(-1, 0)$, $(-1, 5)$, $(1, 5)$, $(1, 0)$.

32. $f(x, y) = e^y \sqrt{x + e^y}$, $R = [0, 4] \times [0, 1]$.

CAS 33. Utilisez votre logiciel spécialisé pour calculer les intégrales itérées

$$\int_0^1 \int_0^1 \frac{x - y}{(x + y)^3} \, dy \, dx \quad \text{et} \quad \int_0^1 \int_0^1 \frac{x - y}{(x + y)^3} \, dx \, dy.$$

Les réponses sont-elles en contradiction avec le Théorème de Fubini ? Expliquez ce qui se passe.

34. a) En quoi les Théorèmes de Clairaut et de Fubini se ressemblent-ils ?

b) Soit $f(x, y)$ une fonction continue sur $[a, b] \times [c, d]$ et

$$g(x, y) = \int_a^x \int_c^y f(s, t) \, dt \, ds,$$

pour $a < x < b$, $c < y < d$. Démontrez que $g''_{xy} = g''_{yx} = f(x, y)$.

12.3 Les intégrales doubles sur des domaines de forme quelconque

Le domaine d'intégration d'une intégrale simple a toujours la forme d'un intervalle. Mais il n'en est pas de même pour les intégrales doubles où on peut vouloir intégrer sur des domaines autres qu'un rectangle, de forme plus générale, comme celle de D dans la figure 1 par exemple. On suppose que D est borné, ce qui veut dire que D peut être enfermé dans un domaine rectangulaire R, comme dans la figure 2. On définit alors une nouvelle fonction F définie sur R par

$$\boxed{1} \qquad F(x, y) = \begin{cases} f(x, y) & \text{si } (x, y) \text{ appartient à } D \\ 0 & \text{si } (x, y) \text{ appartient à } R \text{ mais pas à } D. \end{cases}$$

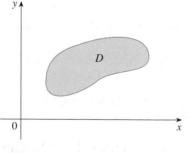

FIGURE 1

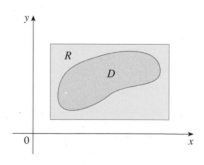

FIGURE 2

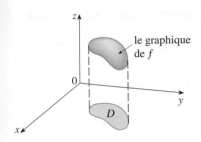

FIGURE 3

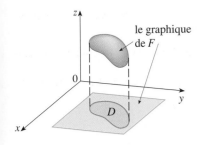

FIGURE 4

Sous l'hypothèse que l'intégrale double de F sur R existe, on définit alors l'**intégrale double de f sur D** par

$$\boxed{2} \quad \iint_D f(x, y)\, dA = \iint_R F(x, y)\, dA \qquad \text{où } F \text{ est définie par l'expression 1.}$$

La définition 2 a du sens parce que R est un rectangle et que $\iint_R F(x, y)\, dA$ vient d'être définie dans la section 12.1. Le détour adopté semble acceptable étant donné que $F(x, y) = 0$ lorsque (x, y) se trouve en dehors de D et ne contribue donc pour rien dans la valeur de l'intégrale. De plus, le rectangle employé n'a pas d'importance pourvu qu'il contienne D.

Dans le cas où $f(x, y) \geqslant 0$, on peut toujours interpréter $\iint_D f(x, y)\, dA$ comme le volume du solide qui s'élève au-dessus de D et couvert par la surface $z = f(x, y)$ (le graphique de f). En comparant les graphiques de f et F dans les figures 3 et 4 et en ayant à l'esprit que $\iint_R F(x, y)\, dA$ représente le volume sous le graphique de F, vous pouvez constater que c'est raisonnable.

La figure 4 montre aussi que fort probablement F a des discontinuités sur la frontière de D. Néanmoins, si f est continue sur D et si la frontière de D se comporte « bien » (dans un sens qui dépasse l'objectif de cet ouvrage), il peut être montré que $\iint_R F(x, y)\, dA$ existe et partant, que $\iint_D f(x, y)\, dA$ existe aussi. C'est le cas en particulier pour les types suivants de domaine.

Un domaine plan D est dit de **type I** s'il est délimité par les graphes de deux fonctions continues de x, c'est-à-dire

$$D = \{ x, y \mid a \leqslant x \leqslant b,\ g_1(x) \leqslant y \leqslant g_2(x) \},$$

où g_1 et g_2 sont continues sur $[a, b]$. La figure 5 présente quelques exemples de domaines de type I.

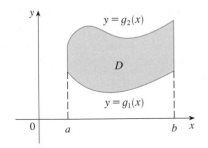 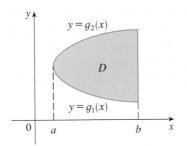 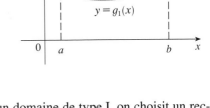

FIGURE 5 Quelques domaines de type I

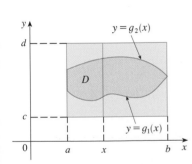

FIGURE 6

En vue du calcul de $\iint_D (x, y)\, dA$ où D est un domaine de type I, on choisit un rectangle $R = [a, b] \times [c, d]$ qui contient D, comme dans la figure 6 et on pose F comme dans la définition 1 ; c'est-à-dire, F coïncide avec f sur D et F vaut 0 en dehors de D. Alors, par le théorème de Fubini,

$$\iint_D f(x, y)\, dA = \iint_R F(x, y)\, dA = \int_a^b \int_c^d F(x, y)\, dy\, dx.$$

Observez que $F(x, y) = 0$ lorsque $y < g_1(x)$ ou $y > g_2(x)$ puisque (x, y) est en dehors de D. Par conséquent,

$$\int_c^d F(x, y)\, dy = \int_{g_1(x)}^{g_2(x)} F(x, y)\, dy = \int_{g_1(x)}^{g_2(x)} f(x, y)\, dy,$$

puisque $F(x, y) = f(x, y)$ quand $g_1(x) \leqslant y \leqslant g_2(x)$. Ainsi, la formule suivante permet de calculer l'intégrale double comme une intégrale itérée.

> **3** Si f est une fonction continue sur un domaine D de type I tel que
>
> $$D = \{ x, y \mid a \leqslant x \leqslant b, g_1(x) \leqslant y \leqslant g_2(x) \}$$
>
> alors
>
> $$\iint\limits_D f(x, y) \, dA = \int_a^b \int_{g_1(x)}^{g_2(x)} f(x, y) \, dy \, dx.$$

L'intégrale du membre de droite de (3) est une intégrale itérée semblable à celles qu'on a rencontrées dans la section précédente, sauf que dans l'intégrale intérieure, x doit être traitée comme une constante, pas seulement dans $f(x, y)$, mais aussi dans les bornes d'intégration $g_1(x)$ et $g_2(x)$.

Il y a bien sûr aussi des domaines **de type II** qui sont décrits par

> **4** $$D = \{ (x, y) \mid c \leqslant y \leqslant d, h_1(y) \leqslant x \leqslant h_2(y) \},$$

où h_1 et h_2 sont continues. La figure 7 présente deux tels domaines.

En procédant de la même façon que pour établir (3), on peut montrer que

> **5** $$\iint\limits_D f(x, y) \, dA = \int_c^d \int_{h_1(x)}^{h_2(x)} f(x, y) \, dx \, dy.$$
>
> où D est un domaine de type II décrit par l'expression 4.

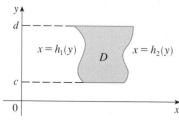

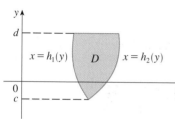

FIGURE 7
Quelques domaines de type II

EXEMPLE 1 Si D est le domaine délimité par les paraboles $y = 2x^2$ et $y = 1 + x^2$, calculez $\iint_D (x + 2y) \, dA$.

SOLUTION Les paraboles se coupent quand $2x^2 = 1 + x^2$, ou $x^2 = 1$, ou $x = \pm 1$. La figure 8 montre que le domaine D est de type I et non de type II. Il est décrit par

$$D = \{ (x, y) \mid -1 \leqslant x \leqslant 1, 2x^2 \leqslant y \leqslant 1 + x^2 \}.$$

La frontière inférieure étant $y = 2x^2$ et la frontière supérieure $y = 1 + x^2$, l'équation 3 donne

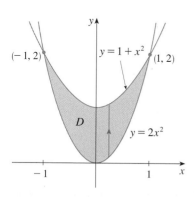

FIGURE 8

$$\begin{aligned}
\iint\limits_D (x + 2y) \, dA &= \int_{-1}^1 \int_{2x^2}^{1 + x^2} (x + 2y) \, dy \, dx \\
&= \int_{-1}^1 \left[xy + y^2 \right]_{y = 2x^2}^{y = 1 + x^2} dx \\
&= \int_{-1}^1 \left[x(1 + x^2) + (1 + x^2)^2 - x(2x^2) - (2x^2)^2 \right] dx \\
&= \int_{-1}^1 (-3x^4 - x^3 + 2x^2 + x + 1) \, dx \\
&= -3 \frac{x^5}{5} - \frac{x^4}{4} + 2 \frac{x^3}{3} + \frac{x^2}{2} + x \Big]_{-1}^1 = \frac{32}{15}.
\end{aligned}$$

■ ■

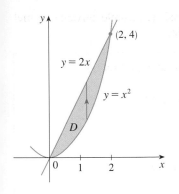

FIGURE 9

D est un domaine de type I

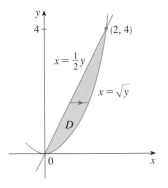

FIGURE 10

D est un domaine de type II

■ ■ La figure 11 montre le solide dont le volume est calculé dans l'exemple 2. Il se trouve au-dessus du plan Oxy, sous le paraboloïde $z = x^2 + y^2$ et entre le plan $y = 2x$ et le cylindre parabolique $y = x^2$.

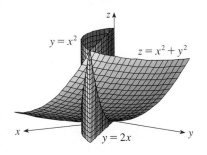

FIGURE 11

REMARQUE ◦ Pour établir une intégrale double comme dans l'exemple 1, il est essentiel de faire un dessin. Il est souvent utile de tracer une flèche verticale, comme dans la figure 8. Les limites d'intégration de l'intégrale *intérieure* se lisent alors sur le dessin : la flèche part de la frontière inférieure $y = g_1(x)$, qui est la borne inférieure de l'intégrale, et se termine à la frontière supérieure $y = g_2(x)$, qui est la borne supérieure de l'intégrale. Dans le cas des domaines de type II, les flèches sont horizontales et vont de la frontière gauche jusqu'à la frontière droite.

EXEMPLE 2 Calculez le volume du solide qui s'élève sur le domaine D du plan Oxy délimité par la droite $y = 2x$ et la parabole $y = x^2$, et couverte par le paraboloïde $z = x^2 + y^2$.

SOLUTION 1 Au vu de la figure 9, le domaine D est de type I et il est décrit par

$$D = \{(x, y) \mid 0 \leqslant x \leqslant 2, \, x^2 \leqslant y \leqslant 2x\}$$

De là, le volume sous $z = x^2 + y^2$ est calculé par

$$V = \iint_D (x^2 + y^2)\, dA = \int_0^2 \int_{x^2}^{2x} (x^2 + y^2)\, dy\, dx$$

$$= \int_0^2 \left[x^2 y + \frac{y^3}{3} \right]_{y=x^2}^{y=2x} dx = \int_0^2 \left[x^2(2x) + \frac{(2x)^3}{3} - x^2 x^2 - \frac{(x^2)^3}{3} \right] dx$$

$$= \int_0^2 \left(-\frac{x^6}{3} - x^4 + \frac{14x^3}{3} \right) dx = -\frac{x^7}{21} - \frac{x^5}{5} + \frac{7x^4}{6} \bigg]_0^2 = \frac{216}{35}.$$

SOLUTION 2 Au vu de la figure 10, le domaine D peut être décrit comme de type II,

$$D = \{(x, y) \mid 0 \leqslant y \leqslant 4, \, \tfrac{1}{2} y \leqslant x \leqslant \sqrt{y}\}.$$

De là, le volume sous $z = x^2 + y^2$ se calcule aussi par

$$V = \iint_D (x^2 + y^2)\, dA = \int_0^4 \int_{\frac{1}{2}y}^{\sqrt{y}} (x^2 + y^2)\, dx\, dy$$

$$= \int_0^4 \left[\frac{x^3}{3} + y^2 x \right]_{x=\frac{1}{2}y}^{x=\sqrt{y}} dy = \int_0^4 \left(\frac{y^{3/2}}{3} + y^{5/2} - \frac{y^3}{24} - \frac{y^3}{2} \right) dy$$

$$= \tfrac{2}{15} y^{5/2} + \tfrac{2}{7} y^{7/2} - \tfrac{13}{96} y^4 \bigg]_0^4 = \tfrac{216}{35}.$$ ■ ■

EXEMPLE 3 Calculez $\iint_D xy\, dA$ où D est le domaine, borné par la droite $y = x - 1$ et la parabole $y^2 = 2x + 6$.

SOLUTION Le domaine D est représenté dans la figure 12. Il est à la fois de type I et de type II, mais sa description en tant que type I est plus compliquée qu'en tant que type II, parce que sa frontière inférieure se compose de deux morceaux. On préfère donc le décrire comme un domaine de type II :

$$D = \{(x, y) \mid -2 \leqslant y \leqslant 4, \, \tfrac{1}{2} y^2 - 3 \leqslant x \leqslant y + 1\}.$$

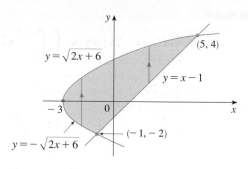

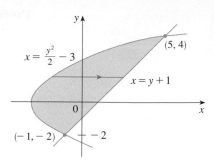

FIGURE 12   a) D comme un domaine de type I   b) D comme un domaine de type II

Alors (5) conduit à

$$\iint_D xy\, dA = \int_{-2}^{4} \int_{\frac{1}{2}y^2-3}^{y+1} xy\, dx\, dy = \int_{-2}^{4} \left[\frac{x^2}{2} y\right]_{x=\frac{1}{2}y^2-3}^{x=y+1} dy$$

$$= \frac{1}{2} \int_{-2}^{4} y[(y+1)^2 - (\tfrac{1}{2}y^2-3)^2]\, dy$$

$$= \frac{1}{2} \int_{-2}^{4} \left(-\frac{y^5}{4} + 4y^3 + 2y^2 - 8y\right) dy$$

$$= \frac{1}{2}\left[-\frac{y^6}{24} + y^4 + 2\frac{y^3}{3} - 4y^2\right]_{-2}^{4} = 36.$$

Si on avait retenu la description de D comme un domaine de type I [figure 12 a)], on aurait eu à calculer

$$\iint_D xy\, dA = \int_{-3}^{-1} \int_{-\sqrt{2x+6}}^{\sqrt{2x+6}} xy\, dy\, dx + \int_{-1}^{5} \int_{x-1}^{\sqrt{2x+6}} xy\, dy\, dx,$$

ce qui aurait demandé beaucoup plus de travail.   ■ ■

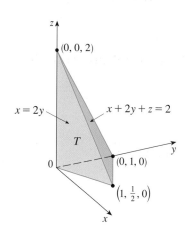

FIGURE 13

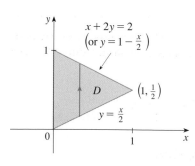

FIGURE 14

EXEMPLE 4 Calculez le volume du tétraèdre formé par les plans $x + 2y + z = 2$, $x = 2y$, $x = 0$ et $z = 0$.

SOLUTION Devant une question comme celle-ci, il est prudent de faire deux dessins, celui du solide à trois dimensions et celui du domaine plan D sur lequel il repose. La figure 13 montre le tétraèdre T borné par les plans de coordonnées $x = 0$, $z = 0$, le plan vertical $x = 2y$ et le plan $x + 2y + z = 2$. Puisque le plan $x + 2y + z = 2$ coupe le plan Oxy (d'équation $z = 0$) suivant la droite $x + 2y = 2$, on voit que T repose sur le domaine triangulaire D du plan Oxy borné par les droites $x = 2y$, $x + 2y = 2$ et $x = 0$ (voyez la figure 14).

Comme l'équation du plan $x + 2y + z = 2$ s'écrit aussi $z = 2 - x - 2y$, le volume désiré se trouve sous le graphique de $z = 2 - x - 2y$ et au-dessus de

$$D = \{(x, y) \mid 0 \leq x \leq 1, x/2 \leq y \leq 1 - x/2\}.$$

Par conséquent

$$V = \iint_D (2 - x - 2y)\, dA = \int_0^1 \int_{x/2}^{1-x/2} (2 - x - 2y)\, dy\, dx$$

$$= \int_0^1 \left[2y - xy - y^2 \right]_{y=x/2}^{y=1-x/2} dx$$

$$= \int_0^1 \left[2 - x - x\left(1 - \frac{x}{2}\right) - \left(1 - \frac{x}{2}\right)^2 - x + \frac{x^2}{2} + \frac{x^2}{4} \right] dx$$

$$= \int_0^1 (x^2 - 2x + 1)\, dx = \frac{x^3}{3} - x^2 + x \bigg]_0^1 = \frac{1}{3}.$$

EXEMPLE 5 Calculez l'intégrale itérée $\int_0^1 \int_x^1 \sin(y^2)\, dy\, dx$.

SOLUTION Telle que cette intégrale double se présente, la première intégrale simple à calculer est $\int \sin(y^2)\, dy$. Celle-ci n'est pas possible en termes finis (voyez la fin de la section 5.8). La seule chose à faire est d'essayer de changer l'ordre d'intégration. Pour cela, on exprime d'abord l'intégrale itérée comme une intégrale double. La formule (3) lue de droite à gauche donne

$$\int_0^1 \int_x^1 \sin(y^2)\, dy\, dx = \iint_D \sin(y^2)\, dA,$$

où

$$D = \{ (x, y) \mid 0 \leqslant x \leqslant 1,\ x \leqslant y \leqslant 1 \}.$$

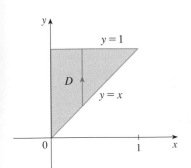

FIGURE 15

D comme un domaine de type I

Ce domaine D est dessiné dans la figure 15. Dans la figure 16, on voit qu'il peut aussi être décrit d'une autre façon

$$D = \{ (x, y) \mid 0 \leqslant y \leqslant 1,\ 0 \leqslant x \leqslant y \}.$$

Selon cette description-ci, c'est la formule (5) qui conduit à écrire l'intégrale double comme une intégrale itérée dans l'ordre inverse :

$$\int_0^1 \int_x^1 \sin(y^2)\, dy\, dx = \iint_D \sin(y^2)\, dA$$

$$= \int_0^1 \int_0^y \sin(y^2)\, dx\, dy = \int_0^1 \left[x \sin(y^2) \right]_{x=0}^{x=y} dy$$

$$= \int_0^1 y \sin(y^2)\, dy = -\tfrac{1}{2} \cos(y^2) \bigg]_0^1$$

$$= \tfrac{1}{2}(1 - \cos 1).$$

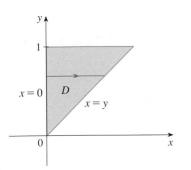

FIGURE 16

D comme un domaine de type II

■ Les propriétés des intégrales doubles

On suppose que toutes les intégrales existent. Les trois premières propriétés des intégrales doubles sur un domaine D découlent immédiatement de la définition 2 et des propriétés 7, 8 et 9 de la section 12.1.

$$\boxed{6} \qquad \iint_D [\, f(x, y) + g(x, y) \,]\, dA = \iint_D f(x, y)\, dA + \iint_D g(x, y)\, dA$$

$$\boxed{7} \qquad \iint_D c f(x, y)\, dA = c \iint_D f(x, y)\, dA$$

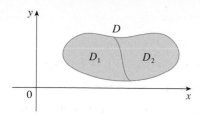

FIGURE 17

Si $f(x, y) \geqslant g(x, y)$ pour tout (x, y) dans D, alors

8
$$\iint_D f(x, y)\, dA \geqslant \iint_D g(x, y)\, dA$$

La propriété suivante des intégrales doubles est analogue à la propriété relative aux intégrales simples qui s'écrit $\int_a^b f(x)\, dx = \int_a^c f(x)\, dx + \int_c^b f(x)\, dx$.

Si $D = D_1 \cup D_2$, sans que D_1 ne chevauche D_2 sauf peut-être sur leur frontière (voyez la figure 17), alors

9
$$\iint_D f(x, y)\, dA = \iint_{D_1} f(x, y)\, dA + \iint_{D_2} f(x, y)\, dA.$$

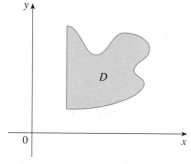

a) D n'est ni de type I, ni de type II

La propriété 9 est mise à contribution pour calculer des intégrales doubles sur des domaines D qui n'entrent dans aucune des deux catégories de type I ou de type II, car elle permet d'envisager le domaine comme une union de domaines de type I ou II. La figure 18 illustre cette décomposition du domaine D. (Voyez aussi les exercices 45 et 46.)

La propriété suivante affirme que l'intégrale double de la fonction constante $f(x, y) = 1$ sur un domaine D donne l'aire de celui-ci :

10
$$\iint_D 1\, dA = A(D)$$

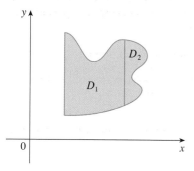

b) $D = D_1 \cup D_2$,
D_1 est de type I, D_2 est de type II

FIGURE 18

La figure 19 illustre pourquoi l'expression 10 est correcte : le volume d'un cylindre dont la base est D et la hauteur 1 est égal à $A(D) \cdot 1 = A(D)$, mais ce volume est aussi donné par $\iint_D 1\, dA$.

Enfin, la combinaison des propriétés 7, 8 et 10 conduit à la propriété suivante (voyez l'exercice 49).

11 Si $m \leqslant f(x, y) \leqslant M$ pour tout (x, y) dans D, alors

$$mA(D) \leqslant \iint_D f(x, y)\, dA \leqslant MA(D)$$

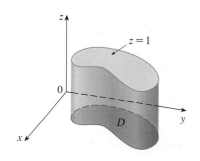

FIGURE 19
Cylindre de base D et de hauteur 1

EXEMPLE 6 Servez-vous de la propriété 11 pour évaluer l'intégrale $\iint_D e^{\sin x \cos y}\, dA$, où D est le disque centré à l'origine de rayon 2.

SOLUTION Comme $-1 \leqslant \sin x \leqslant 1$ et $-1 \leqslant \cos y \leqslant 1$, $-1 \leqslant \sin x \cos y \leqslant 1$ et de là,

$$e^{-1} \leqslant e^{\sin x \cos y} \leqslant e^1 = e.$$

La propriété 11, avec $m = e^{-1} = 1/e$, $M = e$ et $A(D) = \pi(2)^2$, conduit à

$$\frac{4\pi}{e} \leqslant \iint_D e^{\sin x \cos y}\, dA \leqslant 4\pi e.$$

■ ■

12.3 Exercices

1–6 ■ Calculez l'intégrale itérée.

1. $\int_0^1 \int_0^{x^2} (x + 2y)\, dy\, dx$

2. $\int_1^2 \int_y^2 xy\, dx\, dy$

3. $\int_0^1 \int_y^{e^y} \sqrt{x}\, dx\, dy$

4. $\int_0^1 \int_x^{2-x} (x^2 - y)\, dy\, dx$

5. $\int_0^{\pi/2} \int_0^{\cos\theta} e^{\sin\theta}\, dr\, d\theta$

6. $\int_0^1 \int_0^v \sqrt{1 - v^2}\, du\, dv$

7–16 ■ Calculez l'intégrale double.

7. $\iint_D x^3 y^2\, dA$, $\quad D = \{(x, y) \mid 0 \leq x \leq 2,\ -x \leq y \leq x\}$.

8. $\iint_D \dfrac{4y}{x^3 + 2}\, dA$, $\quad D = \{(x, y) \mid 1 \leq x \leq 2,\ 0 \leq y \leq 2x\}$.

9. $\iint_D \dfrac{2y}{x^2 + 1}\, dA$, $\quad D = \{(x, y) \mid 0 \leq x \leq 1,\ 0 \leq y \leq \sqrt{x}\}$.

10. $\iint_D e^{y^2}\, dA$, $\quad D = \{(x, y) \mid 0 \leq y \leq 1,\ 0 \leq x \leq y\}$.

11. $\iint_D x \cos y\, dA$, D est délimitée par $y = 0$, $y = x^2$, $x = 1$.

12. $\iint_D (x + y)\, dA$, D est délimitée par $y = \sqrt{x}$, $y = x^2$.

13. $\iint_D y^3\, dA$, D est la région triangulaire de sommets $(0, 2)$, $(1, 1)$, $(3, 2)$.

14. $\iint_D xy^2\, dA$, D est délimitée par $x = 0$ et $x = \sqrt{1 - y^2}$.

15. $\iint_D (2x - y)\, dA$, D est borné par le cercle centré à l'origine de rayon 2.

16. $\iint_D 2xy\, dA$, D est le domaine triangulaire de sommets $(0, 0)$, $(1, 2)$, $(0, 3)$.

17–26 ■ Calculez le volume du solide décrit.

17. Sous le plan $x + 2y - z = 0$ et sur le domaine délimité par $y = x$ et $y = x^4$.

18. Sous la surface $z = 2x + y^2$ et sur le domaine borné par $x = y^2$ et $x = y^3$.

19. Sous la surface $z = xy$ et sur le triangle de sommets $(1, 1)$, $(4, 1)$, $(1, 2)$.

20. Compris entre le paraboloïde $z = x^2 + 3y^2$ et les plans $x = 0$, $y = 1$, $y = x$, $z = 0$.

21. Borné par les plans $x = 0$, $y = 0$, $z = 0$ et $x + y + z = 1$.

22. Borné par les plans $z = x$, $y = x$, $x + y = 2$ et $z = 0$.

23. Borné par les cylindres $z = x^2$, $y = x^2$ et les plans $z = 0$, $y = 4$.

24. Borné par le cylindre $y^2 + z^2 = 4$ et les plans $x = 2y$, $x = 0$, $z = 0$ dans le premier octant.

25. Borné par le cylindre $x^2 + y^2 = 1$ et les plans $y = z$, $x = 0$, $z = 0$ dans le premier octant.

26. Borné par les cylindres $x^2 + y^2 = r^2$ et $y^2 + z^2 = r^2$.

27. Servez-vous d'un outil graphique pour localiser grossièrement les abscisses des points d'intersection des courbes $y = x^4$ et $y = 3x - x^2$. Calculez $\iint_D x\, dA$ où D est le domaine délimité par ces courbes.

28. Calculez de façon approchée le volume du solide du premier octant borné par les plans $y = x$, $z = 0$ et $z = x$ et par le cylindre $y = \cos x$. (Utilisez un outil graphique pour estimer les points d'intersection.)

29–30 ■ Calculez par différence le volume du solide.

29. Le solide fermé par les cylindres paraboliques $y = 1 - x^2$ et $y = x^2 - 1$, et par les plans $x + y + z = 2$, $2x + 2y - z + 10 = 0$.

30. Le solide fermé par le cylindre $y = x^2$ et les plans $z = 3y$, $z = 2 + y$.

31–32 ■ Calculez la valeur exacte du volume du solide à l'aide d'un logiciel de calcul formel.

31. Fermé par $z = 1 - x^2 - y^2$ et $z = 0$.

32. Fermé par $z = x^2 + y^2$ et $z = 2y$.

33–38 ■ Faites un croquis du domaine d'intégration et changez l'ordre d'intégration.

33. $\int_0^4 \int_0^{\sqrt{x}} f(x, y)\, dy\, dx$

34. $\int_0^1 \int_{4x}^4 f(x, y)\, dy\, dx$

35. $\int_0^3 \int_{-\sqrt{9 - y^2}}^{\sqrt{9 - y^2}} f(x, y)\, dx\, dy$

36. $\int_0^3 \int_0^{\sqrt{9 - y}} f(x, y)\, dx\, dy$

37. $\int_1^2 \int_0^{\ln x} f(x, y)\, dy\, dx$

38. $\int_0^1 \int_{\text{Arctg } x}^{\pi/4} f(x, y)\, dy\, dx$

39–44 ■ Calculez l'intégrale après avoir interverti l'ordre d'intégration.

39. $\int_0^1 \int_{3y}^3 e^{x^2}\, dx\, dy$

40. $\int_0^1 \int_{\sqrt{y}}^1 \sqrt{x^3 + 1}\, dx\, dy$

41. $\int_0^3 \int_{y^2}^9 y \cos(x^2)\, dx\, dy$

42. $\int_0^1 \int_x^1 x^3 \sin(y^3)\, dy\, dx$

43. $\int_0^1 \int_{\text{Arcsin } y}^{\pi/2} \cos x \sqrt{1 + \cos^2 x}\, dx\, dy$

44. $\int_0^8 \int_{\sqrt[3]{y}}^2 e^{x^4}\, dx\, dy$

45–46 ■ Exprimez D comme une union de domaines de type I ou II et calculez l'intégrale.

45. $\iint_D x^2\, dA$

46. $\iint_D xy\, dA$

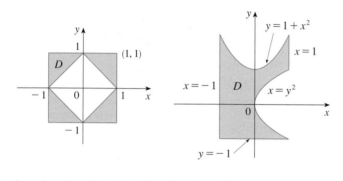

47–48 ■ Servez-vous de la propriété 11 pour estimer la valeur de l'intégrale.

47. $\iint_D \sqrt{x^3 + y^3}\, dA$, $D = [0, 1] \times [0, 1]$

48. $\iint_D e^{x^2 + y^2}\, dA$,

D est le disque centré à l'origine et de rayon $1/2$.

49. Démontrez la propriété 11.

50. Une intégrale double sur D se calcule par la somme des intégrales itérées suivantes :

$$\iint_D f(x, y)\, dA = \int_0^1 \int_0^{2y} f(x, y)\, dx\, dy + \int_1^3 \int_0^{3-y} f(x, y)\, dx\, dy.$$

Dessinez le domaine D et exprimez l'intégrale double comme une intégrale itérée dans l'ordre inverse.

51. Calculez $\iint_D (x^2 \operatorname{tg} x + y^3 + 4)\, dA$, où $D = \{(x, y) \mid x^2 + y^2 \leqslant 2\}$.
[*Suggestion :* Exploitez le fait que D est symétrique par rapport aux deux axes.]

52. Utilisez la symétrie pour calculez $\iint_D (2 - 3x + 4y)\, dA$, où D est le domaine borné par le carré de sommets $(\pm 5, 0)$ et $(0, \pm 5)$.

53. Cherchez la valeur de $\iint_D \sqrt{1 - x^2 - y^2}\, dA$, où D est le disque $x^2 + y^2 \leqslant 1$, en reconnaissant l'intégrale comme le volume d'un solide.

[CAS] **54.** Représentez le solide borné par le plan $x + y + z = 1$ et le paraboloïde $z = 4 - x^2 - y^2$ et calculez la valeur exacte de son volume. (Aidez-vous d'un logiciel de calcul formel pour exécuter le graphique, pour déterminer les équations de la frontière du domaine d'intégration et pour calculer l'intégrale double.)

12.4 Les intégrales doubles en coordonnées polaires

■ ■ Voyez l'annexe H pour la définition des coordonnées polaires.

On souhaite calculer une intégrale double $\iint_R f(x, y)\, dA$, où R est une région comme celles que présente la figure 1. Dans les deux cas, la description de R en coordonnées rectangulaires est compliquée alors qu'en coordonnées polaires, elle est simple.

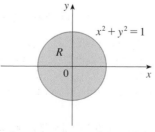

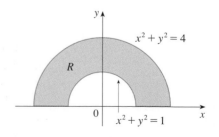

FIGURE 1   a) $R = \{(r, \theta) \mid 0 \leqslant r \leqslant 1, 0 \leqslant \theta \leqslant 2\pi\}$ b) $R = \{(r, \theta) \mid 1 \leqslant r \leqslant 2, 0 \leqslant \theta \leqslant \pi\}$

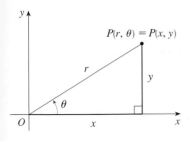

FIGURE 2

La figure 2 rappelle comment les coordonnées polaires (r, θ) sont liées aux coordonnées rectangulaires (x, y) :

$$r^2 = x^2 + y^2 \qquad x = r \cos \theta \qquad y = r \sin \theta.$$

Les régions de la figure 1 sont des cas particuliers d'un **rectangle polaire**, défini par :

$$R = \{ (r, \theta) \mid a \leqslant r \leqslant b, \ \alpha \leqslant \theta \leqslant \beta \},$$

et représenté dans la figure 3. En vue de calculer $\iint_R f(x, y) \, dA$, où R est un rectangle polaire, on divise l'intervalle $[a, b]$ en m sous-intervalles $[r_{i-1}, r_i]$ d'égale largeur $\Delta r = (b - a)/m$ et on divise l'intervalle $[\alpha, \beta]$ en n sous-intervalles $[\theta_{j-1}, \theta_j]$ d'égale largeur $\Delta \theta = (\beta - \alpha)/n$. Alors, les cercles $r = r_i$ et les rayons $\theta = \theta_j$ divisent le rectangle polaire R en sous-rectangles polaires que l'on peut voir dans la figure 4.

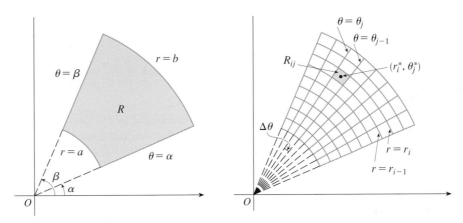

FIGURE 3 Un rectangle polaire

FIGURE 4 R divisé en sous-rectangles polaires

Les coordonnées polaires du « centre » du sous-rectangle polaire

$$R_{ij} = \{ (r, \theta) \mid r_{i-1} \leqslant r \leqslant r_i, \quad \theta_{j-1} \leqslant \theta \leqslant \theta_j \},$$

sont

$$r_i^* = \tfrac{1}{2}(r_{i-1} + r_i) \qquad \theta_j^* = \tfrac{1}{2}(\theta_{j-1} + \theta_j).$$

Connaissant la formule de l'aire d'un secteur circulaire de rayon r et d'angle au centre θ, à savoir $\tfrac{1}{2} r^2 \theta$, on peut calculer l'aire d'un R_{ij}, qui n'est que la différence de deux tels secteurs, d'angle central commun $\Delta \theta = \theta_j - \theta_{j-1}$,

$$\Delta A_i = \tfrac{1}{2} r_i^2 \Delta \theta - \tfrac{1}{2} r_{i-1}^2 \Delta \theta = \tfrac{1}{2}(r_i^2 - r_{i-1}^2) \Delta \theta$$

$$= \tfrac{1}{2}(r_i + r_{i-1})(r_i - r_{i-1}) \Delta \theta = r_i^* \Delta r \Delta \theta.$$

Bien que l'intégrale double $\iint_R f(x, y) \, dA$ ait été définie sur des rectangles ordinaires, il est possible de démontrer que, pour des fonctions continues f, on obtient la même réponse sur des rectangles polaires. Comme les coordonnées rectangulaires du centre de R_{ij} sont $(r_i^* \cos \theta_j^*, r_i^* \sin \theta_j^*)$, une somme de Riemann représentative est

$$\boxed{1} \quad \sum_{i=1}^{m} \sum_{j=1}^{n} f(r_i^* \cos \theta_j^*, r_i^* \sin \theta_j^*) \, \Delta A_i = \sum_{i=1}^{m} \sum_{j=1}^{n} f(r_i^* \cos \theta_j^*, r_i^* \sin \theta_j^*) \, r_i^* \Delta r \, \Delta \theta$$

En posant $g(r, \theta) = rf(r \cos \theta, r \sin \theta)$, la somme de Riemann de l'expression 1 peut s'écrire

$$\sum_{i=1}^{m} \sum_{j=1}^{n} g(r_i^*, \theta_j^*) \Delta r \Delta \theta,$$

ce qui est une somme de Riemann de l'intégrale double

$$\int_{\alpha}^{\beta} \int_{a}^{b} g(r, \theta) \, dr \, d\theta.$$

Par conséquent,

$$\iint_R f(x, y) \, dA = \lim_{m, n \to \infty} \sum_{i=1}^{m} \sum_{j=1}^{n} f(r_i^* \cos \theta_j^*, r_i^* \sin \theta_j^*) \Delta A_i$$

$$= \lim_{m, n \to \infty} \sum_{i=1}^{m} \sum_{j=1}^{n} g(r_i^*, \theta_j^*) \Delta r \Delta \theta = \int_{\alpha}^{\beta} \int_{a}^{b} g(r, \theta) \, dr \, d\theta$$

$$= \int_{\alpha}^{\beta} \int_{a}^{b} f(r \cos \theta, r \sin \theta) \, r \, dr \, d\theta.$$

---

2 **Passage aux coordonnées polaires dans une intégrale double** Si f est continue sur un rectangle polaire R donné par $0 \leqslant a \leqslant r \leqslant b$, $\alpha \leqslant \theta \leqslant \beta$, où $0 \leqslant \beta - \alpha \leqslant 2\pi$, alors

$$\iint_R f(x, y) \, dA = \int_{\alpha}^{\beta} \int_{a}^{b} f(r \cos \theta, r \sin \theta) \, r \, dr \, d\theta.$$

La formule (2) établit que pour passer des coordonnées rectangulaires aux coordonnées polaires, il faut effectuer les substitutions $x = r \cos \theta$, $y = r \sin \theta$, mettre les bornes convenables d'intégration relatives à r et θ et remplacer dA par $r \, dr \, d\theta$. Prenez garde de ne pas oublier le facteur supplémentaire r dans le membre de droite de la formule 2. La figure 5 est une aide mnémotechnique de la formule 2 ; elle montre un rectangle polaire « infinitésimal » dont le produit des dimensions $r \, d\theta$ et dr fournit l'« aire » $dA = r \, dr \, d\theta$.

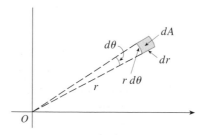

FIGURE 5

EXEMPLE 1 Calculez $\iint_R (3x + 4y^2) \, dA$, où R est la région du demi-plan supérieur comprise entre les cercles $x^2 + y^2 = 1$ et $x^2 + y^2 = 4$.

SOLUTION La région R est décrite par

$$R = \{ (x, y) \mid y \geqslant 0, \ 1 \leqslant x^2 + y^2 \leqslant 4 \}.$$

C'est le demi-anneau de la figure 1 b) qui, en coordonnées polaires, est décrit par $1 \leq r \leq 2$, $0 \leq \theta \leq \pi$. Par conséquent, conformément à la formule 2,

$$
\begin{aligned}
\iint\limits_R (3x + 4y^2)\, dA &= \int_0^\pi \int_1^2 (3r \cos \theta + 4r^2 \sin^2 \theta)\, r\, dr\, d\theta \\
&= \int_0^\pi \int_1^2 (3r^2 \cos \theta + 4r^3 \sin^2 \theta)\, dr\, d\theta \\
&= \int_0^\pi \Big[r^3 \cos \theta + r^4 \sin^2 \theta \Big]_{r=1}^{r=2}\, d\theta = \int_0^\pi (7 \cos \theta + 15 \sin^2 \theta)\, d\theta \\
&= \int_0^\pi \big[7 \cos \theta + \tfrac{15}{2}(1 - \cos 2\theta) \big]\, d\theta \\
&= 7 \sin \theta + \frac{15\theta}{2} - \frac{15}{4} \sin 2\theta \Big]_0^\pi = \frac{15\pi}{2}.
\end{aligned}
$$

■ ■

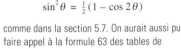

■ ■ On emploie ici l'identité trigonométrique

$$\sin^2 \theta = \tfrac{1}{2}(1 - \cos 2\theta)$$

comme dans la section 5.7. On aurait aussi pu faire appel à la formule 63 des tables de primitives :

$$\int \sin^2 u\, du = \tfrac{1}{2}u - \tfrac{1}{4}\sin 2u + C.$$

EXEMPLE 2 Déterminez le volume du solide délimité par le plan $z = 0$ et le paraboloïde $z = 1 - x^2 - y^2$.

SOLUTION En posant $z = 0$ dans l'équation du paraboloïde, on obtient $x^2 + y^2 = 1$. Le plan coupe donc le paraboloïde selon le cercle $x^2 + y^2 = 1$ et le solide repose donc sur le disque circulaire D défini par $x^2 + y^2 \leq 1$ [voyez les figure 6 et 1 a)]. En coordonnées polaires, D est décrit par $0 \leq r \leq 1$, $0 \leq \theta \leq 2\pi$. Comme $1 - x^2 - y^2 = 1 - r^2$, le volume est calculé par

$$
V = \iint\limits_D (1 - x^2 - y^2)\, dA = \int_0^{2\pi} \int_0^1 (1 - r^2)\, r\, dr\, d\theta
$$

$$
= \int_0^{2\pi} d\theta \int_0^1 (r - r^3)\, dr = 2\pi \Big[\frac{r^2}{2} - \frac{r^4}{4} \Big]_0^1 = \frac{\pi}{2}.
$$

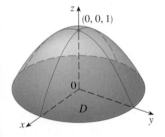

FIGURE 6

En coordonnées rectangulaires, il aurait fallu calculer

$$
V = \iint\limits_D (1 - x^2 - y^2)\, dA = \int_{-1}^1 \int_{-\sqrt{1-x^2}}^{\sqrt{1-x^2}} (1 - x^2 - y^2)\, dy\, dx
$$

ce qui n'est pas facile car y sont impliquées les intégrales suivantes

$$
\int \sqrt{1 - x^2}\, dx \qquad \int x^2 \sqrt{1 - x^2}\, dx \qquad \int (1 - x^2)^{3/2}\, dx.
$$

■ ■

Ce qui a été fait jusqu'ici peut être étendu à des types de domaine plus compliqués, comme celui de la figure 7. Il est semblable aux domaines de type II envisagés dans la section 12.3. En effet, en combinant la formule 2 de cette section avec la formule 12.3.5, on obtient la formule suivante.

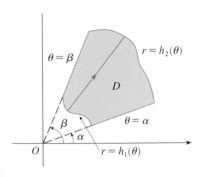

FIGURE 7
$D = \{(r, \theta) \mid \alpha \leq \theta \leq \beta, h_1(\theta) \leq r \leq h_2(\theta)\}$

---

3 Si f est continue sur un domaine polaire de la forme

$$
D = \{(r, \theta) \mid \alpha \leq \theta \leq \beta,\ h_1(\theta) \leq r \leq h_2(\theta)\},
$$

alors

$$
\iint\limits_D f(x, y)\, dA = \int_\alpha^\beta \int_{h_1(\theta)}^{h_2(\theta)} f(r \cos \theta, r \sin \theta)\, r\, dr\, d\theta.
$$

En particulier, en posant $f(x, y) = 1$, $h_1(\theta) = 0$ et $h_2(\theta) = h(\theta)$ dans cette formule, on voit que l'aire de la région D bornée par $\theta = \alpha$, $\theta = \beta$ et $r = h(\theta)$ est égale à

$$A(D) = \iint_D 1\, dA = \int_\alpha^\beta \int_{h_1(\theta)}^{h_2(\theta)} r\, dr\, d\theta$$

$$= \int_\alpha^\beta \left[\frac{r^2}{2}\right]_0^{h(\theta)} d\theta = \int_\alpha^\beta \tfrac{1}{2}[h(\theta)]^2\, d\theta,$$

en accord avec la formule 3 dans l'annexe H.2.

EXEMPLE 3 Calculez le volume du solide qui est fermé supérieurement par la paraboloïde $z = x^2 + y^2$, inférieurement par le plan Oxy et latéralement par la paroi du cylindre $x^2 + y^2 = 2x$.

SOLUTION Le solide repose donc sur le disque D dont la frontière est le cercle $x^2 + y^2 = 2x$ ou, après avoir complété le carré,

$$(x - 1)^2 + y^2 = 1$$

(voyez les figures 8 et 9). Comme $x^2 + y^2 = r^2$ et $x = r \cos \theta$, l'équation de ce cercle, en coordonnées polaires, est $r^2 = 2r \cos \theta$, ou $r = 2 \cos \theta$. Le disque est maintenant décrit par

$$D = \{ (r, \theta) \mid -\pi/2 \leqslant \theta \leqslant \pi/2, 0 \leqslant r \leqslant 2\cos\theta \},$$

et, d'après la formule 3, on a

$$V = \iint_D (x^2 + y^2)\, dA = \int_{-\pi/2}^{\pi/2} \int_0^{2\cos\theta} r^2\, r\, dr\, d\theta$$

$$= \int_{-\pi/2}^{\pi/2} \left[\frac{r^4}{4}\right]_0^{2\cos\theta} d\theta = 4 \int_{-\pi/2}^{\pi/2} \cos^4\theta\, d\theta$$

$$= 8 \int_0^{\pi/2} \cos^4\theta\, d\theta.$$

La formule 74 de la Table de primitives avec $n = 4$ permet de poursuivre ainsi :

$$V = 8 \int_0^{\pi/2} \cos^4\theta\, d\theta = 8\left(\tfrac{1}{4}\cos^3\theta \sin\theta \right]_0^{\pi/2} + \tfrac{3}{4} \int_0^{\pi/2} \cos^2\theta\, d\theta\right)$$

$$= 6 \int_0^{\pi/2} \cos^2\theta\, d\theta.$$

Enfin, la formule 64 de la table permet d'achever les calculs comme suit :

$$V = 6 \int_0^{\pi/2} \cos^2\theta\, d\theta = 6\left[\tfrac{1}{2}\theta + \tfrac{1}{4}\sin 2\theta\right]_0^{\pi/2}$$

$$= 6 \cdot \frac{1}{2} \cdot \frac{\pi}{2} = \frac{3\pi}{2}.$$

■ ■

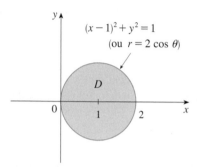

$(x - 1)^2 + y^2 = 1$
(ou $r = 2 \cos \theta$)

D

FIGURE 8

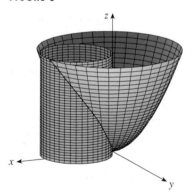

FIGURE 9

■ ■ Au lieu d'employer la table, on aurait pu se servir de l'identité trigonométrique $\cos^2\theta = \tfrac{1}{2}(1 + \cos 2\theta)$ deux fois.

12.4   Exercices

1–6 ■ Pour chaque région R, décidez s'il vaut mieux travailler en coordonnées rectangulaires ou polaires et écrivez $\iint_R f(x, y)\, dA$ sous la forme d'une intégrale itérée. Il est supposé que f est une fonction quelconque continue sur R.

1.
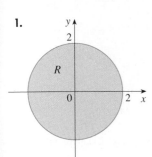

2.
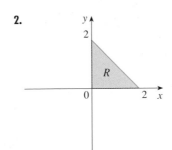

3.
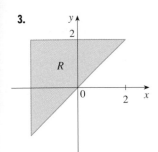

4.
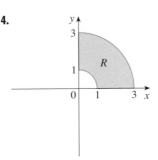

5.
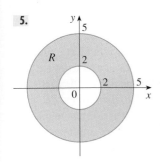

6.
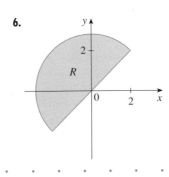

7–8 ■ Dessinez la région dont l'aire est donnée par l'intégrale et calculez l'intégrale.

7. $\displaystyle\int_{\pi}^{2\pi}\int_{4}^{7} r\, dr\, d\theta$

8. $\displaystyle\int_{0}^{\pi/2}\int_{0}^{4\cos\theta} r\, dr\, d\theta$

9–14 ■ Calculez l'intégrale en passant aux coordonnées polaires.

9. $\iint_D xy\, dA$, où D est le disque centré à l'origine et de rayon 3.

10. $\iint_R (x+y)\, dA$ où R est la région située à gauche de l'axe Oy entre les cercles $x^2 + y^2 = 1$ et $x^2 + y^2 = 4$.

11. $\iint_R \cos(x^2 + y^2)\, dA$ où R est la région située au-dessus de l'axe Ox et dans le cercle $x^2 + y^2 = 9$.

12. $\iint_R \sqrt{4 - x^2 - y^2}\, dA$, où $R = \{(x, y) \mid x^2 + y^2 \leqslant 4,\ x \geqslant 0\}$.

13. $\iint_R \operatorname{Arctg}(y/x)\, dA$, où $R = \{(x, y) \mid 1 \leqslant x^2 + y^2 \leqslant 4,\ 0 \leqslant y \leqslant x\}$.

14. $\iint_R y e^x\, dA$, où R est le domaine du premier quadrant délimitée par le cercle $x^2 + y^2 = 25$.

15–21 ■ Employez les coordonnées polaires pour calculer le volume du solide décrit.

15. Sous le cône $z = \sqrt{x^2 + y^2}$ et sur le disque $x^2 + y^2 \leqslant 4$.

16. Sous le paraboloïde $z = 18 - 2x^2 - 2y^2$ et au-dessus du plan Oxy.

17. Une sphère de rayon a.

18. À l'intérieur de la sphère $x^2 + y^2 + z^2 = 16$ et à l'extérieur du cylindre $x^2 + y^2 = 4$.

19. Au-dessus du cône $z = \sqrt{x^2 + y^2}$ et sous la sphère $x^2 + y^2 + z^2 = 1$.

20. Borné par le paraboloïde $z = 1 + 2x^2 + 2y^2$ et le plan $z = 7$ dans le premier quadrant.

21. À l'intérieur du cylindre $x^2 + y^2 = 4$ et de l'ellipsoïde $4x^2 + 4y^2 + z^2 = 64$.

22. a) On fore un trou cylindrique de rayon r_1 dans une sphère de rayon r_2, en passant par le centre. Déterminez le volume du solide annulaire qui en résulte.
b) Exprimez le volume de la partie a) en termes de la hauteur h de l'anneau. Remarquez que le volume ne dépend que de h, et non de r_1 et r_2.

23–24 ■ Calculez par une intégrale double l'aire de la région.

23. Une feuille de la rosace $r = \cos 3\theta$.

24. La région enfermée dans la courbe $r = 4 + 3\cos\theta$.

25–28 ■ Calculez l'intégrale itérée en passant aux coordonnées polaires.

25. $\displaystyle\int_{-3}^{3}\int_{0}^{\sqrt{9-x^2}} \sin(x^2 + y^2)\, dy\, dx$

26. $\displaystyle\int_{0}^{a}\int_{-\sqrt{a^2-y^2}}^{0} x^2 y\, dx\, dy$

27. $\displaystyle\int_{0}^{1}\int_{y}^{\sqrt{2-y^2}} (x+y)\, dx\, dy$

28. $\displaystyle\int_{0}^{2}\int_{0}^{\sqrt{2x-x^2}} \sqrt{x^2 + y^2}\, dy\, dx$

29. Une piscine de forme circulaire a un diamètre de 12 m. La profondeur est constante d'est en ouest, mais croît linéairement de 60 cm au sud jusqu'à 2 m au nord. Calculez le volume d'eau de la piscine.

30. Un arroseur de jardin distribue de l'eau tout autour de lui dans un rayon de 30 m. Il fournit de l'eau jusqu'à une profondeur de e^{-r} m par heure à une distance de r m.
a) Quelle est la quantité totale d'eau distribuée par l'arroseur chaque heure dans une région circulaire autour de lui, de rayon R ?
b) Déterminez une expression de la quantité moyenne d'eau distribuée par heure et par mètre carré dans la région circulaire de rayon R.

31. Ramenez la somme à une seule intégrale double, grâce aux coordonnées polaires. Ensuite calculez-la.

$$\int_{1/\sqrt{2}}^{1} \int_{\sqrt{1-x^2}}^{x} xy \, dy \, dx + \int_{1}^{\sqrt{2}} \int_{0}^{x} xy \, dy \, dx + \int_{\sqrt{2}}^{2} \int_{0}^{\sqrt{4-x^2}} xy \, dy \, dx$$

32. a) On définit l'intégrale impropre (sur tout le plan $\mathbb{R}^2$)

$$I = \iint_{\mathbb{R}^2} e^{-(x^2+y^2)} \, dA = \int_{-\infty}^{\infty} \int_{-\infty}^{\infty} e^{-(x^2+y^2)} \, dy \, dx$$

$$= \lim_{a \to \infty} \iint_{D_a} e^{-(x^2+y^2)} \, dA$$

où D_a est le disque de rayon a centré à l'origine.

Démontrez que

$$\int_{-\infty}^{\infty} \int_{-\infty}^{\infty} e^{-(x^2+y^2)} \, dy \, dx = \pi$$

b) Une définition équivalente de l'intégrale impropre de la partie a) est aussi

$$I = \iint_{\mathbb{R}^2} e^{-(x^2+y^2)} \, dA = \lim_{a \to \infty} \iint_{S_a} e^{-(x^2+y^2)} \, dA$$

où S_a est le carré de sommets $(\pm a, \pm a)$. Servez-vous de cette définition pour montrer que

$$\int_{-\infty}^{\infty} e^{-x^2} \, dx \int_{-\infty}^{\infty} e^{-y^2} \, dy = \pi$$

c) Déduisez que

$$\int_{-\infty}^{\infty} e^{-x^2} \, dx = \sqrt{\pi}.$$

d) Par le changement de variable $t = \sqrt{2}x$, démontrez que

$$\int_{-\infty}^{\infty} e^{-x^2/2} \, dx = \sqrt{2\pi}.$$

(Ceci est un résultat fondamental en probabilités et statistiques.)

33. Calculez les intégrales suivantes, à partir du résultat de l'exercice 32 c).

a) $\displaystyle\int_{0}^{\infty} x^2 e^{-x^2} \, dx$ b) $\displaystyle\int_{0}^{\infty} \sqrt{x} e^{-x} \, dx$

12.5 Des applications des intégrales doubles

Nous avons déjà rencontré une application de l'intégrale double, le calcul de volumes. Une autre application géométrique consiste à calculer des aires de surfaces et ce sera l'objet de la section suivante. Dans cette section-ci, nous explorons des applications qui relèvent de la physique, comme le calcul des masses, des charges électriques, des centres d'inertie et des moments d'inertie. Nous verrons que ces notions, normalement propres à la physique, sont importantes également lorsqu'elles sont appliquées aux fonctions de densité de probabilité de deux variables aléatoires.

▟ Des densités et des masses

Au chapitre 6, nous avons été capables d'utiliser des intégrales simples pour calculer des moments et des centres d'inertie d'une fine plaque de métal de densité constante. Mais maintenant, armés des intégrales doubles, nous pouvons envisager une plaque de métal de densité variable. La plaque de métal occupe une région D du plan Oxy et sa **densité** (en unités de masse par unité carrée) en un point (x, y) de D est donnée par $\rho(x, y)$, où ρ est une fonction continue de D. Cela signifie que

$$\rho(x, y) = \lim \frac{\Delta m}{\Delta A}$$

où Δm et ΔA sont la masse et l'aire d'un petit rectangle qui contient (x, y), la limite étant prise pour les dimensions du rectangle tendant vers 0 (voyez la figure 1).

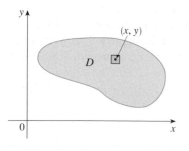

FIGURE 1

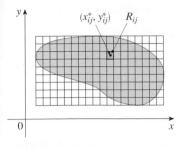

FIGURE 2

Afin de déterminer la masse totale de la plaque de métal, un rectangle R contenant D est divisé en sous-rectangles R_{ij} de même taille (comme dans la figure 2) et $\rho(x, y)$ est posé égale à 0 en dehors de D. La masse de la partie de la plaque de métal qui occupe le sous-rectangle R_{ij} vaut approximativement $\rho(x_{ij}^*, y_{ij}^*)\Delta A$, où (x_{ij}^*, y_{ij}^*) est un point arbitrairement choisi dans R_{ij} et où ΔA est l'aire de R_{ij}. La somme de toutes ces masses est une approximation de la masse totale :

$$m \approx \sum_{i=1}^{k} \sum_{j=1}^{l} \rho(x_{ij}^*, y_{ij}^*)\,\Delta A.$$

La masse m totale de la plaque de métal est obtenue comme la valeur limite de ces approximations, lorsque le nombre de sous-rectangles augmente sans borne :

$$\boxed{1} \qquad m = \lim_{k, l \to \infty} \sum_{i=1}^{k} \sum_{j=1}^{l} \rho(x_{ij}^*, y_{ij}^*)\,\Delta A = \iint\limits_{D} \rho(x, y)\,dA.$$

Les physiciens considèrent encore d'autres densités qui peuvent être traitées de la même manière. Par exemple, si une charge électrique est répartie sur une région D et si la densité de charge (en unités par unités carrées) est donnée par $\sigma(x, y)$ en un point (x, y) de D, alors la charge totale Q est donnée par

$$\boxed{2} \qquad Q = \iint\limits_{D} \sigma(x, y)\,dA.$$

EXEMPLE 1 Une charge est distribuée sur le domaine triangulaire D de la figure 3 de telle sorte que la densité de charge en (x, y) est $\sigma(x, y) = xy$, mesurée en coulombs par mètre carré (C/m^2). Calculez la charge totale.

SOLUTION Suite à l'équation 2 et au vu de la figure 3, on a

$$Q = \iint\limits_{D} \sigma(x, y)\,dA = \int_0^1 \int_{1-x}^1 xy\,dy\,dx$$

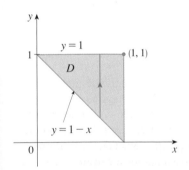

FIGURE 3

$$= \int_0^1 \left[x\frac{y^2}{2} \right]_{y=1-x}^{y=1} dx = \int_0^1 \frac{x}{2}\left[1^2 - (1-x)^2 \right] dx$$

$$= \tfrac{1}{2} \int_0^1 (2x^2 - x^3)\,dx = \frac{1}{2}\left[\frac{2x^3}{3} - \frac{x^4}{4} \right]_0^1 = \frac{5}{24}.$$

La charge totale est donc de $\frac{5}{24}$ C.

Les moments et les centres d'inertie

À la section 6.5, nous avons cherché le centre d'inertie d'une plaque de densité constante ; ici, la plaque est de densité variable. Elle occupe une région D et sa densité au point (x, y) est donnée par $\rho(x, y)$. Souvenez-vous que le moment d'un point matériel par rapport à un axe a été défini, dans la section 6.5, comme le produit de sa masse par la distance à cet axe. La région D est divisée en sous-rectangles comme dans la figure 2. Comme la masse de R_{ij} est approchée par $\rho(x_{ij}^*, y_{ij}^*)\,\Delta A$, le moment de R_{ij} par rapport à l'axe Ox vaut à peu près

$$[\,\rho(x_{ij}^*, y_{ij}^*)\,\Delta A\,]y_{ij}^*.$$

Le **moment** de la plaque de métal entière **par rapport à l'axe** Ox s'obtient alors en additionnant ces quantités et en prenant la limite lorsque le nombre de sous-rectangles augmente indéfiniment :

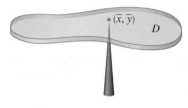

FIGURE 4

$$\boxed{3} \qquad M_x = \lim_{m,\, n \to \infty} \sum_{i=1}^{m} \sum_{j=1}^{n} y_{ij}^* \rho(x_{ij}^*, y_{ij}^*)\, \Delta A = \iint_D y\rho(x, y)\, dA.$$

De même, le **moment par rapport à l'axe** Oy est

$$\boxed{4} \qquad M_y = \lim_{m,\, n \to \infty} \sum_{i=1}^{m} \sum_{j=1}^{n} x_{ij}^* \rho(x_{ij}^*, y_{ij}^*)\, \Delta A = \iint_D x\rho(x, y)\, dA.$$

Comme précédemment, on définit le centre d'inertie comme le point $(\bar{x}, \bar{y})$ dont les coordonnées satisfont à $m\bar{x} = M_y$ et $m\bar{y} = M_x$. Physiquement, cela signifie que la plaque de métal se comporte comme si toute sa masse était concentrée en son centre d'inertie. Par exemple, elle est en équilibre horizontal lorsqu'elle repose sur son centre d'inertie. (Voyez la figure 4.)

> $\boxed{5}$ Les coordonnées $(\bar{x}, \bar{y})$ du centre d'inertie d'une plaque de métal qui occupe la région D et dont la densité est donnée par la fonction $\rho(x, y)$ sont
>
> $$\bar{x} = \frac{M_y}{m} = \frac{1}{m} \iint_D x\rho(x, y)\, dA \qquad \bar{y} = \frac{M_x}{m} = \frac{1}{m} \iint_D y\rho(x, y)\, dA$$
>
> où la masse m est donnée par
>
> $$m = \iint_D \rho(x, y)\, dA$$

EXEMPLE 2 Déterminez la masse et le centre d'inertie d'une fine plaque de métal triangulaire dont les sommets sont en $(0, 0)$, $(1, 0)$ et $(0, 2)$, sachant que la fonction de densité est $\rho(x, y) = 1 + 3x + y$.

SOLUTION Le triangle est représenté dans la figure 5. (L'équation de la frontière supérieure est $y = 2 - 2x$.) La masse de la plaque de métal est

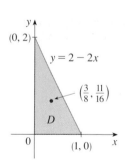

FIGURE 5

$$m = \iint_D \rho(x, y)\, dA = \int_0^1 \int_0^{2-2x} (1 + 3x + y)\, dy\, dx$$

$$= \int_0^1 \left[y + 3xy + \frac{y^2}{2} \right]_{y=0}^{y=2-2x} dx$$

$$= 4 \int_0^1 (1 - x^2)\, dx = 4\left[x - \frac{x^3}{3} \right]_0^1 = \frac{8}{3}.$$

Les formules (5) donnent ensuite

$$\bar{x} = \frac{1}{m} \iint_D x\rho(x, y)\, dA = \tfrac{3}{8} \int_0^1 \int_0^{2-2x} (x + 3x^2 + xy)\, dy\, dx$$

$$= \frac{3}{8} \int_0^1 \left[xy + 3x^2y + x\frac{y^2}{2} \right]_{y=0}^{y=2-2x} dx$$

$$= \frac{3}{2} \int_0^1 (x - x^3)\, dx = \frac{3}{2} \left[\frac{x^2}{2} - \frac{x^4}{4} \right]_0^1 = \frac{3}{8}.$$

$$\bar{y} = \frac{1}{m} \iint\limits_{D} y\rho(x, y)\, dA = \tfrac{3}{8} \int_0^1 \int_0^{2-2x} (y + 3xy + y^2)\, dy\, dx$$

$$= \frac{3}{8} \int_0^1 \left[\frac{y^2}{2} + 3x\frac{y^2}{2} + \frac{y^3}{3} \right]_{y=0}^{y=2-2x} dx = \frac{1}{4} \int_0^1 (7 - 9x - 3x^2 + 5x^3)\, dx$$

$$= \frac{1}{4} \left[7x - 9\frac{x^2}{2} - x^3 + 5\frac{x^4}{4} \right]_0^1 = \frac{11}{16}.$$

Les coordonnées du centre d'inertie sont donc $(\frac{3}{8}, \frac{11}{16})$. ■ ■

EXEMPLE 3 La densité en un point quelconque d'une plaque de métal semi-circulaire est proportionnelle à la distance de ce point par rapport au centre du cercle. Déterminez le centre d'inertie de la plaque de métal.

SOLUTION La plaque de métal occupe la moitié supérieure du cercle $x^2 + y^2 = a^2$ (voyez la figure 6). La distance d'un point (x, y) au centre du cercle est donnée par $\sqrt{x^2 + y^2}$. Dès lors, la fonction de densité est de la forme

$$\rho(x, y) = K\sqrt{x^2 + y^2},$$

où K est une certaine constante. Tant la fonction de densité que la forme de la plaque de métal incitent à passer aux coordonnées polaires. Alors $\sqrt{x^2 + y^2} = r$ et la région D est décrite par $0 \leqslant r \leqslant a$, $0 \leqslant \theta \leqslant \pi$. D'où, la masse de la plaque de métal est donnée par

$$m = \iint\limits_{D} \rho(x, y)\, dA = \iint\limits_{D} K\sqrt{x^2 + y^2}\, dA$$

$$= \int_0^\pi \int_0^a (Kr)\, r\, dr\, d\theta = K \int_0^\pi d\theta \int_0^a r^2\, dr$$

$$= K\pi \frac{r^3}{3} \Big]_0^a = \frac{K\pi a^3}{3}.$$

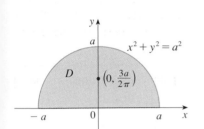

FIGURE 6

■ ■ Comparez les coordonnées du centre d'inertie dans l'exemple 3 avec celles, dans l'exemple 6 de la section 6.5, du centre d'inertie d'une plaque de métal de même forme mais de densité uniforme, à savoir $(0, 4a/(3\pi))$.

Comme la plaque de métal et la fonction de densité sont symétriques par rapport à l'axe Oy, le centre d'inertie se trouve forcément sur cet axe, autrement dit, $\bar{x} = 0$. L'ordonnée, quant à elle, est calculée par

$$\bar{y} = \frac{M_y}{m} = \frac{1}{m} \iint\limits_{D} y\rho(x, y)\, dA = \frac{3}{K\pi a^3} \int_0^\pi \int_0^a r\sin\theta (Kr)\, r\, dr\, d\theta$$

$$= \frac{3}{\pi a^3} \int_0^\pi \sin\theta\, d\theta \int_0^a r^3\, dr = \frac{3}{\pi a^3} \left[-\cos\theta \right]_0^\pi \left[\frac{r^4}{4} \right]_0^a$$

$$= \frac{3}{\pi a^3} \frac{2a^4}{4} = \frac{3a}{2\pi}.$$

Par conséquent, le centre d'inertie se situe au point $(0, 3a/(2\pi))$. ■ ■

■■ Le moment d'inertie

Le **moment d'inertie** (appelé aussi **second moment**) d'une masse ponctuelle m par rapport à un axe est défini par mr^2, où r est la distance entre la masse ponctuelle et l'axe. Cette notion est étendue à une plaque de métal qui occupe une région D et dont la densité en (x, y) est donnée par $\rho(x, y)$ en procédant de la même façon que pour les moments ordinaires. On divise D en petits rectangles, on calcule une valeur approchée du moment d'inertie de chaque sous-rectangle par rapport à l'axe Ox et on prend la limite de la somme lorsque le nombre de sous-rectangles devient infiniment grand. Le résultat est le **moment d'inertie** de la plaque de métal **par rapport à l'axe** Ox :

6
$$I_x = \lim_{m,\, n \to \infty} \sum_{i=1}^{m} \sum_{j=1}^{n} (y_{ij}^*)^2 \rho(x_{ij}^*, y_{ij}^*)\, \Delta A = \iint_D y^2 \rho(x, y)\, dA.$$

De même, le **moment d'inertie par rapport à l'axe** Oy est

7
$$I_y = \lim_{m,\, n \to \infty} \sum_{i=1}^{m} \sum_{j=1}^{n} (x_{ij}^*)^2 \rho(x_{ij}^*, y_{ij}^*)\, \Delta A = \iint_D x^2 \rho(x, y)\, dA.$$

Il est aussi intéressant de considérer le **moment d'inertie par rapport à l'origine**, encore appelé **moment polaire d'inertie** :

8
$$I_0 = \lim_{m,\, n \to \infty} \sum_{i=1}^{m} \sum_{j=1}^{n} [(x_{ij}^*)^2 + (y_{ij}^*)^2] \rho(x_{ij}^*, y_{ij}^*)\, \Delta A = \iint_D (x^2 + y^2) \rho(x, y)\, dA.$$

Notez que $I_0 = I_x + I_y$.

EXEMPLE 4 Calculez les moments d'inertie I_x, I_y et I_0 d'un disque homogène D de densité $\rho(x, y) = \rho$, centré à l'origine et de rayon a.

SOLUTION La frontière du disque D est le cercle $x^2 + y^2 = a^2$ et, en coordonnées polaires, D est décrit par $0 \le \theta \le 2\pi$, $0 \le r \le a$. On calcule d'abord I_0 :

$$I_0 = \iint_D (x^2 + y^2) \rho\, dA = \rho \int_0^{2\pi} \int_0^a r^2 r\, dr\, d\theta$$

$$= \rho \int_0^{2\pi} d\theta \int_0^a r^3\, dr = 2\pi\rho \left[\frac{r^4}{4}\right]_0^a = \frac{\pi\rho a^4}{2}.$$

Au lieu de calculer I_x et I_y directement, on se sert du fait que $I_x + I_y = I_0$ et que $I_x = I_y$ (à cause de la symétrie du problème). D'où

$$I_x = I_y = \frac{I_0}{2} = \frac{\pi\rho a^4}{4}. \qquad \blacksquare\ \blacksquare$$

Comme la masse du disque de l'exemple 4 vaut

$$m = \text{densité} \times \text{aire} = \rho(\pi a^2),$$

le moment d'inertie par rapport à l'origine (à l'instar d'une roue autour de son essieu) peut s'écrire

$$I_0 = \frac{\pi\rho a^4}{2} = \tfrac{1}{2}(\rho\pi a^2)a^2 = \tfrac{1}{2} m a^2.$$

Ainsi, si on augmente la masse ou le rayon du disque, on augmente du même coup le moment d'inertie. En général, le moment d'inertie joue le même rôle que la masse dans le mouvement linéaire. Le moment d'inertie est ce qui s'oppose à la mise en route ou à l'arrêt de la rotation d'une roue, exactement comme la masse d'une voiture rend difficile sa mise en mouvement ou son arrêt.

■■ Probabilité

Dans la section 6.7, on a envisagé la *fonction de densité de probabilité* f d'une variable aléatoire continue X. Elle est telle que $f(x) \geqslant 0$ pour tout x, que $\int_{-\infty}^{\infty} f(x)\, dx = 1$ et que la probabilité que X se trouve entre a et b est obtenue en intégrant f depuis a jusqu'à b :

$$P(a \leqslant X \leqslant b) = \int_a^b f(x)\, dx.$$

On considère maintenant une paire de variables aléatoires continues X et Y, telle les durées de vie de deux composantes d'une machine ou la taille et le poids d'un adulte de sexe féminin choisi au hasard. La **fonction de densité conjointe** de X et Y est une fonction f de deux variables telle que la probabilité pour que (X, Y) se trouve dans un domaine D est

$$P((X, Y) \in D) = \iint_D f(x, y)\, dA.$$

En particulier, si la région est un rectangle, la probabilité que X se trouve entre a et b et Y entre c et d est

$$P(a \leqslant X \leqslant b,\, c \leqslant Y \leqslant d) = \int_a^b \int_c^d f(x, y)\, dy\, dx$$

(Voyez la figure 7.)

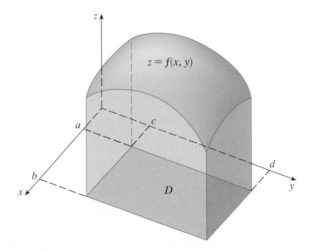

FIGURE 7
La probabilité que X se trouve entre a et b et Y entre c et d est le volume qui se trouve au-dessus du rectangle $D = [a, b] \times [c, d]$ et sous le graphique de la fonction de densité conjointe.

Parce que des probabilités ne sont jamais négatives et sont mesurées sur une échelle de 0 à 1, la fonction de densité conjointe jouit des propriétés suivantes :

$$f(x, y) \geqslant 0 \qquad \iint_{\mathbb{R}^2} f(x, y)\, dA = 1.$$

Comme dans l'exercice 32 de la section 12.4, l'intégrale double sur $\mathbb{R}^2$ est une intégrale impropre définie comme la limite des intégrales doubles sur des cercles ou des carrés en expansion et on peut écrire

$$\iint\limits_{\mathbb{R}^2} f(x, y)\, dA = \int_{-\infty}^{\infty} \int_{-\infty}^{\infty} f(x, y)\, dx\, dy = 1.$$

EXEMPLE 5 Déterminez la valeur de la constante C si f, définie par

$$f(x, y) = \begin{cases} C(x + 2y) & \text{si } 0 \leqslant x \leqslant 10,\ 0 \leqslant y \leqslant 10 \\ 0 & \text{sinon,} \end{cases}$$

est la fonction de densité conjointe de X et Y. Calculez ensuite $P(X \leqslant 7, Y \geqslant 2)$.

SOLUTION La valeur de C doit être telle que l'intégrale double de f soit égale à 1. Vu que $f(x, y) = 0$ en dehors du rectangle $[0, 10] \times [0, 10]$, on a

$$\int_{-\infty}^{\infty} \int_{-\infty}^{\infty} f(x, y)\, dy\, dx = \int_{0}^{10} \int_{0}^{10} C(x + 2y)\, dy\, dx = C \int_{0}^{10} \left[xy + y^2 \right]_{y=0}^{y=10} dx$$

$$= C \int_{0}^{10} (10x + 100)\, dx = 1\,500\,C.$$

Dès lors, $1\,500\,C = 1$ ou $C = \frac{1}{1\,500}$.

On calcule maintenant la probabilité que X soit au plus égale à 7 et Y au moins égale à 2 :

$$P(X \leqslant 7, Y \geqslant 2) = \int_{-\infty}^{7} \int_{2}^{\infty} f(x, y)\, dy\, dx = \int_{0}^{7} \int_{2}^{10} \frac{1}{1\,500}(x + 2y)\, dy\, dx$$

$$= \frac{1}{1\,500} \int_{0}^{7} \left[xy + y^2 \right]_{y=2}^{y=10} dx = \frac{1}{1\,500} \int_{0}^{7} (8x + 96)\, dx$$

$$= \frac{868}{1\,500} \approx 0,5787.$$ ■ ■

On envisage une variable aléatoire X dont la fonction de densité de probabilité est $f_1(x)$ et une variable aléatoire Y dont le fonction de densité de probabilité est $f_2(y)$. Les variables X et Y sont dites **indépendantes** si leur fonction de densité conjointe est le produit de leurs fonctions de densité respectives :

$$f(x, y) = f_1(x) f_2(y).$$

Dans la section 6.7, on a modélisé des temps d'attente par des fonctions de densité exponentielle

$$f(t) = \begin{cases} 0 & \text{si } t < 0 \\ \mu^{-1} e^{-t/\mu} & \text{si } t \geqslant 0, \end{cases}$$

où μ est le temps d'attente moyen. L'exemple suivant présente une situation où il y a deux temps d'attente indépendants.

EXEMPLE 6 Le directeur d'un cinéma constate que le temps d'attente moyen pour obtenir un ticket est de 10 minutes et pour acheter du maïs soufflé de 5 minutes. En supposant que ces temps d'attente sont indépendants, calculez la probabilité qu'un spectateur attende au total moins de 20 minutes avant de prendre place.

SOLUTION Les temps d'attente X et Y sont modélisés par des fonctions de densité de probabilité individuelles de type exponentiel

$$f_1(x) = \begin{cases} 0 & \text{si } x < 0 \\ \frac{1}{10}e^{-x/10} & \text{si } x \geqslant 0, \end{cases} \qquad f_2(y) = \begin{cases} 0 & \text{si } y < 0 \\ \frac{1}{5}e^{-y/5} & \text{si } y \geqslant 0. \end{cases}$$

Comme X et Y sont indépendantes, la fonction de densité de probabilité conjointe est le produit

$$f(x, y) = f_1(x)f_2(y) = \begin{cases} \frac{1}{50}e^{-x/10}e^{-y/5} & \text{si } x \geqslant 0, \, y \geqslant 0 \\ 0 & \text{sinon.} \end{cases}$$

On demande la probabilité que $X + Y < 20$:

$$P(X + Y < 20) = P((X, Y) \in D)$$

où D est la région triangulaire qu'on peut voir dans la figure 8. Ainsi,

$$P(X + Y < 20) = \iint_D f(x, y)\, dA = \int_0^{20} \int_0^{20-x} \frac{1}{50}e^{-x/10}e^{-y/5}\, dy\, dx$$

$$= \frac{1}{50} \int_0^{20} \left[e^{-x/10}(-5)e^{-y/5} \right]_{y=0}^{y=20-x} dx$$

$$= \frac{1}{10} \int_0^{20} e^{-x/10}(1 - e^{(x-20)/5})\, dx$$

$$= \frac{1}{10} \int_0^{20} (e^{-x/10} - e^{-4}e^{x/10})\, dx$$

$$= 1 + e^{-4} - 2e^{-2} \approx 0{,}7476.$$

Environ 75 % des spectateurs attendent moins de 20 minutes avant de s'asseoir[1]. ■ ■

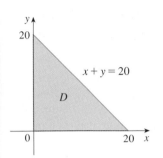

FIGURE 8

■■ L'espérance mathématique

On sait déjà, depuis la section 6.7, que si X est une variable aléatoire de densité de probabilité f, alors sa *moyenne* est

$$\mu = \int_{-\infty}^{\infty} xf(x)\, dx.$$

Maintenant, si X et Y sont des variables aléatoires de densité de probabilité f, on définit l'**espérance mathématique** de X et l'**espérance mathématique** de Y, comme étant

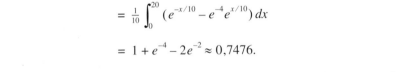

9       $$\mu_1 = \iint_{\mathbb{R}^2} xf(x, y)\, dA \qquad \mu_2 = \iint_{\mathbb{R}^2} yf(x, y)\, dA$$

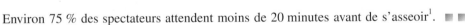

La ressemblance entre les expressions de μ_1 et μ_2 dans (9) et celles des moments M_x et M_y de la plaque de métal de densité ρ dans les équations (3) et (4) est remarquable. On peut, en effet, penser à une probabilité comme à une masse distribuée de façon continue. On calcule une probabilité comme on calcule une masse — en intégrant une fonction de

---

[1] NdT. Cela suppose qu'il est indispensable de manger du maïs soufflé en regardant un film !

densité. Et dû au fait que le total de la « masse probabilité » vaut 1, les expressions de $\bar{x}$ et $\bar{y}$ dans (5) montrent qu'on peut voir les espérances mathématiques μ_1 de X et μ_2 de Y comme les coordonnées du « centre d'inertie » de la distribution de probabilité.

L'exemple suivant traite des distributions normales. Comme dans la section 6.7, une variable aléatoire unique est *distribuée normalement* si sa fonction de densité de probabilité est de la forme

$$f(x) = \frac{1}{\sigma\sqrt{2\pi}} e^{-(x-\mu)^2/(2\sigma^2)}$$

où μ est la moyenne et σ l'écart-type.

EXEMPLE 7 Une usine fabrique des roulements à billes (de forme cylindrique) qui mesurent 4 cm de diamètre et 6 cm de long. En fait, les diamètres X sont normalement distribués de moyenne 4 cm et d'écart-type 0,01 cm tandis que les longueurs Y sont normalement distribuées de moyenne 6 cm et d'écart-type 0,01 cm. Écrivez la fonction de densité conjointe et faites-en le graphique, sous l'hypothèse que X et Y sont indépendantes. Déterminez la probabilité qu'un roulement choisi au hasard dans la ligne de production ait une longueur ou un diamètre qui diffèrent de la moyenne de plus de 0,02 cm.

SOLUTION On sait que X et Y sont normalement distribuées avec $\mu_1 = 4$, $\mu_2 = 6$ et $\sigma_1 = \sigma_2 = 0,01$. Les fonctions de densité de X et Y sont donc

$$f_1(x) = \frac{1}{0,01\sqrt{2\pi}} e^{-(x-4)^2/0,0002} \qquad f_2(y) = \frac{1}{0,01\sqrt{2\pi}} e^{-(y-6)^2/0,0002}.$$

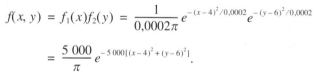

FIGURE 9

Graphique de la fonction de densité conjointe normale bivariée de l'exemple 7.

Les variables X et Y étant indépendantes, la fonction de densité conjointe est le produit :

$$f(x, y) = f_1(x)f_2(y) = \frac{1}{0,0002\pi} e^{-(x-4)^2/0,0002} e^{-(y-6)^2/0,0002}$$

$$= \frac{5\,000}{\pi} e^{-5\,000[(x-4)^2+(y-6)^2]}.$$

La figure 9 montre une image de cette fonction.

On calcule d'abord la probabilité que les deux variables X et Y diffèrent de leur moyenne de moins de 0,02 cm. Confiant à une calculatrice ou à un ordinateur le soin de calculer l'intégrale, on obtient

$$P(3,98 < X < 4,02 \,;\, 5,98 < Y < 6,02) = \int_{3,98}^{4,02} \int_{5,98}^{6,02} f(x, y)\, dy\, dx$$

$$= \frac{5\,000}{\pi} \int_{3,98}^{4,02} \int_{5,98}^{6,02} e^{-5\,000[(x-4)^2+(y-6)^2]}\, dy\, dx$$

$$\approx 0,91.$$

La probabilité que soit X, soit Y diffère de sa moyenne de plus de 0,02 cm vaut approximativement

$$1 - 0,91 = 0,09.$$

12.5 | Exercices

1. Une charge électrique est distribuée sur le rectangle $1 \leqslant x \leqslant 3$, $0 \leqslant y \leqslant 2$ selon une densité en (x, y) donnée par $\sigma(x, y) = 2xy + y^2$ (mesurée en coulombs par mètre carré). Calculez la charge totale sur le rectangle.

2. Une charge électrique est distribuée sur le disque $x^2 + y^2 \leqslant 4$ selon une densité en (x, y) donnée par $\sigma(x, y) = x + y + x^2 + y^2$ (mesurée en coulombs par mètre carré). Calculez la charge totale sur le disque.

3–10 ■ Calculez la masse et le centre d'inertie de la plaque de métal qui occupe le domaine D et dont la fonction de densité est la fonction ρ donnée.

3. $D = \{(x, y) \mid 0 \leqslant x \leqslant 2, -1 \leqslant y \leqslant 1\}$; $\rho(x, y) = xy^2$.

4. $D = \{(x, y) \mid 0 \leqslant x \leqslant a, 0 \leqslant y \leqslant b\}$; $\rho(x, y) = cxy$.

5. D est la région triangulaire de sommets $(0, 0)$, $(2, 1)$, $(0, 3)$; $\rho(x, y) = x + y$.

6. D est la région triangulaire de sommets $(0, 0)$, $(1, 1)$, $(4, 0)$; $\rho(x, y) = x$.

7. D est délimitée par $y = e^x$, $y = 0$, $x = 0$ et $x = 1$; $\rho(x, y) = y$.

8. D est délimitée par $y = \sqrt{x}$, $y = 0$ et $x = 1$; $\rho(x, y) = x$.

9. D est bornée par la parabole $x = y^2$ et la droite $y = x - 2$; $\rho(x, y) = 3$.

10. $D = \{(x, y) \mid 0 \leqslant y \leqslant \cos x, 0 \leqslant x \leqslant \pi/2\}$; $\rho(x, y) = x$.

11. Une plaque de métal occupe un quart de disque de rayon 1 dans le premier quadrant. Déterminez son centre d'inertie si la densité en chaque point est proportionnelle à la distance qui le sépare de l'axe Ox.

12. Calculez les coordonnées du centre d'inertie de la plaque de métal de l'exercice 11 si la densité en un point quelconque est proportionnelle au carré de sa distance par rapport à l'origine.

13. Déterminez le centre d'inertie d'une plaque de métal dont la forme est un triangle isocèle rectangle dont les deux cotés égaux mesurent a, si la densité en un point est proportionnelle au carré de la distance par rapport au sommet opposé à l'hypoténuse.

14. Une plaque de métal occupe la région intérieure au cercle $x^2 + y^2 = 2y$, mais extérieure au cercle $x^2 + y^2 = 1$. Déterminez le centre d'inertie si la densité en un point quelconque est inversement proportionnelle à sa distance par rapport à l'origine.

15. Calculez les moments d'inertie I_x, I_y, I_0 de la plaque de métal de l'exercice 7.

16. Calculez les moments d'inertie I_x, I_y, I_0 de la plaque de métal de l'exercice 12.

17. Calculez les moments d'inertie I_x, I_y, I_0 de la plaque de métal de l'exercice 13.

18. On considère une pale de ventilateur carrée de côté 2, dont le coin inférieur gauche est placé à l'origine. Si la densité de la pale est $\rho(x, y) = 1 + 0{,}1x$, est-il plus difficile de faire tourner la pale autour de l'axe Ox ou de l'axe Oy ?

[CAS] **19–20** ■ À l'aide d'un ordinateur, calculez la masse, le centre d'inertie et les moments d'inertie de la plaque qui occupe la région D pour la fonction de densité donnée.

19. $D = \{(x, y) \mid 0 \leqslant y \leqslant \sin x, 0 \leqslant x \leqslant \pi\}$; $\rho(x, y) = xy$

20. D est délimité par la cardioïde $r = 1 + \cos\theta$; $\rho(x, y) = \sqrt{x^2 + y^2}$.

21. La fonction de densité conjointe d'une paire de variables aléatoires X et Y est
$$f(x, y) = \begin{cases} Cx(1 + y) & \text{si } 0 \leqslant x \leqslant 1, 0 \leqslant y \leqslant 2 \\ 0 & \text{sinon,} \end{cases}$$
a) Déterminez la valeur de la constante C.
b) Calculez $P(X \leqslant 1, Y \leqslant 1)$.
c) Calculez $P(X + Y \leqslant 1)$.

22. a) Vérifiez que
$$f(x, y) = \begin{cases} 4xy & \text{si } 0 \leqslant x \leqslant 1, 0 \leqslant y \leqslant 1 \\ 0 & \text{sinon,} \end{cases}$$
est une fonction de densité conjointe.
b) Si X et Y sont des variables aléatoires dont la fonction de densité conjointe est la fonction f de la partie a), calculez
• $P(X \geqslant \frac{1}{2})$ • $P(X \geqslant \frac{1}{2}, Y \leqslant \frac{1}{2})$.
c) Calculez les espérances mathématiques de X et Y.

23. On suppose que X et Y sont des variables aléatoires dont la fonction de densité conjointe est
$$f(x, y) = \begin{cases} 0{,}1e^{-(0,5x + 0,2y)} & \text{si } x \geqslant 0, y \geqslant 0 \\ 0 & \text{sinon.} \end{cases}$$
a) Vérifiez que f est bien une fonction de densité conjointe.
b) Calculez les probabilités suivantes.
• $P(Y \geqslant 1)$ • $P(X \leqslant 2, Y \leqslant 4)$
c) Calculez les espérances mathématiques de X et Y.

24. a) Un lustre a deux ampoules dont la durée moyenne de vie est de 1 000 heures. À supposer qu'on puisse modéliser la probabilité de défaillance de ces ampoules par une fonction de densité exponentielle, de moyenne $\mu = 1\,000$, déterminez la probabilité que les deux ampoules s'éteignent avant 1 000 heures.
b) Un autre lustre n'a qu'une ampoule du même type que dans la partie a). Si une ampoule s'éteint et est remplacée par une autre de même type, calculez la probabilité que les deux ampoules durent moins de 1 000 heures au total.

[CAS] **25.** On suppose que X et Y sont des variables aléatoires indépendantes, X est normalement distribuée de moyenne 45 et d'écart-type 0,5 tandis que Y est normalement distribuée de moyenne 20 et d'écart-type 0,1.
a) Calculez $P(40 \leqslant X \leqslant 50, 20 \leqslant Y \leqslant 25)$.
b) Calculez $P(4(X - 45)^2 + 100(Y - 20)^2 \leqslant 2)$.

26. Marc et Nathalie sont en classe jusqu'à midi et ils conviennent de se rencontrer chaque jour après la classe. Ils arrivent à la cafétéria indépendamment. Soit X le moment où arrive Marc et Y le moment où arrive Nathalie (X et Y sont mesurées en minutes après midi). Les fonctions de densité respectives sont

$$f_1(x) = \begin{cases} e^{-x} & \text{si } x \geq 0 \\ 0 & \text{si } x < 0, \end{cases} \qquad f_2(y) = \begin{cases} \frac{1}{50}y & \text{si } 0 \leq y \leq 10 \\ 0 & \text{sinon.} \end{cases}$$

(Marc arrive généralement après midi et a tendance à être ponctuel. Nathalie arrive toujours à 12 h 10 et a tendance à être plutôt en retard.) Au moment où Nathalie arrive, elle est prête à attendre une demi-heure, mais Marc, lui, ne l'attend pas. Calculez la probabilité qu'ils se rencontrent.

27. Lorsqu'on étudie la propagation d'une épidémie, on suppose que la probabilité qu'un individu infecté contamine un individu sain est une fonction de la distance entre eux. On considère une ville circulaire de 10 km de rayon dans laquelle la population est uniformément distribuée. Pour un individu sain situé en un point fixé $A(x_0, y_0)$, on suppose que la fonction de probabilité est donnée par

$$f(P) = \tfrac{1}{20}[20 - d(P, A)],$$

où $d(P, A)$ désigne la distance entre P et A.

a) On suppose que l'exposition d'une personne à la maladie est la somme des probabilités d'attraper la maladie de tous les membres de la population. On suppose aussi que la population malade est uniformément répartie dans la ville, à raison de k personnes malades au kilomètre carré. Établissez une intégrale double qui représente l'exposition d'une personne qui réside en A.

b) Calculez l'intégrale dans le cas d'une personne A qui vit au centre de la ville et d'une autre qui vit au bord de la ville. Où vaut-il mieux habiter ?

12.6 Des aires de surface

Dans cette section, nous allons calculer l'aire d'une portion de surface en utilisant une intégrale double. Nous commençons par mettre au point une formule de calcul de l'aire d'une surface décrite par des équations paramétriques et ensuite, comme cas particulier, nous déduisons une formule de calcul de l'aire d'une surface présentée comme le graphique d'une fonction de deux variables.

Il convient de rappeler qu'une surface paramétrée S est définie (voyez la section 10.5) par une fonction vectorielle de deux paramètres

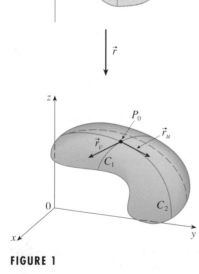

$$\boxed{1} \qquad \vec{r}(u, v) = x(u, v)\,\vec{i} + y(u, v)\,\vec{j} + z(u, v)\,\vec{k},$$

ou, de façon équivalente, par les équations paramétriques

$$x = x(u, v) \qquad y = y(u, v) \qquad z = z(u, v),$$

où (u, v) parcourt un domaine D du plan Ouv.

L'aire de S va être obtenue en divisant S en parcelles, puis en évaluant l'aire de chaque parcelle par l'aire d'un morceau du plan tangent. Il est donc nécessaire de rappeler comment s'écrit l'équation du plan tangent à une surface paramétrée (voyez la section 11.4).

Soit P_0 un point de S extrémité du vecteur position $\vec{r}(u_0, v_0)$. En posant $u = u_0$, $\vec{r}(u_0, v)$ devient une fonction vectorielle du seul paramètre v et définit une courbe paramétrée C_1 tracée sur S (voyez la figure 1). Le vecteur tangent à C_1 en P_0 est obtenu par la dérivée partielle de $\vec{r}$ par rapport à v :

$$\boxed{2} \qquad \vec{r}'_v = \frac{\partial x}{\partial v}(u_0, v_0)\,\vec{i} + \frac{\partial y}{\partial v}(u_0, v_0)\,\vec{j} + \frac{\partial z}{\partial v}(u_0, v_0)\,\vec{k}.$$

De même, en tenant v constante, $v = v_0$, on obtient une courbe paramétrée C_2 tracée sur S et décrite par $\vec{r}(u, v_0)$. Son vecteur tangent en P_0 est

FIGURE 1

$$\boxed{3} \qquad \vec{r}'_u = \frac{\partial x}{\partial u}(u_0, v_0)\,\vec{i} + \frac{\partial y}{\partial u}(u_0, v_0)\,\vec{j} + \frac{\partial z}{\partial u}(u_0, v_0)\,\vec{k}.$$

Si le **vecteur normal** $\vec{r}_u' \wedge \vec{r}_v'$ n'est pas le vecteur nul, alors la surface est qualifiée de lisse. (Il n'y a pas de « plis ».) Le plan tangent à S en P_0 existe et son équation s'écrit comme d'habitude à partir du vecteur normal.

Le moment est venu de mettre au point l'aire d'une surface paramétrée générale donnée par l'équation 1. On commence, pour que ce soit plus simple, par une surface dont le domaine D des paramètres est un rectangle, et on divise celui-ci en sous-rectangles R_{ij}. On choisit (u_i^*, v_j^*) au sommet inférieur gauche de R_{ij} (voyez la figure 2). La portion S_{ij} de la surface S qui surplombe R_{ij} s'appelle un élément d'aire, et contient le point P_{ij} extrémité du vecteur position $\vec{r}(u_i^*, v_j^*)$ en l'un de ses coins. Soit

$$\vec{r}_u'^* = \vec{r}_u'(u_i^*, v_j^*) \quad \text{et} \quad \vec{r}_v'^* = \vec{r}_v'(u_i^*, v_j^*)$$

les vecteurs tangents en P_{ij} tels qu'ils sont donnés par les formules 3 et 2.

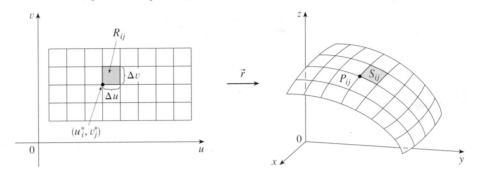

FIGURE 2

L'image du sous-rectangle R_{ij} est l'élément d'aire S_{ij}.

La figure 3 a) met en évidence le fait que les deux côtés de l'élément d'aire qui se rencontrent en P_{ij} peuvent être approchés par des vecteurs. Ces vecteurs, à leur tour, peuvent être approchés par les vecteurs $\Delta u \vec{r}_u'^*$ et $\Delta v \vec{r}_v'^*$, parce que des dérivées partielles peuvent être approchées par des quotients de différences. C'est ainsi que S_{ij} est à peu près de même aire que le parallélogramme construit sur les vecteurs $\Delta u \vec{r}_u'^*$ et $\Delta v \vec{r}_v'^*$. Le parallélogramme que montre la figure 3 b) se trouve dans le plan tangent à S en P_{ij}. L'aire de ce parallélogramme est égale à

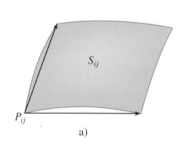

$$\|(\Delta u \vec{r}_u'^*) \wedge (\Delta v \vec{r}_v'^*)\| = \|\vec{r}_u'^* \wedge \vec{r}_v'^*\| \Delta u \Delta v,$$

et de là, une approximation de S est fournie par la double somme

$$\sum_{i=1}^{m} \sum_{j=1}^{n} \|\vec{r}_u'^* \wedge \vec{r}_v'^*\| \Delta u \Delta v.$$

Notre intuition nous dit que cette approximation est d'autant meilleure que le nombre de sous-rectangles est grand, et nous reconnaissons ainsi une somme de Riemann de l'intégrale double $\iint_D \|\vec{r}_u'^* \wedge \vec{r}_v'^*\| \Delta u \Delta v$. Voilà qui prépare à la définition suivante.

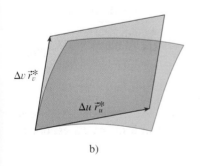

FIGURE 3

Un élément d'aire remplacé par un parallélogramme

---

4 **Définition** Si une surface paramétrée lisse S est donnée par l'équation

$$\vec{r}(u, v) = x(u, v)\,\vec{i} + y(u, v)\,\vec{j} + z(u, v)\,\vec{k}, \qquad (u, v) \in D$$

et si S est couverte une seule fois lorsque (u, v) parcourt le domaine D, alors l'**aire de la surface** S est le nombre

$$A(S) = \iint_D \|\vec{r}_u' \wedge \vec{r}_v'\|\, dA,$$

où

$$\vec{r}_u' = \frac{\partial x}{\partial u}\,\vec{i} + \frac{\partial y}{\partial u}\,\vec{j} + \frac{\partial z}{\partial u}\,\vec{k} \qquad \vec{r}_v' = \frac{\partial x}{\partial v}\,\vec{i} + \frac{\partial y}{\partial v}\,\vec{j} + \frac{\partial z}{\partial v}\,\vec{k}.$$

EXEMPLE 1 Calculez l'aire d'une sphère de rayon a.

SOLUTION La représentation paramétrique d'une sphère a été écrite dans l'exemple 4 de la section 10.5

$$x = a \sin \phi \cos \theta \quad y = a \sin \phi \sin \theta \quad z = a \cos \phi$$

où le domaine de définition des paramètres est

$$D = \{ (\phi, \theta) \mid 0 \leqslant \phi \leqslant \pi, \ 0 \leqslant \theta \leqslant 2\pi \}.$$

On commence par calculer le produit vectoriel des vecteurs tangents :

$$\vec{r}_\phi{}' \wedge \vec{r}_\theta{}' = \begin{vmatrix} \vec{i} & \vec{j} & \vec{k} \\ \dfrac{\partial x}{\partial \phi} & \dfrac{\partial y}{\partial \phi} & \dfrac{\partial z}{\partial \phi} \\ \dfrac{\partial x}{\partial \theta} & \dfrac{\partial y}{\partial \theta} & \dfrac{\partial z}{\partial \theta} \end{vmatrix} = \begin{vmatrix} \vec{i} & \vec{j} & \vec{k} \\ a \cos \phi \cos \theta & a \cos \phi \sin \theta & -a \sin \phi \\ -a \sin \phi \sin \theta & a \sin \phi \cos \theta & 0 \end{vmatrix}$$

$$= a^2 \sin^2 \phi \cos \theta \vec{i} + a^2 \sin^2 \phi \sin \theta \vec{j} + a^2 \sin \phi \cos \phi \vec{k}.$$

Ensuite, sa norme

$$\| \vec{r}_\phi{}' \wedge \vec{r}_\theta{}' \| = \sqrt{a^4 \sin^4 \phi \cos^2 \theta + a^4 \sin^4 \phi \sin^2 \theta + a^4 \sin^2 \phi \cos^2 \phi}$$

$$= \sqrt{a^4 \sin^4 \phi + a^4 \sin^2 \phi \cos^2 \phi} = a^2 \sqrt{\sin^2 \phi} = a^2 \sin \phi$$

puisque $\sin \phi \geqslant 0$ lorsque $0 \leqslant \phi \leqslant \pi$. Finalement, selon la définition 4, l'aire de la sphère est égale à

$$A = \iint_D \| \vec{r}_\phi{}' \wedge \vec{r}_\theta{}' \| \, dA = \int_0^{2\pi} \int_0^\pi a^2 \sin \phi \, d\phi \, d\theta$$

$$= a^2 \int_0^{2\pi} d\theta \int_0^\pi \sin \phi \, d\phi = a^2 (2\pi) 2 = 4\pi a^2.$$

■ ■

■■
■■ **Aire de la surface représentative d'une fonction de deux variables**

Dans le cas particulier d'une surface S d'équation $z = f(x, y)$, où (x, y) se trouve dans D et où f a des dérivées partielles continues, on prend x et y comme paramètres. Les équations paramétriques sont

$$x = x \qquad y = y \qquad z = f(x, y),$$

et de là

$$\vec{r}_x{}' = \vec{i} + \left(\frac{\partial f}{\partial x} \right) \vec{k} \qquad \vec{r}_y{}' = \vec{j} + \left(\frac{\partial f}{\partial y} \right) \vec{k}$$

Dès lors,

$$\boxed{5} \qquad \vec{r}_x{}' \wedge \vec{r}_y{}' = \begin{vmatrix} \vec{i} & \vec{j} & \vec{k} \\ 1 & 0 & \dfrac{\partial f}{\partial x} \\ 0 & 1 & \dfrac{\partial f}{\partial y} \end{vmatrix} = -\frac{\partial f}{\partial x} \vec{i} - \frac{\partial f}{\partial y} \vec{j} + \vec{k}.$$

■ ■ La ressemblance entre la formule d'aire de la surface et la formule de la longueur d'un arc

$$L = \int_a^b \sqrt{1 + \left(\frac{dy}{dx}\right)^2}\, dx$$

à la section 6.3 est flagrante.

La formule de l'aire de la surface dans la définition 4 devient

6
$$A(S) = \iint_D \sqrt{1 + \left(\frac{\partial z}{\partial x}\right)^2 + \left(\frac{\partial z}{\partial y}\right)^2}\, dA$$

EXEMPLE 2 Calculez l'aire de la portion du paraboloïde $z = x^2 + y^2$ qui se trouve sous le plan $z = 9$.

SOLUTION Le plan coupe le paraboloïde selon le cercle $x^2 + y^2 = 9$, $z = 9$. Par conséquent, la surface considérée se trouve au-dessus du disque D centré à l'origine et de rayon 3 (voyez la figure 4). D'après la formule 6, on a

$$A = \iint_D \sqrt{1 + \left(\frac{\partial z}{\partial x}\right)^2 + \left(\frac{\partial z}{\partial y}\right)^2}\, dA = \iint_D \sqrt{1 + (2x)^2 + (2y)^2}\, dA$$

$$= \iint_D \sqrt{1 + 4(x^2 + y^2)}\, dA.$$

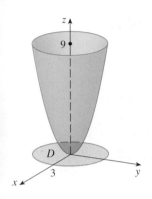

FIGURE 4

Le calcul s'effectue plus aisément en coordonnées polaires :

$$A = \int_0^{2\pi} \int_0^3 \sqrt{1 + 4r^2}\, r\, dr\, d\theta = \int_0^{2\pi} d\theta \int_0^3 r\sqrt{1 + 4r^2}\, dr$$

$$= 2\pi(\tfrac{1}{8})\tfrac{2}{3}(1 + 4r^2)^{3/2}\Big]_0^3 = \frac{\pi}{6}(37\sqrt{37} - 1).$$

■ ■

Parmi les surfaces, celles dites **de révolution** sont très courantes. Elles sont engendrées, par exemple, par la rotation autour de l'axe Ox de la courbe $y = f(x)$, $a \leqslant x \leqslant b$, où $f(x) \geqslant 0$ et f' continue. À l'exercice 25, il est demandé d'employer une représentation paramétrique de S et la définition 4 pour démontrer la formule que voici de l'aire d'une surface de révolution :

7
$$A = 2\pi \int_a^b f(x)\sqrt{1 + [f'(x)]^2}\, dx.$$

12.6 | Exercices

1–12 ■ Calculez l'aire de la surface décrite.

1. La portion du plan $z = 2 + 3x + 4y$ au-dessus du rectangle $[0, 5] \times [1, 4]$.

2. La portion du plan $2x + 5y + z = 10$ située à l'intérieur du cylindre $x^2 + y^2 = 9$.

3. La portion du plan $3x + 2y + z = 6$ située dans le premier octant.

4. La partie du plan d'équation vectorielle $\vec{r}(u, v) = (1 + v, u - 2v, 3 - 5u + v)$ balayée par $0 \leqslant u \leqslant 1$, $0 \leqslant v \leqslant 1$.

5. La portion du paraboloïde hyperbolique $z = y^2 - x^2$ qui se trouve entre les cylindres $x^2 + y^2 = 1$ et $x^2 + y^2 = 4$.

6. La portion de la surface $z = 1 + 3x + 2y^2$ au-dessus du triangle de sommets $(0, 0)$, $(0, 1)$, $(2, 1)$.

7. La surface d'équations paramétriques $x = u^2$, $y = uv$, $z = \frac{1}{2}v^2$, $0 \leqslant u \leqslant 1$, $0 \leqslant v \leqslant 2$.

8. L'hélicoïde (ou rampe en spirale) d'équation vectorielle $\vec{r}(u, v) = u \cos v\, \vec{i} + u \sin v\, \vec{j} + v\, \vec{k}$, $0 \leqslant u \leqslant 1$, $0 \leqslant v \leqslant \pi$.

9. Le morceau de la surface $y = 4x + z^2$ compris entre les plans $x = 0$, $x = 1$, $z = 0$ et $z = 1$.

10. La partie du paraboloïde $x = y^2 + z^2$ qui se trouve à l'intérieur du cylindre $y^2 + z^2 = 9$.

11. La portion de surface $z = xy$ incluse dans le cylindre $x^2 + y^2 = 1$.

12. La surface $z = \frac{2}{3}(x^{3/2} + y^{3/2})$, $0 \leqslant x \leqslant 1$, $0 \leqslant y \leqslant 1$.

13–14 ■ Donnez, avec quatre décimales exactes, l'aire de la surface, en l'exprimant avec une seule intégrale et en utilisant votre calculatrice pour la calculer.

13. La partie de la surface $z = e^{-x^2-y^2}$ qui se trouve au-dessus du disque $x^2 + y^2 \leqslant 4$.

14. La partie de la surface $z = \cos(x^2 + y^2)$ intérieure au cylindre $x^2 + y^2 = 1$.

15. a) Par la méthode du point médian pour les intégrales doubles (voyez la section 12.1) sur 6 carrés, estimez l'aire de la surface $z = 1/(1 + x^2 + y^2)$, $0 \leqslant x \leqslant 6$, $0 \leqslant y \leqslant 4$.

[CAS] b) Utilisez un logiciel de calcul symbolique pour obtenir une approximation à 4 décimales du résultat de la partie a). Comparez les deux réponses.

16. a) Calculez, par la Méthode du point médian pour intégrales doubles avec $m = n = 2$, une valeur approchée de l'aire de $z = xy + x^2 + y^2$, $0 \leqslant x \leqslant 2$, $0 \leqslant y \leqslant 2$.

[CAS] b) À l'aide d'un logiciel de calcul formel, calculez l'aire de la partie a) avec quatre décimales. Comparez avec la réponse de la partie a).

[CAS] **17.** Combien mesure la surface décrite par l'équation vectorielle $\vec{r}(u, v) = (\cos^3 u \cos^3 v, \sin^3 u \cos^3 v, \sin^3 v)$, $0 \leqslant u \leqslant \pi$, $0 \leqslant v \leqslant 2\pi$. La réponse doit comporter quatre décimales exactes.

[CAS] **18.** Cherchez à quatre décimales exactes, l'aire de la portion de surface $z = (1 + x^2)/(1 + y^2)$ qui se trouve au-dessus du carré $|x| + |y| \leqslant 1$. Illustrez ce problème par un graphique de ce morceau de surface.

[CAS] **19.** Calculez la valeur exacte de l'aire de la surface $z = 1 + 2x + 3y + 4y^2$, $1 \leqslant x \leqslant 4$, $0 \leqslant y \leqslant 1$.

20. a) Établissez (sans la calculer) une intégrale double qui donne l'aire de la surface d'équations paramétriques $x = au\cos v$, $y = bu\sin v$, $z = u^2$, $0 \leqslant u \leqslant 2$, $0 \leqslant v \leqslant 2\pi$.

b) Éliminez les paramètres pour montrer qu'il s'agit d'un paraboloïde elliptique et établissez une autre intégrale double qui calcule cette aire.

c) Dessinez la surface, à partir des équations paramétriques de la partie a), dans le cas $a = 2$ et $b = 3$.

[CAS] d) Faites calculer par votre logiciel de calcul formel l'aire exacte à quatre décimales de la surface dans le cas $a = 2$ et $b = 3$.

21. a) Montrez que les équations paramétriques $x = a\sin u \cos v$, $y = b\sin u \sin v$, $z = c\cos u$, $0 \leqslant u \leqslant \pi$, $0 \leqslant v \leqslant 2\pi$ représentent un ellipsoïde.

b) Dessinez la surface, à partir des équations paramétriques de la partie a), dans le cas $a = 1$, $b = 2$ et $c = 3$.

c) Établissez (sans la calculer) une intégrale double qui donne l'aire de la surface de l'ellipsoïde de la partie b).

22. a) Montrez que les équations paramétriques $x = a\,\mathrm{ch}\,u \cos v$, $y = b\,\mathrm{ch}\,u \sin v$, $z = c\,\mathrm{sh}\,u$, représentent un hyperboloïde à une nappe.

b) Dessinez la surface, à partir des équations paramétriques de la partie a), dans le cas $a = 1$, $b = 2$ et $c = 3$.

c) Établissez (sans la calculer) une intégrale double qui donne l'aire de la surface de l'hyperboloïde de la partie b) qui se trouve entre les plans $z = -3$ et $z = 3$.

23. Calculez l'aire de la partie de la sphère $x^2 + y^2 + z^2 = 4z$ qui se trouve à l'intérieur du paraboloïde $z = x^2 + y^2$.

24. La figure montre la surface créée par l'intersection des cylindres $y^2 + z^2 = 1$ et $x^2 + z^2 = 1$. Calculez l'aire de cette surface.

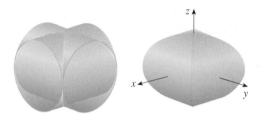

25. Démontrez la formule 7, à partir de la définition 4 et des équations paramétriques d'une surface de révolution (voyez les équations 10.5.3).

26–27 ■ Employez la formule 7 pour calculer l'aire de la surface obtenue en faisant tourner la courbe donnée autour de l'axe Ox.

26. $y = x^3$, $0 \leqslant x \leqslant 2$　　　　**27.** $y = \sqrt{x}$, $4 \leqslant x \leqslant 9$

28. La figure montre le tore obtenu en faisant tourner autour de l'axe Oz le cercle du plan Oxz centré en $(b, 0, 0)$ et de rayon $a < b$. Des équations paramétriques du tore sont

$$x = b\cos\theta + a\cos\alpha\cos\theta$$

$$y = b\sin\theta + a\cos\alpha\sin\theta$$

$$z = a\sin\alpha$$

où θ et α sont les angles indiqués sur la figure. Calculez l'aire de la surface du tore.

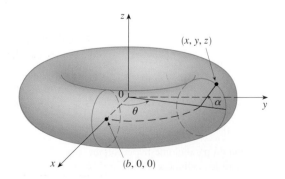

12.7 Les intégrales triples

Tout comme on a défini des intégrales simples pour des fonctions d'une seule variable et des intégrales doubles pour des fonctions de deux variables, on peut définir des intégrales triples pour des fonctions de trois variables. Pour commencer, on traite le cas le plus simple, celui où f est définie sur un parallélépipède rectangle :

$$\boxed{1} \qquad B = \{(x, y, z) \mid a \leqslant x \leqslant b,\ c \leqslant y \leqslant d,\ r \leqslant z \leqslant s\}$$

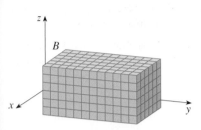

B

La première étape est de diviser B en sous-parallélépipèdes. Cela se fait en divisant l'intervalle $[a, b]$ en l sous-intervalles $[x_{i-1}, x_i]$ d'égale largeur Δx, l'intervalle $[c, d]$ en m sous-intervalles d'égale largeur Δy et l'intervalle $[r, s]$ en n sous-intervalles d'égale largeur Δz. Les plans passant par ces points de subdivision et parallèles aux plans de coordonnées produisent une division de B en lmn sous-parallélépipèdes

$$B_{ijk} = [x_{i-1}, x_i] \times [y_{j-1}, y_j] \times [z_{k-1}, z_k]$$

qui sont visibles dans la figure 1. Le volume de chaque B_{ijk} vaut $\Delta V = \Delta x \Delta y \Delta z$.

On forme ensuite la **triple somme de Riemann**

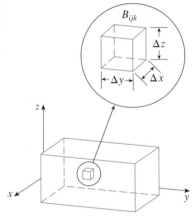

$$\boxed{2} \qquad \sum_{i=1}^{l} \sum_{j=1}^{m} \sum_{k=1}^{n} f(x_{ijk}^*, y_{ijk}^*, z_{ijk}^*) \Delta V$$

où le point $(x_{ijk}^*, y_{ijk}^*, z_{ijk}^*)$ est choisi arbitrairement dans B_{ijk}. Par analogie avec la définition d'une intégrale double (12.1.5), on définit l'intégrale triple comme la limite des triples sommes de Riemann de l'expression (2).

FIGURE 1

> $\boxed{3}$ **Définition** L'**intégrale triple** de f sur le parallélépipède B est
>
> $$\iiint_B f(x, y, z)\, dV = \lim_{l, m, n \to \infty} \sum_{i=1}^{l} \sum_{j=1}^{m} \sum_{k=1}^{n} f(x_{ijk}^*, y_{ijk}^*, z_{ijk}^*) \Delta V$$
>
> pourvu que la limite existe.

À nouveau, l'intégrale triple existe toujours pour les fonctions continues. Le point au choix peut être n'importe où dans l'élément de volume B_{ijk}, mais s'il est au point (x_i, y_j, z_k), l'expression de l'intégrale triple semble plus simple :

$$\iiint_B f(x, y, z)\, dV = \lim_{l, m, n \to \infty} \sum_{i=1}^{l} \sum_{j=1}^{m} \sum_{k=1}^{n} f(x_i, y_j, z_k) \Delta V$$

Le calcul de ces intégrales triples s'effectue, comme dans le cas des intégrales doubles, en les exprimant sous la forme d'intégrales itérées comme suit.

> $\boxed{4}$ **Théorème de Fubini pour les intégrales triples** Si f est une fonction continue sur le parallélépipède rectangle $B = [a, b] \times [c, d] \times [r, s]$, alors
>
> $$\iiint_B f(x, y, z)\, dV = \int_r^s \int_c^d \int_a^b f(x, y, z)\, dx\, dy\, dz.$$

L'intégrale itérée du membre de droite du Théorème de Fubini signifie qu'on intègre d'abord par rapport à x (tenant y et z fixés), ensuite on intègre par rapport à y (tenant z fixé) et finalement on intègre par rapport à z. Il y a cinq autres ordres possibles d'intégration, qui tous donnent la même valeur. Par exemple, on peut intégrer par rapport à y d'abord, puis à z et enfin à x :

$$\iiint_B f(x, y, z)\, dV = \int_a^b \int_r^s \int_c^d f(x, y, z)\, dy\, dz\, dx.$$

EXEMPLE 1 Calculez l'intégrale triple $\iiint_B xyz^2\, dV$, où B est le parallélépipède rectangle décrit par

$$B = \{(x, y, z)\,|\, 0 \leqslant x \leqslant 1,\ -1 \leqslant y \leqslant 2,\ 0 \leqslant z \leqslant 3\}.$$

SOLUTION On peut retenir n'importe lequel des 6 ordres d'intégration. Si on choisit d'intégrer d'abord par rapport à x, puis à y et enfin à z, les calculs s'effectuent comme suit :

$$\iiint_B xyz^2\, dV = \int_0^3 \int_{-1}^2 \int_0^1 xyz^2\, dx\, dy\, dz = \int_0^3 \int_{-1}^2 \left[\frac{x^2 yz^2}{2}\right]_{x=0}^{x=1} dy\, dz$$

$$= \int_0^3 \int_{-1}^2 \frac{yz^2}{2}\, dy\, dz = \int_0^3 \left[\frac{y^2 z^2}{4}\right]_{y=-1}^{y=2} dz$$

$$= \int_0^3 \frac{3z^2}{4}\, dz = \frac{z^3}{4}\Big]_0^3 = \frac{27}{4}.$$

On définit maintenant l'**intégrale triple sur un domaine général** E de l'espace à trois dimensions (un solide). Cela se fait d'une manière fort semblable à celle qui a présidé pour l'intégrale double (12.3.2). On enferme E dans un parallélépipède rectangle B comme celui décrit en (1). Puis on définit une fonction F qui coïncide avec f sur E, mais est nulle en tout point de B en dehors de E. Par définition,

$$\iiint_E f(x, y, z)\, dV = \iiint_B F(x, y, z)\, dV.$$

Cette dernière intégrale existe si f est continue et si la frontière de E est « raisonnablement configurée ». L'intégrale triple jouit des mêmes propriétés que l'intégrale double (propriétés 6-9 de la section 12.3).

On se limitera aux fonctions continues et à des régions d'un type simple. Une région solide E est dite de **type 1** si elle est fermée par les surfaces représentatives de deux fonctions continues de x et y, autrement dit

$$\boxed{5} \qquad E = \{(x, y, z)\,|\,(x, y) \in D,\ u_1(x, y) \leqslant z \leqslant u_2(x, y)\},$$

où D est la projection de E sur le plan Oxy, comme le montre la figure 2. La frontière supérieure du solide E est la surface d'équation $z = u_2(x, y)$ tandis que la frontière inférieure est la surface $z = u_1(x, y)$.

Par le même genre de raisonnement que celui tenu pour arriver à l'expression (12.3.3), on peut montrer que, si E est une région de type 1 décrite par (5), alors

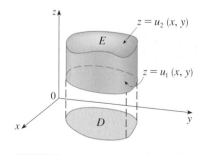

FIGURE 2
Une région solide de type 1

$$\boxed{6} \qquad \iiint_E f(x, y, z)\, dV = \iint_D \left[\int_{u_1(x, y)}^{u_2(x, y)} f(x, y, z)\, dz\right] dA$$

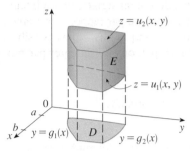

FIGURE 3

Une région solide de type 1

L'intégrale intérieure du membre de droite de l'équation 6 est effectuée par rapport à z pendant que x et y sont tenues constantes, et par là même aussi $u_1(x, y)$ et $u_2(x, y)$.

En particulier, si la projection D de E sur le plan Oxy est une région plane de type I (comme dans la figure 3), alors

$$E = \{(x, y, z) \mid a \leqslant x \leqslant b,\ g_1(x) \leqslant y \leqslant g_2(x),\ u_1(x, y) \leqslant z \leqslant u_2(x, y)\},$$

et l'expression 6 devient

7
$$\iiint_E f(x, y, z)\, dV = \int_a^b \int_{g_1(x)}^{g_2(x)} \int_{u_1(x, y)}^{u_2(x, y)} f(x, y, z)\, dz\, dy\, dx$$

Par contre, si D est une région plane de type II (comme dans la figure 4), alors

$$E = \{(x, y, z) \mid c \leqslant y \leqslant d,\ h_1(y) \leqslant x \leqslant h_2(y),\ u_1(x, y) \leqslant z \leqslant u_2(x, y)\},$$

et l'expression 6 devient

8
$$\iiint_E f(x, y, z)\, dV = \int_c^d \int_{h_1(y)}^{h_2(y)} \int_{u_1(x, y)}^{u_2(x, y)} f(x, y, z)\, dz\, dx\, dy$$

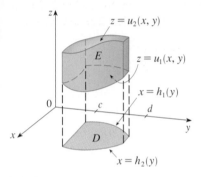

FIGURE 4

Une autre région solide de type 1

EXEMPLE 2 Calculez $\iiint_E z\, dV$, où E est le tétraèdre que forment les quatre plans $x = 0$, $y = 0$, $z = 0$ et $x + y + z = 1$.

SOLUTION Pour bien faire, avant d'établir une intégrale triple, il faut avoir dessiné *deux* graphiques, un de la région solide E (voyez la figure 5) et un de la projection de E sur le plan Oxy (voyez la figure 6). Comme la frontière inférieure du tétraèdre est le plan $z = 0$ tandis que la frontière supérieure est le plan $x + y + z = 1$ (ou $z = 1 - x - y$), on aura $u_1(x, y) = 0$ et $u_2(x, y) = 1 - x - y$ dans la formule 7. Par ailleurs, le plan $x + y + z = 1$ coupe le plan $z = 0$ selon la droite $x + y = 1$ (ou $y = 1 - x$). La projection de E est le triangle visible dans la figure 6 et

9
$$E = \{(x, y, z) \mid 0 \leqslant x \leqslant 1,\ 0 \leqslant y \leqslant 1 - x,\ 0 \leqslant z \leqslant 1 - x - y\}.$$

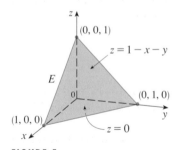

FIGURE 5

Cette description de E comme une région solide de type 1 conduit aux calculs suivants de l'intégrale :

$$\iiint_E z\, dV = \int_0^1 \int_0^{1-x} \int_0^{1-x-y} z\, dz\, dy\, dx = \int_0^1 \int_0^{1-x} \left[\frac{z^2}{2}\right]_{z=0}^{z=1-x-y} dy\, dx$$

$$= \frac{1}{2} \int_0^1 \int_0^{1-x} (1 - x - y)^2\, dy\, dx$$

$$= \frac{1}{2} \int_0^1 \left[-\frac{(1 - x - y)^3}{3}\right]_{y=0}^{y=1-x} dx$$

$$= \frac{1}{6} \int_0^1 (1 - x)^3\, dx = \frac{1}{6}\left[-\frac{(1 - x)^4}{4}\right]_0^1 = \frac{1}{24}$$

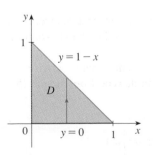

FIGURE 6

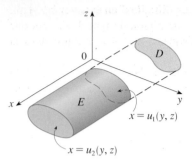

FIGURE 7

Une région de type 2

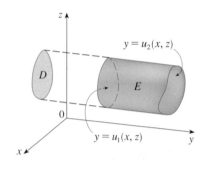

FIGURE 8

Une région de type 3

Une région solide **de type 2** est de la forme

$$E = \{(x, y, z) \mid (y, z) \in D, u_1(y, z) \leqslant x \leqslant u_2(y, z)\},$$

où, cette fois, D est la projection de E sur le plan Oyz (voyez la figure 7). L'équation de la face arrière est $x = u_1(y, z)$, celle de la face avant $x = u_2(y, z)$ et

$$\boxed{10} \qquad \iiint_E f(x, y, z)\, dV = \iint_D \left[\int_{u_1(y, z)}^{u_2(y, z)} f(x, y, z)\, dx \right] dA$$

Enfin, une région solide de **type 3** est de la forme

$$E = \{(x, y, z) \mid (x, z) \in D, u_1(x, z) \leqslant y \leqslant u_2(x, z)\},$$

où D est la projection de E sur le plan Oxz, $y = u_1(x, z)$ est la face de gauche et $y = u_2(x, z)$ est la face de droite (voyez la figure 8). Pour ce type de région, on a

$$\boxed{11} \qquad \iiint_E f(x, y, z)\, dV = \iint_D \left[\int_{u_1(x, z)}^{u_2(x, z)} f(x, y, z)\, dy \right] dA$$

Les expressions 10 et 11 sont susceptibles d'être explicitées de deux manières différentes selon que la projection de D est un domaine plan de type I ou II (correspondant aux expressions 7 et 8).

EXEMPLE 3 Calculez $\iiint_E \sqrt{x^2 + z^2}\, dV$, où E est le solide borné par le paraboloïde $y = x^2 + z^2$ et le plan $y = 4$.

SOLUTION Le solide E est représenté dans la figure 9. Si on le voit comme un solide de type 1, il faut regarder sa projection D_1 sur le plan Oxy qui a la forme du segment de parabole de la figure 10. (La trace de $y = x^2 + z^2$ dans le plan $z = 0$ est la parabole $y = x^2$.)

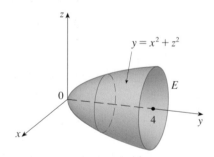

FIGURE 9

Le domaine d'intégration

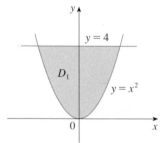

FIGURE 10

La projection sur le plan Oxy

Comme de $y = x^2 + z^2$, il suit que $z = \pm\sqrt{y - x^2}$, la surface frontière inférieure de E est $z = -\sqrt{y - x^2}$ et la surface frontière supérieure, $z = \sqrt{y - x^2}$. De ces considérations découle une description de E comme une région de type 1

$$E = \{(x, y, z) \mid -2 \leqslant x \leqslant 2, x^2 \leqslant y \leqslant 4, -\sqrt{y - x^2} \leqslant z \leqslant \sqrt{y - x^2}\},$$

et une expression de l'intégrale sous forme d'intégrale itérée

$$\iiint_E \sqrt{x^2 + z^2}\, dV = \int_{-2}^{2} \int_{x^2}^{4} \int_{-\sqrt{y - x^2}}^{\sqrt{y - x^2}} \sqrt{x^2 + z^2}\, dz\, dy\, dx$$

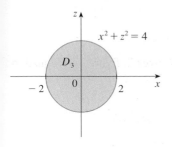

FIGURE 11

Projection sur le plan Oxz

L'étape la plus difficile dans le calcul d'une intégrale triple est d'écrire une expression qui tienne compte du domaine d'intégration (comme l'expression 9 dans l'exemple 2). Rappelons que les bornes d'intégration de l'intégrale intérieure contiennent au plus deux variables, que les bornes d'intégration de l'intégrale centrale contiennent au plus une variable et que les bornes d'intégration de l'intégrale extérieure doivent être des constantes.

Bien que cette expression soit correcte, il semble bien difficile d'en entamer le calcul. Le domaine d'intégration E pourrait être vu comme une région de type 3. En tant que telle, sa projection D_3 sur le plan Oxz serait le disque $x^2 + z^2 \leqslant 4$, montré dans la figure 11.

De ce point de vue, la frontière gauche de E serait le paraboloïde $y = x^2 + z^2$ et la frontière droite, le plan $y = 4$. D'où $u_1(x, z) = x^2 + z^2$ et $u_2(x, z) = 4$ dans l'expression 11 et on aurait

$$\iiint_E \sqrt{x^2 + z^2}\, dV = \iint_{D_3} \left[\int_{x^2+z^2}^4 \sqrt{x^2 + z^2}\, dy \right] dA$$

$$= \iint_{D_3} (4 - x^2 - z^2)\sqrt{x^2 + z^2}\, dA$$

Bien que cette intégrale double puisse être écrite comme l'intégrale itérée

$$\int_{-2}^2 \int_{-\sqrt{4-x^2}}^{\sqrt{4-x^2}} (4 - x^2 - z^2)\sqrt{x^2 + z^2}\, dz\, dx$$

il est plus facile de passer aux coordonnées polaires dans le plan $Oxz : x = r\cos\theta$, $z = r\sin\theta$. Cela donne

$$\iiint_E \sqrt{x^2 + z^2}\, dV = \iint_{D_3} (4 - x^2 - z^2)\sqrt{x^2 + z^2}\, dA$$

$$= \int_0^{2\pi} \int_0^2 (4 - r^2) r\, r\, dr\, d\theta = \int_0^{2\pi} d\theta \int_0^2 (4r^2 - r^4)\, dr$$

$$= 2\pi \left[\frac{4r^3}{3} - \frac{r^5}{5} \right]_0^2 = \frac{128\pi}{15}.$$ ■ ■

■■ Des applications des intégrales triples

On se souvient que si $f(x) \geqslant 0$, l'intégrale simple $\int_a^b f(x)\, dx$ représente l'aire sous la courbe $y = f(x)$ depuis a jusqu'à b, et que si $f(x, y) \geqslant 0$, l'intégrale double $\iint_D f(x, y)\, dA$ représente le volume sous la surface $z = f(x, y)$ au-dessus de D. L'interprétation analogue de l'intégrale triple $\iiint_E f(x, y, z)\, dV$, quand $f(x, y, z) \geqslant 0$, n'est pas très utile parce qu'il s'agirait d'un « hypervolume » d'un objet de dimension 4, impossible à visualiser. (Il faut être bien conscient que E n'est que le *domaine* d'intégration de la fonction f ; le graphique de f appartient à un espace de dimension quatre.) Néanmoins, l'intégrale triple $\iiint_E f(x, y, z)\, dV$ possède diverses interprétations dans différentes situations en physique, selon la signification de $f(x, y, z)$ et de x, y et z.

Commençons par le cas particulier où $f(x, y, z) = 1$ quel que soit (x, y, z) dans E. L'intégrale triple représente alors le volume de E :

$$\boxed{12} \qquad \boxed{V(E) = \iiint_E dV.}$$

Cela se vérifie, dans le cas d'une région de type 1, en posant $f(x, y, z) = 1$ dans la formule 6 :

$$\iiint_E 1\, dV = \iint_D \left[\int_{u_1(x, y)}^{u_2(x, y)} dz \right] dA = \iint_D [u_2(x, y) - u_1(x, y)]\, dA$$

cette dernière intégrale donnant, d'après la section 12.3, le volume du solide compris entre les surfaces $z = u_1(x, y)$ et $z = u_2(x, y)$.

EXEMPLE 4 Calculez, par une intégrale triple, le volume du tétraèdre T formé par les plans $x + 2y + z = 2$, $x = 2y$, $x = 0$ et $z = 0$.

SOLUTION Les figures 12 et 13 montrent le tétraèdre et sa projection D sur le plan Oxy. La frontière inférieure de T est le plan $z = 0$ et la frontière supérieure, le plan $x + 2y + z = 2$, ou, $z = 2 - x - 2y$. De là, on a

$$V(T) = \iiint_T dV = \int_0^1 \int_{x/2}^{1-x/2} \int_0^{2-x-2y} dz\, dy\, dx$$

$$= \int_0^1 \int_{x/2}^{1-x/2} (2 - x - 2y)\, dy\, dx = \tfrac{1}{3}$$

par des calculs identiques à ceux de l'exemple 4 dans la section 12.3.

(N'allez pas en conclure qu'il soit nécessaire de passer par des intégrales triples pour calculer des volumes. Ce n'est qu'une façon parmi d'autres de conduire le calcul.) ■ ■

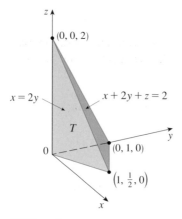

FIGURE 12

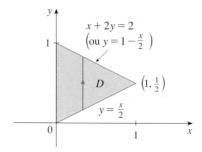

FIGURE 13

Toutes les applications des intégrales doubles de la section 12.5 s'étendent aux intégrales triples. Par exemple, si la densité d'un solide qui occupe la région E est en tout point (x, y, z) donnée par $\rho(x, y, z)$, en unités de masse par unité de volume, alors, sa **masse** est

$$\boxed{13} \qquad m = \iiint_E \rho(x, y, z)\, dV,$$

et ses **moments** par rapport aux trois plans de coordonnées sont

$$\boxed{14} \qquad M_{yz} = \iiint_E x\rho(x, y, z)\, dV \qquad M_{xz} = \iiint_E y\rho(x, y, z)\, dV$$

$$M_{xy} = \iiint_E z\rho(x, y, z)\, dV$$

Le **centre d'inertie** occupe le point $(\bar{x}, \bar{y}, \bar{z})$ où

$$\boxed{15} \qquad \bar{x} = \frac{M_{yz}}{m} \qquad \bar{y} = \frac{M_{xz}}{m} \qquad \bar{z} = \frac{M_{xy}}{m}.$$

Lorsque la densité est constante, le centre d'inertie est aussi le centre géométrique de E. Les **moments d'inertie** par rapport aux trois axes de coordonnées sont

$$\boxed{16} \qquad I_x = \iiint_E (y^2 + z^2)\rho(x, y, z)\, dV \qquad I_y = \iiint_E (x^2 + z^2)\rho(x, y, z)\, dV$$

$$I_z = \iiint_E (x^2 + y^2)\rho(x, y, z)\, dV$$

Comme dans la section 12.5, la **charge électrique** totale d'un solide qui occupe la région E et dont la densité de charge en un point est donnée par $\sigma(x, y, z)$ est calculée par

$$Q = \iiint_E \sigma(x, y, z) \, dV.$$

Dans la situation où X, Y et Z sont trois variables aléatoires continues, leur **fonction de densité conjointe** est une fonction de trois variables telle que la probabilité pour que (X, Y, Z) se trouve dans E est égale à

$$P((X, Y, Z) \in E) = \iiint_E f(x, y, z) \, dV.$$

En particulier,

$$P(a \leqslant X \leqslant b, c \leqslant Y \leqslant d, r \leqslant Z \leqslant s) = \int_a^b \int_c^d \int_r^s f(x, y, z) \, dz \, dy \, dx.$$

La fonction de densité conjointe est telle que

$$f(x, y, z) \geqslant 0 \qquad \int_{-\infty}^{\infty} \int_{-\infty}^{\infty} \int_{-\infty}^{\infty} f(x, y, z) \, dz \, dy \, dx = 1.$$

EXEMPLE 5 Situez le centre d'inertie d'un solide de densité constante, borné par le cylindre parabolique $x = y^2$ et les plans $x = z$, $z = 0$ et $x = 1$.

SOLUTION La figure 14 fait voir le solide E et sa projection sur le plan Oxy. Comme les surfaces inférieure et supérieure de E sont les plans $z = 0$ et $z = x$, E est décrit comme une région de type 1 :

$$E = \{ (x, y, z) \mid -1 \leqslant y \leqslant 1, y^2 \leqslant x \leqslant 1, 0 \leqslant z \leqslant x \}.$$

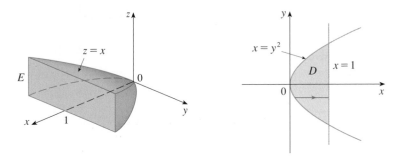

FIGURE 14

Si la densité constante est écrite $\rho(x, y, z) = \rho$, alors la masse est le nombre

$$
\begin{aligned}
m &= \iiint_E \rho \, dV = \int_{-1}^1 \int_{y^2}^1 \int_0^x \rho \, dz \, dx \, dy \\
&= \rho \int_{-1}^1 \int_{y^2}^1 x \, dx \, dy = \rho \int_{-1}^1 \left[\frac{x^2}{2} \right]_{x = y^2}^{x = 1} dy \\
&= \frac{\rho}{2} \int_{-1}^1 (1 - y^4) \, dy = \rho \int_0^1 (1 - y^4) \, dy \\
&= \rho \left[y - \frac{y^5}{5} \right]_0^1 = \frac{4\rho}{5}
\end{aligned}
$$

En raison de la symétrie de E et ρ par rapport au plan Oxz, on peut immédiatement écrire $M_{xz} = 0$ et, de là, $\bar{y} = 0$. Les autres moments sont

$$M_{yz} = \iiint_E x\rho \, dV = \int_{-1}^1 \int_{y^2}^1 \int_0^x x\rho \, dz \, dx \, dy$$

$$= \rho \int_{-1}^1 \int_{y^2}^1 x^2 \, dx \, dy = \rho \int_{-1}^1 \left[\frac{x^3}{3}\right]_{x=y^2}^{x=1} dy$$

$$= \frac{2\rho}{3} \int_0^1 (1 - y^6) \, dy = \frac{2\rho}{3} \left[y - \frac{y^7}{7}\right]_0^1 = \frac{4\rho}{7}$$

$$M_{xy} = \iiint_E z\rho \, dV = \int_{-1}^1 \int_{y^2}^1 \int_0^x z\rho \, dz \, dx \, dy$$

$$= \rho \int_{-1}^1 \int_{y^2}^1 \left[\frac{z^2}{2}\right]_{z=0}^{z=x} dx \, dy = \frac{\rho}{2} \int_{-1}^1 \int_{y^2}^1 x^2 \, dx \, dy$$

$$= \frac{\rho}{3} \int_0^1 (1 - y^6) \, dy = \frac{2\rho}{7}$$

Par conséquent, le centre d'inertie est situé en

$$(\bar{x}, \bar{y}, \bar{z}) = \left(\frac{M_{yz}}{m}, \frac{M_{xz}}{m}, \frac{M_{xy}}{m}\right) = \left(\tfrac{5}{7}, 0, \tfrac{5}{14}\right).$$

■ ■

12.7 Exercices

1. Calculez l'intégrale de l'exemple 1, en intégrant d'abord par rapport à z, ensuite par rapport à x et enfin par rapport à y.

2. Calculez $\iiint_E (xz - y^3) \, dV$, où

$$E = \{(x, y, z) \mid -1 \leqslant x \leqslant 1, 0 \leqslant y \leqslant 2, 0 \leqslant z \leqslant 1\}$$

selon trois des différents ordres d'intégration.

3-6 ■ Calculez l'intégrale itérée.

3. $\int_0^1 \int_0^z \int_0^{x+z} 6xz \, dy \, dx \, dz$ 4. $\int_0^1 \int_x^{2x} \int_0^y 2xyz \, dz \, dy \, dx$

5. $\int_0^3 \int_0^1 \int_0^{\sqrt{1-z^2}} ze^y \, dx \, dz \, dy$ 6. $\int_0^1 \int_0^z \int_0^y ze^{-y^2} \, dx \, dy \, dz$

7-16 ■ Calculez l'intégrale triple.

7. $\iiint_E 2x \, dV$, où
$E = \{(x, y, z) \mid 0 \leqslant y \leqslant 2, 0 \leqslant x \leqslant \sqrt{4 - y^2}, 0 \leqslant z \leqslant y\}$.

8. $\iiint_E yz \cos(x^5) \, dV$, où
$E = \{(x, y, z) \mid 0 \leqslant x \leqslant 1, 0 \leqslant y \leqslant x, x \leqslant z \leqslant 2x\}$.

9. $\iiint_E 6xy \, dV$, où E se trouve sous le plan $z = 1 + x + y$ et au-dessus de la région du plan Oxy bornée par les courbes $y = \sqrt{x}$, $y = 0$ et $x = 1$.

10. $\iiint_E y \, dV$, où E est bornée par les plans $x = 0$, $y = 0$, $z = 0$ et $2x + 2y + z = 4$.

11. $\iiint_E xy \, dV$, où E est le tétraèdre de sommets $(0, 0, 0)$, $(1, 0, 0)$, $(0, 2, 0)$ et $(0, 0, 3)$.

12. $\iiint_E xz \, dV$, où E est le tétraèdre de sommets $(0, 0, 0)$, $(0, 1, 0)$, $(1, 1, 0)$ et $(0, 1, 1)$.

13. $\iiint_E x^2 e^y \, dV$, où E est bornée par le cylindre parabolique $z = 1 - y^2$ et les plans $z = 0$, $x = 1$ et $x = -1$.

14. $\iiint_E (x + 2y) \, dV$, où E est bornée par le cylindre parabolique $y = x^2$ et les plans $x = z$, $x = y$ et $z = 0$.

15. $\iiint_E x \, dV$, où E est bornée par le paraboloïde $x = 4y^2 + 4z^2$ et le plan $x = 4$.

16. $\iiint_E z \, dV$, où E est bornée par le cylindre $y^2 + z^2 = 9$ et les plans $x = 0$, $y = 3x$ et $z = 0$ dans le premier octant.

17-20 ■ Utilisez une intégrale triple pour calculer le volume du solide décrit.

17. Le tétraèdre formé par les plans de coordonnées et le plan $2x + y + z = 4$.

18. Le solide borné par le cylindre $y = x^2$ et les plans $z = 0$, $z = 4$ et $y = 9$.

19. Le solide borné par le cylindre $x^2 + y^2 = 9$ et les plans $y + z = 5$ et $z = 1$.

20. Le solide enfermé dans le paraboloïde $x = y^2 + z^2$ et le plan $x = 16$.

21. a) Exprimez le volume du coin du premier octant taillé hors du cylindre $y^2 + z^2 = 1$ par les plans $y = x$ et $x = 1$ sous la forme d'une intégrale triple.
   b) Calculez la valeur exacte de l'intégrale de la partie a), soit à l'aide d'une table de primitives, soit d'un logiciel de calcul formel.

22. a) La **Méthode du point médian pour une intégrale triple** consiste à approximer l'intégrale triple sur un parallélépipède rectangle B par une somme de Riemann, où $f(x, y, z)$ est calculé au centre $(\bar{x}_i, \bar{y}_j, \bar{z}_k)$ du sous-parallélépipède B_{ijk}. Calculez par cette méthode une valeur approchée de $\iiint_B \sqrt{x^2 + y^2 + z^2}\, dV$, où B est le cube défini par $0 \leq x \leq 4$, $0 \leq y \leq 4$, $0 \leq z \leq 4$. Divisez B en 8 sous-cubes isométriques.
   b) Calculez, à l'entier le plus proche, l'intégrale de la partie a) avec un logiciel de calcul formel. Comparez avec la réponse de la partie a).

23–24 ■ Utilisez la méthode du point médian (exercice 22) pour estimer la valeur de l'intégrale. Divisez B en 8 sous-parallélépipèdes isométriques.

23. $\iiint_B \dfrac{1}{\ln(1 + x + y + z)}\, dV$, où
$B = \{(x, y, z)\,|\,0 \leq x \leq 4, 0 \leq y \leq 8, 0 \leq z \leq 4\}$

24. $\iiint_B \sin(xy^2 z^3)\, dV$, où
$B = \{(x, y, z)\,|\,0 \leq x \leq 4, 0 \leq y \leq 2, 0 \leq z \leq 1\}$

25–26 ■ Représentez le solide dont le volume est calculé par l'intégrale itérée.

25. $\displaystyle\int_0^1 \int_0^{1-x} \int_0^{2-2x} dy\, dz\, dx$

26. $\displaystyle\int_0^2 \int_0^{2-y} \int_0^{4-y^2} dx\, dz\, dy$

27–30 ■ Exprimez l'intégrale $\iiint_E f(x, y, z)\, dV$ comme une intégrale itérée de six manières différentes. E est le solide borné par les surfaces données.

27. $x^2 + z^2 = 4$, $y = 0$, $y = 6$

28. $z = 0$, $x = 0$, $y = 2$, $z = y - 2x$

29. $z = 0$, $z = y$, $x^2 = 1 - y$

30. $9x^2 + 4y^2 + z^2 = 1$

31. La figure présente la région d'intégration de l'intégrale

$$\int_0^1 \int_{\sqrt{x}}^1 \int_0^{1-y} f(x, y, z)\, dz\, dy\, dx.$$

Quelles sont les intégrales itérées équivalentes dans les cinq autres ordres possibles ?

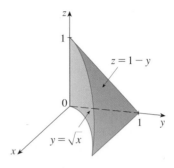

32. La figure présente la région d'intégration de l'intégrale

$$\int_0^1 \int_0^{1-x^2} \int_0^{1-x} f(x, y, z)\, dy\, dz\, dx.$$

Quelles sont les intégrales itérées équivalentes dans les cinq autres ordres possibles ?

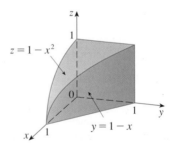

33–34 ■ Écrivez cinq autres intégrales itérées égales à celle donnée.

33. $\displaystyle\int_0^1 \int_y^1 \int_0^y f(x, y, z)\, dz\, dx\, dy$.

34. $\displaystyle\int_0^1 \int_0^{x^2} \int_0^y f(x, y, z)\, dz\, dy\, dx$.

35–38 ■ Déterminez la masse et le centre d'inertie du solide E caractérisé par la densité ρ.

35. E est le solide de l'exercice 9 ; $\rho(x, y, z) = 2$.

36. E est borné par le cylindre parabolique $z = 1 - y^2$ et les plans $x + z = 1$, $x = 0$ et $z = 0$; $\rho(x, y, z) = 4$.

37. E est le cube décrit par $0 \leq x \leq a$, $0 \leq y \leq a$, $0 \leq z \leq a$; $\rho(x, y, z) = x^2 + y^2 + z^2$.

38. E est le tétraèdre formé par les plans $x = 0$, $y = 0$, $z = 0$, $x + y + z = 1$; $\rho(x, y, z) = y$.

39–40 ■ Établissez, sans la calculer, l'expression de l'intégrale de a) la masse, b) du centre d'inertie et c) du moment d'inertie par rapport à l'axe Oz.

39. Le solide de l'exercice 19 ; $\rho(x, y, z) = \sqrt{x^2 + y^2}$.

40. L'hémisphère $x^2 + y^2 + z^2 \leqslant 1$, $z \geqslant 0$;
$\rho(x, y, z) = \sqrt{x^2 + y^2 + z^2}$.

CAS 41. Soit E le solide du premier octant borné par le cylindre $x^2 + y^2 = 1$ et les plans $y = z$, $x = 0$ et $z = 0$ et dont la densité est donnée par la fonction $\rho(x, y, z) = 1 + x + y + z$. À l'aide d'un logiciel de calcul formel, calculez la valeur exacte
a) de la masse ;
b) du centre d'inertie ;
c) du moment d'inertie par rapport à Oz.

CAS 42. Si E est le solide de l'exercice 16 et si sa densité en chaque point est donnée par $\rho(x, y, z) = x^2 + y^2$, calculez les quantités suivantes avec trois décimales correctes.
a) La masse.
b) Le centre d'inertie.
c) Le moment d'inertie par rapport à Oz.

43. Calculez les moments d'inertie d'un cube de densité constante k et de côté L si un sommet se trouve à l'origine et trois arêtes le long des axes de coordonnées.

44. Déterminez les moments d'inertie d'une brique rectangulaire de dimensions a, b et c, de masse M et de densité constante, si le centre de la brique est situé à l'origine et les arêtes parallèles aux axes de coordonnées.

45. La fonction de densité conjointe des variables aléatoires X, Y et Z est $f(x, y, z)) = Cxyz$ pour $0 \leqslant x \leqslant 2$, $0 \leqslant y \leqslant 2$, $0 \leqslant z \leqslant 2$, et $f(x, y, z) = 0$ sinon.
a) Déterminez la valeur de la constante C.
b) Calculez $P(X \leqslant 1, Y \leqslant 1, Z \leqslant 1)$.
c) Calculez $P(X + Y + Z \leqslant 1)$.

46. On suppose que X, Y et Z sont trois variables aléatoires dont la fonction de densité conjointe est
$f(x, y, z) = Ce^{-(0,5x + 0,2y + 0,1z)}$, pour $x \geqslant 0$, $y \geqslant 0$, $z \geqslant 0$ et $f(x, y, z) = 0$ sinon.
a) Déterminez la valeur de la constante C.
b) Calculez $P(X \leqslant 1, Y \leqslant 1)$.
c) Calculez $P(X \leqslant 1, Y \leqslant 1, Z \leqslant 1)$.

47–78 ■ La **valeur moyenne** d'une fonction $f(x, y, z)$ sur une région solide E est par définition

$$f_{\text{moy}} = \frac{1}{V(E)} \iiint_E f(x, y, z)\, dV,$$

où $V(E)$ désigne le volume de E. Si, par exemple, ρ est une fonction de densité, alors ρ_{moy} est la densité moyenne de E.

47. Calculez la valeur moyenne de la fonction $f(x, y, z) = xyz$ sur le cube d'arête L qui se trouve dans le premier octant avec un sommet à l'origine et les arêtes parallèles aux axes de coordonnées.

48. Calculez la valeur moyenne de la fonction $f(x, y, z) = x^2z + y^2z$ sur la région délimitée par le paraboloïde $z = 1 - x^2 - y^2$ et le plan $z = 0$.

49. Sur quelle région E l'intégrale triple

$$\iiint_E (1 - x^2 - 2y^2 - 3z^2)\, dV$$

atteint-elle un maximum ?

SUJET À DÉCOUVRIR

Le volume des hypersphères

Ce projet a comme but d'établir des formules pour calculer le volume d'une hypersphère dans un espace de dimension n.

1. Calculez par une intégrale double et la substitution trigonométrique $y = r\sin\theta$, jointe à la formule 64 des tables de primitives, l'aire d'un cercle de rayon r.

2. Calculez par une intégrale triple et une substitution trigonométrique le volume d'une sphère de rayon r.

3. Calculez par une intégrale quadruple l'hypervolume de l'hypersphère $x^2 + y^2 + z^2 + w^2 = r^2$ de $\mathbb{R}^4$. (Servez-vous uniquement d'une substitution trigonométrique et des formules de réductions de $\int \sin^n x\, dx$ ou $\int \cos^n x\, dx$.)

4. Utilisez une intégrale multiple d'ordre n pour calculer le volume enfermé dans une hypersphère de rayon r dans un espace $\mathbb{R}^n$ de dimension n. [*Suggestion* : Les formules sont différentes selon que n est pair ou impair.]

12.8 Des intégrales triples en coordonnées cylindriques et sphériques

Nous avons eu l'occasion de constater dans la section 12.4 que certaines intégrales doubles étaient plus faciles à calculer après passage aux coordonnées polaires. Dans cette section, nous allons observer que certaines intégrales triples sont plus faciles à calculer grâce aux coordonnées cylindriques et sphériques.

▪▪ En coordonnées cylindriques

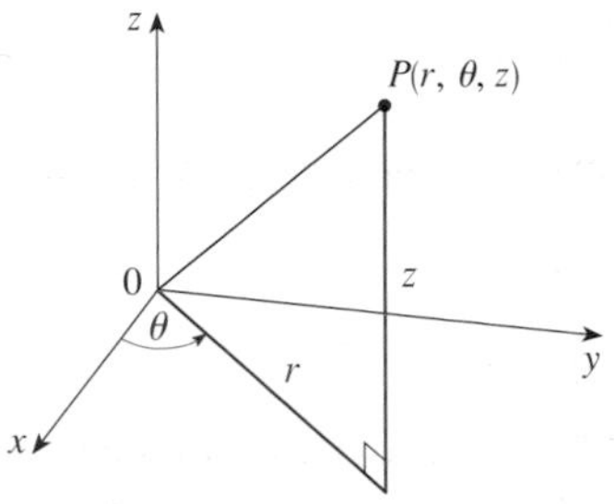

De la section 9.7, on se souvient que les coordonnées cylindriques d'un point P sont (r, θ, z), où r, θ et z sont indiquées dans la figure 1. On suppose que E est une région de type 1 dont la projection D sur le plan Oxy se prête à une description en coordonnées polaires (voyez la figure 2). En particulier, il est supposé que f est continue et que E est décrit par

$$E = \{(x, y, z) \mid (x, y) \in D, u_1(x, y) \leq z \leq u_2(x, y)\},$$

où D est donné en coordonnées polaires par

$$D = \{(r, \theta) \mid \alpha \leq \theta \leq \beta, h_1(\theta) \leq r \leq h_2(\theta)\}.$$

FIGURE 1

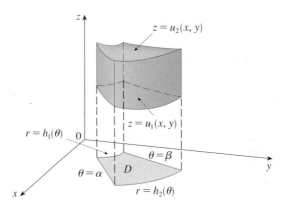

FIGURE 2

On sait, de l'équation 12.7.6, que

$$\boxed{1} \qquad \iiint_E f(x, y, z)\, dV = \iint_D \left[\int_{u_1(x,y)}^{u_2(x,y)} f(x, y, z)\, dz \right] dA$$

Mais on sait aussi comment calculer des intégrales doubles en coordonnées polaires. Il ne reste donc qu'à combiner l'équation 1 avec l'équation 12.4.3 pour arriver à

$$\boxed{2} \qquad \iiint_E f(x, y, z)\, dV = \int_\alpha^\beta \int_{h_1(\theta)}^{h_2(\theta)} \int_{u_1(r\cos\theta,\, r\sin\theta)}^{u_2(r\cos\theta,\, r\sin\theta)} f(r\cos\theta,\, r\sin\theta,\, z)\, r\, dz\, dr\, d\theta$$

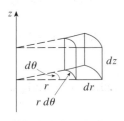

FIGURE 3

Élément de volume en coordonnées cylindriques : $dV = r\, dz\, dr\, d\theta$

La formule 2 est la formule de **changement de variables en coordonnées cylindriques** pour les intégrales triples. Elle dit comment procéder pour passer des coordonnées rectangulaires aux coordonnées cylindriques dans une intégrale triple : il faut remplacer x par $r\cos\theta$, y par $r\sin\theta$, laisser z tel quel, attribuer à chacune des variables z, r et θ les bornes d'intégration appropriées et enfin remplacer dV par $r\, dz\, dr\, d\theta$. (La figure 3 aide à visualiser et à mémoriser cette conversion.) Cette formule est particulièrement efficace quand E est une région solide qui se décrit aisément en coordonnées cylindriques, et plus spécialement quand la fonction $f(x, y, z)$ contient l'expression $x^2 + y^2$.

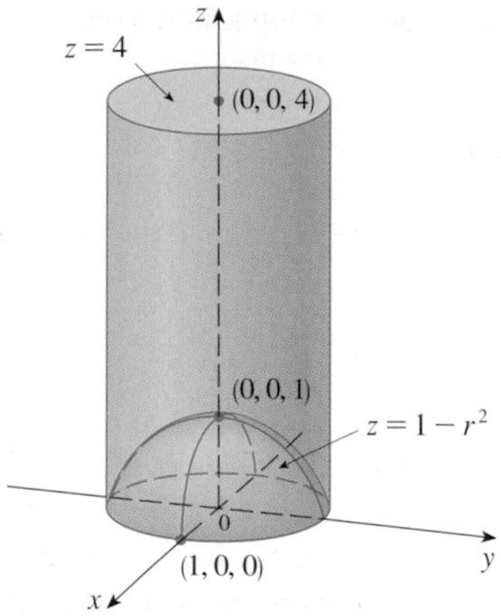

EXEMPLE 1 Un solide E est la portion du cylindre $x^2 + y^2 = 1$ fermée inférieurement par le paraboloïde $z = 1 - x^2 - y^2$ (voyez la figure 4) et coiffée par le plan $z = 4$. La densité en chaque point est proportionnelle à la distance qui sépare le point de l'axe du cylindre. Calculez la masse de E.

SOLUTION Comme, en coordonnées cylindriques, l'équation du cylindre est $r = 1$ et celle du paraboloïde, $z = 1 - r^2$, on peut décrire E de la manière suivante

$$E = \{(r, \theta, z) \mid 0 \leqslant \theta \leqslant 2\pi, 0 \leqslant r \leqslant 1, 1 - r^2 \leqslant z \leqslant 4\}.$$

Que la densité en (x, y, z) soit proportionnelle à la distance de l'axe Oz s'écrit

$$f(x, y, z) = K\sqrt{x^2 + y^2} = Kr,$$

où K est la constante de proportionnalité. Par conséquent, d'après la formule 12.7.13, la masse de E est le nombre

$$
\begin{aligned}
m &= \iiint_E K\sqrt{x^2 + y^2}\, dV = \int_0^{2\pi} \int_0^1 \int_{1-r^2}^4 (Kr)\, r\, dz\, dr\, d\theta \\
&= \int_0^{2\pi} \int_0^1 Kr^2[4 - (1 - r^2)]\, dr\, d\theta = K \int_0^{2\pi} d\theta \int_0^1 (3r^2 + r^4)\, dr \\
&= 2\pi K\left[r^3 + \frac{r^5}{5}\right]_0^1 = \frac{12\pi K}{5}.
\end{aligned}
$$

■ ■

EXEMPLE 2 Calculez $\displaystyle\int_{-2}^2 \int_{-\sqrt{4-x^2}}^{\sqrt{4-x^2}} \int_{\sqrt{x^2+y^2}}^2 (x^2 + y^2)\, dz\, dy\, dx$.

SOLUTION Cette intégrale itérée est une intégrale triple sur la région solide

$$E = \{(x, y, z) \mid -2 \leqslant x \leqslant 2, -\sqrt{4-x^2} \leqslant y \leqslant \sqrt{4-x^2}, \sqrt{x^2+y^2} \leqslant z \leqslant 2\}.$$

et la projection de E sur le plan Oxy est le disque $x^2 + y^2 \leqslant 4$. La frontière inférieure de E est le cône $z = \sqrt{x^2+y^2}$ et la frontière supérieure, le plan $z = 2$ (voyez la figure 5). La description de cette région est beaucoup plus simple en coordonnées cylindriques :

$$E = \{(r, \theta, z) \mid 0 \leqslant \theta \leqslant 2\pi, 0 \leqslant r \leqslant 2, r \leqslant z \leqslant 2\}.$$

Par conséquent, on a

$$
\begin{aligned}
\int_{-2}^2 \int_{-\sqrt{4-x^2}}^{\sqrt{4-x^2}} \int_{\sqrt{x^2+y^2}}^2 (x^2 + y^2)\, dz\, dy\, dx &= \iiint_E (x^2 + y^2)\, dV \\
&= \int_0^{2\pi} \int_0^2 \int_r^2 r^2\, r\, dz\, dr\, d\theta \\
&= \int_0^{2\pi} d\theta \int_0^2 r^3(2 - r)\, dr \\
&= 2\pi\left[\tfrac{1}{2}r^4 - \tfrac{1}{5}r^5\right]_0^2 = \tfrac{16}{5}\pi
\end{aligned}
$$

■ ■

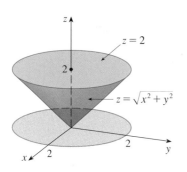

FIGURE 4

Figure 4 : $z = 4$, $(0, 0, 4)$, $(0, 0, 1)$, $z = 1 - r^2$, $(1, 0, 0)$

FIGURE 5

Figure 5 : $z = 2$, $z = \sqrt{x^2 + y^2}$

▦ En coordonnées sphériques

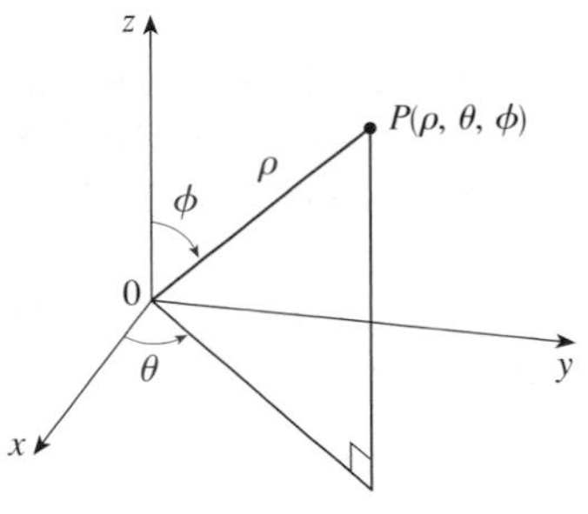

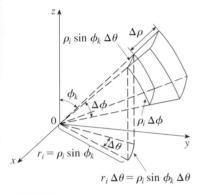

FIGURE 6
Les coordonnées sphériques de P

Les coordonnées sphériques (ρ, θ, ϕ) d'un point ont été définies dans la section 9.7 (voyez la figure 6) et les relations qui les lient aux coordonnées rectangulaires sont, pour rappel :

$$\boxed{3} \qquad x = \rho \sin \phi \cos \theta \qquad y = \rho \sin \phi \sin \theta \qquad z = \rho \cos \phi.$$

Dans ce système de coordonnées, le pendant du parallélépipède rectangle est un **coin sphérique**

$$E = \{(\rho, \theta, \phi) \mid a \leqslant \rho \leqslant b, \alpha \leqslant \theta \leqslant \beta, c \leqslant \phi \leqslant d\},$$

où $a \geqslant 0$, $\beta - \alpha \leqslant 2\pi$. Bien que l'intégrale triple ait été définie en divisant des solides en petits parallélépipèdes, on peut montrer qu'on arrive au même résultat en le divisant en petits coins sphériques E_{ijk} par les sphères $\rho = \rho_i$, les demi-plans $\theta = \theta_j$ et les demi-cônes $\phi = \phi_k$. La figure 7 montre que E_{ijk} est à peu de chose près un parallélépipède de dimensions $\Delta\rho$, $\rho_i \Delta\phi$ (arc d'un cercle de rayon ρ_i, angle $\Delta\phi$), et $\rho_i \sin \phi_k \Delta\theta$ (arc d'un cercle de rayon $\rho_i \sin \phi_k$, angle $\Delta\theta$). Dès lors, le volume de E_{ijk} vaut approximativement

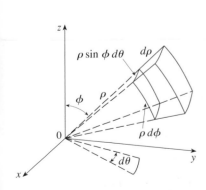

FIGURE 7

$$(\Delta\rho) \times (\rho_i \Delta\phi) \times (\rho_i \sin \phi_k \Delta\theta) = \rho_i^2 \sin \phi_k \Delta\rho \Delta\theta \Delta\phi.$$

Une approximation par une triple somme de Riemann est donc de la forme

$$\sum_{i=1}^{l} \sum_{j=1}^{m} \sum_{k=1}^{n} f(\rho_i \sin \phi_k \cos \theta_j, \rho_i \sin \phi_k \sin \theta_j, \rho_i \cos \phi_k) \rho_i^2 \sin \phi_k \Delta\rho \Delta\theta \Delta\phi$$

Mais cette somme est une somme de Riemann de la fonction

$$F(\rho, \theta, \phi) = f(\rho \sin \phi \cos \theta, \rho \sin \phi \sin \theta, \rho \cos \phi) \cdot \rho^2 \sin \phi.$$

Ce qui précède rend compréhensible la **formule de changement de variables en coordonnées sphériques pour les intégrales triples** que voici.

$$\boxed{4} \qquad \iiint\limits_{E} f(x, y, z)\, dV$$

$$= \int_c^d \int_\alpha^\beta \int_a^b f(\rho \sin \phi \cos \theta, \rho \sin \phi \sin \theta, \rho \cos \phi)\rho^2 \sin \phi\, d\rho\, d\theta\, d\phi$$

où E est un coin sphérique décrit par

$$E = \{(\rho, \theta, \phi) \mid a \leqslant \rho \leqslant b, \alpha \leqslant \theta \leqslant \beta, c \leqslant \phi \leqslant d\}.$$

FIGURE 8
Élément de volume en coordonnées sphériques : $dV = \rho^2 \sin \phi\, d\rho\, d\theta\, d\phi$

La formule 4 indique comment convertir une intégrale triple de coordonnées rectangulaires en coordonnées sphériques : il faut faire les substitutions

$$x = \rho \sin \phi \cos \theta \quad y = \rho \sin \phi \sin \theta \quad z = \rho \cos \phi,$$

adapter les bornes d'intégration et remplacer dV par $\rho^2 \sin \phi\, d\rho\, d\theta\, d\phi$. C'est ce qu'illustre la figure 8.

Cette formule peut être étendue à des domaines sphériques plus généraux tels que

$$E = \{ (\rho, \theta, \phi) \mid \alpha \leqslant \theta \leqslant \beta,\ c \leqslant \phi \leqslant d,\ g_1(\theta, \phi) \leqslant \rho \leqslant g_2(\theta, \phi) \},$$

Dans ce cas, la formule est la même qu'en (4), à part que les bornes d'intégration de ρ sont $g_1(\theta, \phi)$ et $g_2(\theta, \phi)$.

Les coordonnées sphériques interviennent généralement dans des intégrales triples sur des domaines d'intégration délimités par des cônes et des sphères.

EXEMPLE 3 Calculez $\iiint_B e^{(x^2 + y^2 + z^2)^{3/2}}\, dV$, où B est la boule unité

$$B = \{ (x, y, z) \mid x^2 + y^2 + z^2 \leqslant 1 \}.$$

SOLUTION Vu que la frontière de B est une sphère, on adopte les coordonnées sphériques

$$B = \{ (\rho, \theta, \phi) \mid 0 \leqslant \rho \leqslant 1,\ 0 \leqslant \theta \leqslant 2\pi,\ 0 \leqslant \phi \leqslant \pi \}.$$

De plus, les coordonnées sphériques conviennent parce que

$$x^2 + y^2 + z^2 = \rho^2.$$

D'où, (4) conduit à

$$\iiint_B e^{(x^2 + y^2 + z^2)^{3/2}}\, dV = \int_0^\pi \int_0^{2\pi} \int_0^1 e^{(\rho^2)^{3/2}} \rho^2 \sin\phi\, d\rho\, d\theta\, d\phi$$

$$= \int_0^\pi \sin\phi\, d\phi \int_0^{2\pi} d\theta \int_0^1 \rho^2 e^{\rho^3}\, d\rho$$

$$= \Big[-\cos\phi \Big]_0^\pi (2\pi) \Big[\tfrac{1}{3} e^{\rho^3} \Big]_0^1 = \tfrac{4}{3}\pi(e - 1). \qquad ■ ■$$

REMARQUE ▫ Il aurait été extrêmement malaisé de calculer l'intégrale de l'exemple 3 sans les coordonnées sphériques. L'intégrale itérée en coordonnées rectangulaires eut été

$$\int_{-1}^1 \int_{-\sqrt{1-x^2}}^{\sqrt{1-x^2}} \int_{-\sqrt{1-x^2-y^2}}^{\sqrt{1-x^2-y^2}} e^{(x^2+y^2+z^2)^{3/2}}\, dz\, dy\, dx$$

EXEMPLE 4 Calculez à l'aide des coordonnées sphériques le volume du solide qui se trouve compris entre le cône $z = \sqrt{x^2 + y^2}$ et la sphère $x^2 + y^2 + z^2 = z$ (voyez la figure 9).

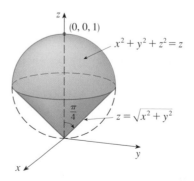

FIGURE 9

SOLUTION La sphère passe par l'origine, mais son centre est en $(0, 0, \tfrac{1}{2})$. L'équation de cette sphère en coordonnées sphériques est

$$\rho^2 = \rho \cos\phi \quad \text{ou} \quad \rho = \cos\phi.$$

■ ■ La figure 10 donne une autre vue (celle fournie par Maple) du solide de l'exemple 4.

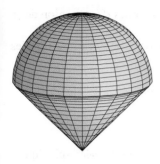

FIGURE 10

Le cône peut être décrit par

$$\rho \cos \phi = \sqrt{\rho^2 \sin^2 \phi \cos^2 \theta + \rho^2 \sin^2 \phi \sin^2 \theta} = \rho \sin \phi.$$

Cela donne $\sin \phi = \cos \phi$, ou $\phi = \pi/4$. Par conséquent, la description du solide E en coordonnées sphériques est

$$E = \{ (\rho, \theta, \phi) \mid 0 \leqslant \theta \leqslant 2\pi, \ 0 \leqslant \phi \leqslant \pi/4, \ 0 \leqslant \rho \leqslant \cos \phi \}.$$

La figure 11 montre comment E est balayé lorsque l'intégration commence par ρ, continue par ϕ et se termine par θ. Le volume de E est le résultat du calcul suivant :

$$V(E) = \iiint_E dV = \int_0^{2\pi} \int_0^{\pi/4} \int_0^{\cos \phi} \rho^2 \sin \phi \, d\rho \, d\phi \, d\theta$$

$$= \int_0^{2\pi} d\theta \int_0^{\pi/4} \sin \phi \left[\frac{\rho^3}{3} \right]_{\rho=0}^{\rho=\cos\phi} d\phi$$

$$= \frac{2\pi}{3} \int_0^{\pi/4} \sin \phi \cos^3 \phi \, d\phi = \frac{2\pi}{3} \left[-\frac{\cos^4 \phi}{4} \right]_0^{\pi/4} = \frac{\pi}{8}$$

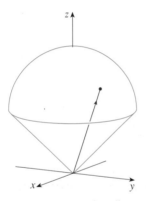

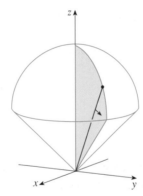

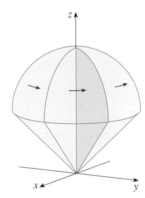

FIGURE 11

ρ varie de 0 à $\cos \phi$ tandis que ϕ et θ sont constants.

ϕ varie de 0 à $\pi/4$ tandis que θ est constant.

θ varie de 0 à 2π.

12.8 Exercices

1–4 ■ Représentez le solide dont le volume est donné par l'intégrale et calculez-la.

1. $\int_0^4 \int_0^{2\pi} \int_r^4 r \, dz \, d\theta \, dr$

2. $\int_0^{\pi/2} \int_0^2 \int_0^{9-r^2} r \, dz \, dr \, d\theta$

3. $\int_0^{\pi/6} \int_0^{\pi/2} \int_0^3 \rho^2 \sin \phi \, d\rho \, d\theta \, d\phi$

4. $\int_0^{2\pi} \int_{\pi/2}^{\pi} \int_1^2 \rho^2 \sin \phi \, d\rho \, d\phi \, d\theta$

5–6 ■ Établissez l'intégrale triple d'une fonction arbitraire continue $f(x, y, z)$ en coordonnées cylindriques ou sphériques sur le solide représenté.

5.

6.

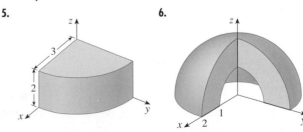

7-16 ■ Employez des coordonnées cylindriques.

7. Calculez $\iiint_E \sqrt{x^2 + y^2}\, dV$, où E est le domaine borné par le cylindre $x^2 + y^2 = 16$ et les plans $z = -5$ et $z = 4$.

8. Calculez $\iiint_E (x^3 + xy^2)\, dV$, où E est le solide du premier octant borné par le paraboloïde $z = 1 - x^2 - y^2$.

9. Calculez $\iiint_E e^z\, dV$, où E est la région enserrée entre le paraboloïde $z = 1 + x^2 + y^2$, le cylindre $x^2 + y^2 = 5$ et le plan Oxy.

10. Calculez $\iiint_E x\, dV$, où E est le domaine borné par les plans $z = 0$ et $z = x + y + 5$ et par les cylindres $x^2 + y^2 = 4$ et $x^2 + y^2 = 9$.

11. Calculez $\iiint_E x^2\, dV$, où E est le domaine borné par le cylindre $x^2 + y^2 = 1$, au-dessus du plan $z = 0$ et sous le cône $z^2 = 4x^2 + 4y^2$.

12. Calculez le volume du solide délimité par le cylindre $x^2 + y^2 = 1$ et la sphère $x^2 + y^2 + z^2 = 4$.

13. a) Calculez le volume de la région E bornée par les paraboloïdes $z = x^2 + y^2$ et $z = 36 - 3x^2 - 3y^2$.
b) Calculez le centre géométrique (centre d'inertie dans le cas où la densité est constante) de la région E de la partie a).

14. a) Calculez le volume du solide que le cylindre $r = a \cos \theta$ découpe hors de la sphère de rayon a centrée à l'origine.
b) Illustrez la partie a) en faisant apparaître la sphère et le cylindre dans un même écran.

15. Calculez la masse et le centre d'inertie du solide S borné par le paraboloïde $z = 4x^2 + 4y^2$ et le plan $z = a$ $(a > 0)$ si S a une densité constante K.

16. Calculez la masse d'une boule B décrite par $x^2 + y^2 + z^2 \leqslant a^2$ si la densité en chaque point est proportionnelle à la distance entre le point et l'axe Oz.

17-26 ■ Employez des coordonnées sphériques.

17. Calculez $\iiint_B (x^2 + y^2 + z^2)\, dV$, où B est la sphère unité $x^2 + y^2 + z^2 \leqslant 1$.

18. Calculez $\iiint_H (x^2 + y^2)\, dV$, où H est la demi-sphère située au-dessus du plan Oxy et sous la sphère $x^2 + y^2 + z^2 = 1$.

19. Calculez $\iiint_E z\, dV$, où E est la région de l'espace située entre les sphères $x^2 + y^2 + z^2 = 1$ et $x^2 + y^2 + z^2 = 4$ dans le premier octant.

20. Calculez $\iiint_E e^{\sqrt{x^2 + y^2 + z^2}}\, dV$, où E est le solide enfermé dans la sphère $x^2 + y^2 + z^2 = 9$ et dans le premier octant.

21. Calculez $\iiint_E x^2\, dV$, où E est la région bornée par le plan Oxz et les deux hémisphères $y = \sqrt{9 - x^2 - z^2}$ et $y = \sqrt{16 - x^2 - z^2}$.

22. Calculez le volume du solide qui se trouve à l'intérieur de la sphère $x^2 + y^2 + z^2 = 4$, au-dessus du plan Oxy et sous le cône $z = \sqrt{x^2 + y^2}$.

23. a) Calculez le volume du solide qui se trouve au-dessus du cône $\phi = \pi/3$ et sous la sphère $\rho = 4 \cos \phi$.
b) Calculez le centre géométrique de la région de la partie a).

24. Soit H l'hémisphère de rayon a, dont la densité en un point quelconque est proportionnelle à sa distance par rapport au centre de la base.
a) Calculez la masse de H.
b) Calculez le centre d'inertie de H.
c) Calculez le moment d'inertie de H par rapport à son axe.

25. a) Calculez le centre géométrique d'un solide homogène hémisphérique de rayon a.
b) Calculez le moment d'inertie du solide de la partie a) par rapport à un diamètre de sa base.

26. Calculez la masse et le centre d'inertie d'une demi-sphère solide de rayon a si la densité en un point quelconque est proportionnelle à sa distance par rapport à la base.

27-30 ■ Choisissez de travailler en coordonnées cylindriques ou sphériques, selon ce qui vous semble le plus approprié.

27. Calculez le volume et le centre d'inertie du solide E qui se trouve au-dessus du cône $z = \sqrt{x^2 + y^2}$ et sous la sphère $x^2 + y^2 + z^2 = 1$.

28. Calculez le plus petit coin que découpe dans une sphère deux plans qui se coupent suivant un diamètre et font entre eux un angle de $\pi/6$.

CAS **29.** Calculez $\iiint_E z\, dV$, où E repose sur le paraboloïde $z = x^2 + y^2$ et est fermé par le plan $z = 2y$. Servez-vous de tables de primitives ou d'un logiciel de calcul formel pour calculer l'intégrale.

30. a) Calculez le volume du tore $\rho = \sin \phi$.
b) Faites dessiner le tore par un outil graphique.

31-32 ■ Passez aux coordonnées cylindriques pour calculer l'intégrale :

31. $\int_{-2}^{2} \int_{-\sqrt{4-y^2}}^{\sqrt{4-y^2}} \int_{\sqrt{x^2+y^2}}^{2} xz\, dz\, dx\, dy$

32. $\int_{-3}^{3} \int_{0}^{\sqrt{9-x^2}} \int_{0}^{9-x^2-y^2} \sqrt{x^2 + y^2}\, dz\, dy\, dx$

33-34 ■ Passez aux coordonnées sphériques pour calculer l'intégrale :

33. $\int_{0}^{1} \int_{0}^{\sqrt{1-x^2}} \int_{\sqrt{x^2+y^2}}^{\sqrt{2-x^2-y^2}} xy\, dz\, dy\, dx$

34. $\int_{-a}^{a} \int_{-\sqrt{a^2-y^2}}^{\sqrt{a^2-y^2}} \int_{-\sqrt{a^2-x^2-y^2}}^{\sqrt{a^2-x^2-y^2}} (x^2 z + y^2 z + z^3)\, dz\, dx\, dy$

35. Dans le sujet d'étude de la page 691, il a été question de la famille de surfaces $\rho = 1 + \frac{1}{5} \sin m\theta \sin n\phi$, qui sont utilisées pour modéliser des tumeurs. La figure montre une telle sphère boursouflée pour $m = 6$ et $n = 5$. Calculez son volume à l'aide d'un outil graphique adapté.

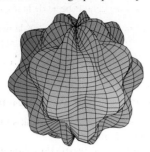

36. Démontrez que

$$\int_{-\infty}^{\infty} \int_{-\infty}^{\infty} \int_{-\infty}^{\infty} \sqrt{x^2 + y^2 + z^2}\, e^{-(x^2 + y^2 + z^2)}\, dx\, dy\, dz = 2\pi.$$

(L'intégrale triple impropre est définie comme la limite d'une intégrale triple sur une sphère dont le rayon s'accroît sans bornes.)

37. Quand les géologues se penchent sur la formation des chaînes de montagnes, ils évaluent le travail que requiert l'érection d'une montagne à partir du niveau de la mer. Soit une montagne qui aurait pratiquement la forme d'un cône circulaire droit. On suppose que le poids de la matière à proximité d'un point P est $g(P)$ et la hauteur $h(P)$.

a) Établissez une intégrale qui représente le travail total qu'a requis la formation de la montagne.

b) On considère que le mont Fuji au Japon a la forme d'un cône circulaire droit de 18 km de rayon de base, 3 800 m de haut et une densité constante de 3 200 kg/m³. Combien de travail a nécessité la formation du mont Fuji si précédemment la terre était au niveau de la mer ?

SUJET APPLIQUÉ

Une course d'objets qui roulent

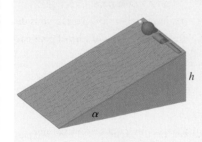

Roulent en bas d'un plan incliné une balle pleine (en marbre), une balle creuse (une balle de squash), un cylindre plein (une barre d'acier) et un cylindre creux (un tuyau de plomb). Lequel de ces objets arrive en bas le premier ? (Faites un pari avant de commencer la résolution.)

Pour répondre à cette question, on considère une balle ou un cylindre de masse m, de rayon r et de moment d'inertie I (par rapport à l'axe de rotation). Si h est la hauteur du point de départ, alors l'énergie potentielle au sommet vaut mgh. Si l'objet arrive en bas avec une vitesse v et une vitesse angulaire ω, alors $v = \omega r$. L'énergie cinétique en bas se compose de deux termes : $\frac{1}{2}mv^2$ due à la translation (descente de la pente) et $\frac{1}{2}I\omega^2$ due à la rotation. En faisant l'hypothèse que la perte d'énergie due au frottement du roulement est négligeable, la loi de conservation de l'énergie impose que

$$mgh = \tfrac{1}{2}mv^2 + \tfrac{1}{2}I\omega^2.$$

1. Démontrez que

$$v^2 = \frac{2gh}{1 + I^*} \qquad \text{ou } I^* = \frac{I}{mr^2}.$$

2. Si $y(t)$ est la distance verticale franchie au temps t, alors le même raisonnement que celui tenu au point 1 montre que $v^2 = 2gy/(1 + I^*)$ à tout moment t. Démontrez à partir de ce résultat que y satisfait à l'équation différentielle

$$\frac{dy}{dt} = \sqrt{\frac{2g}{1 + I^*}}\,(\sin \alpha)\sqrt{y},$$

où α est l'angle d'inclinaison du plan.

3. En résolvant l'équation différentielle du problème 2, montrez que le temps total du trajet est

$$T = \sqrt{\frac{2h(1 + I^*)}{g \sin^2 \alpha}}.$$

Cette expression révèle que c'est l'objet dont le I^* est le plus faible qui gagne la course.

4. Montrez que $I^* = \frac{1}{2}$ pour un cylindre plein et $I^* = 1$ pour un cylindre creux.

5. Calculez I^* pour une balle partiellement vide de rayon intérieur a et de rayon extérieur r. Exprimez votre réponse en termes de $b = a/r$. Examinez ce qui se passe lorsque $a \to 0$ et lorsque $a \to r$.

6. Montrez que $I^* = \frac{2}{5}$ pour une balle pleine et que $I^* = \frac{2}{3}$ pour une balle creuse. Les objets arrivent donc dans l'ordre : balle pleine, cylindre plein, balle creuse, cylindre creux.

SUJET À DÉCOUVRIR

L'intersection de trois cylindres

La figure montre le solide formé par l'intersection à angle droit de trois cylindres circulaires de même diamètre. Dans ce projet, on calcule le volume de ce solide et on étudie comment sa forme change si les diamètres des cylindres sont différents.

1. Dessinez soigneusement le solide formé par l'intersection des trois cylindres $x^2 + y^2 = 1$, $x^2 + z^2 = 1$ et $y^2 + z^2 = 1$. Indiquez les positions des axes de coordonnées et attribuez à chaque face l'équation du cylindre correspondant.

2. Calculez le volume du solide du problème 1.

CAS **3.** Faites dessiner les arêtes du solide par un outil graphique.

4. Qu'arrive-t-il au solide lorsque le rayon du premier cylindre est différent de 1 ? Illustrez par un croquis fait à la main ou par un dessin fait à l'ordinateur.

5. Si le premier cylindre est $x^2 + y^2 = a^2$, avec $a < 1$, établissez, sans la calculer, une intégrale double qui donne le volume du solide. Et si $a > 1$?

12.9 ## Changement de variables dans les intégrales multiples

Le changement de variable (ou substitution) est une des méthodes qui simplifient le calcul des intégrales simples. En intervertissant les rôles de x et u, la méthode de substitution (voyez la formule 5.5.5) peut s'écrire

$$\boxed{1} \qquad \int_a^b f(x)\, dx = \int_c^d f(g(u)) g'(u)\, du,$$

où $x = g(u)$ et $a = g(c)$, $b = g(d)$. La formule 1 s'écrit encore d'une autre façon :

$$\boxed{2} \qquad \int_a^b f(x)\,dx = \int_c^d f(x(u))\frac{dx}{du}\,du.$$

Changer de variables peut aussi être fructueux dans le calcul des intégrales doubles. On l'a déjà vu dans le cas particulier du passage aux coordonnées polaires. Les nouvelles variables r et θ sont liées aux anciennes x et y par les équations

$$x = r\cos\theta \quad y = r\sin\theta,$$

et la formule de changement de variables [voyez 12.4.2] s'écrit :

$$\iint_R f(x, y)\,dA = \iint_S f(r\cos\theta, r\sin\theta)r\,dr\,d\theta,$$

où S est la région du plan $Or\theta$ qui correspond à la région R du plan Oxy.

Plus généralement, on envisage maintenant un changement de variables donné par une **transformation** T du plan Ouv vers le plan Oxy :

$$T(u, v) = (x, y),$$

où x et y sont liées aux variables u et v par les équations

$$\boxed{3} \qquad x = g(u, v) \quad y = h(u, v),$$

qui parfois sont aussi écrites

$$x = x(u, v) \quad y = y(u, v).$$

On suppose habituellement que T est une **transformation de classe $\mathbf{C^1}$**, ce qui signifie que g et h ont des dérivées partielles du premier ordre continues.

Une transformation T n'est en réalité qu'une fonction dont le domaine de définition et l'ensemble image sont tous les deux des sous-ensembles de $\mathbb{R}^2$. Lorsque $T(u_1, v_1) = (x_1, y_1)$, alors le point (x_1, y_1) est appelé l'**image** du point (u_1, v_1). Si deux points distincts n'ont jamais la même image, T est dite **injective**. La figure 1 montre l'effet d'une transformation T sur une région S du plan Ouv. T transforme S en une région R du plan Oxy appelée l'**image de S**, composée des images de tous les points de S.

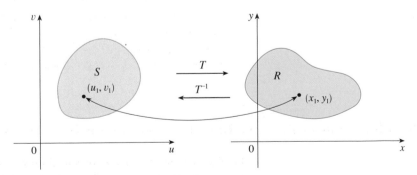

FIGURE 1

Si T est une transformation injective, alors elle admet une **transformation réciproque** T^{-1} du plan Oxy vers le plan Ouv et il est possible de résoudre les équations 3 par rapport à u et v en fonction de x et y :

$$u = G(x, y) \quad v = H(x, y).$$

EXEMPLE 1 Une transformation est définie par les équations

$$x = u^2 - v^2 \quad y = 2uv.$$

Déterminez l'image du carré $S = \{(u, v) \mid 0 \leqslant u \leqslant 1, 0 \leqslant v \leqslant 1\}$.

SOLUTION On cherche l'image des bords de S. L'équation du premier bord S_1 est $v = 0$ ($0 \leqslant u \leqslant 1$) (voyez la figure 2). Dans ce cas, les équations de T donnent $x = u^2$, $y = 0$, et donc $0 \leqslant x \leqslant 1$. Le segment S_1 devient après la transformation le segment qui joint $(0, 0)$ à $(1, 0)$ du plan Oxy. Ensuite, le côté S_2 répond à $u = 1$ ($0 \leqslant v \leqslant 1$) et poser $u = 1$ dans les équations de la transformation conduit à

$$x = 1 - v^2 \quad y = 2v.$$

En éliminant v, on arrive à

$$\boxed{4} \qquad\qquad x = 1 - \frac{y^2}{4} \quad 0 \leqslant x \leqslant 1,$$

qui représente un arc de parabole. De même, S_3 qui répond à $v = 1$ ($0 \leqslant u \leqslant 1$) a comme image l'arc de parabole

$$\boxed{5} \qquad\qquad x = \frac{y^2}{4} - 1 \quad -1 \leqslant x \leqslant 0.$$

Enfin, S_4 est donné par $u = 0$ ($0 \leqslant v \leqslant 1$) dont l'image est $x = -v^2$, $y = 0$, c'est-à-dire $-1 \leqslant x \leqslant 0$. (Notez que si on fait le tour du carré dans le sens contraire des aiguilles d'une montre, on tourne aussi dans le sens contraire des aiguilles d'une montre sur le contour parabolique.) L'image de S est la région R (visible dans la figure 2) délimitée par l'axe Ox et les paraboles d'équations 4 et 5. ■ ■

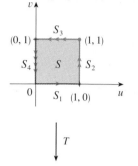

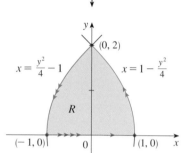

FIGURE 2

On se propose maintenant de regarder comment un changement de variables affecte une intégrale double. On part d'un petit rectangle S du plan Ouv dont le coin inférieur gauche est le point (u_0, v_0) et dont les dimensions sont Δu et Δv (voyez la figure 3).

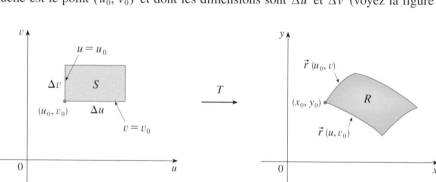

FIGURE 3

L'image de S est une région R du plan Oxy dont un des points de la frontière est $(x_0, y_0) = T(u_0, v_0)$. Le vecteur

$$\vec{r}(u, v) = g(u, v)\,\vec{i} + h(u, v)\,\vec{j},$$

est le vecteur position de l'image du point (u, v). L'équation du bord inférieur de S est $v = v_0$, dont la courbe image est décrite par la fonction vectorielle $\vec{r}(u, v_0)$. Le vecteur tangent en (x_0, y_0) à cette courbe image est

$$\vec{r}_u' = g_u'(u_0, v_0)\,\vec{i} + h_u'(u_0, v_0)\,\vec{j} = \frac{\partial x}{\partial u}\vec{i} + \frac{\partial y}{\partial u}\vec{j}.$$

De même, le vecteur tangent en (x_0, y_0) à la courbe image du côté gauche de S, (à savoir $u = u_0$) est

$$\vec{r}_v' = g_v'(u_0, v_0)\,\vec{i} + h_v'(u_0, v_0)\,\vec{j} = \frac{\partial x}{\partial v}\vec{i} + \frac{\partial y}{\partial v}\vec{j}.$$

La région image R de S est approximativement un parallélogramme construit sur les vecteurs sécants

$$\vec{a} = \vec{r}(u_0 + \Delta u,\, v_0) - \vec{r}(u_0, v_0) \quad \vec{b} = \vec{r}(u_0,\, v_0 + \Delta v) - \vec{r}(u_0, v_0),$$

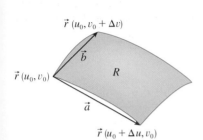

FIGURE 4

comme on peut le voir sur la figure 4. Or,

$$\vec{r}_u' = \lim_{\Delta u \to 0} \frac{\vec{r}(u_0 + \Delta u,\, v_0) - \vec{r}(u_0, v_0)}{\Delta u},$$

de sorte que

$$\vec{r}(u_0 + \Delta u,\, v_0) - \vec{r}(u_0, v_0) \approx \Delta u\,\vec{r}_u'.$$

De même,

$$\vec{r}(u_0,\, v_0 + \Delta v) - \vec{r}(u_0, v_0) \approx \Delta v\,\vec{r}_v'.$$

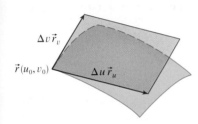

FIGURE 5

Il en résulte que R peut être approximé par un parallélogramme construit sur les vecteurs $\Delta u\,\vec{r}_u'$ et $\Delta v\,\vec{r}_v'$ (voyez la figure 5). Et de là, l'aire de R vaut à peu de chose près l'aire de ce parallélogramme qui, suivant une formule de la section 9.4, est obtenue par le calcul suivant

$$\boxed{6} \qquad \left\| (\Delta u\,\vec{r}_u') \wedge (\Delta v\,\vec{r}_v') \right\| = \left\| \vec{r}_u' \wedge \vec{r}_v' \right\| \Delta u\,\Delta v.$$

On calcule le produit vectoriel :

$$\vec{r}_u' \wedge \vec{r}_v' = \begin{vmatrix} \vec{i} & \vec{j} & \vec{k} \\ \dfrac{\partial x}{\partial u} & \dfrac{\partial y}{\partial u} & 0 \\ \dfrac{\partial x}{\partial v} & \dfrac{\partial y}{\partial v} & 0 \end{vmatrix} = \begin{vmatrix} \dfrac{\partial x}{\partial u} & \dfrac{\partial y}{\partial u} \\ \dfrac{\partial x}{\partial v} & \dfrac{\partial y}{\partial v} \end{vmatrix} \vec{k} = \begin{vmatrix} \dfrac{\partial x}{\partial u} & \dfrac{\partial x}{\partial v} \\ \dfrac{\partial y}{\partial u} & \dfrac{\partial y}{\partial v} \end{vmatrix} \vec{k}$$

Le déterminant qui apparaît dans ce calcul se nomme le *Jacobien* de la transformation et reçoit une notation spéciale.

■ ■ Le Jacobien doit son nom au mathématicien allemand Carl Gustav Jacob Jacobi (1804-1851). Bien que le mathématicien français Cauchy ait utilisé ces déterminants spéciaux qui impliquent des dérivées partielles, Jacobi les développa en une méthode de calcul des intégrales multiples.

$\boxed{7}$ **Définition** Le **Jacobien** d'une transformation T donnée par $x = g(u, v)$ et $y = h(u, v)$ est

$$\frac{\partial(x, y)}{\partial(u, v)} = \begin{vmatrix} \dfrac{\partial x}{\partial u} & \dfrac{\partial x}{\partial v} \\ \dfrac{\partial y}{\partial u} & \dfrac{\partial y}{\partial v} \end{vmatrix} = \frac{\partial x}{\partial u}\frac{\partial y}{\partial v} - \frac{\partial x}{\partial v}\frac{\partial y}{\partial u}$$

Avec cette notation, la valeur approchée de l'aire ΔA de R annoncée dans l'équation 6 s'écrit

$$\boxed{8} \qquad \Delta A \approx \left| \frac{\partial(x, y)}{\partial(u, v)} \right| \Delta u \Delta v,$$

où le Jacobien est calculé en (u_0, v_0).

Maintenant, on divise une région S du plan Ouv en sous-rectangles S_{ij} et on appelle R_{ij} leurs images dans Oxy (voyez la figure 6).

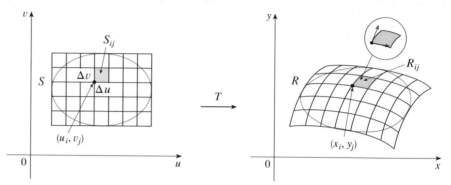

FIGURE 6

En employant l'approximation (8) pour l'aire de chaque R_{ij}, l'intégrale double de f sur R est approchée par la double somme :

$$\iint_R f(x, y)\, dA = \sum_{i=1}^{m} \sum_{j=1}^{n} f(x_i, y_j) \Delta A$$

$$\approx \sum_{i=1}^{m} \sum_{j=1}^{n} f(g(u_i, v_j), h(u_i, v_j)) \left| \frac{\partial(x, y)}{\partial(u, v)} \right| \Delta u \Delta v$$

où le Jacobien est calculé en (u_i, v_j). Cette double somme est une somme de Riemann relative à l'intégrale

$$\iint_S f(g(u, v), h(u, v)) \left| \frac{\partial(x, y)}{\partial(u, v)} \right| du\, dv$$

L'argumentation qui précède suggère que le théorème suivant soit vrai. (Une démonstration tout à fait complète n'est donnée qu'en analyse approfondie.)

$\boxed{9}$ **Changement de variables dans une intégrale double** On suppose que T est une transformation de classe C^1 dont le Jacobien est non nul et qui envoie une région S du plan Ouv sur la région R du plan Oxy. On suppose que f est continue sur R et que R et S sont des régions planes de type I ou II. On suppose encore que T est injective, sauf éventuellement sur la frontière de S. Alors,

$$\iint_R f(x, y)\, dA = \iint_S f(x(u, v), y(u, v)) \left| \frac{\partial(x, y)}{\partial(u, v)} \right| du\, dv$$

Le théorème 9 dit qu'on passe d'une intégrale en x et y à une intégrale en u et v, en exprimant x et y en termes de u et v et en remplaçant dA par

$$dA = \left| \frac{\partial(x, y)}{\partial(u, v)} \right| du\, dv.$$

La similitude entre la formule du théorème 9 et l'équation 2 à une variable est remarquable. En lieu et place de la dérivée dx/du, il y a la valeur absolue du Jacobien : $|\partial(x, y)/\partial(u, v)|$.

En guise de première application du théorème 9, on montre que la formule d'intégration en coordonnées polaires établie précédemment n'en est qu'un cas particulier. La transformation T du plan $Or\theta$ dans le plan Oxy est décrite par

$$x = g(r, \theta) = r\cos\theta \quad y = h(r, \theta) = r\sin\theta,$$

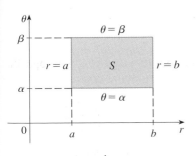

et la visualisation géométrique de cette transformation apparaît dans la figure 7. T transforme un rectangle ordinaire du plan $Or\theta$ en un rectangle polaire du plan Oxy. L'expression du Jacobien de T est, dans ce cas,

$$\frac{\partial(x, y)}{\partial(r, \theta)} = \begin{vmatrix} \dfrac{\partial x}{\partial r} & \dfrac{\partial x}{\partial \theta} \\[2mm] \dfrac{\partial y}{\partial r} & \dfrac{\partial y}{\partial \theta} \end{vmatrix} = \begin{vmatrix} \cos\theta & -r\sin\theta \\ \sin\theta & r\cos\theta \end{vmatrix} = r\cos^2\theta + r\sin^2\theta = r > 0.$$

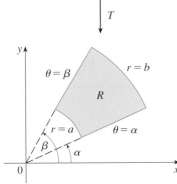

De là, le théorème 9 donne

$$\iint_R f(x, y)\, dx\, dy = \iint_S f(r\cos\theta, r\sin\theta)\left|\frac{\partial(x, y)}{\partial(r, \theta)}\right| dr\, d\theta$$

$$= \int_\alpha^\beta \int_a^b f(r\cos\theta, r\sin\theta)\, r\, dr\, d\theta$$

FIGURE 7
La transformation en coordonnées polaires.

ce qui est bien la formule 12.4.2.

EXEMPLE 2 Effectuez le changement de variables $x = u^2 - v^2$, $y = 2uv$ pour calculer l'intégrale $\iint_R y\, dA$, où R est la région délimitée par l'axe Ox et les paraboles $y^2 = 4 - 4x$ et $y^2 = 4 + 4x$, $y \geq 0$.

SOLUTION La région R est celle de la figure 2. L'exemple 1 a expliqué que $T(S) = R$, où S est le carré $[0, 1] \times [0, 1]$. L'avantage du changement de variables est justement de simplifier la région. On a besoin de calculer le Jacobien :

$$\frac{\partial(x, y)}{\partial(u, v)} = \begin{vmatrix} \dfrac{\partial x}{\partial u} & \dfrac{\partial x}{\partial v} \\[2mm] \dfrac{\partial y}{\partial u} & \dfrac{\partial y}{\partial v} \end{vmatrix} = \begin{vmatrix} 2u & -2v \\ 2v & 2u \end{vmatrix} = 4u^2 + 4v^2 > 0.$$

Par conséquent, selon le théorème 9,

$$\iint_R y\, dA = \iint_S 2uv\left|\frac{\partial(x, y)}{\partial(u, v)}\right| dA = \int_0^1 \int_0^1 (2uv)4(u^2 + v^2)\, du\, dv$$

$$= 8\int_0^1 \int_0^1 (u^3 v + uv^3)\, du\, dv = 8\int_0^1 \left[\tfrac{1}{4}u^4 v + \tfrac{1}{2}u^2 v^3\right]_{u=0}^{u=1} dv$$

$$= \int_0^1 (2v + 4v^3)\, dv = \left[v^2 + v^4\right]_0^1 = 2.$$

REMARQUE ▫ La résolution de l'exemple 2 n'a posé aucune difficulté parce que le changement de variables adéquat était donné. Lorsque la transformation n'est pas fournie, la première étape est de réfléchir au changement de variables qui convient. La forme de $f(x, y)$ peut suggérer la bonne transformation, surtout si son expression est malaisée à intégrer. Si c'est la forme de la région R d'intégration qui est compliquée, alors la transformation doit faire en sorte que la description de S dans le plan Ouv soit simple.

EXEMPLE 3 Calculez l'intégrale $\iint_R e^{(x+y)/(x-y)} \, dA$, où R est la région trapézoïdale de sommets $(1, 0)$, $(2, 0)$, $(0, -2)$ et $(0, -1)$.

SOLUTION Comme il n'est pas facile d'intégrer $e^{(x+y)/(x-y)}$, le changement de variables s'inspire de la forme de cette fonction

$$\boxed{10} \qquad\qquad u = x + y \quad v = x - y.$$

Ces équations définissent une transformation réciproque T^{-1} du plan Oxy vers le plan Ouv. Comme le théorème 9 est écrit pour une transformation T du plan Ouv vers le plan Oxy, on résout les équations 10 par rapport à x et y :

$$\boxed{11} \qquad\qquad x = \tfrac{1}{2}(u + v) \quad y = \tfrac{1}{2}(u - v).$$

Le Jacobien de T est

$$\frac{\partial(x, y)}{\partial(u, v)} = \begin{vmatrix} \dfrac{\partial x}{\partial u} & \dfrac{\partial x}{\partial v} \\[2mm] \dfrac{\partial y}{\partial u} & \dfrac{\partial y}{\partial v} \end{vmatrix} = \begin{vmatrix} \tfrac{1}{2} & \tfrac{1}{2} \\[2mm] \tfrac{1}{2} & -\tfrac{1}{2} \end{vmatrix} = -\tfrac{1}{2}.$$

Pour dessiner la région S image de R par T, on note que les arêtes de R appartiennent aux droites d'équations

$$y = 0 \qquad x - y = 2 \qquad x = 0 \qquad x - y = 1,$$

et que, après substitution dans les équations 10 et 11, les arêtes correspondantes dans le plan Ouv sont sur les droites

$$u = v \qquad v = 2 \qquad u = -v \qquad v = 1.$$

La région S est donc le trapèze de sommets $(1, 1)$, $(2, 2)$, $(-2, 2)$ et $(-1, 1)$ que l'on peut voir dans la figure 8. Comme

$$S = \{ (u, v) \mid 1 \leqslant v \leqslant 2, -v \leqslant u \leqslant v \},$$

le théorème 9 s'applique et conduit à

$$\iint_R e^{(x+y)/(x-y)} \, dA = \iint_S e^{u/v} \left| \frac{\partial(x, y)}{\partial(u, v)} \right| du \, dv$$

$$= \int_1^2 \int_{-v}^{v} e^{u/v} (\tfrac{1}{2}) \, du \, dv = \tfrac{1}{2} \int_1^2 \left[v e^{u/v} \right]_{u=-v}^{u=v} dv$$

$$= \tfrac{1}{2} \int_1^2 (e - e^{-1}) v \, dv = \tfrac{3}{4}(e - e^{-1}).$$

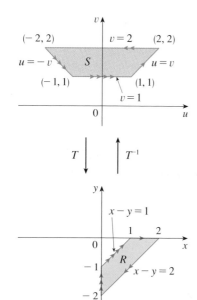

FIGURE 8

■■ Pour les intégrales triples

Il existe bien évidemment une formule de changement de variables analogue pour les intégrales triples. Soit T une transformation qui envoie une région S de l'espace $Ouvw$ dans l'espace $Oxyz$ au moyen des équations

$$x = g(u, v, w) \qquad y = h(u, v, w) \qquad z = k(u, v, w).$$

Le **Jacobien** de T est le déterminant d'ordre 3 que voici :

$$\boxed{12} \qquad \frac{\partial(x, y, z)}{\partial(y, v, w)} = \begin{vmatrix} \dfrac{\partial x}{\partial u} & \dfrac{\partial x}{\partial v} & \dfrac{\partial x}{\partial w} \\[2mm] \dfrac{\partial y}{\partial u} & \dfrac{\partial y}{\partial v} & \dfrac{\partial y}{\partial w} \\[2mm] \dfrac{\partial z}{\partial u} & \dfrac{\partial z}{\partial v} & \dfrac{\partial z}{\partial w} \end{vmatrix}$$

Sous des hypothèses semblables à celles du théorème 9, on a la formule suivante pour les intégrales triples :

$$\boxed{13} \qquad \iiint\limits_{R} f(x, y, z)\, dV$$
$$= \iiint\limits_{S} f(x(u, v, w), y(u, v, w), z(u, v, w)) \left| \frac{\partial(x, y, z)}{\partial(y, v, w)} \right| du\, dv\, dw$$

EXEMPLE 4 Retrouvez la formule d'intégration en coordonnées sphériques à partir de la formule 13.

SOLUTION Le changement de variables est décrit par

$$x = \rho \sin \phi \cos \theta \quad y = \rho \sin \phi \sin \theta \quad z = \rho \cos \phi.$$

On calcule le Jacobien :

$$\frac{\partial(x, y, z)}{\partial(\rho, \theta, \phi)} = \begin{vmatrix} \sin \phi \cos \theta & -\rho \sin \phi \sin \theta & \rho \cos \phi \cos \theta \\ \sin \phi \sin \theta & \rho \sin \phi \cos \theta & \rho \cos \phi \sin \theta \\ \cos \phi & 0 & -\rho \sin \phi \end{vmatrix}$$

$$= \cos \phi \begin{vmatrix} -\rho \sin \phi \sin \theta & \rho \cos \phi \cos \theta \\ \rho \sin \phi \cos \theta & \rho \cos \phi \sin \theta \end{vmatrix} - \rho \sin \phi \begin{vmatrix} \sin \phi \cos \theta & -\rho \sin \phi \sin \theta \\ \sin \phi \sin \theta & \rho \sin \phi \cos \theta \end{vmatrix}$$

$$= \cos \phi (-\rho^2 \sin \phi \cos \phi \sin^2 \theta - \rho^2 \sin \phi \cos \phi \cos^2 \theta)$$

$$\quad - \rho \sin \phi (\rho \sin^2 \phi \cos^2 \theta + \rho \sin^2 \phi \sin^2 \theta)$$

$$= -\rho^2 \sin \phi \cos^2 \phi - \rho^2 \sin \phi \sin^2 \phi = -\rho^2 \sin \phi.$$

Comme $0 \leqslant \phi \leqslant \pi$, on a $\sin \phi \geqslant 0$. Par conséquent,

$$\left| \frac{\partial(x, y, z)}{\partial(\rho, \theta, \phi)} \right| = \left| -\rho^2 \sin \phi \right| = \rho^2 \sin \phi$$

et la formule 13 donne

$$\iiint_R f(x, y, z)\, dV = \iiint_S f(\rho \sin \phi \cos \theta,\, \rho \sin \phi \sin \theta,\, \rho \cos \phi) \rho^2 \sin \phi \, d\rho \, d\theta \, d\phi$$

qui est bien équivalente à la formule 12.8.4.

■ ■

12.9 Exercices

1–6 ■ Calculez le Jacobien de la transformation.

1. $x = u + 4v$, $\quad y = 3u - 2v$

2. $x = u^2 - v^2$, $\quad y = u^2 + v^2$

3. $x = \dfrac{u}{u+v}$, $\quad y = \dfrac{v}{u-v}$

4. $x = \alpha \sin \beta$, $\quad y = \alpha \cos \beta$

5. $x = uv$, $\quad y = vw$, $\quad z = uw$

6. $x = e^{u-v}$, $\quad y = e^{u+v}$, $\quad z = e^{u+v+w}$

7–10 ■ Décrivez l'image de l'ensemble S sous la transformation donnée.

7. $S = \{(u, v) \mid 0 \leqslant u \leqslant 3,\, 0 \leqslant v \leqslant 2\}$;
$x = 2u + 3v$, $y = u - v$.

8. S est la région carrée délimitée par les droites $u = 0$, $u = 1$, $v = 0$, $v = 1$; $x = v$, $y = u(1 + v^2)$.

9. S est la région triangulaire de sommets $(0, 0)$, $(1, 1)$, $(0, 1)$; $x = u^2$, $y = v$.

10. S est le disque donné par $u^2 + v^2 \leqslant 1$; $x = au$, $y = bv$.

11–16 ■ Calculez l'intégrale à l'aide de la transformation donnée.

11. $\iint_R (x - 3y)\, dA$, où R est le domaine triangulaire de sommets $(0, 0)$, $(2, 1)$ et $(1, 2)$; $x = 2u + v$, $y = u + 2v$.

12. $\iint_R (4x + 8y)\, dA$, où R est le parallélogramme de sommets $(-1, 3)$, $(1, -3)$, $(3, -1)$ et $(1, 5)$; $x = \frac{1}{4}(u + v)$, $y = \frac{1}{4}(v - 3u)$.

13. $\iint_R x^2\, dA$, où R est la région délimitée par l'ellipse $9x^2 + 4y^2 = 36$; $x = 2u$, $y = 3v$.

14. $\iint_R (x^2 - xy + y^2)\, dA$, où R est la région délimitée par l'ellipse $x^2 - xy + y^2 = 2$; $x = \sqrt{2}u - \sqrt{2/3}v$, $y = \sqrt{2}u + \sqrt{2/3}v$.

15. $\iint_R xy\, dA$, où R est la région du premier quadrant bornée par les droites $y = x$ et $y = 3x$ et les hyperboles $xy = 1$, $xy = 3$; $x = u/v$, $y = v$.

16. $\iint_R y^2\, dA$, où R est le domaine borné par les courbes $xy = 1$, $xy = 2$, $xy^2 = 1$, $xy^2 = 2$; $u = xy$, $v = xy^2$. Illustrez en dessinant R à l'aide d'un outil graphique ou d'un ordinateur.

17. a) Calculez $\iiint_E dV$, où E est l'ellipsoïde solide $x^2/a^2 + y^2/b^2 + z^2/c^2 = 1$. Employez la transformation $x = au$, $y = bv$ et $z = cw$.

b) La Terre n'est pas une sphère parfaite ; son mouvement de rotation entraîne un applatissement des pôles. On peut dire qu'elle a plus ou moins la forme d'un ellipsoïde où $a = b = 6\,378$ km et $c = 6\,356$ km. Estimez le volume de la Terre grâce à la partie a).

18. Calculez $\iiint_E x^2 y\, dV$, où E est le solide de l'exercice 17 a).

19–23 ■ Calculez l'intégrale en effectuant un changement de variables judicieux.

19. $\iint_R \dfrac{x - 2y}{3x - y}\, dA$, où R est le parallélogramme formé par les droites $x - 2y = 0$, $x - 2y = 4$, $3x - y = 1$ et $3x - y = 8$.

20. $\iint_R (x + y)e^{-x^2 - y^2}\, dA$, où R est le rectangle formé par les droites $x - y = 0$, $x - y = 2$, $x + y = 0$ et $x + y = 3$.

21. $\iint_R \cos\left(\dfrac{y - x}{y + x}\right) dA$, où R est la région trapézoïdale de sommets $(1, 0)$, $(2, 0)$, $(0, 2)$ et $(0, 1)$.

22. $\iint_R \sin(9x^2 + 4y^2)\, dA$, où R est la région du premier quadrant bornée par l'ellipse $9x^2 + 4y^2 = 1$.

23. $\iint_R e^{x+y}\, dA$, où R est décrite par l'inégalité $|x| + |y| \leqslant 1$.

24. Soit f une fonction continue sur $[0, 1]$ et soit R la région triangulaire de sommets $(0, 0)$, $(1, 0)$ et $(0, 1)$. Montrez que

$$\iint_R f(x + y)\, dA = \int_0^1 u f(u)\, du.$$

12 Révision

1. On suppose que f est une fonction continue définie sur un rectangle $R = [a, b] \times [c, d]$.

a) Écrivez une expression d'une double somme de Riemann de f. Au cas où $f(x, y) \geq 0$, que représente la somme ?

b) Écrivez la définition de $\iint_R f(x, y) \, dA$ comme une limite.

c) Quelle est l'interprétation géométrique de $\iint_R f(x, y) \, dA$ quand $f(x, y) \geq 0$? Et quand f prend des valeurs positives et négatives ?

d) Comment calculez-vous $\iint_R f(x, y) \, dA$?

e) Que dit la Méthode du point médian pour des intégrales doubles ?

f) Écrivez une expression de la valeur moyenne de f.

2. a) Comment définissez-vous $\iint_D f(x, y) \, dA$ lorsque D est un domaine borné autre qu'un rectangle ?

b) Qu'est-ce qu'un domaine de type I ? Comment calculez-vous $\iint_D f(x, y) \, dA$ quand D est un domaine de type I ?

c) Qu'est-ce qu'un domaine de type II ? Comment calculez-vous $\iint_D f(x, y) \, dA$ quand D est un domaine de type II ?

d) Citez des propriétés des intégrales doubles ?

3. Comment effectuez-vous le passage dans une intégrale double des coordonnées rectangulaires aux coordonnées polaires ? Pourquoi est-il souhaitable de faire un tel passage ?

4. Lorsqu'une plaque de métal occupe une région plane D et a une densité $\rho(x, y)$, écrivez des expressions en termes d'intégrales doubles de chaque grandeur.

a) La masse.

b) Les moments par rapport aux axes.

c) Le centre d'inertie.

d) Les moments d'inertie par rapport aux axes et par rapport à l'origine.

5. Soit f une fonction de densité conjointe d'une paire de variables aléatoires continues X et Y.

a) Écrivez sous forme d'intégrale double la probabilité pour que X soit situé entre a et b et Y entre c et d.

b) Quelle propriété possède f ?

c) Quelles sont les espérances mathématiques de X et Y ?

6. Écrivez une expression de l'aire d'une surface S dans chacun des cas suivants.

a) S est une surface paramétrée décrite par une fonction vectorielle $\vec{r}(u, v)$, $(u, v) \in D$.

b) S a comme équation $z = f(x, y)$, $(x, y) \in D$.

c) S est la surface de révolution engendrée par la rotation de la courbe $y = f(x)$, $a \leq x \leq b$ autour de l'axe Ox.

7. a) Écrivez la définition de l'intégrale triple de f sur un parallélépipède rectangle B.

b) Comment calculez-vous $\iiint_B f(x, y, z) \, dV$?

c) Comment définissez-vous $\iiint_E f(x, y, z) \, dV$ si E est une région solide autre qu'un parallélépipède rectangle ?

d) Qu'est-ce qu'une région solide de type 1 ? Comment calculez-vous $\iiint_E f(x, y, z) \, dV$ sur une telle région ?

e) Qu'est-ce qu'une région solide de type 2 ? Comment calculez-vous $\iiint_E f(x, y, z) \, dV$ sur une telle région ?

f) Qu'est-ce qu'une région solide de type 3 ? Comment calculez-vous $\iiint_E f(x, y, z) \, dV$ sur une telle région ?

8. Lorsqu'un solide occupe la région E avec une répartition des masses $\rho(x, y, z)$, écrivez des expressions de chaque grandeur.

a) La masse.

b) Les moments par rapport aux plans de coordonnées.

c) Les coordonnées du centre d'inertie.

d) Les moments d'inertie par rapport aux axes.

9. a) Comment passe-t-on des coordonnées rectangulaires aux coordonnées cylindriques dans une intégrale triple ?

b) Comment passe-t-on des coordonnées rectangulaires aux coordonnées sphériques dans une intégrale triple ?

c) Dans quelles situations a-t-on intérêt à passer aux coordonnées cylindriques ou sphériques ?

10. a) Si une transformation T est donnée par $x = g(u, v)$, $y = h(u, v)$, qu'est-ce que le Jacobien de T ?

b) Comment s'effectue un changement de variables dans une intégrale double ?

c) Comment s'effectue un changement de variables dans une intégrale triple ?

VRAI-FAUX

Dites si la proposition est vraie ou fausse. Si elle est vraie, expliquez pourquoi. Si elle est fausse, expliquez pourquoi ou donnez un exemple qui contredit la proposition.

1. $\displaystyle\int_{-1}^{2}\int_{0}^{6} x^2 \sin(x-y)\,dx\,dy = \int_{0}^{6}\int_{-1}^{2} x^2 \sin(x-y)\,dy\,dx$

2. $\displaystyle\int_{0}^{1}\int_{0}^{x} \sqrt{x+y^2}\,dy\,dx = \int_{0}^{x}\int_{0}^{1} \sqrt{x+y^2}\,dx\,dy$

3. $\displaystyle\int_{1}^{2}\int_{3}^{4} x^2 e^y\,dy\,dx = \int_{1}^{2} x^2\,dx \int_{3}^{4} e^y\,dy$

4. $\displaystyle\int_{-1}^{1}\int_{0}^{1} e^{x^2+y^2} \sin y\,dx\,dy = 0$

5. Si D est le disque $x^2 + y^2 \leqslant 4$, alors
$$\iint_D \sqrt{4-x^2-y^2}\,dA = \tfrac{16}{3}\pi$$

6. $\displaystyle\int_{1}^{4}\int_{0}^{1} (x^2 + \sqrt{y}) \sin(x^2 y^2)\,dx\,dy \leqslant 9$

7. L'intégrale
$$\int_{0}^{2\pi}\int_{0}^{2}\int_{r}^{2} dz\,dr\,d\theta$$
représente le volume intérieur au cône $z = \sqrt{x^2 + y^2}$ fermé par le plan $z = 2$.

8. L'intégrale $\iiint_E kr^3\,dz\,dr\,d\theta$ représente le moment d'inertie par rapport à l'axe Oz d'un solide E de densité constante k.

EXERCICES

---

1. Voici une carte de courbes de niveau d'une fonction f sur le carré $[0, 3] \times [0, 3]$. Estimez la valeur de l'intégrale $\iint_R f(x, y)\,dA$ par une somme de Riemann à neuf termes. Prenez les points au choix aux coins supérieurs droits des sous-carrés.

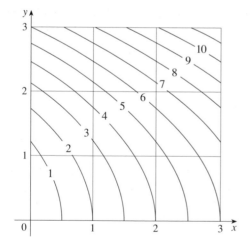

2. Calculez une valeur approchée de l'intégrale de l'exercice 1 par la Méthode du point médian.

3–8 ■ Calculez l'intégrale itérée.

3. $\displaystyle\int_{1}^{2}\int_{0}^{2} (y + 2xe^y)\,dx\,dy$

4. $\displaystyle\int_{0}^{1}\int_{0}^{1} ye^{xy}\,dx\,dy$

5. $\displaystyle\int_{0}^{1}\int_{0}^{2} \cos(x^2)\,dy\,dx$

6. $\displaystyle\int_{0}^{1}\int_{x}^{e^x} 3xy^2\,dy\,dx$

7. $\displaystyle\int_{0}^{\pi}\int_{0}^{1}\int_{0}^{\sqrt{1-y^2}} y \sin x\,dz\,dy\,dx$

8. $\displaystyle\int_{0}^{1}\int_{0}^{y}\int_{x}^{1} 6xyz\,dz\,dx\,dy$

9–10 ■ Écrivez $\iint_R f(x, y)\,dA$ comme une intégrale itérée, où R est la région ombrée et f une fonction arbitraire continue sur R.

9.

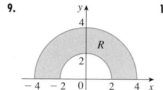

10.

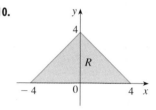

11. Décrivez la région dont l'aire est calculée par l'intégrale
$$\int_{0}^{\pi/2}\int_{0}^{\sin 2\theta} r\,dr\,d\theta.$$

12. Décrivez le solide dont le volume est calculé par l'intégrale
$$\int_{0}^{\pi/2}\int_{0}^{\pi/2}\int_{1}^{2} \rho^2 \sin\phi\,d\rho\,d\phi\,d\theta$$
et calculez l'intégrale.

13–14 ■ Calculez l'intégrale itérée après avoir interverti l'ordre d'intégration.

13. $\displaystyle\int_{0}^{1}\int_{x}^{1} \cos(y^2)\,dy\,dx$

14. $\displaystyle\int_{0}^{1}\int_{\sqrt{y}}^{1} \frac{ye^{x^2}}{x^3}\,dx\,dy$

15–28 ■ Calculez la valeur de l'intégrale multiple.

15. $\iint_R ye^{xy}\,dA$, où $R = \{(x, y) \mid 0 \leqslant x \leqslant 2, 0 \leqslant y \leqslant 3\}$.

16. $\iint_D xy\,dA$, où $D = \{(x, y) \mid 0 \leqslant y \leqslant 1, y^2 \leqslant x \leqslant y+2\}$.

17. $\displaystyle\iint_D \frac{y}{1+x^2}\,dA$,

où D est bornée par $y = \sqrt{x}$, $y = 0$ et $x = 1$.

18. $\displaystyle\iint_D \frac{1}{1+x^2}\,dA$, où D est la région triangulaire de sommets $(0, 0)$, $(1, 1)$ et $(0, 1)$.

19. $\iint_D y\,dA$, où D est la région du premier quadrant bornée par les paraboles $x = y^2$ et $x = 8 - y^2$.

20. $\iint_D y\,dA$, où D est la région du premier quadrant qui s'étend au-dessus de l'hyperbole $xy = 1$ et la droite $y = x$ et sous la droite $y = 2$.

21. $\iint_D (x^2 + y^2)^{3/2}\,dA$, où D est la région du premier quadrant bornée par les droites $y = 0$ et $y = \sqrt{3}x$ et le cercle $x^2 + y^2 = 9$.

22. $\iint_D x\,dA$, où D est la région du premier quadrant située entre les cercles $x^2 + y^2 = 1$ et $x^2 + y^2 = 2$.

23. $\iiint_E xy\,dV$, où
$E = \{(x, y, z) \mid 0 \leqslant x \leqslant 3, 0 \leqslant y \leqslant x, 0 \leqslant z \leqslant x + y\}$.

24. $\iiint_T xy\,dV$, où T est le tétraèdre de sommets $(0, 0, 0)$, $(\frac{1}{3}, 0, 0)$, $(0, 1, 0)$, $(0, 0, 1)$.

25. $\iiint_E y^2 z^2\,dV$, où E est borné par le paraboloïde $x = 1 - y^2 - z^2$ et le plan $x = 0$.

26. $\iiint_E z\,dV$, où E est borné par les plans $y = 0$, $z = 0$, $x + y = 2$ et le cylindre $y^2 + z^2 = 1$ dans le premier octant.

27. $\iiint_E yz\,dV$, où E est situé au-dessus du plan $z = 0$, sous le plan $z = y$ et à l'intérieur du cylindre $x^2 + y^2 = 4$.

28. $\iiint_H z^3\sqrt{x^2 + y^2 + z^2}\,dV$, où H est la demi-sphère solide centrée à l'origine de rayon 1, au-dessus du plan Oxy.

. . . .

29–34 ■ Calculez le volume du solide décrit.

29. Sous le paraboloïde $z = x^2 + 4y^2$ et au-dessus du rectangle $R = [0, 2] \times [1, 4]$.

30. Sous la surface $z = x^2 y$ et au-dessus du triangle du plan Oxy de sommets $(1, 0)$, $(2, 1)$ et $(4, 0)$.

31. Le tétraèdre de sommets $(0, 0, 0)$, $(0, 0, 1)$, $(0, 2, 0)$ et $(2, 2, 0)$.

32. Le cylindre $x^2 + y^2 = 4$ fermé par les plans $z = 0$ et $y + z = 3$.

33. Un des coins taillés dans le cylindre $x^2 + 9y^2 = a^2$ par les plans $z = 0$ et $z = mx$.

34. Au-dessus du paraboloïde $z = x^2 + y^2$ et sous le demi-cône $z = \sqrt{x^2 + y^2}$.

. . . .

35. On considère une fine plaque de métal qui occupe la région D bornée par la parabole $x = 1 - y^2$ et les axes de coordonnées dans le premier quadrant, avec une répartition des masses $\rho(x, y) = y$.
a) Déterminez la masse de la plaque de métal.
b) Déterminez le centre d'inertie.
c) Déterminez les moments d'inertie par rapport aux axes Ox et Oy.

36. Une plaque de métal occupe la portion du disque $x^2 + y^2 \leqslant a^2$ située dans le premier quadrant.
a) Déterminez le centre géométrique de la plaque de métal.
b) Déterminez le centre d'inertie de la plaque si la fonction de densité est $\rho(x, y) = xy^2$.

37. a) Déterminez le centre géométrique d'un cône circulaire droit de hauteur h et de rayon de base a. (Placez le cône avec sa base dans le plan Oxy, le centre de sa base à l'origine et son axe le long de l'axe Oz.)
b) Déterminez le moment d'inertie du cône par rapport à son axe (l'axe Oz).

38. a) Établissez (sans la calculer) une intégrale qui fournisse l'aire de la portion de surface décrite par la fonction vectorielle $\vec{r}(u, v) = v^2\vec{i} - uv\vec{j} + u^2\vec{k}$, $0 \leqslant u \leqslant 3$, $-3 \leqslant v \leqslant 3$.

[CAS] b) À l'aide d'un logiciel de calcul formel, obtenez une valeur approchée de l'aire à 4 décimales correctes.

39. Calculez l'aire de la portion de surface $z = x^2 + y$ qui se projette sur le triangle de sommets $(0, 0)$, $(1, 0)$ et $(0, 2)$.

[CAS] **40.** Faites dessiner la surface $z = x \sin y$, $-3 \leqslant x \leqslant 3$, $-\pi \leqslant y \leqslant \pi$, et calculez son aire avec quatre décimales correctes.

41. Calculez en passant aux coordonnées polaires
$$\int_0^3 \int_{-\sqrt{9-x^2}}^{\sqrt{9-x^2}} (x^3 + zy^2)\,dy\,dx.$$

42. Calculez en passant aux coordonnées sphériques
$$\int_{-2}^2 \int_0^{\sqrt{4-y^2}} \int_{-\sqrt{4-x^2-y^2}}^{\sqrt{4-x^2-y^2}} y^2\sqrt{x^2 + y^2 + z^2}\,dz\,dx\,dy$$

43. Calculez une valeur approchée de l'intégrale $\iint_D y^2\,dA$, où D est le domaine borné par les courbes $y = 1 - x^2$ et $y = e^x$. (Prenez un outil graphique pour dessiner les courbes et lire les coordonnées des points d'intersection.)

[CAS] **44.** Situez le centre d'inertie du tétraèdre de sommets $(0, 0, 0)$, $(1, 0, 0)$, $(0, 2, 0)$, $(0, 0, 3)$, dans lequel la masse est répartie selon la fonction $\rho(x, y, z) = x^2 + y^2 + z^2$.

45. La fonction de densité conjointe des variables aléatoires X et Y est
$$f(x, y) = \begin{cases} C(x + y) & \text{si} \quad 0 \leqslant x \leqslant 3, 0 \leqslant y \leqslant 2 \\ 0 & \text{sinon} \end{cases}$$

a) Calculez la valeur de la constante C.
b) Calculez $P(X \leqslant 2, Y \geqslant 1)$.
c) Calculez $P(X + Y \leqslant 1)$.

46. Un lustre a trois ampoules dont la durée moyenne de vie est de 800 heures. À supposer qu'on puisse modéliser la probabilité de défaillance de ces ampoules par une fonction de densité exponentielle, de moyenne $\mu = 800$, déterminez la probabilité pour que les trois ampoules ensemble aient cessé de fonctionner en moins de 1 000 heures.

47. Réécrivez l'intégrale itérée

$$\int_{-1}^{1} \int_{x^2}^{1} \int_{0}^{1-y} f(x, y, z)\, dz\, dy\, dx$$

comme une intégrale itérée dans l'ordre $dx\, dy\, dz$.

48. Écrivez les cinq autres intégrales itérées égales à

$$\int_{0}^{2} \int_{0}^{y^3} \int_{0}^{y^2} f(x, y, z)\, dz\, dx\, dy.$$

49. Effectuez la transformation $u = x - y$, $v = x + y$ pour calculer $\iint_R (x - y)/(x + y)\, dA$, où R est le carré de sommets $(0, 2)$, $(1, 1)$, $(2, 2)$ et $(1, 3)$.

50. Effectuez la transformation $x = u^2$, $y = v^2$, $z = w^2$ pour déterminer le volume de la région délimitée par la surface $\sqrt{x} + \sqrt{y} + \sqrt{z} = 1$ et les plans de coordonnées.

51. Servez-vous de la formule de changement de variables et d'une transformation judicieuse pour calculer $\iint_R xy\, dA$, où R est le carré de sommets $(0, 0)$, $(1, 1)$, $(2, 0)$ et $(1, -1)$.

52. a) Calculez $\iint_D \dfrac{1}{(x^2 + y^2)^{n/2}}\, dV$, où n est un entier et D le domaine compris entre les cercles centrés à l'origine et de rayons r et R, $0 < r < R$.

b) Pour quelles valeurs de n l'intégrale de la partie a) a-t-elle une limite lorsque $r \to 0^+$?

c) Calculez $\iiint_E \dfrac{1}{(x^2 + y^2 + z^2)^{n/2}}\, dV$, où n est un entier et E la région comprise entre les sphères centrées à l'origine et de rayons r et R, $0 < r < R$.

d) Pour quelles valeurs de n l'intégrale de la partie c) a-t-elle une limite lorsque $r \to 0^+$?

1. Si $[x]$ désigne le plus grand entier inférieur ou égal à x, calculez l'intégrale

$$\iint_R [x + y] \, dA,$$

où $R = \{(x, y) \mid 1 \leqslant x \leqslant 3, 2 \leqslant y \leqslant 5\}$.

2. Calculez l'intégrale

$$\int_0^1 \int_0^1 e^{\max\{x^2, y^2\}} \, dy \, dx,$$

où $\max\{x^2, y^2\}$ désigne le plus grand des deux nombres x^2 et y^2.

3. Calculez la valeur moyenne de la fonction $f(x) = \int_x^1 \cos(t^2) \, dt$ sur l'intervalle $[0, 1]$.

4. Démontrez que

$$\iiint_E (\vec{a} \cdot \vec{r})(\vec{b} \cdot \vec{r})(\vec{c} \cdot \vec{r}) \, dV = \frac{(\alpha \beta \gamma)^2}{8 |\vec{a} \cdot (\vec{b} \wedge \vec{c})|}$$

où $\vec{a}$, $\vec{b}$ et $\vec{c}$ sont des vecteurs constants, $\vec{r}$, le vecteur position $x\vec{i} + y\vec{j} + z\vec{k}$, et E, décrit par les inégalités $0 \leqslant \vec{a} \cdot \vec{r} \leqslant \alpha$, $0 \leqslant \vec{b} \cdot \vec{r} \leqslant \beta$, $0 \leqslant \vec{c} \cdot \vec{r} \leqslant \gamma$.

5. L'intégrale double $\displaystyle\int_0^1 \int_0^1 \frac{1}{1 - xy} \, dx \, dy$ est une intégrale impropre qui peut être définie comme la limite des intégrales doubles sur le rectangle $[0, t] \times [0, t]$ lorsque $t \to 1^-$. Mais si on développe l'intégrande en une série géométrique, on peut exprimer l'intégrale comme la somme d'une série infinie. Montrez que

$$\int_0^1 \int_0^1 \frac{1}{1 - xy} \, dx \, dy = \sum_{n=1}^{\infty} \frac{1}{n^2}.$$

6. Leonhard Euler a été capable de trouver la valeur exacte de la série du problème 5. En 1736, il démontra que

$$\sum_{n=1}^{\infty} \frac{1}{n^2} = \frac{\pi^2}{6}.$$

On vous demande ici de démontrer ce résultat en calculant l'intégrale double du problème 5 et on vous suggère d'effectuer le changement de variables

$$x = \frac{u - v}{\sqrt{2}} \qquad y = \frac{u + v}{\sqrt{2}}.$$

Ces équations traduisent une rotation autour de l'origine d'un angle de $\pi/4$. Vous aurez besoin de tracer la région correspondante dans le plan Ouv.

[*Suggestion :* Si, lors du calcul de l'intégrale, vous rencontrez l'une des expressions $(1 - \sin\theta)/\cos\theta$ ou $(\cos\theta)/(1 + \sin\theta)$, vous utiliserez volontiers l'identité $\cos\theta = \sin((\pi/2) - \theta)$ et l'identité semblable pour $\sin\theta$.]

7. a) Démontrez que

$$\int_0^1 \int_0^1 \int_0^1 \frac{1}{1 - xyz} \, dx \, dy \, dz = \sum_{n=1}^{\infty} \frac{1}{n^3}.$$

(Personne n'a trouvé à ce jour la valeur de la somme de cette série.)

b) Démontrez que

$$\int_0^1 \int_0^1 \int_0^1 \frac{1}{1 + xyz}\, dx\, dy\, dz = \sum_{n=1}^{\infty} \frac{(-1)^{n-1}}{n^3}.$$

Calculez la valeur de la somme de cette série avec deux décimales correctes en calculant l'intégrale triple de cette expression.

8. Démontrez que

$$\int_0^{\infty} \frac{\text{Arctg } \pi x - \text{Arctg } x}{x}\, dx = \frac{\pi}{2} \ln \pi,$$

en exprimant d'abord l'intégrale comme une intégrale itérée.

9. Si f est continue, démontrez que

$$\int_0^x \int_0^y \int_0^z f(t)\, dt\, dz\, dy = \frac{1}{2} \int_0^x (x - t)^2 f(t)\, dt.$$

10. a) Une plaque de métal de densité constante ρ a la forme d'un disque centré à l'origine et de rayon R. Utilisez la loi de gravitation de Newton (voyez page 724) pour montrer que l'intensité de la force d'attraction que la plaque de métal exerce sur un corps de masse m situé au point $(0, 0, d)$ de la partie positive de l'axe Oz vaut

$$F = 2\pi Gm\rho d\left(\frac{1}{d} - \frac{1}{\sqrt{R^2 + d^2}}\right).$$

[*Suggestion :* Divisez le disque de la figure 4 dans la section 12.4 et calculez d'abord la composante verticale de la force exercée par le sous-rectangle polaire R_{ij}.]

b) Démontrez que l'intensité de la force d'attraction d'une plaque de métal de densité ρ qui occupe tout le plan sur un objet de masse m situé à une distance d du plan vaut

$$F = 2\pi Gm\rho.$$

Remarquez que cette expression ne dépend pas de d.

L'analyse vectorielle

Dans ce chapitre, nous étudions l'analyse des champs vectoriels. (Ce sont des fonctions qui, à des points dans l'espace, associent des vecteurs.) En particulier, on va définir les intégrales curvilignes (qui servent à calculer le travail d'un champ de forces quand il déplace un objet le long d'une courbe). Ensuite, on va définir les intégrales de surface (qui servent à calculer le flux d'un fluide à travers une surface). Les liens entre ces nouveaux types d'intégrales et les intégrales simples, doubles et triples que nous avons déjà rencontrées apparaissent dans les versions de dimension plus élevée du Théorème fondamental du calcul différentiel et intégral que sont le Théorème de Green, le Théorème de Stokes et le Théorème de flux-divergence.

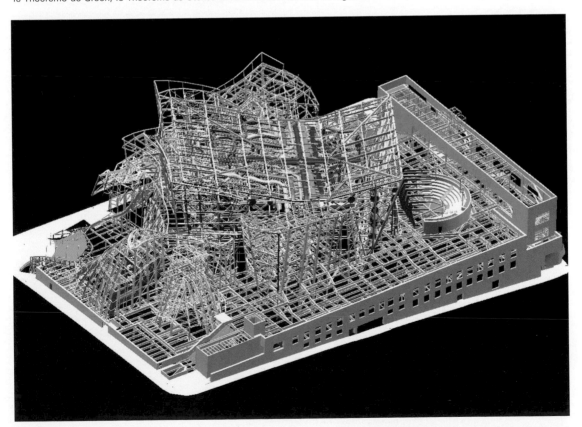

13.1 Les champs vectoriels

Les vecteurs de la figure 1 représentent la vitesse du vent, en intensité, orientation et sens en des points situés à 10 m au-dessus du niveau de la mer dans la baie de San Francisco. Un simple coup d'œil sur la figure a) révèle que là où les flèches sont les plus grandes, c'est-à-dire à l'entrée de la baie à hauteur du Golden Gate Bridge, les vents sont les plus violents à ce moment. La partie b) montre un schéma des vents fort différent, à un autre moment. On peut imaginer qu'à chaque point de l'air est associé un vecteur représentatif de la direction du vent et de sa force. C'est un exemple de *champ vectoriel de vitesses*.

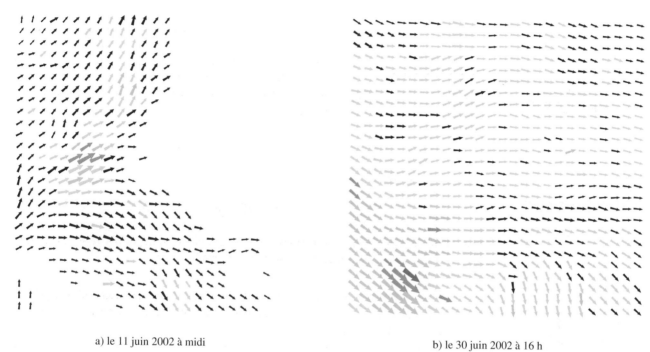

a) le 11 juin 2002 à midi   b) le 30 juin 2002 à 16 h

FIGURE 1 Des champs vectoriels de vitesses représentatifs des vents dans la baie de San Francisco

La figure 2 montre d'autres exemples de champs de vitesses : celui des courants océaniques et celui du flux le long d'une surface portante.

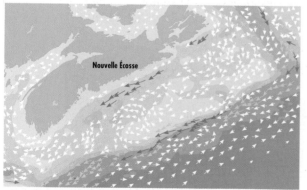

a) Les courants océaniques au large des côtes de la Nouvelle Écosse   b) Flux d'air le long d'une surface portante

FIGURE 2 Des champs vectoriels de vitesses

Un autre type de champ vectoriel, appelé champ de forces, est celui qui associe à chaque point d'une région un vecteur représentatif d'une force. Par exemple, le champ gravitationnel dont il sera question dans l'exemple 4.

De façon générale, un champ vectoriel est une fonction dont le domaine de définition est un ensemble de points de $\mathbb{R}^2$ (ou de $\mathbb{R}^3$) et dont l'ensemble image est un ensemble de vecteurs de V_2 (ou de V_3).

> **1** **Définition** Soit D un sous-ensemble de $\mathbb{R}^2$ (une région plane). Un **champ vectoriel** défini sur $\mathbb{R}^2$ est une fonction $\vec{F}$ qui fait correspondre à chaque point (x, y) de D un vecteur de dimension deux $\vec{F}(x, y)$.

La meilleure façon de dessiner un champ vectoriel est de tracer la flèche qui représente le vecteur $\vec{F}(x, y)$ au départ du point (x, y). Il n'est évidemment pas possible de faire cela pour tous les points (x, y), mais déjà quelques segments orientés en des points représentatifs de D, comme dans la figure 2, donnent une idée de $\vec{F}$. Du fait que $\vec{F}(x, y)$ est un vecteur de dimension deux, on peut l'écrire en fonction de ses **fonctions composantes** P et Q comme suit :

$$\vec{F}(x, y) = P(x, y)\vec{i} + Q(x, y)\vec{j} = (P(x, y), Q(x, y)),$$

ou, plus brièvement,

$$\vec{F} = P\vec{i} + Q\vec{j}.$$

Notez que P et Q sont des fonctions de deux variables et sont parfois appelées **champs scalaires** pour les distinguer des champs vectoriels.

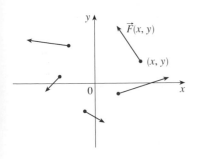

FIGURE 3
Un champ vectoriel défini sur $\mathbb{R}^2$

> **2** **Définition** Soit E un sous-ensemble de $\mathbb{R}^3$. Un **champ vectoriel** défini sur $\mathbb{R}^3$ est une fonction $\vec{F}$ qui fait correspondre à chaque point (x, y, z) de E un vecteur de dimension trois $\vec{F}(x, y, z)$.

Un champ vectoriel $\vec{F}$ défini sur $\mathbb{R}^3$ est représenté dans la figure 3. Il peut être exprimé en fonction de ses fonctions composantes P, Q et R comme suit

$$\vec{F}(x, y, z) = P(x, y, z)\vec{i} + Q(x, y, z)\vec{j} + R(x, y, z)\vec{k}.$$

Comme dans le cas des fonctions vectorielles dans la section 10.1, on peut parler de la continuité des champs vectoriels et démontrer que $\vec{F}$ est continu si et seulement si ses fonctions composantes P, Q et R sont continues.

On identifie parfois un point (x, y, z) avec son vecteur position $\vec{x} = (x, y, z)$ et on écrit $\vec{F}(\vec{x})$ au lieu de $\vec{F}(x, y, z)$. Alors, $\vec{F}$ devient une fonction qui fait correspondre un vecteur $\vec{F}(\vec{x})$ à un vecteur $\vec{x}$.

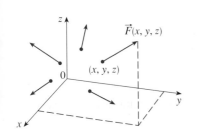

FIGURE 4
Un champ vectoriel défini sur $\mathbb{R}^3$

EXEMPLE 1 Soit un champ vectoriel défini sur $\mathbb{R}^2$ par

$$\vec{F}(x, y) = -y\vec{i} + x\vec{j}.$$

Décrivez $\vec{F}$ en dessinant quelques-uns des vecteurs $\vec{F}(x, y)$ comme dans la figure 3.

SOLUTION Comme $\vec{F}(1, 0) = \vec{j}$, on dessine le vecteur $\vec{j} = (0, 1)$ en plaçant son origine au point $(1, 0)$ (figure 5). Comme $\vec{F}(0, 1) = -\vec{i}$, on dessine le vecteur $(-1, 0)$ en plaçant son origine au point $(0, 1)$. En continuant de cette façon, on calcule plusieurs

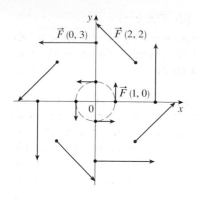

FIGURE 5
$\vec{F}(x, y) = -y\vec{i} + x\vec{j}$

autres valeurs représentatives de $\vec{F}(x, y)$ qui figurent dans la table et on trace un certain nombre de vecteurs représentatifs du champ vectoriel dans la figure 5.

(x, y)	$\vec{F}(x, y)$	(x, y)	$\vec{F}(x, y)$
$(1, 0)$	$(0, 1)$	$(-1, 0)$	$(0, -1)$
$(2, 2)$	$(-2, 2)$	$(-2, -2)$	$(2, -2)$
$(3, 0)$	$(0, 3)$	$(-3, 0)$	$(0, -3)$
$(0, 1)$	$(-1, 0)$	$(0, -1)$	$(1, 0)$
$(-2, 2)$	$(-2, -2)$	$(2, -2)$	$(2, 2)$
$(0, 3)$	$(-3, 0)$	$(0, -3)$	$(3, 0)$

Il ressort de la figure 5 que chaque flèche est tangente à un cercle centré à l'origine. Pour en être certain, on effectue le produit scalaire du vecteur position $\vec{x} = x\vec{i} + y\vec{j}$ avec le vecteur $\vec{F}(\vec{x}) = \vec{F}(x, y)$:

$$\vec{x} \cdot \vec{F}(\vec{x}) = (x\vec{i} + y\vec{j}) \cdot (-y\vec{i} + x\vec{j})$$
$$= -xy + yx = 0.$$

Ceci démontre qu'effectivement, $\vec{F}(x, y)$ est perpendiculaire au vecteur position (x, y) et donc tangent à un cercle centré à l'origine et de rayon $\|\vec{x}\| = \sqrt{x^2 + y^2}$. Remarquez aussi que

$$\|\vec{F}(x, y)\| = \sqrt{(-y)^2 + x^2} = \sqrt{x^2 + y^2} = \|\vec{x}\|,$$

autrement dit, la norme du vecteur $\vec{F}(x, y)$ est égale au rayon du cercle auquel (x, y) appartient. ■ ■

Certains logiciels de calcul formel sont capables de dessiner des champs vectoriels en dimension deux ou trois. Les représentations qu'ils produisent donnent une meilleure idée du champ vectoriel que lorsqu'il est fait à la main parce que le nombre de segments orientés tracés est beaucoup plus grand. La figure 6 montre le dessin par ordinateur du champ vectoriel de l'exemple 1 ; les figures 7 et 8 exposent deux autres champs vectoriels. L'ordinateur s'occupe de réduire les longueurs des segments pour qu'ils ne soient pas trop grands tout en tenant compte de leurs vraies longueurs.

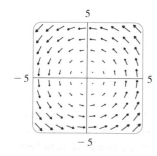

FIGURE 6
$\vec{F}(x, y) = (-y, x)$

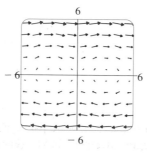

FIGURE 7
$\vec{F}(x, y) = (y, \sin x)$

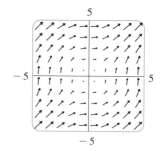

FIGURE 8
$\vec{F}(x, y) = (\ln(1 + y^2), \ln(1 + x^2))$

EXEMPLE 2 Dessinez le champ vectoriel défini sur $\mathbb{R}^3$ par $\vec{F}(x, y, z) = z\vec{k}$.

SOLUTION La figure 9 montre le dessin obtenu. On remarque que tous les vecteurs sont verticaux, sont de sens positif au-dessus du plan Oxy et de sens négatif en dessous. Leur norme augmente en fonction de leur distance au plan Oxy. ■ ■

Sa formule étant particulièrement simple, on aurait pu dessiner à la main le champ vectoriel de l'exemple 2. Mais ce n'est pas le cas de la plupart des champs vectoriels de dimension trois qui sont virtuellement impossibles à tracer à la main et nécessitent donc de recourir à un logiciel adéquat. Les figures 10, 11 et 12 montrent des exemples. On remarque que les champs vectoriels des figures 10 et 11 ont des formules fort semblables mais que tous les vecteurs de la figure 11 sont dirigés dans le sens négatif de l'axe Oy, vu que la composante selon cet axe leur est commune et vaut -2. En imaginant que le champ vectoriel de la figure 12 est un champ de vitesses, une particule serait emportée vers le haut dans un mouvement en spirale autour de l'axe Oz dans le sens des aiguilles d'une montre si on regarde d'en haut.

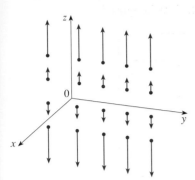

FIGURE 9
$\vec{F}(x, y, z) = z\vec{k}$

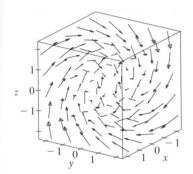

FIGURE 10
$\vec{F}(x, y, z) = y\vec{i} + z\vec{j} + x\vec{k}$

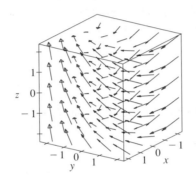

FIGURE 11
$\vec{F}(x, y, z) = y\vec{i} - 2\vec{j} + x\vec{k}$

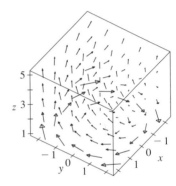

FIGURE 12
$\vec{F}(x, y, z) = \frac{y}{z}\vec{i} - \frac{x}{z}\vec{j} + \frac{z}{4}\vec{k}$

EXEMPLE 3 Imaginez un fluide qui s'écoule régulièrement dans un tube et soit $\vec{V}(x, y, z)$ le vecteur vitesse en un point (x, y, z). Alors, $\vec{V}$ associe un vecteur à chaque point (x, y, z) d'un certain domaine E (l'intérieur du tube) et ainsi, $\vec{V}$ est un champ vectoriel défini sur $\mathbb{R}^3$, appelé un **champ de vitesses**. La figure 13 suggère un champ de vitesses possible. La longueur de la flèche rend compte de la vitesse en un point donné.

On rencontre encore des champs de vitesses dans d'autres domaines de la physique. Par exemple, le champ de vitesses de l'exemple 1 pourrait être celui qui décrit la rotation d'une roue dans le sens contraire des aiguilles d'une montre. On a cité d'autres exemples de champs de vitesses dans les figures 1 et 2. ■ ■

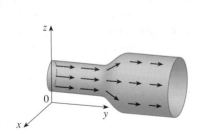

FIGURE 13

Champ de vitesse au sein d'un fluide en mouvement

EXEMPLE 4 La loi de gravitation universelle de Newton énonce que l'intensité de la force de gravitation entre deux objets de masses m et M est de la forme

$$\|\vec{F}\| = \frac{mMG}{r^2},$$

où r est la distance entre les objets et G la constante de gravitation. (C'est un exemple de loi de proportionnalité inverse par rapport au carré.) On suppose que l'objet de masse M occupe l'origine du repère de $\mathbb{R}^3$. (Par exemple, M pourrait être la masse de la Terre et l'origine son centre.) Si $\vec{x} = (x, y, z)$ désigne le vecteur position de l'objet de masse m, alors $r = \|\vec{x}\|$ et donc $r^2 = \|\vec{x}\|^2$. La force de gravité exercée sur ce deuxième objet agit en direction de l'origine. Or, le vecteur unité dans cette direction est

$$-\frac{\vec{x}}{\|\vec{x}\|}.$$

Par conséquent, la force de gravité exercée sur l'objet en $\vec{x} = (x, y, z)$ est

$$\boxed{3} \qquad \vec{F}(\vec{x}) = -\frac{mMG}{\|\vec{x}\|^3}\vec{x}$$

[Comme les physiciens préfèrent la notation $\vec{r}$ à $\vec{x}$ pour le vecteur position, il se peut que vous rencontriez la formule 3 écrite sous la forme $\vec{F} = -(mMG/r^3)\vec{r}$.] La fonction donnée par l'expression 3 est un exemple de champ vectoriel, appelé le **champ gravitationnel**, parce qu'il associe un vecteur [la force $\vec{F}(\vec{x})$] à chaque point $\vec{x}$ de l'espace.

Ja formule 3 est une façon compacte d'écrire le champ de gravitation, mais il peut aussi être explicité par rapport à ses fonctions composantes en introduisant $\vec{x} = x\vec{i} + y\vec{j} + z\vec{k}$ et $\|\vec{x}\| = \sqrt{x^2 + y^2 + z^2}$:

$$\vec{F}(x, y, z) = \frac{-mMGx}{(x^2 + y^2 + z^2)^{3/2}}\vec{i} + \frac{-mMGy}{(x^2 + y^2 + z^2)^{3/2}}\vec{j} + \frac{-mMGz}{(x^2 + y^2 + z^2)^{3/2}}\vec{k}.$$

La figure 14 donne une image du champ de gravitation $\vec{F}$. ■■

EXEMPLE 5 Une charge électrique Q occupe l'origine. Selon la loi de Coulomb, la force électrique $\vec{F}(\vec{x})$ qu'exerce cette charge sur une charge q située en un point (x, y, z) de vecteur position $\vec{x} = (x, y, z)$ est

$$\boxed{4} \qquad \vec{F}(\vec{x}) = \frac{\varepsilon q Q}{\|\vec{x}\|^3}\vec{x},$$

où ε est une constante (qui dépend des unités adoptées). Si les charges sont semblables, $qQ > 0$ et la force est répulsive ; si les charges sont contraires, $qQ < 0$ et la force est attractive. On remarque la ressemblance entre les formules 3 et 4. Ces deux champs de vecteurs sont des exemples de **champ de forces**.

À la force électrique $\vec{F}$, les physiciens préfèrent souvent la force par unité de charge :

$$\vec{E}(\vec{x}) = \frac{1}{q}\vec{F}(\vec{x}) = \frac{\varepsilon Q}{\|\vec{x}\|^3}\vec{x}.$$

Dans ce cas, $\vec{E}$ est le champ vectoriel défini sur $\mathbb{R}^3$ appelé le **champ électrique** de Q. ■■

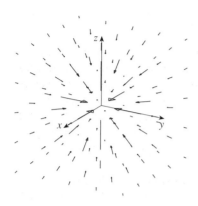

FIGURE 14
Le champ gravitationnel

■■ Les champs de gradient

On se souvient, suite à la section 11.6, que si f est une fonction scalaire de deux variables, son gradient ∇f (ou $\overrightarrow{\text{grad}} f$) est défini par

$$\nabla f(x, y) = f_x'(x, y)\vec{i} + f_y'(x, y)\vec{j}.$$

De là, ∇f est manifestement un champ vectoriel défini sur $\mathbb{R}^2$ et s'appelle un **champ de gradient**. De même, si f est une fonction scalaire de trois variables, son gradient est un champ vectoriel défini sur $\mathbb{R}^3$ par

$$\nabla f(x, y, z) = f_x'(x, y, z)\vec{i} + f_y'(x, y, z)\vec{j} + f_z'(x, y, z)\vec{k}.$$

EXEMPLE 6 Déterminez le champ de gradient de $f(x, y) = x^2y - y^3$. Représentez le champ de gradient en même temps qu'une carte de courbes de niveau de f. Comment ces deux diagrammes sont-ils liés ?

SOLUTION Le champ de gradient est défini par

$$\nabla f(x, y) = \frac{\partial f}{\partial x}\vec{i} + \frac{\partial f}{\partial y}\vec{j} = 2xy\,\vec{i} + (x^2 - 3y^2)\vec{j}.$$

La figure 15 représente un diagramme de courbes de niveau superposé au champ de gradient. On remarque, comme on pouvait s'y attendre en raison de la section 11.6, que les vecteurs gradients sont orthogonaux aux courbes de niveau. On remarque encore que les vecteurs gradients sont longs là où les courbes de niveau sont proches les unes des autres, tandis qu'ils sont courts là où les courbes de niveau sont plus écartées. C'est que la norme du vecteur gradient est la valeur de la dérivée de f dans la direction du gradient et que la proximité des courbes de niveau est signe d'un graphique très raide. ■ ■

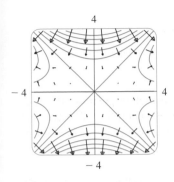

FIGURE 15

Un champ vectoriel $\vec{F}$ est dit **champ vectoriel conservatif** s'il est le gradient d'une certaine fonction scalaire, c'est-à-dire, s'il existe une fonction f telle que $\vec{F} = \nabla f$. Dans cette situation, f est appelée une **fonction potentiel** de $\vec{F}$.

Tous les champs vectoriels ne sont pas conservatifs, mais de tels champs interviennent fréquemment en physique. Par exemple, le champ gravitationnel $\vec{F}$ de l'exemple 4 est conservatif parce que si on définit

$$f(x, y, z) = \frac{mMG}{\sqrt{x^2 + y^2 + z^2}}$$

alors,

$$\begin{aligned}
\nabla f(x, y, z) &= \frac{\partial f}{\partial x}\vec{i} + \frac{\partial f}{\partial y}\vec{j} + \frac{\partial f}{\partial z}\vec{k} \\
&= \frac{-mMGx}{(x^2 + y^2 + z^2)^{3/2}}\vec{i} + \frac{-mMGy}{(x^2 + y^2 + z^2)^{3/2}}\vec{j} + \frac{-mMGz}{(x^2 + y^2 + z^2)^{3/2}}\vec{k} \\
&= \vec{F}(x, y, z)
\end{aligned}$$

On apprendra dans les sections 13.3 et 13.5 à reconnaître si un champ vectoriel donné est conservatif ou non.

13.1 Exercices

1-10 ■ Représentez le champ vectoriel $\vec{F}$ en produisant une figure du genre de la figure 5 ou de la figure 9.

1. $\vec{F}(x, y) = \frac{1}{2}(\vec{i} + \vec{j})$

2. $\vec{F}(x, y) = \vec{i} + x\vec{j}$

3. $\vec{F}(x, y) = y\vec{i} + \frac{1}{2}\vec{j}$

4. $\vec{F}(x, y) = (x - y)\vec{i} + x\vec{j}$

5. $\vec{F}(x, y) = \dfrac{y\vec{i} + x\vec{j}}{\sqrt{x^2 + y^2}}$

6. $\vec{F}(x, y) = \dfrac{y\vec{i} - x\vec{j}}{\sqrt{x^2 + y^2}}$

7. $\vec{F}(x, y, z) = \vec{k}$

8. $\vec{F}(x, y, z) = -y\vec{k}$

9. $\vec{F}(x, y, z) = x\vec{k}$

10. $\vec{F}(x, y, z) = \vec{j} - \vec{i}$

11-14 ■ Associez les champs vectoriels $\vec{F}$ avec les représentations (étiquetées I-IV). Donnez les raisons de votre choix.

11. $\vec{F}(x, y) = (y, x)$

12. $\vec{F}(x, y) = (1, \sin y)$

13. $\vec{F}(x, y) = (x - 2, x + 1)$

14. $\vec{F}(x, y) = (y, 1/x)$

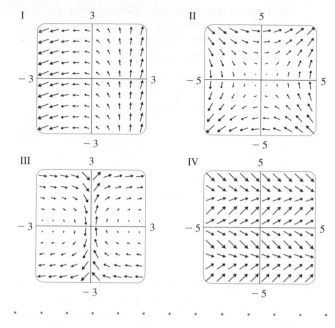

pour visualiser

$$\vec{F}(x, y) = (y^2 - 2xy)\,\vec{i} + (3xy - 6x^2)\,\vec{j}.$$

Expliquez l'allure en repérant l'ensemble des points (x, y) tels que $\vec{F}(x, y) = \vec{0}$.

CAS **20.** Soit $\vec{F}(\vec{x}) = (r^2 - 2r)\,\vec{x}$, où $\vec{x} = (x, y)$ et $r = \|\vec{x}\|$. À l'aide d'un logiciel de calcul formel, représentez ce champ vectoriel sur différents domaines jusqu'à ce que vous compreniez ce qui se passe. Décrivez l'allure générale du dessin et expliquez-la en déterminant les points tels que $\vec{F}(\vec{x}) = \vec{0}$.

21–24 ■ Définissez le champ de gradient de f.

21. $f(x, y) = \ln(x + 2y)$

22. $f(x, y) = x^{\alpha} e^{-\beta x}$

23. $f(x, y, z) = \sqrt{x^2 + y^2 + z^2}$

24. $f(x, y, z) = x\cos(y/z)$

25–26 ■ Définissez le champ vectoriel gradient $\overrightarrow{\text{grad}}\,f$ de f et représentez-le.

25. $f(x, y) = xy - 2x$

26. $f(x, y) = \frac{1}{4}(x + y)^2$

CAS **27–28** ■ Représentez, superposés, le champ de gradient de f et un diagramme de courbes de niveau de f. Expliquez les liens entre ces deux ensembles.

27. $f(x, y) = \sin x + \sin y$

28. $f(x, y) = \sin(x + y)$

29–32 ■ Associez les fonctions f avec les représentations de leur champ de gradient (étiquetés I-IV). Donnez les raisons de votre choix.

29. $f(x, y) = xy$

30. $f(x, y) = x^2 - y^2$

31. $f(x, y) = x^2 + y^2$

32. $f(x, y) = \sqrt{x^2 + y^2}$

15–18 ■ Associez les champs vectoriels $\vec{F}$ définis sur $\mathbb{R}^3$ avec les représentations (étiquetées I-IV). Donnez les raisons de votre choix.

15. $\vec{F}(x, y, z) = \vec{i} + 2\vec{j} + 3\vec{k}$

16. $\vec{F}(x, y, z) = \vec{i} + 2\vec{j} + z\vec{k}$

17. $\vec{F}(x, y, z) = x\vec{i} + y\vec{j} + 3\vec{k}$

18. $\vec{F}(x, y, z) = x\vec{i} + y\vec{j} + z\vec{k}$

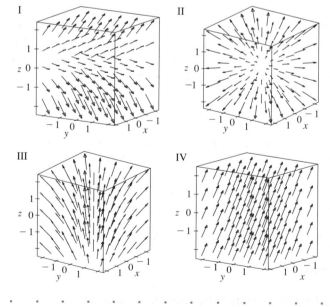

I
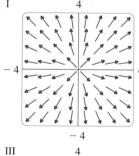

II
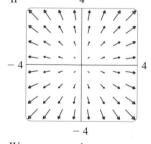

III
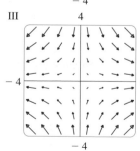

IV
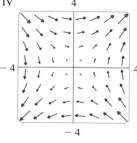

CAS **19.** Si vous disposez d'un logiciel de calcul formel qui dessine des champs vectoriels (la commande de Maple est `fieldplot` et celle de Mathematica, `PlotVectorField`), servez-vous en

33. Un point matériel se déplace dans un champ de vitesse $\vec{V}(x, y) = (x^2, x + y^2)$. Si sa position au temps $t = 3$ est $(2, 1)$, estimez sa position au temps $t = 3{,}01$.

34. Au temps $t = 1$, un point matériel se trouve en $(1, 3)$. S'il se déplace dans un champ de vitesse $\vec{F}(x, y) = (xy - 2, y^2 - 10)$, quelle est approximativement sa position au moment $t = 1,05$.

35. Les **lignes de courant** d'un champ vectoriel sont les trajectoires suivies par un point matériel dont le champ de vitesses est le champ vectoriel donné. Les vecteurs dans un champ vectoriel sont donc tangents aux lignes de courant.
a) Servez-vous d'un dessin du champ vectoriel $\vec{F}(x, y) = x\vec{i} - y\vec{j}$ pour tracer quelques lignes de courant. D'après vos tracés, avez-vous une idée des équations de vos lignes de courant ?
b) Si une ligne de courant est décrite par les équations paramétriques $x = x(t)$, $y = y(t)$, expliquez pourquoi ces

équations satisfont à l'équation différentielle $dx/dt = x$ et $dy/dt = -y$. Ensuite, résolvez les équations différentielles pour déterminer une équation de la ligne de courant qui passe par le point $(1, 1)$.

36. a) Faites un dessin du champ vectoriel $\vec{F}(x, y) = \vec{i} + x\vec{j}$, puis servez-vous en pour tracer quelques lignes de courant. Quelle allure semblent avoir ces lignes de courant ?
b) Si une ligne de courant est décrite par les équations paramétriques $x = x(t)$, $y = y(t)$, à quelles équations différentielles satisfont ces fonctions. Déduisez-en que $dy/dx = x$.
c) Si un point matériel part de l'origine dans le champ vectoriel $\vec{F}$, quelle est une équation du chemin qu'il va suivre ?

13.2 Les intégrales curvilignes

Dans cette section, nous allons définir une intégrale semblable à une intégrale simple, à ceci près que l'intégration porte sur une courbe C au lieu d'un intervalle $[a, b]$. De telles intégrales sont appelées *intégrales curvilignes*, bien que l'appellation « intégrales de ligne » soit parfois utilisée quoique moins appropriée. Elles ont été mises au point au 19e siècle pour résoudre des problèmes relatifs à l'écoulement des fluides, aux forces, à l'électrostatique et au magnétisme.

La courbe C est plane et définie par les équations paramétriques

$$\boxed{1} \qquad x = x(t) \qquad y = y(t) \qquad a \leqslant t \leqslant b,$$

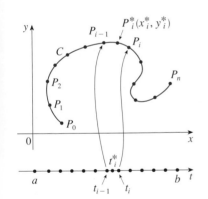

ou, de façon équivalente, par l'équation vectorielle $\vec{r}(t) = x(t)\vec{i} + y(t)\vec{j}$, et elle est supposée lisse. [Ce qui signifie que $\vec{r}'$ est continue et $\vec{r}'(t) \neq \vec{0}$. Voyez la section 10.2.] Si l'intervalle $[a, b]$ de variation du paramètre est divisé en n sous-intervalles $[t_{i-1}, t_i]$ d'égale longueur et si $x_i = x(t_i)$ et $y_i = y(t_i)$, alors l'arc C est subdivisé en n sous-arcs de longueurs $\Delta s_1, \Delta s_2, \ldots, \Delta s_n$ (voyez la figure 1) sur chacun desquels est choisi un point $P_i^*(x_i^*, y_i^*)$ (qui est l'image d'un certain t_i^* appartenant à $[t_{i-1}, t_i]$). On considère maintenant une fonction de deux variables f dont le domaine de définition comprend la courbe C, on calcule la valeur de f au point (x_i^*, y_i^*), on la multiplie par la longueur Δs_i du sous-arc et on fait la somme de ces produits :

$$\sum_{i=1}^{n} f(x_i^*, y_i^*)\Delta s_i.$$

FIGURE 1

Cela ressemble à une somme de Riemann. On en prend la limite pour n tendant vers l'infini et par analogie avec l'intégrale simple, on adopte la définition suivante.

$\boxed{2}$ **Définition** Soit f définie sur une courbe lisse C donnée par les équations 1. **L'intégrale curviligne de f le long de C** est

$$\int_C f(x, y)\, ds = \lim_{n \to \infty} \sum_{i=1}^{n} f(x_i^*, y_i^*)\Delta s_i,$$

pourvu que cette limite existe.

À la section 6.3 a été établie la formule de la longueur de C, à savoir

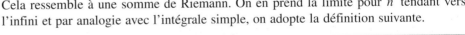

$$L = \int_a^b \sqrt{\left(\frac{dx}{dt}\right)^2 + \left(\frac{dy}{dt}\right)^2}\, dt.$$

Par un argument de même type, on peut démontrer que si f est une fonction continue, la limite dans la définition 2 existe toujours et aussi que l'intégrale curviligne est calculable par la formule :

$$\boxed{3} \qquad \int_C f(x, y)\, ds = \int_a^b f(x(t), y(t)) \sqrt{\left(\frac{dx}{dt}\right)^2 + \left(\frac{dy}{dt}\right)^2}\, dt$$

La valeur de l'intégrale curviligne ne dépend pas de la paramétrisation de la courbe, à condition que l'arc ne soit parcouru qu'une seule fois lorsque t passe par toutes les valeurs depuis a jusqu'à b.

Si $s(t)$ désigne la fonction qui à t fait correspondre la longueur de C entre $\vec{r}(a)$ et $\vec{r}(t)$, alors

$$\frac{ds}{dt} = \sqrt{\left(\frac{dx}{dt}\right)^2 + \left(\frac{dy}{dt}\right)^2}.$$

■ ■ La fonction abscisse curviligne s est étudiée à la section 10.3.

Pour se souvenir de la formule 3, il suffit donc d'exprimer tout en fonction du paramètre t : x et y sont exprimées en fonction de t par les équations paramétriques et ds est exprimée en fonction de t par

$$ds = \sqrt{\left(\frac{dx}{dt}\right)^2 + \left(\frac{dy}{dt}\right)^2}\, dt.$$

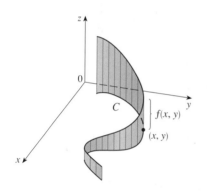

FIGURE 2

Dans le cas très particulier où C est le segment de droite qui joint $(a, 0)$ à $(b, 0)$ et en faisant jouer à x le rôle de paramètre, l'arc C est décrit paramétriquement par : $x = x$, $y = 0$, $a \leqslant x \leqslant b$ et l'expression 3 devient

$$\int_C f(x, y)\, ds = \int_a^b f(x, 0)\, dx.$$

L'intégrale curviligne se réduit donc à une intégrale simple ordinaire.

Tout comme une intégrale simple ordinaire, une intégrale curviligne d'une fonction *positive* a une interprétation en termes d'aire. En effet, lorsque $f(x, y) \geqslant 0$, $\int_C f(x, y)\, ds$ représente l'aire d'un côté d'une « clôture » ou d'un « rideau » dans la figure 2 dont la base est C et dont $f(x, y)$ est la hauteur au-dessus du point (x, y).

EXEMPLE 1 Calculez $\int_C (2 + x^2 y)\, ds$, où C est le demi-cercle supérieur $x^2 + y^2 = 1$.

SOLUTION Afin d'utiliser la formule 3, il faut disposer d'une paramétrisation de C. Le cercle de rayon 1 peut être décrit par la représentation paramétrique :

$$x = \cos t \quad y = \sin t,$$

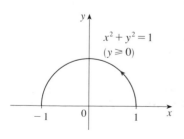

FIGURE 3

et sa moitié supérieure est parcourue lorsque t passe par les valeurs de l'intervalle $[0, \pi]$ (voyez la figure 3). Dès lors, suivant la formule 3,

$$\int_C (2 + x^2 y)\, ds = \int_0^\pi (2 + \cos^2 t \sin t) \sqrt{\left(\frac{dx}{dt}\right)^2 + \left(\frac{dy}{dt}\right)^2}\, dt$$

$$= \int_0^\pi (2 + \cos^2 t \sin t) \sqrt{\sin^2 t + \cos^2 t}\, dt$$

$$= \int_0^\pi (2 + \cos^2 t \sin t)\, dt = \left[2t - \frac{\cos^3 t}{3} \right]_0^\pi$$

$$= 2\pi + \tfrac{2}{3}$$

■ ■

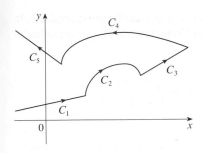

FIGURE 4

Une courbe lisse par morceaux

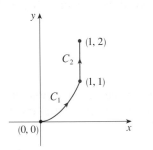

FIGURE 5

$C = C_1 \cup C_2$

La figure 4 montre une courbe C composée d'un nombre fini d'arcs lisses C_1, C_2, …, C_n, mis bout à bout. On dit dans ce cas que C est **lisse par morceaux** et l'intégrale curviligne sur C est définie comme la somme des intégrales curvilignes de f le long de chaque morceau de C :

$$\int_C f(x, y)\, ds = \int_{C_1} f(x, y)\, ds + \int_{C_2} f(x, y)\, ds + \cdots + \int_{C_n} f(x, y)\, ds.$$

EXEMPLE 2 Calculez $\int_C 2x\, ds$, où C se compose de l'arc C_1 de la parabole $y = x^2$ entre $(0, 0)$ et $(1, 1)$ suivi du segment vertical C_2 qui relie $(1, 1)$ à $(1, 2)$.

SOLUTION La figure 5 montre la courbe C. Comme C_1 est le graphique d'une fonction de x, on peut prendre x comme paramètre et décrire C_1 par

$$x = x \qquad y = x^2 \qquad 0 \leqslant x \leqslant 1$$

De là,

$$\int_{C_1} 2x\, ds = \int_0^1 2x \sqrt{\left(\frac{dx}{dx}\right)^2 + \left(\frac{dy}{dx}\right)^2}\, dx$$

$$= \int_0^1 2x \sqrt{1 + 4x^2}\, dx = \frac{1}{4} \cdot \frac{2}{3} (1 + 4x^2)^{3/2} \Big]_0^1 = \frac{5\sqrt{5} - 1}{6}.$$

Il est facile de décrire C_2 en prenant y comme paramètre :

$$x = 1 \qquad y = y \qquad 1 \leqslant y \leqslant 2$$

et de là,

$$\int_{C_2} 2x\, ds = \int_1^2 2(1) \sqrt{\left(\frac{dx}{dy}\right)^2 + \left(\frac{dy}{dy}\right)^2}\, dy = \int_1^2 2\, dy = 2.$$

Finalement

$$\int_C 2x\, ds = \int_{C_1} 2x\, ds + \int_{C_2} 2x\, ds = \frac{5\sqrt{5} - 1}{6} + 2 \qquad ■ ■$$

Toute interprétation physique d'une intégrale curviligne $\int_C f(x, y)\, ds$ dépend de l'interprétation physique de la fonction f elle-même. On suppose que $\rho(x, y)$ représente la densité en un point (x, y) d'un fin fil profilé selon une courbe C. Dans ce contexte, la masse du tronçon de fil compris entre P_{i-1} et P_i dans la figure 1 vaut à peu de chose près $\rho(x_i^*, y_i^*)\Delta s_i$ et la masse totale, $\Sigma\, \rho(x_i^*, y_i^*)\Delta s_i$. En subdivisant la courbe de plus en plus finement, on obtient la **masse** m du fil comme la limite de ces approximations :

$$m = \lim_{n \to \infty} \sum_{i=1}^{n} \rho(x_i^*, y_i^*)\Delta s_i = \int_C \rho(x, y)\, ds$$

[Par exemple, si $f(x, y) = 2 + x^2 y$ représente la densité d'un fil semi-circulaire, alors l'intégrale de l'exemple 1 représente la masse du fil.] Le **centre d'inertie** d'un fil de densité ρ se trouve au point $(\bar{x}, \bar{y})$ tel que

4 $$\bar{x} = \frac{1}{m} \int_C x\rho(x, y)\, ds \qquad \bar{y} = \frac{1}{m} \int_C y\rho(x, y)\, ds$$

D'autres interprétations physiques des intégrales curvilignes seront étudiées plus loin dans ce chapitre.

EXEMPLE 3 Un fil suit la courbure du demi-cercle $x^2 + y^2 = 1$, $y \geqslant 0$. Il est plus épais dans sa partie inférieure que dans sa partie supérieure. Déterminez le centre d'inertie du fil si la densité en un point est proportionnelle à sa distance de la droite $y = 1$.

SOLUTION Comme dans l'exemple 1, on choisit la paramétrisation $x = \cos t$, $y = \sin t$, $0 \leqslant t \leqslant \pi$ et on trouve ainsi $ds = dt$. L'expression de la densité est

$$\rho(x, y) = k(1 - y),$$

où k est une constante, et de là, la masse du fil vaut

$$m = \int_C k(1 - y)\, ds = \int_0^\pi k(1 - \sin t)\, dt$$

$$= k\left[\, t + \cos t \,\right]_0^\pi = k(\pi - 2).$$

En se référant aux équations 4, on a

$$\bar{y} = \frac{1}{m} \int_C y\rho(x, y)\, ds = \frac{1}{k(\pi - 2)} \int_C yk(1 - y)\, ds$$

$$= \frac{1}{\pi - 2} \int_0^\pi (\sin t - \sin^2 t)\, dt = \frac{1}{\pi - 2}\left[-\cos t - \tfrac{1}{2}t + \tfrac{1}{4}\sin 2t \right]_0^\pi$$

$$= \frac{4 - \pi}{2(\pi - 2)}.$$

Compte tenu de la symétrie, $\bar{x} = 0$. Les coordonnées du centre d'inertie sont donc

$$\left(0, \frac{4 - \pi}{2(\pi - 2)}\right) \approx (0 \,;\, 0{,}38).$$

Voyez la figure 6. ■ ■

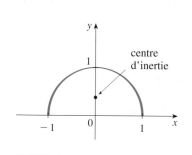

FIGURE 6

En remplaçant dans la définition 2 Δs_i par $\Delta x_i = x_i - x_{i-1}$ ou par $\Delta y_i = y_i - y_{i-1}$, on obtient deux autres intégrales curvilignes. Elles s'appellent **intégrales curvilignes de f le long de C par rapport à x et à y** :

$$\boxed{5} \qquad \int_C f(x, y)\, dx = \lim_{n \to \infty} \sum_{i=1}^{n} f(x_i^*, y_i^*)\Delta x_i$$

$$\boxed{6} \qquad \int_C f(x, y)\, dy = \lim_{n \to \infty} \sum_{i=1}^{n} f(x_i^*, y_i^*)\Delta y_i$$

Lorsqu'on veut les distinguer de l'intégrale curviligne originale $\int_C f(x, y)\, ds$, on appelle cette dernière **intégrale curviligne par rapport à l'abscisse curviligne**.

Les formules que voici précisent que le calcul des intégrales curvilignes par rapport à x et y s'effectue aussi en exprimant tout en fonction de t : $x = x(t)$, $y = y(t)$, $dx = x'(t)\, dt$, $dy = y'(t)\, dt$.

$$\boxed{7} \qquad \int_C f(x, y)\, dx = \int_a^b f(x(t), y(t))x'(t)\, dt$$

$$\int_C f(x, y)\, dy = \int_a^b f(x(t), y(t))y'(t)\, dt$$

Il arrive souvent que des intégrales curvilignes par rapport à x et à y se présentent ensemble. Il est courant, lorsque cela arrive, d'écourter leur écriture en :

$$\int_C P(x, y)\, dx + \int_C Q(x, y)\, dy = \int_C P(x, y)\, dx + Q(x, y)\, dy$$

Au moment d'établir une intégrale curviligne sur une courbe décrite géométriquement, ce qui pose parfois le plus de difficulté est de choisir une description paramétrique. Comme il est fréquent d'avoir à paramétriser un segment de droite, autant tenir prêt à l'emploi l'écriture vectorielle d'un segment qui commence en $\vec{r}_0$ et se termine en $\vec{r}_1$:

8
$$\boxed{\vec{r}(t) = (1 - t)\vec{r}_0 + t\vec{r}_1 \qquad 0 \leqslant t \leqslant 1}$$

(Voyez l'équation 9.5.4.)

EXEMPLE 4 Calculez $\int_C y^2\, dx + x\, dy$, où a) $C = C_1$ est le segment qui relie $(-5, -3)$ à $(0, 2)$ et b) $C = C_2$ est l'arc de la parabole $x = 4 - y^2$ depuis $(-5, -3)$ jusqu'à $(0, 2)$ (voyez la figure 7).

SOLUTION

a) Le segment C_1 est l'arc paramétré

$$x = 5t - 5 \qquad y = 5t - 3 \qquad 0 \leqslant t \leqslant 1.$$

[Il suffit d'employer l'expression 8 avec $\vec{r}_0 = (-5, -3)$ et $\vec{r}_1 = (0, 2)$.] Alors, $dx = 5\, dt$, $dy = 5\, dt$ et la formule 7 conduit à

$$\int_{C_1} y^2\, dx + x\, dy = \int_0^1 (5t - 3)^2 (5\, dt) + (5t - 5)(5\, dt)$$

$$= 5 \int_0^1 (25t^2 - 25t + 4)\, dt$$

$$= 5 \left[\frac{25t^3}{3} - \frac{25t^2}{2} + 4t \right]_0^1 = -\frac{5}{6}.$$

b) Comme l'équation de la parabole est exprimée en fonction de y, on prend y comme paramètre et C_2 est l'arc paramétré

$$x = 4 - y^2 \qquad y = y \qquad -3 \leqslant y \leqslant 2.$$

Alors, $dx = -2y\, dy$ et, d'après la formule 7, on a

$$\int_{C_2} y^2\, dx + x\, dy = \int_{-3}^2 y^2(-2y)\, dy + (4 - y^2)\, dy$$

$$= \int_{-3}^2 (-2y^3 - y^2 + 4)\, dy$$

$$= \left[-\frac{y^4}{2} - \frac{y^3}{3} + 4y \right]_{-3}^2 = 40\tfrac{5}{6}.$$

■ ■

Vous aurez remarqué que les réponses aux questions a) et b) dans l'exemple 4 sont différentes, même si les deux arcs ont les mêmes extrémités. En général donc, la valeur d'une intégrale curviligne ne dépend pas que des extrémités de l'arc mais aussi du chemin suivi d'une extrémité à l'autre. (Il existe cependant certaines conditions qui seront exposées dans la section 13.3 sous lesquelles l'intégrale est indépendante du chemin.)

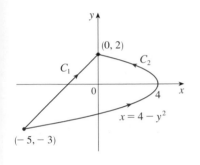

FIGURE 7

On remarque encore que les réponses dans l'exemple 4 dépendent du sens de parcours de la courbe sur laquelle porte l'intégration. Si $-C_1$ désigne le segment qui va de $(0, 2)$ à $(-5, -3)$, une paramétrisation en est

$$x = -5t \qquad y = 2 - 5t \qquad 0 \leqslant t \leqslant 1,$$

et

$$\int_{-C_1} y^2 \, dx + x \, dy = \tfrac{5}{6}.$$

En général, une paramétrisation $x = x(t)$, $y = y(t)$, $a \leqslant t \leqslant b$ porte en elle un **sens de parcours** d'une courbe C, sens qui est positif pour les valeurs croissantes du paramètre t. (Voyez, dans la figure 8, le point initial A image de la valeur a du paramètre et l'extrémité B, image de $t = b$.)

Si $-C$ désigne la même courbe mais parcourue en sens inverse (de B vers A, dans la figure 8), alors

$$\int_{-C} f(x, y) \, dx = -\int_C f(x, y) \, dx \qquad \int_{-C} f(x, y) \, dy = -\int_C f(x, y) \, dy$$

Par contre, l'intégrale curviligne par rapport à l'abscisse curviligne, elle, ne change *pas* lorsqu'on inverse le sens de parcours de l'arc :

$$\int_{-C} f(x, y) \, ds = \int_C f(x, y) \, ds$$

C'est dû au fait que Δs_i est toujours positif, tandis que Δx_i et Δy_i changent de signe quand le sens de parcours de C est inversé.

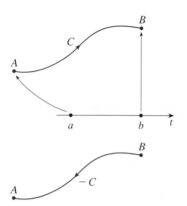

FIGURE 8

Les intégrales curvilignes dans l'espace

On part d'une courbe lisse C de l'espace définie par les équations paramétriques

$$x = x(t) \qquad y = y(t) \qquad z = z(t) \qquad a \leqslant t \leqslant b,$$

ou, de façon équivalente, par l'équation vectorielle $\vec{r}(t) = x(t)\vec{i} + y(t)\vec{j} + z(t)\vec{k}$. On envisage maintenant une fonction de trois variables f continue sur un domaine qui inclut la courbe C et on définit l'**intégrale curviligne de f le long de C** (par rapport à l'abscisse curviligne) de la même façon que dans le cas des courbes planes :

$$\int_C f(x, y, z) \, ds = \lim_{n \to \infty} \sum_{i=1}^{n} f(x_i^*, y_i^*, z_i^*) \Delta s_i.$$

Cette intégrale curviligne se calcule par une formule semblable à la formule 3 :

$$\boxed{9} \qquad \int_C f(x, y, z) \, ds = \int_a^b f(x(t), y(t), z(t)) \sqrt{\left(\frac{dx}{dt}\right)^2 + \left(\frac{dy}{dt}\right)^2 + \left(\frac{dz}{dt}\right)^2} \, dt$$

On observe que les intégrales des formules 3 et 9 reçoivent en notation vectorielle une même écriture très compacte :

$$\int_a^b f(\vec{r}(t)) \| \vec{r}'(t) \| \, dt \,.$$

Dans le cas particulier $f(x, y, z) = 1$, cette intégrale se réduit à

$$\int_C ds = \int_a^b \| \vec{r}\,'(t) \| \, dt = L,$$

où L est la longueur de la courbe C (voyez la formule 10.3.3).

Les intégrales curvilignes le long de C par rapport à x, y et z sont aussi définies. Par exemple,

$$\int_C f(x, y, z) \, dz = \lim_{n \to \infty} \sum_{i=1}^n f(x_i^*, y_i^*, z_i^*) \Delta z_i$$

$$= \int_a^b f(x(t), y(t), z(t)) z'(t) \, dt$$

Et donc, comme pour les intégrales curvilignes dans le plan, on calcule des intégrales de la forme

$$\boxed{10} \qquad \int_C P(x, y, z) \, dx + Q(x, y, z) \, dy + R(x, y, z) \, dz$$

en exprimant tout (x, y, z, dx, dy, dz) en fonction du paramètre t.

EXEMPLE 5 Calculez $\int_C y \sin z \, ds$, où C est l'hélice circulaire décrite par les équations $x = \cos t$, $y = \sin t$, $z = t$, $0 \le t \le 2\pi$ (voyez la figure 9).

SOLUTION La formule 9 conduit à

$$\int_C y \sin z \, ds = \int_0^{2\pi} (\sin t) \sin t \sqrt{\left(\frac{dx}{dt}\right)^2 + \left(\frac{dy}{dt}\right)^2 + \left(\frac{dz}{dt}\right)^2} \, dt$$

$$= \int_0^{2\pi} \sin^2 t \sqrt{\sin^2 t + \cos^2 t + 1} \, dt$$

$$= \sqrt{2} \int_0^{2\pi} \tfrac{1}{2}(1 - \cos 2t) \, dt = \frac{\sqrt{2}}{2} \left[t - \tfrac{1}{2} \sin 2t \right]_0^{2\pi} = \sqrt{2}\pi$$

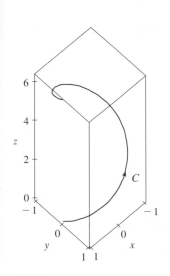

FIGURE 9

EXEMPLE 6 Calculez $\int_C y \, dx + z \, dy + x \, dz$, où C se compose du segment C_1 de $(2, 0, 0)$ à $(3, 4, 5)$ suivi du segment vertical C_2 de $(3, 4, 5)$ à $(3, 4, 0)$.

SOLUTION Cette courbe C apparaît dans la figure 10. En faisant appel à l'équation 8, on écrit C_1 sous la forme

$$\vec{r}(t) = (1 - t)(2, 0, 0) + t(3, 4, 5) = (2 + t, 4t, 5t),$$

ou, sous forme paramétrique,

$$x = 2 + t \qquad y = 4t \qquad z = 5t \qquad 0 \le t \le 1.$$

D'où

$$\int_{C_1} y \, dx + z \, dy + x \, dz = \int_0^1 (4t) \, dt + (5t)4 \, dt + (2 + t)5 \, dt$$

$$= \int_0^1 (10 + 29t) \, dt = 10t + 29 \frac{t^2}{2} \Big]_0^1 = 24,5$$

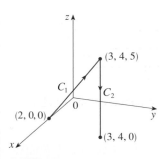

FIGURE 10

De même, C_2 s'écrit sous la forme

$$\vec{r}(t) = (1-t)(3, 4, 5) + t(3, 4, 0) = (3, 4, 5-5t),$$

ou
$$x = 3 \qquad y = 4 \qquad z = 5-5t \qquad 0 \leqslant t \leqslant 1.$$

Alors, $dx = 0 = dy$ et

$$\int_{C_2} y\, dx + z\, dy + x\, dz = \int_0^1 3(-5)\, dt = -15.$$

Il ne reste qu'à faire la somme de ces intégrales :

$$\int_C y\, dx + z\, dy + x\, dz = 24{,}5 - 15 = 9{,}5.$$

■ ■

■ Les intégrales curvilignes d'un champ vectoriel

La section 6.5 a traité le travail $W = \int_a^b f(x)\, dx$ effectué par une force variable $f(x)$ pour déplacer une point matériel depuis a jusqu'à b le long de l'axe Ox. Plus loin, la section 9.3 a établi que le travail effectué par une force constante $\vec{F}$ pour déplacer un objet depuis un point P jusqu'à un point Q dans l'espace était égal à $W = \vec{F} \cdot \vec{D}$, où $\vec{D} = \overrightarrow{PQ}$ est le vecteur déplacement.

On envisage maintenant que $\vec{F} = P\vec{i} + Q\vec{j} + R\vec{k}$ est un champ de forces, continu sur $\mathbb{R}^3$, comme l'était le champ gravitationnel de l'exemple 4 dans la section 13.1 ou le champ de force électrique de l'exemple 5 dans la section 13.1. (Un champ de forces sur $\mathbb{R}^2$ serait le cas particulier où $R = 0$ et où P et Q ne dépendraient que de x et y.) On voudrait calculer le travail effectué par cette force pour déplacer un point matériel le long d'une courbe lisse C.

La courbe C est sectionnée en sous-arcs $P_{i-1}P_i$ de longueur Δs_i en divisant l'intervalle $[a, b]$ de variation du paramètre en sous-intervalles d'égale longueur. (Voyez la figure 1 pour le cas de dimension deux ou la figure 11 pour le cas de dimension trois.) Sur le $i^{\text{ème}}$ sous-arc, on choisit un point $P_i^*(x_i^*, y_i^*, z_i^*)$, image du point t_i^* du paramètre. À condition que Δs_i soit petit, on peut dire que le déplacement du point matériel de P_{i-1} à P_i le long de la courbe s'effectue à peu de chose près dans la direction du vecteur unitaire tangent $\vec{T}(t_i^*)$ en P_i^*. Dès lors, le travail effectué par la force $\vec{F}$ pour déplacer le point matériel de P_{i-1} à P_i vaut environ

$$\vec{F}(x_i^*, y_i^*, z_i^*) \cdot [\Delta s_i \vec{T}(t_i^*)] = [\vec{F}(x_i^*, y_i^*, z_i^*) \cdot \vec{T}(t_i^*)] \Delta s_i,$$

et le travail total le long de C vaut environ

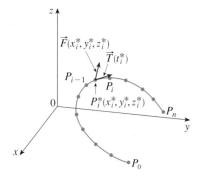

FIGURE 11

$$\boxed{11} \qquad \sum_{i=1}^n [\vec{F}(x_i^*, y_i^*, z_i^*) \cdot \vec{T}(x_i^*, y_i^*, z_i^*)] \Delta s_i,$$

où $\vec{T}(x, y, z)$ est le vecteur unitaire tangent au point (x, y, z) de C. Pour que ces approximations deviennent plus exactes, on sent intuitivement qu'il faut faire croître n. C'est ainsi que le **travail** W effectué par un champ de forces $\vec{F}$ est défini comme la limite des sommes de Riemann de (11), à savoir

$$\boxed{12} \qquad W = \int_C \vec{F}(x, y, z) \cdot \vec{T}(x, y, z)\, ds = \int_C \vec{F} \cdot \vec{T}\, ds.$$

L'expression 12 énonce que le *travail est l'intégrale curviligne par rapport à l'abscisse curviligne de la composante tangentielle de la force*.

Si la courbe C est décrite par l'équation vectorielle $\vec{r}(t) = x(t)\vec{i} + y(t)\vec{j} + z(t)\vec{k}$, alors $\vec{T}(t) = \vec{r}'(t)/\|\vec{r}'(t)\|$ et l'expression 12 devient, compte tenu de (9) :

$$W = \int_a^b \left[\vec{F}(\vec{r}(t)) \cdot \frac{\vec{r}'(t)}{\|\vec{r}'(t)\|} \right] \|\vec{r}'(t)\|\, dt = \int_a^b \vec{F}(\vec{r}(t)) \cdot \vec{r}'(t)\, dt.$$

Cette dernière intégrale est souvent écrite brièvement $\int_C \vec{F} \cdot d\vec{r}$ et intervient dans d'autres domaines de la physique. Voilà pourquoi on donne la définition suivante de l'intégrale curviligne de *tout* champ vectoriel continu.

> **13** **Définition** Soit $\vec{F}$ un champ vectoriel continu défini sur une courbe lisse C par une fonction vectorielle $\vec{r}(t)$, $a \leqslant t \leqslant b$. Alors, l'**intégrale curviligne de $\vec{F}$ le long de C** est
>
> $$\int_C \vec{F} \cdot d\vec{r} = \int_a^b \vec{F}(\vec{r}(t)) \cdot \vec{r}'(t)\, dt = \int_C \vec{F} \cdot \vec{T}\, ds$$

Quand on se sert de la définition 13, on se souvient que $\vec{F}(\vec{r}(t))$ n'est qu'une abréviation de $\vec{F}(x(t), y(t), z(t))$ et que pour calculer $\vec{F}(\vec{r}(t))$, il n'y a qu'à remplacer x par $x(t)$, y par $y(t)$ et z par $z(t)$ dans l'expression de $\vec{F}(x, y, z)$. On remarque aussi qu'il est correct d'écrire $d\vec{r} = \vec{r}'(t)\, dt$.

EXEMPLE 7 Calculez le travail effectué par le champ de forces $\vec{F}(x, y) = x^2\vec{i} - xy\vec{j}$ pour déplacer un point matériel le long du quart de cercle $\vec{r}(t) = \cos t\,\vec{i} + \sin t\,\vec{j}$, $0 \leqslant t \leqslant \pi/2$.

SOLUTION Comme $x = \cos t$ et $y = \sin t$, on a

$$\vec{F}(\vec{r}(t)) = \cos^2 t\,\vec{i} - \cos t \sin t\,\vec{j}$$

et

$$\vec{r}'(t) = -\sin t\,\vec{i} + \cos t\,\vec{j}.$$

Par conséquent, le travail effectué vaut

$$\int_C \vec{F} \cdot d\vec{r} = \int_0^{\pi/2} \vec{F}(\vec{r}(t)) \cdot \vec{r}'(t)\, dt = \int_0^{\pi/2} (-2\cos^2 t \sin t)\, dt$$

$$= 2\frac{\cos^3 t}{3}\Bigg]_0^{\pi/2} = -\frac{2}{3}.$$

■ ■

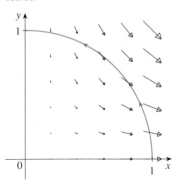

■ ■ La figure 12 montre le champ de forces et la courbe de l'exemple 7. Le travail effectué est négatif parce que le champ entrave le mouvement le long de la courbe.

FIGURE 12

REMARQUE ◦ Malgré que $\int_C \vec{F} \cdot d\vec{r} = \int_C \vec{F} \cdot \vec{T}\, ds$ et que les intégrales par rapport à l'abscisse curviligne restent inchangées lorsque le sens est inversé, il n'en est pas moins vrai que

$$\int_{-C} \vec{F} \cdot d\vec{r} = -\int_C \vec{F} \cdot d\vec{r},$$

parce que le vecteur unitaire tangent $\vec{T}$ est remplacé par son opposé lorsque C est changé en $-C$.

EXEMPLE 8 Calculez $\int_C \vec{F} \cdot d\vec{r}$, où $\vec{F}(x, y, z) = xy\vec{i} + yz\vec{j} + zx\vec{k}$ et où C est la cubique gauche définie par

$$x = t \qquad y = t^2 \qquad z = t^3 \qquad 0 \leqslant t \leqslant 1$$

■ ■ La figure 13 montre la cubique gauche C de l'exemple 8 et quelques segments orientés représentatifs en trois points de C.

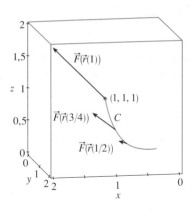

FIGURE 13

SOLUTION On a

$$\vec{r}(t) = t\,\vec{i} + t^2\,\vec{j} + t^3\,\vec{k}.$$

$$\vec{r}'(t) = \vec{i} + 2t\,\vec{j} + 3t^2\,\vec{k}.$$

$$\vec{F}(\vec{r}(t)) = t^3\,\vec{i} + t^5\,\vec{j} + t^4\,\vec{k}.$$

D'où,

$$\int_C \vec{F} \cdot d\vec{r} = \int_0^1 \vec{F}(\vec{r}(t)) \cdot \vec{r}'(t)\, dt$$

$$= \int_0^1 (t^3 + 5t^6)\, dt = \frac{t^4}{4} + \frac{5t^7}{7} \Big]_0^1 = \frac{27}{28}.$$

Il reste pour terminer à souligner le lien entre les intégrales curvilignes des champs vectoriels et les intégrales curvilignes des champs scalaires. Soit un champ vectoriel $\vec{F}$ défini sur $\mathbb{R}^3$ par ses composantes $\vec{F} = P\,\vec{i} + Q\,\vec{j} + R\,\vec{k}$. L'intégrale curviligne le long de C de ce champ est, selon la définition 13,

$$\int_C \vec{F} \cdot d\vec{r} = \int_a^b \vec{F}(\vec{r}(t)) \cdot \vec{r}'(t)\, dt$$

$$= \int_a^b (P\,\vec{i} + Q\,\vec{j} + R\,\vec{k}) \cdot (x'(t)\,\vec{i} + y'(t)\,\vec{j} + z'(t)\,\vec{k})\, dt$$

$$= \int_a^b [P(x(t), y(t), z(t))x'(t) + Q(x(t), y(t), z(t))y'(t) + R(x(t), y(t), z(t))z'(t)]\, dt$$

Mais, cette dernière intégrale est justement l'intégrale curviligne de l'expression 10. Dès lors,

$$\int_C \vec{F} \cdot d\vec{r} = \int_C P\, dx + Q\, dy + R\, dz \qquad \text{où} \quad \vec{F} = P\,\vec{i} + Q\,\vec{j} + R\,\vec{k}.$$

Par exemple, l'intégrale $\int_C y\, dx + z\, dy + x\, dz$ de l'exemple 6 pourrait être écrite $\int_C \vec{F} \cdot d\vec{r}$ avec

$$\vec{F}(x, y, z) = y\,\vec{i} + z\,\vec{j} + x\,\vec{k}.$$

13.2 Exercices

1–14 ■ Calculez l'intégrale curviligne, où C est la courbe donnée.

1. $\int_C y\, ds$, $\quad C : x = t^2$, $y = t$, $0 \leqslant t \leqslant 2$.

2. $\int_C (y/x)\, ds$, $\quad C : x = t^4$, $y = t^3$, $\frac{1}{2} \leqslant t \leqslant 1$.

3. $\int_C xy^4\, ds$, C est la moitié droite du cercle $x^2 + y^2 = 16$.

4. $\int_C xe^y\, dx$, C est l'arc de courbe $x = e^y$ depuis $(1, 0)$ jusqu'à $(e, 1)$.

5. $\int_C xy\, dx + (x - y)\, dy$, C se compose des segments de droite qui vont de $(0, 0)$ jusqu'à $(2, 0)$ et de $(2, 0)$ jusqu'à $(3, 2)$.

6. $\int_C \sin x\, dx + \cos y\, dy$, $\quad C$ se compose de la moitié supérieure du cercle $x^2 + y^2 = 1$ d'extrémités $(1, 0)$ et $(-1, 0)$ et du segment qui relie $(-1, 0)$ à $(-2, 3)$.

7. $\int_C xy^3\, ds$, $C : x = 4\sin t$, $y = 4\cos t$, $z = 3t$, $0 \leqslant t \leqslant \pi/2$.

8. $\int_C x^2 z\, ds$, $\quad C$ est le segment qui joint $(0, 6, -1)$ à $(4, 1, 5)$.

9. $\int_C xe^{yz}\, ds$, $\quad C$ est le segment qui joint $(0, 0, 0)$ à $(1, 2, 3)$.

10. $\int_C (2x + 9z)\, ds$, $\quad C : x = t$, $y = t^2$, $z = t^3$, $0 \leqslant t \leqslant 1$.

11. $\int_C x^2 y\sqrt{z}\, dz$, $\quad C : x = t^3$, $y = t$, $z = t^2$, $0 \leqslant t \leqslant 1$.

12. $\int_C z\,dx + x\,dy + y\,dz$,
$C : x = t^2,\ y = t^3,\ z = t^2,\ 0 \leq t \leq 1$.

13. $\int_C (x + yz)\,dx + 2x\,dy + xyz\,dz$, C se compose des segments qui joignent $(1, 0, 1)$ à $(2, 3, 1)$ et $(2, 3, 1)$ à $(2, 5, 2)$.

14. $\int_C x^2\,dx + y^2\,dy + z^2\,dz$, C se compose des segments qui joignent $(0, 0, 0)$ à $(1, 2, -1)$ et $(1, 2, -1)$ à $(3, 2, 0)$.

15. Soit $\vec{F}$ le champ vectoriel que montre la figure.
   a) Soit C_1 le segment vertical de $(-3, -3)$ à $(-3, 3)$. Déterminez si $\int_{C_1} \vec{F} \cdot d\vec{r}$ est positive, négative ou nulle.
   b) Soit C_2 le cercle de rayon 3, centré à l'origine, orienté dans le sens contraire des aiguilles d'une montre. Déterminez si $\int_{C_2} \vec{F} \cdot d\vec{r}$ est positive, négative ou nulle.

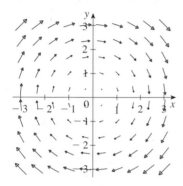

16. La figure montre un champ vectoriel $\vec{F}$ et deux courbes C_1 et C_2. Les intégrales curvilignes de $\vec{F}$ sur C_1 et C_2 sont-elles positives, négatives ou nulles ? Pourquoi ?

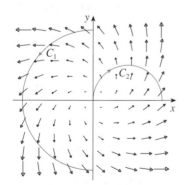

17–20 ■ Calculez l'intégrale curviligne $\int_C \vec{F} \cdot d\vec{r}$, si C est la courbe décrite par la fonction vectorielle $\vec{r}(t)$.

17. $\vec{F}(x, y) = x^2 y^3 \vec{i} - y\sqrt{x}\,\vec{j}$,
$\vec{r}(t) = t^2 \vec{i} - t^3 \vec{j}$, $0 \leq t \leq 1$

18. $\vec{F}(x, y, z) = yz\,\vec{i} + xz\,\vec{j} + xy\,\vec{k}$,
$\vec{r}(t) = t\,\vec{i} + t^2 \vec{j} + t^3 \vec{k}$, $0 \leq t \leq 2$

19. $\vec{F}(x, y, z) = \sin x\,\vec{i} + \cos y\,\vec{j} + xz\,\vec{k}$,
$\vec{r}(t) = t^3 \vec{i} - t^2 \vec{j} + t\,\vec{k}$, $0 \leq t \leq 1$

20. $\vec{F}(x, y, z) = z\,\vec{i} + y\,\vec{j} - x\,\vec{k}$,
$\vec{r}(t) = t\,\vec{i} + \sin t\,\vec{j} + \cos t\,\vec{k}$, $0 \leq t \leq \pi$.

CAS **21–22** ■ À l'aide des graphiques du champ vectoriel $\vec{F}$ et de la courbe C, conjecturez si l'intégrale curviligne de $\vec{F}$ sur C est positive, négative ou nulle ? Calculez ensuite l'intégrale curviligne.

21. $\vec{F}(x, y) = (x - y)\,\vec{i} + xy\,\vec{j}$,
C est l'arc de cercle $x^2 + y^2 = 4$ parcouru de $(2, 0)$ à $(0, -2)$ dans le sens contraire des aiguilles d'une montre.

22. $\vec{F}(x, y) = \dfrac{x}{\sqrt{x^2 + y^2}}\,\vec{i} + \dfrac{y}{\sqrt{x^2 + y^2}}\,\vec{j}$,
C est l'arc de la parabole $y = 1 + x^2$ de $(-1, 2)$ à $(1, 2)$.

23. a) Calculez l'intégrale curviligne $\int_C \vec{F} \cdot d\vec{r}$, où $\vec{F}(x, y) = e^{x-1} \vec{i} + xy\,\vec{j}$ et où C est donnée par $\vec{r}(t) = t^2 \vec{i} + t^3 \vec{j}$, $0 \leq t \leq 1$.
   b) Illustrez la partie a) à l'aide d'un outil graphique en traçant la courbe C et les vecteurs du champ vectoriel correspondant à $t = 0, 1/\sqrt{2}$ et 1 (comme dans la figure 13).

24. a) Calculez l'intégrale curviligne $\int_C \vec{F} \cdot d\vec{r}$, où $\vec{F}(x, y, z) = x\,\vec{i} - z\,\vec{j} + y\,\vec{k}$ et où C est donnée par $\vec{r}(t) = 2t\,\vec{i} + 3t\,\vec{j} - t^2 \vec{k}$, $-1 \leq t \leq 1$.
   b) Illustrez la partie a) à l'aide d'un outil graphique en traçant la courbe C et les vecteurs du champ vectoriel correspondant à $t = \pm 1$ et $\pm 1/2$ (comme dans la figure 13).

CAS **25.** Calculez la valeur exacte de $\int_C x^3 y^5\,ds$, où C est l'arc de l'astroïde $x = \cos^3 t$, $y = \sin^3 t$ du premier quadrant.

26. a) Calculez le travail effectué par le champ de forces $\vec{F}(x, y) = x^2 \vec{i} + xy\,\vec{j}$ sur un point matériel qui fait une fois le tour du cercle $x^2 + y^2 = 4$, orienté dans le sens contraire des aiguilles d'une montre.
   CAS b) Représentez le champ de forces et la courbe sur un même écran à l'aide d'un outil graphique. Servez-vous de cette représentation pour expliquer votre réponse à la partie a).

27. Un fin fil est courbé en forme de demi-cercle $x^2 + y^2 = 4$, $x \geq 0$. En supposant la densité constante égale à k, calculez la masse et le centre d'inertie du fil.

28. Calculez la masse et le centre d'inertie d'un fin fil en forme de quart de cercle $x^2 + y^2 = r^2$, $x \geq 0$, $y \geq 0$ si la densité est donnée par $\rho(x, y) = x + y$.

29. a) Écrivez des expressions semblables aux équations 4 pour les coordonnées $(\bar{x}, \bar{y}, \bar{z})$ du centre d'inertie d'un fin fil profilé selon une courbe de l'espace C et dont la fonction de densité est $\rho(x, y, z)$.
   b) Calculez les coordonnées du centre d'inertie d'un fil en forme d'hélice $x = 2\sin t$, $y = 2\cos t$, $z = 3t$, $0 \leq t \leq 2\pi$, si la densité est égale à une constante k.

30. Calculez la masse et les coordonnées du centre d'inertie d'un fil en forme d'hélice $x = t$, $y = \cos t$, $z = \sin t$, $0 \le t \le 2\pi$, si la densité en tout point est égale au carré de la distance à l'origine.

31. Les **moments d'inertie** par rapport aux axes Ox et Oy d'un fil de densité $\rho(x, y)$ qui suit une courbe plane C sont donnés par

$$I_x = \int_C y^2 \rho(x, y)\, ds$$

$$I_y = \int_C x^2 \rho(x, y)\, ds$$

Calculez les moments d'inertie du fil de l'exemple 3.

32. Un fil de densité $\rho(x, y, z)$ suit une courbe de l'espace C. Ses **moments d'inertie** par rapport aux axes Ox, Oy et Oz sont définis par

$$I_x = \int_C (y^2 + z^2)\rho(x, y, z)\, ds$$

$$I_y = \int_C (x^2 + z^2)\rho(x, y, z)\, ds$$

$$I_z = \int_C (x^2 + y^2)\rho(x, y, z)\, ds.$$

Calculez les moments d'inertie du fil de l'exercice 29.

33. Calculez le travail effectué par le champ de forces $\vec{F}(x, y) = x\vec{i} + (y + 2)\vec{j}$ lors du déplacement d'un objet le long d'une arche de la cycloïde $\vec{r}(t) = (t - \sin t)\vec{i} + (1 - \cos t)\vec{j}$, $0 \le t \le 2\pi$.

34. Calculez le travail effectué par le champ de forces $\vec{F}(x, y) = x \sin y\, \vec{i} + y\vec{j}$ lors du déplacement d'un objet le long d'un arc de la parabole $y = x^2$ entre $(-1, 1)$ et $(2, 4)$.

35. Calculez le travail effectué par le champ de forces $\vec{F}(x, y, z) = (y + z, x + z, x + y)$ lors du déplacement d'un objet le long du segment qui joint $(1, 0, 0)$ à $(3, 4, 2)$.

36. La force qu'exerce une charge électrique située à l'origine sur une particule chargée située en un point (x, y, z) de vecteur position $\vec{r} = (x, y, z)$ est désignée par $\vec{F}(\vec{r}) = K\vec{r}/\|\vec{r}\|^3$ où K est une constante. (Voyez l'exemple 5 dans la section 13.1.) Calculez le travail lorsque la particule est déplacée en ligne droite de $(2, 0, 0)$ à $(2, 1, 5)$.

37. Un homme de 710 N porte un bidon de peinture de 110 N en haut d'un escalier hélicoïdal qui tourne autour d'un silo de 6 m de rayon. Si le silo fait 27 m de haut et si l'homme fait exactement trois tours complets, quel est le travail qu'a effectué l'homme contre la pesanteur en grimpant jusqu'en haut ?

38. On suppose qu'il y a un trou dans le bidon de peinture que transporte l'homme de l'exercice 37 de sorte que 40 N de peinture s'échappe de son bidon pendant qu'il gravit l'escalier. Quel est dans ces circonstances le travail effectué ?

39. a) Démontrez qu'un champ de forces constant effectue un travail nul sur un point matériel qui se déplace une fois uniformément autour du cercle $x^2 + y^2 = 1$.

b) Est-ce vrai aussi pour un champ de forces $\vec{F}(\vec{x}) = k\vec{x}$, où k est une constante et $\vec{x} = (x, y)$?

40. La base d'une clôture est circulaire. Son rayon est de 10 m de sorte que cette base est décrite par $x = 10 \cos t$, $y = 10 \sin t$. La hauteur de la clôture en (x, y) est donnée par la fonction $h(x, y) = 4 + 0{,}01(x^2 - y^2)$. Elle varie donc de 3 à 5 m. On suppose que 1 L de peinture couvre $100\ \mathrm{m}^2$. Faites un croquis de la clôture et calculez la quantité de peinture qu'il faudra pour peindre les deux faces de la clôture.

41. Un objet se déplace le long de la courbe représentée dans la figure entre $(1, 2)$ et $(9, 8)$.

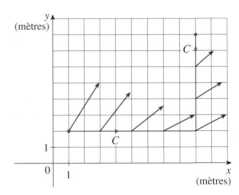

Les longueurs des vecteurs dans le champ de forces $\vec{F}$ sont mesurées en newtons par unité à l'échelle des axes. Estimez le travail effectué par $\vec{F}$ sur l'objet.

42. Des expériences mettent en évidence qu'un long fil conducteur rectiligne transportant un courant stationnaire d'intensité I produit un champ magnétique $\vec{B}$ qui est tangent à n'importe quel cercle situé dans un plan perpendiculaire à la direction du fil, axé sur le fil (comme dans la figure). La *loi d'Ampère* lie le courant électrique à son effet magnétique, elle affirme que

$$\int_C \vec{B} \cdot d\vec{r} = \mu_0 I,$$

où I est le courant final qui passe à travers toute surface bornée par une courbe fermée C et μ_0 une constante, dite de perméabilité magnétique du milieu. En prenant pour C le cercle de rayon r, montrez que l'intensité $B = \|\vec{B}\|$ du champ magnétique à une distance r du centre du fil vaut

$$B = \frac{\mu_0 I}{2\pi r}.$$

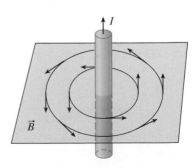

13.3 Le théorème fondamental pour les intégrales curvilignes

Rappelons de la section 5.4 que la deuxième partie du Théorème fondamental du calcul différentiel et intégral pouvait être écrite sous la forme

$$\boxed{1} \qquad \int_a^b F'(x)\, dx \;=\; F(b) - F(a)\,,$$

où F' est continue sur $[a, b]$. Cette formule 1 avait été dénommée le Théorème de variation totale : l'intégrale d'un taux de variation est la variation totale.

En pensant au vecteur gradient ∇f d'une fonction f de deux ou de trois variables comme à une sorte de dérivée de f, le théorème suivant peut être considéré comme une version du Théorème fondamental pour les intégrales curvilignes.

$\boxed{2}$ **Théorème** Soit C une courbe lisse donnée par la fonction vectorielle $\vec{r}(t)$, $a \leqslant t \leqslant b$. Soit f une fonction différentiable de deux ou de trois variables dont le vecteur gradient ∇f est continu sur C. Alors

$$\int_C \nabla f \cdot d\vec{r} \;=\; f(\vec{r}(b)) - f(\vec{r}(a)).$$

REMARQUE ⸱ Le théorème 2 indique que pour calculer l'intégrale curviligne d'un champ vectoriel conservatif (le champ de gradient de la fonction potentiel f) il suffit de connaître la valeur de f aux extrémités de C. En effet, le théorème 2 exprime que l'intégrale curviligne de ∇f est la variation totale de f. Si f est une fonction de deux variables et C une courbe plane de point initial $A(x_1, y_1)$ et de point terminal $B(x_2, y_2)$, comme dans la figure 1, alors le théorème 2 s'écrit

$$\int_C \nabla f \cdot d\vec{r} \;=\; f(x_2, y_2) - f(x_1, y_1).$$

Si f est une fonction de trois variables et C une courbe de l'espace de point initial $A(x_1, y_1, z_1)$ et de point terminal $B(x_2, y_2, z_2)$, alors

$$\int_C \nabla f \cdot d\vec{r} \;=\; f(x_2, y_2, z_2) - f(x_1, y_1, z_1).$$

Démontrons le théorème 2 dans ce cas.

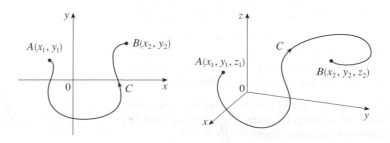

FIGURE 1

Démonstration du théorème 2 La définition 13.2.13 implique

$$\int_C \nabla f \cdot d\vec{r} = \int_a^b \nabla f(\vec{r}(t)) \cdot \vec{r}'(t)\, dt$$

$$= \int_a^b \left(\frac{\partial f}{\partial x}\frac{dx}{dt} + \frac{\partial f}{\partial y}\frac{dy}{dt} + \frac{\partial f}{\partial z}\frac{dz}{dt} \right) dt$$

$$= \int_a^b \frac{d}{dt} f(\vec{r}(t))\, dt \qquad \text{(par la règle de dérivation des fonctions composées)}$$

$$= f(\vec{r}(b)) - f(\vec{r}(a))$$

La dernière étape découle du Théorème fondamental du calcul différentiel et intégral (équation 1). ■ ■

Même si la démonstration du théorème 2 ne concernait qu'une courbe lisse, elle est aussi valable pour une courbe lisse par morceaux. Il suffit de décomposer C en un nombre fini de courbes lisses par morceaux et d'additionner les intégrales relatives à chaque morceau.

EXEMPLE 1 Calculez le travail effectué par le champ gravitationnel

$$\vec{F}(\vec{x}) = -\frac{mMG}{\|\vec{x}\|^3}\vec{x},$$

lorsqu'une particule de masse m se déplace du point $(3, 4, 12)$ jusqu'au point $(2, 2, 0)$ le long d'une courbe lisse par morceaux C. (Voyez l'exemple 4 dans la section 13.1.)

SOLUTION Pour avoir déjà étudié ce champ dans la section 13.1, on sait que $\vec{F}$ est un champ vectoriel conservatif ; en effet, $\vec{F} = \nabla f$, où

$$f(x, y, z) = \frac{mMG}{\sqrt{x^2 + y^2 + z^2}}.$$

Par conséquent, par application du théorème 2, le travail effectué est égal à

$$W = \int_C \vec{F} \cdot d\vec{r} = \int_C \nabla f \cdot d\vec{r}$$

$$= f(2, 2, 0) - f(3, 4, 12)$$

$$= \frac{mMG}{\sqrt{2^2 + 2^2}} - \frac{mMG}{\sqrt{3^2 + 4^2 + 12^2}} = mMG\left(\frac{1}{2\sqrt{2}} - \frac{1}{13} \right).$$

■ ■

■ ■ Indépendance du chemin

On suppose que C_1 et C_2 sont deux courbes lisses par morceaux (appelées aussi **chemins**) qui toutes deux relient le point A, dit point initial, au point B, dit point terminal. On sait depuis l'exemple 4 de la section 13.2 qu'en général, $\int_{C_1} \vec{F} \cdot d\vec{r} \neq \int_{C_2} \vec{F} \cdot d\vec{r}$. Mais, par ailleurs, une des conséquences du théorème 2 est que

$$\int_{C_1} \nabla f \cdot d\vec{r} = \int_{C_2} \nabla f \cdot d\vec{r},$$

à condition que ∇f soit continu. Autrement dit, l'intégrale curviligne d'un champ conservatif ne dépend que du point initial et du point final d'une courbe.

En général, si $\vec{F}$ est un champ vectoriel continu sur un domaine D, on dit que l'intégrale curviligne $\int_C \vec{F} \cdot d\vec{r}$ est **indépendante du chemin** si $\int_{C_1} \vec{F} \cdot d\vec{r} = \int_{C_2} \vec{F} \cdot d\vec{r}$, quels

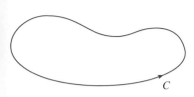

FIGURE 2

Une courbe fermée

FIGURE 3

que soient les deux chemins C_1 et C_2 dans D qui relient les mêmes points. Dans ce vocabulaire, on peut dire que les *intégrales curvilignes des champs vectoriels conservatifs sont indépendantes du chemin*.

Une courbe est dite **fermée** si son point terminal coïncide avec son point initial, autrement dit, si $\vec{r}(b) = \vec{r}(a)$ (voyez la figure 2). On suppose avoir affaire à une intégrale curviligne $\int_C \vec{F} \cdot d\vec{r}$ indépendante du chemin dans D et à un chemin fermé C quelconque de D. En choisissant au hasard deux points A et B sur ce contour fermé, on peut le voir comme composé du chemin C_1 de A à B suivi du chemin C_2 de B à A (voyez la figure 3). Alors,

$$\int_C \vec{F} \cdot d\vec{r} = \int_{C_1} \vec{F} \cdot d\vec{r} + \int_{C_2} \vec{F} \cdot d\vec{r} = \int_{C_1} \vec{F} \cdot d\vec{r} - \int_{-C_2} \vec{F} \cdot d\vec{r} = 0,$$

puisque C_1 et $-C_2$ partent et finissent aux mêmes points.

Inversement, s'il est vrai que $\int_C \vec{F} \cdot d\vec{r} = 0$ où C est un chemin fermé de D, alors on peut démontrer l'indépendance du chemin comme suit. On prend deux chemins quelconques C_1 et C_2 qui relient A et B dans D et on définit C comme la courbe composée de C_1 suivie de $-C_2$. Alors,

$$0 = \int_C \vec{F} \cdot d\vec{r} = \int_{C_1} \vec{F} \cdot d\vec{r} + \int_{-C_2} \vec{F} \cdot d\vec{r} = \int_{C_1} \vec{F} \cdot d\vec{r} - \int_{C_2} \vec{F} \cdot d\vec{r}$$

ce qui entraîne $\int_{C_1} \vec{F} \cdot d\vec{r} = \int_{C_2} \vec{F} \cdot d\vec{r}$. Ce raisonnement constitue une démonstration de l'énoncé que voici.

> **3** **Théorème** $\int_C \vec{F} \cdot d\vec{r}$ est indépendante du chemin d'intégration dans D si et seulement si $\int_C \vec{F} \cdot d\vec{r} = 0$ sur toute chemin fermé C de D.

Puisqu'on sait que l'intégrale curviligne de tout champ vectoriel conservatif $\vec{F}$ ne dépend pas du chemin d'intégration, il s'ensuit que $\int_C \vec{F} \cdot d\vec{r} = 0$ sur tout chemin fermé. Physiquement cette propriété signifie que le travail d'un champ de forces conservatif (comme le champ gravitationnel ou le champ électrique de la section 13.1) lorsqu'il déplace un objet sur un chemin fermé est nul.

Le théorème suivant affirme que *seul* un champ vectoriel qui est indépendant du chemin est conservatif. Il va être énoncé et démontré pour des courbes planes, mais il est valable également pour des courbes de l'espace. On suppose que D est **ouvert**, ce qui signifie que pour chaque point P de D, il existe un disque centré en P entièrement inclus dans D. (De cette façon, D ne contient aucun de ses points frontières.) De plus, il est supposé que D est **connexe**. Cela signifie que deux points quelconques de D peuvent être reliés par un chemin entièrement contenu dans D.

> **4** **Théorème** Soit $\vec{F}$ un champ vectoriel continu sur une région ouverte et connexe D. Si $\int_C \vec{F} \cdot d\vec{r}$ est indépendante du chemin dans D, alors $\vec{F}$ est un champ conservatif sur D ; autrement dit, il existe une fonction f telle que $\nabla f = \vec{F}$.

Démonstration Soit $A(a, b)$ un point fixé de D. On construit la fonction potentielle désirée f comme suit

$$f(x, y) = \int_{(a, b)}^{(x, y)} \vec{F} \cdot d\vec{r},$$

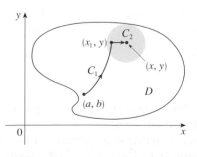

FIGURE 4

où (x, y) est un point quelconque de D. Étant donné que $\int_C \vec{F} \cdot d\vec{r}$ est indépendante du chemin, le calcul de $f(x, y)$ peut être fait sur n'importe quel chemin C qui joint (a, b) à (x, y). Puisque D est ouvert, il existe, contenu dans D, un disque centré en (x, y). Dans ce disque, on choisit un point quelconque (x_1, y) avec $x_1 < x$ dans le but de construire un chemin C de (a, b) à (x, y) composé de C_1 qui va de (a, b) à (x_1, y) suivi du segment horizontal C_2 qui va de (x_1, y) à (x, y) (voyez la figure 4). Sur ce chemin, on a

$$f(x, y) = \int_{C_1} \vec{F} \cdot d\vec{r} + \int_{C_2} \vec{F} \cdot d\vec{r} = \int_{(a, b)}^{(x_1, y)} \vec{F} \cdot d\vec{r} + \int_{C_2} \vec{F} \cdot d\vec{r}.$$

On remarque que la première de ces intégrales ne dépend pas de x. Il en découle

$$\frac{\partial}{\partial x} f(x, y) = 0 + \frac{\partial}{\partial x} \int_{C_2} \vec{F} \cdot d\vec{r}.$$

Si on écrit $\vec{F} = P\vec{i} + Q\vec{j}$, alors

$$\int_{C_2} \vec{F} \cdot d\vec{r} = \int_{C_2} P\,dx + Q\,dy.$$

Or, sur C_2, y est constante, ce qui entraîne $dy = 0$. Adoptant t comme paramètre avec $x_1 \leqslant t \leqslant x$, on a

$$\frac{\partial}{\partial x} f(x, y) = \frac{\partial}{\partial x} \int_{C_2} P\,dx + Q\,dy = \frac{\partial}{\partial x} \int_{x_1}^{x} P(t, y)\,dt = P(x, y)$$

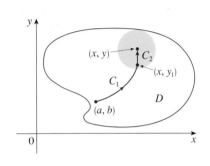

FIGURE 5

par application de la partie 1 du Théorème fondamental du calcul différentiel et intégral (voyez la section 5.4). Un raisonnement semblable, mené sur un segment vertical (voyez la figure 5), conduirait à

$$\frac{\partial}{\partial y} f(x, y) = \frac{\partial}{\partial y} \int_{C_2} P\,dx + Q\,dy = \frac{\partial}{\partial y} \int_{y_1}^{y} Q(x, t)\,dt = Q(x, y)$$

D'où

$$\vec{F} = P\vec{i} + Q\vec{j} = \frac{\partial f}{\partial x}\vec{i} + \frac{\partial f}{\partial y}\vec{j} = \nabla f,$$

ce qui prouve que $\vec{F}$ est conservatif. ■ ■

Une question subsiste : comment déterminer si un champ vectoriel est conservatif ? On suppose donné le champ vectoriel conservatif $\vec{F} = P\vec{i} + Q\vec{j}$, où P et Q ont des dérivées partielles premières continues. Alors, il existe une fonction f telle que $\vec{F} = \nabla f$, c'est-à-dire que,

$$P = \frac{\partial f}{\partial x} \qquad \text{et} \qquad Q = \frac{\partial f}{\partial y}.$$

De là, par le Théorème de Clairaut,

$$\frac{\partial P}{\partial y} = \frac{\partial^2 f}{\partial y \partial x} = \frac{\partial^2 f}{\partial x \partial y} = \frac{\partial Q}{\partial x}.$$

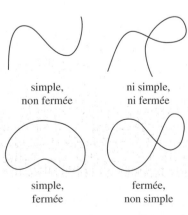

simple,
non fermée

ni simple,
ni fermée

simple,
fermée

fermée,
non simple

FIGURE 6

Types des courbes

> **5** **Théorème** Si $\vec{F}(x, y) = P(x, y)\vec{i} + Q(x, y)\vec{j}$ est un champ vectoriel conservatif, où P et Q ont des dérivées partielles d'ordre 1 continues sur un domaine D, alors, sur tout D, on a
>
> $$\frac{\partial P}{\partial y} = \frac{\partial Q}{\partial x}$$

La réciproque du théorème 5 n'est vraie que sur un type particulier de région. En vue d'expliquer cela, on a besoin du concept de **courbe simple**, qui signifie une courbe qui ne se recoupe elle-même nulle part entre ses extrémités. [Voyez la figure 6 ; $\vec{r}(a) = \vec{r}(b)$ pour une courbe fermée simple, alors que $\vec{r}(t_1) \neq \vec{r}(t_2)$ pour $a < t_1 < t_2 < b$.]

Le théorème 4 exigeait déjà une région ouverte connexe. Le théorème suivant se montre plus exigeant encore. Une région du plan **simplement connexe** est une région

région simplement connexe

régions non simplement connexes

FIGURE 7

D telle que toute courbe simple fermée dans D n'entoure que des points de D. Au regard de la figure 7, on comprend intuitivement qu'une région simplement connexe ne peut pas avoir de trou ni se composer de deux morceaux séparés.

À condition de se limiter aux régions simplement connexes, on peut maintenant énoncer une réciproque partielle du théorème 5 qui fournit en même temps une méthode facile pour vérifier si un champ vectoriel défini sur $\mathbb{R}^2$ est conservatif. La preuve en sera ébauchée dans la section suivante comme conséquence du Théorème de Green.

6 Théorème Soit $\vec{F} = P\vec{i} + Q\vec{j}$ un champ vectoriel défini sur une région simplement connexe D. On suppose que P et Q ont des dérivées partielles d'ordre 1 continues sur un domaine D et que,

$$\frac{\partial P}{\partial y} = \frac{\partial Q}{\partial x} \quad \text{sur tout } D.$$

Alors $\vec{F}$ est conservatif.

EXEMPLE 2 Déterminez si le champ vectoriel

$$\vec{F}(x, y) = (x - y)\vec{i} + (x - 2)\vec{j}$$

est conservatif.

SOLUTION Ici, $P(x, y) = x - y$ et $Q(x, y) = x - 2$. Alors

$$\frac{\partial P}{\partial y} = -1 \qquad \frac{\partial Q}{\partial x} = 1.$$

Comme $\partial P/\partial y \neq \partial Q/\partial x$, $\vec{F}$ n'est pas conservatif, conformément au théorème 5. ■ ■

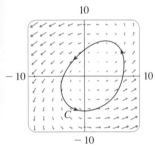

FIGURE 8

■ ■ Les figures 8 et 9 montrent les champs vectoriels des exemples 2 et 3, respectivement. Les vecteurs dans la figure 8 qui partent de la courbe fermée C ont l'air d'aller grosso modo dans le même sens que C. D'où, il semblerait que $\int_C \vec{F} \cdot d\vec{r} > 0$ et donc $\vec{F}$ ne serait pas conservatif. Les calculs faits dans l'exemple 2 confirme cette impression. Dans la figure 9, certains des vecteurs proches des courbes C_1 et C_2 vont dans le même sens que les courbes, tandis que d'autres vont en sens inverse. Il semble donc plausible que les intégrales curvilignes sur tous les chemins fermés soient nulles. L'exemple 3 démontre en effet que $\vec{F}$ est conservatif.

EXEMPLE 3 Déterminez si le champ vectoriel

$$\vec{F}(x, y) = (3 + 2xy)\vec{i} + (x^2 - 3y^2)\vec{j}$$

est conservatif.

SOLUTION Ici, $P(x, y) = 3 + 2xy$ et $Q(x, y) = x^2 - 3y^2$. Alors

$$\frac{\partial P}{\partial y} = 2x = \frac{\partial Q}{\partial x}.$$

De plus, le domaine D de $\vec{F}$ est le plan $\mathbb{R}^2$ tout entier, qui est ouvert et simplement connexe. Par conséquent, le théorème 6 s'applique et mène à la conclusion que $\vec{F}$ est conservatif. ■ ■

Le théorème 6 a permis de conclure dans l'exemple 3 que le champ était conservatif, mais il n'a pas donné d'indication sur comment procéder pour déterminer la fonction potentiel f telle que $\vec{F} = \nabla f$. La démonstration du théorème 4 donne toutefois un indice pour la découvrir : par « intégration partielle », comme dans l'exemple que voici.

EXEMPLE 4
a) Déterminez une fonction f telle que $\vec{F} = \nabla f$, si $\vec{F}(x, y) = (3 + 2xy)\vec{i} + (x^2 - 3y^2)\vec{j}$.
b) Calculez l'intégrale curviligne $\int_C \vec{F} \cdot d\vec{r}$, où C est la courbe décrite par $\vec{r}(t) = e^t \sin t\, \vec{i} + e^t \cos t\, \vec{j}$, $0 \leqslant t \leqslant \pi$.

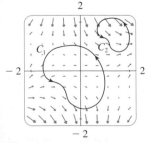

FIGURE 9

SOLUTION

a) Sachant, à la suite de l'exemple 3, que $\vec{F}$ est conservatif, il existe une fonction f telle que $\nabla f = \vec{F}$, c'est-à-dire telle que,

$$\boxed{7} \qquad\qquad f_x'(x, y) = 3 + 2xy,$$

$$\boxed{8} \qquad\qquad f_y'(x, y) = x^2 - 3y^2.$$

En intégrant (7) par rapport à x, on obtient

$$\boxed{9} \qquad\qquad f(x, y) = 3x + x^2y + g(y).$$

On remarque que la constante d'intégration est une constante par rapport à x, donc une fonction de y qui a été notée $g(y)$. On dérive partiellement les deux membres de (9) par rapport à y :

$$\boxed{10} \qquad\qquad f_y'(x, y) = x^2 + g'(y).$$

La comparaison de (8) et (10) conduit à

$$g'(y) = -3y^2.$$

Et de là, en intégrant par rapport à y, on obtient

$$g(y) = -y^3 + K,$$

où K est une constante. La substitution de cette expression dans (9) conduit enfin à la fonction potentiel cherchée

$$f(x, y) = 3x + x^2y - y^3 + K.$$

b) Pour pouvoir appliquer le théorème 2, il faut connaître les extrémités de C, à savoir $\vec{r}(0) = (0, 1)$ et $\vec{r}(\pi) = (0, -e^\pi)$. Comme toutes les valeurs de K dans l'expression de $f(x, y)$ dans la partie a) sont bonnes, on prend $K = 0$. Il vient

$$\int_C \vec{F} \cdot d\vec{r} = \int_C \nabla f \cdot d\vec{r} = f(0, -e^\pi) - f(0, 1)$$

$$= e^{3\pi} - (-1) = e^{3\pi} + 1$$

Cette méthode est beaucoup plus courte que la méthode directe de calcul de l'intégrale curviligne, telle qu'elle a été mise en œuvre dans la section 13.2. ■ ■

Vous trouverez un critère pour distinguer si un champ vectoriel défini sur $\mathbb{R}^3$ est conservatif dans la section 13.5. D'ici là, l'exemple que voici montre que la technique pour déterminer la fonction potentiel est fort semblable à celle qui vient d'être pratiquée pour un champ vectoriel défini sur $\mathbb{R}^2$.

EXEMPLE 5 Cherchez une fonction f telle que $\nabla f = \vec{F}$, dans le cas où $\vec{F}(x, y, z) = y^2 \vec{i} + (2xy + e^{3z})\vec{j} + 3ye^{3z}\vec{k}$.

SOLUTION Si une telle fonction f existe, alors

$$\boxed{11} \qquad\qquad f_x'(x, y, z) = y^2$$

$$\boxed{12} \qquad\qquad f_y'(x, y, z) = 2xy + e^{3z}$$

$$\boxed{13} \qquad\qquad f_z'(x, y, z) = 3ye^{3z}$$

On intègre (11) par rapport à x :

$$\boxed{14} \qquad f(x, y, z) = xy^2 + g(y, z),$$

où $g(y, z)$ est une constante par rapport à x. On dérive (14) partiellement par rapport à y :

$$f_y'(x, y, z) = 2xy + g_y'(y, z),$$

et on compare avec (12). Il en sort :

$$g_y'(y, z) = e^{3z}$$

Ensuite, $g(y, z) = ye^{3z} + h(z)$ et après substitution dans (14),

$$f(x, y, z) = xy^2 + ye^{3z} + h(z).$$

Enfin, on dérive partiellement par rapport à z et on compare avec (13). Cela mène à $h_z'(z) = 0$ et de là, $h(z) = K$, une constante. Finalement, la fonction cherchée est

$$f(x, y, z) = xy^2 + ye^{3z} + K.$$

On peut facilement vérifier que $\nabla f = \vec{F}$. ■ ■

■■ La conservation de l'énergie

Appliquons les idées de ce chapitre à un champ de forces continu $\vec{F}$ qui déplace un objet le long d'un chemin C donné par $\vec{r}(t)$, $a \leqslant t \leqslant b$, qui commence en $\vec{r}(a) = A$ et finit en $\vec{r}(b) = B$. En accord avec la seconde loi de Newton sur le mouvement (voyez la section 10.4), la force $\vec{F}(\vec{r}(t))$ en un point de C est liée à l'accélération $\vec{a}(t) = \vec{r}''(t)$ par l'équation

$$\vec{F}(\vec{r}(t)) = m\vec{r}''(t).$$

Le travail fourni par la force sur l'objet est donc

$$W = \int_C \vec{F} \cdot d\vec{r} = \int_a^b \vec{F}(\vec{r}(t)) \cdot \vec{r}'(t)\, dt$$

$$= \int_a^b m\vec{r}''(t) \cdot \vec{r}'(t)\, dt$$

$$= \frac{m}{2} \int_a^b \frac{d}{dt}\left[\vec{r}'(t) \cdot \vec{r}'(t)\right] dt \qquad \text{(Théorème 10.2.3, formule 4)}$$

$$= \frac{m}{2} \int_a^b \frac{d}{dt}\|\vec{r}'(t)\|^2\, dt$$

$$= \frac{m}{2}\left[\|\vec{r}'(t)\|^2\right]_a^b \qquad \text{(Théorème fondamental)}$$

$$= \frac{m}{2}(\|\vec{r}'(b)\|^2 - \|\vec{r}'(a)\|^2).$$

Par conséquent,

$$\boxed{15} \qquad W = \tfrac{1}{2}m\|\vec{v}(b)\|^2 - \tfrac{1}{2}m\|\vec{v}(a)\|^2,$$

où $\vec{v} = \vec{r}\,'$ est la vitesse.

La grandeur $\tfrac{1}{2}m\|\vec{v}(t)\|^2$, c'est-à-dire la moitié du produit de la masse par le carré de la vitesse, est appelée l'**énergie cinétique** de l'objet. L'équation (15) peut être réécrite

$$\boxed{16} \qquad W = K(B) - K(A)$$

et se lire : le travail fourni par le champ de forces le long de C est égal à la variation de l'énergie cinétique entre les extrémités de C.

Ajoutons l'hypothèse que $\vec{F}$ est un champ de forces conservatif, c'est-à-dire que $\vec{F} = \nabla f$. En physique, l'**énergie potentielle** d'un objet au point (x, y, z) est définie par $P(x, y, z) = -f(x, y, z)$, ce qui entraîne $\vec{F} = -\nabla P$. En appliquant le théorème 2, on obtient

$$
\begin{aligned}
W = \int_C \vec{F} \cdot d\vec{r} &= -\int_C \nabla P \cdot d\vec{r} \\
&= -[P(\vec{r}(b)) - P(\vec{r}(a))] \\
&= P(A) - P(B).
\end{aligned}
$$

Ce résultat joint à l'équation 16 donne

$$P(A) + K(A) = P(B) + K(B),$$

et s'énonce : quand un objet se déplace d'un point A jusqu'à un point B sous l'effet d'un champ de forces conservatif, alors la somme de son énergie potentielle et de son énergie cinétique reste constante. Cet énoncé est connu sous le nom de **Loi de la conservation de l'énergie** et là se trouve l'origine de l'attribut *conservatif* à un champ vectoriel.

13.3 Exercices

1. La figure montre une courbe C et un diagramme de courbes de niveau d'une fonction f dont le gradient est continu. Calculez $\int_C \nabla f \cdot d\vec{r}$.

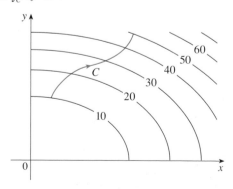

2. Voici une table de valeurs d'une fonction f de gradient continu. Calculez $\int_C \nabla f \cdot d\vec{r}$, où C est décrite par les équations paramétriques

$$x = t^2 + 1, \; y = t^3 + t, \; 0 \leqslant t \leqslant 1$$

$\diagdown\,^y_x$	0	1	2
0	1	6	4
1	3	5	7
2	8	2	9

3–10 ■ Dites si le champ vectoriel $\vec{F}$ est conservatif ou non. Si oui, cherchez une fonction f telle que $\nabla f = \vec{F}$.

3. $\vec{F}(x, y) = (6x + 5y)\vec{i} + (5x + 4y)\vec{j}$

4. $\vec{F}(x, y) = (x^3 + 4xy)\vec{i} + (4xy - y^3)\vec{j}$

5. $\vec{F}(x, y) = xe^y\vec{i} + ye^x\vec{j}$

6. $\vec{F}(x, y) = e^y\vec{i} + xe^y\vec{j}$

7. $\vec{F}(x, y) = (2x\cos y - y\cos x)\vec{i} + (-x^2\sin y - \sin x)\vec{j}$

8. $\vec{F}(x, y) = (1 + 2xy + \ln x)\vec{i} + x^2\vec{j}$

9. $\vec{F}(x, y) = (ye^x + \sin y)\vec{i} + (e^x + x\cos y)\vec{j}$

10. $\vec{F}(x, y) = (xy \cos xy + \sin xy)\vec{i} + (x^2 \cos xy)\vec{j}$

11. La figure montre le champ vectoriel $\vec{F}(x, y) = (2xy, x^2)$ et trois chemins qui vont de $(1, 2)$ à $(3, 2)$.
   a) Expliquez pourquoi $\int_C \vec{F} \cdot d\vec{r}$ a la même valeur le long de ces trois chemins.
   b) Quelle est cette valeur commune ?

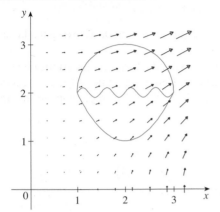

12–18 ■ a) Cherchez une fonction f telle que $\vec{F} = \nabla f$ et b) servez-vous de la partie a) pour calculer $\int_C \vec{F} \cdot d\vec{r}$ le long de la courbe C donnée.

12. $\vec{F}(x, y) = y\vec{i} + (x + 2y)\vec{j}$,
   C est le demi-cercle supérieur qui part de $(0, 1)$ et finit en $(2, 1)$

13. $\vec{F}(x, y) = x^3 y^4 \vec{i} + x^4 y^3 \vec{j}$,
   $C : \vec{r}(t) = \sqrt{t}\,\vec{i} + (1 + t^3)\vec{j}$, $0 \leqslant t \leqslant 1$.

14. $\vec{F}(x, y) = \dfrac{y^2}{1 + x^2}\vec{i} + 2y \operatorname{Arctg} x\vec{j}$,
   $C : \vec{r}(t) = t^2\vec{i} + 2t\vec{j}$, $0 \leqslant t \leqslant 1$.

15. $\vec{F}(x, y, z) = yz\vec{i} + xz\vec{j} + (xy + 2z)\vec{k}$,
   C est le segment qui joint $(1, 0, -2)$ à $(4, 6, 3)$.

16. $\vec{F}(x, y, z) = (2xz + y^2)\vec{i} + 2xy\vec{j} + (x^2 + 3z^2)\vec{k}$,
   $C : x = t^2, y = t + 1, z = 2t - 1$, $0 \leqslant t \leqslant 1$.

17. $\vec{F}(x, y, z) = y^2 \cos z\vec{i} + 2xy \cos z\vec{j} - xy^2 \sin z\vec{k}$,
   $C : \vec{r}(t) = t^2\vec{i} + \sin t\vec{j} + t\vec{k}$, $0 \leqslant t \leqslant \pi$

18. $\vec{F}(x, y, z) = e^y\vec{i} + xe^y\vec{j} + (z + 1)e^z\vec{k}$,
   $C : \vec{r}(t) = t\vec{i} + t^2\vec{j} + t^3\vec{k}$, $0 \leqslant t \leqslant 1$.

19–20 ■ Démontrez que l'intégrale curviligne est indépendante du chemin et calculez l'intégrale.

19. $\int_C \operatorname{tg} y \, dx + x \sec^2 y \, dy$,
   C est un chemin quelconque qui relie $(1, 0)$ et $(2, \pi/4)$.

20. $\int_C (1 - ye^{-x}) dx + e^{-x} dy$,
   C est un chemin quelconque qui relie $(0, 1)$ à $(1, 2)$.

21–22 ■ Calculez le travail fourni par le champ de forces $\vec{F}$ pour déplacer un objet de P à Q.

21. $\vec{F}(x, y) = 2y^{3/2}\vec{i} + 3x\sqrt{y}\vec{j}$; $P(1, 1)$, $Q(2, 4)$.

22. $\vec{F}(x, y) = e^{-y}\vec{i} - xe^{-y}\vec{j}$; $P(0, 1)$, $Q(2, 0)$.

23–24 ■ Le champ vectoriel représenté dans la figure est-il conservatif ? Expliquez.

23.   **24.**

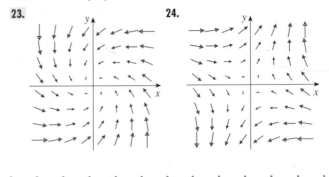

25. Soit $\vec{F}(x, y) = \sin y\vec{i} + (1 + x\cos y)\vec{j}$.
   Faites représenter $\vec{F}$ et sur cette représentation, conjecturez si $\vec{F}$ est conservatif ou non. Vérifiez ensuite si votre conjecture est correcte.

26. Soit $\vec{F} = \nabla f$, où $f(x, y) = \sin(x - 2y)$. Déterminez des courbes C_1 et C_2 non fermées et qui satisfont à l'équation.
   a) $\int_{C_1} \vec{F} \cdot d\vec{r} = 0$ b) $\int_{C_2} \vec{F} \cdot d\vec{r} = 1$.

27. Démontrez que si le champ vectoriel $\vec{F} = P\vec{i} + Q\vec{j} + R\vec{k}$ est conservatif et si P, Q et R ont des dérivées partielles premières continues, alors
$$\frac{\partial P}{\partial y} = \frac{\partial Q}{\partial x} \qquad \frac{\partial P}{\partial z} = \frac{\partial R}{\partial x} \qquad \frac{\partial Q}{\partial z} = \frac{\partial R}{\partial y}$$

28. Servez-vous de l'exercice 27 pour montrez que l'intégrale curviligne $\int_C y \, dx + x \, dy + xyz \, dz$ n'est pas indépendante du chemin.

29–32 ■ Les ensembles donnés sont-ils a) ouverts b) connexes c) simplement connexes ?

29. $\{(x, y) \mid x > 0, y > 0\}$ **30.** $\{(x, y) \mid x \neq 0\}$

31. $\{(x, y) \mid 1 < x^2 + y^2 < 4\}$

32. $\{(x, y) \mid x^2 + y^2 \leqslant 1$ ou $4 \leqslant x^2 + y^2 \leqslant 9\}$

33. Soit $\vec{F}(x, y) = \dfrac{-y\vec{i} + x\vec{j}}{x^2 + y^2}$.
   a) Démontrez que $\partial P/\partial y = \partial Q/\partial x$.
   b) Démontrez que $\int_C \vec{F} \cdot d\vec{r}$ n'est pas indépendant du chemin. [Suggestion : Calculez $\int_{C_1} \vec{F} \cdot d\vec{r}$ et $\int_{C_2} \vec{F} \cdot d\vec{r}$, où C_1 et C_2 sont respectivement les moitiés supérieure et inférieure du cercle $x^2 + y^2 = 1$ de $(1, 0)$ à $(-1, 0)$.] Le théorème 6 est-il mis en défaut ?

34. a) On suppose que $\vec{F}$ est un champ de forces inversement proportionnel au carré, c'est-à-dire

$$\vec{F}(\vec{r}) = \frac{c\vec{r}}{\|\vec{r}\|^3},$$

pour une certaine constante c et $\vec{r} = x\vec{i} + y\vec{j} + z\vec{k}$. Cherchez une expression du travail fourni par $\vec{F}$ lors du déplacement d'un objet sur un chemin qui va d'un point P_1 à un point P_2, en termes de distance d_1 et d_2 de ces points vis-à-vis de l'origine.

b) Le champ gravitationnel $\vec{F} = -(mMG)\vec{r}/\|\vec{r}\|^3$, dont il a été question dans l'exemple 4 de la section 13.1, est un exemple d'un champ de ce type. Servez-vous de la partie a) pour déterminer le travail fourni par le champ

gravitationnel lorsque la Terre va de l'aphélie (sa distance maximale du Soleil, $1,52 \times 10^8$ km) au périhélie (sa distance minimale du Soleil, $1,47 \times 10^8$ km). (Pour rappel, $m = 5,97 \times 10^{24}$ kg, $M = 1,99 \times 10^{30}$ kg et $G = 6,67 \times 10^{-11}$ N · m²/kg².)

c) Le champ électrique $\vec{E} = \varepsilon q Q \vec{r}/\|\vec{r}\|^3$ de l'exemple 5 dans la section 13.1 est un autre exemple d'un tel champ. On suppose qu'un électron de charge $-1,6 \times 10^{-19}$ C se trouve à l'origine. Une charge positive unitaire se situe à 10^{-12} m de l'électron et se déplace en un point situé à mi-chemin de cette distance de l'électron. Servez-vous de la partie a) pour déterminer le travail effectué par le champ électrique. ($\varepsilon = 8,985 \times 10^9$.)

13.4 Le théorème de Green

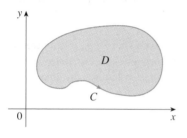

FIGURE 1

Le Théorème de Green établit une relation entre une intégrale curviligne le long d'un contour simple fermé C et une intégrale double sur le domaine D du plan délimité par C. (Voyez la figure 1. On suppose que D contient aussi bien les points intérieurs à C que les points de C.) L'énoncé du théorème de Green est basé sur un sens de parcours conventionnel : sera considéré **dans le sens positif** le parcours *en sens inverse des aiguilles d'une montre* de C. Si C est décrite par la fonction vectorielle $\vec{r}(t)$, $a \leqslant t \leqslant b$, la région D est donc toujours à gauche du point $\vec{r}(t)$ lorsqu'il parcourt C (voyez la figure 2).

FIGURE 2

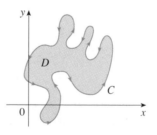

a) Sens positif

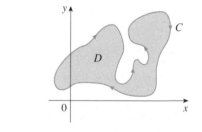

b) Sens négatif

■ ■ Rappelez-vous que le membre de gauche de cette équation est une autre façon d'écrire $\int_C \vec{F} \cdot d\vec{r}$, avec $\vec{F} = P\vec{i} + Q\vec{j}$.

Théorème de Green Soit C une courbe plane simple, fermée, lisse par morceaux, orientée dans le sens positif et soit D le domaine délimité par C. Si P et Q sont pourvues de dérivées partielles continues dans une région ouverte qui contient D, alors

$$\int_C P\,dx + Q\,dy = \iint_D \left(\frac{\partial Q}{\partial x} - \frac{\partial P}{\partial y}\right) dA \ .$$

REMARQUE ∘ On utilise parfois la notation

$$\oint_C P\,dx + Q\,dy \qquad \text{or} \qquad \oint_C P\,dx + Q\,dy$$

pour indiquer que l'intégrale curviligne est calculée selon le sens positif de la courbe fermée C. On rencontre aussi la notation ∂D pour la frontière du domaine D orientée dans le sens positif et cela donne de la formule du Théorème de Green l'écriture suivante :

$$\boxed{1} \qquad \iint_D \left(\frac{\partial Q}{\partial x} - \frac{\partial P}{\partial y}\right) dA \;=\; \int_{\partial D} P\,dx + Q\,dy.$$

Le théorème de Green est à regarder comme l'homologue du Théorème fondamental du calcul intégral pour les intégrales doubles. Comparez l'expression 1 avec la partie 2 du Théorème fondamental qui s'écrit

$$\int_a^b F'(x)\,dx \;=\; F(b) - F(a).$$

Dans les deux cas, il y a dans le membre de gauche de l'équation une intégrale d'une expression qui comprend des dérivées (F', $\partial Q/\partial x$ et $\partial P/\partial y$). Et dans les deux cas, il y a dans le membre de droite les valeurs des fonctions d'origine (F, P et Q) sur la *frontière* du domaine. (Dans le cas à une dimension, le domaine d'intégration est l'intervalle $[a, b]$ dont la frontière n'est constituée que des deux points a et b.)

Il n'est pas facile de démontrer le Théorème de Green dans la situation générale envisagé dans la formule 1, mais il est possible d'en donner une dans le cas particulier où le domaine est à la fois de type I et II (voyez la section 12.3). On appelle de tels domaines des **domaines simples**.

Démonstration du Théorème de Green dans le cas où D est un domaine simple Pour démontrer le Théorème de Green il suffirait de démontrer séparément

$$\boxed{2} \qquad \int_C P\,dx \;=\; -\iint_D \frac{\partial P}{\partial y}\,dA$$

et

$$\boxed{3} \qquad \int_C Q\,dy \;=\; \iint_D \frac{\partial Q}{\partial x}\,dA.$$

On va démontrer l'expression 2 en regardant D comme un domaine de type I décrit par

$$D = \{(x, y) \mid a \leqslant x \leqslant b,\ g_1(x) \leqslant y \leqslant g_2(x)\},$$

où g_1 et g_2 sont des fonctions continues. De ce point de vue, l'intégrale double du membre de droite s'écrit comme l'intégrale itérée :

$$\boxed{4} \qquad \iint_D \frac{\partial P}{\partial y}\,dA \;=\; \int_a^b \int_{g_1(x)}^{g_2(x)} \frac{\partial P}{\partial y}(x, y)\,dy\,dx \;=\; \int_a^b \big[P(x, g_2(x)) - P(x, g_1(x)) \big]\,dx$$

la dernière étape étant une application du Théorème fondamental du calcul différentiel et intégral.

Maintenant, pour calculer le membre de gauche de l'expression 2, on va décomposer C en une suite de quatre arcs C_1, C_2, C_3 et C_4, tels qu'ils sont indiqués dans la figure 3. Si x sert de paramètre, l'arc C_1 est décrit paramétriquement par $x = x$, $y = g_1(x)$, $a \leqslant x \leqslant b$ et

$$\int_{C_1} P(x, y)\,dx \;=\; \int_a^b P(x, g_1(x))\,dx.$$

Comme l'arc C_3 va de droite à gauche, l'arc $-C_3$ va de gauche à droite et est décrit paramétriquement par $x = x$, $y = g_2(x)$, $a \leqslant x \leqslant b$ et

$$\int_{C_3} P(x, y)\,dx \;=\; -\int_{-C_3} P(x, y)\,dx \;=\; -\int_a^b P(x, g_2(x))\,dx.$$

■ ■ Le Théorème de Green doit son nom à l'autodidacte anglais George Green (1793-1841). Il travailla dans la boulangerie de son père dès son plus jeune âge et apprit par lui-même les mathématiques dans des livres de la bibliothèque. En 1828, il publia pour son compte *Un essai sur l'application de l'analyse mathématique aux théories de l'électricité et du magnétisme*. Ne furent imprimées que 100 copies dont la plupart finirent dans les mains de ses amis. Cette brochure contenait un théorème équivalent à ce qui est connu sous le nom de théorème de Green, mais il ne fut pas tellement connu à cette époque. À l'âge de 40 ans, finalement, Green entra à l'université de Cambridge comme étudiant, mais il mourut quatre ans après s'être diplômé. En 1846, William Thomson (Lord Kelvin) mit la main sur une copie de l'essai de Green, réalisa son importance et le fit réimprimer. Green avait été le premier à vouloir formuler une théorie mathématique de l'électricité et du magnétisme. Son œuvre fut à la base des théories ultérieures sur l'électromagnétisme de Thomson, Stokes, Rayleigh et Maxwell.

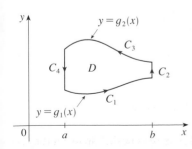

FIGURE 3

Sur C_2 et C_4 (l'un ou l'autre de ces arcs pourrait parfois être réduit à un point), x est constant et donc $dx = 0$. D'où

$$\int_{C_2} P(x, y)\, dx = 0 = \int_{C_4} P(x, y)\, dx.$$

De là,

$$\int_C P(x, y)\, dx = \int_{C_1} P(x, y)\, dx + \int_{C_2} P(x, y)\, dx + \int_{C_3} P(x, y)\, dx + \int_{C_4} P(x, y)\, dx$$

$$= \int_a^b P(x, g_1(x))\, dx - \int_a^b P(x, g_2(x))\, dx.$$

Cette dernière expression, comparée à l'équation 4, permet de conclure à

$$\int_C P(x, y)\, dx = -\iint_D \frac{\partial P}{\partial y}\, dA.$$

La démonstration de l'équation 3 se fait de la même manière en regardant D comme un domaine de type II (voyez l'exercice 28). Il ne reste alors qu'à additionner les équations 2 et 3 pour obtenir la formule du Théorème de Green. ■ ■

EXEMPLE 1 Calculez $\int_C x^4\, dx + xy\, dy$, où C est la courbe triangulaire composée des trois segments de $(0, 0)$ à $(1, 0)$, de $(1, 0)$ à $(0, 1)$ et de $(0, 1)$ à $(0, 0)$.

SOLUTION Bien que l'intégrale curviligne donnée puisse être calculée par les méthodes habituelles de la section 13.2, cela demanderait tout de même de traiter trois intégrales séparées sur chacun des côtés du triangle. Aussi, on préfère employer le Théorème de Green. On observe que le domaine D limité par C est simple et que C est orienté dans le sens positif (voyez la figure 4). En posant $P(x, y) = x^4$ et $Q(x, y) = xy$, on obtient

$$\int_C x^4\, dx + xy\, dy = \iint_D \left(\frac{\partial Q}{\partial x} - \frac{\partial P}{\partial y}\right) dA = \int_0^1 \int_0^{1-x} (y - 0)\, dy\, dx$$

$$= \int_0^1 \left[\tfrac{1}{2} y^2 \right]_{y=0}^{y=1-x} dx = \tfrac{1}{2} \int_0^1 (1 - x)^2\, dx$$

$$= -\tfrac{1}{6}(1 - x)^3 \Big]_0^1 = \tfrac{1}{6}. \qquad ■ ■$$

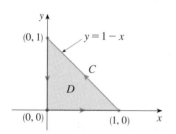

FIGURE 4

EXEMPLE 2 Calculez $\oint_C (3y - e^{\sin x})\, dx + (7x + \sqrt{y^4 + 1})\, dy$, où C est le cercle $x^2 + y^2 = 9$.

SOLUTION Comme le domaine D limité par C est le disque $x^2 + y^2 \leqslant 9$, on passe aux coordonnées polaires après avoir appliqué le Théorème de Green :

$$\oint_C (3y - e^{\sin x})\, dx + (7x + \sqrt{y^4 + 1})\, dy$$

$$= \iint_D \left[\frac{\partial}{\partial x}(7x + \sqrt{y^4 + 1}) - \frac{\partial}{\partial y}(3y - e^{\sin x}) \right] dA$$

$$= \int_0^{2\pi} \int_0^3 (7 - 3)\, r\, dr\, d\theta$$

$$= 4 \int_0^{2\pi} d\theta \int_0^3 r\, dr = 36\pi. \qquad ■ ■$$

■ ■ Au lieu de passer aux coordonnées polaires, on aurait pu simplement se servir du fait que D est un disque de rayon 3 et écrire directement

$$\iint_D 4\, dA = 4 \cdot \pi(3)^2 = 36\pi.$$

Dans les exemples 1 et 2, on a pu constater que l'intégrale double était plus facile à calculer que l'intégrale curviligne. (Essayez l'intégrale curviligne de l'exemple 2 et vous serez vite convaincu !) Mais il y a des cas où il est plus facile de calculer l'intégrale curviligne et le Théorème de Green est alors employé dans l'autre sens. Par exemple, s'il est connu que $P(x, y) = Q(x, y) = 0$ sur la courbe C, le Théorème de Green donne immédiatement :

$$\iint_D \left(\frac{\partial Q}{\partial x} - \frac{\partial P}{\partial y} \right) dA = \int_C P\, dx + Q\, dy = 0,$$

indépendemment des valeurs que prennent P et Q sur le domaine D.

Le Théorème de Green en sens inverse sert aussi dans le calcul des aires. Puisque l'aire de D est donnée par $\iint_D 1\, dA$, on voudrait trouver P et Q tels que

$$\frac{\partial Q}{\partial x} - \frac{\partial P}{\partial y} = 1.$$

Il y a plusieurs possibilités :

$$P(x, y) = 0 \qquad P(x, y) = -y \qquad P(x, y) = -y/2$$

$$Q(x, y) = x \qquad Q(x, y) = 0 \qquad Q(x, y) = x/2$$

Le Théorème de Green donne alors les formules suivantes pour calculer l'aire de D :

$$\boxed{5} \qquad A = \oint_C x\, dy = -\oint_C y\, dx = \tfrac{1}{2} \oint_C x\, dy - y\, dx.$$

EXEMPLE 3 Calculez l'aire du domaine limité par l'ellipse $\dfrac{x^2}{a^2} + \dfrac{y^2}{b^2} = 1$.

SOLUTION L'ellipse est décrite paramétriquement par $x = a \cos t$ et $y = b \sin t$, $0 \leqslant t \leqslant 2\pi$. En choisissant la troisième formule de 5, on obtient

$$A = \tfrac{1}{2} \int_C x\, dy - y\, dx$$

$$= \tfrac{1}{2} \int_0^{2\pi} (a \cos t)(b \cos t)\, dt - (b \sin t)(-a \sin t)\, dt$$

$$= \frac{ab}{2} \int_0^{2\pi} dt = \pi ab.$$

Bien que le Théorème de Green ait été démontré dans le cas où D est simple, il peut facilement être étendu à un domaine D qui est une réunion finie de domaines simples. Le domaine D de la figure 5, par exemple, peut être vu comme $D = D_1 \cup D_2$, où D_1 et D_2 sont tous les deux simples. La frontière de D_1 est $C_1 \cup C_3$ et celle de D_2, $C_2 \cup (-C_3)$. L'application du Théorème de Green à D_1 et à D_2 séparément conduit à

$$\int_{C_1 \cup C_3} P\, dx + Q\, dy = \iint_{D_1} \left(\frac{\partial Q}{\partial x} - \frac{\partial P}{\partial y} \right) dA,$$

$$\int_{C_2 \cup (-C_3)} P\, dx + Q\, dy = \iint_{D_2} \left(\frac{\partial Q}{\partial x} - \frac{\partial P}{\partial y} \right) dA.$$

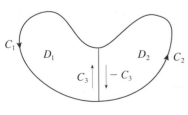

FIGURE 5

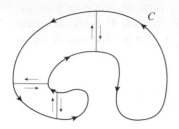

FIGURE 6

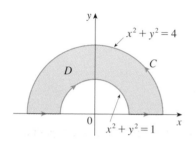

FIGURE 7

La somme de ces deux équations, après la simplification des intégrales curvilignes le long de C_3 et de $-C_3$, fournit

$$\int_{C_1 \cup C_2} P\,dx + Q\,dy = \iint_D \left(\frac{\partial Q}{\partial x} - \frac{\partial P}{\partial y}\right) dA,$$

ce qui est la formule de Green pour $D = D_1 \cup D_2$ puisque sa frontière est $C = C_1 \cup C_2$.

La généralisation à n'importe quelle réunion finie de régions simples qui ne se chevauchent pas (voyez la figure 6) se fait par le même raisonnement.

EXEMPLE 4 Calculez $\oint_C y^2\,dx + 3xy\,dy$, où C est la frontière du demi-anneau circulaire supérieur formé par les cercles $x^2 + y^2 = 1$ et $x^2 + y^2 = 4$.

SOLUTION On remarque que D n'est pas simple, mais que l'axe Oy le divise en deux régions simples (voyez la figure 7). En coordonnées polaires, D est décrit par

$$D = \{(r, \theta) \mid 1 \leqslant r \leqslant 2, 0 \leqslant \theta \leqslant \pi\}.$$

Dès lors, le Théorème de Green donne

$$\oint_C y^2\,dx + 3xy\,dy = \iint_D \left[\frac{\partial}{\partial x}(3xy) - \frac{\partial}{\partial y}(y^2)\right] dA$$

$$= \iint_D y\,dA = \int_0^\pi \int_1^2 (r\sin\theta)r\,dr\,d\theta$$

$$= \int_0^\pi \sin\theta\,d\theta \int_1^2 r^2\,dr = \left[-\cos\theta\right]_0^\pi \left[\tfrac{1}{3}r^3\right]_1^2 = \frac{14}{3}.$$

■ ■

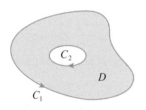

FIGURE 8

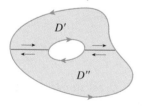

FIGURE 9

Le Théorème de Green peut encore être étendu à des régions qui ont des trous, c'est-à-dire des régions qui ne sont pas simplement connexes. La frontière C du domaine D dans la figure 8 se compose de deux courbes simples fermées C_1 et C_2. On suppose que ces frontières sont orientées de sorte que le domaine D est toujours à gauche lorsqu'on parcourt la courbe C. Le sens positif de la courbe extérieure C_1 est contraire aux aiguilles d'une montre, tandis que celui de C_2 est dans le sens des aiguilles d'une montre. Si on divise D en deux domaines D' et D'' par les lignes que l'on peut voir dans la figure 9 et qu'on applique le Théorème de Green à D' et à D'', on arrive à

$$\iint_D \left(\frac{\partial Q}{\partial x} - \frac{\partial P}{\partial y}\right) dA = \iint_{D'} \left(\frac{\partial Q}{\partial x} - \frac{\partial P}{\partial y}\right) dA + \iint_{D''} \left(\frac{\partial Q}{\partial x} - \frac{\partial P}{\partial y}\right) dA$$

$$= \int_{\partial D'} P\,dx + Q\,dy + \int_{\partial D''} P\,dx + Q\,dy.$$

Comme les intégrales curvilignes le long des frontières communes sont en sens opposés, elles s'annulent et il reste

$$\iint_D \left(\frac{\partial Q}{\partial x} - \frac{\partial P}{\partial y}\right) dA = \int_{C_1} P\,dx + Q\,dy + \int_{C_2} P\,dx + Q\,dy = \int_C P\,dx + Q\,dy,$$

ce qui est la formule du Théorème de Green sur le domaine D.

EXEMPLE 5 Soit $\vec{F}(x, y) = (-y\vec{i} + x\vec{j})/(x^2 + y^2)$. Montrez que $\int_C \vec{F} \cdot d\vec{r} = 2\pi$ sur tout chemin fermé simple orienté positivement qui entoure l'origine.

SOLUTION Vu que C est un chemin *quelconque* qui entoure l'origine, il est difficile de calculer l'intégrale directement. On choisit dès lors un cercle C' orienté dans le sens contraire

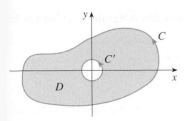

FIGURE 10

des aiguilles d'une montre, centré à l'origine et de rayon a suffisamment petit pour que C' soit intérieur à la boucle formée par C (voyez la figure 10). Soit D la région limitée par C et C'. Sa frontière orientée positivement est $C \cup (-C')$ et le Théorème de Green est applicable. Il donne

$$\int_C P\,dx + Q\,dy + \int_{-C'} P\,dx + Q\,dy = \iint_D \left(\frac{\partial Q}{\partial x} - \frac{\partial P}{\partial y} \right) dA$$

$$= \iint_D \left[\frac{y^2 - x^2}{(x^2 + y^2)^2} - \frac{y^2 - x^2}{(x^2 + y^2)^2} \right] dA$$

$$= 0$$

Il s'ensuit

$$\int_C P\,dx + Q\,dy = \int_{C'} P\,dx + Q\,dy,$$

c'est-à-dire

$$\int_C \vec{F} \cdot d\vec{r} = \int_{C'} \vec{F} \cdot d\vec{r}.$$

Cette dernière intégrale peut être facilement évaluée à partir de la description paramétrique $\vec{r}(t) = a \cos t\,\vec{i} + a \sin t\,\vec{j}$, $0 \leqslant \theta \leqslant 2\pi$.

$$\int_C \vec{F} \cdot d\vec{r} = \int_{C'} \vec{F} \cdot d\vec{r} = \int_0^{2\pi} \vec{F}(\vec{r}(t)) \cdot \vec{r}'(t)\,dt$$

$$= \int_0^{2\pi} \frac{(-a \sin t)(-a \sin t) + (a \cos t)(a \cos t)}{a^2 \cos^2 t + a^2 \sin^2 t}\,dt$$

$$= \int_0^{2\pi} dt = 2\pi.$$

■ ■

Cette section se termine par le retour annoncé sur un résultat de la section précédente, examiné maintenant à la lumière du Théorème de Green.

Esquisse de la démonstration du théorème 6 de la section 13.3 Il était supposé que $\vec{F} = P\vec{i} + Q\vec{j}$ était un champ vectoriel défini sur un domaine simplement connexe D, que P et Q avaient des dérivées partielles premières continues et que,

$$\frac{\partial P}{\partial y} = \frac{\partial Q}{\partial x} \quad \text{sur tout } D.$$

Si C est un chemin fermé simple contenu dans D et si R désigne la région que C entoure, alors le Théorème de Green mène au résultat suivant :

$$\oint_C \vec{F} \cdot d\vec{r} = \oint_C P\,dx + Q\,dy = \iint_R \left(\frac{\partial Q}{\partial x} - \frac{\partial P}{\partial y} \right) dA = \iint_R 0\,dA = 0.$$

Une courbe qui n'est pas simple se coupe elle-même en un ou plusieurs points et peut être fractionnée en un certain nombre de courbes simples. Or, les intégrales curvilignes de $\vec{F}$ sur ces courbes simples sont nulles. En faisant leur somme, on arrive donc à $\int_C \vec{F} \cdot d\vec{r} = 0$ pour tout contour fermé C. Par conséquent, $\int_C \vec{F} \cdot d\vec{r}$ ne dépend pas du chemin dans D, d'après le théorème 13.3.3. Le champ vectoriel $\vec{F}$ est donc conservatif. ■ ■

13.4 Exercices

1–4 ■ Calculez l'intégrale curviligne de deux façons différentes :
a) directement et b) par le Théorème de Green.

1. $\oint_C xy^2\,dx + x^3\,dy$,
C est le rectangle de sommets $(0, 0)$, $(2, 0)$, $(2, 3)$ et $(0, 3)$.

2. $\oint_C y\,dx - x\,dy$,
C est le cercle centré à l'origine de rayon 1.

3. $\oint_C xy\,dx + x^2y^3\,dy$,
C est le triangle de sommets $(0, 0)$, $(1, 0)$, $(1, 2)$.

4. $\oint_C x\,dx + y\,dy$, C se compose des segments qui vont de $(0, 1)$ à $(0, 0)$ et de $(0, 0)$ à $(1, 0)$ et de la parabole $y = 1 - x^2$ de $(1, 0)$ à $(0, 1)$.

CAS **5–6** ■ Vérifier le Théorème de Green en calculant, à l'aide d'un logiciel de calcul formel, l'intégrale double et l'intégrale curviligne.

5. $P(x, y) = x^4y^5$, $Q(x, y) = -x^7y^6$,
C est le cercle $x^2 + y^2 = 1$.

6. $P(x, y) = y^2 \sin x$, $Q(x, y) = x^2 \sin y$,
C se compose de l'arc de parabole $y = x^2$ de $(0, 0)$ à $(1, 1)$ suivi du segment de $(1, 1)$ à $(0, 0)$.

7–12 ■ Servez-vous du Théorème de Green pour calculer l'intégrale curviligne le long de la courbe donnée orientée dans le sens positif.

7. $\int_C e^y\,dx + 2xe^y\,dy$,
C est le carré formé par les droites $x = 0$, $x = 1$, $y = 0$ et $y = 1$.

8. $\int_C x^2y^2\,dx + 4xy^3\,dy$,
C est le triangle de sommets $(0, 0)$, $(1, 3)$, $(0, 3)$.

9. $\int_C (y + e^{\sqrt{x}})\,dx + (2x + \cos y^2)\,dy$,
C est la frontière de la région enfermée entre les paraboles $y = x^2$ et $x = y^2$.

10. $\int_C xe^{-2x}\,dx + (x^4 + 2x^2y^2)\,dy$, C est la frontière de la région située entre les cercles $x^2 + y^2 = 1$ et $x^2 + y^2 = 4$.

11. $\int_C y^3\,dx - x^3\,dy$, C est le cercle $x^2 + y^2 = 4$.

12. $\int_C \sin y\,dx + x \cos y\,dy$, C est l'ellipse $x^2 + xy + y^2 = 1$.

13–16 ■ Utilisez le théorème de Green pour calculer $\int_C \vec{F} \cdot d\vec{r}$. (Vérifiez le sens de la courbe avant d'appliquer le théorème.)

13. $\vec{F}(x, y) = (\sqrt{x} + y^3, x^2 + \sqrt{y})$,
C se compose de l'arc de la courbe $y = \sin x$ de $(0, 0)$ à $(\pi, 0)$ et du segment de $(\pi, 0)$ jusqu'à $(0, 0)$.

14. $\vec{F}(x, y) = (y^2 \cos x, x^2 + 2y \sin x)$,
C est le triangle de $(0, 0)$ à $(2, 6)$ à $(2, 0)$ à $(0, 0)$.

15. $\vec{F}(x, y) = (e^x + x^2y, e^y - xy^2)$,
C est le cercle $x^2 + y^2 = 25$ orienté dans le sens des aiguilles d'une montre.

16. $\vec{F}(x, y) = (y - \ln(x^2 + y^2), 2\,\text{Arctg}\,(y/x))$, C est le cercle $(x - 2)^2 + (y - 3)^2 = 1$ orienté dans le sens contraire des aiguilles d'une montre.

17. Employez le Théorème de Green pour calculer le travail fourni par la force $\vec{F}(x, y) = x(x + y)\vec{i} + xy^2\vec{j}$ lors du déplacement d'un point matériel depuis l'origine jusqu'au point $(1, 0)$ le long de l'axe Ox, puis jusqu'au point $(0, 1)$ en ligne droite et enfin de retour à l'origine le long de l'axe Oy.

18. Un point matériel part du point $(-2, 0)$, longe l'axe Ox jusqu'à $(2, 0)$, puis revient au point de départ le long du demi-cercle $y = \sqrt{4 - x^2}$. Calculez par le Théorème de Green le travail effectué sur ce point par le champ de forces $\vec{F}(x, y) = (x, x^3 + 3xy^2)$.

19. Calculez l'aire de la région située sous une arche de la cycloïde $x = t - \sin t$, $y = 1 - \cos t$, à l'aide d'une des formules de l'expression 5.

20. Lorsqu'un cercle unité C roule à l'extérieur du cercle $x^2 + y^2 = 16$, un de ses points décrit une courbe appelée *épicycloïde*. Ses équations paramétriques sont $x = 5 \cos t - \cos 5t$, $y = 5 \sin t - \sin 5t$. Dessinez l'épicycloïde et calculez, grâce à (5), l'aire de la région qu'elle enferme.

21. a) Démontrez que
$$\int_C x\,dy - y\,dx = x_1 y_2 - x_2 y_1$$
si C est le segment qui relie le point (x_1, y_1) au point (x_2, y_2).

b) Si les sommets d'un polygone, énumérés dans le sens contraire des aiguilles d'une montre, sont (x_1, y_1), (x_2, y_2), ..., (x_n, y_n), montrez que l'aire du polygone est le nombre
$$A = \tfrac{1}{2}[(x_1 y_2 - x_2 y_1) + (x_2 y_3 - x_3 y_2) + \cdots \\ + (x_{n-1} y_n - x_n y_{n-1}) + (x_n y_1 - x_1 y_n)]$$

c) Calculez l'aire du pentagone de sommets $(0, 0)$, $(2, 1)$, $(1, 3)$, $(0, 2)$ et $(-1, 1)$.

22. Soit D un domaine ceinturé par un chemin fermé simple C du plan Oxy. Employez le théorème de Green pour démontrer que les coordonnées du centre géométrique $(\bar{x}, \bar{y})$ de D sont
$$\bar{x} = \frac{1}{2A}\oint_C x^2\,dy \qquad \bar{y} = -\frac{1}{2A}\oint_C y^2\,dx$$
où A représente l'aire de D.

23. Servez-vous des formules de l'exercice 22 pour déterminer les coordonnées du centre géométrique du triangle de sommets $(0, 0)$, $(1, 0)$ et $(0, 1)$.

24. Servez-vous des formules de l'exercice 22 pour déterminer les coordonnées du centre géométrique d'un domaine semi-circulaire de rayon a.

25. Une fine plaque de métal de densité constante $\rho(x, y) = \rho$ occupe une région du plan Oxy bornée par un chemin fermé simple C. Démontrez que ses moments d'inertie par rapport aux axes sont égaux à
$$I_x = -\frac{\rho}{3}\oint_C y^3\,dx \qquad I_y = \frac{\rho}{3}\oint_C x^3\,dy$$

26. Servez-vous de l'exercice 25 pour calculer le moment d'inertie d'un disque circulaire de rayon a de densité constante ρ par rapport à un diamètre. (Comparez avec l'exemple 4 dans la section 12.5.)

27. Si $\vec{F}$ est le champ vectoriel de l'exemple 5, montrez que $\int_C \vec{F} \cdot d\vec{r} = 0$ sur tout contour simple fermé qui ne passe pas par l'origine ou ne l'entoure pas.

28. Complétez la démonstration du cas particulier du Théorème de Green en démontrant l'équation 3.

29. Démontrez la formule du changement de variables dans une intégrale double (formule 12.9.9) dans le cas $f(x, y) = 1$, à l'aide du Théorème de Green :

$$\iint_R dx\, dy = \iint_S \left| \frac{\partial(x, y)}{\partial(u, v)} \right| du\, dv$$

Ici R est la région du plan Oxy qui correspond à la région S du plan Ouv par la transformation donnée par $x = g(u, v)$, $y = h(u, v)$.

[*Suggestion :* remarquez que le membre de gauche est $A(R)$ et appliquez la première partie de l'équation 5. Convertissez l'intégrale curviligne sur ∂R en une intégrale curviligne sur ∂S et appliquez le Théorème de Green dans le plan Ouv.]

13.5 La divergence et le rotationnel

Dans cette section sont définies deux opérations applicables à des champs vectoriels et qui jouent un rôle primordial dans les applications de l'analyse vectorielle à l'étude de l'écoulement des fluides, de l'électricité et du magnétisme. Chacune de ces opérations ressemble à la différentiation, mais l'une produit un champ vectoriel tandis que l'autre produit un champ scalaire.

∷ Le rotationnel

Si $\vec{F} = P\,\vec{i} + Q\,\vec{j} + R\,\vec{k}$ est un champ vectoriel défini sur $\mathbb{R}^3$ et si les dérivées partielles de P, Q et R existent, alors le **rotationnel** de $\vec{F}$ est le champ vectoriel défini sur $\mathbb{R}^3$ par

$$\boxed{1} \qquad \operatorname{rot} \vec{F} = \left(\frac{\partial R}{\partial y} - \frac{\partial Q}{\partial z} \right) \vec{i} + \left(\frac{\partial P}{\partial z} - \frac{\partial R}{\partial x} \right) \vec{j} + \left(\frac{\partial Q}{\partial x} - \frac{\partial P}{\partial y} \right) \vec{k}$$

Afin de faciliter la mémorisation, on va réécrire l'expression 1 à l'aide d'un opérateur. On introduit l'opérateur différentiel ∇ (« del » ou « nabla ») :

$$\nabla = \vec{i} \frac{\partial}{\partial x} + \vec{j} \frac{\partial}{\partial y} + \vec{k} \frac{\partial}{\partial z}.$$

Appliqué à une fonction scalaire, il a pour effet de produire le gradient de f :

$$\nabla f = \vec{i} \frac{\partial f}{\partial x} + \vec{j} \frac{\partial f}{\partial y} + \vec{k} \frac{\partial f}{\partial z} = \frac{\partial f}{\partial x} \vec{i} + \frac{\partial f}{\partial y} \vec{j} + \frac{\partial f}{\partial z} \vec{k}$$

Si on voit ∇ comme un « vecteur symbolique » de composantes $\partial/\partial x$, $\partial/\partial y$ et $\partial/\partial z$, on peut aussi envisager le produit vectoriel formel de ∇ et $\vec{F}$ et cela donne :

$$\nabla \wedge \vec{F} = \begin{vmatrix} \vec{i} & \vec{j} & \vec{k} \\ \dfrac{\partial}{\partial x} & \dfrac{\partial}{\partial y} & \dfrac{\partial}{\partial z} \\ P & Q & R \end{vmatrix}$$

$$= \left(\frac{\partial R}{\partial y} - \frac{\partial Q}{\partial z} \right) \vec{i} + \left(\frac{\partial P}{\partial z} - \frac{\partial R}{\partial x} \right) \vec{j} + \left(\frac{\partial Q}{\partial x} - \frac{\partial P}{\partial y} \right) \vec{k}$$

$$= \operatorname{rot} \vec{F}$$

La meilleure façon de retenir la définition du rotationnel est donc l'expression symbolique

$$\boxed{2} \qquad \boxed{\text{rot}\,\vec{F} = \nabla \wedge \vec{F}}$$

EXEMPLE 1 Calculez $\text{rot}\,\vec{F}$ si $\vec{F}(x, y, z) = xz\,\vec{i} + xyz\,\vec{j} - y^2\,\vec{k}$.

SOLUTION D'après la formule 2,

$$\text{rot}\,\vec{F} = \nabla \wedge \vec{F} = \begin{vmatrix} \vec{i} & \vec{j} & \vec{k} \\ \dfrac{\partial}{\partial x} & \dfrac{\partial}{\partial y} & \dfrac{\partial}{\partial z} \\ xz & xyz & -y^2 \end{vmatrix}$$

$$= \left[\frac{\partial}{\partial y}(-y^2) - \frac{\partial}{\partial z}(xyz)\right]\vec{i} - \left[\frac{\partial}{\partial x}(-y^2) - \frac{\partial}{\partial z}(xz)\right]\vec{j}$$

$$+ \left[\frac{\partial}{\partial x}(xyz) - \frac{\partial}{\partial y}(xz)\right]\vec{k}$$

$$= (-2y - xy)\vec{i} - (0 - x)\vec{j} + (yz - 0)\vec{k}$$

$$= -y(2 + x)\vec{i} + x\vec{j} + yz\,\vec{k}.$$

■ ■

> ■ ■ La plupart des logiciels de calcul formel ont une commande qui effectue le calcul du rotationnel et de la divergence d'un champ vectoriel. Si vous avez accès à un tel logiciel, utilisez-le pour vérifier les réponses des exemples et des exercices de cette section.

Compte tenu du fait que le gradient d'une fonction scalaire f de trois variables est un champ vectoriel défini sur $\mathbb{R}^3$, on peut envisager d'en calculer le rotationnel. Le théorème suivant affirme que le rotationnel d'un champ de gradient est le vecteur nul.

> $\boxed{3}$ **Théorème** Si f est une fonction de trois variables qui a des dérivées secondes partielles continues, alors
>
> $$\text{rot}\,(\nabla f) = \vec{0}.$$

Démonstration On calcule

> ■ ■ La similitude avec le fait, connu depuis la section 9.4, $\vec{a} \wedge \vec{a} = \vec{0}$, pour tout vecteur de dimension 3 est frappante.

$$\text{rot}\,(\nabla f) = \nabla \wedge (\nabla f) = \begin{vmatrix} \vec{i} & \vec{j} & \vec{k} \\ \dfrac{\partial}{\partial x} & \dfrac{\partial}{\partial y} & \dfrac{\partial}{\partial z} \\ \dfrac{\partial f}{\partial x} & \dfrac{\partial f}{\partial y} & \dfrac{\partial f}{\partial z} \end{vmatrix}$$

$$= \left(\frac{\partial^2 f}{\partial y \partial z} - \frac{\partial^2 f}{\partial z \partial y}\right)\vec{i} + \left(\frac{\partial^2 f}{\partial z \partial x} - \frac{\partial^2 f}{\partial x \partial z}\right)\vec{j} + \left(\frac{\partial^2 f}{\partial x \partial y} - \frac{\partial^2 f}{\partial y \partial x}\right)\vec{k}$$

$$= 0\vec{i} + 0\vec{j} + 0\vec{k} = \vec{0}$$

en vertu du Théorème de Clairaut.

■ ■

Comme un champ vectoriel conservatif est tel que $\vec{F} = \nabla f$, le théorème 3 revient à dire :

> ■ ■ Comparez ceci avec l'exercice 27 de la section 13.3.

$$\text{Si } \vec{F} \text{ est conservatif, alors } \text{rot}\,\vec{F} = \vec{0}.$$

Voilà qui donne à vérifier aisément qu'un champ vectoriel n'est pas conservatif.

EXEMPLE 2 Vérifiez que le champ vectoriel $\vec{F}(x, y, z) = xz\,\vec{i} + xyz\,\vec{j} - y^2\,\vec{k}$ n'est pas conservatif.

SOLUTION Comme on a calculé, dans l'exemple 1, que

$$\operatorname{rot}\vec{F} = -y(2+x)\,\vec{i} + x\,\vec{j} + yz\,\vec{k}$$

et que ce vecteur n'est pas nul, le champ vectoriel $\vec{F}$ n'est pas conservatif, en vertu du théorème 3.   ■ ■

La réciproque du théorème 3 n'est pas vraie en général, mais le théorème suivant énonce que la réciproque est vraie si $\vec{F}$ est défini partout. (Plus généralement, elle est vraie si le domaine est simplement connexe, c'est-à-dire n'a « pas de trou ».) Le théorème 4 est une version de dimension 3 du théorème 6 de la section 13.3. Sa démonstration requiert le théorème de Stokes et ne sera esquissée qu'à la fin de la section 13.7.

---

4 Théorème Si $\vec{F}$ est un champ vectoriel défini sur tout $\mathbb{R}^3$, dont les fonctions composantes ont des dérivées partielles continues et si $\operatorname{rot}\vec{F} = \vec{0}$, alors $\vec{F}$ est un champ vectoriel conservatif.

EXEMPLE 3

a) Vérifiez que $\vec{F}(x, y, z) = y^2z^3\,\vec{i} + 2xyz^3\,\vec{j} + 3xy^2z^2\,\vec{k}$ est un champ vectoriel conservatif.

b) Cherchez une fonction f telle que $\vec{F} = \nabla f$.

SOLUTION

a) On calcule le rotationnel de $\vec{F}$:

$$\operatorname{rot}\vec{F} = \nabla \wedge \vec{F} = \begin{vmatrix} \vec{i} & \vec{j} & \vec{k} \\ \dfrac{\partial}{\partial x} & \dfrac{\partial}{\partial y} & \dfrac{\partial}{\partial z} \\ y^2z^3 & 2xyz^3 & 3xy^2z^2 \end{vmatrix}$$

$$= (6xyz^2 - 6xyz^2)\,\vec{i} - (3y^2z^2 - 3y^2z^2)\,\vec{j} + (2yz^3 - 2yz^3)\,\vec{k}$$

$$= \vec{0}$$

Comme $\operatorname{rot}\vec{F} = \vec{0}$ et que le domaine de $\vec{F}$ est $\mathbb{R}^3$, $\vec{F}$ est un champ vectoriel conservatif, en vertu du théorème 4.

b) La méthode pour déterminer f a été exposée dans la section 13.3. On a ici

$$\boxed{5} \qquad\qquad f'_x(x, y, z) = y^2z^3$$

$$\boxed{6} \qquad\qquad f'_y(x, y, z) = 2xyz^3$$

$$\boxed{7} \qquad\qquad f'_z(x, y, z) = 3xy^2z^2$$

L'intégration partielle de (5) par rapport à x donne

$$\boxed{8} \qquad\qquad f(x, y, z) = xy^2z^3 + g(y, z)$$

La dérivée partielle de (8) par rapport à y fournit $f'_y(x, y, z) = 2xyz^3 + g'_y(y, z)$ et la comparaison avec (6) apporte $g'_y(y, z) = 0$. D'où $g(y, z) = h(z)$ et

$$f'_z(x, y, z) = 2xy^2z^2 + h'(z).$$

Alors, (7) entraîne $h'(z) = 0$ et de là

$$f(x, y, z) = xy^2z^3 + K.$$

■ ■

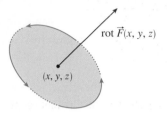

rot $\vec{F}(x, y, z)$

(x, y, z)

FIGURE 1

Le terme *rotationnel* du vecteur rotationnel lui vient de ce qu'il est associé aux rotations. Un contexte de cette association est expliqué à l'exercice 35. Une autre se présente lorsque $\vec{F}$ représente un champ de vitesses de l'écoulement d'un fluide (voyez l'exemple 3 de la section 13.1.) Les particules proches de (x, y, z) dans le fluide tendent à tourner autour de l'axe dirigé dans le sens de rot $\vec{F}(x, y, z)$ et la norme de ce vecteur rotationnel rend compte de la vitesse à laquelle les particules tournent autour de l'axe (voyez la figure 1). Lorsque rot $\vec{F} = \vec{0}$ en un point P, il n'y a pas de rotation à cet endroit et on dit que $\vec{F}$ est **irrotationnel** en P. En d'autres mots, il n'y a ni tourbillon ni turbulence en P. Lorsque rot $\vec{F} = \vec{0}$, une petite roue à palettes est entraînée dans le fluide sans tourner autour de son axe. Lorsque rot $\vec{F} \neq \vec{0}$, la roue tourne autour de son axe. Une explication plus détaillée viendra à la suite du théorème de Stokes dans la section 13.7.

■■ La divergence

Si $\vec{F} = P\vec{i} + Q\vec{j} + R\vec{k}$ est un champ vectoriel défini sur $\mathbb{R}^3$ et si les dérivées partielles $\partial P/\partial x$, $\partial Q/\partial y$ et $\partial R/\partial z$ existent, alors la **divergence** de $\vec{F}$ est la fonction de trois variables définie par

9

$$\text{div } \vec{F} = \frac{\partial P}{\partial x} + \frac{\partial Q}{\partial y} + \frac{\partial R}{\partial z}$$

Il est à noter que rot $\vec{F}$ est un champ vectoriel tandis que div $\vec{F}$ est un champ scalaire. Avec la notation de l'opérateur vectoriel gradient $\nabla = (\partial/\partial x)\vec{i} + (\partial/\partial y)\vec{j} + (\partial/\partial z)\vec{k}$, la divergence de $\vec{F}$ s'écrit symboliquement comme le produit scalaire de ∇ et de $\vec{F}$:

10

$$\text{div } \vec{F} = \nabla \cdot \vec{F}$$

EXEMPLE 4 Calculez div $\vec{F}$ si $\vec{F}(x, y, z) = xz\vec{i} + xyz\vec{j} - y^2\vec{k}$.

SOLUTION Par application immédiate de la définition de la divergence (équation 9 ou 10), on obtient

$$\text{div } \vec{F} = \nabla \cdot \vec{F} = \frac{\partial}{\partial x}(xz) + \frac{\partial}{\partial y}(xyz) + \frac{\partial}{\partial z}(-y^2)$$

$$= z + xz.$$

■ ■

Si $\vec{F}$ est un champ vectoriel défini sur $\mathbb{R}^3$, rot $\vec{F}$ en est un aussi et à ce titre, on peut envisager d'en calculer la divergence. Le théorème suivant affirme que le résultat est nul.

11 Théorème Si $\vec{F} = P\vec{i} + Q\vec{j} + R\vec{k}$ est un champ vectoriel défini sur $\mathbb{R}^3$ et si P, Q et R ont des dérivées secondes partielles continues, alors

$$\text{div rot } \vec{F} = 0.$$

■ ■ Remarquez l'analogie avec le produit mixte : $\vec{a} \cdot (\vec{a} \wedge \vec{b}) = 0$.

Démonstration Les définitions de la divergence et du rotationnel conduisent à

$$\text{div rot } \vec{F} = \nabla \cdot (\nabla \wedge \vec{F})$$

$$= \frac{\partial}{\partial x}\left(\frac{\partial R}{\partial y} - \frac{\partial Q}{\partial z}\right) + \frac{\partial}{\partial y}\left(\frac{\partial P}{\partial z} - \frac{\partial R}{\partial x}\right) + \frac{\partial}{\partial z}\left(\frac{\partial Q}{\partial x} - \frac{\partial P}{\partial y}\right)$$

$$= \frac{\partial^2 R}{\partial x \partial y} - \frac{\partial^2 Q}{\partial x \partial z} + \frac{\partial^2 P}{\partial y \partial z} - \frac{\partial^2 R}{\partial y \partial x} + \frac{\partial^2 Q}{\partial z \partial x} - \frac{\partial^2 P}{\partial z \partial y}$$

$$= 0$$

parce que les termes se simplifient deux à deux, en vertu du Théorème de Clairaut. ■ ■

EXEMPLE 5 Démontrez que le champ vectoriel $\vec{F}(x, y, z) = xz\,\vec{i} + xyz\,\vec{j} - y^2\,\vec{k}$ ne peut pas être écrit comme le rotationnel d'un autre champ vectoriel, c'est-à-dire $\vec{F} \neq \text{rot } \vec{G}$.

SOLUTION Dans l'exemple 4, on a calculé

$$\text{div } \vec{F} = z + xz \, ,$$

et donc $\text{div } \vec{F} \neq 0$. S'il était possible de trouver un champ vectoriel $\vec{G}$ tel que $\vec{F} = \text{rot } \vec{G}$, on aurait, d'après le théorème 11,

$$\text{div } \vec{F} = \text{div rot } \vec{G} = 0 \, ,$$

ce qui contredirait $\text{div } \vec{F} \neq 0$. Par conséquent, $\vec{F}$ n'est pas le rotationnel d'un autre champ vectoriel. ■ ■

■ ■ La raison de cette interprétation de div $\vec{F}$ sera donnée à la fin de la section 13.8, comme une conséquence du Théorème de flux-divergence.

C'est à nouveau le contexte de l'écoulement des fluides qui fournit l'explication du terme *divergence*. Si $\vec{F}(x, y, z)$ est le champ de vitesses au sein d'un fluide (ou d'un gaz), alors $\text{div } \vec{F}(x, y, z)$ représente le taux de variation net (par rapport au temps) de la masse de fluide (ou de gaz) passant en ce point par unité de volume. En d'autres mots, $\text{div } \vec{F}(x, y, z)$ mesure la tendance du fluide à s'éloigner du point (x, y, z) . Lorsque $\text{div } \vec{F} = 0$, on dit que $\vec{F}$ est **incompressible**.

Un autre opérateur différentiel intervient lors du calcul de la divergence d'un champ de gradient ∇f. Si f est une fonction de trois variables, on a

$$\text{div}(\nabla f) = \nabla \cdot (\nabla f) = \frac{\partial^2 f}{\partial x^2} + \frac{\partial^2 f}{\partial y^2} + \frac{\partial^2 f}{\partial z^2} \, ,$$

et comme cette expression intervient souvent, elle s'écrit en abrégé $\nabla^2 f$. L'opérateur

$$\nabla^2 = \nabla \cdot \nabla$$

s'appelle l'**opérateur de Laplace** à cause de sa relation avec l'équation de Laplace

$$\nabla^2 f = \frac{\partial^2 f}{\partial x^2} + \frac{\partial^2 f}{\partial y^2} + \frac{\partial^2 f}{\partial z^2} = 0.$$

Appliqué à un champ vectoriel

$$\vec{F} = P\,\vec{i} + Q\,\vec{j} + R\,\vec{k} \, ,$$

l'opérateur de Laplace ∇^2 porte sur les composantes :

$$\nabla^2 \vec{F} = \nabla^2 P\,\vec{i} + \nabla^2 Q\,\vec{j} + \nabla^2 R\,\vec{k}.$$

▨ Les formes vectorielles du Théorème de Green

Les opérateurs rotationnel et divergence nous permettent de réécrire le Théorème de Green sous des versions qui seront utiles plus loin. On suppose que le domaine D du plan, sa courbe frontière C et les fonctions P et Q satisfont aux hypothèses du Théorème de Green. On considère alors le champ vectoriel $\vec{F} = P\,\vec{i} + Q\,\vec{j}$. Son intégrale curviligne est

$$\oint_C \vec{F} \cdot d\vec{r} = \oint_C P\,dx + Q\,dy,$$

et, à condition de voir $\vec{F}$ comme un champ vectoriel sur $\mathbb{R}^3$ dont la troisième composante est nulle, son rotationnel est

$$\operatorname{rot} \vec{F} = \begin{vmatrix} \vec{i} & \vec{j} & \vec{k} \\ \dfrac{\partial}{\partial x} & \dfrac{\partial}{\partial y} & \dfrac{\partial}{\partial z} \\ P(x,y) & Q(x,y) & 0 \end{vmatrix} = \left(\dfrac{\partial Q}{\partial x} - \dfrac{\partial P}{\partial y}\right)\vec{k}$$

Par conséquent,

$$(\operatorname{rot} \vec{F}) \cdot \vec{k} = \left(\dfrac{\partial Q}{\partial x} - \dfrac{\partial P}{\partial y}\right)\vec{k} \cdot \vec{k} = \dfrac{\partial Q}{\partial x} - \dfrac{\partial P}{\partial y}$$

et la formule du Théorème de Green peut maintenant s'écrire sous une forme vectorielle

12
$$\oint_C \vec{F} \cdot d\vec{r} = \iint_D (\operatorname{rot} \vec{F}) \cdot \vec{k}\,dA.$$

L'équation 12 exprime l'intégrale curviligne de la composante tangentielle de $\vec{F}$ le long de C comme l'intégrale double de la composante verticale de $\operatorname{rot} \vec{F}$ sur le domaine D délimité par C. On établit maintenant une formule analogue pour la composante *normale* de $\vec{F}$.

Si C est représentée par la fonction vectorielle

$$\vec{r}(t) = x(t)\,\vec{i} + y(t)\,\vec{j} \qquad a \leqslant t \leqslant b$$

le vecteur unitaire tangent (voyez la section 10.2) est

$$\vec{T}(t) = \dfrac{x'(t)}{\|\vec{r}'(t)\|}\,\vec{i} + \dfrac{y'(t)}{\|\vec{r}'(t)\|}\,\vec{j}.$$

Et vous pouvez vérifier que le vecteur unitaire normal à C tourné vers l'extérieur est

$$\vec{n}(t) = \dfrac{y'(t)}{\|\vec{r}'(t)\|}\,\vec{i} - \dfrac{x'(t)}{\|\vec{r}'(t)\|}\,\vec{j}.$$

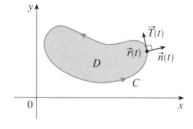

FIGURE 2

(Voyez la figure 2.) Alors, compte tenu de l'équation 13.2.3, on obtient

$$\oint_C \vec{F} \cdot \vec{n}\,ds = \int_a^b (\vec{F} \cdot \vec{n})(t)\|\vec{r}'(t)\|\,dt$$

$$= \int_a^b \left[\dfrac{P(x(t), y(t))y'(t)}{\|\vec{r}'(t)\|} - \dfrac{Q(x(t), y(t))x'(t)}{\|\vec{r}'(t)\|}\right]\|\vec{r}'(t)\|\,dt$$

$$= \int_a^b P(x(t), y(t))y'(t)\,dt - Q(x(t), y(t))x'(t)\,dt$$

$$= \int_C P\,dy - Q\,dx = \iint_D \left(\dfrac{\partial P}{\partial x} + \dfrac{\partial Q}{\partial y}\right)dA.$$

par le Théorème de Green. Or, l'intégrande de cette intégrale double est justement la divergence de $\vec{F}$. D'où, le Théorème de Green se présente sous une seconde forme vectorielle.

$$\boxed{13} \qquad \oint_C \vec{F} \cdot \vec{n}\, ds = \iint_D \text{div } \vec{F}(x, y)\, dA.$$

Cette version dit que l'intégrale curviligne de la composante normale de $\vec{F}$ le long de C est égale à l'intégrale double de la divergence de $\vec{F}$ sur le domaine D délimité par C.

13.5 Exercices

1–6 ■ Calculez a) le rotationnel et b) la divergence du champ vectoriel.

1. $\vec{F}(x, y, z) = xyz\,\vec{i} - x^2 y\,\vec{k}.$

2. $\vec{F}(x, y, z) = x^2 yz\,\vec{i} + xy^2 z\,\vec{j} + xyz^2\,\vec{k}.$

3. $\vec{F}(x, y, z) = \vec{i} + (x + yz)\,\vec{j} + (xy - \sqrt{z})\,\vec{k}.$

4. $\vec{F}(x, y, z) = \cos xz\,\vec{j} - \sin xy\,\vec{k}.$

5. $\vec{F}(x, y, z) = e^x \sin y\,\vec{i} + e^x \cos y\,\vec{j} + z\,\vec{k}.$

6. $\vec{F}(x, y, z) = \dfrac{x}{x^2 + y^2 + z^2}\,\vec{i} + \dfrac{y}{x^2 + y^2 + z^2}\,\vec{j} + \dfrac{z}{x^2 + y^2 + z^2}\,\vec{k}$

7–9 ■ Voici l'image du champ vectoriel $\vec{F}$ dans le plan Oxy. Il se présente de la même façon dans tous les autres plans horizontaux. (En d'autres mots, $\vec{F}$ est indépendant de z et sa composante en z est nulle.)

 a) Est-ce que div $\vec{F}$ est positive, négative ou nulle ? Expliquez.

 b) Vérifiez si rot $\vec{F} = \vec{0}$. Si non, dans quelle direction pointe rot $\vec{F}$?

7.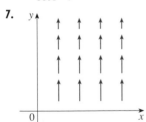

8.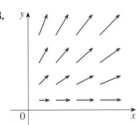

9.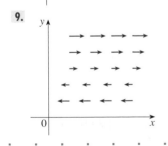

10. Soit f un champ scalaire et $\vec{F}$ un champ vectoriel. Examinez si chaque expression a du sens. À défaut, expliquez pourquoi. Dans l'affirmative, dites s'il s'agit d'un champ vectoriel ou d'un champ scalaire.

 a) rot f b) $\overrightarrow{\text{grad}}\, f$

 c) div $\vec{F}$ d) rot $(\overrightarrow{\text{grad}}\, f)$

 e) $\overrightarrow{\text{grad}}\, \vec{F}$ f) $\overrightarrow{\text{grad}}\,(\text{div } \vec{F})$

 g) div $(\overrightarrow{\text{grad}} f)$ h) $\overrightarrow{\text{grad}}\,(\text{div } f)$

 i) rot $(\text{rot } \vec{F})$ j) div $(\text{div } \vec{F})$

 k) $(\overrightarrow{\text{grad}} f) \wedge (\text{div } \vec{F})$ l) div $(\text{rot }(\overrightarrow{\text{grad}} f))$

11–16 ■ Examinez si le champ vectoriel est conservatif. Dans l'affirmative, déterminez une fonction f telle que $\vec{F} = \nabla f$.

11. $\vec{F}(x, y, z) = yz\,\vec{i} + xz\,\vec{j} + xy\,\vec{k}.$

12. $\vec{F}(x, y, z) = 3z^2\,\vec{i} + \cos y\,\vec{j} + 2xz\,\vec{k}.$

13. $\vec{F}(x, y, z) = 2xy\,\vec{i} + (x^2 + 2yz)\,\vec{j} + y^2\,\vec{k}.$

14. $\vec{F}(x, y, z) = e^z\,\vec{i} + \vec{j} + xe^z\,\vec{k}.$

15. $\vec{F}(x, y, z) = ye^{-x}\,\vec{i} + e^{-x}\,\vec{j} + 2z\,\vec{k}.$

16. $\vec{F}(x, y, z) = y \cos xy\,\vec{i} + x \cos xy\,\vec{j} - \sin z\,\vec{k}.$

17. Y a-t-il un champ vectoriel $\vec{G}$ défini sur $\mathbb{R}^3$ tel que rot $\vec{G} = xy^2\,\vec{i} + yz^2\,\vec{j} + zx^2\,\vec{k}$? Expliquez.

18. Y a-t-il un champ vectoriel $\vec{G}$ défini sur $\mathbb{R}^3$ tel que rot $\vec{G} = yz\,\vec{i} + xyz\,\vec{j} + xy\,\vec{k}$? Expliquez.

19. Démontrez que tout champ vectoriel de la forme

$$\vec{F}(x, y, z) = f(x)\,\vec{i} + g(y)\,\vec{j} + h(z)\,\vec{k}.$$

où f, g et h sont des fonctions dérivables, est irrotationnel.

20. Démontrez que tout champ vectoriel de la forme

$$\vec{F}(x, y, z) = f(y, z)\,\vec{i} + g(x, z)\,\vec{j} + h(x, y)\,\vec{k}.$$

est incompressible.

21–27 ■ Démontrez l'identité, en supposant que les dérivées partielles impliquées existent et sont continues. Si f est un champ scalaire et si $\vec{F}$, $\vec{G}$ sont des champs vectoriels, alors $f\vec{F}$, $\vec{F} \cdot \vec{G}$ et $\vec{F} \wedge \vec{G}$ sont définis par

$$(f\vec{F})(x, y, z) = f(x, y, z)\vec{F}(x, y, z)$$

$$(\vec{F} \cdot \vec{G})(x, y, z) = \vec{F}(x, y, z) \cdot \vec{G}(x, y, z)$$

$$(\vec{F} \wedge \vec{G})(x, y, z) = \vec{F}(x, y, z) \wedge \vec{G}(x, y, z)$$

21. div $(\vec{F} + \vec{G}) = $ div $\vec{F} + $ div $\vec{G}$.

22. rot $(\vec{F} + \vec{G}) = $ rot $\vec{F} + $ rot $\vec{G}$.

23. $\operatorname{div}(f\vec{F}) = f\operatorname{div}\vec{F} + \vec{F}\cdot\nabla f$

24. $\operatorname{rot}(f\vec{F}) = f\operatorname{rot}\vec{F} + \nabla f\wedge\vec{F}$

25. $\operatorname{div}(\vec{F}\wedge\vec{G}) = \vec{G}\cdot\operatorname{rot}\vec{F} - \vec{F}\cdot\operatorname{rot}\vec{G}$

26. $\operatorname{div}(\nabla f\wedge\nabla g) = 0$

27. $\operatorname{rot}(\operatorname{rot}\vec{F}) = \overrightarrow{\operatorname{grad}}(\operatorname{div}\vec{F}) - \nabla^2\vec{F}$

. . . .

28–30 ■ Soit $\vec{r} = x\vec{i} + y\vec{j} + z\vec{k}$ et $r = \|\vec{r}\|$.

28. Vérifiez chaque identité.
   a) $\nabla\cdot\vec{r} = 3$ b) $\nabla\cdot(r\vec{r}) = 4r$
   c) $\nabla^2 r^3 = 12r$

29. Vérifiez chaque identité.
   a) $\nabla r = \vec{r}/r$ b) $\nabla\wedge\vec{r} = \vec{0}$
   c) $\nabla(1/r) = -\vec{r}/r^3$ d) $\nabla\ln r = \vec{r}/r^2$

30. Calculez $\operatorname{div}\vec{F}$ si $\vec{F} = \vec{r}/r^p$. Y a-t-il une valeur de p pour laquelle $\operatorname{div}\vec{F} = 0$?

. . . .

31. À l'aide du Théorème de Green sous sa forme 13, démontrez la **première identité de Green** :

$$\iint_D f\nabla^2 g\,dA = \oint_C f(\nabla g)\cdot\vec{n}\,ds - \iint_D \nabla f\cdot\nabla g\,dA$$

où D et C satisfont aux hypothèses du Théorème de Green et où les dérivées partielles de f impliquées existent et sont continues. (La grandeur $\nabla g\cdot\vec{n} = g'_n$ intervient dans l'intégrale curviligne. C'est la dérivée de g dans la direction du vecteur normal $\vec{n}$ et elle s'appelle la **dérivée normale** de g.)

32. À l'aide de la première identité de Green (exercice 31), démontrez la **deuxième identité de Green** :

$$\iint_D (f\nabla^2 g - g\nabla^2 f)\,dA = \oint_C (f\nabla g - g\nabla f)\cdot\vec{n}\,ds,$$

où D et C satisfont aux hypothèses du Théorème de Green et où les dérivées partielles de f impliquées existent et sont continues.

33. Pour rappel (section 11.3), une fonction g est dite *harmonique* sur D quand elle satisfait à l'équation de Laplace, c'est-à-dire quand $\nabla^2 g = 0$ sur D. Utilisez la première identité de Green (sous les mêmes hypothèses qu'à l'exercice 31) pour montrer que si g est harmonique sur D, alors $\oint_C D_{\vec{n}}g\,ds = 0$. Ici, $D_{\vec{n}}g$ est la dérivée normale de g définie à l'exercice 31.

34. Utilisez la première identité de Green pour montrer que si f est harmonique sur D et si $f(x, y) = 0$ sur la courbe frontière C, alors $\iint_D \|\nabla f\|^2 dA = 0$. (Les hypothèses sont les mêmes qu'à l'exercice 31.)

35. Cet exercice établit un lien entre le vecteur rotationnel et les rotations. Soit B un corps rigide en rotation autour de l'axe Oz. La rotation peut être décrite par le vecteur $\vec{w} = \omega\vec{k}$, où ω est la vitesse angulaire de B, c'est-à-dire la vitesse tangentielle en tout point P de B divisée par la distance d du point

par rapport à l'axe de rotation. Soit $\vec{r} = (x, y, z)$ le vecteur position de P.
   a) Si θ désigne l'angle indiqué dans la figure, montrez que le champ de vitesses de B est donné par $\vec{v} = \vec{w}\wedge\vec{r}$.
   b) Montrez que $\vec{v} = -\omega y\vec{i} + \omega x\vec{j}$.
   c) Montrez que $\operatorname{rot}\vec{v} = 2\vec{w}$.

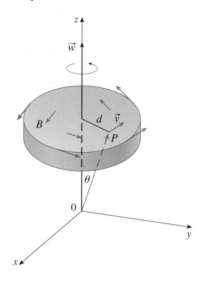

36. Les équations de Maxwell, qui lient le champ électrique $\vec{E}$ et le champ magnétique $\vec{H}$ lorsqu'ils varient dans le temps dans un région qui ne contient ni charge, ni courant, peuvent être exprimées par :

$$\operatorname{div}\vec{E} = 0 \qquad\qquad \operatorname{div}\vec{H} = 0$$
$$\operatorname{rot}\vec{E} = -\frac{1}{c}\frac{\partial\vec{H}}{\partial t} \qquad \operatorname{rot}\vec{H} = \frac{1}{c}\frac{\partial\vec{E}}{\partial t}$$

où c est la vitesse de la lumière. Servez-vous de ces équations pour démontrer :

   a) $\nabla\wedge(\nabla\wedge\vec{E}) = -\dfrac{1}{c^2}\dfrac{\partial^2\vec{E}}{\partial t^2}$

   b) $\nabla\wedge(\nabla\wedge\vec{H}) = -\dfrac{1}{c^2}\dfrac{\partial^2\vec{H}}{\partial t^2}$

   c) $\nabla^2\vec{E} = \dfrac{1}{c^2}\dfrac{\partial^2\vec{E}}{\partial t^2}$ [*Suggestion :* Employez l'exercice 27.]

   d) $\nabla^2\vec{H} = \dfrac{1}{c^2}\dfrac{\partial^2\vec{H}}{\partial t^2}$

37. Nous avons vu que tous les champs vectoriels de la forme $\vec{F} = \nabla g$ sont tels que $\operatorname{rot}\vec{F} = \vec{0}$ et que tous les champs vectoriels de la forme $\vec{F} = \operatorname{rot}\vec{G}$ sont tels que $\operatorname{div}\vec{F} = 0$ (à condition de supposer la continuité des dérivées partielles impliquées). Ces résultats suggèrent la question que voici : toutes les fonctions f de la forme $f = \operatorname{div}\vec{G}$ satisfont-elles à certaines équations ? Démontrez que la réponse est négative car *toute* fonction continue f sur $\mathbb{R}^3$ est la divergence d'un champ vectoriel. [*Suggestion :* Posez $\vec{G}(x, y, z) = (g(x, y, z), 0, 0)$ où $g(x, y, z) = \int_0^x f(t, y, z)\,dt$.]

13.6 | Les intégrales de surface

Les intégrales de surface sont à l'aire d'une surface ce que sont les intégrales curvilignes à l'abscisse curviligne. On suppose que f est une fonction de trois variables définie sur un domaine qui inclut une surface S. On va définir l'intégrale de surface de f sur S de telle sorte que, au cas où $f(x, y, z) = 1$, la valeur de l'intégrale de surface soit égale à l'aire de S. On commence par des surfaces paramétrées et ensuite on envisage le cas particulier où S est la représentation graphique d'une fonction de deux variables.

▪▪ Les surfaces paramétrées

On suppose la surface S décrite par la fonction vectorielle

$$\vec{r}(u, v) = x(u, v)\,\vec{i} + y(u, v)\,\vec{j} + z(u, v)\,\vec{k} \quad (u, v) \in D$$

On fait l'hypothèse que les paramètres varient dans un domaine rectangulaire qu'on divise en sous-rectangles R_{ij} de dimensions Δu et Δv. Alors, la surface S est divisée en éléments d'aire S_{ij}, comme en montre la figure 1. On calcule la valeur de f en un point P_{ij}^* de chaque élément de surface, on multiplie cette valeur par l'aire ΔS_{ij} de l'élément de surface et on forme la somme de Riemann

$$\sum_{i=1}^{m} \sum_{j=1}^{n} f(P_{ij}^*)\Delta S_{ij}.$$

On prend ensuite la limite lorsque le nombre d'éléments de surface croît sans borne et on définit l'**intégrale de surface de f sur S** par

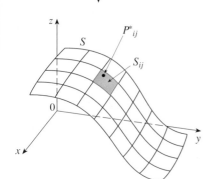

FIGURE 1

$$\boxed{1} \qquad \iint\limits_{S} f(x, y, z)\, dS = \lim_{m, n \to \infty} \sum_{i=1}^{m} \sum_{j=1}^{n} f(P_{ij}^*)\Delta S_{ij}.$$

Observez l'analogie avec la définition de l'intégrale curviligne (définition 13.2.2) et la définition de l'intégrale double (définition 12.1.5).

Afin de calculer l'intégrale de surface de l'équation 1, on remplace l'aire de l'élément de surface ΔS_{ij} par celle, qui lui est approximativement égale, d'un parallélogramme du plan tangent. Dans la section 12.6 consacrée aux aires des surfaces, on a établi l'approximation

$$\Delta S_{ij} \approx \|\vec{r}_u' \wedge \vec{r}_v'\|\Delta u \Delta v\,,$$

où $$\vec{r}_u' = \frac{\partial x}{\partial u}\vec{i} + \frac{\partial y}{\partial u}\vec{j} + \frac{\partial z}{\partial u}\vec{k} \qquad \vec{r}_v' = \frac{\partial x}{\partial v}\vec{i} + \frac{\partial y}{\partial v}\vec{j} + \frac{\partial z}{\partial v}\vec{k}$$

sont les vecteurs tangents en un sommet de S_{ij}. Si les composantes sont continues, si $\vec{r}_u'$ et $\vec{r}_v'$ ne sont ni nuls ni parallèles à l'intérieur de D, on peut montrer à partir de la définition 1, même si D n'est pas rectangulaire, que

■ ■ Il est supposé que la surface est parcourue une seule fois lorsque (u, v) passe par toutes les valeurs de D. La valeur de l'intégrale de surface ne dépend pas de la paramétrisation retenue.

$$\boxed{2} \qquad \iint\limits_{S} f(x, y, z)\, dS = \iint\limits_{D} f(\vec{r}(u, v))\|\vec{r}_u' \wedge \vec{r}_v'\|\, dA$$

Cette expression est à rapprocher de la formule de l'intégrale curviligne

$$\int_C f(x, y, z)\, ds = \int_a^b f(\vec{r}(t))\|\vec{r}\,'(t)\|\, dt$$

Notez encore que

$$\iint_S 1\, dS = \iint_D \|\vec{r}_u' \wedge \vec{r}_v'\|\, dA = A(S)$$

La formule 2 permet de transformer une intégrale de surface en un intégrale double sur le domaine paramétré D. Dans cette formule, $f(\vec{r}(u, v))$ s'obtient en remplaçant x par $x(u, v)$, y par $y(u, v)$ et z par $z(u, v)$ dans l'expression de $f(x, y, z)$.

EXEMPLE 1 Calculez l'intégrale de surface $\iint_S x^2\, dS$, où S est la sphère unité $x^2 + y^2 + z^2 = 1$.

SOLUTION Comme dans l'exemple 4 de la section 10.5, la sphère est représentée paramétriquement par

$$x = \sin\phi \cos\theta \quad y = \sin\phi \sin\theta \quad z = \cos\phi \quad 0 \leqslant \phi \leqslant \pi \quad 0 \leqslant \theta \leqslant 2\pi$$

ou par,

$$\vec{r}(\phi, \theta) = \sin\phi \cos\theta\, \vec{i} + \sin\phi \sin\theta\, \vec{j} + \cos\phi\, \vec{k}$$

Or, il a déjà été constaté dans l'exemple 1 de la section 12.6, que

$$\|\vec{r}_\phi' \wedge \vec{r}_\theta'\| = \sin\phi.$$

D'où, conformément à la formule 2,

$$\iint_S x^2\, dS = \iint_D (\sin\phi \cos\theta)^2 \left\|\frac{\partial \vec{r}}{\partial \phi} \wedge \frac{\partial \vec{r}}{\partial \theta}\right\| dA$$

- - On a employé les identités

$$\cos^2\theta = \tfrac{1}{2}(1 + \cos 2\theta)$$

$$\sin^2\phi = 1 - \cos^2\phi$$

On aurait pu exploiter les formules 64 et 67 de la table de primitives.

$$= \int_0^{2\pi} \int_0^\pi \sin^2\phi \cos^2\theta \sin\phi\, d\phi\, d\theta = \int_0^{2\pi} \cos^2\theta\, d\theta \int_0^\pi \sin^3\phi\, d\phi$$

$$= \int_0^{2\pi} \tfrac{1}{2}(1 + \cos 2\theta)\, d\theta \int_0^\pi (\sin\phi - \sin\phi \cos^2\phi)\, d\phi$$

$$= \tfrac{1}{2}\Big[\theta + \tfrac{1}{2}\sin 2\theta\Big]_0^{2\pi} \Big[-\cos\phi + \tfrac{1}{3}\cos^3\phi\Big]_0^\pi = \frac{4\pi}{3}.$$

■ ■

Les applications des intégrales de surface sont les mêmes que celles des intégrales que nous avons rencontrées précédemment. Par exemple, si une fine feuille (disons, une feuille d'aluminium) a la forme d'une surface S et que la densité (masse par unité d'aire) au point (x, y, z) est donnée par $\rho(x, y, z)$, alors la **masse** totale de la feuille est

$$m = \iint_S \rho(x, y, z)\, dS,$$

et les coordonnées $(\bar{x}, \bar{y}, \bar{z})$ du **centre d'inertie** sont données par les formules

$$\bar{x} = \frac{1}{m}\iint_S x\rho(x, y, z)\, dS \qquad \bar{y} = \frac{1}{m}\iint_S y\rho(x, y, z)\, dS \qquad \bar{z} = \frac{1}{m}\iint_S z\rho(x, y, z)\, dS$$

Les moments d'inertie sont aussi définis comme précédemment (voyez l'exercice 35).

▪▪ Les représentations graphiques

Toute surface S d'équation $z = g(x, y)$ peut être vue comme une surface paramétrée décrites par les équations paramétriques

$$x = x \qquad y = y \qquad z = g(x, y),$$

et dans ce cas,

$$\vec{r}_x' = \vec{i} + \left(\frac{\partial g}{\partial x}\right)\vec{k} \qquad \vec{r}_y' = \vec{j} + \left(\frac{\partial g}{\partial y}\right)\vec{k}$$

D'où

3
$$\vec{r}_x' \wedge \vec{r}_y' = -\frac{\partial g}{\partial x}\vec{i} - \frac{\partial g}{\partial y}\vec{j} + \vec{k}$$

et

$$\|\vec{r}_x' \wedge \vec{r}_y'\| = \sqrt{\left(\frac{\partial z}{\partial x}\right)^2 + \left(\frac{\partial z}{\partial y}\right)^2 + 1}\,.$$

La formule 2 devient alors dans ce cas

4
$$\iint_S f(x, y, z)\, dS = \iint_D f(x, y, g(x, y))\sqrt{\left(\frac{\partial z}{\partial x}\right)^2 + \left(\frac{\partial z}{\partial y}\right)^2 + 1}\, dA\,.$$

Il existe bien sûr des formules semblables lorsqu'il s'avère préférable de projeter S sur le plan Oyz ou sur le plan Oxz. Si, par exemple, S est une surface d'équation $y = h(x, z)$ et D sa projection sur le plan Oxz, alors

$$\iint_S f(x, y, z)\, dS = \iint_D f(x, h(x, z), z)\sqrt{\left(\frac{\partial y}{\partial x}\right)^2 + \left(\frac{\partial y}{\partial z}\right)^2 + 1}\, dA$$

EXEMPLE 2 Calculez $\iint_S y\, dS$, où S est la surface $z = x + y^2$, $0 \leqslant x \leqslant 1$, $0 \leqslant y \leqslant 2$ (voyez la figure 2).

SOLUTION Puisque $\qquad \dfrac{\partial z}{\partial x} = 1 \qquad$ et $\qquad \dfrac{\partial z}{\partial y} = 2y,$

la formule 4 donne

$$\iint_S y\, dS = \iint_D y\sqrt{1 + \left(\frac{\partial z}{\partial x}\right)^2 + \left(\frac{\partial z}{\partial y}\right)^2}\, dA$$

$$= \int_0^1 \int_0^2 y\sqrt{1 + 1 + 4y^2}\, dy\, dx$$

$$= \int_0^1 dx\,\sqrt{2}\int_0^2 y\sqrt{1 + 2y^2}\, dy$$

$$= \sqrt{2}\left(\tfrac{1}{4}\right)\tfrac{2}{3}\left(1 + 2y^2\right)^{3/2}\Big]_0^2 = \frac{13\sqrt{2}}{3}$$

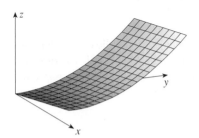

FIGURE 2

Si S est une surface lisse par morceaux, c'est-à-dire, une union finie de surfaces lisses $S_1, S_2, \ldots, S_n$ qui n'ont en commun que leurs frontières, alors l'intégrale de surface de f sur S est définie par

$$\iint\limits_S f(x, y, z)\, dS = \iint\limits_{S_1} f(x, y, z)\, dS + \cdots + \iint\limits_{S_n} f(x, y, z)\, dS$$

EXEMPLE 3 Calculez $\iint_S z\, dS$, où S est la surface dont la partie latérale S_1 est le cylindre $x^2 + y^2 = 1$, le fond S_2, le disque $x^2 + y^2 \leqslant 1$ dans le plan Oxy et la partie supérieure S_3, la portion du plan $z = x + 1$ qui domine S_2.

SOLUTION La figure 3 montre la surface décrite dans l'énoncé. (La position traditionnelle des axes a été modifiée pour avoir une meilleure vue de S.) Pour S_1, on se sert des paramètres θ et z (voyez l'exemple 5 de la section 10.5) et on la décrit par les équations paramétriques

$$x = \cos\theta \qquad y = \sin\theta \qquad z = z$$

où

$$0 \leqslant \theta \leqslant 2\pi \qquad \text{et} \qquad 0 \leqslant z \leqslant 1 + x = 1 + \cos\theta.$$

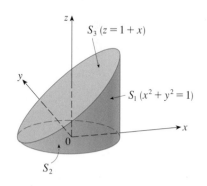

$S_3\,(z = 1 + x)$

$S_1\,(x^2 + y^2 = 1)$

S_2

FIGURE 3

De là,

$$\vec{r}_\theta' \wedge \vec{r}_z' = \begin{vmatrix} \vec{i} & \vec{j} & \vec{k} \\ -\sin\theta & \cos\theta & 0 \\ 0 & 0 & 1 \end{vmatrix} = \cos\theta\,\vec{i} + \sin\theta\,\vec{j},$$

et

$$\|\vec{r}_\theta' \wedge \vec{r}_z'\| = \sqrt{\cos^2\theta + \sin^2\theta} = 1.$$

L'intégrale de surface sur S_1 s'écrit donc

$$\iint\limits_{S_1} z\, dS = \iint\limits_D z\|\vec{r}_\theta' \wedge \vec{r}_z'\|\, dA$$

$$= \int_0^{2\pi} \int_0^{1+\cos\theta} z\, dz\, d\theta = \int_0^{2\pi} \tfrac{1}{2}(1 + \cos\theta)^2\, d\theta$$

$$= \tfrac{1}{2} \int_0^{2\pi} [1 + 2\cos\theta + \tfrac{1}{2}(1 + \cos 2\theta)]\, d\theta$$

$$= \tfrac{1}{2}\left[\tfrac{3}{2}\theta + 2\sin\theta + \tfrac{1}{4}\sin 2\theta \right]_0^{2\pi} = \frac{3\pi}{2}.$$

Comme S_2 se trouve dans le plan $z = 0$,

$$\iint\limits_{S_2} z\, dS = \iint\limits_{S_2} 0\, dS = 0.$$

Enfin, la face supérieure S_3 se trouve au-dessus du disque unité D et fait partie du plan

$z = 1 + x$. Aussi, en prenant $g(x, y) = 1 + x$ dans la formule 4 et en passant aux coordonnées polaires, on obtient

$$\iint_{S_3} z \, dS = \iint_D (1 + x) \sqrt{1 + \left(\frac{\partial z}{\partial x}\right)^2 + \left(\frac{\partial z}{\partial y}\right)^2} \, dA$$

$$= \int_0^{2\pi} \int_0^1 (1 + r\cos\theta) \sqrt{1 + 1 + 0} \, r \, dr \, d\theta$$

$$= \sqrt{2} \int_0^{2\pi} \int_0^1 (r + r^2 \cos\theta) \, dr \, d\theta$$

$$= \sqrt{2} \int_0^{2\pi} (\tfrac{1}{2} + \tfrac{1}{3}\cos\theta) \, d\theta = \sqrt{2}\left[\frac{\theta}{2} + \frac{\sin\theta}{3}\right]_0^{2\pi} = \sqrt{2}\,\pi.$$

Finalement,

$$\iint_S z \, dS = \iint_{S_1} z \, dS + \iint_{S_2} z \, dS + \iint_{S_3} z \, dS$$

$$= \frac{3\pi}{2} + 0 + \sqrt{2}\,\pi = (\tfrac{3}{2} + \sqrt{2})\pi.$$

■ ■

▪▪ Les surfaces orientables

Avant de définir les intégrales de surface d'un champ vectoriel, il est nécessaire d'écarter les surfaces non orientables dont le ruban de Möbius de la figure 4 est un exemple. [Il porte le nom du géomètre allemand Auguste Möbius (1790-1868).] Vous pouvez en fabriquer un en prenant une longue bandelette de papier rectangulaire et en attachant une des extrémités à l'autre après l'avoir retournée d'un demi-tour, comme dans la figure 5. Si une fourmi rampait le long du ruban de Möbius en partant d'un point P, elle finirait de l'« autre côté » du ruban (c'est-à-dire avec son dos orienté dans la direction opposée). Ensuite, si la fourmi continuait à ramper dans la même direction, elle finirait par arriver à nouveau au même point P sans jamais avoir franchi un bord. (Si vous avez fabriqué un ruban de Möbius, essayez de tracer une ligne au crayon au milieu.) Un ruban de Möbius n'a donc en fait qu'une seule face.

FIGURE 4
Un ruban de Möbius

FIGURE 5
Construction d'un ruban de Möbius

À partir de maintenant, on ne considère que des surfaces orientables (deux faces). On part d'une surface S qui admet un plan tangent en chacun de ses points (x, y, z) (sauf en ses points frontière). En un point (x, y, z) quelconque, il y a deux vecteurs unitaires normaux $\vec{n}_1$ et $\vec{n}_2 = -\vec{n}_1$ (voyez la figure 6).

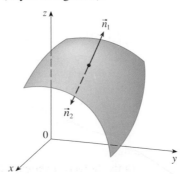

FIGURE 6

S'il est possible de choisir un vecteur unitaire normal $\vec{n}$ de telle sorte que $\vec{n}$ varie de façon continue sur S, alors S est appelée une **surface orientable** et le choix de $\vec{n}$ dote S d'une **orientation**. Toute surface orientable a deux orientations possibles (voyez la figure 7).

FIGURE 7
Les deux orientations
d'une surface orientable

Pour une surface $z = g(x, y)$ représentative de la fonction g, on peut se servir de l'équation 3 pour associer à cette surface une orientation naturelle, celle du vecteur unitaire normal

$$\boxed{5} \qquad \vec{n} = \frac{-\dfrac{\partial g}{\partial x}\vec{i} - \dfrac{\partial g}{\partial y}\vec{j} + \vec{k}}{\sqrt{1 + \left(\dfrac{\partial g}{\partial x}\right)^2 + \left(\dfrac{\partial g}{\partial y}\right)^2}}$$

Comme la composante en $\vec{k}$ est positive, cela donne une orientation de la surface *vers le haut*.

Au cas où S est une surface lisse orientable décrite paramétriquement par une fonction vectorielle $\vec{r}(u, v)$, alors elle est automatiquement dotée d'une orientation par le vecteur unitaire normal

$$\boxed{6} \qquad \vec{n} = \frac{\vec{r}'_u \wedge \vec{r}'_v}{\|\vec{r}'_u \wedge \vec{r}'_v\|}$$

et de l'orientation opposée par $-\vec{n}$. Prenons l'exemple de la sphère (exemple 4 de la section 10.5) d'équation $x^2 + y^2 + z^2 = a^2$ décrite par les équations paramétriques

$$\vec{r}(\phi, \theta) = a \sin \phi \cos \theta \vec{i} + a \sin \phi \sin \theta \vec{j} + a \cos \phi \vec{k}$$

On a calculé, à l'exemple 1 de la section 12.6, que

$$\vec{r}'_\phi \wedge \vec{r}'_\theta = a^2 \sin^2 \phi \cos \theta \vec{i} + a^2 \sin^2 \phi \sin \theta \vec{j} + a^2 \sin \phi \cos \phi \vec{k}$$

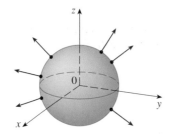

FIGURE 8
Orientation positive

et que

$$\|\vec{r}'_\phi \wedge \vec{r}'_\theta\| = a^2 \sin \phi .$$

L'orientation induite par $\vec{r}(\phi, \theta)$ est donc définie par le vecteur unitaire normal

$$\vec{n} = \frac{\vec{r}'_\phi \wedge \vec{r}'_\theta}{\|\vec{r}'_\phi \wedge \vec{r}'_\theta\|} = \sin \phi \cos \theta \vec{i} + \sin \phi \sin \theta \vec{j} + \cos \phi \vec{k} = \frac{1}{a}\vec{r}(\phi, \theta).$$

On note ici que le vecteur $\vec{n}$ a le même sens que le vecteur position, c'est-à-dire vers l'extérieur de la sphère (voyez la figure 8). Le sens opposé (vers l'intérieur) aurait été obtenu (voyez la figure 9) en renversant l'ordre des paramètres, vu que $\vec{r}'_\theta \wedge \vec{r}'_\phi = -\vec{r}'_\phi \wedge \vec{r}'_\theta$.

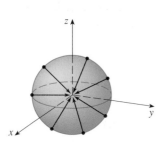

FIGURE 9
Orientation négative

Dans le cas d'une **surface fermée**, c'est-à-dire d'une surface qui constitue la cloison d'une région solide E, il est convenu que l'**orientation positive** est celle du vecteur normal dirigé vers l'*extérieur* de E, l'orientation négative étant celle des normales dirigées vers l'intérieur (voyez les figures 8 et 9).

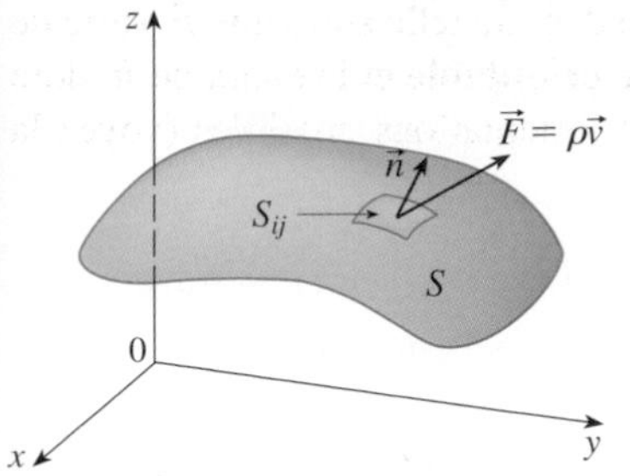

FIGURE 10

■■ Les intégrales de surface de champs de vecteurs

On suppose que S est une surface orientée de vecteur unitaire normal $\vec{n}$ et on imagine qu'un fluide, dont la densité au point (x, y, z) est donnée par $\rho(x, y, z)$ et à l'intérieur duquel règne un champ de vitesses défini par $\vec{v}(x, y, z)$, s'écoule à travers S. (Pensez à S comme une surface imaginaire qui n'empêche pas le fluide de passer, un filet de pêche dans une rivière, par exemple.) Alors, le débit (masse par unité de temps) par unité d'aire est égal à $\rho\vec{v}$. Si on divise S en petites parcelles S_{ij}, comme dans la figure 10 (comparez avec la figure 1), alors S_{ij} est presque plan et on peut dire que la masse de fluide qui traverse S_{ij} dans la direction de la normale $\vec{n}$ par unité de temps vaut approximativement

$$(\rho\vec{v} \cdot \vec{n})\,A(S_{ij}),$$

où ρ, $\vec{v}$ et $\vec{n}$ sont calculés en un certain point de S_{ij}. (Rappelez-vous que $\rho\vec{v} \cdot \vec{n}$ est la composante du vecteur $\rho\vec{v}$ dans la direction du vecteur unitaire $\vec{n}$.) En faisant la somme de ces quantités et en prenant la limite, on obtient, conformément à la définition 1, l'intégrale de surface de la fonction $\rho\vec{v} \cdot \vec{n}$ sur S :

$$\boxed{7} \qquad \iint_S \rho\vec{v} \cdot \vec{n}\, dS \;=\; \iint_S \rho(x, y, z)\,\vec{v}(x, y, z) \cdot \vec{n}(x, y, z)\, dS,$$

et cette intégrale est interprétée physiquement comme le taux d'écoulement à travers S.

En écrivant $\vec{F} = \rho\vec{v}$, $\vec{F}$ est un champ vectoriel défini sur $\mathbb{R}^3$ et l'intégrale de l'équation 7 devient

$$\iint_S \vec{F} \cdot \vec{n}\, dS.$$

Une intégrale de surface de cette forme intervient souvent en physique, même en dehors du cas où $\vec{F}$ est égal à $\rho\vec{v}$, et est appelée *intégrale de surface (ou flux)* de $\vec{F}$ sur S.

> $\boxed{8}$ **Définition** Si $\vec{F}$ est un champ vectoriel défini sur une surface orientée S de vecteur unitaire normal $\vec{n}$, alors l'**intégrale de surface de $\vec{F}$ sur S** est
>
> $$\iint_S \vec{F} \cdot d\vec{S} \;=\; \iint_S \vec{F} \cdot \vec{n}\, dS.$$
>
> Cette intégrale est aussi appelée le **flux** du champ $\vec{F}$ à travers S.

La définition 8 s'énonce : l'intégrale de surface d'un champ vectoriel sur S est égale à l'intégrale de surface de sa composante normale sur S (comme défini précédemment.)

Si c'est une fonction vectorielle $\vec{r}(u, v)$ qui décrit S, alors $\vec{n}$ est donné par la formule 6 et la définition 8 jointe à la formule 2 conduisent à

$$\iint_S \vec{F} \cdot d\vec{S} \;=\; \iint_S \vec{F} \cdot \frac{\vec{r}_u{}' \wedge \vec{r}_v{}'}{\|\vec{r}_u{}' \wedge \vec{r}_v{}'\|}\, dS$$

$$= \iint_D \left[\vec{F}(\vec{r}(u, v)) \cdot \frac{\vec{r}_u{}' \wedge \vec{r}_v{}'}{\|\vec{r}_u{}' \wedge \vec{r}_v{}'\|} \right] \|\vec{r}_u{}' \wedge \vec{r}_v{}'\|\, dA$$

où D est le domaine paramétré. Après simplification, on a

■ ■ L'expression 9 est à rapprocher de l'expression analogue pour calculer des intégrales curvilignes de champs vectoriels, la définition 13.2.13 :

$$\int_C \vec{F} \cdot d\vec{r} = \int_a^b \vec{F}(\vec{r}(t)) \cdot \vec{r}'(t)\, dt$$

■ ■ La figure 11 montre le champ vectoriel $\vec{F}$ de l'exemple 4 en des points de la sphère unité.

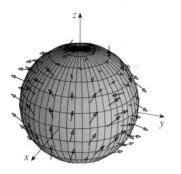

FIGURE 11

$$\boxed{9} \qquad \iint_S \vec{F} \cdot d\vec{S} = \iint_D \vec{F} \cdot (\vec{r}_u{}' \wedge \vec{r}_v{}')\, dA$$

EXEMPLE 4 Calculez le flux du champ vectoriel $\vec{F}(x, y, z) = z\,\vec{i} + y\,\vec{j} + x\,\vec{k}$ à travers la sphère de rayon unité $x^2 + y^2 + z^2 = 1$.

SOLUTION Avec la description paramétrique

$$\vec{r}(\phi, \theta) = \sin\phi\cos\theta\,\vec{i} + \sin\phi\sin\theta\,\vec{j} + \cos\phi\,\vec{k}, \text{ où } 0 \leqslant \phi \leqslant \pi \qquad 0 \leqslant \theta \leqslant 2\pi,$$

on a

$$\vec{F}(\vec{r}(\phi, \theta)) = \cos\phi\,\vec{i} + \sin\phi\sin\theta\,\vec{j} + \sin\phi\cos\theta\,\vec{k},$$

et, de l'exemple 1 dans la section 12.6,

$$\vec{r}_\phi{}' \wedge \vec{r}_\theta{}' = \sin^2\phi\cos\theta\,\vec{i} + \sin^2\phi\sin\theta\,\vec{j} + \sin\phi\cos\phi\,\vec{k}.$$

De là,

$$\vec{F}(\vec{r}(\phi, \theta)) \cdot (\vec{r}_\phi{}' \wedge \vec{r}_\theta{}') = \cos\phi\sin^2\phi\cos\theta + \sin^3\phi\sin^2\theta + \sin^2\phi\cos\phi\cos\theta$$

et, suivant la formule 9, le flux est égal à

$$\iint_S \vec{F} \cdot d\vec{S} = \iint_D \vec{F} \cdot (\vec{r}_\phi{}' \wedge \vec{r}_\theta{}')\, dA$$

$$= \int_0^{2\pi} \int_0^\pi (2\sin^2\phi\cos\phi\cos\theta + \sin^3\phi\sin^2\theta)\, d\phi\, d\theta$$

$$= 2\int_0^\pi \sin^2\phi\cos\phi\, d\phi \int_0^{2\pi} \cos\theta\, d\theta + \int_0^\pi \sin^3\phi\, d\phi \int_0^{2\pi} \sin^2\theta\, d\theta$$

$$= 0 + \int_0^\pi \sin^3\phi\, d\phi \int_0^{2\pi} \sin^2\theta\, d\theta \qquad \left(\text{puisque } \int_0^{2\pi} \cos\theta\, d\theta = 0\right)$$

$$= \frac{4\pi}{3}$$

en reprenant les calculs déjà effectués à l'exemple 1. ■ ■

Si le champ vectoriel de l'exemple 4 est un champ de vitesses qui décrit l'écoulement d'un fluide de densité 1, la réponse $4\pi/3$ représente le rythme de l'écoulement à travers la sphère de rayon unité, en unités de masse par unité de temps.

Au cas où une surface S est la représentation graphique d'équation $z = g(x, y)$, les variables x et y peuvent servir de paramètres et alors, par l'équation 3,

$$\vec{F} \cdot (\vec{r}_x{}' \wedge \vec{r}_y{}') = (P\,\vec{i} + Q\,\vec{j} + R\,\vec{k}) \cdot \left(-\frac{\partial g}{\partial x}\,\vec{i} - \frac{\partial g}{\partial y}\,\vec{j} + \vec{k}\right).$$

La formule 9 s'écrit alors dans ce cas

$$\boxed{10} \qquad \iint_S \vec{F} \cdot d\vec{S} = \iint_D \left(-P\frac{\partial g}{\partial x} - Q\frac{\partial g}{\partial y} + R\right) dA$$

Cette formule repose sur une orientation vers le haut de S ; si l'orientation était vers le bas, il faudrait multiplier par -1. Des formules analogues peuvent être établies si l'équation de S est $y = h(x, z)$ ou $x = k(y, z)$. (Voyez les exercices 31 et 32.)

EXEMPLE 5 Calculez $\iint_S \vec{F} \cdot d\vec{S}$, pour $\vec{F}(x, y, z) = y\vec{i} + x\vec{j} + z\vec{k}$ et S la frontière du solide E fermé par le paraboloïde $z = 1 - x^2 - y^2$ et le plan $z = 0$.

SOLUTION S se compose d'une face supérieure parabolique S_1 et d'une face de base circulaire S_2 (voyez la figure 12). Vu que S est fermée, on adopte la convention de l'orientation positive (vers l'extérieur). Cela implique que S_1 est orientée vers le haut et on peut appliquer la formule 10, où D est la projection de S_1 sur le plan Oxy, à savoir le disque $x^2 + y^2 \leqslant 1$. Comme

$$P(x, y, z) = y \qquad Q(x, y, z) = x \qquad R(x, y, z) = z = 1 - x^2 - y^2,$$

sur S_1 et comme

$$\frac{\partial g}{\partial x} = -2x \qquad \frac{\partial g}{\partial y} = -2y,$$

on a

$$\iint_{S_1} \vec{F} \cdot d\vec{S} = \iint_D \left(-P\frac{\partial g}{\partial x} - Q\frac{\partial g}{\partial y} + R \right) dA$$

$$= \iint_D [-y(-2x) - x(-2y) + 1 - x^2 - y^2] \, dA$$

$$= \iint_D (1 + 4xy - x^2 - y^2) \, dA$$

$$= \int_0^{2\pi} \int_0^1 (1 + 4r^2 \cos\theta \sin\theta - r^2) r \, dr \, d\theta$$

$$= \int_0^{2\pi} \int_0^1 (r - r^3 + 4r^3 \cos\theta \sin\theta) \, dr \, d\theta$$

$$= \int_0^{2\pi} (\tfrac{1}{4} + \cos\theta \sin\theta) \, d\theta = \tfrac{1}{4}(2\pi) + 0 = \frac{\pi}{2}.$$

Le disque S_2 est orienté vers le bas, de sorte que son vecteur unitaire normal est $\vec{n} = -\vec{k}$ et de là, on a

$$\iint_{S_2} \vec{F} \cdot d\vec{S} = \iint_{S_2} \vec{F} \cdot (-\vec{k}) \, dS = \iint_D (-z) \, dA = \iint_D 0 \, dA = 0,$$

puisque $z = 0$ sur S_2. Enfin, par définition, $\iint_S \vec{F} \cdot d\vec{S}$ est égale à la somme des intégrales de surface de $\vec{F}$ sur les morceaux S_1 et S_2 :

$$\iint_S \vec{F} \cdot d\vec{S} = \iint_{S_1} \vec{F} \cdot d\vec{S} + \iint_{S_2} \vec{F} \cdot d\vec{S} = \frac{\pi}{2} + 0 = \frac{\pi}{2}.$$ ■ ■

Bien que l'intégrale de surface ait été introduite avec le vocabulaire de l'écoulement des fluides, ce concept intervient dans d'autres situations physiques. Par exemple, lorsque $\vec{E}$ est un champ électrique (voyez l'exemple 5 de la section 13.1), l'intégrale de surface

$$\iint_S \vec{E} \cdot d\vec{S}$$

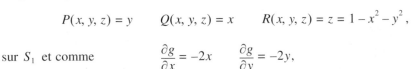

FIGURE 12

est appelée le **flux du champ électrique** $\vec{E}$ traversant la surface S. Une des lois importantes de l'électrostatique est la **loi de Gauss** qui dit que la charge nette à l'intérieur d'une surface fermée S est

$$\boxed{11} \qquad Q = \varepsilon_0 \iint_S \vec{E} \cdot d\vec{S}$$

où ε_0 est une constante (appelée la permittivité du milieu) qui dépend des unités employées. (Dans le système SI, $\varepsilon_0 \approx 8{,}8542 \times 10^{-12}\ C^2/N \cdot m^2$.) Si dans l'exemple 4, le champ $\vec{F}$ représente un champ électrique, on peut conclure que la charge enfermée dans S vaut $Q = 4\pi\varepsilon_0/3$.

L'étude des flux de chaleur constitue une autre application des intégrales de surface. On suppose que la température en un point (x, y, z) d'un corps est $u(x, y, z)$. Alors, l'**écoulement thermique** a lieu selon le champ de vecteurs

$$\vec{F} = -K\nabla u,$$

où K est une constante déterminée expérimentalement, appelée la **conductivité** de la substance. La quantité de chaleur transmise à travers la surface S dans le corps par unité de temps est alors donnée par l'intégrale de surface

$$\iint_S \vec{F} \cdot d\vec{S} = -K \iint_S \nabla u \cdot d\vec{S}.$$

EXEMPLE 6 La température u en un point d'une boule métallique est proportionnelle au carré de la distance au centre de la boule. Calculez le taux de transmission de chaleur à travers la sphère S de rayon a centrée au centre de la sphère.

SOLUTION Si le centre de la boule occupe l'origine, l'expression de la température est

$$u(x, y, z) = C(x^2 + y^2 + z^2),$$

où C est la constante de proportionnalité. Le transfert de chaleur est caractérisé par

$$\vec{F}(x, y, z) = -K\nabla u = -KC(2x\,\vec{i} + 2y\,\vec{j} + 2z\,\vec{k}),$$

où K est la conductivité du métal. Au lieu d'employer l'habituelle description paramétrique de la sphère, comme dans l'exemple 4, on préfère observer que le vecteur unitaire pointé vers l'extérieur de la sphère $x^2 + y^2 + z^2 = a^2$ en (x, y, z) est

$$\vec{n} = \frac{1}{a}(x\,\vec{i} + y\,\vec{j} + z\,\vec{k})$$

et de là

$$\vec{F} \cdot \vec{n} = -\frac{2KC}{a}(x^2 + y^2 + z^2).$$

Mais comme sur S on a $x^2 + y^2 + z^2 = a^2$, $\vec{F} \cdot \vec{n} = -2aKC$. Par conséquent, le taux de transmission de chaleur à travers S vaut

$$\iint_S \vec{F} \cdot d\vec{S} = \iint_S \vec{F} \cdot \vec{n}\, dS = -2aKC \iint_S dS$$

$$= -2aKCA(S) = -2aKC(4\pi a^2) = -8KC\pi a^3.$$

■ ■

13.6 Exercices

1. Soit S le cube de sommets $(\pm 1, \pm 1, \pm 1)$. Calculez une valeur approchée de $\iint_S \sqrt{x^2 + 2y^2 + 3z^2}\, dS$ à l'aide d'une somme de Riemann (définition 1), en prenant comme éléments d'aire S_{ij} les carrés que sont les faces du cube et comme points P_{ij}^* les centres des carrés.

2. Une surface S se compose de la face latérale du cylindre $x^2 + y^2 = 1$, $-1 \leqslant z \leqslant 1$ et des deux disques inférieur et supérieur. D'une fonction f on sait qu'elle est continue et qu'elle prend les valeurs suivantes : $f(\pm 1, 0, 0) = 2$, $f(0, \pm 1, 0) = 3$ et $f(0, 0, \pm 1) = 4$. Estimez la valeur de $\iint_S f(x, y, z)\, dS$ à l'aide d'une somme de Riemann, en prenant comme éléments d'aire S_{ij} quatre quarts de cylindre et les disques extrêmes.

3. Soit H l'hémisphère $x^2 + y^2 + z^2 = 50$, $z \geqslant 0$. On suppose que f est une fonction continue telle que $f(3, 4, 5) = 7$, $f(3, -4, 5) = 8$, $f(-3, 4, 5) = 9$ et $f(-3, -4, 5) = 12$. En divisant H en quatre morceaux, estimez la valeur de $\iint_H f(x, y, z)\, dS$.

4. On suppose que $f(x, y, z) = g\left(\sqrt{x^2 + y^2 + z^2}\right)$, où g est une fonction d'une variable telle que $g(2) = -5$. Calculez $\iint_S f(x, y, z)\, dS$, où S est la sphère $x^2 + y^2 + z^2 = 4$.

5–18 ■ Calculez l'intégrale de surface.

5. $\iint_S yz\, dS$,
S est la surface d'équations paramétriques $x = u^2$, $y = u \sin v$, $z = u \cos v$, $0 \leqslant u \leqslant 1$, $0 \leqslant v \leqslant \pi/2$.

6. $\iint_S \sqrt{1 + x^2 + y^2}\, dS$,
S est l'hélicoïde d'équation vectorielle $\vec{r}(u, v) = u \cos v\, \vec{i} + u \sin v\, \vec{j} + v\, \vec{k}$, $0 \leqslant u \leqslant 1$, $0 \leqslant v \leqslant \pi$.

7. $\iint_S x^2 yz\, dS$,
S est la portion du plan $z = 1 + 2x + 3y$ qui se trouve au-dessus du rectangle $[0, 3] \times [0, 2]$.

8. $\iint_S xy\, dS$,
S est le triangle de sommets $(1, 0, 0)$, $(0, 2, 0)$ et $(0, 0, 2)$.

9. $\iint_S yz\, dS$,
S est la partie du plan $x + y + z = 1$ qui se trouve dans le premier octant.

10. $\iint_S y\, dS$,
S est la surface $z = \frac{2}{3}(x^{3/2} + y^{3/2})$, $0 \leqslant x \leqslant 1$, $0 \leqslant y \leqslant 1$.

11. $\iint_S x^2 z^2\, dS$,
S est la partie du cône $z^2 = x^2 + y^2$ comprise entre les plans $z = 1$ et $z = 3$.

12. $\iint_S z\, dS$,
S est la surface $x = y + 2z^2$, $0 \leqslant y \leqslant 1$, $0 \leqslant z \leqslant 1$.

13. $\iint_S y\, dS$,
S est la partie du paraboloïde $y = x^2 + z^2$ située à l'intérieur du cylindre $x^2 + z^2 = 4$.

14. $\iint_S xy\, dS$,
S est la paroi de la région délimitée par le cylindre $x^2 + z^2 = 1$ et les plans $y = 0$ et $x + y = 2$.

15. $\iint_S (x^2 z + y^2 z)\, dS$,
S est l'hémisphère $x^2 + y^2 + z^2 = 4$, $z \geqslant 0$.

16. $\iint_S xyz\, dS$,
S est la portion de la sphère $x^2 + y^2 + z^2 = 1$ qui se trouve au-dessus du cône $z = \sqrt{x^2 + y^2}$.

17. $\iint_S (x^2 y + z^2)\, dS$,
S est la partie du cylindre $x^2 + y^2 = 9$ comprise entre les plans $z = 0$ et $z = 2$.

18. $\iint_S (x^2 + y^2 + z^2)\, dS$,
S se compose du cylindre de l'exercice 17 avec ses disques inférieur et supérieur.

19–27 ■ Calculez l'intégrale de surface $\iint_S \vec{F} \cdot d\vec{S}$ pour le champ vectoriel $\vec{F}$ donné et la surface orientable S. En d'autres mots, déterminez le flux de $\vec{F}$ à travers S. Pour les surfaces fermées, choisissez l'orientation positive (tournée vers l'extérieur).

19. $\vec{F}(x, y, z) = xy\, \vec{i} + yz\, \vec{j} + zx\, \vec{k}$,
S est la partie du paraboloïde $z = 4 - x^2 - y^2$ qui se trouve au-dessus du carré $0 \leqslant x \leqslant 1$, $0 \leqslant y \leqslant 1$ orientée vers le haut.

20. $\vec{F}(x, y, z) = y\, \vec{i} + x\, \vec{j} + z^2\, \vec{k}$,
S est l'hélicoïde de l'exercice 6 orienté vers le haut.

21. $\vec{F}(x, y, z) = xze^y\, \vec{i} - xze^y\, \vec{j} + z\, \vec{k}$,
S est la partie du plan $x + y + z = 1$ située dans le premier octant et orientée vers le bas.

22. $\vec{F}(x, y, z) = x\, \vec{i} + y\, \vec{j} + z^4\, \vec{k}$,
S est la partie du cône $z = \sqrt{x^2 + y^2}$ située sous le plan $z = 1$ orientée vers le bas.

23. $\vec{F}(x, y, z) = x\, \vec{i} - z\, \vec{j} + y\, \vec{k}$,
S est la portion de sphère $x^2 + y^2 + z^2 = 4$, située dans le premier octant, orientée vers l'origine.

24. $\vec{F}(x, y, z) = xz\, \vec{i} + x\, \vec{j} + y\, \vec{k}$,
S est la demi-sphère $x^2 + y^2 + z^2 = 25$, $y \geqslant 0$, orientée dans le sens positif de l'axe Oy.

25. $\vec{F}(x, y, z) = y\, \vec{j} - z\, \vec{k}$,
S est le paraboloïde $y = x^2 + z^2$, $0 \leqslant y \leqslant 1$ et le disque $x^2 + z^2 \leqslant 1$, $y = 1$.

26. $\vec{F}(x, y, z) = y\, \vec{i} + (z - y)\, \vec{j} + x\, \vec{k}$,
S est la surface du tétraèdre de sommets $(0, 0, 0)$, $(1, 0, 0)$, $(0, 1, 0)$ et $(0, 0, 1)$.

27. $\vec{F}(x, y, z) = x^2\, \vec{i} + y^2\, \vec{j} + z^2\, \vec{k}$,
S est le demi-solide cylindrique $0 \leqslant z \leqslant \sqrt{1 - y^2}$, $0 \leqslant x \leqslant 2$.

CAS **28.** Soit S la surface $z = xy$, $0 \leqslant x \leqslant 1$, $0 \leqslant y \leqslant 1$.
a) Évaluez $\iint_S xyz\, dS$, avec 4 décimales correctes.
b) Calculez la valeur exacte de $\iint_S x^2 yz\, dS$.

CAS 29. Calculez la valeur de $\iint_S x^2 y^2 z^2\, dS$ avec quatre décimales correctes, où S est la portion du paraboloïde $z = 3 - 2x^2 - y^2$ qui se trouve au-dessus du plan Oxy.

CAS 30. Calculez le flux de $\vec{F}(x, y, z) = \sin(xyz)\vec{i} + x^2 y\vec{j} + z^2 e^{x/5}\vec{k}$ à travers la portion du cylindre $4y^2 + z^2 = 4$ qui se trouve au-dessus du plan Oxy et entre les plans $x = -2$ et $x = 2$, et orientée vers le haut. Illustrez en faisant dessiner par un logiciel approprié, dans un même écran, le cylindre et le champ vectoriel.

31. Établissez une formule pour $\iint_S \vec{F} \cdot d\vec{S}$, semblable à la formule 10, pour le cas où S est donnée par $y = h(x, z)$ et où $\vec{n}$ est le vecteur unitaire normal orienté vers la gauche.

32. Établissez une formule pour $\iint_S \vec{F} \cdot d\vec{S}$, semblable à la formule 10, pour le cas où S est donnée par $x = k(y, z)$ et où $\vec{n}$ est le vecteur unitaire normal orienté vers l'avant (c'est-à-dire en direction de l'observateur quand les axes sont disposés comme d'habitude).

33. Calculez le centre d'inertie de l'hémisphère $x^2 + y^2 + z^2 = a^2$, $z \geq 0$, si la densité est constante.

34. Calculez la masse d'un fin entonnoir de forme conique $z = \sqrt{x^2 + y^2}$, $1 \leq z \leq 4$ si la densité est donnée par $\rho(x, y, z) = 10 - z$.

35. a) Écrivez l'expression sous la forme d'une intégrale du moment d'inertie I_z par rapport à l'axe Oz d'une fine feuille qui a la forme d'une surface S et dont la densité est donnée par la fonction ρ.
    b) Calculez le moment d'inertie par rapport à l'axe Oz de l'entonnoir de l'exercice 34.

36. La surface conique $z^2 = x^2 + y^2$, $0 \leq z \leq a$ est de densité constante k. Déterminez a) le centre d'inertie et b) le moment d'inertie par rapport à l'axe Oz.

37. Un liquide de densité $870\ \text{kg/m}^3$ coule selon un champ de vitesses $\vec{v} = z\vec{i} + y^2\vec{j} + x^2\vec{k}$ où x, y et z sont mesurés en mètres et les composantes de $\vec{v}$ en mètres par seconde. Déterminez le flux vers le haut à travers le cylindre $x^2 + y^2 = 4$, $0 \leq z \leq 1$.

38. De l'eau de mer s'écoule selon un champ de vitesses $\vec{v} = y\vec{i} + x\vec{j}$, où x, y et z sont mesurés en mètres et les composantes de $\vec{v}$ en mètres par seconde. La densité de l'eau de mer est de $1\ 025\ \text{kg/m}^3$. Déterminez le flux dirigé vers l'extérieur à travers l'hémisphère $x^2 + y^2 + z^2 = 9$, $z \geq 0$.

39. Servez-vous de la loi de Gauss pour déterminer la charge contenue dans l'hémisphère solide $x^2 + y^2 + z^2 \leq a^2$, $z \geq 0$, si le champ électrique est $\vec{E}(x, y, z) = x\vec{i} + y\vec{j} + 2z\vec{k}$.

40. Servez-vous de la loi de Gauss pour déterminer la charge à l'intérieur du cube de sommets $(\pm 1, \pm 1, \pm 1)$, si le champ électrique est $\vec{E}(x, y, z) = x\vec{i} + y\vec{j} + z\vec{k}$.

41. La température au point (x, y, z) d'une substance de conductivité $K = 6{,}5$ est $u(x, y, z) = 2y^2 + 2z^2$. Calculez le flux de chaleur vers l'intérieur à travers la surface cylindrique $y^2 + z^2 = 6$, $0 \leq x \leq 4$.

42. La température en un point d'une balle de conductivité K est inversement proportionnelle à la distance au centre de la balle. Calculez le flux de chaleur à travers une sphère S de rayon a dont le centre occupe le centre de la balle.

43. Soit $\vec{F}$ un champ tel que $\vec{F}(r) = c\vec{r}/\|\vec{r}\|^3$ pour une certaine constante c, avec $\vec{r} = x\vec{i} + y\vec{j} + z\vec{k}$. Montrez que le flux de $\vec{F}$ à travers une sphère S centrée à l'origine est indépendant du rayon de S.

13.7 Le théorème de Stokes

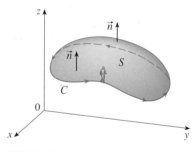

FIGURE 1

Le théorème de Stokes peut être vu comme une version du Théorème de Green de dimension supérieure. Alors que le Théorème de Green met en relation une intégrale double sur un domaine plan D avec une intégrale curviligne autour de sa courbe frontière, le Théorème de Stokes lie une intégrale de surface sur une surface S à une intégrale curviligne autour de la courbe frontière de S (qui est une courbe de l'espace). La figure 1 montre une surface orientée par un vecteur unitaire normal $\vec{n}$. L'orientation de la surface S détermine le **sens positif de la courbe frontière** C, indiqué par des flèches dans la figure. En effet, si vous marchez sur C dans le sens positif, la tête dans la direction de $\vec{n}$, la surface sera toujours à votre gauche.

> **Théorème de Stokes** Soit S une surface orientée, lisse par morceaux, dont le bord est une courbe C simple fermée, lisse par morceaux, orientée positivement. Soit $\vec{F}$ un champ de vecteurs dont les composantes ont des dérivées partielles continues sur une région ouverte de $\mathbb{R}^3$ qui contient S. Alors,
>
> $$\int_C \vec{F} \cdot d\vec{r} = \iint_S \text{rot}\,\vec{F} \cdot d\vec{S}.$$

■ ■ Le théorème de Stokes tire son nom du mathématicien et physicien irlandais Sir George Stokes (1819-1903). Stokes fut professeur à Cambridge (il tint la même chaire que Newton, la chaire Lucas de mathématiques) et est connu pour ses recherches sur l'écoulement des fluides et la lumière. Ce qu'on appelle le Théorème de Stokes a réellement été découvert par le physicien écossais Sir William Thomson (1824-1907, connu sous le nom de Lord Kelvin). Stokes eut connaissance de ce théorème dans une lettre de Thomson en 1850 et il demanda à ses étudiants de le démontrer lors d'un examen à l'université de Cambridge en 1854. On ignore s'il y eut des étudiants qui y parvinrent.

Puisque

$$\int_C \vec{F} \cdot d\vec{r} = \int_C \vec{F} \cdot \vec{T}\, ds \qquad \text{et} \qquad \iint_S \text{rot}\, \vec{F} \cdot d\vec{S} = \iint_S \text{rot}\, \vec{F} \cdot \vec{n}\, dS$$

le Théorème de Stokes dit que l'intégrale curviligne, autour de la frontière de S, de la composante tangentielle de $\vec{F}$ est égale à l'intégrale de surface de la composante normale du rotationnel de $\vec{F}$.

Comme le bord orienté positivement de la surface orientée S s'écrit souvent ∂S, le Théorème de Stokes prend la forme

$$\boxed{1} \qquad \iint_S \text{rot}\, \vec{F} \cdot d\vec{S} = \int_{\partial S} \vec{F} \cdot d\vec{r}.$$

Notez l'analogie entre le Théorème de Stokes, le Théorème de Green et le Théorème fondamental du calcul différentiel et intégral. Comme précédemment, l'intégrale du membre de gauche de l'équation 1 contient des dérivées (rot $\vec{F}$ est une sorte de dérivée de $\vec{F}$) et le membre de droite implique les valeurs de $\vec{F}$ seulement sur la *frontière* de S.

Dans le cas particulier où la surface S est plate et contenue dans le plan Oxy, orienté vers le haut, le vecteur unitaire normal est $\vec{k}$, l'intégrale de surface devient une intégrale double et la formule du Théorème de Stokes devient

$$\int_C \vec{F} \cdot d\vec{r} = \iint_S \text{rot}\, \vec{F} \cdot d\vec{S} = \iint_S \text{rot}\, \vec{F} \cdot \vec{k}\, dA,$$

ce qui est exactement la forme vectorielle du Théorème de Green donnée dans l'expression 13.5.12. Il est clair de cette façon que le Théorème de Green est en réalité un cas particulier du Théorème de Stokes.

Même si la démonstration du Théorème de Stokes dans sa généralité ne peut pas figurer dans un ouvrage comme celui-ci, parce que trop difficile, nous tenons à en donner un début de preuve dans la situation où S est une représentation graphique et où $\vec{F}$, S et C sont bien configurés.

Démonstration d'un cas particulier du Théorème de Stokes On suppose que S est la surface représentative de $z = g(x, y)$, $(x, y) \in D$, où g a des dérivées partielles secondes continues et où D est une région plane simple dont la frontière C_1 correspond à C. Si S est orientée vers le haut, l'orientation positive de C correspond à l'orientation positive de C_1 (voyez la figure 2). Soit $\vec{F} = P\vec{i} + Q\vec{j} + R\vec{k}$, où P, Q et R ont des dérivées partielles continues.

Comme S est une représentation graphique, la formule 13.6.10 est d'application, mais avec $\vec{F}$ remplacé par rot $\vec{F}$. Il en résulte

$$\boxed{2} \qquad \iint_S \text{rot}\, \vec{F} \cdot d\vec{S}$$

$$= \iint_D \left[-\left(\frac{\partial R}{\partial y} - \frac{\partial Q}{\partial z}\right)\frac{\partial z}{\partial x} - \left(\frac{\partial P}{\partial z} - \frac{\partial R}{\partial x}\right)\frac{\partial z}{\partial y} + \left(\frac{\partial Q}{\partial x} - \frac{\partial P}{\partial y}\right) \right] dA$$

où les dérivées partielles de P, Q et R sont calculées en $(x, y, g(x, y))$. Si C_1 est décrite paramétriquement par

$$x = x(t) \qquad y = y(t) \qquad a \leqslant t \leqslant b,$$

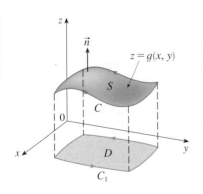

FIGURE 2

alors C admet la description paramétrique

$$x = x(t) \qquad y = y(t) \qquad z = g(x(t), y(t)) \qquad a \leqslant t \leqslant b.$$

On peut maintenant calculer l'intégrale curviligne du membre de gauche, en faisant appel aussi à la Règle de dérivation des fonctions composées :

$$\int_C \vec{F} \cdot d\vec{r} = \int_a^b \left(P \frac{dx}{dt} + Q \frac{dy}{dt} + R \frac{dz}{dt} \right) dt$$

$$= \int_a^b \left[P \frac{dx}{dt} + Q \frac{dy}{dt} + R \left(\frac{\partial z}{\partial x} \frac{dx}{dt} + \frac{\partial z}{\partial y} \frac{dy}{dt} \right) \right] dt$$

$$= \int_a^b \left[\left(P + R \frac{\partial z}{\partial x} \right) \frac{dx}{dt} + \left(Q + R \frac{\partial z}{\partial y} \right) \frac{dy}{dt} \right] dt$$

$$= \int_{C_1} \left(P + R \frac{\partial z}{\partial x} \right) dx + \left(Q + R \frac{\partial z}{\partial y} \right) dy$$

$$= \iint_D \left[\frac{\partial}{\partial x} \left(Q + R \frac{\partial z}{\partial y} \right) - \frac{\partial}{\partial y} \left(P + R \frac{\partial z}{\partial x} \right) \right] dA.$$

La dernière étape est justifiée par le Théorème de Green. Les calculs se poursuivent encore, à nouveau grâce à la Règle de dérivation des fonctions composées, et en se souvenant que P, Q et R sont des fonctions de x, y et z et que z est à son tour fonction de x et y :

$$\int_C \vec{F} \cdot d\vec{r} = \iint_D \left[\left(\frac{\partial Q}{\partial x} + \frac{\partial Q}{\partial z} \frac{\partial z}{\partial x} + \frac{\partial R}{\partial x} \frac{\partial z}{\partial y} + \frac{\partial R}{\partial z} \frac{\partial z}{\partial x} \frac{\partial z}{\partial y} + R \frac{\partial^2 z}{\partial x \partial y} \right) \right.$$

$$\left. - \left(\frac{\partial P}{\partial y} + \frac{\partial P}{\partial z} \frac{\partial z}{\partial y} + \frac{\partial R}{\partial y} \frac{\partial z}{\partial x} + \frac{\partial R}{\partial z} \frac{\partial z}{\partial y} \frac{\partial z}{\partial x} + R \frac{\partial^2 z}{\partial y \partial x} \right) \right] dA$$

Quatre des termes de cette intégrale double se simplifient tandis que les six autres peuvent être réarrangés pour se présenter comme dans le membre de droite de la formule 2. Par conséquent,

$$\int_C \vec{F} \cdot d\vec{r} = \iint_S \operatorname{rot} \vec{F} \cdot d\vec{S}$$

■ ■

EXEMPLE 1 Calculez $\int_C \vec{F} \cdot d\vec{r}$, où $\vec{F}(x, y, z) = -y^2 \vec{i} + x \vec{j} + z^2 \vec{k}$ et où C est la courbe d'intersection du plan $y + z = 2$ avec le cylindre $x^2 + y^2 = 1$. (Orientez C dans le sens contraire des aiguilles d'une montre, vu d'en haut.)

SOLUTION La figure 3 montre la courbe C (une ellipse). Bien que $\int_C \vec{F} \cdot d\vec{r}$ puisse être calculée directement, il est plus facile de passer par le Théorème de Stokes. Il faut d'abord calculer

$$\operatorname{rot} \vec{F} = \begin{vmatrix} \vec{i} & \vec{j} & \vec{k} \\ \dfrac{\partial}{\partial x} & \dfrac{\partial}{\partial y} & \dfrac{\partial}{\partial z} \\ -y^2 & x & z^2 \end{vmatrix} = (1 + 2y) \vec{k}$$

Bien qu'il y ait plusieurs surfaces délimitées par C, le meilleur choix est la région elliptique du plan $y + z = 2$ que ceinture l'ellipse C. L'orientation vers le haut de S induit

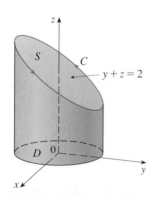

FIGURE 3

l'orientation positive de C. La projection D de S sur la plan Oxy est le disque $x^2 + y^2 \leqslant 1$. L'équation 13.6.10 avec $z = g(x, y) = 2 - y$ conduit à

$$\int_C \vec{F} \cdot d\vec{r} = \iint_S \operatorname{rot} \vec{F} \cdot d\vec{S} = \iint_D (1 + 2y) \, dA$$

$$= \int_0^{2\pi} \int_0^1 (1 + 2r \sin \theta) r \, dr \, d\theta$$

$$= \int_0^{2\pi} \left[\frac{r^2}{2} + 2\frac{r^3}{3} \sin \theta \right]_0^1 d\theta = \int_0^{2\pi} (\tfrac{1}{2} + \tfrac{2}{3} \sin \theta) \, d\theta$$

$$= \tfrac{1}{2}(2\pi) + 0 = \pi.$$ ■ ■

EXEMPLE 2 Calculez, en utilisant le Théorème de Stokes, l'intégrale $\iint_C \operatorname{rot} \vec{F} \cdot d\vec{r}$ où $\vec{F}(x, y, z) = xz\,\vec{i} + yz\,\vec{j} + xy\,\vec{k}$ et où S est la portion de la sphère $x^2 + y^2 + z^2 = 4$ qui se trouve à l'intérieur du cylindre $x^2 + y^2 = 1$ et au-dessus du plan Oxy (voyez la figure 4).

SOLUTION Pour déterminer l'équation de la courbe frontière C, on résout le système formé par les équations $x^2 + y^2 + z^2 = 4$ et $x^2 + y^2 = 1$. Par soustration, il vient $z^2 = 3$ ou $z = \sqrt{3}$ (puisque $z > 0$). De là, C est décrite par les équations $x^2 + y^2 = 1$, $z = \sqrt{3}$ et vectoriellement par

$$\vec{r}(t) = \cos t\,\vec{i} + \sin t\,\vec{j} + \sqrt{3}\,\vec{k} \qquad 0 \leqslant t \leqslant 2\pi.$$

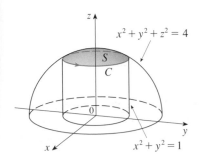

FIGURE 4

On calcule encore $\quad \vec{r}\,'(t) = -\sin t\,\vec{i} + \cos t\,\vec{j}$

et $\qquad\qquad \vec{F}(\vec{r}(t)) = \sqrt{3} \cos t\,\vec{i} + \sqrt{3} \sin t\,\vec{j} + \cos t \sin t\,\vec{k}.$

Le Théorème de Stokes conduit à

$$\iint_S \operatorname{rot} \vec{F} \cdot d\vec{S} = \int_C \vec{F} \cdot d\vec{r} = \int_0^{2\pi} \vec{F}(\vec{r}(t)) \cdot \vec{r}\,'(t) \, dt$$

$$= \int_0^{2\pi} (-\sqrt{3} \cos t \sin t + \sqrt{3} \sin t \cos t) \, dt$$

$$= \sqrt{3} \int_0^{2\pi} 0 \, dt = 0.$$ ■ ■

On remarque, dans l'exemple 2, que l'intégrale de surface a été calculée en ne connaissant les valeurs de $\vec{F}$ que sur la courbe frontière C. Cela signifie que la valeur de l'intégrale de surface serait la même si on intégrait sur une autre surface, du moment qu'elle est délimitée par la même frontière C.

De façon générale, si S_1 et S_2 sont des surfaces orientables bordées par la même courbe frontière orientée C et qui satisfont aux hypothèses du Théorème de Stokes, alors

3
$$\iint_{S_1} \operatorname{rot} \vec{F} \cdot d\vec{S} = \int_C \vec{F} \cdot d\vec{r} = \iint_{S_2} \operatorname{rot} \vec{F} \cdot d\vec{S}.$$

C'est utile à savoir quand l'intégration s'avère difficile sur une surface et plus simple sur une autre.

Il est temps d'éclairer le sens du rotationnel, à la faveur du Théorème de Stokes. On suppose que C est une courbe fermée orientable et que $\vec{v}$ représente le champ de vitesses d'un fluide en mouvement. On considère l'intégrale curviligne

$$\int_C \vec{v} \cdot d\vec{r} = \int_C \vec{v} \cdot \vec{T} \, ds$$

et on rappelle que $\vec{v} \cdot \vec{T}$ est la composante de $\vec{v}$ dans la direction du vecteur unitaire tangent $\vec{T}$. Dès lors, plus la direction de $\vec{v}$ est proche de la direction de $\vec{T}$, plus la valeur de $\vec{v} \cdot \vec{T}$ est grande. De ce fait, le nombre $\int_C \vec{v} \cdot d\vec{r}$ est une mesure de la tendance du fluide à se déplacer autour de C. Il est d'ailleurs appelé la **circulation** de $\vec{v}$ autour de C (voyez la figure 5).

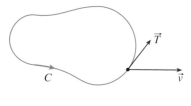

FIGURE 5   a) $\int_C \vec{v} \cdot d\vec{r} > 0$, circulation positive   b) $\int_C \vec{v} \cdot d\vec{r} < 0$, circulation négative

Soit maintenant $P_0(x_0, y_0, z_0)$ un point dans le fluide et soit S_a un petit disque de rayon a, centré en P_0. Sous l'hypothèse que $\operatorname{rot} \vec{F}$ est continu, on peut penser que $(\operatorname{rot} \vec{F})(P) \approx (\operatorname{rot} \vec{F})(P_0)$ en tous les points P de S_a. Grâce au Théorème de Stokes, on calcule alors la valeur approchée de la circulation autour de la frontière circulaire C_a :

$$\int_{C_a} \vec{v} \cdot d\vec{r} = \iint_{S_a} \operatorname{rot} \vec{v} \cdot d\vec{S} = \iint_{S_a} \operatorname{rot} \vec{v} \cdot \vec{n} \, dS$$

$$\approx \iint_{S_a} \operatorname{rot} \vec{v}(P_0) \cdot \vec{n}(P_0) \, dS = \operatorname{rot} \vec{v}(P_0) \cdot \vec{n}(P_0) \pi a^2.$$

■ ■ Imaginez une petite roue à palettes placée dans le fluide en un point P, comme dans la figure 6 ; c'est quand son axe est parallèle à $\operatorname{rot} \vec{v}$ que la roue tourne le plus vite.

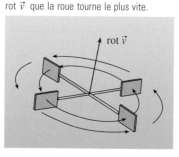

FIGURE 6

Comme cette approximation s'améliore avec $a \to 0$, on a

$$\boxed{4} \qquad \operatorname{rot} \vec{v}(P_0) \cdot \vec{n}(P_0) = \lim_{a \to 0} \frac{1}{\pi a^2} \int_{C_a} \vec{v} \cdot d\vec{r}$$

L'équation 4 établit la relation entre le rotationnel et la circulation. Elle montre que $\operatorname{rot} \vec{v} \cdot \vec{n}$ est une mesure de l'effet de tourbillon du fluide autour de l'axe $\vec{n}$. Cet effet est le plus fort autour de l'axe parallèle à $\operatorname{rot} \vec{v}$.

Enfin, le Théorème de Stokes peut servir à démontrer le théorème 13.5.4 (qui affirmait que si $\operatorname{rot} \vec{F} = \vec{0}$ sur tout $\mathbb{R}^3$, alors $\vec{F}$ est conservatif). De ce qui précède (théorèmes 13.3.3 et 13.3.4), on sait que $\vec{F}$ est conservatif si $\int_C \vec{F} \cdot d\vec{r} = 0$ sur tout chemin fermé C. Étant donné C, on suppose pouvoir trouver une surface orientable S dont C constitue la frontière (c'est faisable, mais la démonstration demanderait des techniques fort avancées). Alors, en vertu du Théorème de Stokes,

$$\int_C \vec{F} \cdot d\vec{r} = \iint_S \operatorname{rot} \vec{F} \cdot d\vec{S} = \iint_S \vec{0} \cdot d\vec{S} = 0.$$

Une courbe qui n'est pas simple peut être découpée en un certain nombre de courbes simples et les intégrales autour de ces courbes simples sont toutes nulles. En faisant la somme de ces intégrales, on arrive à $\int_C \vec{F} \cdot d\vec{r} = 0$ sur toute courbe fermée C.

13.7 Exercices

1. Voici un hémisphère H et une portion P de paraboloïde. On suppose que $\vec{F}$ est un champ de vecteurs défini sur $\mathbb{R}^3$ dont les composantes ont des dérivées partielles continues. Expliquez pourquoi

$$\iint_H \operatorname{rot} \vec{F} \cdot d\vec{S} = \iint_P \operatorname{rot} \vec{F} \cdot d\vec{S}$$

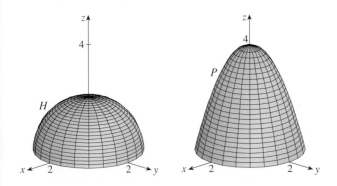

2–6 ■ Calculez $\iint_S \operatorname{rot} \vec{F} \cdot d\vec{S}$, en utilisant le Théorème de Stokes.

2. $\vec{F}(x, y, z) = yz\,\vec{i} + xz\,\vec{j} + xy\,\vec{k}$,
S est la portion du paraboloïde $z = 9 - x^2 - y^2$ qui se trouve au-dessus du plan $z = 5$, orientée vers le haut.

3. $\vec{F}(x, y, z) = x^2 e^{yz}\vec{i} + y^2 e^{xz}\vec{j} + z^2 e^{xy}\vec{k}$,
S est l'hémisphère $x^2 + y^2 + z^2 = 4$, $z \geqslant 0$, orienté vers le haut.

4. $\vec{F}(x, y, z) = x^2 y^3 z\,\vec{i} + \sin(xyz)\vec{j} + xyz\,\vec{k}$,
S est la portion du cône $y^2 = x^2 + z^2$ située entre les plans $y = 0$ et $y = 3$, orientée dans le sens positif de l'axe Oy.

5. $\vec{F}(x, y, z) = xyz\,\vec{i} + xy\,\vec{j} + x^2 yz\,\vec{k}$,
S se compose de la face supérieure et des quatre faces latérales (sans le fond) du cube de sommets $(\pm 1, \pm 1, \pm 1)$, orientée vers l'extérieur. [*Suggestion :* Utilisez l'équation 3.]

6. $\vec{F}(x, y, z) = e^{xy}\cos z\,\vec{i} + x^2 z\,\vec{j} + xy\,\vec{k}$,
S est l'hémisphère $x = \sqrt{1 - y^2 - z^2}$ orientée dans le sens positif de l'axe Ox. [*Suggestion :* Utilisez l'équation 3.]

7–10 ■ Calculez $\int_C \vec{F} \cdot d\vec{r}$, en utilisant le Théorème de Stokes. Dans chaque cas, C est orientée, vue d'en haut, dans le sens contraire des aiguilles d'une montre.

7. $\vec{F}(x, y, z) = (x + y^2)\vec{i} + (y + z^2)\vec{j} + (z + x^2)\vec{k}$,
C est le triangle de sommets $(1, 0, 0)$, $(0, 1, 0)$ et $(0, 0, 1)$.

8. $\vec{F}(x, y, z) = e^{-x}\vec{i} + e^x\vec{j} + e^z\vec{k}$,
C est la partie du plan $2x + y + 2z = 2$ située dans le premier octant.

9. $\vec{F}(x, y, z) = yz\,\vec{i} + 2xz\,\vec{j} + e^{xy}\vec{k}$,
C est le cercle $x^2 + y^2 = 16$, $z = 5$.

10. $\vec{F}(x, y, z) = xy\,\vec{i} + 2z\,\vec{j} + 3y\,\vec{k}$,
C est la courbe d'intersection du plan $x + z = 5$ et du cylindre $x^2 + y^2 = 9$.

11. a) Calculez $\int_C \vec{F} \cdot d\vec{r}$ par le Théorème de Stokes, si

$$\vec{F}(x, y, z) = x^2 z\,\vec{i} + xy^2\,\vec{j} + z^2\,\vec{k}$$

si C est la courbe d'intersection du plan $x + y + z = 1$ et du cylindre $x^2 + y^2 = 9$, orientée dans le sens contraire des aiguilles d'une montre, vue d'en haut.

b) Dessinez le plan et le cylindre sur des domaines qui permettent de bien voir la courbe C et la surface dont il est question dans la partie a).

c) Déterminez des équations paramétriques de C et servez-vous en pour dessiner C.

12. a) Calculez $\int_C \vec{F} \cdot d\vec{r}$ par le Théorème de Stokes, si
$\vec{F}(x, y, z) = x^2 y\,\vec{i} + \frac{1}{3}x^3\,\vec{j} + xy\,\vec{k}$ et si C est la courbe d'intersection du paraboloïde hyperbolique $z = y^2 - x^2$ et du cylindre $x^2 + y^2 = 1$, orientée dans le sens contraire des aiguilles d'une montre, vue d'en haut.

b) Dessinez le plan et le cylindre sur des domaines qui permettent de bien voir la courbe C et la surface dont il est question dans la partie a).

c) Déterminez des équations paramétriques de C et servez-vous en pour dessiner C.

13–15 ■ Vérifiez que le Théorème de Stokes est vrai pour le champ vectoriel $\vec{F}$ et la surface S donnés.

13. $\vec{F}(x, y, z) = y^2\,\vec{i} + x\,\vec{j} + z^2\,\vec{k}$,
S est la portion du paraboloïde $z = x^2 + y^2$ qui se trouve sous le plan $z = 1$, orientée vers le haut.

14. $\vec{F}(x, y, z) = x\,\vec{i} + y\,\vec{j} + xyz\,\vec{k}$,
S est la partie du plan $2x + y + z = 2$, située dans le premier octant, orientée vers le haut.

15. $\vec{F}(x, y, z) = y\,\vec{i} + z\,\vec{j} + x\,\vec{k}$,
S est l'hémisphère $x^2 + y^2 + z^2 = 1$, $y \geqslant 0$, orienté dans le sens positif de l'axe Oy.

16. Soit

$$\vec{F}(x, y, z) = (ax^3 - 3xz^2, x^2 y + by^3, cz^3)$$

Soit C la courbe de l'exercice 12 et on considère toutes les surfaces lisses possibles S qui admettent la courbe C comme frontière. Déterminez les valeurs de a, b et c pour lesquelles $\iint_S \vec{F} \cdot d\vec{S}$ est indépendant du choix de S.

17. Calculez le travail du champ de forces
$\vec{F}(x, y, z) = z^2\,\vec{i} + 2xy\,\vec{j} + 4y^2\,\vec{k}$ quand une particule se

déplace sous son influence le long des segments qui vont de l'origine vers les points $(1, 0, 0)$, $(1, 2, 1)$, $(0, 2, 1)$ et retour à l'origine.

18. Calculez $\int_C (y + \sin x)\,dx + (z^2 + \cos y)\,dy + x^3\,dz$, où C est la courbe $\vec{r}(t) = (\sin t, \cos t, \sin 2t)$, $0 \leqslant t \leqslant 2\pi$.
[*Suggestion* : Tenez compte du fait que C appartient à la surface $z = 2xy$.]

19. Démontrez que $\iint_S \operatorname{rot} \vec{F} \cdot d\vec{S} = 0$, si S est une sphère et si $\vec{F}$ satisfait aux hypothèses du Théorème de Stokes.

20. On suppose que S et C satisfont aux hypothèses du Théorème de Stokes et que f et g ont des dérivées partielles secondes continues. Servez-vous des exercices 22 et 24 de la section 13.5 pour démontrer les égalités suivantes.

a) $\int_C (f \nabla g) \cdot d\vec{r} = \iint_S (\nabla f \wedge \nabla g) \cdot d\vec{S}$

b) $\int_C (f \nabla f) \cdot d\vec{r} = 0$

c) $\int_C (f \nabla g + g \nabla f) \cdot d\vec{r} = 0$

SUJET DE RÉDACTION

Trois hommes et deux théorèmes

Bien que deux des plus importants théorèmes de l'analyse vectorielle portent le nom de George Green et George Stokes, il y a un troisième homme, William Thomson (connu surtout sous le nom de Lord Kelvin), qui a joué un grand rôle dans la formulation, la divulgation et les applications de ces deux résultats. Tous les trois se sont appliqués à voir comment les deux théorèmes pouvaient contribuer à expliquer et à prédire des phénomènes physiques en électricité et magnétisme et en théorie de l'écoulement des fluides. Les premiers éléments historiques figurent dans la marge aux pages 935 et 961.

■ ■ La photo montre un vitrail à l'Université de Cambridge en l'honneur de George Green.

Rédigez un article sur les origines historiques du Théorème de Green et du Théorème de Stokes. Expliquez les ressemblances et la relation qui lient ces deux théorèmes. Étudiez les rôles que Green, Thomson et Stokes ont joué en découvrant ces théorèmes et en les faisant connaître. Montrez comment ces théorèmes sont sortis de l'exploration de l'électricité et du magnétisme et comment ils ont été utilisés ultérieurement pour expliquer toutes sortes de problèmes en physique.

Le dictionnaire publié par Gillipsie [2] est une bonne source tant du point de vue biographique que scientifique. Le livre de Hutchinson [5] fournit un compte rendu de la vie de Stokes et le livre de Thompson[8] contient la biographie de Lord Kelvin. Les articles de Grattan-Guinness [3] et Gray[4] et le livre de Cannell[1] expose le contexte de la vie extraordinaire et de l'œuvre de Green. D'autres circonstances historiques et mathématiques figurent dans Katz [3] et Kline [7].

■ ■ Une autre source d'information pour ce sujet de rédaction est l'internet et ses nombreux sites sur l'histoire des mathématiques.

1. D.M. CANNEL, *George Green, Mathematician and Physicist 1793-1841 : The background to his Life and Work* (Philadelphia : Society for Industrial ans Applied Mathematics, 2001).

2. C. C. GILLIPSIE, ed., *Dictionary of Scientific Biography*, New York : Scribner's, 1974. Voyez l'article sur Green de P. J. Wallis dans le volume XV et les articles sur Thomson de Jed Buchwald et sur Stokes de E. M. Parkinson dans le volume XIII.

3. I. GRATTAN-GUINNESS, « Why did Geoge Green write his essay of 1828 on electricity and magnetism ? » *Amer. Math. Monthly,* Vol. 102 (1995), pp. 387-396.

4. J. GRAY, « There was a jolly miller. » *The New Scientist*, Vol. 139/ (1993), pp. 24-27.

5. G. E. HUTCHINSON, *The Enchanted Voyage*, New Haven, Yale University Press, 1962.

6. Victor KATZ, *A History of Mathematics : An Introduction,* New York : Harper-Collins, 1993, p. 678-680.

7. M. KLINE, *Mathematical Thought from Ancient to Modern Times*, New York, Oxford University Press, 1972, p. 683-685.

8. Sylvanus P. THOMPSON, *The life of Lord Kelvin* (New York : Chelsea, 1976).

13.8 Le théorème de flux-divergence

Dans la section 13.5, le Théorème de Green a été écrit sous forme vectorielle

$$\int_C \vec{F} \cdot \vec{n}\, ds = \iint_D \operatorname{div} \vec{F}(x, y)\, dA$$

où C est la frontière, orientée positivement, du domaine plan D. À tenter d'écrire l'extension de ce théorème à un champ vectoriel défini sur $\mathbb{R}^3$, on est amené à la conjecture

$$\boxed{1} \qquad \iint_S \vec{F} \cdot \vec{n}\, dS = \iiint_E \operatorname{div} \vec{F}(x, y, z)\, dV$$

où S serait la surface frontière de la région solide E. Il se fait que le théorème de l'équation 1 est vrai, sous certaines hypothèses. Il porte le nom de Théorème de flux-divergence. Il est apparenté au Théorème de Green et au Théorème de Stokes en ce qu'il lie l'intégrale d'une dérivée (div $\vec{F}$, en l'occurrence) sur une région à l'intégrale de la fonction d'origine $\vec{F}$ sur la frontière de la région.

À ce moment, il peut être bon de se rafraîchir la mémoire sur les différents types de régions sur lesquelles ont été calculées des intégrales triples dans la section 12.7. On énonce et démontre le Théorème de flux-divergence sur des régions E qui sont simultanément de type 1, 2 et 3 et de telles régions sont appelées des **régions solides simples**. (Par exemple, des régions bornées par des ellipsoïdes ou des parallélépipèdes rectangles sont des régions solides simples.) La frontière de E est une surface fermée et on convient, comme dans la section 13.6, que l'orientation positive est dirigée vers l'extérieur ; c'est-à-dire que le vecteur unitaire normal $\vec{n}$ sort de E.

■■ Le Théorème de flux-divergence est parfois appelé Théorème de Gauss, du nom du grand mathématicien allemand Karl Friedrich Gauss (1777-1855), qui le découvrit lors de ses recherches en électrostatique. En Europe, ce théorème est connu comme le Théorème d'Ostrogradski d'après le mathématicien Michel Vassilievitch Ostrogradski (1801-1861), qui publia ce résultat en 1826.

Théorème de flux-divergence (ou d'Ostrogradski) Soit E une région solide simple et soit S la surface frontière de E, orientée positivement (vers l'extérieur). Soit $\vec{F}$ un champ de vecteurs dont les composantes ont des dérivées partielles continues sur une région ouverte de $\mathbb{R}^3$ qui contient E. Alors,

$$\iint_S \vec{F} \cdot d\vec{S} = \iiint_E \operatorname{div} \vec{F}\, dV$$

Le théorème de flux-divergence établit donc que, sous les conditions énoncées, le flux de $\vec{F}$ à travers la surface frontière de E est égal à l'intégrale triple de la divergence de $\vec{F}$ sur E.

Démonstration Soit $\vec{F} = P\vec{i} + Q\vec{j} + R\vec{k}$. Alors,

$$\operatorname{div} \vec{F} = \frac{\partial P}{\partial x} + \frac{\partial Q}{\partial y} + \frac{\partial R}{\partial z}$$

et

$$\iiint_E \operatorname{div} \vec{F}\, dV = \iiint_E \frac{\partial P}{\partial x}\, dV + \iiint_E \frac{\partial Q}{\partial y}\, dV + \iiint_E \frac{\partial R}{\partial z}\, dV.$$

Si $\vec{n}$ désigne le vecteur unitaire normal à S, l'intégrale de surface du membre de gauche du Théorème de flux-divergence s'écrit

$$\iint_S \vec{F} \cdot d\vec{S} = \iint_S \vec{F} \cdot \vec{n} \, dS = \iint_S (P\vec{i} + Q\vec{j} + R\vec{k}) \cdot \vec{n} \, dS$$

$$= \iint_S P\vec{i} \cdot \vec{n} \, dS + \iint_S Q\vec{j} \cdot \vec{n} \, dS + \iint_S R\vec{k} \cdot \vec{n} \, dS.$$

Par conséquent, pour démontrer le Théorème de flux-divergence, il suffit de prouver les trois équations :

$$\boxed{2} \qquad \iint_S P\vec{i} \cdot \vec{n} \, dS = \iiint_E \frac{\partial P}{\partial x} \, dV.$$

$$\boxed{3} \qquad \iint_S Q\vec{j} \cdot \vec{n} \, dS = \iiint_E \frac{\partial Q}{\partial y} \, dV.$$

$$\boxed{4} \qquad \iint_S R\vec{k} \cdot \vec{n} \, dS = \iiint_E \frac{\partial R}{\partial z} \, dV.$$

L'équation 4 se démontre à partir de la description de E comme un domaine de type 1 :

$$E = \{ (x, y, z) \mid (x, y) \in D, u_1(x, y) \leqslant z \leqslant u_2(x, y) \},$$

où D est la projection de E sur le plan Oxy. Selon l'équation 12.7.6, on a

$$\iiint_E \frac{\partial R}{\partial z} \, dV = \iint_D \left[\int_{u_1(x, y)}^{u_2(x, y)} \frac{\partial R}{\partial z} (x, y, z) \, dz \right] dA$$

et de là, par le Théorème fondamental du calcul différentiel et intégral,

$$\boxed{5} \qquad \iiint_E \frac{\partial R}{\partial z} \, dV = \iint_D [R(x, y, u_2(x, y)) - R(x, y, u_1(x, y))] \, dA$$

La surface frontière S se compose de trois morceaux : le fond S_1, la partie supérieure S_2 et peut-être une surface verticale S_3 qui se projette sur la frontière de D (voyez la figure 1. Parfois, S_3 est absente, comme dans le cas d'une sphère, par exemple.) Vu que sur S_3, $\vec{k} \cdot \vec{n} = 0$, parce que $\vec{k}$ est vertical et $\vec{n}$ est horizontal,

$$\iint_{S_3} R\vec{k} \cdot \vec{n} \, dS = \iint_{S_3} 0 \, dS = 0.$$

D'où, indépendamment du fait qu'il y ait une surface verticale ou non, on peut écrire

$$\boxed{6} \qquad \iint_S R\vec{k} \cdot \vec{n} \, dS = \iint_{S_1} R\vec{k} \cdot \vec{n} \, dS + \iint_{S_2} R\vec{k} \cdot \vec{n} \, dS.$$

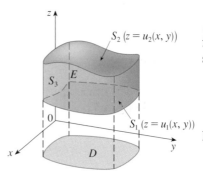

FIGURE 1

L'équation de S_2 est $z = u_2(x, y)$, $(x, y) \in D$, et le vecteur normal $\vec{n}$ pointe vers le haut. Dans ces conditions, l'équation 13.6.10 (où $\vec{F}$ est remplacé par $R\vec{k}$) fournit

$$\iint_{S_2} R\vec{k} \cdot \vec{n} \, dS = \iint_D R(x, y, u_2(x, y)) \, dA.$$

Comme, sur S_1, $z = u_1(x, y)$, et que le vecteur normal $\vec{n}$ pointe ici vers le bas, on est amené à multiplier par -1,

$$\iint\limits_{S_1} R\vec{k} \cdot \vec{n}\, dS = -\iint\limits_{D} R(x, y, u_1(x, y))\, dA.$$

Par conséquent, l'équation 6 se réécrit

$$\iint\limits_{S} R\vec{k} \cdot \vec{n}\, dS = \iint\limits_{D} [\, R(x, y, u_2(x, y)) - R(x, y, u_1(x, y))\,]\, dA.$$

La comparaison avec l'équation 5 mène à l'égalité attendue

$$\iint\limits_{S} R\vec{k} \cdot \vec{n}\, dS = \iiint\limits_{E} \frac{\partial R}{\partial z}\, dV.$$

■ ■ Il est à noter que la méthode de démonstration du Théorème de flux-divergence est fort semblable à celle du Théorème de Green.

Les équations 2 et 3 se démontrent de manière analogue à partir des descriptions de E comme région de type 2 ou de type 3. ■ ■

EXEMPLE 1 Calculez le flux du champ vectoriel $\vec{F}(x, y, z) = z\,\vec{i} + y\,\vec{j} + x\,\vec{k}$ sur la sphère unité $x^2 + y^2 + z^2 = 1$.

SOLUTION On calcule d'abord la divergence de $\vec{F}$:

$$\operatorname{div} \vec{F} = \frac{\partial}{\partial x}(z) + \frac{\partial}{\partial y}(y) + \frac{\partial}{\partial z}(x) = 1.$$

La sphère unité S cloisonne la boule unité B donnée par $x^2 + y^2 + z^2 \leqslant 1$. Le Théorème de flux-divergence conduit alors à

$$\iint\limits_{S} \vec{F} \cdot d\vec{S} = \iiint\limits_{B} \operatorname{div} \vec{F}\, dV = \iiint\limits_{B} 1\, dV$$

■ ■ La solution de l'exemple 1 est à rapprocher de la solution de l'exemple 4 dans la section 13.6.

$$= V(B) = \tfrac{4}{3}\pi(1)^3 = \frac{4\pi}{3}.$$

■ ■

EXEMPLE 2 Calculez $\displaystyle\iint\limits_{S} \vec{F} \cdot d\vec{S}$, où

$$\vec{F}(x, y, z) = xy\,\vec{i} + (y^2 + e^{xz^2})\,\vec{j} + \sin(xy)\,\vec{k},$$

et où S est la surface de la région solide E bornée par le cylindre parabolique $z = 1 - x^2$ et les plans $z = 0$, $y = 0$ et $y + z = 2$ (voyez la figure 2).

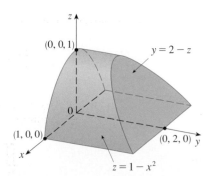

FIGURE 2

SOLUTION Calculer directement l'intégrale de surface ne serait pas chose facile (car il faudrait la décomposer en quatre intégrales de surface sur chacune des parties qui composent S). De plus, la divergence de $\vec{F}$ est beaucoup plus simple que $\vec{F}$ lui-même :

$$\text{div } \vec{F} = \frac{\partial}{\partial x}(xy) + \frac{\partial}{\partial y}(y^2 + e^{xz^2}) + \frac{\partial}{\partial z}(\sin xy)$$

$$= y + 2y = 3y.$$

Par conséquent, on change l'intégrale de surface en une intégrale triple, grâce au Théorème de flux-divergence. Le mieux pour calculer l'intégrale triple est de décrire E comme une région de type 3 :

$$E = \{ (x, y, z) \mid -1 \leqslant x \leqslant 1,\ 0 \leqslant z \leqslant 1 - x^2,\ 0 \leqslant y \leqslant 2 - z \}$$

Alors,

$$\iint_S \vec{F} \cdot d\vec{S} = \iiint_E \text{div } \vec{F}\, dV = \iiint_E 3y\, dV$$

$$= 3 \int_{-1}^{1} \int_0^{1-x^2} \int_0^{2-z} y\, dy\, dz\, dx$$

$$= 3 \int_{-1}^{1} \int_0^{1-x^2} \frac{(2-z)^2}{2}\, dz\, dx$$

$$= \frac{3}{2} \int_{-1}^{1} \left[-\frac{(2-z)^3}{3} \right]_0^{1-x^2} dx$$

$$= -\frac{1}{2} \int_{-1}^{1} \left[(x^2 + 1)^3 - 8 \right] dx$$

$$= -\int_0^1 (x^6 + 3x^4 + 3x^2 - 7)\, dx = \tfrac{184}{35}.$$

■ ■

Bien que le Théorème de flux-divergence ait été démontré seulement sur des régions simples, il est également valable sur une réunion finie de régions solides simples. (Cette extension est analogue à celle qui a été faite dans la section 13.4 pour le Théorème de Green.)

Soit, par exemple, la région E comprise entre les deux surfaces fermées S_1 et S_2, où S_1 est entièrement à l'intérieur de S_2. Les vecteurs unitaires normaux à S_1 et S_2, dirigés vers l'extérieur, sont respectivement $\vec{n}_1$ et $\vec{n}_2$. La surface frontière de E est la réunion de S_1 et S_2 et le vecteur unitaire normal, dirigé vers l'extérieur est $\vec{n} = -\vec{n}_1$ sur S_1 et $\vec{n}_2$ sur S_2 (voyez la figure 3). L'application du Théorème de flux-divergence conduit à

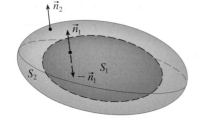

FIGURE 3

$$\boxed{7} \qquad \iiint_E \text{div } \vec{F}\, dV = \iint_S \vec{F} \cdot d\vec{S} = \iint_S \vec{F} \cdot \vec{n}\, dS$$

$$= \iint_{S_1} \vec{F} \cdot (-\vec{n}_1)\, dS + \iint_{S_2} \vec{F} \cdot \vec{n}_2\, dS$$

$$= -\iint_{S_1} \vec{F} \cdot d\vec{S} + \iint_{S_2} \vec{F} \cdot d\vec{S}.$$

Voyons ce que donne l'application de ce théorème au cas du champ électrique (voyez l'exemple 5 de la section 13.1) :

$$\vec{E}(\vec{x}) = \frac{\varepsilon Q}{\|\vec{x}\|^3} \vec{x},$$

où S_1 est une petite sphère de rayon a et centrée à l'origine. Vous pouvez vérifier que div $\vec{E} = 0$ (voyez l'exercice 23). Aussi, l'équation 7 donne

$$\iint\limits_{S_2} \vec{E} \cdot d\vec{S} = \iint\limits_{S_1} \vec{E} \cdot d\vec{S} + \iiint\limits_{E} \text{div } \vec{E} \, dV$$

$$= \iint\limits_{S_1} \vec{E} \cdot d\vec{S} = \iint\limits_{S_1} \vec{E} \cdot \vec{n} \, dS$$

L'astuce de ce calcul est qu'il est possible de calculer l'intégrale de surface sur S_1 parce que S_1 est une sphère. Le vecteur normal en $\vec{x}$ est $\vec{x}/\|\vec{x}\|$ et de là,

$$\vec{E} \cdot \vec{n} = \frac{\varepsilon Q}{\|\vec{x}\|^3} \vec{x} \cdot \left(\frac{\vec{x}}{\|\vec{x}\|} \right) = \frac{\varepsilon Q}{\|\vec{x}\|^4} \vec{x} \cdot \vec{x}$$

$$= \frac{\varepsilon Q}{\|\vec{x}\|^2} = \frac{\varepsilon Q}{a^2},$$

puisque l'équation de S_1 est $\|\vec{x}\| = a$. Dès lors,

$$\iint\limits_{S_2} \vec{E} \cdot d\vec{S} = \iint\limits_{S_1} \vec{E} \cdot \vec{n} \, dS$$

$$= \frac{\varepsilon Q}{a^2} \iint\limits_{S} dS = \frac{\varepsilon Q}{a^2} A(S_1)$$

$$= \frac{\varepsilon Q}{a^2} 4\pi a^2 = 4\pi \varepsilon Q.$$

Ceci démontre que le flux électrique de $\vec{E}$ vaut $4\pi\varepsilon Q$ à travers *toute* surface fermée S_2 qui contient l'origine. [C'est un cas particulier de la Loi de Gauss (équation 13.6.11) pour une seule charge. La relation entre ε et ε_0 est $\varepsilon = 1/(4\pi\varepsilon_0)$.]

Le Théorème de flux-divergence s'applique aussi dans l'étude de l'écoulement des fluides. Soit $\vec{v}(x, y, z)$ le champ de vitesses à l'intérieur d'un fluide de densité constante ρ. Alors $\vec{F} = \rho\vec{v}$ est le flux par unité d'aire. Soit maintenant $P_0(x_0, y_0, z_0)$ un point dans le fluide et soit B_a une petite boule de rayon a, centré en P_0. Sous l'hypothèse que div $\vec{F}$ est continu, on peut penser que $(\text{div } \vec{F})(P) \approx (\text{div } \vec{F})(P_0)$ en tous les points P de B_a. On calcule alors la valeur approchée du flux à travers la sphère S_a comme suit :

$$\iint\limits_{S_a} \vec{F} \cdot d\vec{S} = \iiint\limits_{B_a} \text{div } \vec{F} \, dV$$

$$\approx \iiint\limits_{B_a} \text{div } \vec{F}(P_0) \, dV$$

$$= \text{div } \vec{F}(P_0) V(B_a)$$

Plus a est proche de 0, meilleure est cette approximation et donc

$$\boxed{8} \qquad \text{div } \vec{F}(P_0) = \lim_{a \to 0} \frac{1}{V(B_a)} \iint\limits_{S_a} \vec{F} \cdot d\vec{S}$$

L'équation 8 exprime que div $\vec{F}(P_0)$ est le flux net vers l'extérieur par unité de volume en P_0. (C'est la raison du mot *divergence*.) Lorsque div $\vec{F}(P) > 0$, le flux net près de P est sortant et P est appelé une **source**. Si div $\vec{F}(P) < 0$, le flux net près de P est entrant et P est dit un **puits**.

Au vu de la figure 4, il apparaît que les vecteurs dont le point final est proche de P_1 sont plus courts que les vecteurs qui ont leur point initial à proximité de P_1. Le flux net en P_1 est vers l'extérieur et donc, div $\vec{F}(P_1) > 0$ et P_1 est une source. Aux alentours de P_2 par contre, les flèches tournées vers l'intérieur sont plus longues que celles tournées vers l'extérieur. Dans ce cas, le flux entrant l'emporte, div $\vec{F}(P_2) < 0$ et P_2 est un puits. Tout ceci est confirmé par le calcul sur la formule de définition de $\vec{F}$. Comme $\vec{F} = x^2\,\vec{i} + y^2\,\vec{j}$, div $\vec{F} = 2x + 2y$, et donc div $\vec{F}$ est positive lorsque $y > -x$. Les points au-dessus de la droite $y = -x$ sont sources et ceux d'en dessous sont puits.

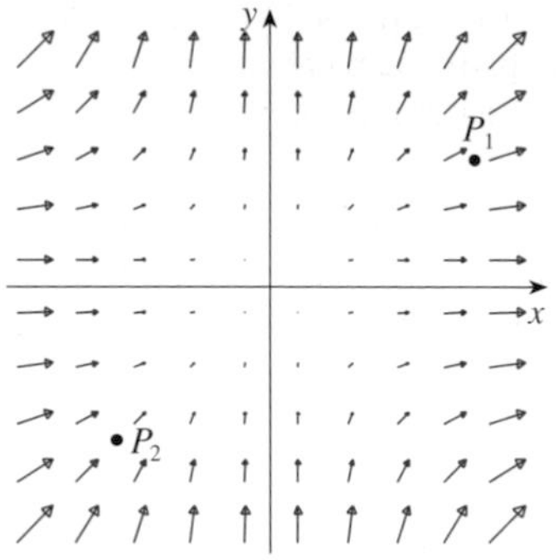

FIGURE 4
Le champ de vecteurs $\vec{F} = x^2\,\vec{i} + y^2\,\vec{j}$

13.8 Exercices

1–4 ■ Vérifiez que le Théorème de flux-divergence est vrai pour le champ vectoriel $\vec{F}$ sur la région E.

1. $\vec{F}(x, y, z) = 3x\,\vec{i} + xy\,\vec{j} + 2xz\,\vec{k}$;
E est le cube borné par les plans $x = 0$, $x = 1$, $y = 0$, $y = 1$, $z = 0$ et $z = 1$.

2. $\vec{F}(x, y, z) = x^2\,\vec{i} + xy\,\vec{j} + z\,\vec{k}$;
E est le solide borné par le paraboloïde $z = 4 - x^2 - y^2$ et le plan Oxy.

3. $\vec{F}(x, y, z) = xy\,\vec{i} + yz\,\vec{j} + zx\,\vec{k}$;
E est le solide cylindrique $x^2 + y^2 \leqslant 1$, $0 \leqslant z \leqslant 1$.

4. $\vec{F}(x, y, z) = x\,\vec{i} + y\,\vec{j} + z\,\vec{k}$;
E est la boule unité $x^2 + y^2 + z^2 \leqslant 1$.

5–15 ■ Calculez l'intégrale de surface $\iint_S \vec{F} \cdot d\vec{S}$ en utilisant le Théorème de flux-divergence ; autrement dit, calculez le flux de $\vec{F}$ à travers S.

5. $\vec{F}(x, y, z) = e^x \sin y\,\vec{i} + e^x \cos y\,\vec{j} + yz^2\,\vec{k}$;
S est la surface du parallélépipède formé par les plans $x = 0$, $x = 1$, $y = 0$, $y = 1$, $z = 0$ et $z = 2$.

6. $\vec{F}(x, y, z) = x^2z^3\,\vec{i} + 2xyz^3\,\vec{j} + xz^4\,\vec{k}$;
S est la surface du parallélépipède de sommets $(\pm1, \pm2, \pm3)$.

7. $\vec{F}(x, y, z) = 3xy^2\,\vec{i} + xe^z\,\vec{j} + z^3\,\vec{k}$;
S est la surface du solide borné par le cylindre $y^2 + z^2 = 1$ et les plans $x = -1$ et $x = 2$.

8. $\vec{F}(x, y, z) = x^3y\,\vec{i} - x^2y^2\,\vec{j} - x^2yz\,\vec{k}$;
S est la surface du solide délimité par l'hyperboloïde $x^2 + y^2 - z^2 = 1$ et les plans $z = -2$ et $z = 2$.

9. $\vec{F}(x, y, z) = xy \sin z\,\vec{i} + \cos(xz)\,\vec{j} + y\cos z\,\vec{k}$;
S est l'ellipsoïde $x^2/a^2 + y^2/b^2 + z^2/c^2 = 1$.

10. $\vec{F}(x, y, z) = x^2y\,\vec{i} + xy^2\,\vec{j} + 2xyz\,\vec{k}$;
S est la surface du tétraèdre formé par les plans $x = 0$, $y = 0$, $z = 0$ et $x + 2y + z = 2$.

11. $\vec{F}(x, y, z) = (\cos z + xy^2)\,\vec{i} + xe^{-z}\,\vec{j} + (\sin y + x^2z)\,\vec{k}$;
S est la surface du solide délimité par le paraboloïde $z = x^2 + y^2$ et le plan $z = 4$.

12. $\vec{F}(x, y, z) = x^4\,\vec{i} - x^3z^2\,\vec{j} + 4xy^2z\,\vec{k}$;
S est la surface du solide délimité par le cylindre $x^2 + y^2 = 1$ et les plans $z = x + 2$ et $z = 0$.

13. $\vec{F}(x, y, z) = 4x^3z\,\vec{i} + 4y^3z\,\vec{j} + 3z^4\,\vec{k}$;
S est la sphère de rayon R centrée à l'origine.

14. $\vec{F}(x, y, z) = (x^3 + y \sin z)\,\vec{i} + (y^3 + z \sin x)\,\vec{j} + 3z\,\vec{k}$;
S est la surface du solide fermé par les hémisphères $z = \sqrt{4 - x^2 - y^2}$, $z = \sqrt{1 - x^2 - y^2}$ et le plan $z = 0$.

CAS **15.** $\vec{F}(x, y, z) = e^y \operatorname{tg} z\,\vec{i} + y\sqrt{3 - x^2}\,\vec{j} + x\sin y\,\vec{k}$;
S est la surface du solide qui se trouve au-dessus du plan Oxy et sous la surface $z = 2 - x^4 - y^4$, $-1 \leqslant x \leqslant 1$, $-1 \leqslant y \leqslant 1$.

CAS **16.** Faites dessiner par un outil graphique le champ vectoriel $\vec{F}(x, y, z) = \sin x \cos^2 y\,\vec{i} + \sin^3 y \cos^4 z\,\vec{j} + \sin^5 z \cos^6 x\,\vec{k}$ dans le cube du premier octant fermé par les plans $x = \pi/2$, $y = \pi/2$ et $z = \pi/2$. Ensuite, calculez le flux à travers la surface de ce cube.

17. Servez-vous du Théorème de flux-divergence pour calculer $\iint_S \vec{F} \cdot d\vec{S}$, où

$$\vec{F}(x, y, z) = z^2 x\,\vec{i} + (\tfrac{1}{3}y^3 + \operatorname{tg} z)\,\vec{j} + (x^2 z + y^2)\,\vec{k},$$

et où S est la moitié supérieure de la sphère $x^2 + y^2 + z^2 = 1$. [*Suggestion :* Remarquez que S n'est pas une surface fermée. Calculez d'abord les intégrales sur S_1 et S_2, où S_1 est le disque $x^2 + y^2 \leqslant 1$, orienté vers le haut, et $S_2 = S \cup S_1$.]

18. Soit $\vec{F}(x, y, z) = z \operatorname{Arctg}(y^2)\,\vec{i} + z^3 \ln(x^2 + 1)\,\vec{j} + z\,\vec{k}$. Calculez le flux de $\vec{F}$ à travers la partie du paraboloïde $x^2 + y^2 + z = 2$ qui se trouve au-dessus du plan $z = 1$ et orientée vers le haut.

19. Voici représenté un champ de vecteurs $\vec{F}$. Servez-vous de l'interprétation de la divergence donnée dans cette section pour déterminer si div $\vec{F}$ est positive ou négative en P_1 et en P_2.

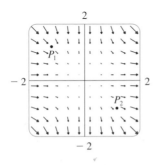

20. a) Les points P_1 et P_2 sont-ils source ou puits dans le champ de vecteurs $\vec{F}$ représenté dans la figure ? Donnez une explication basée seulement sur la figure.
   b) Étant donné que $\vec{F}(x, y) = (x, y^2)$, utilisez la définition de la divergence pour vérifier votre réponse à la partie a).

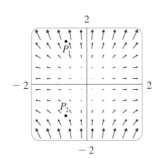

CAS **21–22** ■ Représentez graphiquement le champ de vecteurs et conjecturez où div $\vec{F} > 0$ et où div $\vec{F} < 0$. Calculez ensuite div $\vec{F}$ pour vérifier votre conjecture.

21. $\vec{F}(x, y) = (xy, x + y^2)$ **22.** $\vec{F}(x, y) = (x^2, y^2)$

23. Vérifiez que div $\vec{E} = 0$ pour le champ électrique

$$\vec{E}(\vec{x}) = \frac{\varepsilon Q}{\|\vec{x}\|^3}\,\vec{x}.$$

24. Servez-vous du Théorème de flux-divergence pour calculer

$$\iint_S (2x + 2y + z^2)\,dS,$$

où S est la sphère $x^2 + y^2 + z^2 = 1$.

25–30 ■ Démontrez chaque identité, en supposant que S et E satisfont aux conditions du Théorème de flux-divergence et que les fonctions scalaires et les composantes des champs de vecteurs ont des dérivées secondes partielles continues.

25. $\iint_S \vec{a} \cdot \vec{n}\,dS = 0$ où $\vec{a}$ est un vecteur constant.

26. $V(E) = \tfrac{1}{3} \iint_S \vec{F} \cdot d\vec{S}$ où $\vec{F}(x, y, z) = x\,\vec{i} + y\,\vec{j} + z\,\vec{k}$.

27. $\iint_S \operatorname{rot}\vec{F} \cdot d\vec{S} = 0$.

28. $\iint_S f_{\vec{n}}'\,dS = \iiint_E \nabla^2 f\,dV$.

29. $\iint_S (f\nabla g) \cdot \vec{n}\,dS = \iiint_E (f\nabla^2 g + \nabla f \cdot \nabla g)\,dV$.

30. $\iint_S (f\nabla g - g\nabla f) \cdot \vec{n}\,dS = \iiint_E (f\nabla^2 g - g\nabla^2 f)\,dV$.

31. On suppose que S et E satisfont aux conditions du Théorème de flux-divergence et que f est une fonction scalaire dotée de dérivées partielles continues. Démontrez que

$$\iint_S f\vec{n}\,dS = \iiint_E \nabla f\,dV$$

Ces intégrales de surface et triple de fonctions vectorielles sont des vecteurs définis en intégrant chaque fonction composante. [*Suggestion :* Appliquez pour commencer le Théorème de flux-divergence à $\vec{F} = f\vec{c}$, où $\vec{c}$ est un vecteur arbitraire constant.]

32. Un solide occupe une région E cloisonnée par la surface S et est immergé dans un liquide dont la densité ρ est constante. On choisit un repère tel que le plan Oxy coïncide avec la surface du liquide et que l'axe Oz pointe vers le bas dans la direction du liquide. La pression à la profondeur z vaut $p = \rho g z$, où g est l'accélération due à la pesanteur (voyez la section 6.5). La poussée totale exercée sur le solide et due à la pression est donnée par l'intégrale de surface

$$\vec{F} = -\iint_S p\vec{n}\,dS,$$

où $\vec{n}$ est le vecteur unitaire extérieur. Utilisez le résultat de l'exercice 31 pour montrer que $\vec{F} = -W\vec{k}$, où W est le poids du liquide déplacé par le solide. (Remarquez que $\vec{F}$ est orienté vers le haut parce que z est orienté vers le bas.) Le résultat s'appelle le *principe d'Archimède* : La poussée exercée vers le haut sur un objet est égale au poids du liquide déplacé.

13.9 Résumé

Les principaux résultats de ce chapitre sont tous des versions, en dimension plus élevée, du Théorème fondamental du calcul différentiel et intégral. Pour vous aider à les retenir, ils sont regroupés ici (sans les hypothèses) afin de mieux voir leur ressemblance. Remarquez que, dans chaque cas, le membre de gauche contient une intégrale d'une « dérivée » sur un domaine tandis que le membre de droite n'implique la fonction d'origine que sur la *frontière* du domaine.

Théorème fondamental du calcul différentiel et intégral $\displaystyle\int_a^b F'(x)\,dx = F(b) - F(a)$

Théorème fondamental des intégrales curvilignes $\displaystyle\int_C \nabla f \cdot d\vec{r} = f(\vec{r}(b)) - f(\vec{r}(a))$

Théorème de Green $\displaystyle\iint_D \left(\frac{\partial Q}{\partial x} - \frac{\partial P}{\partial y}\right) dA = \int_C P\,dx + Q\,dy$

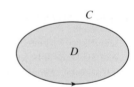

Théorème de Stokes $\displaystyle\iint_S \operatorname{rot}\vec{F} \cdot d\vec{S} = \int_C \vec{F} \cdot d\vec{r}$

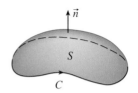

Théorème de flux-divergence $\displaystyle\iiint_E \operatorname{div}\vec{F}\,dV = \iint_S \vec{F} \cdot d\vec{S}$

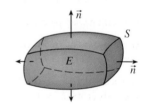

13 | Révision

1. Qu'est-ce qu'un champ de vecteurs ? Donnez trois exemples de champ de vecteurs qui ont une interprétation en physique.

2. a) Qu'est-ce qu'un champ conservatif ?
b) Qu'est-ce qu'une fonction potentiel ?

3. a) Écrivez la définition de l'intégrale curviligne d'une fonction scalaire f le long d'une courbe lisse C par rapport à l'abscisse curviligne.
b) Comment calculez-vous une telle intégrale ?
c) Écrivez des formules de la masse et du centre d'inertie d'un fin fil qui suit la courbe C, si la densité est donnée par la fonction $\rho(x, y)$.
d) Écrivez les définitions des intégrales curvilignes le long de C d'une fonction scalaire f par rapport à x, y et z.
e) Comment calculez-vous ces intégrales curvilignes ?

4. a) Définissez l'intégrale curviligne d'un champ de vecteurs $\vec{F}$ le long d'une courbe lisse C décrite par la fonction vectorielle $\vec{r}(t)$.
b) Que représente cette intégrale curviligne dans le cas où $\vec{F}$ est un champ de forces ?
c) Si $\vec{F} = (P, Q, R)$, quelle relation y a-t-il entre l'intégrale curviligne de $\vec{F}$ et les intégrales curvilignes des fonctions composantes P, Q et R ?

5. Énoncez le Théorème fondamental des intégrales curvilignes.

6. a) Que signifie l'indépendance du chemin pour $\int_C \vec{F} \cdot d\vec{r}$?
b) Si vous savez que $\int_C \vec{F} \cdot d\vec{r}$ est indépendante du chemin, que pouvez-vous dire à propos de $\vec{F}$?

7. Énoncez le Théorème de Green.

8. Écrivez des expressions de l'aire de la région enfermée dans une courbe fermée C en termes d'intégrales curvilignes le long de C.

9. Soit $\vec{F}$ un champ de vecteurs défini sur $\mathbb{R}^3$.
a) Définissez rot $\vec{F}$.
b) Définissez div $\vec{F}$.
c) Si $\vec{F}$ est un champ de vitesses au sein d'un fluide, quelle est l'interprétation de rot $\vec{F}$ et de div $\vec{F}$?

10. Si $\vec{F} = P\vec{i} + Q\vec{j}$, comment testez-vous que $\vec{F}$ est conservatif ? Et si $\vec{F}$ est un champ de vecteurs défini sur $\mathbb{R}^3$?

11. a) Écrivez la définition de l'intégrale de surface d'une fonction scalaire f sur une surface S.
b) Comment calculez-vous une telle intégrale si S est une surface paramétrée définie par l'équation vectorielle $\vec{r}(u, v)$?
c) Et si S est la surface d'équation $z = g(x, y)$?
d) Écrivez des formules de la masse et du centre d'inertie d'une fine feuille qui a la forme d'une surface S et dont la densité est donnée en chaque point par $\rho(x, y, z)$.

12. a) Qu'est-ce qu'une surface orientable ? Donnez un exemple d'une surface non orientable.
b) Définissez l'intégrale de surface (ou flux) d'un champ vectoriel $\vec{F}$ sur une surface orientable S de vecteur unitaire normal $\vec{n}$.
c) Comment calculez-vous une telle intégrale de surface si S est une surface paramétrée donnée par la fonction vectorielle $\vec{r}(u, v)$?
d) Et si la surface S est donnée par l'équation $z = g(x, y)$?

13. Énoncez le Théorème de Stokes.

14. Énoncez le Théorème de flux-divergence.

15. En quoi le Théorème fondamental du calcul différentiel et intégral, le Théorème de Green, le Théorème de Stokes et le Théorème de flux-divergence se ressemblent-ils ?

Dites si la proposition est vraie ou fausse. Si elle est vraie, expliquez pourquoi. Si elle est fausse, expliquez pourquoi ou donnez un exemple qui contredit la proposition.

1. Si $\vec{F}$ est un champ de vecteurs, div $\vec{F}$ est un champ de vecteurs.

2. Si $\vec{F}$ est un champ de vecteurs, rot $\vec{F}$ est un champ de vecteurs.

3. Si f a des dérivées partielles continues de tous ordres sur $\mathbb{R}^3$, alors div $(\mathrm{rot}\, \nabla f) = 0$.

4. Si f a des dérivées partielles continues sur $\mathbb{R}^3$ et si C est un cercle quelconque, alors $\int_C \nabla f \cdot d\vec{r} = 0$.

5. Si $\vec{F} = P\vec{i} + Q\vec{j}$ et si $P'_y = Q'_x$ sur un domaine ouvert D, alors $\vec{F}$ est conservatif.

6. $\int_{-C} f(x, y)\, ds = -\int_C f(x, y)\, ds$.

7. Si S est une sphère et si $\vec{F}$ est un champ vectoriel constant, alors $\iint_S \vec{F} \cdot d\vec{S} = 0$.

8. Il existe un champ vectoriel $\vec{F}$ tel que

$$\mathrm{rot}\, \vec{F} = x\vec{i} + y\vec{j} + z\vec{k}.$$

EXERCICES

---

1. Voici un champ de vecteurs $\vec{F}$, une courbe C et un point P.
   a) L'intégrale $\int_C \vec{F} \cdot d\vec{r}$ est-elle positive, négative ou nulle ? Expliquez.
   b) div $\vec{F}(P)$ est-elle positive, négative ou nulle ? Expliquez.

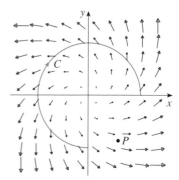

2–9 ■ Calculez l'intégrale curviligne.

2. $\int_C x \, ds$,
   C est l'arc de la parabole $y = x^2$ entre $(0, 0)$ et $(1, 1)$.

3. $\int_C yz \cos x \, ds$,
   $C : x = t$, $y = 3 \cos t$, $z = 3 \sin t$, $0 \leqslant t \leqslant \pi$.

4. $\int_C y \, dx + (x + y^2) \, dy$,
   C est l'ellipse $4x^2 + 9y^2 = 36$ parcourue dans le sens contraire des aiguilles d'une montre.

5. $\int_C y^3 \, dx + x^2 \, dy$,
   C est l'arc de la parabole $x = 1 - y^2$ de $(0, -1)$ à $(0, 1)$.

6. $\int_C \sqrt{xy} \, dx + e^y \, dy + xz \, dz$,
   C est décrite par $\vec{r}(t) = t^4 \vec{i} + t^2 \vec{j} + t^3 \vec{k}$, $0 \leqslant t \leqslant 1$.

7. $\int_C xy \, dx + y^2 \, dy + yz \, dz$,
   C est le segment qui joint $(1, 0, -1)$ à $(3, 4, 2)$.

8. $\int_C \vec{F} \cdot d\vec{r}$, où $\vec{F}(x, y) = xy \vec{i} + x^2 \vec{j}$ et où C est décrite par $\vec{r}(t) = \sin t \vec{i} + (1 + t)\vec{j}$, $0 \leqslant t \leqslant \pi$.

9. $\int_C \vec{F} \cdot d\vec{r}$, où $\vec{F}(x, y, z) = e^z \vec{i} + xz \vec{j} + (x + y)\vec{k}$ et où C est donnée par $\vec{r}(t) = t^2 \vec{i} + t^3 \vec{j} - t\vec{k}$, $0 \leqslant t \leqslant 1$.

10. Calculez le travail effectué par le champ de forces
$$\vec{F}(x, y, z) = z\vec{i} + x\vec{j} + y\vec{k}$$
en déplaçant une particule du point $(3, 0, 0)$ au point $(0, \pi/2, 3)$ le long
   a) d'une ligne droite,
   b) le long de l'hélice $x = 3 \cos t$, $y = t$, $z = 3 \sin t$.

11–12 ■ Montrez que $\vec{F}$ est un champ de vecteurs conservatif. Déterminez ensuite une fonction f telle que $\vec{F} = \nabla f$.

11. $\vec{F}(x, y) = (1 + xy)e^{xy} \vec{i} + (e^y + x^2 e^{xy})\vec{j}$

12. $\vec{F}(x, y, z) = \sin y \vec{i} + x \cos y \vec{j} - \sin z \vec{k}$.

13–14 ■ Démontrez que $\vec{F}$ est conservatif et servez-vous de cette propriété pour calculer $\int_C \vec{F} \cdot d\vec{r}$ le long de la courbe donnée.

13. $\vec{F}(x, y) = (4x^3 y^2 - 2xy^3) \vec{i} + (2x^4 y - 3x^2 y^2 + 4y^3)\vec{j}$,
   $C : \vec{r}(t) = (t + \sin \pi t) \vec{i} + (2t + \cos \pi t)\vec{j}$, $0 \leqslant t \leqslant 1$.

14. $\vec{F}(x, y, z) = e^y \vec{i} + (xe^y + e^z)\vec{j} + ye^z \vec{k}$,
   C est le segment qui joint $(0, 2, 0)$ à $(4, 0, 3)$

15. Vérifiez que le Théorème de Green est vrai pour l'intégrale curviligne $\int_C xy^2 \, dx - x^2 y \, dy$, où C se compose de l'arc de la parabole $y = x^2$ depuis $(-1, 1)$ jusqu'à $(1, 1)$ et du segment qui joint $(1, 1)$ à $(-1, 1)$.

16. Servez-vous du Théorème de Green pour calculer
$$\int_C \sqrt{1 + x^3} \, dx + 2xy \, dy$$
où C est le triangle de sommets $(0, 0)$, $(1, 0)$ et $(1, 3)$.

17. Servez-vous du Théorème de Green pour calculer
$$\int_C x^2 y \, dx - xy^2 \, dy$$
où C est le cercle $x^2 + y^2 = 4$, orienté dans le sens contraire des aiguilles d'une montre.

18. Calculez rot $\vec{F}$ et div $\vec{F}$ si
$$\vec{F}(x, y, z) = e^{-x} \sin y \vec{i} + e^{-y} \sin z \vec{j} + e^{-z} \sin x \vec{k}.$$

19. Démontrez qu'il n'existe pas de champ de vecteurs $\vec{G}$ tel que
$$\text{rot} \, \vec{G} = 2x \vec{i} + 3yz \vec{j} - xz^2 \vec{k}.$$

20. Montrez que, sous certaines conditions à mettre sur les champs de vecteurs $\vec{F}$ et $\vec{G}$,
$$\text{rot}(\vec{F} \wedge \vec{G}) = \vec{F} \, \text{div} \, \vec{G} - \vec{G} \, \text{div} \, \vec{F} + (\vec{G} \cdot \nabla)\vec{F} - (\vec{F} \cdot \nabla)\vec{G}.$$

21. Si C est une courbe plane simple fermée lisse par morceaux et si f et g sont des fonctions dérivables, démontrez que
$$\int_C f(x) \, dx + g(y) \, dy = 0.$$

22. Si f et g sont des fonctions deux fois différentiables, démontrez que
$$\nabla^2(fg) = f\nabla^2 g + g\nabla^2 f + 2\nabla f \cdot \nabla g.$$

23. Si f est une fonction harmonique, c'est-à-dire une fonction telle que $\nabla^2 f = 0$, démontrez que l'intégrale curviligne $\int_C f_y' \, dx - f_x' \, dy$ est indépendante du chemin dans tout domaine simple D.

24. a) Dessinez la courbe C d'équations paramétriques
$$x = \cos t \quad y = \sin t \quad z = \sin t \quad 0 \leqslant t \leqslant 2\pi$$
   b) Calculez
$$\int_C 2xe^{2y} \, dx + (2x^2 e^{2y} + 2y \, \text{cotg} \, z) \, dy - y^2 \, \text{cosec}^2 z \, dz.$$

25-28 ■ Calculez l'intégrale de surface.

25. $\iint_S z\, dS$, où S est la portion du paraboloïde $z = x^2 + y^2$ située sous le plan $z = 4$.

26. $\iint_S (x^2 z + y^2 z)\, dS$, où S est la partie du plan $z = 4 + x + y$ qui se trouve à l'intérieur du cylindre $x^2 + y^2 = 4$.

27. $\iint_S \vec{F} \cdot d\vec{S}$, où $\vec{F}(x, y, z) = xz\,\vec{i} - 2y\,\vec{j} + 3x\,\vec{k}$ et où S est la sphère $x^2 + y^2 + z^2 = 4$, orientée vers l'extérieur.

28. $\iint_S \vec{F} \cdot d\vec{S}$, où $\vec{F}(x, y, z) = x^2\,\vec{i} + xy\,\vec{j} + z\,\vec{k}$ et où S est la portion du paraboloïde $z = x^2 + y^2$, située sous le plan $z = 1$, orientée vers le haut.

. . . .

29. Vérifiez que le Théorème de Stokes est vrai pour le champ de vecteurs

$$\vec{F}(x, y, z) = x^2\,\vec{i} + y^2\,\vec{j} + z^2\,\vec{k},$$

où S est la portion du paraboloïde $z = 1 - x^2 - y^2$ située au-dessus du plan Oxy et orientée vers le haut.

30. Servez-vous du Théorème de Stokes pour calculer $\iint_S \operatorname{rot} \vec{F} \cdot d\vec{S}$, où $\vec{F}(x, y, z) = x^2 yz\,\vec{i} + yz^2\,\vec{j} + z^3 e^{xy}\,\vec{k}$ et où S est la portion de la sphère $x^2 + y^2 + z^2 = 5$ qui dépasse le plan $z = 1$, orientée vers le haut.

31. Servez-vous du Théorème de Stokes pour calculer $\int_C \vec{F} \cdot d\vec{r}$, où $\vec{F}(x, y, z) = xy\,\vec{i} + yz\,\vec{j} + zx\,\vec{k}$ et où C est le triangle de sommets $(1, 0, 0)$, $(0, 1, 0)$ et $(0, 0, 1)$, orienté dans le sens contraire des aiguilles d'une montre, vu d'en haut.

32. Utilisez le Théorème de flux-divergence pour calculer l'intégrale de surface $\iint_S \vec{F} \cdot d\vec{S}$, où $\vec{F}(x, y, z) = x^3\,\vec{i} + y^3\,\vec{j} + z^3\,\vec{k}$ et où S est la surface du solide délimité par le cylindre $x^2 + y^2 = 1$ et les plans $z = 0$ et $z = 2$.

33. Vérifiez que le Théorème de flux-divergence est vrai pour le champ de vecteurs

$$\vec{F}(x, y, z) = x\,\vec{i} + y\,\vec{j} + z\,\vec{k}$$

où E est la boule unité $x^2 + y^2 + z^2 \leqslant 1$.

34. Calculez le flux vers l'extérieur du champ

$$\vec{F}(x, y, z) = \frac{x\,\vec{i} + y\,\vec{j} + z\,\vec{k}}{(x^2 + y^2 + z^2)^{3/2}}$$

à travers l'ellipsoïde $4x^2 + 9y^2 + 6z^2 = 36$.

35. Soit $\vec{F}(x, y, z) = (3x^2 yz - 3y)\,\vec{i} + (x^3 z - 3x)\,\vec{j} + (x^3 y + 2z)\,\vec{k}$. Calculez $\int_C \vec{F} \cdot d\vec{r}$, où C est la courbe de point initial $(0, 0, 2)$ et de point final $(0, 3, 0)$ montrée dans la figure.

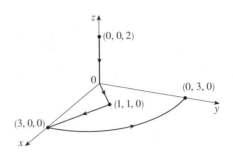

36. Soit

$$\vec{F}(x, y) = \frac{(2x^3 + 2xy^2 - 2y)\,\vec{i} + (2y^3 + 2x^2 y + 2x)\,\vec{j}}{x^2 + y^2}.$$

Calculez $\oint_C \vec{F} \cdot d\vec{r}$, où C est la courbe de la figure.

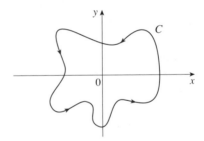

37. Calculez $\iint_S \vec{F} \cdot \vec{n}\, dS$, où $\vec{F}(x, y, z) = x\,\vec{i} + y\,\vec{j} + z\,\vec{k}$ et où S est la surface, orientée vers l'extérieur, dessinée dans la figure (la frontière d'un cube amputé, en un coin, d'un cube unité).

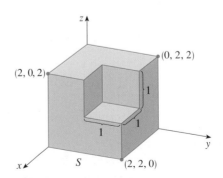

38. Démontrez que $\iint_S \operatorname{rot} \vec{F} \cdot d\vec{S} = 0$, si les composantes de $\vec{F}$ ont des dérivées secondes partielles continues et si S est la surface d'une région solide simple.

1. Soit S une surface paramétrée lisse et soit P un point tel que chaque demi-droite issue de P ne coupe S qu'une fois. L'**angle solide** $\Omega(S)$ sous-tendu par S en P est la gerbe de demi-droites issues de P et traversant S. Soit $S(a)$ l'intersection de $\Omega(S)$ avec la surface de la sphère de centre P et de rayon a. On définit la mesure de l'angle solide (en *stéradians*) par

$$|\Omega(S)| = \frac{\text{aire de } S(a)}{a^2}$$

Appliquez le Théorème de flux-divergence à la portion de $\Omega(S)$ comprise entre $S(a)$ et S pour montrer que

$$|\Omega(S)| = \iint_S \frac{\vec{r} \cdot \vec{n}}{r^3}\, dS,$$

où $\vec{r}$ désigne le rayon vecteur de P jusqu'à n'importe quel point de S, où $r = \|\vec{r}\|$ et où le vecteur normal unitaire $\vec{n}$ est dans le sens opposé à P.

Ceci montre que la définition de la mesure d'un angle solide est indépendante du rayon a de la sphère. D'où, la mesure de l'angle solide est égal à l'aire sous-tendue sur la sphère *unité*. (L'analogie avec la définition du radian est remarquable.) L'angle solide sous-tendu par une sphère en son centre vaut donc 4π stéradians.

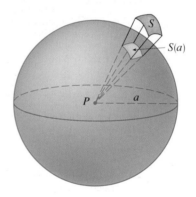

2. Démontrez l'identité suivante

$$\nabla(\vec{F} \cdot \vec{G}) = (\vec{F} \cdot \nabla)\vec{G} + (\vec{G} \cdot \nabla)\vec{F} + \vec{F} \wedge \operatorname{rot} \vec{G} + \vec{G} \wedge \operatorname{rot} \vec{F}$$

3. Démontrez que

$$\iint_S 2\vec{a} \cdot d\vec{S} = \int_C (\vec{a} \wedge \vec{r}) \cdot d\vec{r},$$

sachant que $\vec{a}$ est un vecteur constant, $\vec{r} = x\vec{i} + y\vec{j} + z\vec{k}$ et S est une surface lisse, orientable délimitée par une courbe C simple, fermée, lisse, orientée positivement.

4. Déterminez la courbe simple fermée orientée positivement C pour laquelle la valeur de l'intégrale curviligne

$$\int_C (y^3 - y)\, dx - 2x^3\, dy$$

est maximale.

5. Soit C une courbe de l'espace, simple, fermée, lisse par morceaux, située dans un plan de vecteur unitaire normal $\vec{n} = (a, b, c)$ et orientée positivement par rapport à $\vec{n}$. Démontrez que l'aire plane de la région délimitée par C vaut

$$\frac{1}{2} \int_C (bz - cy)\, dx + (cx - az)\, dy + (ay - bx)\, dz.$$

6. La figure montre la séquence des mouvements qui se produisent dans chacun des quatre cylindres d'un moteur à combustion interne. Chaque piston monte et descend et est relié au vilebrequin par une bielle. Soit $P(t)$ et $V(t)$ la pression et le volume à l'intérieur d'un cylindre au moment t, où $a \leqslant t \leqslant b$ indique l'intervalle de temps nécessaire à un cycle complet. Le graphique montre comment P et V varient au cours d'un cycle d'un moteur à quatre temps.

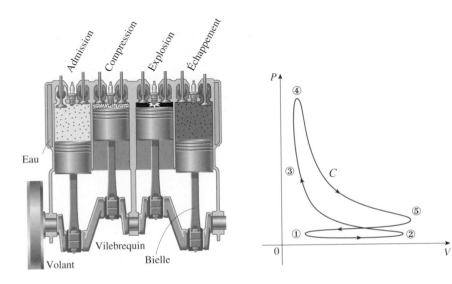

Pendant l'admission (de ① à ②), un mélange d'air et de carburant à la pression atmosphérique est admis dans le cylindre, la soupape d'admission étant ouverte, pendant que le piston se déplace vers le bas. Le piston comprime alors rapidement le mélange, les deux soupapes étant fermées, c'est la phase de compression (de ② à ③). Le volume diminue et la pression augmente. En ③, l'étincelle enflamme le carburant, faisant augmenter la température et la pression tandis que le volume reste presque constant jusqu'en ④. Alors, les soupapes étant fermées, l'explosion repousse brutalement le piston vers le bas, c'est la phase moteur (de ④ à ⑤). La soupape d'échappement s'ouvre ; la pression et la température diminuent et l'énergie mécanique emmagasinée dans le volant tournant pousse le piston vers le haut, forçant le reste des gaz inutiles à s'évacuer par la soupape d'échappement. La soupape d'échappement se ferme, la soupape d'admission s'ouvre. On est de retour en ① et le cycle recommence.

a) Démontrez que le travail effectué sur le piston durant un cycle d'un moteur quatre temps est $W = \int_C P\, dV$, où C est la courbe du plan OPV tracée dans la figure.

   [*Suggestion :* Soit $x(t)$ la distance du piston au sommet du cylindre. On note que la force sur le piston est $\vec{F} = AP(t)\vec{i}$, où A est l'aire du sommet du piston. Alors, $W = \int_{C_1} \vec{F} \cdot d\vec{r}$, où C_1 est donnée par $\vec{r}(t) = x(t)\vec{i}$, $a \leqslant t \leqslant b$. Il est aussi possible de travailler directement avec des sommes de Riemann.]

b) Servez-vous de la formule 5 dans la section 13.4, pour montrer que le travail est égal à la différence des aires des deux boucles formées par C.

Annexes

D | Les définitions formelles des limites

Voici une version précise de la définition 1 de la section 11.2 :

> **1** **Définition** Soit f une fonction de deux variables dont le domaine de définition D contient des points aussi proches que l'on veut de (a, b). On dit que la **limite de $f(x, y)$ quand (x, y) tend vers (a, b)** est L et on écrit
>
> $$\lim_{(x, y) \to (a, b)} f(x, y) = L,$$
>
> si, pour tout nombre $\varepsilon > 0$, il existe un nombre $\delta > 0$ correspondant tel que
>
> $$|f(x, y) - L| < \varepsilon \quad \text{lorsque} \quad (x, y) \in D \quad \text{et} \quad 0 < \sqrt{(x - a)^2 + (y - b)^2} < \delta.$$

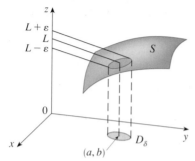

FIGURE 13

Comme $|f(x, y) - L|$ est la distance entre les nombres $f(x, y)$ et L et $\sqrt{(x - a)^2 + (y - b)^2}$, la distance entre le point (x, y) et le point (a, b), la définition 5 établit que la distance entre $f(x, y)$ et L peut être rendue arbitrairement petite en rendant la distance entre (x, y) et (a, b) suffisamment petite (mais pas nulle). La figure 13 présente une illustration de la définition 5 dans laquelle la surface S est le graphique de f. Dès qu'un $\varepsilon > 0$ est donné, on peut trouver un $\delta > 0$ tel que si (x, y) est contraint de rester dans le disque D_δ de centre (a, b) et de rayon δ sans être égal à (a, b), alors la partie de S correspondante est située entre les plans horizontaux $z = L - \varepsilon$ et $z = L + \varepsilon$.

EXEMPLE 1 Démontrez que $\displaystyle\lim_{(x, y) \to (0, 0)} \frac{3x^2 y}{x^2 + y^2} = 0$.

SOLUTION Soit $\varepsilon > 0$. On cherche à trouver $\delta > 0$ tel que

$$\left| \frac{3x^2 y}{x^2 + y^2} - 0 \right| < \varepsilon \qquad \text{quand} \qquad 0 < \sqrt{x^2 + y^2} < \delta,$$

ou

$$\frac{3x^2 |y|}{x^2 + y^2} < \varepsilon \qquad \text{quand} \qquad 0 < \sqrt{x^2 + y^2} < \delta.$$

Comme $x^2 \leqslant x^2 + y^2$ puisque $y^2 \geqslant 0$, $x^2/(x^2 + y^2) \leqslant 1$ et

$$\frac{3x^2 |y|}{x^2 + y^2} \leqslant 3|y| = 3\sqrt{y^2} \leqslant 3\sqrt{x^2 + y^2}$$

D'où, si on choisit $\delta = \varepsilon/3$ et si on suppose $0 < \sqrt{x^2 + y^2} < \delta$, alors

$$\left| \frac{3x^2 y}{x^2 + y^2} - 0 \right| \leqslant 3\sqrt{x^2 + y^2} \leqslant 3\delta = 3\left(\frac{\varepsilon}{3} \right) = \varepsilon$$

De là, selon la définition 1,

$$\lim_{(x, y) \to (0, 0)} \frac{3x^2 y}{x^2 + y^2} = 0.$$

■ ■

D | Exercices

1. Utilisez la définition 1 pour démontrer que

$$\lim_{(x, y) \to (0, 0)} \frac{xy}{\sqrt{x^2 + y^2}} = 0 .$$

E | Quelques démonstrations

Dans cette annexe, nous présentons les démonstrations de certains théorèmes qui ont été énoncés dans le corps du texte.

■ ■ Le théorème de Clairaut a été énoncé dans la section 11.3.

Le Théorème de Clairaut On suppose que f est définie sur un disque D contenant le point (a, b). Si les fonctions f''_{xy} et f''_{yx} sont toutes les deux continues sur D, alors $f''_{xy}(a, b) = f''_{yx}(a, b)$.

Démonstration Considérons, pour de petites valeurs de h ($h \neq 0$), la différence

$$\Delta(h) = [f(a + h, b + h) - f(a + h, b)] - [f(a, b + h) - f(a, b)]$$

Cette différence s'écrit tout simplement en termes de $g(x) = f(x, b + h) - f(x, b)$,

$$\Delta(h) = g(a + h) - g(a).$$

Selon le Théorème des accroissements finis, il existe un nombre c entre a et $a + h$ tel que

$$g(a + h) - g(a) = g'(c)h = h[f'_x(c, b + h) - f'_x(c, b)].$$

Une nouvelle application du Théorème des accroissements finis, à f'_x cette fois, conduit à l'existence d'un nombre d entre b et $b + h$ tel que

$$f'_x(c, b + h) - f'_x(c, b) = f''_{xy}(c, d)h.$$

Ces deux équations mises ensemble donnent

$$\Delta(h) = h^2 f''_{xy}(c, d).$$

Lorsque $h \to 0$, alors $(c, d) \to (a, b)$ et, grâce à la continuité de f''_{xy} en (a, b),

$$\lim_{h \to 0} \frac{\Delta(h)}{h^2} = \lim_{(c, d) \to (a, b)} f''_{xy}(c, d) = f''_{xy}(a, b).$$

De manière analogue, en écrivant

$$\Delta(h) = [f(a + h, b + h) - f(a, b + h)] - [f(a + h, b) - f(a, b)],$$

en appliquant à deux reprises le Théorème des accroissements finis et en exploitant la continuité de f''_{yx} en (a, b), nous obtenons

$$\lim_{h \to 0} \frac{\Delta(h)}{h^2} = f''_{yx}(a, b).$$

Il s'ensuit que $f''_{xy}(a, b) = f''_{yx}(a, b)$.

■ ■

■ ■ C'est le théorème 8 cité dans la section 11.4.

Théorème Si les dérivées partielles f_x' et f_y' existent à proximité de (a, b) et sont continues en (a, b), alors f est différentiable en (a, b).

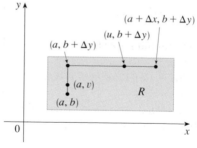

FIGURE 1

Démonstration Soit

$$\Delta z = f(a + \Delta x, b + \Delta y) - f(a, b).$$

Conformément à la définition 7 de la section 11.4, prouver que f est différentiable requiert de montrer que Δz peut s'écrire sous la forme

$$\Delta z = f_x'(a, b)\Delta x + f_y'(a, b)\Delta y + \varepsilon_1 \Delta x + \varepsilon_2 \Delta y,$$

où ε_1 et $\varepsilon_2 \to 0$ lorsque $(\Delta x, \Delta y) \to (0, 0)$.

En suivant la figure 1, nous écrivons

$$\boxed{3} \qquad \Delta z = [\, f(a + \Delta x, b + \Delta y) - f(a, b + \Delta y)\,] + [\, f(a, b + \Delta y) - f(a, b)\,]$$

Observons que la fonction d'une seule variable

$$g(x) = f(x, b + \Delta y)$$

est définie sur l'intervalle $[a, a + \Delta x]$ et que $g'(x) = f_x'(x, b + \Delta y)$. Nous appliquons le Théorème des accroissements finis à g :

$$g(a + \Delta x) - g(a) = g'(u)\Delta x,$$

où u est un nombre situé entre a et $a + \Delta x$. En termes de f, cette équation s'écrit

$$f(a + \Delta x, b + \Delta y) - f(a, b + \Delta y) = f_x'(u, b + \Delta y)\Delta x$$

Ainsi est acquise une expression de la première partie du membre de droite de l'équation 3. En vue d'en acquérir une pour la seconde partie, nous posons $h(y) = f(a, y)$, ce qui fait de h une fonction d'une seule variable définie sur l'intervalle $[b, b + \Delta y]$ et dont la dérivée est $h'(y) = f_y'(a, y)$. Nous appliquons à nouveau le Théorème des accroissements finis à h :

$$h(b + \Delta y) - h(b) = h'(v)\Delta y,$$

où v est un nombre située entre b et $b + \Delta y$. En termes de f, cette équation s'écrit

$$f(a, b + \Delta y) - f(a, b) = f_y'(a, v)\Delta y.$$

Nous substituons maintenant ces expressions dans l'équation 3 et obtenons

$$\Delta z = f_x'(u, b + \Delta y)\Delta x + f_y'(a, v)\Delta y$$

$$= f_x'(a, b)\Delta x + [\, f_x'(u, b + \Delta y) - f_x'(a, b)\,]\Delta x + f_y'(a, b)\Delta y$$

$$+ [\, f_y'(a, v) - f_y'(a, b)\,]\Delta y$$

$$= f_x'(a, b)\Delta x + f_y'(a, b)\Delta y + \varepsilon_1 \Delta x + \varepsilon_2 \Delta y$$

où

$$\varepsilon_1 = f_x'(u, b + \Delta y) - f_x'(a, b)$$

$$\varepsilon_2 = f_y'(a, v) - f_y'(a, b).$$

Comme $(u, b + \Delta y) \to (a, b)$ et $(a, v) \to (a, b)$ lorsque $(\Delta x, \Delta y) \to (0, 0)$, et comme f_x' et f_y' sont continues en (a, b), nous voyons que $\varepsilon_1 \to 0$ et $\varepsilon_2 \to 0$ lorsque $(\Delta x, \Delta y) \to (0, 0)$.

Par conséquent, f est différentiable en (a, b). ■ ■

■ ■ Le Test des dérivées secondes a été étudié dans la section 11.7. Les parties b) et c) se démontrent semblablement.

Le Test des dérivées secondes On suppose que les dérivées partielles secondes de f sont continues sur un disque centré en (a, b) et que $f'_x(a, b) = 0$ et $f'_y(a, b) = 0$ [c'est-à-dire que (a, b) est un point critique de f]. Soit

$$D = D(a, b) = f''_{xx}(a, b)f''_{yy}(a, b) - [f''_{xy}(a, b)]^2.$$

a) Si $D > 0$ et $f''_{xx}(a, b) > 0$, alors $f(a, b)$ est un minimum local.
b) Si $D > 0$ et $f''_{xx}(a, b) < 0$, alors $f(a, b)$ est un maximum local.
c) Si $D < 0$, alors $f(a, b)$ n'est ni un maximum local, ni un minimum local.

Démonstration de la partie a) Nous calculons la dérivée du second ordre de f dans la direction $\vec{u} = (h, k)$. La dérivée du premier ordre est, selon le théorème 11.6.3,

$$f'_{\vec{u}} = f'_x h + f'_y k.$$

La dérivée directionnelle d'ordre 2 s'obtient en appliquant une deuxième fois ce théorème :

$$\begin{aligned} f''_{\vec{u}\vec{u}} = (f'_{\vec{u}})'_{\vec{u}} &= \frac{\partial}{\partial x}(f'_{\vec{u}})h + \frac{\partial}{\partial y}(f'_{\vec{u}})k \\ &= (f''_{xx}h + f''_{yx}k)h + (f''_{xy}h + f''_{yy}k)k \\ &= f''_{xx}h^2 + 2f''_{xy}hk + f''_{yy}k^2 \quad \text{(par le théorème de Clairaut)} \end{aligned}$$

En complétant le carré, nous pouvons donner à l'expression de la dérivée seconde la forme suivante :

4 $$f''_{\vec{u}\vec{u}} = f''_{xx}\left(h + \frac{f''_{xy}}{f''_{xx}}k\right)^2 + \frac{k^2}{f''_{xx}}(f''_{xx}f''_{yy} - (f''_{xy})^2)$$

Il est supposé que $f''_{xx}(a, b) > 0$ et que $D(a, b) > 0$. Or, f''_{xx} et $D = f''_{xx}f''_{yy} - (f''_{xy})^2$ sont des fonctions continues. Il existe donc un disque B, centré en (a, b) et de rayon $\delta > 0$, tel que $f''_{xx}(x, y) > 0$ et que $D(x, y) > 0$ pour (x, y) dans B. Par conséquent, d'après l'équation 4, nous constatons que $f''_{\vec{u}\vec{u}} > 0$ quand (x, y) appartient à B. Cela signifie que, si C désigne la courbe intersection de la surface représentative de f avec le plan vertical passant par $P(a, b, f(a, b))$ dans la direction de $\vec{u}$, alors C est convexe sur un intervalle de longueur 2δ. Comme cela se vérifie dans la direction de tout vecteur $\vec{u}$, le graphique de f se trouve au-dessus de son plan tangent horizontal en P, du moins en ce qui concerne les (x, y) de B. De ce fait, $f(x, y) \geqslant f(a, b)$ quand (x, y) appartient à B et $f(a, b)$ est bien un minimum local. ■ ■

H | **Les coordonnées polaires**

Les coordonnées polaires offrent une autre façon de localiser les points dans le plan. Elles sont précieuses parce que certaines régions et certaines courbes bénéficient, dans ces coordonnées, d'une description et d'une équation très simples. C'est en calcul différentiel et intégral à plusieurs variables que les coordonnées polaires trouvent leurs principales applications : le calcul des intégrales doubles et l'établissement des lois de Kepler sur le mouvement planétaire.

H.1 Les courbes en coordonnées polaires

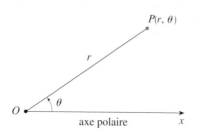

FIGURE 1

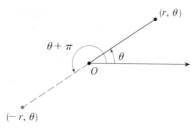

FIGURE 2

Dans un système de coordonnées, un point du plan est désigné par un couple de nombres, appelé ses coordonnées. Habituellement, nous utilisons les coordonnées cartésiennes, qui sont les distances orientées par rapport aux deux axes perpendiculaires. Ici, nous voulons décrire un autre système de coordonnées, introduit par Newton, appelé **système de coordonnées polaires**, qui convient mieux à beaucoup de points de vue.

Nous choisissons un point du plan, appelé **pôle** (ou origine) et marqué O. Ensuite, nous traçons un rayon (une demi-droite) qui part de O, appelé **axe polaire**. Cet axe est généralement dessiné horizontalement et orienté positivement vers la droite. Il correspond à la partie positive de l'axe Ox des coordonnées cartésiennes.

Pour un point P du plan, soit r la distance de O à P et soit θ l'angle (mesuré le plus souvent en radians) entre l'axe polaire et la droite OP, comme indiqué dans la figure 1. Le point P peut alors être repéré par le couple (r, θ) et r et θ sont appelées les **coordonnées polaires** de P. Il est convenu qu'un angle est positif s'il est mesuré dans le sens contraire des aiguilles d'une montre à partir de l'axe polaire et au contraire négatif s'il est mesuré dans le sens des aiguilles d'une montre. Au cas où $P = O$, alors $r = 0$ et il est convenu que $(0, \theta)$ représente le pôle quelle que soit la valeur de θ.

Nous étendons la signification des coordonnées polaires (r, θ) au cas où r est négatif en acceptant que, comme dans la figure 2, les points $(-r, \theta)$ et (r, θ) soient sur la même droite passant par O et à la même distance $|r|$ de O, mais de part et d'autre de O. Lorsque $r > 0$, le point (r, θ) appartient au même quadrant que θ ; mais si $r < 0$, il est dans le quadrant opposé par rapport au pôle. Remarquez que $(-r, \theta)$ et $(r, \theta + \pi)$ représentent le même point.

EXEMPLE 1 Repérez les points de coordonnées polaires données.

a) $(1, 5\pi/4)$ b) $(2, 3\pi)$ c) $(2, -2\pi/3)$ d) $(-3, 3\pi/4)$.

SOLUTION Les points sont marqués dans la figure 3. En particulier, le point $(-3, 3\pi/4)$ est situé à trois unités du pôle et dans le quatrième quadrant parce que $3\pi/4$ est un angle qui termine dans le deuxième quadrant et que $r = -3$ est négatif.

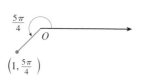
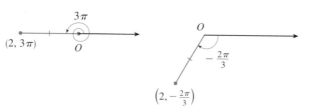
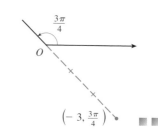

FIGURE 3

En coordonnées cartésiennes, chaque point n'a qu'une seule représentation alors qu'en coordonnées polaires chaque point en a plusieurs. Par exemple, le point $(1, 5\pi/4)$ de l'exemple 1 a) peut aussi être repéré par les couples $(1, -3\pi/4)$ ou $(1, 13\pi/4)$ ou $(-1, \pi/4)$ (voyez la figure 4).

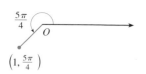
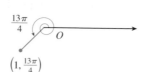
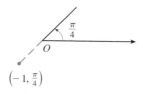

FIGURE 4

Comme à un tour complet dans le sens contraire des aiguilles d'une montre correspond un angle de 2π, un point représenté par les coordonnées polaires (r, θ) l'est aussi par

$$(r, \theta + 2n\pi) \quad \text{et} \quad (-r, \theta + (2n + 1)\pi),$$

où n est un entier quelconque.

La relation entre les coordonnées cartésiennes et polaires se lit dans la figure 5, sur laquelle le pôle correspond à l'origine et l'axe polaire coïncide avec le demi-axe positif Ox. Si le point P admet le couple (x, y) en coordonnées cartésiennes et le couple (r, θ) en coordonnées polaires, alors, d'après la figure,

$$\cos \theta = \frac{x}{r} \qquad \sin \theta = \frac{y}{r}.$$

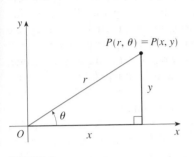

FIGURE 5

Aussi,

1
$$\boxed{x = r \cos \theta \qquad y = r \sin \theta}$$

Même si les équations 1 ont été déduites de la figure 5, qui illustre le cas particulier où $r > 0$ et $0 < \theta < \pi/2$, elles sont néanmoins valables quelles que soient les valeurs de r et θ. (Voyez les définitions générales de $\sin \theta$ et $\cos \theta$ dans l'annexe C.)

Les équations 1 nous permettent de trouver les coordonnées cartésiennes d'un point au départ des coordonnées polaires. À l'inverse, pour trouver r et θ, connaissant x et y, il faut employer les équations

2
$$\boxed{r^2 = x^2 + y^2 \qquad \operatorname{tg} \theta = \frac{y}{x},}$$

qui s'obtiennent aussi par lecture de la figure 5 ou se déduisent des équations 1.

EXEMPLE 2 Convertissez les coordonnées polaires du point $(2, \pi/3)$ en coordonnées cartésiennes.

SOLUTION Étant donné que $r = 2$ et $\theta = \pi/3$, les équations 1 donnent

$$x = r \cos \theta = 2 \cos \frac{\pi}{3} = 2 \cdot \frac{1}{2} = 1$$

$$y = r \sin \theta = 2 \sin \frac{\pi}{3} = 2 \cdot \frac{\sqrt{3}}{2} = \sqrt{3}.$$

Il s'agit donc du point $(1, \sqrt{3})$ en coordonnées cartésiennes. ■ ■

EXEMPLE 3 Quelles sont les coordonnées polaires du point de coordonnées cartésiennes $(1, -1)$?

SOLUTION Si on décide de prendre r positif, alors les équations 2 donnent

$$r = \sqrt{x^2 + y^2} = \sqrt{1^2 + (-1)^2} = \sqrt{2}.$$

$$\operatorname{tg} \theta = \frac{y}{x} = -1$$

Comme le point $(1, -1)$ appartient au quatrième quadrant, on choisit $\theta = -\pi/4$ ou $\theta = 7\pi/4$. Dès lors, une réponse possible est $(\sqrt{2}, -\pi/4)$; une autre, $(\sqrt{2}, 7\pi/4)$. ■ ■

REMARQUE ◦ Les équations 2 ne déterminent pas univoquement θ à partir de x et y parce que, lorsque θ parcourt l'intervalle $0 \leqslant \theta \leqslant 2\pi$, chaque valeur de tg θ est atteinte deux fois. Il ne suffit donc pas, lors de la conversion des coordonnées cartésiennes en coordonnées polaires, de déterminer r et θ qui vérifient les équations 2, encore faut-il, comme dans l'exemple 3, choisir θ de manière à ce que le point soit dans le bon quadrant.

Le **graphique d'une équation polaire** $r = f(\theta)$, ou plus généralement $F(r, \theta) = 0$, est fait de tous les points P dont une représentation en coordonnées polaires vérifie l'équation.

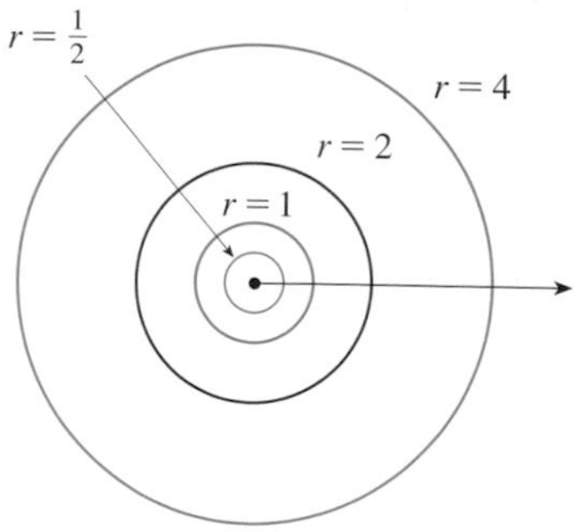

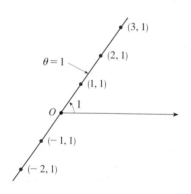

$r = \frac{1}{2}$

$r = 4$

$r = 2$

$r = 1$

FIGURE 6

EXEMPLE 4 Quelle courbe est représentée par l'équation polaire $r = 2$?

SOLUTION La courbe se compose de tous les points (r, θ) où $r = 2$. Comme r représente la distance du pôle au point, la courbe $r = 2$ représente le cercle centré en O et de rayon 2. De façon générale, l'équation $r = a$ représente un cercle de centre O et de rayon $|a|$ (voyez la figure 6). ■ ■

EXEMPLE 5 Dessinez la courbe polaire $\theta = 1$.

SOLUTION Cette courbe comprend tous les points (r, θ) tels que l'angle polaire θ soit de 1 radian. C'est une droite qui passe par O et qui fait un angle de 1 radian avec l'axe polaire (voyez la figure 7). Remarquez que si $r > 0$, les points $(r, 1)$ de la droite se trouvent dans le premier quadrant, tandis que si $r < 0$, ils sont dans le troisième. ■ ■

$(3, 1)$

$(2, 1)$

$\theta = 1$

$(1, 1)$

O ∕1

$(-1, 1)$

$(-2, 1)$

FIGURE 7

EXEMPLE 6

a) Dessinez la courbe d'équation polaire $r = 2 \cos \theta$.
b) Déterminez une équation cartésienne de cette courbe.

SOLUTION

a) La figure 8 présente la table des valeurs de r pour certaines valeurs habituelles de θ et la position des points correspondants (r, θ). On relie ces points pour obtenir le graphique qui semble être un cercle. Seules ont été prises en considération des valeurs de θ comprises entre 0 et π, puisque lorsque θ passe par des valeurs supérieures à π, ce sont les mêmes points qui reviennent.

FIGURE 8
Table des valeurs et
graphique de $r = 2 \cos \theta$

θ	$r = 2 \cos \theta$
0	2
$\pi/6$	$\sqrt{3}$
$\pi/4$	$\sqrt{2}$
$\pi/3$	1
$\pi/2$	0
$2\pi/3$	-1
$3\pi/4$	$-\sqrt{2}$
$5\pi/6$	$-\sqrt{3}$
π	-2

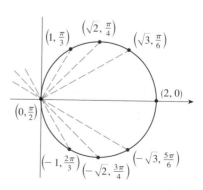

$\left(1, \frac{\pi}{3}\right)$ $\left(\sqrt{2}, \frac{\pi}{4}\right)$ $\left(\sqrt{3}, \frac{\pi}{6}\right)$

$(2, 0)$

$\left(0, \frac{\pi}{2}\right)$

$\left(-1, \frac{2\pi}{3}\right)$ $\left(-\sqrt{2}, \frac{3\pi}{4}\right)$ $\left(-\sqrt{3}, \frac{5\pi}{6}\right)$

b) Ce sont les formules 1 et 2 qui sont mises en œuvre pour convertir l'équation donnée en équation cartésienne. Comme de $x = r \cos \theta$, on tire $\cos \theta = x/r$, l'équation $r = 2 \cos \theta$ devient $r = 2x/r$, ce qui donne

$$2x = r^2 = x^2 + y^2 \quad \text{ou} \quad x^2 + y^2 - 2x = 0.$$

En complétant le carré, on arrive à

$$(x - 1)^2 + y^2 = 1,$$

qui est bien l'équation d'un cercle centré en $(1, 0)$ et de rayon 1. ■ ■

■ ■ La figure 9 a pour but de montrer géométriquement que le cercle de l'exemple 6 a comme équation $r = 2 \cos \theta$. Comme l'angle OPQ est un angle droit (pourquoi ?) il s'ensuit bien $r/2 = \cos \theta$.

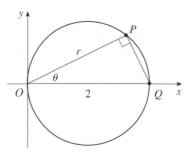

FIGURE 9

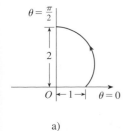

FIGURE 10

$r = 1 + \sin \theta$ en coordonnées cartésiennes, $0 \leqslant \theta \leqslant 2\pi$

EXEMPLE 7 Dessinez la courbe $r = 1 + \sin \theta$.

SOLUTION Au lieu de marquer les points comme dans l'exemple 6, on commence par faire le graphique de $r = 1 + \sin \theta$ en coordonnées *cartésiennes* dans la figure 10 ; il suffit pour cela de translater la courbe sinus d'une unité vers le haut. Cette courbe permet de lire d'un coup d'œil comment varient les valeurs de r lorsque θ augmente. Par exemple, on y lit que, lorsque θ va de 0 à $\pi/2$, r (la distance vis-à-vis de O) va de 1 à 2. On trace donc la partie correspondante de la courbe polaire dans la figure 11 a). Lorsque θ croît de $\pi/2$ à π, la figure 10 montre que r décroît de 2 à 1, et il en résulte le tronçon suivant de la courbe dans la figure 11 b). Lorsque θ va de π à $3\pi/2$, r décroît de 1 à 0 ainsi que le montre la partie c). Enfin, lorsque θ passe de $3\pi/2$ à 2π, r passe de 0 à 1, comme on le voit sur la partie d). En faisant parcourir à θ des valeurs au-delà de 2π ou inférieures à 0, on ne ferait que repasser sur le premier tracé. La figure 11 e) de la courbe complète provient de la mise bout à bout des tronçons des figures 11 a)-d). Cette courbe porte le nom de **cardioïde** parce qu'elle rappelle la forme d'un cœur.

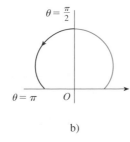

a)

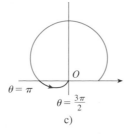

b)

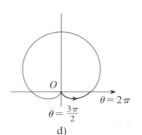

c)

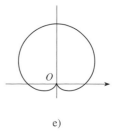

d)

e)

FIGURE 11

Étapes du tracé de la cardioïde $r = 1 + \sin \theta$ ■ ■

EXEMPLE 8 Tracez la courbe $r = \cos 2\theta$.

SOLUTION On commence, comme dans l'exemple 7, par tracer $r = \cos 2\theta$, $0 \leqslant \theta \leqslant 2\pi$ dans un repère cartésien, c'est la figure 12. Lorsque θ varie de 0 à $\pi/4$, la figure 12 montre que r varie de 1 à 0 et on dessine la portion correspondante de la courbe polaire dans la figure 13 (indiquée par ①). Lorsque θ croît de $\pi/4$ à $\pi/2$, r va de 0 à -1. Cela signifie que la distance par rapport à O augmente de 0 à 1, mais au lieu d'être dans le premier quadrant, cette portion de la courbe polaire (indiquée par ②) est dans le quadrant opposé par rapport à O, c'est-à-dire le troisième. Le reste de la courbe est obtenu de façon analogue, les flèches et les chiffres indiquant l'ordre dans lequel les divers morceaux sont tracés. La courbe finale a quatre boucles et s'appelle une **rosace à quatre lobes**.

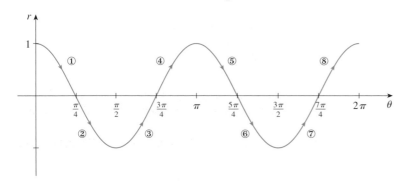

FIGURE 12
$r = \cos 2\theta$ en coordonnées cartésiennes

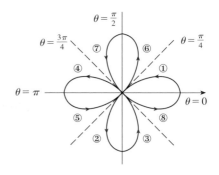

FIGURE 13
Rosace à quatre lobes $r = \cos 2\theta$

Tirer parti des symétries peut parfois être utile lors du tracé des courbes polaires. Les trois règles suivantes sont expliquées par la figure 14.

a) Si l'équation polaire ne change pas lorsque θ est remplacé par $-\theta$, la courbe est symétrique par rapport à l'axe polaire.

b) Si l'équation polaire ne change pas lorsque r est remplacé par $-r$, la courbe est symétrique par rapport au pôle. (Cela signifie que la courbe est inchangée après une rotation de $180°$ autour de l'origine.)

c) Si l'équation polaire ne change pas lorsque θ est remplacé par $\pi - \theta$, la courbe est symétrique par rapport à la droite verticale $\theta = \pi/2$.

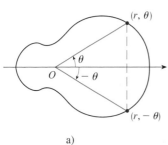

a)

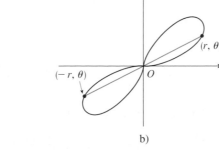

b)

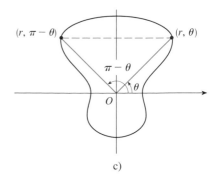

c)

FIGURE 14

Les courbes tracées dans les exemples 6 et 8 sont symétriques par rapport à l'axe polaire, puisque $\cos(-\theta) = \cos \theta$. Les courbes des exemples 7 et 8 sont symétriques par rapport à $\theta = \pi/2$ parce que $\sin(\pi - \theta) = \sin \theta$ et $\cos 2(\pi - \theta) = \cos 2\theta$. De plus, la rosace est aussi symétrique par rapport au pôle. Ces symétries auraient pu être exploitées au moment de dessiner les courbes. C'est ainsi, qu'à l'exemple 6, il aurait suffi de considérer les points correspondants à $0 \leqslant \theta \leqslant \pi/2$ et de prendre ensuite l'image symétrique par rapport à l'axe polaire pour compléter le cercle.

■■ Les tangentes aux courbes polaires

Pour déterminer une tangente à une courbe polaire $r = f(\theta)$, on considère θ comme un paramètre et on décrit la courbe au moyen des équations paramétriques :

$$x = r \cos \theta = f(\theta) \cos \theta \qquad y = r \sin \theta = f(\theta) \sin \theta.$$

Ensuite, on fait appel à la méthode du calcul des pentes dans cette situation (équation 3.5.7) et à la Règle de dérivation du produit :

$$\boxed{3} \qquad \frac{dy}{dx} = \frac{\dfrac{dy}{d\theta}}{\dfrac{dx}{d\theta}} = \frac{\dfrac{dr}{d\theta} \sin \theta + r \cos \theta}{\dfrac{dr}{d\theta} \cos \theta - r \sin \theta}.$$

Les tangentes sont horizontales aux points en lesquels $dy/d\theta = 0$ (mais $dx/d\theta \neq 0$). De même, les tangentes sont verticales aux points en lesquels $dx/d\theta = 0$ (mais $dy/d\theta \neq 0$).

Remarquez que pour les tangentes au pôle, c'est-à-dire quand $r = 0$, l'équation 3 se simplifie en

$$\frac{dy}{dx} = \operatorname{tg} \theta \quad \text{à condition que} \quad \frac{dr}{d\theta} \neq 0.$$

Dans l'exemple 8, $r = \cos 2\theta = 0$ pour $\theta = \pi/4$ ou $3\pi/4$. De ce fait, les droites $\theta = \pi/4$ et $\theta = 3\pi/4$ (ou $y = x$ et $y = -x$) sont des droites tangentes à la courbe $r = \cos 2\theta$ à l'origine.

EXEMPLE 9

a) Déterminez la pente de la tangente au point de la cardioïde de l'exemple 7 correspondant à $\theta = \pi/3$.

b) En quels points de la cardioïde, la tangente est-elle horizontale ou verticale ?

SOLUTION Selon l'équation 3 appliquée à la courbe $r = 1 + \sin \theta$, on a

$$\frac{dy}{dx} = \frac{\dfrac{dr}{d\theta} \sin \theta + r \cos \theta}{\dfrac{dr}{d\theta} \cos \theta - r \sin \theta} = \frac{\cos \theta \sin \theta + (1 + \sin \theta) \cos \theta}{\cos \theta \cos \theta - (1 + \sin \theta) \sin \theta}$$

$$= \frac{\cos \theta (1 + 2 \sin \theta)}{1 - 2 \sin^2 \theta - \sin \theta} = \frac{\cos \theta (1 + 2 \sin \theta)}{(1 + \sin \theta)(1 - 2 \sin \theta)}$$

a) La pente de la tangente au point en lequel $\theta = \pi/3$ est

$$\left. \frac{dy}{dx} \right|_{\theta = \pi/3} = \frac{\cos (\pi/3)(1 + 2 \sin (\pi/3))}{(1 + \sin (\pi/3))(1 - 2 \sin (\pi/3))}$$

$$= \frac{\frac{1}{2}(1 + \sqrt{3})}{(1 + \sqrt{3}/2)(1 - \sqrt{3})} = \frac{1 + \sqrt{3}}{(2 + \sqrt{3})(1 - \sqrt{3})}$$

$$= \frac{1 + \sqrt{3}}{-1 - \sqrt{3}} = -1.$$

b) Observez que

$$\frac{dy}{d\theta} = \cos\theta(1 + 2\sin\theta) = 0 \qquad \text{quand} \qquad \theta = \frac{\pi}{2}, \frac{3\pi}{2}, \frac{7\pi}{6}, \frac{11\pi}{6}$$

$$\frac{dx}{d\theta} = (1 + \sin\theta)(1 - 2\sin\theta) = 0 \qquad \text{quand} \qquad \theta = \frac{3\pi}{2}, \frac{\pi}{6}, \frac{5\pi}{6}$$

Par conséquent, les tangentes sont horizontales aux points $(2, \pi/2)$, $(\frac{1}{2}, 7\pi/6)$ et $(\frac{1}{2}, 11\pi/6)$ et verticales aux points $(\frac{3}{2}, \pi/6)$ et $(\frac{3}{2}, 5\pi/6)$. Lorsque $\theta = 3\pi/2$, $dy/d\theta$ et $dx/d\theta$ sont tous les deux nuls et il faut donc être prudent. Par application de la Règle de l'Hospital, on a

$$\lim_{\theta \to (3\pi/2)^-} \frac{dy}{dx} = \left(\lim_{\theta \to (3\pi/2)^-} \frac{1 + 2\sin\theta}{1 - 2\sin\theta} \right)\left(\lim_{\theta \to (3\pi/2)^-} \frac{\cos\theta}{1 + \sin\theta} \right)$$

$$= -\frac{1}{3} \lim_{\theta \to (3\pi/2)^-} \frac{\cos\theta}{1 + \sin\theta}$$

$$= -\frac{1}{3} \lim_{\theta \to (3\pi/2)^-} \frac{-\sin\theta}{\cos\theta} = \infty$$

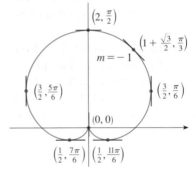

$\left(2, \frac{\pi}{2}\right)$

$\left(1 + \frac{\sqrt{3}}{2}, \frac{\pi}{3}\right)$

$m = -1$

$\left(\frac{3}{2}, \frac{5\pi}{6}\right)$ $\left(\frac{3}{2}, \frac{\pi}{6}\right)$

$(0, 0)$

$\left(\frac{1}{2}, \frac{7\pi}{6}\right)$ $\left(\frac{1}{2}, \frac{11\pi}{6}\right)$

FIGURE 15

Des tangentes à $r = 1 + \sin\theta$

Et par symétrie,

$$\lim_{\theta \to (3\pi/2)^+} \frac{dy}{dx} = -\infty$$

Au pôle, la tangente est donc verticale (voyez la figure 15). ■ ■

REMARQUE ◦ Au lieu d'avoir à retenir la formule 3, on pourrait employer directement la manière dont elle a été établie. Par exemple, on aurait pu écrire immédiatement dans l'exemple 9 :

$$x = r\cos\theta = (1 + \sin\theta)\cos\theta = \cos\theta + \frac{1}{2}\sin 2\theta$$

$$y = r\sin\theta = (1 + \sin\theta)\sin\theta = \sin\theta + \sin^2\theta$$

Et de là, calculer

$$\frac{dy}{dx} = \frac{dy/d\theta}{dx/d\theta} = \frac{\cos\theta + 2\sin\theta\cos\theta}{-\sin\theta + \cos 2\theta} = \frac{\cos\theta + \sin 2\theta}{-\sin\theta + \cos 2\theta},$$

ce qui est équivalent à l'expression précédente.

■■ Dessiner des courbes polaires à l'aide d'outils graphiques
■■

Bien qu'il soit bon de savoir dessiner à la main des courbes polaires simples, il faut nécessairement recourir à une calculatrice graphique ou à un ordinateur lorsqu'il s'agit de représenter une courbe aussi compliquée que celle de la figure 16.

Certains outils graphiques disposent de commandes qui leur permettent de tracer directement le graphique d'une courbe polaire. D'autres par contre ne le font que par le biais des équations paramétriques. Dans ce cas, on prend l'équation polaire $r = f(\theta)$ et on écrit les équations paramétriques suivantes

$$x = r\cos\theta = f(\theta)\cos\theta \qquad y = r\sin\theta = f(\theta)\sin\theta$$

Parfois, pour certaines machines, il est obligatoire d'appeler le paramètre t et non θ.

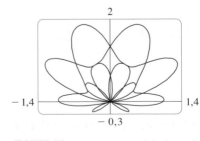

2

$-1,4$ ⎢ ⎥ $1,4$

$-0,3$

FIGURE 16

$r = \sin\theta + \sin^3(5\theta/2)$

EXEMPLE 10 Faites dessiner la courbe $r = \sin(8\theta/5)$.

SOLUTION On suppose que notre outil graphique ne dispose pas d'une commande intégrée de tracé de courbes polaires. Il faut donc dans ce cas travailler avec les équations paramétriques, qui sont

$$x = r\cos\theta = \sin(8\theta/5)\cos\theta \qquad y = r\sin\theta = \sin(8\theta/5)\sin\theta$$

De toutes façons, il est nécessaire de déterminer le domaine de définition de θ. La question à se poser est celle-ci : combien de rotations complètes faut-il pour que la courbe se superpose à elle-même ? Si la réponse est notée n, alors

$$\sin\frac{8(\theta + 2n\pi)}{5} = \sin\left(\frac{8\theta}{5} + \frac{16n\pi}{5}\right) = \sin\frac{8\theta}{5}$$

et la question devient : pour quelles valeurs de n le nombre $16n\pi/5$ est-il un multiple pair de π. Cela se produit pour la première fois pour $n = 5$. Par conséquent, on aura tracé la courbe entière et une seule fois en faisant varier θ dans l'intervalle $0 \leqslant \theta \leqslant 10\pi$. Après avoir changé θ en t, les équations paramétriques à introduire sont

$$x = \sin(8t/5)\cos t \qquad y = \sin(8t/5)\sin t \qquad 0 \leqslant t \leqslant 10\pi$$

et la figure 17 dévoile la courbe produite. Remarquez que cette courbe a 16 boucles. ■ ■

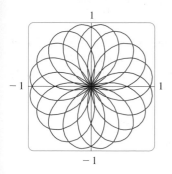

FIGURE 17
$r = \sin(8\theta/5)$

EXEMPLE 11 Étudiez la famille des courbes polaires définie par $r = 1 + c\sin\theta$. Examinez comment la forme change avec c. (Ces courbes s'appellent des **limaçons**, à cause de leur forme pour certaines valeurs de c.)

SOLUTION Voici les graphiques produits par ordinateur pour différentes valeurs de c. Lorsque $c > 1$, la courbe présente une boucle dont l'ampleur diminue avec c. Lorsque $c = 1$, la boucle a disparu et la courbe est la cardioïde dessinée dans l'exemple 7. Pour c compris entre 1 et $\frac{1}{2}$, le point de rebroussement de la cardioïde s'est émoussé et est devenu une fossette. Quand c décroît encore de $\frac{1}{2}$ à 0, le limaçon a une forme ovale. Cet ovale devient de plus en plus rond quand $c \to 0$ et quand $c = 0$, cette courbe n'est autre que le cercle $r = 1$.

■ ■ L'exercice 45 demande de prouver analytiquement les constatations faites sur les graphiques de la figure 18.

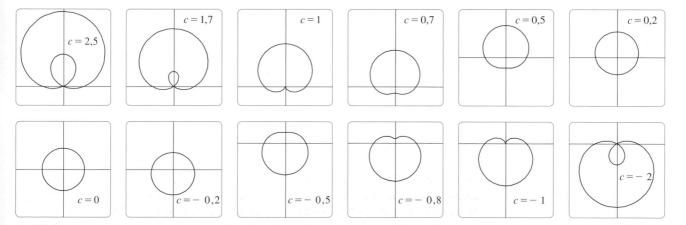

FIGURE 18
Quelques membres de la famille
des limaçons $r = 1 + c\sin\theta$

Le reste de la figure 18 montre que lorsque c est négatif, la courbe change de forme dans l'ordre inverse. Ces courbes ne sont en fait que les images symétriques par rapport à l'axe horizontal des courbes correspondant aux valeurs de c positives. ■ ■

H.1 | Exercices

1–2 ■ Marquez le point de coordonnées polaires données. Cherchez ensuite deux autres couples de coordonnées polaires de ce point, l'un où $r > 0$ et l'autre où $r < 0$.

1. a) $(1, \pi/2)$ b)$(-2, \pi/4)$ c)$(3, 2)$

2. a) $(3, 0)$ b)$(2, -\pi/7)$ c)$(-1, -\pi/2)$

3–4 ■ Marquez le point de coordonnées polaires données. Cherchez ensuite le couple de coordonnées cartésiennes du point.

3. a) $(3, \pi/2)$ b)$(2\sqrt{2}, 3\pi/4)$ c)$(-1, \pi/3)$

4. a) $(2, 2\pi/3)$ b)$(4, 3\pi)$ c)$(-2, -5\pi/6)$

5–6 ■ Voici les coordonnées cartésiennes d'un point.
- Déterminez ses coordonnées polaires (r, θ) où $r > 0$ et $0 \leqslant \theta \leqslant 2\pi$.
- Déterminez ses coordonnées polaires (r, θ) où $r < 0$ et $0 \leqslant \theta \leqslant 2\pi$.

5. a) $(1, 1)$ b) $(2\sqrt{3}, -2)$

6. a) $(-1, -\sqrt{3})$ b) $(-2, 3)$

7–12 ■ Ombrez la région du plan composée des points dont les coordonnées polaires satisfont aux conditions données.

7. $1 \leqslant r \leqslant 2$

8. $r \geqslant 0$, $\pi/3 \leqslant \theta \leqslant 2\pi/3$

9. $0 \leqslant r < 4$, $-\pi/2 \leqslant \theta < \pi/6$

10. $2 < r \leqslant 5$, $3\pi/4 < \theta < 5\pi/4$

11. $2 < r < 3$, $5\pi/3 \leqslant \theta \leqslant 7\pi/3$

12. $-1 \leqslant r \leqslant 1$, $\pi/4 \leqslant \theta \leqslant 3\pi/4$

13–16 ■ Trouvez une équation cartésienne de la courbe décrite par l'équation polaire donnée.

13. $r = 3\sin\theta$ **14.** $r = 2\sin\theta + 2\cos\theta$

15. $r = \operatorname{cosec}\theta$ **16.** $r = \operatorname{tg}\theta\sec\theta$

17–20 ■ Cherchez une équation polaire de la courbe représentée par l'équation cartésienne donnée.

17. $x = -y^2$ **18.** $x + y = 9$

19. $x^2 + y^2 = 2cx$ **20.** $x^2 - y^2 = 1$

21–22 ■ Pour chacune des courbes décrites, décidez s'il serait plus facile d'écrire son équation en coordonnées polaires ou en coordonnées cartésiennes. Écrivez-en l'équation.

21. a) Une droite qui passe par l'origine et qui fait un angle de $\pi/6$ avec la partie positive de l'axe Ox.
    b) Une droite verticale qui passe par le point $(3, 3)$.

22. a) Un cercle de rayon 5, centré en $(2, 3)$.
    b) Un cercle centré à l'origine de rayon 4.

23–40 ■ Dessinez la courbe d'équation polaire donnée.

23. $\theta = -\pi/6$ **24.** $r^2 - 3r + 2 = 0$

25. $r = \sin\theta$ **26.** $r = -3\cos\theta$

27. $r = 2(1 - \sin\theta)$, $\theta \geqslant 0$ **28.** $r = 1 - 3\cos\theta$

29. $r = \theta$, $\theta \geqslant 0$ **30.** $r = \ln\theta$, $\theta \geqslant 1$

31. $r = \sin 2\theta$ **32.** $r = 2\cos 3\theta$

33. $r = 2\cos 4\theta$ **34.** $r = \sin 5\theta$

35. $r^2 = 4\cos 2\theta$ **36.** $r^2 = \sin 2\theta$

37. $r = 2\cos(3\theta/2)$ **38.** $r^2\theta = 1$

39. $r = 1 + 2\cos 2\theta$ **40.** $r = 1 + 2\cos(\theta/2)$

41–42 ■ La figure montre le graphique de r en fonction de θ en coordonnées cartésiennes. Servez-vous de ce graphique pour dessiner la courbe polaire correspondante.

41.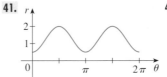

42.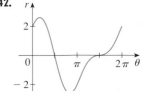

43. Montrez que la courbe polaire $r = 4 + 2\sec\theta$ (appelée **conchoïde**) admet la droite $x = 2$ comme asymptote verticale en établissant que $\lim_{r \to \pm\infty} x = 2$. Aidez-vous de ce résultat pour tracer la conchoïde.

44. Montrez que la droite $x = 1$ est une asymptote verticale de la courbe $r = \sin\theta\operatorname{tg}\theta$ (appelée **cissoïde de Dioclès**). Montrez aussi que la courbe est entièrement située dans la tranche $0 \leqslant x < 1$. Aidez-vous de ce résultat pour dessiner la cissoïde.

45. a) Dans l'exemple 11, les graphiques suggèrent que le limaçon $r = 1 + c\sin\theta$ a une boucle intérieure quand $|c| > 1$. Démontrez que c'est vrai et déterminez les valeurs de θ auxquelles correspondent les points de la boucle intérieure.
    b) De la figure 18, il ressort que le limaçon perd sa fossette quand $c = \frac{1}{2}$. Démontrez-le.

46. Mettez en correspondance les équations polaires et les graphiques étiquetés I-VI. Justifiez vos choix. (N'employez pas d'outils graphiques.)

a) $r = \sin(\theta/2)$
b) $r = \sin(\theta/4)$
c) $r = \sec(3\theta)$
d) $r = \theta\sin\theta$
e) $r = 1 + 4\cos 5\theta$
f) $r = 1/\sqrt{\theta}$

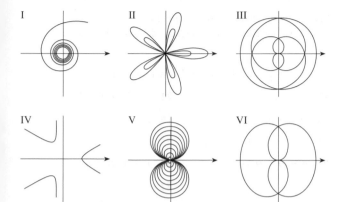

47–50 ■ Calculez la pente de la tangente à la courbe polaire donnée au point spécifié par la valeur de θ.

47. $r = 2\sin\theta$, $\theta = \pi/6$ **48.** $r = 2 - \sin\theta$, $\theta = \pi/3$

49. $r = 1/\theta$, $\theta = \pi$ **50.** $r = \sin 3\theta$, $\theta = \pi/6$

■ ■ ■ ■ ■ ■ ■ ■ ■ ■ ■

51–54 ■ Déterminez les points en lesquels la courbe donnée admet une tangente horizontale ou verticale.

51. $r = 3\cos\theta$ **52.** $r = e^{\theta}$

53. $r = 1 + \cos\theta$ **54.** $r^2 = \sin 2\theta$

■ ■ ■ ■ ■ ■ ■ ■ ■ ■ ■

55. Montrez que l'équation polaire $r = a\sin\theta + b\cos\theta$, où $ab \neq 0$, représente un cercle. Déterminez son centre et son rayon.

56. Montrez que les courbes $r = a\sin\theta$ et $r = a\cos\theta$ se coupent à angle droit.

57–60 ■ Produisez le graphique de la courbe polaire à l'aide d'un outil graphique. Choisissez l'intervalle de variation du paramètre qui fait apparaître la totalité de la courbe.

57. $r = e^{\sin\theta} - 2\cos(4\theta)$ (courbe papillon)

58. $r = \sin^2(4\theta) + \cos(4\theta)$

59. $r = 2 - 5\sin(\theta/6)$

60. $r = \cos(\theta/2) + \cos(\theta/3)$

■ ■ ■ ■ ■ ■ ■ ■ ■ ■ ■

61. Comment les graphiques de $r = 1 + \sin(\theta - \pi/6)$ et $r = 1 + \sin(\theta - \pi/3)$ sont-ils liés à celui de $r = 1 + \sin\theta$? De façon générale, comment le graphique de $r = f(\theta - \alpha)$ est-il relié à celui de $r = f(\theta)$?

62. Cherchez graphiquement d'abord l'ordonnée du point le plus haut de la courbe $r = \sin 2\theta$. Calculez ensuite la valeur exacte grâce aux techniques du calcul différentiel.

63. a) Étudiez la famille des courbes définie par les équations polaires $r = \sin n\theta$, où n est un entier positif. Comment le nombre de boucles est-il lié à n ?

b) Que se passe-t-il si l'équation de la partie a) est remplacée par $r = |\sin n\theta|$?

64. Une famille de courbes est définie par les équations $r = 1 + c\sin n\theta$, où c est un nombre réel et n un entier positif. Comment le graphique change-t-il lorsque n croît ? Comment change-t-il lorsque c change ? Illustrez en montrant un nombre suffisant de graphiques pour soutenir vos conclusions.

65. Une famille de courbes a les équations polaires

$$r = \frac{1 - a\cos\theta}{1 + a\cos\theta}.$$

Observez comment le graphique change avec les valeurs du nombre a. En particulier, pointez les valeurs de transition d'une forme de courbe à une autre.

66. L'astronome Giovanni Cassini (1625-1712) a étudié la famille de courbes d'équation polaire

$$r^4 - 2c^2 r^2 \cos 2\theta + c^4 - a^4 = 0,$$

où a et c sont des nombres réels positifs. Ces courbes portent le nom de **ovales de Cassini**, même si elles n'ont la forme ovale que pour certaines valeurs de a et c. (Cassini était convaincu que ces courbes représentaient les orbites planétaires mieux que les ellipses de Kepler.) Examinez les différentes formes que ces courbes peuvent présenter. En particulier, quelle relation lie a et c quand la courbe se divise en deux parties ?

67. Soit P un point quelconque (autre que l'origine) de la courbe $r = f(\theta)$. Si ψ est l'angle entre la tangente en P et le rayon OP, montrez que

$$\text{tg}\,\psi = \frac{r}{dr/d\theta}.$$

[*Suggestion* : Observez sur la figure que $\psi = \phi - \theta$.]

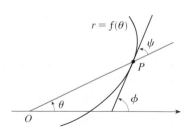

68. a) Grâce à l'exercice 67, démontrez que pour la courbe $r = e^{\theta}$, l'angle entre la tangente et le rayon-vecteur de n'importe lequel de ses points mesure $\pi/4$.

b) Illustrez la partie a) en dessinant la courbe et les tangentes aux points correspondant à $\theta = 0$ et $\pi/2$.

c) Démontrez que toutes les courbes polaires $r = f(\theta)$ qui jouissent de la propriété que l'angle ψ entre le rayon-vecteur et la tangente est une constante sont forcément de la forme $r = Ce^{k\theta}$, où C et k sont des constantes.

H.2 Les aires et les longueurs d'arcs en coordonnées polaires

FIGURE 1

Dans cette section, nous mettons au point la formule de calcul de l'aire d'une région dont les frontières sont données par des équations polaires. Nous avons besoin pour cela de la formule de l'aire d'un secteur circulaire, à savoir

$$\boxed{1} \qquad A = \tfrac{1}{2}r^2\theta,$$

où, comme dans la figure 1, r est le rayon et θ la mesure en radians de l'angle au centre du secteur. La formule 1 provient de ce que l'aire d'un secteur est proportionnelle à l'angle au centre : $A = (\theta/2\pi)\pi r^2 = \tfrac{1}{2}r^2\theta$.

Soit $\mathcal{R}$ la région, illustrée dans la figure 2, délimitée par la courbe polaire $r = f(\theta)$ et par les rayons $\theta = a$ et $\theta = b$, où f est une fonction continue positive et où $0 < b - a \leqslant 2\pi$. Nous divisons l'intervalle $[a, b]$ en sous-intervalles d'extrémités θ_0, θ_1, θ_2, ..., θ_n et de longueur égale $\Delta\theta$. Les rayons $\theta = \theta_i$ divisent alors $\mathcal{R}$ en n régions plus petites d'angle au centre $\Delta\theta = \theta_i - \theta_{i-1}$. Si nous choisissons θ_i^* dans le sous-intervalle $[\theta_{i-1}, \theta_i]$ d'indice i, l'aire ΔA_i de la $i^{\text{ième}}$ région vaut à peu près celle d'un secteur circulaire d'angle au centre $\Delta\theta$ et de rayon $f(\theta_i^*)$ (voyez la figure 3).

D'après la formule 1, l'aire de ce secteur est égale à

$$\Delta A_i \approx \tfrac{1}{2}[f(\theta_i^*)]^2\Delta\theta,$$

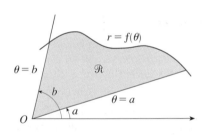

FIGURE 2

et ainsi, l'aire totale A de $\mathcal{R}$ vaut à peu près

$$\boxed{2} \qquad A \approx \sum_{i=1}^{n} \tfrac{1}{2}[f(\theta_i^*)]^2\Delta\theta.$$

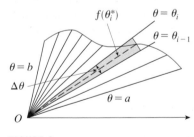

FIGURE 3

Il ressort de la figure 3 que, plus n est grand, meilleure est cette approximation. Or, les sommes de l'expression 2 sont des sommes de Riemann de la fonction $g(\theta) = \tfrac{1}{2}[f(\theta)]^2$. D'où

$$\lim_{n \to \infty} \sum_{i=1}^{n} \tfrac{1}{2}[f(\theta_i^*)]^2\Delta\theta = \int_a^b \tfrac{1}{2}[f(\theta)]^2\,d\theta.$$

Par conséquent, il semble acceptable (et il peut du reste être démontré) que la formule de l'aire A de la région polaire $\mathcal{R}$ est

$$\boxed{3} \qquad \boxed{A = \int_a^b \tfrac{1}{2}[f(\theta)]^2\,d\theta.}$$

La formule 3 est souvent écrite

$\boxed{4}$

$$A = \int_a^b \tfrac{1}{2} r^2 \, d\theta.$$

où il est entendu que $r = f(\theta)$. Notez la similitude entre les formules 1 et 4. Lors de l'application des formules 3 ou 4, il est bon de visualiser la région comme balayée par un rayon qui tourne de la position initiale d'angle a jusqu'à la position finale d'angle b.

EXEMPLE 1 Calculez l'aire de la région enfermée dans une boucle de la rosace à 4 pétales $r = \cos 2\theta$.

SOLUTION La courbe $r = \cos 2\theta$ a été dessinée dans l'exemple 8 de la section H.1. La figure 4 reprend cette figure en mettant en évidence que la région formée par la boucle de droite est entièrement balayée par un rayon qui tourne de $\theta = -\pi/4$ jusqu'à $\theta = \pi/4$. De là,

$$A = \int_{-\pi/4}^{\pi/4} \tfrac{1}{2} r^2 \, d\theta = \tfrac{1}{2} \int_{-\pi/4}^{\pi/4} \cos^2(2\theta) \, d\theta = \int_0^{\pi/4} \cos^2(2\theta) \, d\theta.$$

Pour calculer l'intégrale, on peut utiliser la formule 64 de la Table de primitives ou, comme à la section 5.7, faire appel à la formule de l'angle demi $\cos^2 x = \tfrac{1}{2}(1 + \cos 2x)$ pour obtenir

$$A = \int_0^{\pi/4} \tfrac{1}{2}(1 + \cos 4\theta) \, d\theta = \tfrac{1}{2}\left[\theta + \tfrac{1}{4}\sin 4\theta\right]_0^{\pi/4} = \frac{\pi}{8}.$$ ■ ■

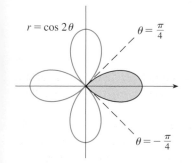

$r = \cos 2\theta$ $\theta = \dfrac{\pi}{4}$ $\theta = -\dfrac{\pi}{4}$

FIGURE 4

EXEMPLE 2 Calculez la mesure de la région située à l'intérieur de cercle $r = 3 \sin \theta$ et à l'extérieur de la cardioïde $r = 1 + \sin \theta$.

SOLUTION La région en question est ombrée dans la figure 5 où ont été tracés le cercle et la cardioïde (voyez l'exemple 7 de la section H.1). Les valeurs de a et b qui interviennent dans la formule 4 sont déterminées par les points d'intersection des deux courbes. Celles-ci se coupent quand $3 \sin \theta = 1 + \sin \theta$, ou $\sin \theta = \tfrac{1}{2}$. Les solutions de cette équation sont $\theta = \pi/6$ et $\theta = 5\pi/6$. L'aire demandée s'obtient en retranchant l'aire intérieure à la cardioïde entre $\theta = \pi/6$ et $\theta = 5\pi/6$ de l'aire intérieure au cercle entre $\theta = \pi/6$ et $\theta = 5\pi/6$:

$$A = \tfrac{1}{2} \int_{\pi/6}^{5\pi/6} (3 \sin \theta)^2 \, d\theta - \tfrac{1}{2} \int_{\pi/6}^{5\pi/6} (1 + \sin \theta)^2 \, d\theta.$$

Comme la région est symétrique par rapport à la droite verticale $\theta = \pi/2$, on peut écrire

$$A = 2\left[\tfrac{1}{2} \int_{\pi/6}^{\pi/2} 9 \sin^2 \theta \, d\theta - \tfrac{1}{2} \int_{\pi/6}^{\pi/2} (1 + 2 \sin \theta + \sin^2 \theta) \, d\theta\right]$$

$$= \int_{\pi/6}^{\pi/2} (8 \sin^2 \theta - 1 - 2 \sin \theta) \, d\theta$$

$$= \int_{\pi/6}^{\pi/2} (3 - 4 \cos 2\theta - 2 \sin \theta) \, d\theta \qquad \text{[parce que } \sin^2 \theta = \tfrac{1}{2}(1 - \cos 2\theta)\text{]}$$

$$= 3\theta - 2 \sin 2\theta + 2 \cos \theta\big]_{\pi/6}^{\pi/2} = \pi.$$ ■ ■

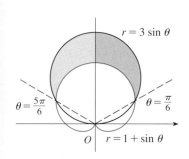

$r = 3 \sin \theta$ $\theta = \dfrac{5\pi}{6}$ $\theta = \dfrac{\pi}{6}$ O $r = 1 + \sin \theta$

FIGURE 5

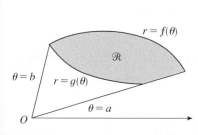

$r = f(\theta)$ $\mathcal{R}$ $\theta = b$ $r = g(\theta)$ $\theta = a$ O

FIGURE 6

À l'exemple 2, on a en fait calculé l'aire d'une région délimitée par deux courbes polaires. De façon générale, soit $\mathcal{R}$ une région, telle que celle de la figure 6, dont les frontières se composent des courbes d'équation polaire $r = f(\theta)$, $r = g(\theta)$, $\theta = a$ et $\theta = b$, où $f(\theta) \geqslant g(\theta) \geqslant 0$ et $0 < b - a \leqslant 2\pi$. L'aire A de $\mathcal{R}$ est obtenue en retranchant l'aire intérieure à $r = g(\theta)$ de l'aire intérieure à $r = f(\theta)$, ce qui, d'après la formule 3, conduit à

$$A = \int_a^b \frac{1}{2}[f(\theta)]^2 \, d\theta - \int_a^b \frac{1}{2}[g(\theta)]^2 \, d\theta$$

$$= \int_a^b \frac{1}{2}([f(\theta)]^2 - [g(\theta)]^2) \, d\theta$$

⊘ **MISE EN GARDE** ◦ Le fait que la représentation en coordonnées polaires d'un point ne soit pas univoque rend parfois difficile le repérage des points en lesquels deux courbes polaires se coupent. Par exemple, il est évident, au vu de la figure 5, que le cercle et la cardioïde ont trois points d'intersection ; pourtant, la résolution simultanée des équations $r = 3\sin\theta$ et $r = 1 + \sin\theta$ n'a conduit qu'aux deux solutions $(\frac{3}{2}, \pi/6)$ et $(\frac{3}{2}, 5\pi/6)$. L'origine est aussi un point d'intersection, mais il ne peut pas sortir de la résolution simultanée des équations des courbes car l'origine n'a pas une unique représentation en coordonnées polaires qui vérifie à la fois les deux équations. Quand l'origine est représentée par $(0, 0)$ ou par $(0, \pi)$, alors elle vérifie $r = 3\sin\theta$ et donc elle se trouve sur le cercle ; et quand l'origine est représentée par $(0, 3\pi/2)$, elle vérifie $r = 1 + \sin\theta$ et se trouve donc sur la cardioïde. Imaginez un moment que chacune des courbes soit parcourue séparément à mesure que θ balaie l'intervalle $[0, 2\pi]$. Sur une des courbes, l'origine est atteinte quand $\theta = 0$ et $\theta = \pi$, tandis que sur l'autre courbe, elle est atteinte quand $\theta = 3\pi/2$. Les deux points ne se rencontrent pas à l'origine parce qu'ils y passent à des moments différents. Cela n'empêche pas les deux courbes de s'y croiser néanmoins.

En conclusion, pour trouver *tous* les points d'intersection de deux courbes polaires, il est recommandé de les dessiner et un calculateur graphique ou un ordinateur sont particulièrement bienvenus pour cela.

EXEMPLE 3 Chercher tous les points d'intersection des courbes $r = \cos 2\theta$ et $r = \frac{1}{2}$.

SOLUTION La résolution des équations $r = \cos 2\theta$ et $r = \frac{1}{2}$ conduit à $\cos 2\theta = \frac{1}{2}$, ou $2\theta = \pi/3, 5\pi/3, 7\pi/3, 11\pi/3$. Les valeurs de θ comprises entre 0 et 2π qui vérifient les deux équations sont donc $\theta = \pi/6, 5\pi/6, 7\pi/6, 11\pi/6$. Cette résolution repère donc les quatre points d'intersection $(\frac{1}{2}, \pi/6)$, $(\frac{1}{2}, 5\pi/6)$, $(\frac{1}{2}, 7\pi/6)$, $(\frac{1}{2}, 11\pi/6)$.

Pourtant, la figure 7 montre clairement que les courbes ont encore quatre autres points d'intersection, à savoir $(\frac{1}{2}, \pi/3)$, $(\frac{1}{2}, 2\pi/3)$, $(\frac{1}{2}, 4\pi/3)$, $(\frac{1}{2}, 5\pi/3)$. Ces points peuvent être obtenus soit par symétrie, soit en choisissant $r = -\frac{1}{2}$ comme équation du cercle et en résolvant simultanément les équations $r = \cos 2\theta$ et $r = -\frac{1}{2}$. ■ ■

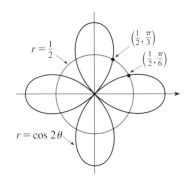

FIGURE 7

■■
■■ **Les longueur d'arcs**

Pour déterminer la longueur d'une courbe polaire $r = f(\theta)$, $a \leqslant \theta \leqslant b$, nous regardons θ comme un paramètre et écrivons les équations paramétriques de la courbe

$$x = r\cos\theta = f(\theta)\cos\theta \qquad y = r\sin\theta = f(\theta)\sin\theta.$$

Nous calculons les dérivées par rapport à θ à l'aide de la Règle de dérivation du produit :

$$\frac{dx}{d\theta} = \frac{dr}{d\theta}\cos\theta - r\sin\theta \qquad \frac{dy}{d\theta} = \frac{dr}{d\theta}\sin\theta + r\cos\theta,$$

et, grâce à l'identité $\cos^2\theta + \sin^2\theta = 1$, nous obtenons

$$\left(\frac{dx}{d\theta}\right)^2 + \left(\frac{dy}{d\theta}\right)^2 = \left(\frac{dr}{d\theta}\right)^2 \cos^2\theta - 2r\frac{dr}{d\theta}\cos\theta\sin\theta + r^2\sin^2\theta$$

$$+ \left(\frac{dr}{d\theta}\right)^2 \sin^2\theta + 2r\frac{dr}{d\theta}\sin\theta\cos\theta + r^2\cos^2\theta$$

$$= \left(\frac{dr}{d\theta}\right)^2 + r^2.$$

Sous l'hypothèse que f' est une fonction continue, nous faisons appel à la formule 6.3.1 qui nous donne la longueur d'un arc

$$L = \int_a^b \sqrt{\left(\frac{dx}{d\theta}\right)^2 + \left(\frac{dy}{d\theta}\right)^2}\, d\theta.$$

Dès lors, la longueur d'une courbe d'équation polaire $r = f(\theta)$, $a \leqslant \theta \leqslant b$ est donnée par

5

$$L = \int_a^b \sqrt{r^2 + \left(\frac{dr}{d\theta}\right)^2}\, d\theta.$$

EXEMPLE 4 Calculez la longueur de la cardioïde $r = 1 + \sin\theta$.

SOLUTION La cardioïde est dessinée dans la figure 8. (Nous l'avions construite à l'exemple 7 de la section H.1.) Pour avoir sa longueur totale, il faut faire varier le paramètre dans l'intervalle $[0, 2\pi]$. La formule 5 donne

$$L = \int_0^{2\pi} \sqrt{r^2 + \left(\frac{dr}{d\theta}\right)^2}\, d\theta = \int_0^{2\pi} \sqrt{(1 + \sin\theta)^2 + \cos^2\theta}\, d\theta$$

$$= \int_0^{2\pi} \sqrt{2 + 2\sin\theta}\, d\theta$$

Pour calculer cette intégrale, on pourrait multiplier et diviser la fonction par $\sqrt{2 - 2\sin\theta}$ ou se servir d'un logiciel de calcul symbolique. Quelle que soit la manière, la longueur de la cardioïde est $L = 8$. ■ ■

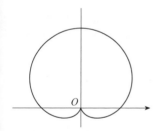

FIGURE 8
$r = 1 + \sin\theta$

H.2 Exercices

1–4 ■ Calculez l'aire de la région délimitée par la courbe donnée et appartenant au secteur indiqué.

1. $r = \sqrt{\theta}$, $\quad 0 \leqslant \theta \leqslant \pi/4$

2. $r = e^{\theta/2}$, $\quad \pi \leqslant \theta \leqslant 2\pi$

3. $r = \sin\theta$, $\quad \pi/3 \leqslant \theta \leqslant 2\pi/3$

4. $r = \sqrt{\sin\theta}$, $\quad 0 \leqslant \theta \leqslant \pi$

■ ■ ■ ■ ■ ■ ■ ■ ■ ■ ■

5–8 ■ Calculez la mesure de l'aire ombrée.

5.

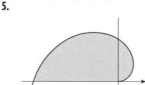

$r = \theta$

6.

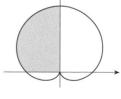

$r = 1 + \sin\theta$

7.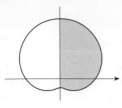

$r = 4 + 3 \sin \theta$

8.

$r = \sin 4\theta$

9–12 ■ Tracez la courbe et calculez l'aire de la région qu'elle entoure.

9. $r^2 = 4\cos 2\theta$ **10.** $r = 3(1 + \cos \theta)$

11. $r = 2\cos 3\theta$ **12.** $r = 2 + \cos 2\theta$

13–14 ■ Dessinez la courbe et calculez l'aire de la région qu'elle entoure.

13. $r = 1 + 2\sin 6\theta$ **14.** $r = 2\sin \theta + 3\sin 9\theta$

15–18 ■ Calculez l'aire d'une boucle de la courbe.

15. $r = \sin 2\theta$ **16.** $r = 4\sin 3\theta$

17. $r = 1 + 2\sin 2\theta$ (boucle intérieure)

18. $r = 2\cos \theta - \sec \theta$

19–22 ■ Calculez l'aire de la région qui se trouve à l'intérieur de la première courbe et à l'extérieur de la seconde.

19. $r = 4\sin \theta$, $r = 2$ **20.** $r = 1 - \sin \theta$, $r = 1$

21. $r = 3\cos \theta$, $r = 1 + \cos \theta$

22. $r = 2 + \sin \theta$, $r = 3\sin \theta$

23–26 ■ Calculez l'aire de la région qui se trouve entre les deux courbes.

23. $r = \sin \theta$, $r = \cos \theta$ **24.** $r = \sin 2\theta$, $r = \sin \theta$

25. $r = \sin 2\theta$, $r = \cos 2\theta$ **26.** $r^2 = 2\sin 2\theta$, $r = 1$

27. Calculer l'aire de la région intérieure à la grande boucle et extérieure à la petite boucle du limaçon $r = \frac{1}{2} + \cos \theta$.

28. Lors de l'enregistrement de spectacles, les ingénieurs du son emploient souvent un micro dont le lecteur est en forme de cardioïde car il présente l'avantage de supprimer le bruit en provenance de la salle. On suppose que le micro est placé à 4 m du bord de la scène (comme indiqué sur la figure), que la région optimale de lecture est délimitée par la cardioïde $r = 8 + 8\sin \theta$, où r est mesuré en mètres et que le micro est au pôle. Les musiciens voudraient connaître l'aire dont ils

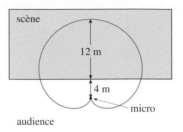

scène

12 m

4 m

micro

audience

disposent sur scène pour être dans la zone optimale d'enregistrement. Répondez à leur question.

29–32 ■ Recherchez tous les points d'intersection des courbes données.

29. $r = \cos \theta$, $r = 1 - \cos \theta$

30. $r = \cos 3\theta$, $r = \sin 3\theta$

31. $r = \sin \theta$, $r = \sin 2\theta$

32. $r^2 = \sin 2\theta$, $r^2 = \cos 2\theta$

33. Il n'est pas possible de déterminer exactement les points d'intersection de la cardioïde $r = 1 + \sin \theta$ et de la spirale $r = 2\theta$, $-\pi/2 \leqslant \theta \leqslant \pi/2$. Déterminez ces valeurs approximativement en les lisant sur un graphique. Servez-vous en pour calculer une estimation de l'aire de la région qui se trouve comprise entre ces deux courbes.

34. Estimez les valeurs de θ pour lesquelles les courbes $r = 3 + \sin 5\theta$ et $r = 6\sin \theta$ se coupent. Servez-vous en pour calculer une estimation de l'aire de la région qui se trouve comprise entre ces deux courbes.

35–38 ■ Calculez la longueur exacte des arcs polaires.

35. $r = 3\sin \theta$, $0 \leqslant \theta \leqslant \pi/3$

36. $r = e^{2\theta}$, $0 \leqslant \theta \leqslant 2\pi$

37. $r = \theta^2$, $0 \leqslant \theta \leqslant 2\pi$ **38.** $r = \theta$, $0 \leqslant \theta \leqslant 2\pi$

39–40 ■ À l'aide d'une calculatrice ou d'un ordinateur, calculez avec 4 décimales correctes la longueur de la courbe décrite.

39. $r = 3\sin 2\theta$ **40.** $r = 4\sin 3\theta$

Les sections coniques en coordonnées polaires

Nous vous invitons à découvrir un traitement unifié des trois types de conique en termes de foyer et de directrice. Nous allons voir qu'une conique dont le foyer occupe l'origine admet une équation polaire très simple. Au chapitre 10, c'est l'équation de l'ellipse sous sa forme polaire qui va nous conduire aux lois de Kepler du mouvement planétaire.

Soit F un point fixe (appelé **foyer**) et d une droite fixe (appelée **directrice**) du plan. Soit e un nombre positif fixé (appelé **excentricité**). Soit C l'ensemble de tous les points P du plan tels que

$$\frac{|PF|}{|Pd|} = e$$

(c'est-à-dire que, pour un point P, le rapport entre sa distance à F et sa distance à d est la constante e.) Vous remarquez immédiatement que si $e = 1$, alors $|PF| = |Pd|$ et la condition donnée devient tout simplement la définition d'une parabole telle qu'elle a été donnée dans l'annexe B.

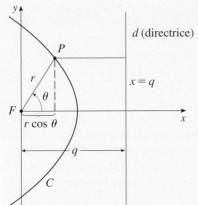

FIGURE 1

1. Si le foyer F occupe l'origine et si la directrice est parallèle à l'axe Oy, à q unités vers la droite, son équation est $x = q$ et elle est perpendiculaire à l'axe polaire. Servez-vous de la figure 1 pour montrer que

$$r = e(q - r\cos\theta)$$

où (r, θ) sont les coordonnées polaires du point P.

2. En convertissant l'équation polaire du problème 1 en coordonnées cartésiennes, montrez que la courbe C est une ellipse si $e < 1$. (Voyez l'annexe B pour une étude des ellipses.)

3. Montrez que C est une hyperbole si $e > 1$.

4. Démontrez que l'équation polaire

$$r = \frac{eq}{1 + e\cos\theta}$$

représente une ellipse si $e < 1$, une parabole si $e = 1$ ou une hyperbole si $e > 1$.

5. Déterminez l'excentricité et la directrice de chacune des coniques suivantes. Identifiez de quelle conique il s'agit et dessinez-la.

   a) $r = \dfrac{4}{1 + 3\cos\theta}$ b) $r = \dfrac{8}{3 + 3\cos\theta}$ c) $r = \dfrac{2}{2 + \cos\theta}$

6. Tracez dans un même système d'axes les coniques $r = e/(1 - e\cos\theta)$ pour $e = 0{,}4$, $0{,}6$, $0{,}8$ et 1. Comment la valeur de e affecte-t-elle la forme de la courbe ?

7. a) Montrez que l'équation polaire d'une ellipse de directrice $x = q$ peut être mise sous la forme

$$r = \frac{a(1 - e^2)}{1 - e\cos\theta}.$$

   b) Écrivez une équation approximative de l'orbite elliptique de la planète Terre autour du Soleil (en un foyer) étant donné que l'excentricité vaut environ $0{,}017$ et le plus grand axe $2{,}99 \times 10^8$ km.

8. a) Les planètes tournent autour du Soleil suivant une trajectoire elliptique dont le Soleil occupe un des foyers. On appelle respectivement *périhélie* et *aphélie* les points de l'orbite où la distance au Soleil est la plus courte et la plus longue. (Voyez la figure 2.) Servez-vous de l'équation du problème 7a) pour montrer que la distance du périhélie d'une planète au soleil est $a(1 - e)$ et celle de l'aphélie, $a(1 + e)$.

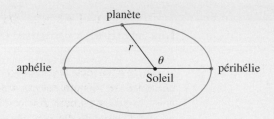

FIGURE 2

b) Utilisez les données du problème 7b) pour calculer à quelle distance du Soleil se trouve la Terre à l'aphélie et au périhélie.

9. a) La planète Mercure suit une trajectoire elliptique d'excentricité 0,206 . Elle ne s'approche pas du Soleil à moins de $4,6 \times 10^7$ km . Calculez sa distance maximale du Soleil à l'aide des résultats du problème 8a).

b) Calculez la longueur de la trajectoire complète parcourue par Mercure au cours d'une révolution autour du Soleil. (Calculez l'intégrale définie à l'aide de votre calculatrice ou de votre ordinateur.)

Les nombres complexes

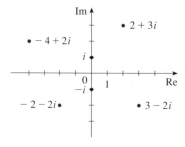

FIGURE 1

Des nombres complexes représentés par des points du plan d'Argand-Cauchy.

Un **nombre complexe** peut être représenté par une expression de la forme $a + bi$, où a et b sont des nombres réels et où i est un symbole qui jouit de la propriété $i^2 = -1$. Le nombre complexe $a + bi$ peut aussi être représenté par le couple (a, b) et marqué comme un point dans le plan (appelé plan d'Argand-Cauchy) comme dans la figure 1. De cette façon, le nombre complexe $i = 0 + 1 \cdot i$ a comme image le point de coordonnées $(0, 1)$.

La **partie réelle** d'un nombre complexe $a + bi$ est le nombre réel a et la **partie imaginaire** est le nombre réel b . La partie réelle de $4 - 3i$ par exemple est 4 et la partie imaginaire –3 . Deux nombres complexes $a + bi$ et $c + di$ sont **égaux** si $a = c$ et $b = d$, c'est-à-dire si leurs parties réelles sont égales et leurs parties imaginaires égales. Dans le plan d'Argand-Cauchy, l'axe Ox est appelé l'axe réel et l'axe Oy , l'axe imaginaire.

La somme ou la différence de deux nombres complexes est, par définition, un nombre complexe dont la partie réelle et la partie imaginaire sont respectivement la somme et la différence des parties réelles et des parties imaginaires :

$$(a + bi) + (c + di) = (a + c) + (b + d)i$$
$$(a + bi) - (c + di) = (a - c) + (b - d)i$$

Par exemple,

$$(1 - i) + (4 + 7i) = (1 + 4) + (-1 + 7)i = 5 + 6i .$$

Le produit des nombres complexes est défini de manière à ce que les lois habituelles de commutativité et de distributivité tiennent :

$$(a + bi)(c + di) = a(c + di) + (bi)(c + di)$$
$$= ac + adi + bci + bdi^2$$

Comme $i^2 = -1$, cette expression devient

$$(a + bi)(c + di) = (ac - bd) + (ad + bc)i .$$

EXEMPLE 1

$$(-1 + 3i)(2 - 5i) = (-1)(2 - 5i) + 3i(2 - 5i)$$
$$= -2 + 5i + 6i - 15(-1) = 13 + 11i. \quad ■ ■$$

La division des nombres complexes s'apparente à la manière qu'on a de rendre rationnel le dénominateur d'une fraction rationnelle. À un nombre complexe $z = a + bi$ est associé $\bar{z} = a - bi$ que l'on appelle le **complexe conjugué**. Pour effectuer la division de deux nombres complexes, on multiplie numérateur et dénominateur par le complexe conjugué du dénominateur.

EXEMPLE 2 Exprimez le nombre $\dfrac{-1 + 3i}{2 + 5i}$ sous la forme $a + bi$.

SOLUTION On multiplie numérateur et dénominateur par le complexe conjugué de $2 + 5i$, à savoir par $2 - 5i$, et on exploite au passage le résultat de l'exemple 1 :

$$\frac{-1 + 3i}{2 + 5i} = \frac{-1 + 3i}{2 + 5i} \cdot \frac{2 - 5i}{2 - 5i} = \frac{13 + 11i}{2^2 + 5^2} = \frac{13}{29} + \frac{11}{29}i. \quad ■ ■$$

La figure 2 montre l'interprétation géométrique du complexe conjugué : $\bar{z}$ est l'image symétrique de l'image de z par rapport à l'axe réel. Voici encadrées les principales propriétés des complexes conjugués. Les démonstrations découlent de la définition et sont demandées à titre d'exercice (voyez l'exercice 18).

Propriétés des conjugués

$$\overline{z + w} = \bar{z} + \bar{w} \qquad \overline{zw} = \bar{z}\,\bar{w} \qquad \overline{z^n} = \bar{z}^n$$

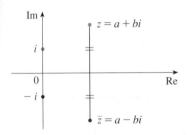

FIGURE 2

Le **module**, ou **valeur absolue**, $|z|$ d'un nombre complexe $z = a + bi$ est la distance de son image à l'origine. À la figure 3 on peut lire que, si $z = a + bi$, alors

$$\boxed{|z| = \sqrt{a^2 + b^2}.}$$

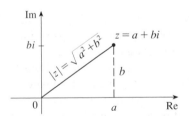

FIGURE 3

Remarquez que

$$z\bar{z} = (a + bi)(a - bi) = a^2 + abi - abi - b^2i^2 = a^2 + b^2$$

et donc

$$\boxed{z\bar{z} = |z|^2.}$$

Ceci explique pourquoi la procédure de division expliquée ci-dessus, et mise en œuvre dans l'exemple 2, est générale :

$$\frac{z}{w} = \frac{z\bar{w}}{w\bar{w}} = \frac{z\bar{w}}{|w|^2}$$

Comme $i^2 = -1$, on peut penser que i est une racine carrée de -1. Mais on a aussi $(-i)^2 = i^2 = -1$, d'où $-i$ est également une racine carrée de -1. On dit que i est la **principale racine carrée** de -1 et on écrit $\sqrt{-1} = i$. De ce fait, pour un nombre positif quelconque c, on écrit

$$\sqrt{-c} = \sqrt{c}\, i.$$

Désormais, avec cette convention, l'établissement et la formule des racines d'une équation du second degré $ax^2 + bx + c = 0$ sont valables même quand $b^2 - 4ac < 0$:

$$x = \frac{-b \pm \sqrt{b^2 - 4ac}}{2a}$$

EXEMPLE 3 Quelles sont les racines de l'équation $x^2 + x + 1 = 0$?

SOLUTION Conformément à la formule, on a

$$x = \frac{-1 \pm \sqrt{1^2 - 4 \cdot 1}}{2} = \frac{-1 \pm \sqrt{-3}}{2} = \frac{-1 \pm \sqrt{3}i}{2}.$$
■ ■

On remarque que les solutions de l'équation dans l'exemple 3 sont des nombres complexes conjugués l'un de l'autre. Ce sera toujours le cas des solutions d'une équation quadratique quelconque $ax^2 + bx + c = 0$ à coefficients a, b et c réels. (Si z est réel, $\bar{z} = z$ et z est son propre conjugué.)

On a vu que si on admet les nombres complexes comme solutions, alors toute équation quadratique a une solution. Plus généralement, il est vrai que toute équation polynomiale

$$a_n x^n + a_{n-1} x^{n-1} + \cdots + a_1 x + a_0 = 0$$

de degré au moins égal à un a une solution parmi les nombres complexes. Ce résultat est connu comme le Théorème fondamental de l'algèbre ou Théorème de Gauss-d'Alembert et a été démontré par Gauss.

■■ La forme polaire
■■

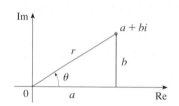

FIGURE 4

On sait que tout nombre complexe $z = a + bi$ a comme image un point (a, b) et que n'importe quel point peut être représenté par ses coordonnées polaires (r, θ) avec $r \geq 0$. Si on regarde la figure 4, on voit que

$$a = r \cos \theta \qquad b = r \sin \theta.$$

D'où, il vient

$$z = a + bi = (r \cos \theta) + (r \sin \theta)i.$$

Par conséquent, tout nombre complexe z peut être écrit sous la forme

$$\boxed{z = r(\cos \theta + i \sin \theta)}$$

où

$$r = |z| = \sqrt{a^2 + b^2} \quad \text{et} \quad \operatorname{tg} \theta = \frac{b}{a}$$

L'angle θ est appelé l'**argument** de z et on écrit $\theta = \operatorname{Arg} z$. Notez que $\operatorname{Arg} z$ n'est pas unique ; deux arguments quelconques de z diffèrent d'un multiple entier de 2π.

EXEMPLE 4 Écrivez chacun des nombres suivants sous forme polaire.

a) $z = 1 + i$

b) $w = \sqrt{3} - i$.

SOLUTION a) On calcule $r = |z| = \sqrt{1^2 + 1^2} = \sqrt{2}$ et $\operatorname{tg} \theta = 1$. On peut donc prendre $\theta = \pi/4$. La forme polaire est

$$z = \sqrt{2}\left(\cos \frac{\pi}{4} + i \sin \frac{\pi}{4}\right)$$

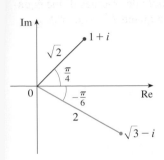

FIGURE 5

b) Ici, $r = |w| = \sqrt{3+1} = 2$ et $\operatorname{tg} \theta = -1/\sqrt{3}$. Comme w est dans le quatrième quadrant, on prend $\theta = -\pi/6$ et

$$v = 2\left[\cos\left(-\frac{\pi}{6}\right) + i \sin\left(-\frac{\pi}{6}\right)\right].$$

Les images de z et w sont dans la figure 5.

La forme polaire des nombres complexes éclaire les opérations de multiplication et de division. Soit

$$z_1 = r_1(\cos\theta_1 + i \sin\theta_1) \qquad z_2 = r_2(\cos\theta_2 + i \sin\theta_2)$$

deux nombres complexes écrits sous forme polaire. Alors

$$z_1 z_2 = r_1 r_2(\cos\theta_1 + i\sin\theta_1)(\cos\theta_2 + i\sin\theta_2)$$
$$= r_1 r_2[(\cos\theta_1\cos\theta_2 - \sin\theta_1\sin\theta_2) + i(\sin\theta_1\cos\theta_2 + \cos\theta_1\sin\theta_2)]$$

De là, grâce aux formules d'addition du sinus et du cosinus, on a

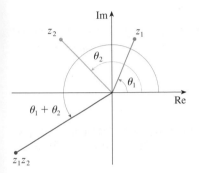

FIGURE 6

$\boxed{1}$ $$\boxed{z_1 z_2 = r_1 r_2[\cos(\theta_1 + \theta_2) + i\sin(\theta_1 + \theta_2)]}$$

Cette formule dit *pour multiplier deux nombres complexes, on multiplie les modules et on additionne les arguments.* (Voyez la figure 6.)

Un développement semblable exploitant les formules de soustraction des sinus et des cosinus montre que *pour diviser deux nombres complexes, on divise les modules et on soustrait les arguments.*

$$\boxed{\frac{z_1}{z_2} = \frac{r_1}{r_2}[\cos(\theta_1 - \theta_2) + i\sin(\theta_1 - \theta_2)] \quad z_2 \neq 0}$$

Le cas particulier où $z_1 = 1$ et $z_2 = z$ (et par conséquent $\theta_1 = 0$ et $\theta_2 = \theta$) est illustré dans la figure 7. Il s'écrit

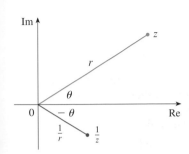

FIGURE 7

$$\boxed{\text{Si} \quad z = r(\cos\theta + i\sin\theta), \quad \text{alors} \quad \frac{1}{z} = \frac{1}{r}(\cos\theta - i\sin\theta).}$$

EXEMPLE 5 Effectuez le produit des nombres complexes $1 + i$ et $\sqrt{3} - i$ en passant à la forme polaire.

SOLUTION D'après l'exemple 4, on a

$$1 + i = \sqrt{2}\left(\cos\frac{\pi}{4} + i\sin\frac{\pi}{4}\right)$$

et

$$\sqrt{3} - i = 2\left[\cos\left(-\frac{\pi}{6}\right) + i\sin\left(-\frac{\pi}{6}\right)\right]$$

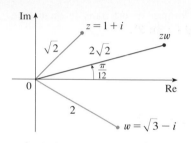

FIGURE 8

Maintenant, en vertu de l'équation 1,

$$(1 + i)(\sqrt{3} - i) = 2\sqrt{2}\left[\cos\left(\frac{\pi}{4} - \frac{\pi}{6}\right) + i \sin\left(\frac{\pi}{4} - \frac{\pi}{6}\right)\right]$$

$$= 2\sqrt{2}\left(\cos\frac{\pi}{12} + i \sin\frac{\pi}{12}\right)$$

La figure 8 illustre ce produit. ■ ■

Calculer des puissances de nombres complexes revient à employer la formule 1 plusieurs fois. Si

$$z = r(\cos\theta + i \sin\theta),$$

alors

$$z^2 = r^2(\cos 2\theta + i \sin 2\theta)$$

et

$$z^3 = z^2 z = r^3(\cos 3\theta + i \sin 3\theta).$$

La formule générale de la puissance n d'un nombre complexe z porte le nom du mathématicien français Abraham de Moivre (1667-1754).

> **2 Formule de Moivre** Si $z = r(\cos\theta + i \sin\theta)$ et si n est un entier positif, alors
>
> $$z^n = [r(\cos\theta + i \sin\theta)]^n = r^n(\cos n\theta + i \sin n\theta)$$

Elle affirme que *pour prendre la $n^{ième}$ puissance d'un nombre complexe, on élève le module à la $n^{ième}$ puissance et on multiplie l'argument par n.*

EXEMPLE 6 Calculez $\left(\frac{1}{2} + \frac{1}{2}i\right)^{10}$.

SOLUTION Comme $\frac{1}{2} + \frac{1}{2}i = \frac{1}{2}(1 + i)$, la forme polaire suit du résultat de l'exemple 4 a) :

$$\frac{1}{2} + \frac{1}{2}i = \frac{\sqrt{2}}{2}\left(\cos\frac{\pi}{4} + i \sin\frac{\pi}{4}\right).$$

Reste à appliquer la Formule de Moivre,

$$\left(\frac{1}{2} + \frac{1}{2}i\right)^{10} = \left(\frac{\sqrt{2}}{2}\right)^{10}\left(\cos\frac{10\pi}{4} + i \sin\frac{10\pi}{4}\right)$$

$$= \frac{2^5}{2^{10}}\left(\cos\frac{5\pi}{2} + i \sin\frac{5\pi}{2}\right) = \frac{1}{32}i.$$

■ ■

La Formule de Moivre sert aussi à découvrir les racines $n^{ièmes}$ des nombres complexes. Une racine $n^{ième}$ d'un nombre complexe z est un nombre complexe w tel que

$$w^n = z.$$

Écrivons ces deux nombres sous forme trigonométrique

$$w = s(\cos\phi + i \sin\phi) \qquad \text{et} \qquad z = r(\cos\theta + i \sin\theta)$$

et appliquons la Formule de Moivre :

$$s^n(\cos n\phi + i \sin n\phi) = r(\cos \theta + i \sin \theta).$$

L'égalité de ces deux nombres complexes conduit à

$$s^n = r \qquad \text{ou} \qquad s = r^{1/n}$$

et $\qquad\qquad\qquad \cos n\phi = \cos \theta \qquad \text{et} \qquad \sin n\phi = \sin \theta.$

Compte tenu du fait que sinus et cosinus sont des fonctions périodiques de période 2π, il suit que

$$n\phi = \theta + 2k\pi \qquad \text{et} \qquad \phi = \frac{\theta + 2k\pi}{n}.$$

D'où $\qquad\qquad w = r^{1/n}\left[\cos\left(\frac{\theta + 2k\pi}{n}\right) + i \sin\left(\frac{\theta + 2k\pi}{n}\right)\right].$

Il y a donc autant de racines que de valeurs différentes de w et c'est le cas pour $k = 0, 1, 2, \ldots, n-1$.

---

3 **Les racines d'un nombre complexe** Soit $z = r(\cos \theta + i \sin \theta)$ et n un entier positif. Alors z a n racines $n^{\text{ièmes}}$ distinctes

$$w_k = r^{1/n}\left[\cos\left(\frac{\theta + 2k\pi}{n}\right) + i \sin\left(\frac{\theta + 2k\pi}{n}\right)\right],$$

où $k = 0, 1, 2, \ldots, n-1$.

Il est à noter que le module de toutes ces racines est $|w_k| = r^{1/n}$. Les racines $n^{\text{ièmes}}$ de z se trouvent donc toutes sur le cercle de rayon $r^{1/n}$ du plan d'Argand-Cauchy. De plus, comme les arguments de ces n racines diffèrent de $2\pi/n$, elles sont régulièrement espacées autour du cercle.

EXEMPLE 7 Déterminez les 6 racines sixièmes de $z = -8$ et marquez-les dans le plan d'Argand-Cauchy.

SOLUTION Sous forme trigonométrique, $z = 8(\cos \pi + i \sin \pi)$. L'expression des racines est, d'après 3,

$$w_k = 8^{1/6}\left(\cos\frac{\pi + 2k\pi}{6} + i \sin\frac{\pi + 2k\pi}{6}\right).$$

Les six racines de -8 sont alors obtenues en donnant à k dans cette formule successivement les valeurs 0, 1, 2, 3, 4, 5 :

$$w_0 = 8^{1/6}\left(\cos\frac{\pi}{6} + i \sin\frac{\pi}{6}\right) = \sqrt{2}\left(\frac{\sqrt{3}}{2} + \frac{1}{2}i\right)$$

$$w_1 = 8^{1/6}\left(\cos\frac{\pi}{2} + i \sin\frac{\pi}{2}\right) = \sqrt{2}\,i$$

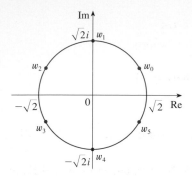

FIGURE 9

Les six racines sixièmes de $z = -8$

$$w_2 = 8^{1/6}\left(\cos\frac{5\pi}{6} + i\sin\frac{5\pi}{6}\right) = \sqrt{2}\left(-\frac{\sqrt{3}}{2} + \frac{1}{2}i\right)$$

$$w_3 = 8^{1/6}\left(\cos\frac{7\pi}{6} + i\sin\frac{7\pi}{6}\right) = \sqrt{2}\left(-\frac{\sqrt{3}}{2} - \frac{1}{2}i\right)$$

$$w_4 = 8^{1/6}\left(\cos\frac{3\pi}{2} + i\sin\frac{3\pi}{2}\right) = -\sqrt{2}\,i$$

$$w_5 = 8^{1/6}\left(\cos\frac{11\pi}{6} + i\sin\frac{11\pi}{6}\right) = \sqrt{2}\left(\frac{\sqrt{3}}{2} - \frac{1}{2}i\right)$$

Les images de ces racines sont réparties sur le cercle de rayon $\sqrt{2}$ comme le montre la figure 9. ■ ■

■■ **Les exponentielles complexes**

Il est nécessaire de donner un sens à l'expression e^z quand $z = x + iy$ est un nombre complexe. La théorie des séries infinies que nous avons vue dans le chapitre 8 peut être étendue au cas où les termes sont des nombres complexes. Guidés par la série de Taylor de e^x (équation 8.7.11), nous définissons

4
$$e^z = \sum_{n=0}^{\infty} \frac{z^n}{n!} = 1 + z + \frac{z^2}{2!} + \frac{z^3}{3!} + \cdots$$

et il s'avère que cette fonction exponentielle complexe a les mêmes propriétés que la fonction exponentielle réelle. En particulier, il est vrai que

5
$$e^{z_1 + z_2} = e^{z_1}e^{z_2}$$

Au cas où $z = iy$, avec y réel, l'équation 4 fournit, compte tenu de

$$i^2 = -1, \quad i^3 = i^2 i = -i, \quad i^4 = 1, \quad i^5 = i, \ldots$$

$$e^{iy} = 1 + iy + \frac{(iy)^2}{2!} + \frac{(iy)^3}{3!} + \frac{(iy)^4}{4!} + \frac{(iy)^5}{5!} + \cdots$$

$$= 1 + iy - \frac{y^2}{2!} - i\frac{y^3}{3!} + \frac{y^4}{4!} + i\frac{y^5}{5!} + \cdots$$

$$= \left(1 - \frac{y^2}{2!} + \frac{y^4}{4!} - \frac{y^6}{6!} + \cdots\right) + i\left(y - \frac{y^3}{3!} + \frac{y^5}{5!} - \cdots\right)$$

$$= \cos y + i\sin y.$$

On a reconnu dans les parties réelles et imaginaires du second membre le développement en séries de Taylor de $\cos y$ et $\sin y$ (équations 8.7.16 et 8.7.15). Ce résultat est célèbre et connu sous le nom de **formule d'Euler** :

6
$$\boxed{e^{iy} = \cos y + i\sin y}$$

Les formules 5 et 6 mises ensemble donnent

7
$$e^{x+iy} = e^x e^{iy} = e^x(\cos y + i\sin y).$$

EXEMPLE 8 Calculez :   a) $e^{i\pi}$ b) $e^{-1+i\pi/2}$

SOLUTION a) D'après la formule d'Euler, on a

$$e^{i\pi} = \cos\pi + i\sin\pi = -1 + i(0) = -1.$$

b) Grâce à l'équation 7, on a

$$e^{-1+i\pi/2} = e^{-1}\left(\cos\frac{\pi}{2} + i\sin\frac{\pi}{2}\right) = \frac{1}{e}[0 + i(1)] = \frac{i}{e}.$$

■■ Le résultat de l'exemple 8 a) pourrait s'écrire

$$e^{i\pi} + 1 = 0.$$

Cette équation lie les cinq nombres plus connus des mathématiques : 0, 1, e, i et π.

Terminons par une démonstration de la Formule de Moivre, que la formule d'Euler rend aisée :

$$[r(\cos\theta + i\sin\theta)]^n = (re^{i\theta})^n = r^n e^{in\theta} = r^n(\cos n\theta + i\sin n\theta).$$

Exercices

1–14 ■ Calculez l'expression et mettez-la sous la forme $a + bi$.

1. $(5 - 6i) + (3 + 2i)$

2. $(4 - \frac{1}{2}i) - (9 + \frac{5}{2}i)$

3. $(2 + 5i)(4 - i)$

4. $(1 - 2i)(8 - 3i)$

5. $\overline{12 + 7i}$

6. $\overline{2i(\frac{1}{2} - i)}$

7. $\dfrac{1 + 4i}{3 + 2i}$

8. $\dfrac{3 + 2i}{1 - 4i}$

9. $\dfrac{1}{1 + i}$

10. $\dfrac{3}{4 - 3i}$

11. i^3

12. i^{100}

13. $\sqrt{-25}$

14. $\sqrt{-3}\sqrt{-12}$

15–17 ■ Calculez le complexe conjugué et le module du nombre donné.

15. $12 - 5i$

16. $-1 + 2\sqrt{2}\,i$

17. $-4i$

18. Démontrez les propriétés suivantes des nombres complexes.
a) $\overline{z + w} = \bar{z} + \bar{w}$ b) $\overline{zw} = \bar{z}\,\bar{w}$
c) $\overline{z^n} = \bar{z}^n$, où n est un entier positif.
[*Suggestion* : Écrivez $z = a + bi$, $w = c + di$.]

19–24 ■ Déterminez toutes les solutions de l'équation.

19. $4x^2 + 9 = 0$

20. $x^4 = 1$

21. $x^2 + 2x + 5 = 0$

22. $2x^2 - 2x + 1 = 0$

23. $z^2 + z + 2 = 0$

24. $z^2 + \frac{1}{2}z + \frac{1}{4} = 0$

25–28 ■ Écrivez le nombre sous forme polaire en choisissant l'argument compris entre 0 et 2π.

25. $-3 + 3i$

26. $1 - \sqrt{3}i$

27. $3 + 4i$

28. $8i$

29–32 ■ Cherchez les formes polaires de zw, z/w et $1/z$ après avoir écrit z et w sous forme polaire.

29. $z = \sqrt{3} + i$, $w = 1 + \sqrt{3}\,i$

30. $z = 4\sqrt{3} - 4i$, $w = 8i$

31. $z = 2\sqrt{3} - 2i$, $w = -1 + i$

32. $z = 4(\sqrt{3} + i)$, $w = -3 - 3i$

33–36 ■ Calculez, par la Formule de Moivre, la puissance indiquée.

33. $(1 + i)^{20}$

34. $(1 - \sqrt{3}i)^5$

35. $(2\sqrt{3} + 2i)^5$

36. $(1 - i)^8$

37–40 ■ Calculez les racines indiquées. Montrez leur image dans le plan d'Argand-Cauchy.

37. Les racines huitièmes de 1.   **38.** Les racines cinquièmes de 32.

39. Les racines cubiques de i.   **40.** Les racines cubiques de $1 + i$.

41–46 ■ Écrivez le nombre sous la forme $a + bi$.

41. $e^{i\pi/2}$

42. $e^{2\pi i}$

43. $e^{i\pi/3}$

44. $e^{-i\pi}$

45. $e^{2+i\pi}$

46. $e^{\pi+i}$

47. Servez-vous de la Formule de Moivre avec $n = 3$ pour exprimer $\cos 3\theta$ et $\sin 3\theta$ en termes de $\cos \theta$ et $\sin \theta$.

48. Utilisez la formule d'Euler pour démontrer les formules suivantes de $\cos x$ et $\sin x$:

$$\cos x = \frac{e^{ix} + e^{-ix}}{2} \qquad \sin x = \frac{e^{ix} - e^{-ix}}{2}.$$

49. Soit $u(x) = f(x) + ig(x)$ une fonction à valeurs complexes d'une variable réelle x. On suppose que les parties réelle et imaginaire $f(x)$ et $g(x)$ sont des fonctions dérivables de x. Alors, la dérivée de u est définie par $u'(x) = f'(x) + ig'(x)$. Employez cette définition ainsi que l'équation 7 pour démontrer que si $F(x) = e^{rx}$, alors $F'(x) = re^{rx}$, où $r = a + bi$ est un nombre complexe.

50. a) Si u est une fonction à valeurs complexes d'une variable réelle, l'intégrale indéfinie $\int u(x)\,dx$ est une primitive de u. Calculez

$$\int e^{(1+i)x}\,dx.$$

b) En considérant les parties réelle et imaginaire de l'intégrale de la partie a), calculez les intégrales réelles

$$\int e^x \cos x\,dx \qquad \text{et} \qquad \int e^x \sin x\,dx$$

c) Comparez avec la méthode adoptée dans l'exemple 4 de la section 5.6.

J | Réponses aux exercices impairs

CHAPITRE 9

Exercices 9.1 □ page 642

1. $(4, 0, -3)$ **3.** Q ; R.

5. Un plan vertical qui coupe le plan Oxy selon la droite $y = 2 - x$, $z = 0$; (Voyez le graphique).

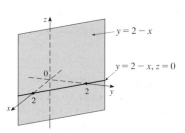

7. a) $|PQ| = 6$, $|QR| = 2\sqrt{10}$, $|RP| = 6$; triangle isocèle.
b) $|PQ| = 3$, $|QR| = 3\sqrt{5}$, $|RP| = 6$; triangle rectangle.

9. a) Non   b) Oui

11. $(x-3)^2 + (y-8)^2 + (z-1)^2 = 30$

13. $(3, -2, 1)$, 5 **15.** b) $\frac{5}{2}$, $\frac{1}{2}\sqrt{94}$, $\frac{1}{2}\sqrt{85}$

17. a) $(x-2)^2 + (y+3)^2 + (z-6)^2 = 36$
b) $(x-2)^2 + (y+3)^2 + (z-6)^2 = 4$
c) $(x-2)^2 + (y+3)^2 + (z-6)^2 = 9$

19. Un plan parallèle au plan Oxz, 4 unités à sa gauche.

21. Un demi-espace composé de tous les points devant le plan $x = 3$.

23. Tous les points sur ou entre les plans $z = 0$ et $z = 6$.

25. Tous les points sur ou intérieurs à la sphère de rayon $\sqrt{3}$ et centrée en $(0, 0, 0)$.

27. Tous les points sur le cylindre circulaire de rayon 3 qui admet l'axe Oy comme axe, ou à l'intérieur de celui-ci.

29. $y < 0$ **31.** $r^2 < x^2 + y^2 + z^2 < R^2$

33. a) $(2, 1, 4)$ b)

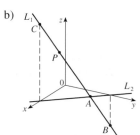

35. $14x - 6y - 10z = 9$, un plan perpendiculaire à AB

Exercices 9.2 □ page 650

1. a) Scalaire   b) Vecteur   c) Vecteur   d) Scalaire

3. $\overrightarrow{AB} = \overrightarrow{DC}$, $\overrightarrow{DA} = \overrightarrow{CB}$, $\overrightarrow{DE} = \overrightarrow{EB}$ et $\overrightarrow{EA} = \overrightarrow{CE}$

5. a)

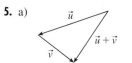

b)

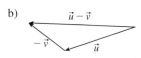

c)

d)

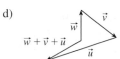

7. $\vec{a} = (-4, -2)$

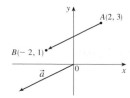

9. $\vec{a} = (2, 0, -2)$

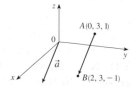

11. $(1, 3)$

13. $(0, 1, -1)$

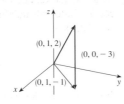

15. $(2, -18)$, $(1, -42)$, 13, 10

17. $-\vec{i} + \vec{j} + 2\vec{k}$, $-4\vec{i} + \vec{j} + 9\vec{k}$, $\sqrt{14}$, $\sqrt{82}$

19. $\frac{8}{9}\vec{i} - \frac{1}{9}\vec{j} + \frac{4}{9}\vec{k}$ **21.** $(2, 2\sqrt{3})$

23. $\vec{F} = (6\sqrt{3} - 5\sqrt{2})\vec{i} + (6 + 5\sqrt{2})\vec{j} \approx 3{,}32\vec{i} + 13{,}07\vec{j}$,
$\|\vec{F}\| \approx 13{,}5$ N , $\theta \approx 76°$

25. $\sqrt{493} \approx 22{,}2$ km/h , $8°$ NO

27. $\vec{T}_1 \approx -196\vec{i} + 3{,}92\vec{j}$, $\vec{T}_2 \approx 196\vec{i} + 3{,}92\vec{j}$

29. a), b)

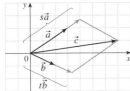

d) $s = \frac{9}{7}$, $t = \frac{11}{7}$

31. $\vec{a} \approx (0{,}50 \,;\, 0{,}31 \,;\, 0{,}81)$

33. Une sphère de rayon 1, centrée en (x_0, y_0, z_0)

Exercices 9.3 □ page 656

1. b), c), d) ont du sens

3. -15 **5.** 19 **7.** 32 **9.** $\vec{u} \cdot \vec{v} = \frac{1}{2}$, $\vec{u} \cdot \vec{w} = -\frac{1}{2}$

13. $\text{Arccos}\left(\dfrac{9 - 4\sqrt{7}}{20}\right) \approx 95°$ **15.** $\text{Arccos}\left(-1/(2\sqrt{7})\right) \approx 101°$

17. a) Ni l'un, ni l'autre   b) Orthogonaux
c) Orthogonaux   d) Parallèles

19. Oui   **21.** $(\vec{i} - \vec{j} - \vec{k})/\sqrt{3}$ [ou $(-\vec{i} + \vec{j} + \vec{k})/\sqrt{3}$]

23. 3, $\left(\frac{9}{5}, -\frac{12}{5}\right)$ **25.** $\frac{9}{7}$, $\left(\frac{27}{49}, \frac{54}{49}, -\frac{18}{49}\right)$

29. $(0, 0, -2\sqrt{10})$ ou tout vecteur de la forme
$(s, t, 3s - 2\sqrt{10})$, $s, t \in \mathbb{R}$

31. 38 J   **33.** $300\cos 20° \approx 282$ J   **35.** $\frac{13}{5}$

37. $\text{Arccos}\left(1/\sqrt{3}\right) \approx 55°$

Exercices 9.4 □ page 665

1. a) Scalaire   b) N'a pas de sens   c) Vecteur
d) N'a pas de sens   e) N'a pas de sens   f) Scalaire

3. 24 ; vers la page   **5.** $10{,}8\sin 80° \approx 10{,}6$ J

7. $2\vec{i} - \vec{j} + 3\vec{k}$ **9.** $t^4\vec{i} - 2t^3\vec{j} + t^2\vec{k}$

11. $2\vec{i} + 13\vec{j} - 8\vec{k}$

13. $(12/\sqrt{209}, -1/\sqrt{209}, 8/\sqrt{209})$,
$(-12/\sqrt{209}, 1/\sqrt{209}, -8/\sqrt{209})$

15. 16 **17.** a) $(13, -14, 5)$,   b) $\frac{1}{2}\sqrt{390}$

19. ≈ 417 N   **21.** 82 **23.** 3

33. a) Non   b) Non   c) Oui

Exercices 9.5 □ page 674

1. a) Vrai   b) Faux   c) Vrai   d) Faux   e) Faux
f) Vrai   g) Faux   h) Vrai   i) Vrai   j) Faux
k) Vrai

3. $\vec{r} = (-2\vec{i} + 4\vec{j} + 10\vec{k}) + t(3\vec{i} + \vec{j} - 8\vec{k})$;
$x = -2 + 3t$, $y = 4 + t$, $z = 10 - 8t$

5. $\vec{r} = (\vec{i} + 6\vec{k}) + t(\vec{i} + 3\vec{j} + \vec{k})$;
$x = 1 + t$, $y = 3t$, $z = 6 + t$

7. $x = 2 + 2t$, $y = 1 + \frac{1}{2}t$, $z = -3 - 4t$;
$(x - 2)/2 = 2y - 2 = (z + 3)/(-4)$

9. $x = 1 + t$, $y = -1 + 2t$, $z = 1 + t$;
$x - 1 = (y + 1)/2 = z - 1$

11. Oui

13. a) $x/2 = (y - 2)/3 = (z + 1)/(-7)$
b) $\left(-\frac{2}{7}, \frac{11}{7}, 0\right)$, $\left(-\frac{4}{3}, 0, \frac{11}{3}\right)$, $(0, 2, -1)$

15. $\vec{r}(t) = (2\vec{i} - \vec{j} + 4\vec{k}) + t(2\vec{i} + 7\vec{j} - 3\vec{k})$, $0 \leqslant t \leqslant 1$

17. Parallèles   **19.** Gauches

21. $-2x + y + 5z = 1$ **23.** $2x - y + 3z = 0$

25. $x + y + z = 2$ **27.** $33x + 10y + 4z = 190$

29. $x - 2y + 4z = -1$ **31.** $(2, 3, 5)$

33. Ni l'un ni l'autre, $\approx 70{,}5°$ **35.** Parallèles

37. a) $x - 2 = y/(-8) = z/(-7)$
b) $\text{Arccos}\left(-\sqrt{6}/5\right) \approx 119°$ (ou $61°$)

39. $(x/a) + (y/b) + (z/c) = 1$

41. $x = 3t$, $y = 1 - t$, $z = 2 - 2t$

43. P_1 et P_3 sont parallèles, P_2 et P_4 sont identiques

45. $\sqrt{22/5}$ **47.** $\frac{25}{3}$ **49.** $7\sqrt{6}/18$ **53.** $1/\sqrt{6}$

Exercices 9.6 □ page 684

1. a) 25 ; un vent de 40 nœuds qui souffle pendant 15 h va produire en pleine mer des vagues de 25 pieds de profondeur.
b) $f(30, t)$ est une fonction du temps qui donne la profondeur des vagues produites par un vent de 30 nœuds qui souffle pendant t heures.
c) $f(v, 30)$ est une fonction de v qui donne la profondeur des vagues produites par un vent de force v qui souffle pendant 30 heures.

3. a) 4 b) $\mathbb{R}^2$ c) $[0, +\infty[$

5. $\{(x, y) \mid y \geqslant x^2, x \neq \pm 1\}$

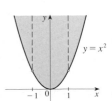

7. $\{(x, y) \mid -1 \leqslant x \leqslant 1, -1 \leqslant y \leqslant 1\}$

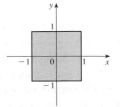

9. $z = 3$, plan horizontal

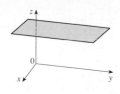

11. $3x + 2y + z = 6$, plan

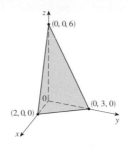

13. $z = y^2 + 1$, un cylindre parabolique

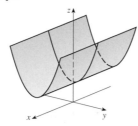

15. a) VI b) V c) I d) IV e) II f) III
17. $z = \sqrt{4x^2 + y^2}$ **19.**

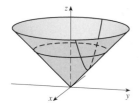

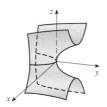

21. $x^2 + \dfrac{(y-2)^2}{4} + (z-3)^2 = 1$,

un ellipsoïde centré en $(0, 2, 3)$.

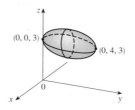

23. a) Un cercle de rayon 1 centré à l'origine.
b) Un cylindre circulaire de rayon 1 ayant pour axe Oz.
c) Un cylindre circulaire de rayon 1 ayant pour axe Oy.
25. a) $x = k$, $y^2 - z^2 = 1 - k^2$, hyperboles ($k \neq \pm 1$);
$y = k$, $x^2 - z^2 = 1 - k^2$, hyperboles ($k \neq \pm 1$);
$z = k$, $x^2 + y^2 = 1 + k^2$, cercles.
b) L'hyperboloïde a changé d'orientation, son axe est Oy.
c) L'hyperboloïde est translaté d'une unité dans la direction négative de Oy.
27.

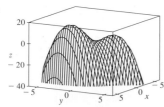

Il apparaît que f atteint un maximum de 15 environ. Il y a deux
maximums locaux, mais pas de minimum local.
29.

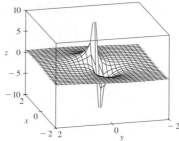

Les valeurs de la fonction s'approchent de 0 lorsque x et y
deviennent grands ; lorsque (x, y) tend vers l'origine, f tend
vers $\pm\infty$ ou 0, selon la direction.
31.

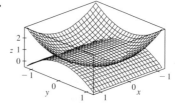

Exercices 9.7 □ page 690
1. Voyez page 686-87.
3.

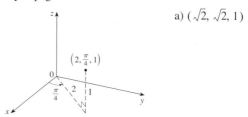

a) $(\sqrt{2}, \sqrt{2}, 1)$

5. a) $(\sqrt{2}, 7\pi/4, 4)$ b) $(2, 4\pi/3, 2)$
7. a)

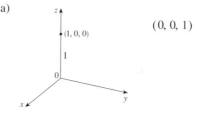

$(0, 0, 1)$

b)

$(\sqrt{2}/2, \sqrt{6}/2, \sqrt{2})$

9. a) $(4, \pi/3, \pi/6)$ b) $(\sqrt{2}, 3\pi/2, 3\pi/4)$
11. Cylindre de rayon 3. Axe Oz
13. Demi-cône **15.** Paraboloïde circulaire
17. Cylindre circulaire, rayon 1, axe parallèle à Oz
19. Sphère, rayon 5, centre à l'origine
21. a) $z = r^2$ b) $\rho \sin^2 \phi = \cos \phi$
23. a) $r = 2 \sin \theta$ b) $\rho \sin \phi = 2 \sin \theta$

25.

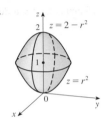

27.

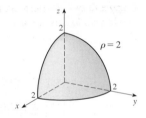

29.

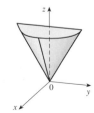

31. Coordonnées cylindriques
$6 \leqslant r \leqslant 7$, $0 \leqslant \theta \leqslant 2\pi$,
$0 \leqslant z \leqslant 20$

33. $0 \leqslant \rho \leqslant \cos\phi$, $0 \leqslant \phi \leqslant \dfrac{\pi}{4}$ **35.**

33. Ellipsoïde

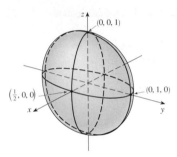

35. Cylindre circulaire

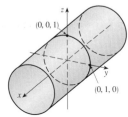

37. $(\sqrt{3}, 3, 2)$, $(4, \pi/3, \pi/3)$
39. $(2\sqrt{2}, 2\sqrt{2}, 4\sqrt{3})$, $(4, \pi/4, 4\sqrt{3})$
41. $r^2 + z^2 = 4$, $\rho = 2$ **43.** $z = 4r^2$

Priorité à la résolution de problèmes □ page 694
1. $(\sqrt{3} - 1, 5)$ m
3. a) $(x+1)/(-2c) = (y-c)/(c^2-1) = (z-c)/(c^2+1)$
b) $x^2 + y^2 = t^2 + 1$, $z = t$ c) $4\pi/3$

CHAPITRE 10

Exercices 10.1 □ page 701
1. $[1, 5]$ **3.** $(1, 0, 0)$
5.

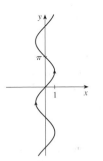

7.

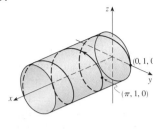

Chapitre 9 Révision □ page 692

Vrai-Faux
1. Vrai   **3.** Vrai   **5.** Vrai   **7.** Vrai   **9.** Vrai
11. Faux   **13.** Faux   **15.** Faux

Exercices
1. a) $(x+1)^2 + (y-2)^2 + (z-1)^2 = 69$
b) $(y-2)^2 + (z-1)^2 = 68$, $x = 0$
c) Centre $(4, -1, -3)$, rayon 5
3. $\vec{u} \cdot \vec{v} = 3\sqrt{2}$; $\|\vec{u} \wedge \vec{v}\| = 3\sqrt{2}$; hors de la page
5. $x = -2$ ou $x = -4$ **7.** a) 2 b) -2 c) -2 d) 0
9. Arccos $(\frac{1}{3}) \approx 71°$ **11.** a) $(4, -3, 4)$ b) $\sqrt{41}/2$
13. 166 N, 114 N   **15.** $x = 4-3t$, $y = -1+2t$, $z = 2+3t$
17. $x = -2+2t$, $y = 2-t$, $z = 4+5t$
19. $-4x+3y+z = -14$ **21.** $x+y+z = 4$
23. Gauches   **25.** $22/\sqrt{26}$
27. $\{(x, y) \mid x > y^2\}$

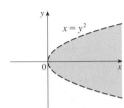

9.

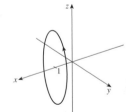

11.

29.

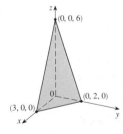

31.

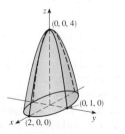

13. $\vec{r}(t) = (t, 2t, 3t), \ 0 \leqslant t \leqslant 1$,
$x = t, \ y = 2t, \ z = 3, \ 0 \leqslant t \leqslant 1$

15. $\vec{r}(t) = (1 + 3t, -1 + 2t, 2 + 5t), \ 0 \leqslant t \leqslant 1$,
$x = 1 + 3t, \ y = -1 + 2t, \ z = 2 + 5t, \ 0 \leqslant t \leqslant 1$

17. VI   **19.** IV   **21.** V

23.

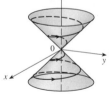

25. $(0, 0, 0)$ et $(1, 0, 1)$

27.

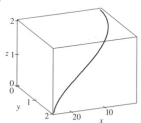

29.

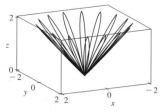

33. $\vec{r}(t) = t\vec{i} + \dfrac{t^2 - 1}{2}\vec{j} + \dfrac{t^2 + 1}{2}\vec{k}$

35. $x = 2\cos t, \ y = 2\sin t, \ z = 4\cos^2 t, \ 0 \leqslant t \leqslant 2\pi$

37. Oui

Exercices 10.2 □ page 708

1. a)

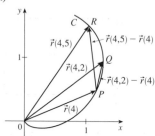

b), d)

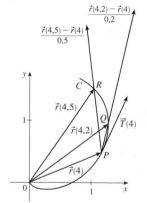

c) $\vec{r}'(4) = \lim\limits_{h \to 0} \dfrac{\vec{r}(4 + h) - \vec{r}(4)}{h}$; $\vec{T}(4) = \dfrac{\vec{r}'(4)}{\|\vec{r}'(4)\|}$

3. a), c)

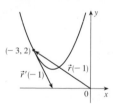

b) $\vec{r}'(t) = (1, 2t)$

5. a), c)

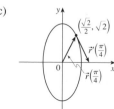

7. a), c)

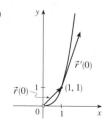

b) $\vec{r}'(t) = \cos t\,\vec{i} - 2\sin t\,\vec{j}$ b) $\vec{r}'(t) = e^t\vec{i} + 3e^{3t}\vec{j}$

9. $\vec{r}'(t) = (2t, -1, 1/(2\sqrt{t}))$

11. $\vec{r}'(t) = 2te^{t^2}\vec{i} + [3/(1 + 3t)]\vec{k}$ **13.** $\vec{r}'(t) = \vec{b} + 2t\vec{c}$

15. $\vec{T}(0) = \dfrac{3}{5}\vec{j} + \dfrac{4}{5}\vec{k}$ **17.** $\vec{r}'(t) = (1, 2t, 3t^2)$,
$\vec{T}(1) = (1/\sqrt{14}, 2/\sqrt{14}, 3/\sqrt{14})$, $\vec{r}''(t) = (0, 2, 6t)$,
$\vec{r}'(t) \wedge \vec{r}''(t) = (6t^2, -6t, 2)$

19. $x = 1 + 5t, \ y = 1 + 4t, \ z = 1 + 3t$

21. $x = 1 - t, \ y = t, \ z = 1 - t$

23. $x = t, \ y = 1 - t, \ z = 2t$

25. a) Pas lisse   b) Lisse   c) Pas lisse

27. $66°$ **29.** $4\vec{i} - 3\vec{j} + 5\vec{k}$ **31.** $\vec{i} + \vec{j} + \vec{k}$

33. $e^t\vec{i} + t^2\vec{j} + (t\ln t - t)\vec{k} + \vec{C}$

35. $t^2\vec{i} + t^3\vec{j} + (\frac{2}{3}t^{3/2} - \frac{2}{3})\vec{k}$

41. $1 - 4t\cos t + 11t^2\sin t + 3t^3\cos t$

Exercices 10.3 □ page 715

1. $20\sqrt{29}$ **3.** $\frac{1}{27}(13^{3/2} - 8)$ **5.** $9{,}5706$

7. $\vec{r}(t(s)) = \dfrac{2}{\sqrt{29}}s\vec{i} + \left(1 - \dfrac{3}{\sqrt{29}}s\right)\vec{j} + \left(5 + \dfrac{4}{\sqrt{29}}s\right)\vec{k}$

9. $(3\sin 1, 4, 3\cos 1)$

11. a) $((2/\sqrt{29})\cos t, 5/\sqrt{29}, (-2/\sqrt{29})\sin t)$,
$(-\sin t, 0, -\cos t)$ b) $\frac{2}{29}$

13. a) $\dfrac{1}{e^{2t} + 1}(\sqrt{2}e^t, e^{2t}, -1)$ b) $\sqrt{2}e^{2t}/(e^{2t} + 1)^2$

15. $2/(4t^2 + 1)^{3/2}$ **17.** $\frac{4}{25}$ **19.** $\frac{1}{7}\sqrt{\frac{19}{14}}$

21. $\dfrac{|x + 2|e^x}{[1 + (xe^x + e^x)^2]^{3/2}}$

23. $\dfrac{15\sqrt{x}}{(1 + 100x^3)^{3/2}}$

25. $(-\frac{1}{2}\ln 2, 1/\sqrt{2})$; tend vers 0.

27. a) P b) $1{,}3$; $0{,}7$

29.

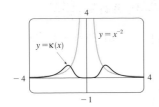

31. a est $y = f(x)$, b est $y = \kappa(x)$

33. $\kappa(t) = \dfrac{6\sqrt{4\cos^2 t - 12\cos t + 13}}{(17 - 12\cos t)^{3/2}}$

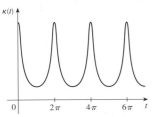

multiples entiers de 2π

35. $1/(\sqrt{2}\,e^t)$ **37.** $(\frac{2}{3}, \frac{2}{3}, \frac{1}{3})$, $(-\frac{1}{3}, \frac{2}{3}, -\frac{2}{3})$, $(-\frac{2}{3}, \frac{1}{3}, \frac{2}{3})$

39. $y - 6x = \pi$, $x + 6y = 6\pi$

41. $(x + \frac{5}{2})^2 + y^2 = \frac{81}{4}$, $x^2 + (y - \frac{5}{3})^2 = \frac{16}{9}$

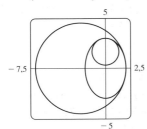

43. $\vec{r}(-1) = (-1, -3, 1)$ **51.** $2,07 \times 10^{10}$ Å plus de 2 m

Exercices 10.4 □ page 726

1. a) $1,8\vec{i} - 3,8\vec{j} - 0,7\vec{k}$, $2\vec{i} - 2,4\vec{j} - 0,6\vec{k}$, $2,8\vec{i} + 1,8\vec{j} - 0,3\vec{k}$, $2,8\vec{i} + 0,8\vec{j} - 0,4\vec{k}$

b) $2,4\vec{i} - 0,8\vec{j} - 0,5\vec{k}$, $2,58$

3. $\vec{v}(t) = (-t, 1)$,
$\vec{a}(t) = (-1, 0)$,
$\|\vec{v}(t)\| = \sqrt{t^2 + 1}$

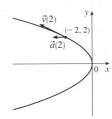

5. $\vec{v}(t) = -3\sin t\vec{i} + 2\cos t\vec{j}$
$\vec{a}(t) = -3\cos t\vec{i} - 2\sin t\vec{j}$
$\|\vec{v}(t)\| = \sqrt{4 + 5\sin^2 t}$

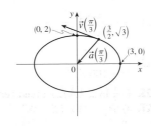

7. $\vec{v}(t) = \vec{i} + 2t\vec{j}$
$\vec{a}(t) = 2\vec{j}$
$\|\vec{v}(t)\| = \sqrt{1 + 4t^2}$

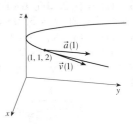

9. $\vec{v}(t) = (2t, 3t^2, 2t)$, $\vec{a}(t) = (2, 6t, 2)$,
$\|\vec{v}(t)\| = |t|\sqrt{9t^2 + 8}$

11. $\vec{v}(t) = \sqrt{2}\vec{i} + e^t\vec{j} - e^{-t}\vec{k}$, $\vec{a}(t) = e^t\vec{j} + e^{-t}\vec{k}$,
$\|\vec{v}(t)\| = e^t + e^{-t}$

13. $\vec{v}(t) = t\vec{i} + 2t\vec{j} + \vec{k}$,
$\vec{r}(t) = (\frac{1}{2}t^2 + 1)\vec{i} + t^2\vec{j} + t\vec{k}$

15. a) $\vec{r}(t) = (\frac{1}{3}t^3 + t)\vec{i} + (t - \sin t + 1)\vec{j} + (\frac{1}{4} - \frac{1}{4}\cos 2t)\vec{k}$

b)

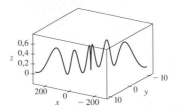

17. $t = 4$ **19.** $\|\vec{v}(t)\| = \sqrt{25t^2 + 2}$, $\vec{r}(t) = t\vec{i} - t\vec{j} + \frac{5}{2}t^2\vec{k}$

21. a) ≈ 22 km   b) $\approx 3,2$ km   c) 500 m/s

23. 30 m/s **25.** $\approx 10,2°$ et $\approx 79,8°$

27. $13° < \theta < 36°$, $55,4 < \theta < 85,5°$

29. a) 16 m   b) $23,6°$ SE

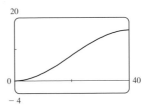

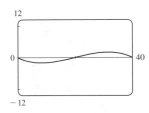

31. $6t$, 6 **33.** 0, 1 **35.** $4,5$ cm/s², 9 cm/s² **37.** $t = 1$

Exercices 10.5 □ page 733

1. Un plan passant par $(0, 3, 1)$ et contenant les vecteurs
$\vec{a} = (1, 0, 4)$ et $\vec{b} = (1, -1, 5)$

3. Paraboloïde hyperbolique

5.

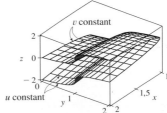

7. **9.**

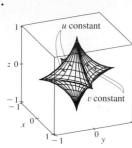 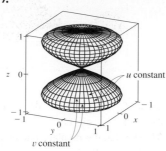

11. IV   **13.** I   **15.** II

17. $x = 1 + u + v$, $y = 2 + u - v$, $z = -3 - u + v$

19. $x = x$, $z = z$, $y = \sqrt{1 - x^2 + z^2}$

21. $x = x$, $y = y$, $z = \sqrt{4 - x^2 - y^2}$ avec $2 \leqslant x^2 + y^2 \leqslant 4$ ou $x = 2 \sin \phi \cos \theta$, $y = 2 \sin \phi \sin \theta$, $z = 2 \cos \phi$ avec $0 \leqslant \phi \leqslant \frac{\pi}{4}$ et $0 \leqslant \theta \leqslant 2\pi$

23. $x = x$, $y = 4 \cos \theta$, $z = 4 \sin \theta$, $0 \leqslant x \leqslant 5$, $0 \leqslant \theta \leqslant 2\pi$

27. $x = x$, $y = e^{-x} \cos \theta$, $z = e^{-x} \sin \theta$, $0 \leqslant x \leqslant 3$, $0 \leqslant \theta \leqslant 2\pi$

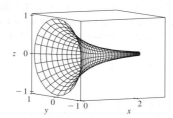

29. b)

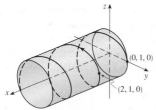

31. a) La spirale tourne en sens inverse ;
b) Le nombre de spires double.

Chapitre 10 Révision □ page 735

Vrai-Faux

1. Vrai   **3.** Faux   **5.** Faux   **7.** Faux   **9.** Vrai

Exercices

1. a)

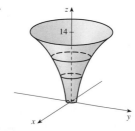

b) $\vec{i} - \pi \sin \pi t \vec{j} + \pi \cos \pi t \vec{k}$, $-\pi^2 \cos \pi t \vec{j} - \pi^2 \sin \pi t \vec{k}$

3. $\vec{r}(t) = 4 \cos t \vec{i} + 4 \sin t \vec{j} + (5 - 4 \cos t)\vec{k}$, $0 \leqslant t \leqslant 2\pi$

5. $\frac{1}{3}\vec{i} - (2/\pi^2)\vec{j} + \frac{2}{\pi}\vec{k}$ **7.** 86,631   **9.** $\pi/2$

11. a) $(t^2, t, 1)/\sqrt{t^4 + t^2 + 1}$

b) $(2t, -t^4 + 1, -2t^3 - t)/(t^4 + t^2 + 1)^{3/2}$

c) $\sqrt{t^8 + 4t^6 + 2t^4 + 5t^2}/(t^4 + t^2 + 1)^2$

13. $12/17^{3/2}$ **15.** $x - 2y + 2\pi = 0$

17. $\vec{v}(t) = (1 + \ln t)\vec{i} + \vec{j} - e^{-t}\vec{k}$,
$\|\vec{v}(t)\| = \sqrt{2 + 2 \ln t + (\ln t)^2 + e^{-2t}}$, $\vec{a}(t) = \frac{1}{t}\vec{i} + e^{-t}\vec{k}$

19. a) À 1 m du sol et à 18,52 m de l'athlète.

b) $\approx 6,47$ m.

c) $\approx 19,38$ m de l'athlète.

21. $x = 2 \sin \phi \cos \theta$, $y = 2 \sin \phi \sin \theta$, $z = 2 \cos \phi$ avec $0 \leqslant \theta \leqslant 2\pi$ et $\frac{\pi}{3} \leqslant \phi \leqslant \frac{2\pi}{3}$

23. $\pi |t|$

Priorité à la résolution de problèmes □ page 737

1. a) $\vec{v} = \omega R(-\sin \omega t \vec{i} + \cos \omega t \vec{j})$ c) $\vec{a} = -\omega^2 \vec{r}$

3. a) $90°$, $v_0^2/(2g)$

5. a) $0,27$ m à droite du bord de la table, $4,47$ m/s,

b) $7,7°$ c) $0,618$ m à droite du bord de la table.

7. $56°$

CHAPITRE 11

Exercices 11.1 □ page 747

1. a) -27 ; une température de -15 °C avec un vent de 40 km/h est ressentie comme une température de $-27°$ sans vent.

b) Quelle doit être la vitesse du vent pour qu'une température de -20 °C soit ressentie comme -30 °C ?   20 km/h

c) Lorsque le vent souffle à 20 km/h, quelle température donne l'impression qu'il fait -49 °C ? -35 °C

d) C'est une fonction de la vitesse du vent qui donne la température ressentie alors que la température réelle est de $-5°$

e) C'est une fonction de la température qui donne la température ressentie lorsque la vitesse du vent est 50 km/h

3. Oui

5. $\{(x, y) \mid \frac{1}{9}x^2 + y^2 < 1\}$

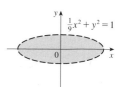

7. a) e b) $\{(x, y, z) \mid z \geqslant x^2 + y^2\}$ c) $[1, +\infty[$

9. ≈ 56, ≈ 35 **11.** Raide. Presque plat.

13.

15. $(y - 2x)^2 = k$

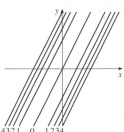

17. $y = \ln x + k$

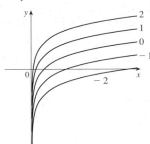

19. $y = ke^{-x}$

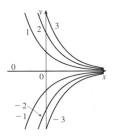

21. $y^2 - x^2 = k^2$

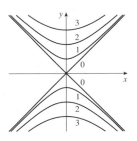

23. $k = x^2 + 9y^2$

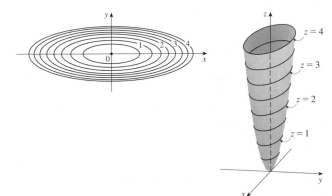

25.

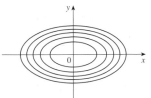

27.

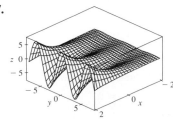

29.

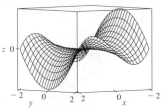

31. a) C   b) II   **33.** a) F   b) I

35. a) B   b) VI

37. Une famille de plans parallèles.

39. Une famille d'hyperboloïdes à une ou deux nappes d'axe Oy.

41. a) Le graphique de f translaté de 2 unités vers le haut.

b) Le graphique de f étiré verticalement d'un facteur 2.

c) Le graphique de f après une réflexion par rapport au plan Oxy.

d) Le graphique de f translaté de 2 unités vers le haut après une réflexion par rapport au plan Oxy.

43. Lorsque $c = 0$, le graphique est un cylindre. Lorsque $c > 0$, les courbes de niveau sont des ellipses. Le graphique est convexe lorsqu'on s'éloigne de l'origine et la raideur s'accroît lorsque c croît. Lorsque $c < 0$, les courbes de niveau sont des hyperboles. Le graphique est convexe dans la direction de Oy et concave lorsqu'on s'approche du plan Oxy dans la direction de Ox, donnant un point selle près de $(0, 0, 1)$.

45. b) $y = 0,75x + 0,01$.

Exercices 11.2 □ page 756

1. Rien ; si f est continue, $f(3,1) = 6$ **3.** $-\frac{5}{2}$

5. 2025   **7.** N'existe pas   **9.** N'existe pas   **11.** 0

13. N'existe pas   **15.** 2   **17.** N'existe pas

19. Le graphique montre que la fonction approche diverses valeurs selon le chemin suivi.

21. $h(x, y) = 4x^2 + 9y^2 + 12xy - 24x - 36y + 36 + \sqrt{2x + 3y - 6}$; $\{(x, y) \mid 2x + 3y \geq 6\}$

23. Le long de la droite $y = x$ **25.** $\{(x, y) \mid y \neq \pm e^{x/2}\}$

27. $\{(x, y) \mid x^2 + y^2 > 4\}$

29. $\{(x, y, z) \mid y \geq 0, y \neq \sqrt{x^2 + z^2}\}$

31. $\{(x, y) \mid (x, y) \neq (0, 0)\}$ **33.** 0   **35.** 0

Exercices 11.3 □ page 767

1. a) Le taux de variation de la température en fonction de la longitude, la latitude et le temps étant fixés ; le taux de variation lorsque seule la latitude change ; le taux de variation lorsque seul le temps change.

b) Positif, négatif, positif.

3. a) $f'_T(-15, 30) \approx 1,3$; lorsqu'il fait $-15\ °C$ et que le vent souffle à 20 km/h, l'indice de refroidissement dû au vent augmente de $1,3\ °C$ pour chaque degré supplémentaire.

$f'_v(-15, 30) \approx -0,15$; lorsqu'il fait $-15\ °C$ et que la vitesse du vent est de 30 km/h, l'indice de refroidissement dû au vent diminue à raison de $-0,15\ °C$ pour chaque km/h supplémentaire de la vitesse du vent.

b) Positive, négative   c) 0

5. a) positif   b) négatif   **7.** $c = f$, $b = f'_x$, $a = f'_y$.

9. $f_x'(1, 2) = -8$ pente de C_1, $f_y'(1, 2) = -4$ pente de C_2.

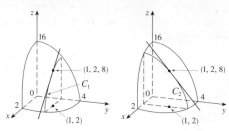

11. $f_x' = 2x + 2xy$, $f_y' = 2y + x^2$

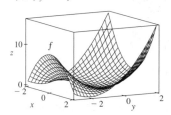

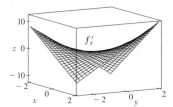

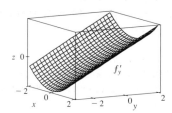

13. $f_x'(x, y) = 3$, $f_y'(x, y) = -8y^3$

15. $\frac{\partial z}{\partial x} = e^{3y}$, $\frac{\partial z}{\partial y} = 3xe^{3y}$

17. $f_x'(x, y) = \frac{2y}{(x + y)^2}$, $f_y'(x, y) = -\frac{2x}{(x + y)^2}$

19. $\frac{\partial w}{\partial \alpha} = \cos \alpha \cos \beta$, $\frac{\partial w}{\partial \beta} = -\sin \alpha \sin \beta$

21. $f_r'(r, s) = \frac{2r^2}{r^2 + s^2} + \ln(r^2 + s^2)$, $f_s'(r, s) = \frac{2rs}{r^2 + s^2}$

23. $\frac{\partial u}{\partial t} = e^{w/t}(1 - \frac{w}{t})$, $\frac{\partial u}{\partial w} = e^{w/t}$

25. $f_x'(x, y, z) = y^2z^3$, $f_y'(x, y, z) = 2xyz^3 + 3z$, $f_z'(x, y, z) = 3xy^2z^2 + 3y$

27. $\frac{\partial w}{\partial x} = \frac{1}{x + 2y + 3z}$, $\frac{\partial w}{\partial y} = \frac{2}{x + 2y + 3z}$, $\frac{\partial w}{\partial z} = \frac{3}{x + 2y + 3z}$

29. $\frac{\partial u}{\partial t} = e^{-t} \sin \theta$, $\frac{\partial u}{\partial t} = -xe^{-t} \sin \theta$, $\frac{\partial u}{\partial \theta} = xe^{-t} \cos \theta$

31. $f_x'(x, y, z, t) = yz^2 \,\mathrm{tg}\,(yt)$,
$f_y'(x, y, z, t) = xyz^2t \sec^2(yt) + xz^2 \,\mathrm{tg}\,(yt)$,
$f_z'(x, y, z, t) = 2xyz \,\mathrm{tg}\,(yt)$, $f_t'(x, y, z, t) = xy^2z^2 \sec(yt)$

33. $u_{x_i}' = \frac{x_i}{\sqrt{x_1^2 + x_2^2 + \cdots + x_n^2}}$

35. $\frac{3}{5}$ **37.** $-\frac{1}{3}$

39. $f_x'(x, y) = y^2 - 3x^2y$, $f_y'(x, y) = 2xy - x^3$

41. $\frac{\partial z}{\partial x} = \frac{3yz - 2x}{2z - 3xy}$, $\frac{\partial z}{\partial y} = \frac{3xz - 2y}{2z - 3xy}$

43. $\frac{\partial z}{\partial x} = \frac{1 + y^2z^2}{1 + y + y^2z^2}$, $\frac{\partial z}{\partial y} = -\frac{z}{1 + y + y^2z^2}$

45. a) $\frac{\partial z}{\partial x} = f'(x)$, $\frac{\partial z}{\partial y} = g'(y)$

b) $\frac{\partial z}{\partial x} = f'(x + y)$, $\frac{\partial z}{\partial y} = f'(x + y)$

47. $f_{xx}''(x, y) = 12x^2 - 6y^3$, $f_{xy}''(x, y) = -18xy^2 = f_{yx}''(x, y)$, $f_{yy}''(x, y) = -18x^2y$

49. $z_{xx}'' = -\frac{2y}{(x + y)^3}$, $z_{xy}'' = z_{yx}'' = \frac{x - y}{(x + y)^3}$, $z_{yy}'' = \frac{2x}{(x + y)^3}$

51. $u_{ss}'' = e^{-s} \sin t$, $u_{st}'' = u_{ts}'' = -e^{-s} \cos t$, $u_{tt}'' = -e^{-s} \sin t$

55. $12xy$, $72xy$

57. $24 \sin(4x + 3y + 2z)$, $12 \sin(4x + 3y + 2z)$

59. $\theta e^{r\theta}(2 \sin \theta + \theta \cos \theta + r\theta \sin \theta)$

61. $\approx 12{,}2$, $\approx 16{,}8$, $\approx 23{,}25$ **71.** R^2/R_1^2

77. Non   **79.** $x = 1 + t$, $y = 2$, $z = 2 - 2t$ **81.** -2

83. a)

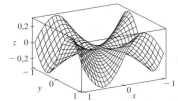

b) $f_x'(x, y) = \frac{x^4y + 4x^2y^3 - y^5}{(x^2 + y^2)^2}$, $f_y'(x, y) = \frac{x^5 - 4x^3y^2 - xy^4}{(x^2 + y^2)^2}$

c) $0, 0$ e) Non, puisque f_{xy}'' et f_{yx}'' ne sont pas continues.

Exercices 11.4 □ **page 779**

1. $z = -8x - 2y$ **3.** $z = y$

5.   **7.**

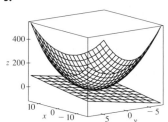   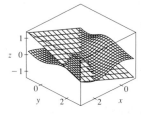

9. $2x + \frac{1}{4}y - 1$ **11.** $\frac{1}{2}x + y + \frac{1}{4}\pi - \frac{1}{2}$

13. $-\frac{2}{3}x - \frac{7}{3}y + \frac{20}{3}$, $2{,}84\overline{6}$ **15.** $\frac{3}{7}x + \frac{2}{7}y + \frac{6}{7}z$, $6{,}9914$

17. $4T + H - 329$, $129\ °F$

19. $3x^2 \ln(y^2) \, dx + \frac{2x^3}{y} \, dy$

21. $\beta^2 \cos \gamma \, d\alpha + 2\alpha\beta \cos \gamma \, d\beta - \alpha\beta^2 \sin \gamma \, d\gamma$

23. $dz = 0{,}9$, $\Delta z = 0{,}9225$ **25.** $5{,}4\ \mathrm{cm}^2$ **27.** $16\ \mathrm{cm}^3$

29. $\approx 2{,}3\ \%$ **31.** $\frac{1}{17} \approx 0{,}059$ ohms   **33.** $3x - y + 3z = 3$

35. $-x + 2z = 1$ **37.** $x - y + z = 2$

39. $\varepsilon_1 = \Delta x$, $\varepsilon_2 = \Delta y$

Exercices 11.5 □ page 787

1. $\frac{dz}{dt} = \pi \cos x \cos y - \frac{1}{2\sqrt{t}} \sin x \sin y$

3. $\frac{dw}{dt} = e^{y/z}(2t - \frac{x}{z} - \frac{2xy}{z^2})$

5. $\frac{\partial z}{\partial s} = 2x + y + xt + 2yt$, $\frac{\partial z}{\partial t} = 2x + y + xs + 2ys$

7. $\frac{\partial z}{\partial s} = e^r(t \cos \theta - \frac{s}{\sqrt{s^2+t^2}} \sin \theta)$, $\frac{\partial z}{\partial t} = e^r(s \cos \theta - \frac{t}{\sqrt{s^2+t^2}} \sin \theta)$

9. 62   **11.** 7 , 2

13. $\frac{\partial u}{\partial r} = \frac{\partial u}{\partial x}\frac{\partial x}{\partial r} + \frac{\partial u}{\partial y}\frac{\partial y}{\partial r}$, $\frac{\partial u}{\partial s} = \frac{\partial u}{\partial x}\frac{\partial x}{\partial s} + \frac{\partial u}{\partial y}\frac{\partial y}{\partial s}$,

$\frac{\partial u}{\partial t} = \frac{\partial u}{\partial x}\frac{\partial x}{\partial t} + \frac{\partial u}{\partial y}\frac{\partial y}{\partial t}$

15. $\frac{\partial v}{\partial x} = \frac{\partial v}{\partial p}\frac{\partial p}{\partial x} + \frac{\partial v}{\partial q}\frac{\partial q}{\partial x} + \frac{\partial v}{\partial r}\frac{\partial r}{\partial x}$, $\frac{\partial v}{\partial y} = \frac{\partial v}{\partial p}\frac{\partial p}{\partial y} + \frac{\partial v}{\partial q}\frac{\partial q}{\partial y} + \frac{\partial v}{\partial r}\frac{\partial r}{\partial y}$,

$\frac{\partial v}{\partial z} = \frac{\partial v}{\partial p}\frac{\partial p}{\partial z} + \frac{\partial v}{\partial q}\frac{\partial q}{\partial z} + \frac{\partial v}{\partial r}\frac{\partial r}{\partial z}$

17. 85 , 178 , 54   **19.** $\frac{9}{7}$, $\frac{9}{7}$ **21.** 36 , 24 , 30

23. $\frac{dy}{dx} = \frac{4(xy)^{3/2} - y}{x - 2x^2\sqrt{xy}}$

25. $\frac{\partial z}{\partial x} = \frac{3yz - 2x}{2z - 3xy}$, $\frac{\partial z}{\partial y} = \frac{3xz - 2y}{2z - 3xy}$

27. $\frac{\partial z}{\partial x} = \frac{1 + y^2z^2}{1 + y + y^2z^2}$, $\frac{\partial z}{\partial y} = \frac{z}{1 + y + y^2z^2}$

29. 2 °C/s

31. La vitesse du son diminue à raison d'environ 0,33 m/s par minute.

33. a) 6 m³/s   b) 10 m²/s   c) 0 m/s

35. ≈ −0,27 L/s

37. $\frac{\partial z}{\partial r} = \frac{\partial z}{\partial x} \cos \theta + \frac{\partial z}{\partial y} \sin \theta$, $\frac{\partial z}{\partial \theta} = \frac{\partial z}{\partial x}(-r \sin \theta) + \frac{\partial z}{\partial y} r \cos \theta$

43. $\frac{\partial^2 z}{\partial r \partial s} = 4rs\frac{\partial^2 z}{\partial x^2} + \frac{\partial^2 z}{\partial y \partial x}(4s^2 + 4r^2) + 4rs\frac{\partial^2 z}{\partial y^2} + 2\frac{\partial z}{\partial y}$

Exercices 11.6 □ page 800

1. −0,1 millibars/mi   **3.** ≈ 0,778   **5.** $\frac{5\sqrt{3}}{16} + \frac{1}{4}$

7. a) $(5y^2 - 12x^2y, 10xy - 4x^3)$ b) (−4, 16)   c) $\frac{172}{13}$

9. a) $(e^{2yz}, 2xze^{2yz}, 2xye^{2yz})$ b) (1, 12, 0)   c) $-\frac{22}{3}$

11. $\frac{23}{10}$ **13.** $4\sqrt{2}$ **15.** $\frac{9}{2\sqrt{5}}$ **17.** $\frac{2}{5}$

19. (−1, 1) , $4\sqrt{2}$ **21.** (1, −1, −1) , $\sqrt{3}$

23. b) (−12, 92)   **25.** Tous les points de la droite $y = x + 1$

27. a) $-\frac{40}{3\sqrt{3}}$

29. a) $\frac{32}{\sqrt{3}}$ b) (38, 6, 12)   c) $2\sqrt{406}$ **31.** $\frac{327}{13}$

35. a) $4x - 5y - z = 4$ b) $\frac{x-2}{4} = \frac{y-1}{-5} = \frac{z+1}{-1}$

37. a) $x + y - z = 1$ b) $x - 1 = y = -z$

39. 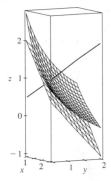   **41.** (4, 8) , $x + 2y = 4$

45. $(\pm\frac{\sqrt{6}}{3}, \mp\frac{2\sqrt{6}}{3}, \pm\frac{\sqrt{6}}{3})$

49. $x = -1 - 10t$, $y = 1 - 16t$, $z = 2 - 12t$

53. Si $\vec{u} = (a, b)$ et $\vec{v} = (c, d)$, alors $af'_x + bf'_y$ et $cf'_x + df'_y$ sont connus. Il faut donc résoudre le système d'équations linéaires en f'_x et f'_y .

Exercices 11.7 □ page 810

1. a) f a un minimum local en (1, 1)

b) f a un point-selle en (1, 1)

3. Minimum local en (1, 1) , point-selle en (0, 0)

5. Maximum local $f(-1, \frac{1}{2}) = 11$

7. Minima $f(1, 1) = 0$, $f(-1, -1) = 0$, point-selle (0, 0)

9. Points-selle (−1, 1) , (1, −1)

11. Aucun

13. Points-selle $(0, n\pi)$, n entier

15. Minimum $f(0, 0) = 0$, points-selle $(\pm1, 0)$

17. Points-selle $(\pm1, 1)$, maximum local $f(0, 0) = 2$, minimum local $f(0, 2) = -2$

19. Maximum $f(\pi/3, \pi/3) = 3\sqrt{3}/2$, minimum $f(5\pi/3, 5\pi/3) = -3\sqrt{3}/2$

21. Minimums $f(-1,714 ; 0) \approx -9,200$, $f(1,402 ; 0) \approx 0,242$, point-selle (0,312 ; 0) , point le plus bas (−1,714 ; −9,200)

23. Maximums $f(-1,267 ; 0) \approx 1,310$, $f(1,629, \pm1,063) \approx 8,105$, points-selle (−0,259 ; 0) , (1,526 ; 0) , points les plus hauts (1,629 ; ± 1,063 ; 8,105)

25. Maximum absolu $f(2, 0) = 9$, minimum absolu $f(0, 3) = -14$

27. Maximum absolu $f(\pm1, 1) = 7$, minimum absolu $f(0, 0) = 4$

29. Maximum absolu $f(3, 0) = 83$, minimum absolu $f(1, 1) = 0$

31.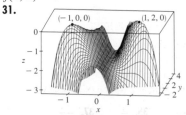

33. $\sqrt{3}$ **35.** $(2, 1, \pm\sqrt{5})$ **37.** $\frac{100}{3}, \frac{100}{3}, \frac{100}{3}$

39. $16/\sqrt{3}$ **41.** $\frac{4}{3}$ **43.** Cube d'arête $c/12$

45. Base carrée de 40 cm de côté, hauteur 20 cm.

47. $L^3/(3\sqrt{3})$ unités cubes

Exercices 11.8 □ **page 819**

1. $\approx 59{,}30$

3. Pas de maximum, minimum $f(1, 1) = f(-1, -1) = 2$

5. Maximum $f(\pm 2, 1) = 4$, minimum $f(\pm 2, -1) = -4$

7. Maximum $f(1, 3, 5) = 70$, minimum $f(-1, -3, -5) = -70$

9. Maximum $2/\sqrt{3}$, minimum $-2/\sqrt{3}$

11. Maximum $\sqrt{3}$, minimum 1

13. Maximum $f(\frac{1}{2}, \frac{1}{2}, \frac{1}{2}, \frac{1}{2}) = 2$, minimum $f(-\frac{1}{2}, -\frac{1}{2}, -\frac{1}{2}, -\frac{1}{2}) = -2$

15. Maximum $f(1, \sqrt{2}, -\sqrt{2}) = 1 + 2\sqrt{2}$, minimum $f(1, -\sqrt{2}, \sqrt{2}) = 1 - 2\sqrt{2}$

17. Maximum $\frac{3}{2}$, minimum $\frac{1}{2}$

19. Maxima $f(\pm 1/\sqrt{2}, \mp 1/(2\sqrt{2})) = e^{1/4}$, minima $f(\pm 1/\sqrt{2}, \pm 1/(2\sqrt{2})) = e^{-1/4}$

25-37. Voyez les exercices 33-47 de la section 11.7.

39. $(\frac{1}{2}, \frac{1}{2}, \frac{1}{2})$ est le plus proche, $(-1, -1, 2)$ est le plus éloigné.

41. Maximum $\approx 9{,}7938$, minimum $\approx -5{,}3506$

43. a) c/n b) Quand $x_1 = x_2 = \cdots = x_n$

Chapitre 11 Révision □ **page 824**

Vrai-Faux

1. Vrai   **3.** Faux   **5.** Faux   **7.** Vrai   **9.** Faux

11. Vrai

Exercices

1. $\{x, y \mid y > -x - 1\}$ **3.**

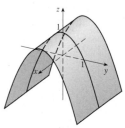

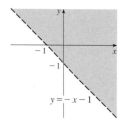

$y = -x - 1$

5.

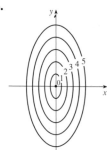

7.

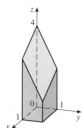

9. $\frac{2}{3}$

11. a) $\approx 3{,}5\ °\text{C/m}$, $-3\ °\text{C/m}$ b) $\approx 0{,}35\ °\text{C/m}$ selon l'équation 11.6.9. (La définition 11.6.2 donne $\approx 1{,}1\ °\text{C/m}$.)

c) $-0{,}25$

13. $f'_x = \dfrac{1}{\sqrt{2x + y^2}}$, $f'_y = \dfrac{y}{\sqrt{2x + y^2}}$

15. $g'_u = \text{Arctg}\, v$, $g'_v = u/(1 + v^2)$

17. $T'_p = \ln(q + e^r)$, $T'_q = p/(q + e^r)$, $T'_r = pe^r/(q + e^r)$

19. $f''_{xx} = 24x$, $f''_{xy} = -2y = f''_{yx}$, $f''_{yy} = -2x$

21. $f''_{xx} = k(k-1)x^{k-2}y^l z^m$, $f''_{xy} = klx^{k-1}y^{l-1}z^m = f''_{yx}$, $f''_{xz} = kmx^{k-1}y^l z^{m-1} = f''_{zx}$, $f''_{yy} = l(l-1)x^k y^{l-2} z^m$, $f''_{yz} = lmx^k y^{l-1} z^{m-1} = f''_{zy}$, $f''_{zz} = m(m-1)x^k y^l z^{m-2}$

25. a) $z = 8x + 4y + 1$ b) $\frac{x-1}{8} = \frac{y+2}{4} = 1 - z$

27. a) $2x - 2y - 3z = 3$ b) $\frac{x-2}{4} = \frac{y+1}{-4} = \frac{z-1}{-6}$

29. a) $4x - y - 2z = 6$ b) $x = 3 + 8t$, $y = 4 - 2t$, $z = 1 - 4t$

31. $(2, \frac{1}{2}, -1)$, $(-2, -\frac{1}{2}, 1)$

33. $60x + \frac{24}{5}y + \frac{32}{5}z - 120$; $38{,}656$

35. $2xy^3(1 + 6p) + 3x^2y^2(pe^p + e^p) + 4z^3(p\cos p + \sin p)$

37. $-47\ 108$

43. $ze^{x\sqrt{y}}(z\sqrt{y}, xz/(2\sqrt{y}), 2)$ **45.** $\frac{43}{5}$ **47.** $\sqrt{145}/2$, $(4, \frac{9}{2})$

49. $\approx \frac{5}{8}$ nœud/mile   **51.** Minimum $f(-4, 1) = -11$

53. Maximum $f(1, 1) = 1$; points selle $(0, 0)$, $(0, 3)$, $(3, 0)$

55. Maximum $f(1, 2) = 4$; minimum $f(2, 4) = -64$

57. Maximum $f(-1, 0) = 2$, minima $f(1, \pm 1) = -3$, points selle $(-1, \pm 1)$, $(1, 0)$

59. Maximum $f(\pm\sqrt{2/3}, 1/\sqrt{3}) = 2/(3\sqrt{3})$, minimum $f(\pm\sqrt{2/3}, -1/\sqrt{3}) = -2/(3\sqrt{3})$

61. Maximum 1, minimum -1

63. $(\pm 3^{-1/4}, 3^{-1/4}\sqrt{2}, \pm 3^{1/4})$, $(\pm 3^{-1/4}, -3^{-1/4}\sqrt{2}, \pm 3^{1/4})$

65. $P(2 - \sqrt{3})$, $P(3 - \sqrt{3})/6$, $P(2\sqrt{3} - 3)/3$

Priorité à la résolution de problèmes □ **page 827**

1. L^2l^2, $\frac{1}{4}L^2l^2$ **3.** a) $x = w/3$, base $= w/3$ b) Oui

9. $\sqrt{6}/2$, $3\sqrt{2}/2$

CHAPITRE 12

Exercices 12.1 □ **page 837**

1. a) 288   b) 144   **3.** a) $\frac{\pi^2}{2} \approx 4{,}935$ b) 0

5. a) -6 b) $-3{,}5$ **7.** $U < V < L$

9. a) ≈ 248 b) 15,5   **11.** 60   **13.** 3

15. 1,141606 ; 1,143191 ; 1,143535 ; 1,143617 ; 1,143637 ; 1,143642

Exercices 12.2 □ **page 843**

1. $9 + 27y$, $8x + 24x^2$ **3.** 10   **5.** 2

7. $\frac{261\ 632}{45}$ **9.** $\frac{21}{2}\ln 2$ **11.** 6   **13.** $9 \ln 2$

15. $\frac{\sqrt{3}-1}{2} - \frac{\pi}{12}$ **17.** $\frac{1}{2}(e^2 - 3)$

19.

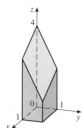

21. $\frac{95}{2}$ **23.** $\frac{166}{27}$ **25.** $\frac{4}{15}(2\sqrt{2}-1)$ **27.** 36

29. $21e-57$

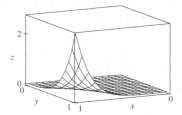

31. $\frac{5}{6}$

33. Le théorème de Fubini n'est pas applicable parce que l'intégrande a une discontinuité infinie à l'origine.

Exercices 12.3 □ page 851

1. $\frac{9}{20}$ **3.** $\frac{4}{9}e^{3/2}-\frac{32}{45}$ **5.** $e-1$ **7.** $\frac{256}{21}$

9. $\frac{1}{2}\ln 2$ **11.** $(1-\cos 1)/2$ **13.** $\frac{147}{20}$

15. 0   **17.** $\frac{7}{18}$ **19.** $\frac{31}{8}$ **21.** $\frac{1}{6}$ **23.** $\frac{128}{15}$

25. $\frac{1}{3}$ **27.** 0 ; 1,213 ; 0,713

29. $\frac{64}{3}$ **31.** $\pi/2$

33. $\int_{0}^{2}\int_{y^2}^{4}f(x,y)\,dx\,dy$ **35.** $\int_{-3}^{3}\int_{0}^{\sqrt{9-x^2}}f(x,y)\,dy\,dx$

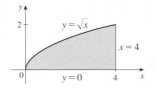
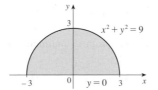

37. $\int_{0}^{\ln 2}\int_{e^y}^{2}f(x,y)\,dx\,dy$

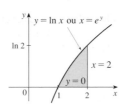

39. $(e^9-1)/6$ **41.** $\frac{1}{4}\sin 81$ **43.** $(2\sqrt{2}-1)/3$ **45.** 1

47. $0\leqslant\iint_{D}\sqrt{x^3+y^3}\,dA\leqslant\sqrt{2}$ **51.** 8π **53.** $2\pi/3$

Exercices 12.4 □ page 857

1. $\int_{0}^{2\pi}\int_{0}^{2}f(r\cos\theta,r\sin\theta)r\,dr\,d\theta$ **3.** $\int_{-2}^{2}\int_{x}^{2}f(x,y)\,dy\,dx$

5. $\int_{0}^{2\pi}\int_{2}^{5}f(r\cos\theta,r\sin\theta)r\,dr\,d\theta$

7.

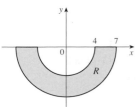

$33\pi/2$

9. 0   **11.** $\frac{1}{2}\pi\sin 9$ **13.** $\frac{3}{64}\pi^2$ **15.** $\frac{16}{3}\pi$

17. $\frac{4}{3}\pi a^3$ **19.** $(2\pi/3)[1-(1/\sqrt{2})]$

21. $(8\pi/3)(64-24\sqrt{3})$ **23.** $\pi/12$

25. $\frac{1}{2}\pi(1-\cos 9)$ **27.** $2\sqrt{2}/3$

29. $46,8\pi$ m³   **31.** $\frac{15}{16}$ **33.** a) $\sqrt{\pi}/4$;   b) $\sqrt{\pi}/2$

Exercices 12.5 □ page 867

1. $\frac{64}{3}$ C   **3.** $\frac{4}{3}$, $(\frac{4}{3},0)$ **5.** 6, $(\frac{3}{4},\frac{3}{2})$

7. $\frac{1}{4}(e^2-1)$, $\left(\dfrac{e^2+1}{2(e^2-1)},\dfrac{4(e^3-1)}{9(e^2-1)}\right)$

9. $\frac{27}{2}$, $(\frac{8}{5},\frac{1}{2})$ **11.** $(\frac{8}{3},3\pi/16)$

13. $(2a/5,2a/5)$ si le sommet est en $(0,0)$ et les côtés le long des axes positifs.

15. $\frac{1}{16}(e^4-1)$, $\frac{1}{8}(e^2-1)$, $\frac{1}{16}(e^4+2e^2-3)$

17. $7ka^6/180$, $7ka^6/180$, $7ka^6/90$ si le sommet est en $(0,0)$ et les côtés le long des axes positifs.

19. $m=\pi^2/8$, $(\bar{x},\bar{y})=\left(\dfrac{2\pi}{3}-\dfrac{1}{\pi},\dfrac{16}{9\pi}\right)$, $I_x=3\pi^2/64$,

$I_y=(\pi^4-3\pi^2)/16$, $I_0=\pi^4/16-9\pi^2/64$

21. a) $\frac{1}{2}$ b) 0,375   c) $\frac{5}{48}\approx 0,1042$

23. b) • $e^{-0,2}\approx 0,8187$

• $1+e^{-1,8}-e^{-0,8}-e^{-1}\approx 0,3481$ c) 2, 5

25. a) $\approx 0,500$ b) $\approx 0,632$

27. a) $\iint_{D}(k/20)\left[20-\sqrt{(x-x_0)^2+(y-y_0)^2}\right]dA$, où D est le disque de 10 km de rayon centré au centre de la ville.

b) $200\pi k/3\approx 209k$, $200(\pi/2-\frac{8}{9})k\approx 136k$, au bord.

Exercices 12.6 □ page 871

1. $15\sqrt{26}$ **3.** $3\sqrt{14}$ **5.** $(\pi/6)(17\sqrt{17}-5\sqrt{5})$

7. 4   **9.** $(\sqrt{21}/2)+\frac{17}{4}[\ln(2+\sqrt{21})-\ln\sqrt{17}]$

11. $(2\pi/3)(2\sqrt{2}-1)$ **13.** 13,9783

15. a) 24,2055   b) 24,2476   **17.** 4,4506

19. $\frac{45}{8}\sqrt{14}+\frac{15}{16}\ln[(11\sqrt{5}+3\sqrt{70})/(3\sqrt{5}+\sqrt{70})]$

21. b)

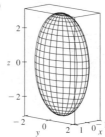

c) $\int_{0}^{2\pi}\int_{0}^{\pi}\sqrt{36\sin^4 u\cos^2 v+9\sin^4 u\sin^2 v+4\cos^2 u\sin^2 u}\,du\,dv$

23. 4π **27.** $\pi(37\sqrt{37}-17\sqrt{17}/6)$

Exercices 12.7 □ page 880

3. 1   **5.** $\frac{1}{3}(e^3-1)$ **7.** 4   **9.** $\frac{65}{28}$ **11.** $\frac{1}{10}$

13. $8/(3e)$ **15.** $16\pi/3$ **17.** $\frac{16}{3}$ **19.** 36π

21. a) $\int_{0}^{1}\int_{0}^{x}\int_{0}^{\sqrt{1-y^2}}dz\,dy\,dx$ b) $\frac{1}{4}\pi-\frac{1}{3}$

23. 60,533

25.

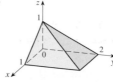

27. $\int_{-2}^{2}\int_{0}^{6}\int_{-\sqrt{4-x^2}}^{\sqrt{4-x^2}} f(x, y, z)\, dz\, dy\, dx$

$= \int_{0}^{6}\int_{-2}^{2}\int_{-\sqrt{4-x^2}}^{\sqrt{4-x^2}} f(x, y, z)\, dz\, dx\, dy$

$= \int_{-2}^{2}\int_{0}^{6}\int_{-\sqrt{4-z^2}}^{\sqrt{4-z^2}} f(x, y, z)\, dx\, dy\, dz$

$= \int_{0}^{6}\int_{-2}^{2}\int_{-\sqrt{4-z^2}}^{\sqrt{4-z^2}} f(x, y, z)\, dx\, dz\, dy$

$= \int_{-2}^{2}\int_{-\sqrt{4-x^2}}^{\sqrt{4-x^2}}\int_{0}^{6} f(x, y, z)\, dy\, dz\, dx$

$= \int_{-2}^{2}\int_{-\sqrt{4-z^2}}^{\sqrt{4-z^2}}\int_{0}^{6} f(x, y, z)\, dy\, dx\, dz$

29. $\int_{-1}^{1}\int_{0}^{1-x^2}\int_{0}^{y} f(x, y, z)\, dz\, dy\, dx$

$= \int_{0}^{1}\int_{-\sqrt{1-y}}^{\sqrt{1-y}}\int_{0}^{y} f(x, y, z)\, dz\, dx\, dy$

$= \int_{0}^{1}\int_{z}^{1}\int_{-\sqrt{1-y}}^{\sqrt{1-y}} f(x, y, z)\, dx\, dy\, dz$

$= \int_{0}^{1}\int_{0}^{y}\int_{-\sqrt{1-y}}^{\sqrt{1-y}} f(x, y, z)\, dx\, dz\, dy$

$= \int_{-1}^{1}\int_{0}^{1-x^2}\int_{z}^{1-x^2} f(x, y, z)\, dy\, dz\, dx$

$= \int_{0}^{1}\int_{-\sqrt{1-z}}^{\sqrt{1-z}}\int_{z}^{1-x^2} f(x, y, z)\, dy\, dx\, dz$

31. $\int_{0}^{1}\int_{\sqrt{x}}^{1}\int_{0}^{1-y} f(x, y, z)\, dz\, dy\, dx$

$= \int_{0}^{1}\int_{0}^{y^2}\int_{0}^{1-y} f(x, y, z)\, dz\, dx\, dy$

$= \int_{0}^{1}\int_{0}^{1-z}\int_{0}^{y^2} f(x, y, z)\, dx\, dy\, dz$

$= \int_{0}^{1}\int_{0}^{1-y}\int_{0}^{y^2} f(x, y, z)\, dx\, dz\, dy$

$= \int_{0}^{1}\int_{0}^{1-\sqrt{x}}\int_{\sqrt{x}}^{1-z} f(x, y, z)\, dy\, dz\, dx$

$= \int_{0}^{1}\int_{0}^{(1-z)^2}\int_{\sqrt{x}}^{1-z} f(x, y, z)\, dy\, dx\, dz$

33. $\int_{0}^{1}\int_{0}^{x}\int_{0}^{y} f(x, y, z)\, dz\, dy\, dx = \int_{0}^{1}\int_{z}^{1}\int_{y}^{1} f(x, y, z)\, dx\, dy\, dx$

$= \int_{0}^{1}\int_{0}^{y}\int_{y}^{1} f(x, y, z)\, dx\, dz\, dy = \int_{0}^{1}\int_{0}^{x}\int_{z}^{x} f(x, y, z)\, dy\, dz\, dx$

$= \int_{0}^{1}\int_{z}^{1}\int_{z}^{x} f(x, y, z)\, dy\, dx\, dz$

35. $\frac{79}{30}$, $\left(\frac{358}{553}, \frac{33}{79}, \frac{571}{553}\right)$ **37.** a^5, $(7a/12, 7a/12, 7a/12)$

39. a) $m = \int_{-3}^{3}\int_{-\sqrt{9-x^2}}^{\sqrt{9-x^2}}\int_{1}^{5-y} \sqrt{x^2+y^2}\, dz\, dy\, dx$

b) $(\bar{x}, \bar{y}, \bar{z})$, où

$\bar{x} = (1/m)\int_{-3}^{3}\int_{-\sqrt{9-x^2}}^{\sqrt{9-x^2}}\int_{1}^{5-y} x\sqrt{x^2+y^2}\, dz\, dy\, dx$

$\bar{y} = (1/m)\int_{-3}^{3}\int_{-\sqrt{9-x^2}}^{\sqrt{9-x^2}}\int_{1}^{5-y} y\sqrt{x^2+y^2}\, dz\, dy\, dx$

$\bar{z} = (1/m)\int_{-3}^{3}\int_{-\sqrt{9-x^2}}^{\sqrt{9-x^2}}\int_{1}^{5-y} z\sqrt{x^2+y^2}\, dz\, dy\, dx$

c) $\int_{-3}^{3}\int_{-\sqrt{9-x^2}}^{\sqrt{9-x^2}}\int_{1}^{5-y} (x^2+y^2)^{3/2}\, dz\, dy\, dx$

41. a) $\frac{3}{32}\pi + \frac{11}{24}$ b) $(\bar{x}, \bar{y}, \bar{z})$ où $\bar{x} = 28/(9\pi+44)$,

$\bar{y} = 2(15\pi+64)/[5(9\pi+44)]$,

$\bar{z} = (45\pi+208)/[15(9\pi+44)]$

c) $(68+15\pi)/240$

43. $I_x = I_y = I_z = \frac{2}{3}kL^5$

45. a) $\frac{1}{8}$ b) $\frac{1}{64}$ c) $\frac{1}{5\,760}$ **47.** $L^3/8$

49. La région bornée par l'ellipsoïde $x^2 + 2y^2 + 3z^2 = 1$.

Exercices 12.8 □ page 887

1.

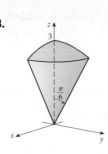

$64\pi/3$

3.

$(9\pi/4)(2-\sqrt{3})$

5. $\int_{0}^{\pi/2}\int_{0}^{3}\int_{0}^{2} f(r\cos\theta, r\sin\theta, z)r\, dz\, dr\, d\theta$ **7.** 384π

9. $\pi(e^6 - e - 5)$ **11.** $2\pi/5$

13. a) 162π b) $(0, 0, 15)$

15. $\pi K a^2/8$, $(0, 0, 2a/3)$ **17.** $4\pi/5$

19. $15\pi/16$ **21.** $(1\,562/15)\pi$

23. a) 10π b) $(0\,;0\,;2,1)$

25. a) $(0, 0, \frac{3}{8}a)$ b) $4K\pi a^5/15$

27. $(2\pi/3)[1-(1/\sqrt{2})]$, 0, 0, $3/[8(2-\sqrt{2})]$

29. $5\pi/6$ **31.** 0

33. $(4\sqrt{2}-5)/15$ **35.** $136\pi/99$

37. a) $\iiint_C h(P)g(P)\, dV$, où C est le cône.

b) $\approx 4{,}2\times 10^{19}$ J

Exercices 12.9 □ page 898

1. -14 **3.** 0 **5.** $2uvw$

7. Le parallélogramme de sommets $(0, 0)$, $(6, 3)$, $(12, 1)$, $(6, -2)$.

9. La région bornée par la droite $y = 1$, l'axe Oy et la courbe $y = \sqrt{x}$.

11. -3 **13.** 6π **15.** $2\ln 3$

17. a) $\frac{4}{3}\pi abc$ b) $1{,}083\times 10^{12}$ km³

19. $\frac{8}{5}\ln 8$ **21.** $\frac{3}{2}\sin 1$ **23.** $e - e^{-1}$

Chapitre 12 Révision □ page 900

Vrai-Faux

1. Vrai   **3.** Vrai   **5.** Vrai   **7.** Faux

Exercices

1. ≈ 64 **3.** $4e^2 - 4e + 3$ **5.** $\frac{1}{2}\sin 1$ **7.** $\frac{2}{3}$

9. $\int_{0}^{\pi}\int_{2}^{4} f(r\cos\theta, r\sin\theta)r\, dr\, d\theta$

11. La région intérieure au lobe de $r = \sin 2\theta$ et au premier quadrant.

13. $\frac{1}{2}\sin 1$ **15.** $\frac{1}{2}e^6 - \frac{7}{2}$ **17.** $\frac{1}{4}\ln 2$

19. 8 **21.** $81\pi/5$ **23.** $40{,}5$ **25.** $\pi/96$

27. $\frac{64}{15}$ **29.** 176 **31.** $\frac{2}{3}$ **33.** $2ma^3/9$

35. a) $\frac{1}{4}$ b) $\left(\frac{1}{3}, \frac{8}{15}\right)$

c) $I_x = \frac{1}{12}$, $I_y = \frac{1}{24}$, $\bar{\bar{y}} = 1/\sqrt{3}$, $\bar{\bar{x}} = 1/\sqrt{6}$

37. a) $(0, 0, h/4)$ b) $\pi a^4 h/10$

39. $\ln(\sqrt{2}+\sqrt{3}) + \sqrt{2}/3$

41. $97{,}2$ **43.** $0{,}0512$ **45.** a) $\frac{1}{15}$ b) $\frac{1}{3}$ c) $\frac{1}{45}$

47. $\int_{0}^{1}\int_{0}^{1-z}\int_{-\sqrt{y}}^{\sqrt{y}} f(x, y, z)\, dx\, dy\, dz$ **49.** $-\ln 2$ **51.** 0

Priorité à la résolution de problèmes □ page 9

1. 30   **3.** $\frac{1}{2}\sin 1$ **7.** b) 0,90

CHAPITRE 13

Exercices 13.1 □ page 911

1.

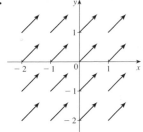

$(x, y) = (y - 2)\vec{i} + x\vec{j}$

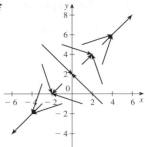

3.

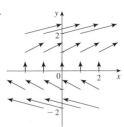

5.

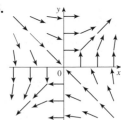

27.

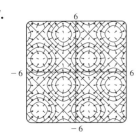

29. IV   **31.** II   **33.** $(2{,}04 \; ; 1{,}03)$

35. a)   b) $y = 1/x$, $x > 0$

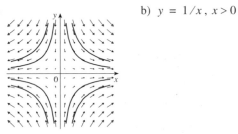

$y = C/x$

7.

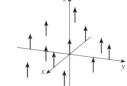

9.

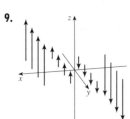

Exercices 13.2 □ page 922

1. $(17\sqrt{17} - 1)/12$ **3.** 1 638,4   **5.** $\frac{17}{3}$

7. 320   **9.** $\sqrt{14}(e^6 - 1)/12$ **11.** $\frac{1}{5}$ **13.** $\frac{97}{3}$

15. a) Positive   b) Négative   **17.** $-\frac{59}{105}$

19. $\frac{6}{5} - \cos 1 - \sin 1$

21. $3\pi + \frac{2}{3}$

11. II   **13.** I   **15.** IV   **17.** III

19.

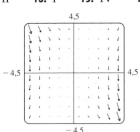

La droite $y = 2x$

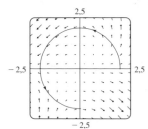

21. $\nabla f(x, y) = \dfrac{1}{x + 2y}\vec{i} + \dfrac{2}{x + 2y}\vec{j}$

23. $\nabla f(x, y, z)$

$= \dfrac{x}{\sqrt{x^2 + y^2 + z^2}}\vec{i} + \dfrac{y}{\sqrt{x^2 + y^2 + z^2}}\vec{j} + \dfrac{z}{\sqrt{x^2 + y^2 + z^2}}\vec{k}$

23. a) $\frac{11}{8} - 1/e$ b)

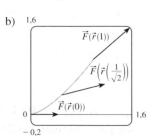

25. $\frac{945}{16\,777\,216}\pi$ **27.** $2\pi k$, $(4/\pi, 0)$

29. a) $\bar{x} = (1/m)\int_C x\rho(x, y, z)\,ds$;
$\bar{y} = (1/m)\int_C y\rho(x, y, z)\,ds$;
$\bar{z} = (1/m)\int_C z\rho(x, y, z)\,ds$ où $m = \int_C \rho(x, y, z)\,ds$
b) $2\sqrt{13}k\pi$, $(0, 0, 3\pi)$

31. $I_x = k((\pi/2) - \frac{4}{3})$, $I_y = k((\pi/2) - \frac{2}{3})$

33. $2\pi^2$ **35.** 26   **37.** 22 140 J   **39.** b) Oui

41. ≈ 22 J

Exercices 13.3 □ page 932

1. 40   **3.** $f(x, y) = 3x^2 + 5xy + 2y^2 + K$

5. Non conservatif   **7.** $f(x, y) = x^2 \cos y - y \sin x + K$

9. $f(x, y) = ye^x + x \sin y + K$ **11.** b) 16

13. a) $f(x, y) = \frac{1}{4}x^4 y^4$ b) 4

15. a) $f(x, y, z) = xyz + z^2$ b) 77

17. a) $f(x, y, z) = xy^2 \cos z$ b) 0

19. 2   **21.** 30   **23.** Non   **25.** Conservatif

29. a) Oui   b) Oui   c) Oui

31. a) Oui   b) Oui   c) Non

Exercices 13.4 □ page 940

1. 6   **3.** $\frac{2}{3}$ **7.** $e - 1$ **9.** $\frac{1}{3}$ **11.** -24π

13. $\frac{4}{3} - 2\pi$ **15.** $\frac{625}{2}\pi$ **17.** $-\frac{1}{12}$

19. 3π **21.** c) $\frac{9}{2}$ **23.** $(\frac{1}{3}, \frac{1}{3})$

Exercices 13.5 □ page 947

1. a) $-x^2\vec{i} + 3xy\vec{j} - xz\vec{k}$ b) yz

3. a) $(x - y)\vec{i} - y\vec{j} + \vec{k}$ b) $z - 1/(2\sqrt{z})$

5. a) $\vec{0}$;   b) 1

7. a) Négative   b) rot $\vec{F} = \vec{0}$

9. a) Nulle   b) rot $\vec{F}$ est orienté dans le sens négatif de l'axe Oz

11. $f(x, y, z) = xyz + K$ **13.** $f(x, y, z) = x^2y + y^2z + K$

15. Non conservatif   **17.** Non

Exercices 13.6 □ page 959

1. $8(1 + \sqrt{2} + \sqrt{3}) \approx 33,17$ **3.** 900π

5. $5\sqrt{5}/48 + 1/240$ **7.** $171\sqrt{14}$ **9.** $\sqrt{3}/24$

11. $364\sqrt{2}\pi/3$ **13.** $(\pi/60)(391\sqrt{17} + 1)$

15. 16π **17.** 16π **19.** $\frac{713}{180}$ **21.** $-\frac{1}{6}$ **23.** $-\frac{4}{3}\pi$

25. 0   **27.** $2\pi + \frac{8}{3}$ **29.** 3,4895

31. $\iint_S \vec{F} \cdot d\vec{S} = \iint_D [P(\partial h/\partial x) - Q + R(\partial h/\partial z)]\,dA$ où D est la projection sur le plan Oxz.

33. $(0, 0, a/2)$

35. a) $I_z = \iint_S (x^2 + y^2)\rho(x, y, z)\,dS$ b) $4\,329\sqrt{2}\pi/5$

37. 0 kg/s   **39.** $8\pi a^3 \varepsilon_0/3$ **41.** 1 248π

Exercices 13.7 □ page 965

3. 0   **5.** 0   **7.** -1 **9.** 80π

11. a) $81\pi/2$ b)

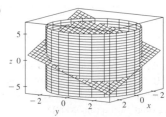

c) $x = 3 \cos t$, $y = 3 \sin t$,
$z = 1 - 3(\cos t + \sin t)$,
$0 \le t \le 2\pi$

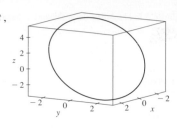

17. 3

Exercices 13.8 □ page 972

5. 2   **7.** $9\pi/2$

9. 0   **11.** $32\pi/3$ **13.** 0

15. $341\sqrt{2}/60 + \frac{81}{20} \text{Arcsin}(\sqrt{3}/3)$ **17.** $13\pi/20$

19. Négative en P_1, positive en P_2

21. div $\vec{F} > 0$ dans les quadrants I et II ; div $\vec{F} < 0$ dans les quadrants III et IV

Chapitre 13 Révision □ page 975

Vrai-Faux

1. Faux   **3.** Vrai   **5.** Faux   **7.** Vrai

Exercices

1. a) Négative   b) Positive   **3.** $6\sqrt{10}$ **5.** $\frac{4}{15}$

7. $\frac{110}{3}$ **9.** $\frac{11}{12} - 4/e$ **11.** $f(x, y) = e^y + xe^{xy}$ **13.** 0

17. -8π **25.** $\pi(391\sqrt{17} + 1)/60$

27. $-64\pi/3$ **31.** $-\frac{1}{2}$ **35.** -4 **37.** 21

ANNEXES

Exercices H1 □ page A66

1. a)

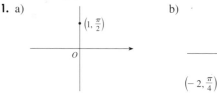

$(1, 5\pi/2), (-1, 3\pi/2)$ $(2, 5\pi/4), (-2, 9\pi/4)$

c)

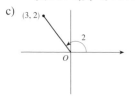

$(3, 2 + 2\pi), (-3, 2 + \pi)$

3. a)   b)

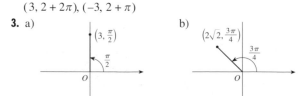

c)

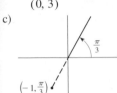

(0, 3)　　　　　　　(−2, 2)

$(-\frac{1}{2}, -\sqrt{3}/2)$

$(-1, \frac{\pi}{3})$

5. a) • $(\sqrt{2}, \pi/4)$　• $(-\sqrt{2}, 5\pi/4)$
b) • $(4, 11\pi/6)$　• $(-4, 5\pi/6)$

7.

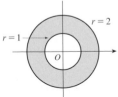

$r = 2$
$r = 1$
O

9.

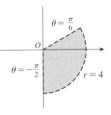

$\theta = \frac{\pi}{6}$
O
$\theta = -\frac{\pi}{2}$
$r = 4$

11.

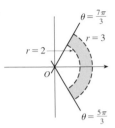

$\theta = \frac{7\pi}{3}$
$r = 3$
$r = 2$
O
$\theta = \frac{5\pi}{3}$

13. Cercle, centre $(0, \frac{3}{2})$, rayon $\frac{3}{2}$

15. Droite horizontale, 1 unité au-dessus de l'axe Ox

17. $r = -\cotg \theta \cosec \theta$　　**19.** $r = 2c \cos \theta$

21. a) $\theta = \pi/6$　　b) $x = 3$

23.

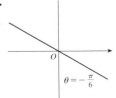

O
$\theta = -\frac{\pi}{6}$

25.

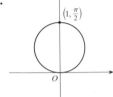

$(1, \frac{\pi}{2})$
O

27.

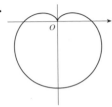

O

29.

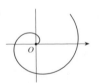

O

31.

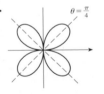

$\theta = \frac{\pi}{4}$

33.

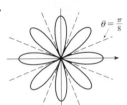

$\theta = \frac{\pi}{8}$

35.

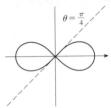

$\theta = \frac{\pi}{4}$

37.

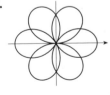

39.

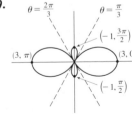

$\theta = \frac{2\pi}{3}$
$\theta = \frac{\pi}{3}$
$(-1, \frac{3\pi}{2})$
$(3, \pi)$
$(3, 0)$
$(-1, \frac{\pi}{2})$

41.

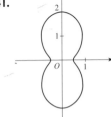

2
1
O　1

43.

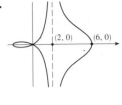

$(2, 0)$　$(6, 0)$

45. a) Pour $c < -1$, la boucle commence en $\theta = \text{Arcsin}(-1/c)$ et finit en $\theta = \pi - \text{Arcsin}(-1/c)$; pour $c > 1$, elle commence en $\theta = \pi + \text{Arcsin}(1/c)$ et finit en $\theta = 2\pi - \text{Arcsin}(1/c)$.

47. $\sqrt{3}$　　**49.** $-\pi$

51. Horizontale en $(3/\sqrt{2}, \pi/4)$, $(-3/\sqrt{2}, 3\pi/4)$;
Verticale en $(3, 0)$, $(0, \pi/2)$

53. Horizontale en $(\frac{3}{2}, \pi/3)$, $(\frac{3}{2}, 5\pi/3)$ et au pôle. Verticale en $(2, 0)$, $(\frac{1}{2}, 2\pi/3)$, $(\frac{1}{2}, 4\pi/3)$

55. Centre $(b/2, a/2)$, rayon $\sqrt{a^2 + b^2}/2$

57.

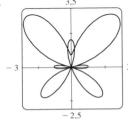

3,5
−3　　3
−2,5

59.

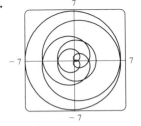

7
−7　　7
−7

61. Ils diffèrent d'une rotation dans le sens contraire des aiguilles d'une montre d'un angle $\pi/6$, $\pi/3$ ou α autour de l'origine.

63. a) Une rose à n lobes si n est impair et $2n$ lobes si n est pair.
b) Le nombre de lobes est toujours $2n$.

65. Pour $0 < a < 1$, la courbe est un ovale, qui développe une fossette lorsque $a \to 1^-$. Pour $a > 1$, la courbe se divise en deux morceaux dont l'un a une boucle.

Exercices H.2 □ **page A72**

1. $\pi^2/64$ **3.** $(\pi/12)+(\sqrt{3}/8)$ **5.** $\pi^3/6$ **7.** $41\pi/4$

9. 4

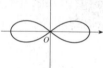

11. π **13.** 3π

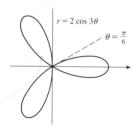 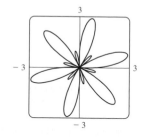

15. $\pi/8$ **17.** $\pi-(3\sqrt{3}/2)$

19. $(4\pi/3)+2\sqrt{3}$ **21.** π

23. $(\pi-2)/8$ **25.** $(\pi/2)-1$

27. $(\pi+3\sqrt{3})/4$ **29.** $(\frac{1}{2}, \pi/3)$, $(\frac{1}{2}, 5\pi/3)$ et le pôle.

31. $(\sqrt{3}/2, \pi/3)$, $(\sqrt{3}/2, 2\pi/3)$ et le pôle.

33. Intersection en $\theta \approx 0{,}89$ et $2{,}25$; aire $\approx 3{,}46$.

35. π **37.** $\frac{8}{3}[(\pi^2+1)^{3/2}-1]$ **39.** $29{,}0653$

Exercices I □ **page A81**

1. $8-4i$ **3.** $13+18i$ **5.** $12-7i$ **7.** $\frac{11}{13}+\frac{10}{13}i$

9. $\frac{1}{2}-\frac{1}{2}i$ **11.** $-i$ **13.** $5i$ **15.** $12+5i, 13$

17. $4i, 4$ **19.** $\pm\frac{3}{2}i$ **21.** $-1\pm 2i$

23. $-\frac{1}{2}\pm(\sqrt{7}/2)i$ **25.** $3\sqrt{2}[\cos(3\pi/4)+i\sin(3\pi/4)]$

27. $5\{\cos[\text{Arctg}(\frac{4}{3})]+i\sin[\text{Arctg}(\frac{4}{3})]\}$

29. $4[\cos(\pi/2)+i\sin(\pi/2)]$, $\cos(-\pi/6)+i\sin(-\pi/6)$, $\frac{1}{2}[\cos(-\pi/6)+i\sin(-\pi/6)]$

31. $4\sqrt{2}[\cos(7\pi/12)+i\sin(7\pi/12)]$, $(2\sqrt{2})[\cos(13\pi/12)+i\sin(13\pi/12)]$, $\frac{1}{4}[\cos(\pi/6)+i\sin(\pi/6)]$

33. $-1\,024$ **35.** $-512\sqrt{3}+512i$

37. ± 1, $\pm i$, $(1/\sqrt{2})(\pm 1 \pm i)$ **39.** $\pm(\sqrt{3}/2)+\frac{1}{2}i$, $-i$

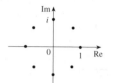 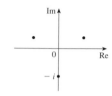

41. i **43.** $\frac{1}{2}+(\sqrt{3}/2)i$ **45.** $-e^2$

47. $\cos 3\theta = \cos^3\theta - 3\cos\theta\sin^2\theta$, $\sin 3\theta = 3\cos^2\theta\sin\theta - \sin^3\theta$.

Crédits photographiques

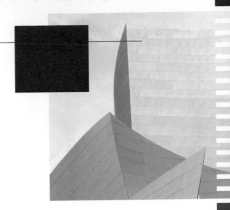

Index

A L G È B R E

OPÉRATIONS ÉLÉMENTAIRES

$a(b + c) = ab + ac$

$\dfrac{a}{b} + \dfrac{c}{d} = \dfrac{ad + bc}{bd}$

$\dfrac{a + c}{b} = \dfrac{a}{b} + \dfrac{c}{b}$

$\dfrac{\frac{a}{b}}{\frac{c}{d}} = \dfrac{a}{b} \times \dfrac{d}{c} = \dfrac{ad}{bc}$

EXPOSANTS ET RADICAUX

$x^m x^n = x^{m+n}$

$\dfrac{x^m}{x^n} = x^{m-n}$

$\left(x^m\right)^n = x^{mn}$

$x^{-n} = \dfrac{1}{x^n}$

$(xy)^n = x^n y^n$

$x^{1/n} = \sqrt[n]{x}$

$\left(\dfrac{x}{y}\right)^n = \dfrac{x^n}{y^n}$

$\sqrt[n]{xy} = \sqrt[n]{x}\,\sqrt[n]{y}$

$x^{m/n} = \sqrt[n]{x^m} = \left(\sqrt[n]{x}\right)^m$

$\sqrt[m]{\sqrt[n]{x}} = \sqrt[n]{\sqrt[m]{x}} = \sqrt[mn]{x}$

$\sqrt[n]{\dfrac{x}{y}} = \dfrac{\sqrt[n]{x}}{\sqrt[n]{y}}$

FORMULES DE FACTORISATION

$x^2 - y^2 = (x + y)(x - y)$

$x^3 + y^3 = (x + y)(x^2 - xy + y^2)$

$x^3 - y^3 = (x - y)(x^2 + xy + y^2)$

FORMULES BINÔMIALES

$(x + y)^2 = x^2 + 2xy + y^2$ $\qquad$ $(x - y)^2 = x^2 - 2xy + y^2$

$(x + y)^3 = x^3 + 3x^2 y + 3xy^2 + y^3$

$(x - y)^3 = x^3 - 3x^2 y + 3xy^2 - y^3$

$(x + y)^n = x^n + nx^{n-1}y + \dfrac{n(n-1)}{2}x^{n-2}y^2$

$\qquad + \cdots + \dbinom{n}{k}x^{n-k}y^k + \cdots + nxy^{n-1} + y^n$

où $\dbinom{n}{k} = \dfrac{n(n-1)\cdots(n-k+1)}{1 \cdot 2 \cdot 3 \cdot \,\cdots\, \cdot k}$

RACINES DU TRINÔME DU SECOND DEGRÉ

Si $ax^2 + bx + c = 0$, alors $x = \dfrac{-b \pm \sqrt{b^2 - 4ac}}{2a}$.

INÉGALITÉS ET VALEUR ABSOLUE

Si $a < b$ et $b < c$, alors $a < c$.

Si $a < b$, alors $a + c < b + c$.

Si $a < b$ et $c > 0$, alors $ca < cb$.

Si $a < b$ et $c < 0$, alors $ca > cb$.

Si $a > 0$, alors

$\qquad |x| = a$ signifie $x = a$ ou $x = -a$

$\qquad |x| < a$ signifie $-a < x < a$

$\qquad |x| > a$ signifie $x > a$ ou $x < -a$

G É O M É T R I E

FORMULES DE GÉOMÉTRIE

Aire A, circonférence C et volume V :

Triangle

$A = \frac{1}{2}bh$

$ = \frac{1}{2}ab \sin \theta$

Cercle

$A = \pi r^2$

$C = 2\pi r$

Secteur circulaire

$A = \frac{1}{2}r^2\theta$

$s = r\theta$ (θ en radians)

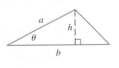

Sphère

$V = \frac{4}{3}\pi r^3$

$A = 4\pi r^2$

Cylindre

$V = \pi r^2 h$

Cône

$V = \frac{1}{3}\pi r^2 h$

DISTANCE ET POINT MILIEU

Distance entre $P_1(x_1, y_1)$ et $P_2(x_2, y_2)$:

$$d = \sqrt{(x_2 - x_1)^2 + (y_2 - y_1)^2}$$

Milieu de $\overline{P_1 P_2}$: $\left(\dfrac{x_1 + x_2}{2}, \dfrac{y_1 + y_2}{2}\right)$

DROITES

Pente de la droite qui passe par $P_1(x_1, y_1)$ et $P_2(x_2, y_2)$:

$$m = \dfrac{y_2 - y_1}{x_2 - x_1}$$

Équation point-pente d'une droite qui passe par $P_1(x_1, y_1)$ de pente m :

$$y - y_1 = m(x - x_1)$$

Équation pente-ordonnée à l'origine d'une droite de pente m et d'ordonnée à l'origine b :

$$y = mx + b$$

CERCLES

Équation du cercle de rayon r centré en (h, k) :

$$(x - h)^2 + (y - k)^2 = r^2$$

TRIGONOMÉTRIE

MESURE D'UN ANGLE

π radians $= 180°$

$1° = \dfrac{\pi}{180}$ rad $\qquad$ 1 rad $= \dfrac{180°}{\pi}$

$s = r\theta$ (θ en radians)

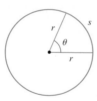

TRIGONOMÉTRIE DU TRIANGLE RECTANGLE

$\sin \theta = \dfrac{\text{opp}}{\text{hyp}} \qquad \operatorname{cosec} \theta = \dfrac{\text{hyp}}{\text{opp}}$

$\cos \theta = \dfrac{\text{adj}}{\text{hyp}} \qquad \sec \theta = \dfrac{\text{hyp}}{\text{adj}}$

$\operatorname{tg} \theta = \dfrac{\text{opp}}{\text{adj}} \qquad \operatorname{cotg} \theta = \dfrac{\text{adj}}{\text{opp}}$

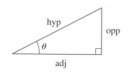

FONCTIONS TRIGONOMÉTRIQUES

$\sin \theta = \dfrac{y}{r} \qquad \operatorname{cosec} \theta = \dfrac{r}{y}$

$\cos \theta = \dfrac{x}{r} \qquad \sec \theta = \dfrac{r}{x}$

$\operatorname{tg} \theta = \dfrac{y}{x} \qquad \operatorname{cotg} \theta = \dfrac{x}{y}$

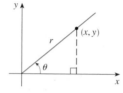

GRAPHIQUES DES FONCTIONS TRIGONOMÉTRIQUES

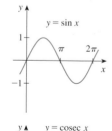
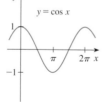
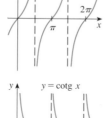

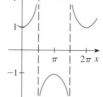
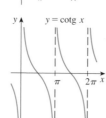

VALEURS DE RÉFÉRENCE DES FONCTIONS TRIGONOMÉTRIQUES

θ	radians	$\sin \theta$	$\cos \theta$	$\operatorname{tg} \theta$
0°	0	0	1	0
30°	$\pi/6$	$1/2$	$\sqrt{3}/2$	$\sqrt{3}/3$
45°	$\pi/4$	$\sqrt{2}/2$	$\sqrt{2}/2$	1
60°	$\pi/3$	$\sqrt{3}/2$	$1/2$	$\sqrt{3}$
90°	$\pi/2$	1	0	—

IDENTITÉS TRIGONOMÉTRIQUES

$\operatorname{cosec} \theta = \dfrac{1}{\sin \theta} \qquad \sec \theta = \dfrac{1}{\cos \theta}$

$\operatorname{tg} \theta = \dfrac{\sin \theta}{\cos \theta} \qquad \operatorname{cotg} \theta = \dfrac{\cos \theta}{\sin \theta}$

$\operatorname{cotg} \theta = \dfrac{1}{\operatorname{tg} \theta} \qquad \sin^2 \theta + \cos^2 \theta = 1$

$1 + \operatorname{tg}^2 \theta = \sec^2 \theta \qquad 1 + \operatorname{cotg}^2 \theta = \operatorname{cosec}^2 \theta$

$\sin (-\theta) = -\sin \theta \qquad \cos (-\theta) = \cos \theta$

$\operatorname{tg}(-\theta) = -\operatorname{tg} \theta \qquad \sin \left(\dfrac{\pi}{2} - \theta\right) = \cos \theta$

$\cos \left(\dfrac{\pi}{2} - \theta\right) = \sin \theta \qquad \operatorname{tg} \left(\dfrac{\pi}{2} - \theta\right) = \operatorname{cotg} \theta$

LES LOIS DES SINUS

$\dfrac{\sin A}{a} = \dfrac{\sin B}{b} = \dfrac{\sin C}{c}$

LES LOIS DES COSINUS

$a^2 = b^2 + c^2 - 2bc \cos A$

$b^2 = a^2 + c^2 - 2ac \cos B$

$c^2 = a^2 + b^2 - 2ab \cos C$

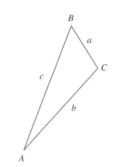

FORMULES D'ADDITION ET DE SOUSTRACTION

$\sin (x + y) = \sin x \cos y + \cos x \sin y$

$\sin (x - y) = \sin x \cos y - \cos x \sin y$

$\cos (x + y) = \cos x \cos y - \sin x \sin y$

$\cos (x - y) = \cos x \cos y + \sin x \sin y$

$\operatorname{tg} (x + y) = \dfrac{\operatorname{tg} x + \operatorname{tg} y}{1 - \operatorname{tg} x \operatorname{tg} y}$

$\operatorname{tg}(x - y) = \dfrac{\operatorname{tg} x - \operatorname{tg} y}{1 + \operatorname{tg} x \operatorname{tg} y}$

FORMULES DE DUPLICATION

$\sin 2x = 2 \sin x \cos x$

$\cos 2x = \cos^2 x - \sin^2 x = 2 \cos^2 x - 1 = 1 - 2 \sin^2 x$

$\operatorname{tg} 2x = \dfrac{2 \operatorname{tg} x}{1 - \operatorname{tg}^2 x}$

FORMULES DE BISSECTION

$\sin^2 x = \dfrac{1 - \cos 2x}{2} \qquad \cos^2 x = \dfrac{1 + \cos 2x}{2}$

ATLAS DES FONCTIONS DE BASE

FONCTIONS DE PUISSANCES $f(x) = x^a$

$f(x) = x^n$, n entier positif

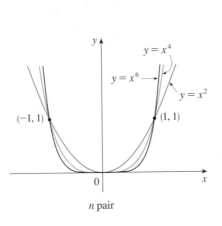

n pair

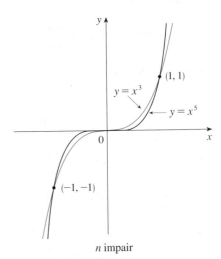

n impair

$f(x) = x^{1/n} = \sqrt[n]{x}$, n entier positif

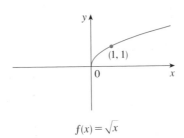

$f(x) = \sqrt{x}$

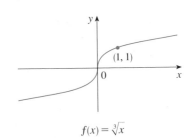

$f(x) = \sqrt[3]{x}$

$f(x) = x^{-1} = \dfrac{1}{x}$

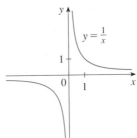

LES FONCTIONS TRIGONOMÉTRIQUES RÉCIPROQUES

$\text{Arcsin}\, x = y \iff \sin y = x$ et $-\dfrac{\pi}{2} \leqslant y \leqslant \dfrac{\pi}{2}$

$\text{Arccos}\, x = y \iff \cos y = x$ et $0 \leqslant y \leqslant \pi$

$\text{Arctg}\, x = y \iff \text{tg}\, y = x$ et $-\dfrac{\pi}{2} < y < \dfrac{\pi}{2}$

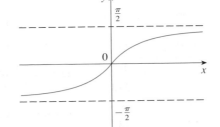

$y = \text{Arctg}\, x$

$\lim\limits_{x \to -\infty} \text{Arctg}\, x = -\dfrac{\pi}{2}$

$\lim\limits_{x \to \infty} \text{Arctg}\, x = \dfrac{\pi}{2}$

ATLAS DES FONCTIONS DE BASE

FONCTIONS EXPONENTIELLES ET LOGARITHMES

$$\log_a x = y \iff a^y = x$$

$$\ln x = \log_e x, \quad \text{où} \quad \ln e = 1$$

$$\ln x = y \iff e^y = x$$

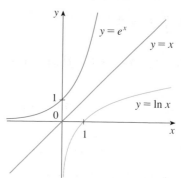

Équations d'annulation

$$\log_a(a^x) = x \qquad a^{\log_a x} = x$$

$$\ln(e^x) = x \qquad e^{\ln x} = x$$

Lois des logarithmes

1. $\log_a(xy) = \log_a x + \log_a y$

2. $\log_a\left(\dfrac{x}{y}\right) = \log_a x - \log_a y$

3. $\log_a(x^r) = r \log_a x$

$$\lim_{x \to -\infty} e^x = 0 \qquad \lim_{x \to \infty} e^x = \infty$$

$$\lim_{x \to 0^+} \ln x = -\infty \qquad \lim_{x \to \infty} \ln x = \infty$$

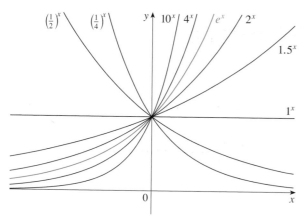

Fonctions exponentielles

Fonctions logarithmes

FONCTIONS HYPERBOLIQUES

$$\mathrm{sh}\, x = \frac{e^x - e^{-x}}{2} \qquad\qquad \mathrm{csch}\, x = \frac{1}{\mathrm{sh}\, x}$$

$$\mathrm{ch}\, x = \frac{e^x + e^{-x}}{2} \qquad\qquad \mathrm{sech}\, x = \frac{1}{\mathrm{ch}\, x}$$

$$\mathrm{th}\, x = \frac{\mathrm{sh}\, x}{\mathrm{ch}\, x} \qquad\qquad \mathrm{coth}\, x = \frac{\mathrm{ch}\, x}{\mathrm{sh}\, x}$$

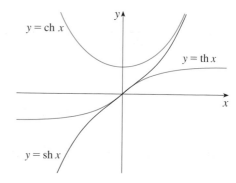

FONCTIONS HYPERBOLIQUES RÉCIPROQUES

$$y = \mathrm{Argsh}\, x \iff \mathrm{sh}\, y = x \qquad\qquad \mathrm{Argsh}\, x = \ln\left(x + \sqrt{x^2 + 1}\right)$$

$$y = \mathrm{Argch}\, x \iff \mathrm{ch}\, y = x \quad \text{et} \quad y \geqslant 0 \qquad \mathrm{Argch}\, x = \ln\left(x + \sqrt{x^2 - 1}\right)$$

$$y = \mathrm{Argth}\, x \iff \mathrm{th}\, y = x \qquad\qquad \mathrm{Argth}\, x = \tfrac{1}{2} \ln\left(\frac{1 + x}{1 - x}\right)$$

RÈGLES DE DÉRIVATION

FORMULES GÉNÉRALES

1. $\dfrac{d}{dx}(c) = 0$

2. $\dfrac{d}{dx}[cf(x)] = cf'(x)$

3. $\dfrac{d}{dx}[f(x) + g(x)] = f'(x) + g'(x)$

4. $\dfrac{d}{dx}[f(x) - g(x)] = f'(x) - g'(x)$

5. $\dfrac{d}{dx}[f(x)g(x)] = f(x)\,g'(x) + g(x)\,f'(x)$ (Règle du produit)

6. $\dfrac{d}{dx}\left[\dfrac{f(x)}{g(x)}\right] = \dfrac{g(x)f'(x) - f(x)\,g'(x)}{[g(x)]^2}$ (Règle du quotient)

7. $\dfrac{d}{dx}[f(g(x))] = f'(g(x))g'(x)$

(Règle de dérivation d'une fonction composée)

8. $\dfrac{d}{dx}(x^n) = nx^{n-1}$

(Règle de dérivation d'une puissance)

FONCTIONS EXPONENTIELLES ET LOGARITHMES (VOIR PAGE 4)

9. $\dfrac{d}{dx}(e^x) = e^x$

10. $\dfrac{d}{dx}(a^x) = a^x \ln a$

11. $\dfrac{d}{dx}\ln|x| = \dfrac{1}{x}$

12. $\dfrac{d}{dx}(\log_a x) = \dfrac{1}{x \ln a}$

FONCTIONS TRIGONOMÉTRIQUES

13. $\dfrac{d}{dx}(\sin x) = \cos x$

14. $\dfrac{d}{dx}(\cos x) = -\sin x$

15. $\dfrac{d}{dx}(\operatorname{tg} x) = \sec^2 x$

16. $\dfrac{d}{dx}(\operatorname{cosec} x) = -\operatorname{cosec} x \operatorname{cotg} x$

17. $\dfrac{d}{dx}(\sec x) = \sec x \operatorname{tg} x$

18. $\dfrac{d}{dx}(\operatorname{cotg} x) = -\operatorname{cosec}^2 x$

FONCTIONS TRIGONOMÉTRIQUES RÉCIPROQUES

19. $\dfrac{d}{dx}(\operatorname{Arcsin} x) = \dfrac{1}{\sqrt{1-x^2}}$

20. $\dfrac{d}{dx}(\operatorname{Arccos} x) = -\dfrac{1}{\sqrt{1-x^2}}$

21. $\dfrac{d}{dx}(\operatorname{Arctg} x) = \dfrac{1}{1+x^2}$

22. $\dfrac{d}{dx}(\operatorname{Arccosec} x) = -\dfrac{1}{x\sqrt{x^2-1}}$

23. $\dfrac{d}{dx}(\operatorname{Arcsec} x) = \dfrac{1}{x\sqrt{x^2-1}}$

24. $\dfrac{d}{dx}(\operatorname{Arccotg} x) = -\dfrac{1}{1+x^2}$

FONCTIONS HYPERBOLIQUES

25. $\dfrac{d}{dx}(\operatorname{sh} x) = \operatorname{ch} x$

26. $\dfrac{d}{dx}(\operatorname{ch} x) = \operatorname{sh} x$

27. $\dfrac{d}{dx}(\operatorname{th} x) = \operatorname{sech}^2 x$

28. $\dfrac{d}{dx}(\operatorname{csch} x) = -\operatorname{csch} x \coth x$

29. $\dfrac{d}{dx}(\operatorname{sech} x) = -\operatorname{sech} x \operatorname{th} x$

30. $\dfrac{d}{dx}(\coth x) = -\operatorname{csch}^2 x$

FONCTIONS HYPERBOLIQUES RÉCIPROQUES

31. $\dfrac{d}{dx}(\operatorname{Argsh} x) = \dfrac{1}{\sqrt{1+x^2}}$

32. $\dfrac{d}{dx}(\operatorname{Argch} x) = \dfrac{1}{\sqrt{x^2-1}}$

33. $\dfrac{d}{dx}(\operatorname{Argth} x) = \dfrac{1}{1-x^2}$

34. $\dfrac{d}{dx}(\operatorname{Argcsch} x) = -\dfrac{1}{|x|\sqrt{x^2+1}}$

35. $\dfrac{d}{dx}(\operatorname{Argsech} x) = -\dfrac{1}{x\sqrt{1-x^2}}$

36. $\dfrac{d}{dx}(\operatorname{Argcoth} x) = \dfrac{1}{1-x^2}$

TABLE DE PRIMITIVES

DES FONCTIONS USUELLES

1. $\int u\,dv = uv - \int v\,du$

2. $\int u^n\,du = \dfrac{u^{n+1}}{n+1} + C,\ n \neq -1$

3. $\int \dfrac{du}{u} = \ln|u| + C$

4. $\int e^u\,du = e^u + C$

5. $\int a^u\,du = \dfrac{a^u}{\ln a} + C$

6. $\int \sin u\,du = -\cos u + C$

7. $\int \cos u\,du = \sin u + C$

8. $\int \sec^2 u\,du = \operatorname{tg} u + C$

9. $\int \operatorname{cosec}^2 u\,du = -\cot g\, u + C$

10. $\int \sec u \operatorname{tg} u\,du = \sec u + C$

11. $\int \operatorname{cosec} u \cot g\, u\,du = -\operatorname{cosec} u + C$

12. $\int \operatorname{tg} u\,du = \ln|\sec u| + C$

13. $\int \cot g\, u\,du = \ln|\sin u| + C$

14. $\int \sec u\,du = \ln|\sec u + \operatorname{tg} u| + C$

15. $\int \operatorname{cosec} u\,du = \ln|\operatorname{cosec} u - \cot g\, u| + C$

16. $\int \dfrac{du}{\sqrt{a^2 - u^2}} = \operatorname{Arcsin}\dfrac{u}{a} + C$

17. $\int \dfrac{du}{a^2 + u^2} = \dfrac{1}{a}\operatorname{Arctg}\dfrac{u}{a} + C$

18. $\int \dfrac{du}{u\sqrt{u^2 - a^2}} = \dfrac{1}{a}\operatorname{Arcsec}\dfrac{u}{a} + C$

19. $\int \dfrac{du}{a^2 - u^2} = \dfrac{1}{2a}\ln\left|\dfrac{u+a}{u-a}\right| + C$

20. $\int \dfrac{du}{u^2 - a^2} = \dfrac{1}{2a}\ln\left|\dfrac{u-a}{u+a}\right| + C$

DES FONCTIONS DE LA FORME $\sqrt{a^2 + u^2}$, $a > 0$

21. $\int \sqrt{a^2 + u^2}\,du = \dfrac{u}{2}\sqrt{a^2 + u^2} + \dfrac{a^2}{2}\ln(u + \sqrt{a^2 + u^2}) + C$

22. $\int u^2\sqrt{a^2 + u^2}\,du = \dfrac{u}{8}(a^2 + 2u^2)\sqrt{a^2 + u^2} - \dfrac{a^4}{8}\ln(u + \sqrt{a^2 + u^2}) + C$

23. $\int \dfrac{\sqrt{a^2 + u^2}}{u}\,du = \sqrt{a^2 + u^2} - a\ln\left|\dfrac{a + \sqrt{a^2 + u^2}}{u}\right| + C$

24. $\int \dfrac{\sqrt{a^2 + u^2}}{u^2}\,du = -\dfrac{\sqrt{a^2 + u^2}}{u} + \ln(u + \sqrt{a^2 + u^2}) + C$

25. $\int \dfrac{du}{\sqrt{a^2 + u^2}} = \ln(u + \sqrt{a^2 + u^2}) + C$

26. $\int \dfrac{u^2\,du}{\sqrt{a^2 + u^2}} = \dfrac{u}{2}\sqrt{a^2 + u^2} - \dfrac{a^2}{2}\ln(u + \sqrt{a^2 + u^2}) + C$

27. $\int \dfrac{du}{u\sqrt{a^2 + u^2}} = -\dfrac{1}{a}\ln\left|\dfrac{\sqrt{a^2 + u^2} + a}{u}\right| + C$

28. $\int \dfrac{du}{u^2\sqrt{a^2 + u^2}} = -\dfrac{\sqrt{a^2 + u^2}}{a^2 u} + C$

29. $\int \dfrac{du}{(a^2 + u^2)^{3/2}} = \dfrac{u}{a^2\sqrt{a^2 + u^2}} + C$

TABLE DE PRIMITIVES

DES FONCTIONS DE LA FORME $\sqrt{a^2 - u^2}$, $a > 0$

30. $\int \sqrt{a^2 - u^2}\, du = \dfrac{u}{2} \sqrt{a^2 - u^2} + \dfrac{a^2}{2} \operatorname{Arcsin} \dfrac{u}{a} + C$

31. $\int u^2 \sqrt{a^2 - u^2}\, du = \dfrac{u}{8}(2u^2 - a^2)\sqrt{a^2 - u^2} + \dfrac{a^4}{8} \operatorname{Arcsin} \dfrac{u}{a} + C$

32. $\int \dfrac{\sqrt{a^2 - u^2}}{u}\, du = \sqrt{a^2 - u^2} - a \ln \left| \dfrac{a + \sqrt{a^2 - u^2}}{u} \right| + C$

33. $\int \dfrac{\sqrt{a^2 - u^2}}{u^2}\, du = -\dfrac{1}{u} \sqrt{a^2 - u^2} - \operatorname{Arcsin} \dfrac{u}{a} + C$

34. $\int \dfrac{u^2\, du}{\sqrt{a^2 - u^2}} = -\dfrac{u}{2} \sqrt{a^2 - u^2} + \dfrac{a^2}{2} \operatorname{Arcsin} \dfrac{u}{a} + C$

35. $\int \dfrac{du}{u\sqrt{a^2 - u^2}} = -\dfrac{1}{a} \ln \left| \dfrac{a + \sqrt{a^2 - u^2}}{u} \right| + C$

36. $\int \dfrac{du}{u^2 \sqrt{a^2 - u^2}} = -\dfrac{1}{a^2 u} \sqrt{a^2 - u^2} + C$

37. $\int (a^2 - u^2)^{3/2}\, du = -\dfrac{u}{8}(2u^2 - 5a^2)\sqrt{a^2 - u^2} + \dfrac{3a^4}{8} \operatorname{Arcsin} \dfrac{u}{a} + C$

38. $\int \dfrac{du}{(a^2 - u^2)^{3/2}} = \dfrac{u}{a^2 \sqrt{a^2 - u^2}} + C$

DES FONCTIONS DE LA FORME $\sqrt{u^2 - a^2}$, $a > 0$

39. $\int \sqrt{u^2 - a^2}\, du = \dfrac{u}{2} \sqrt{u^2 - a^2} - \dfrac{a^2}{2} \ln \left| u + \sqrt{u^2 - a^2} \right| + C$

40. $\int u^2 \sqrt{u^2 - a^2}\, du = \dfrac{u}{8}(2u^2 - a^2)\sqrt{u^2 - a^2} - \dfrac{a^4}{8} \ln \left| u + \sqrt{u^2 - a^2} \right| + C$

41. $\int \dfrac{\sqrt{u^2 - a^2}}{u}\, du = \sqrt{u^2 - a^2} - a \operatorname{Arccos} \dfrac{a}{|u|} + C$

42. $\int \dfrac{\sqrt{u^2 - a^2}}{u^2}\, du = -\dfrac{\sqrt{u^2 - a^2}}{u} + \ln \left| u + \sqrt{u^2 - a^2} \right| + C$

43. $\int \dfrac{du}{\sqrt{u^2 - a^2}} = \ln \left| u + \sqrt{u^2 - a^2} \right| + C$

44. $\int \dfrac{u^2\, du}{\sqrt{u^2 - a^2}} = \dfrac{u}{2} \sqrt{u^2 - a^2} + \dfrac{a^2}{2} \ln \left| u + \sqrt{u^2 - a^2} \right| + C$

45. $\int \dfrac{du}{u^2 \sqrt{u^2 - a^2}} = \dfrac{\sqrt{u^2 - a^2}}{a^2 u} + C$

46. $\int \dfrac{du}{(u^2 - a^2)^{3/2}} = -\dfrac{u}{a^2 \sqrt{u^2 - a^2}} + C$

TABLE DE PRIMITIVES

DES FONCTION DE LA FORME $a + bu$

47. $\displaystyle\int \frac{u\, du}{a + bu} = \frac{1}{b^2}(a + bu - a \ln|a + bu|) + C$

48. $\displaystyle\int \frac{u^2\, du}{a + bu} = \frac{1}{2b^3}[(a + bu)^2 - 4a(a + bu) + 2a^2 \ln|a + bu|] + C$

49. $\displaystyle\int \frac{du}{u(a + bu)} = \frac{1}{a} \ln\left|\frac{u}{a + bu}\right| + C$

50. $\displaystyle\int \frac{du}{u^2(a + bu)} = -\frac{1}{au} + \frac{b}{a^2} \ln\left|\frac{a + bu}{u}\right| + C$

51. $\displaystyle\int \frac{u\, du}{(a + bu)^2} = \frac{a}{b^2(a + bu)} + \frac{1}{b^2} \ln|a + bu| + C$

52. $\displaystyle\int \frac{du}{u(a + bu)^2} = \frac{1}{a(a + bu)} - \frac{1}{a^2} \ln\left|\frac{a + bu}{u}\right| + C$

53. $\displaystyle\int \frac{u^2\, du}{(a + bu)^2} = \frac{1}{b^3}\left(a + bu - \frac{a^2}{a + bu} - 2a \ln|a + bu|\right) + C$

54. $\displaystyle\int u\sqrt{a + bu}\, du = \frac{2}{15b^2}(3bu - 2a)(a + bu)^{3/2} + C$

55. $\displaystyle\int \frac{u\, du}{\sqrt{a + bu}} = \frac{2}{3b^2}(bu - 2a)\sqrt{a + bu} + C$

56. $\displaystyle\int \frac{u^2\, du}{\sqrt{a + bu}} = \frac{2}{15b^3}(8a^2 + 3b^2u^2 - 4abu)\sqrt{a + bu} + C$

57. $\displaystyle\int \frac{du}{u\sqrt{a + bu}} = \frac{1}{\sqrt{a}} \ln\left|\frac{\sqrt{a + bu} - \sqrt{a}}{\sqrt{a + bu} + \sqrt{a}}\right| + C$, si $a > 0$

$\displaystyle\qquad\qquad = \frac{2}{\sqrt{-a}} \operatorname{Arctg}\sqrt{\frac{a + bu}{-a}} + C$, si $a < 0$

58. $\displaystyle\int \frac{\sqrt{a + bu}}{u}\, du = 2\sqrt{a + bu} + a \int \frac{du}{u\sqrt{a + bu}}$

59. $\displaystyle\int \frac{\sqrt{a + bu}}{u^2}\, du = -\frac{\sqrt{a + bu}}{u} + \frac{b}{2} \int \frac{du}{u\sqrt{a + bu}}$

60. $\displaystyle\int u^n\sqrt{a + bu}\, du = \frac{2}{b(2n + 3)}\left[u^n(a + bu)^{3/2} - na \int u^{n-1}\sqrt{a + bu}\, du\right]$

61. $\displaystyle\int \frac{u^n\, du}{\sqrt{a + bu}} = \frac{2u^n\sqrt{a + bu}}{b(2n + 1)} - \frac{2na}{b(2n + 1)} \int \frac{u^{n-1}\, du}{\sqrt{a + bu}}$

62. $\displaystyle\int \frac{du}{u^n\sqrt{a + bu}} = -\frac{\sqrt{a + bu}}{a(n - 1)u^{n-1}} - \frac{b(2n - 3)}{2a(n - 1)} \int \frac{du}{u^{n-1}\sqrt{a + bu}}$

TABLE DE PRIMITIVES

DES FONCTIONS TRIGONOMÉTRIQUES

63. $\int \sin^2 u \, du = \frac{1}{2} u - \frac{1}{4} \sin 2u + C$

64. $\int \cos^2 u \, du = \frac{1}{2} u + \frac{1}{4} \sin 2u + C$

65. $\int \operatorname{tg}^2 u \, du = \operatorname{tg} u - u + C$

66. $\int \cot g^2 u \, du = -\cot g u - u + C$

67. $\int \sin^3 u \, du = -\frac{1}{3}(2 + \sin^2 u) \cos u + C$

68. $\int \cos^3 u \, du = \frac{1}{3}(2 + \cos^2 u) \sin u + C$

69. $\int \operatorname{tg}^3 u \, du = \frac{1}{2} \operatorname{tg}^2 u + \ln|\cos u| + C$

70. $\int \cot g^3 u \, du = -\frac{1}{2} \cot g^2 u - \ln|\sin u| + C$

71. $\int \sec^3 u \, du = \frac{1}{2} \sec u \operatorname{tg} u + \frac{1}{2} \ln|\sec u + \operatorname{tg} u| + C$

72. $\int \operatorname{cosec}^3 u \, du = -\frac{1}{2} \operatorname{cosec} u \cot g u + \frac{1}{2} \ln|\operatorname{cosec} u - \cot g u| + C$

73. $\int \sin^n u \, du = -\frac{1}{n} \sin^{n-1} u \cos u + \frac{n-1}{n} \int \sin^{n-2} u \, du$

74. $\int \cos^n u \, du = \frac{1}{n} \cos^{n-1} u \sin u + \frac{n-1}{n} \int \cos^{n-2} u \, du$

75. $\int \operatorname{tg}^n u \, du = \frac{1}{n-1} \operatorname{tg}^{n-1} u - \int \operatorname{tg}^{n-2} u \, du$

76. $\int \cot g^n u \, du = \frac{-1}{n-1} \cot g^{n-1} u - \int \cot g^{n-2} u \, du$

77. $\int \sec^n u \, du = \frac{1}{n-1} \operatorname{tg} u \sec^{n-2} u + \frac{n-2}{n-1} \int \sec^{n-2} u \, du$

78. $\int \operatorname{cosec}^n u \, du = \frac{-1}{n-1} \cot g u \operatorname{cosec}^{n-2} u + \frac{n-2}{n-1} \int \operatorname{cosec}^{n-2} u \, du$

79. $\int \sin au \sin bu \, du = \frac{\sin(a-b)u}{2(a-b)} - \frac{\sin(a+b)u}{2(a+b)} + C$

80. $\int \cos au \cos bu \, du = \frac{\sin(a-b)u}{2(a-b)} + \frac{\sin(a+b)u}{2(a+b)} + C$

81. $\int \sin au \cos bu \, du = -\frac{\cos(a-b)u}{2(a-b)} - \frac{\cos(a+b)u}{2(a+b)} + C$

82. $\int u \sin u \, du = \sin u - u \cos u + C$

83. $\int u \cos u \, du = \cos u + u \sin u + C$

84. $\int u^n \sin u \, du = -u^n \cos u + n \int u^{n-1} \cos u \, du$

85. $\int u^n \cos u \, du = u^n \sin u - n \int u^{n-1} \sin u \, du$

86. $\int \sin^n u \cos^m u \, du = -\frac{\sin^{n-1} u \cos^{m+1} u}{n+m} + \frac{n-1}{n+m} \int \sin^{n-2} u \cos^m u \, du$

$= \frac{\sin^{n+1} u \cos^{m-1} u}{n+m} + \frac{m-1}{n+m} \int \sin^n u \cos^{m-2} u \, du$

DES FONCTIONS TRIGONOMÉTRIQUES RÉCIPROQUES

87. $\int \operatorname{Arcsin} u \, du = u \operatorname{Arcsin} u + \sqrt{1 - u^2} + C$

88. $\int \operatorname{Arccos} u \, du = u \operatorname{Arccos} u - \sqrt{1 - u^2} + C$

89. $\int \operatorname{Arctg} u \, du = u \operatorname{Arctg} u - \frac{1}{2} \ln(1 + u^2) + C$

90. $\int u \operatorname{Arcsin} u \, du = \frac{2u^2 - 1}{4} \operatorname{Arcsin} u + \frac{u\sqrt{1 - u^2}}{4} + C$

91. $\int u \operatorname{Arccos} u \, du = \frac{2u^2 - 1}{4} \operatorname{Arccos} u - \frac{u\sqrt{1 - u^2}}{4} + C$

92. $\int u \operatorname{Arctg} u \, du = \frac{u^2 + 1}{2} \operatorname{Arctg} u - \frac{u}{2} + C$

93. $\int u^n \operatorname{Arcsin} u \, du = \frac{1}{n+1}\left[u^{n+1} \operatorname{Arcsin} u - \int \frac{u^{n+1} \, du}{\sqrt{1 - u^2}} \right], \ n \neq -1$

94. $\int u^n \operatorname{Arccos} u \, du = \frac{1}{n+1}\left[u^{n+1} \operatorname{Arccos} u + \int \frac{u^{n+1} \, du}{\sqrt{1 - u^2}} \right], \ n \neq -1$

95. $\int u^n \operatorname{Arctg} u \, du = \frac{1}{n+1}\left[u^{n+1} \operatorname{Arctg} u - \int \frac{u^{n+1} \, du}{1 + u^2} \right], \ n \neq -1$

TABLE DE PRIMITIVES

DES FONCTIONS EXPONENTIELLES ET LOGARITHMES

96. $\int u e^{au}\, du = \dfrac{1}{a^2}(au - 1)e^{au} + C$

97. $\int u^n e^{au}\, du = \dfrac{1}{a} u^n e^{au} - \dfrac{n}{a} \int u^{n-1} e^{au}\, du$

98. $\int e^{au} \sin bu\, du = \dfrac{e^{au}}{a^2 + b^2}(a \sin bu - b \cos bu) + C$

99. $\int e^{au} \cos bu\, du = \dfrac{e^{au}}{a^2 + b^2}(a \cos bu + b \sin bu) + C$

100. $\int \ln u\, du = u \ln u - u + C$

101. $\int u^n \ln u\, du = \dfrac{u^{n+1}}{(n+1)^2}[(n+1) \ln u - 1] + C$

102. $\int \dfrac{1}{u \ln u}\, du = \ln|\ln u| + C$

DES FONCTIONS HYPERBOLIQUES

103. $\int \operatorname{sh} u\, du = \operatorname{ch} u + C$

104. $\int \operatorname{ch} u\, du = \operatorname{sh} u + C$

105. $\int \operatorname{th} u\, du = \ln \operatorname{ch} u + C$

106. $\int \operatorname{coth} u\, du = \ln|\operatorname{sh} u| + C$

107. $\int \operatorname{sech} u\, du = \operatorname{Arctg}|\operatorname{sh} u| + C$

108. $\int \operatorname{cosech} u\, du = \ln\left|\operatorname{th} \tfrac{1}{2} u\right| + C$

109. $\int \operatorname{sech}^2 u\, du = \operatorname{th} u + C$

110. $\int \operatorname{cosech}^2 u\, du = -\operatorname{coth} u + C$

111. $\int \operatorname{sech} u \operatorname{th} u\, du = -\operatorname{sech} u + C$

112. $\int \operatorname{cosech} u \operatorname{coth} u\, du = -\operatorname{cosech} u + C$

DES FONCTIONS DE LA FORME $\sqrt{2au - u^2}$, $a > 0$

113. $\int \sqrt{2au - u^2}\, du = \dfrac{u - a}{2}\sqrt{2au - u^2} + \dfrac{a^2}{2}\operatorname{Arccos}\left(\dfrac{a - u}{a}\right) + C$

114. $\int u\sqrt{2au - u^2}\, du = \dfrac{2u^2 - au - 3a^2}{6}\sqrt{2au - u^2} + \dfrac{a^3}{2}\operatorname{Arccos}\left(\dfrac{a - u}{a}\right) + C$

115. $\int \dfrac{\sqrt{2au - u^2}}{u}\, du = \sqrt{2au - u^2} + a\operatorname{Arccos}\left(\dfrac{a - u}{a}\right) + C$

116. $\int \dfrac{\sqrt{2au - u^2}}{u^2}\, du = -\dfrac{2\sqrt{2au - u^2}}{u} - \operatorname{Arccos}\left(\dfrac{a - u}{a}\right) + C$

117. $\int \dfrac{du}{\sqrt{2au - u^2}} = \operatorname{Arccos}\left(\dfrac{a - u}{a}\right) + C$

118. $\int \dfrac{u\, du}{\sqrt{2au - u^2}} = -\sqrt{2au - u^2} + a\operatorname{Arccos}\left(\dfrac{a - u}{a}\right) + C$

119. $\int \dfrac{u^2\, du}{\sqrt{2au - u^2}} = -\dfrac{u + 3a}{2}\sqrt{2au - u^2} + \dfrac{3a^2}{2}\operatorname{Arccos}\left(\dfrac{a - u}{a}\right) + C$

120. $\int \dfrac{du}{u\sqrt{2au - u^2}} = -\dfrac{\sqrt{2au - u^2}}{au} + C$

Imprimé en France par I.M.E. - 25110 Baume-les-Dames

 La première
imprimerie
en France
titulaire de :